全国技工院校“十二五”系列规划教材

中国机械工业教育协会推荐教材

CAD/CAM技术——Mastercam应用实训

主　编　王小玲　潘有崇

副主编　卢培文　黎泽慧

参　编　蒋群科　蒋英汉

　　　　余焕强　袁　波

审　稿　刘明慧

机械工业出版社

本书根据技工院校、职业技术院校数控专业对学生的培养目标和企业需求，以“注重实践，强化应用”为指导思想，按照“任务驱动”模式编写。内容包括：初识 Mastercam X5、二维图形的绘制与编辑、实体造型、曲面造型、二维数控铣削编程加工、三维数控铣削编程加工、数控车削编程加工。

本书可作为高级技工学校、技师学院及各类职业院校数控及相关专业教材，也可作为企业职工培训教材及相关工程技术人员的参考书。

图书在版编目（CIP）数据

CAD/CAM 技术：Mastercam 应用实训/王小玲，潘有崇主编. —北京：机械工业出版社，2013.3（2024.6 重印）
全国技工院校“十二五”系列规划教材
ISBN 978-7-111-40862-8

Ⅰ.①C… Ⅱ.①王…②潘… Ⅲ.①计算机辅助制造—应用软件—技工学校—教材 Ⅳ.①TP391.73

中国版本图书馆 CIP 数据核字（2013）第 042205 号

机械工业出版社（北京市百万庄大街 22 号 邮政编码 100037）
策划编辑：王晓洁 王华庆 责任编辑：王晓洁
版式设计：陈 沛 责任校对：李 婷
封面设计：张 静 责任印制：郜 敏
中煤（北京）印务有限公司印刷
2024年6月第1版第5次印刷
184mm×260mm ·21.75 印张·535 千字
标准书号：ISBN 978-7-111-40862-8
定价：49.80 元

电话服务 网络服务
客服电话：010-88361066 机 工 官 网：www.cmpbook.com
010-88379833 机 工 官 博：weibo.com/cmp1952
010-68326294 金 书 网：www.golden-book.com
封底无防伪标均为盗版 机工教育服务网：www.cmpedu.com

全国技工院校“十二五”系列规划教材
编审委员会

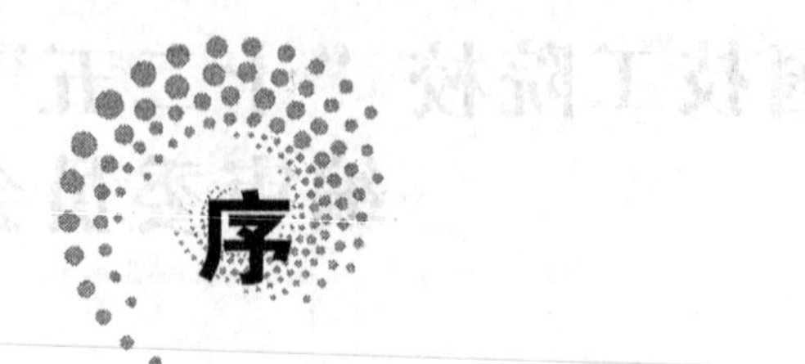

序

“十二五”期间，加速转变生产方式，调整产业结构，将是我国国民经济和社会发展的重中之重。而要完成这种转变和调整，就必须有一大批高素质的技能型人才作为后盾。根据《国家中长期人才发展规划纲要（2010—2020年）》的要求，至2020年，我国高技能人才占技能劳动者的比例将由2008年的24.4%上升到28%（目前一些经济发达国家的这个比例已达到40%）。可以预见，作为高技能人才培养重要组成部分的高级技工教育，在未来的10年必将会迎来一个高速发展的黄金期。近几年来，各职业院校都在积极开展高级工培养的试点工作，并取得了较好的效果。但由于起步较晚，课程体系、教学模式都还有待完善与提高，教材建设也相对滞后，至今还没有一套适合高级技工教育快速发展需要的成体系、高质量的教材。即使一些专业（工种）有高级工教材也不是很完善，或是内容陈旧、实用性不强，或是形式单一、无法突出高技能人才培养的特色，更没有形成合理的体系。因此，开发一套体系完整、特色鲜明、适合理论实践一体化教学、反映企业最新技术与工艺的高级工教材，就成为高级技工教育亟待解决的课题。

鉴于高级技工教材短缺的现状，机械工业出版社与中国机械工业教育协会从2010年10月开始，组织相关人员，采用走访、问卷调查、座谈等方式，对全国有代表性的机电行业企业、部分省市的职业院校进行了历时6个月的深入调研。对目前企业对高级工的知识、技能要求，各学校高级工教育教学现状、教学和课程改革情况以及对教材的需求等有了比较清晰的认识。在此基础上，他们紧紧依托行业优势，以为企业输送满足其岗位需求的合格人才为最终目标，组织了行业和技能教育方面的专家精心规划了教材书目，对编写内容、编写模式等进行了深入探讨，形成了本系列教材的基本编写框架。为保证教材的编写质量、编写队伍的专业性和权威性，2011年5月，他们面向全国技工院校公开征稿，共收到来自全国22个省（直辖市）的110多所学校的600多份申报材料。在组织专家对作者及教材编写大纲进行了严格的评审后，**决定首批启动编写机械加工制造类专业、电工电子类专业、汽车检测与维修专业、计算机技术相关专业教材以及部分公共基础课教材等，共计80余种。**

本系列教材的编写指导思想明确，坚持以达到国家职业技能鉴定标准和就业能力为目标，以各专业的工作内容为主线，以工作任务为引领，由浅入深，循序渐进，精简理论，突出核心技能与实操能力，使理论与实践融为一体，充分体现“教、学、做合一”的教学思想，致力于构建符合当前教学改革方向的，以培养应用型、技术型、创新型人才为目标的教材体系。

本系列教材重点突出了如下三个特色：一是“新”字当头，即体系新、模式新、内容新。体系新是把教材以学科体系为主转变为以专业技术体系为主；模式新是把教材传统章节模式转变为以工作过程的项目为主；内容新是教材充分反映了新材料、新工艺、新技术、新方法。二是注重科学性。教材从体系、模式到内容符合教学规律，符合国内外制造技术水平实际情况。在具体任务和实例的选取上，突出先进性、实用性和典型性，便于组织教学，以提高学生的学习效率。三是体现普适性。由于当前高级工生源既有中职毕业生，又有高中生，各自学制也不同，还要考虑到在职人群，教材内容安排上尽量照顾到了不同的求学者，适用面比较广泛。

此外，本系列教材还配备了电子教学课件，以及相应的习题集，实验、实习教程，现场操作视频等，初步实现教材的立体化。

我相信，本系列教材的出版，对深化职业技术教育改革，提高高级工培养的质量，都会起到积极的作用。在此，我谨向各位作者和所在单位及为这套教材出力的学者表示衷心的感谢。

原机械工业部教育司副司长
中国机械工业教育协会高级顾问

前言

本书秉承“以职业标准为依据，以企业需求为导向，以提高职业能力为核心”的理念，根据技工学校、职业技术院校数控专业对学生的培养目标以及企业对数控加工人员的岗位要求来编写。本教材具有以下特色：

1. 充分体现“教、学、做合一”的思想，以工学结合人才培养模式的改革和实践为基础，遵循认知规律与能力形成规律设计教学体系，使学生在职业情境中做到“学中做，做中学”。

2. 针对常用的 Mastercam X5 软件，采用任务驱动模式的先进编写理念，任务的安排由易到难，符合学生的认知规律，让学生在完成任务的过程中完成理论与实践的学习，使学生学有所用、学以致用，与传统的理论灌输有着本质的区别。

3. 与国家职业技能标准相互衔接，针对性强，符合培训鉴定和企业需求，体现以职业能力为本位，以应用为核心，“必需、够用”的原则。

4. 图文对照，编写形式活泼，不但介绍了基本的操作方法还教授了相关的操作经验和技巧，设置了“提示”“注意”“教你一招”等小栏目，使学生能比较轻松地掌握 Mastercam X5 的基本功能、造型和编程的方法与技巧。

本书由广州市技师学院王小玲和江西冶金职业技术学院潘有崇任主编，江西省赣州技师学院卢培文和广州市技师学院黎泽慧任副主编。参编人员有广州市技师学院蒋群科、中国一拖集团有限公司高级技工学校蒋英汉、广州市技师学院余焕强、江西省赣州技师学院袁波。全书共 7 个单元，其中单元 1 由王小玲和黎泽慧共同编写；单元 2 的任务 1 以及单元 4 的任务 1 和 5 由王小玲编写；单元 2 的任务 2 ~ 6 由余焕强编写；单元 3 由蒋群科编写；单元 5 由卢培文和袁波共同编写；单元 4 的任务 2、任务 3、任务 4 和任务 6 以及单元 6 由潘有崇编写；单元 7 由蒋英汉编写。全书由王小玲统稿，由刘明慧审稿。

本书在编写过程中，得到了有关院校、工厂的大力支持，在此谨致谢意。

由于编者水平和经验有限，本书虽经反复修改与审校，但仍可能有欠妥或疏漏之处，恳请广大读者和同仁批评、指正，以便本书再版时加以完善。

编　者

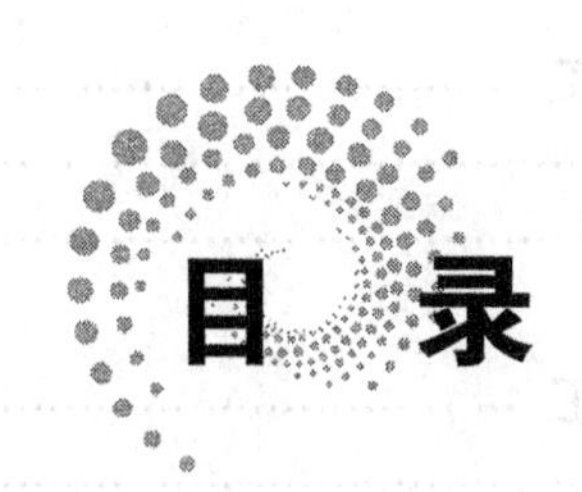

目录

下篇　加工篇

上篇　设计篇

单元1　初识 Mastercam X5

1

知识目标：

1. 熟悉 Mastercam X5 软件窗口界面的组成
2. 熟悉 Mastercam X5 软件的主要系统参数的含义
3. 熟悉 Mastercam X5 软件完成零件造型与加工的基本流程

技能目标：

1. 会应用 Mastercam X5 软件进行基本操作
2. 会进行 Mastercam X5 软件主要系统参数的设定
3. 会叙述应用 Mastercam X5 软件完成零件造型与加工的基本流程

任务1　认识软件界面

任务描述

认识 Mastercam X5 软件窗口界面，并对软件系统进行参数设置。

任务目标

1. 会安装 Mastercam X5 软件。
2. 会启动和退出 Mastercam X5 软件。
3. 会将非 Mastercam X5 格式的文件导入到 Mastercam X5 中，会将 Mastercam X5 格式的文件导出并生成非 Mastercam X5 格式的文件。
4. 会按照工程设计与制造的要求设置系统。

任务实施

1. 初识 Mastercam X5 软件

Mastercam 是由美国 CNC Software 公司推出的基于 PC 平台的 CAD/CAM 一体化软件。

Mastercam 软件虽然不如工作站级软件功能全、模块多，但具有很高的灵活性。它对硬件的要求不高，可以在一般的计算机上运行，且操作简单方便，易学易用。自 1984 年问世以来，由于其卓越的设计及加工功能，尤其是其加工模块具有易操作和功能强大的特点，使其备受用户喜爱，在世界上拥有众多的忠实用户。

Mastercam X5 软件包括计算机辅助设计（CAD）和计算机辅助加工（CAM）两大部分。计算机辅助设计部分主要由设计（Design）模块来实现，它具有完整的曲线、曲面功能，不仅可以设计和编辑二维、三维空间曲线，还可以生成方程曲线，并且具有丰富的曲面编辑功能。计算机辅助加工部分主要由数控铣削加工（Mill）、数控车削加工（Lathe）、线切割加工（Wire）和雕刻加工（Router）四大模块来实现，且每个模块本身都包含有完整的计算机辅助设计系统，Mill 模块用来生成外形铣削、型腔加工、钻孔加工、平面加工、曲面加工，以及多轴加工等的铣削加工刀具路径，并可进行相应的模拟加工；Lathe 模块用来生成粗/精车、车槽及车螺纹等的车削加工刀具路径，并可进行相应的模拟加工；Wire 模块用来生成线切割激光加工路径，可进行 2 ~ 5 轴上下异形的模拟加工。

2. 启动 Mastercam X5 软件

（1）通过快捷图标启动　在默认的情况下，成功地安装 Mastercam X5 软件以后，在操作系统的桌面上会产生一个 Mastercam X5（Mastercam X5 的快捷方式）图标。双击该图标，即可启动运行 Mastercam X5 软件。

（2）通过【开始】菜单启动　单击【开始】菜单，将光标移至【所有程序】→【Mastercam X5】，单击下级菜单中的 Mastercam X5，即可启动运行 Mastercam X5 软件。

3. 认识 Mastercam X5 软件的工作界面

Mastercam X5 软件启动后，屏幕出现如图 1-1 所示的工作界面。该界面主要包括标题栏、菜单栏、工具栏、状态栏、绘图区、操作管理器等。

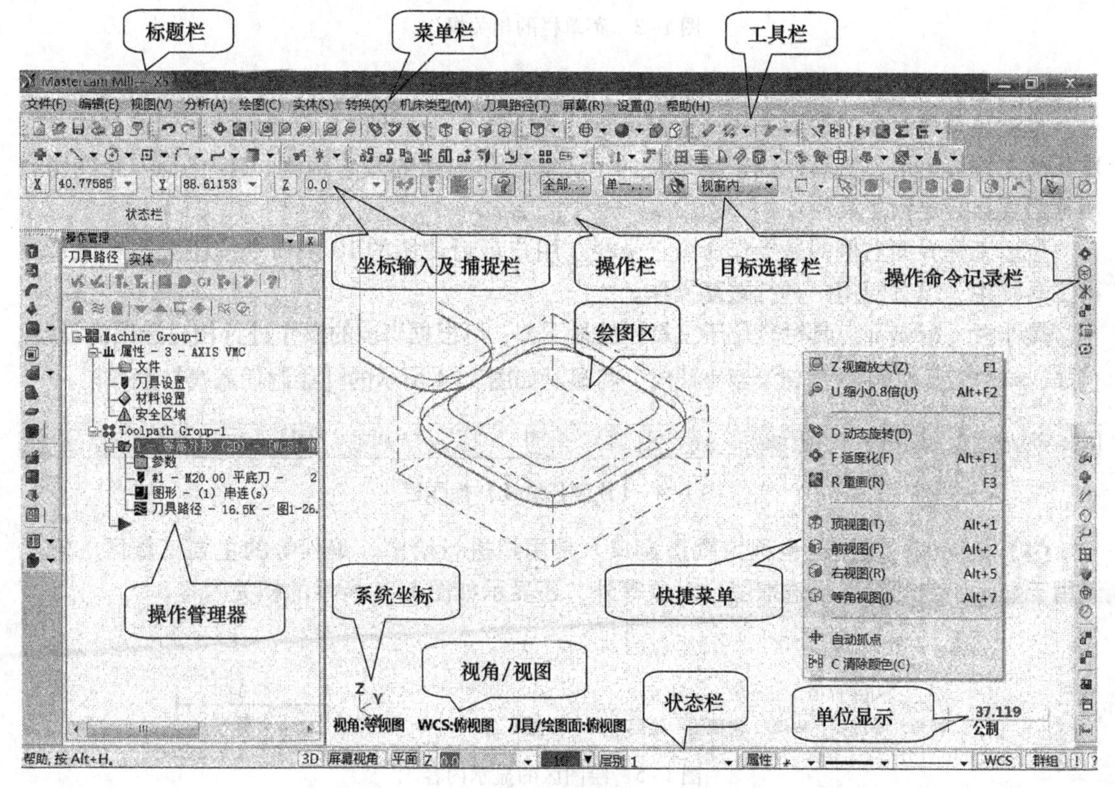

图 1-1　Mastercam X5 软件的工作界面

（1）标题栏　标题栏显示当前打开的 Mastercam X5 软件模块的名称、打开的图形文件的路径和名称等信息。

（2）菜单栏　菜单栏如图 1-2 所示。所有的 Mastercam 命令都可以通过菜单栏来执行。下面介绍菜单栏的相关操作说明。

文件(F)　编辑(E)　视图(V)　分析(A)　绘图(C)　实体(S)　转换(X)　机床类型(M)　刀具路径(T)　屏幕(R)　设置(I)　帮助(H)

图 1-2　菜单栏

1）单击菜单中的某一项将直接执行相应的命令。

2）菜单命令的后面有向右的黑三角图标▶时，表示还有子菜单，光标移至此图标上将弹出子菜单，如图 1-3 所示。

3）命令后跟有快捷键，如菜单栏【视图】中的【F 适度化（F）Alt + F1】，表示按下快捷键 <Alt + F1>，即可使当前图形最大化显示在绘图区中。

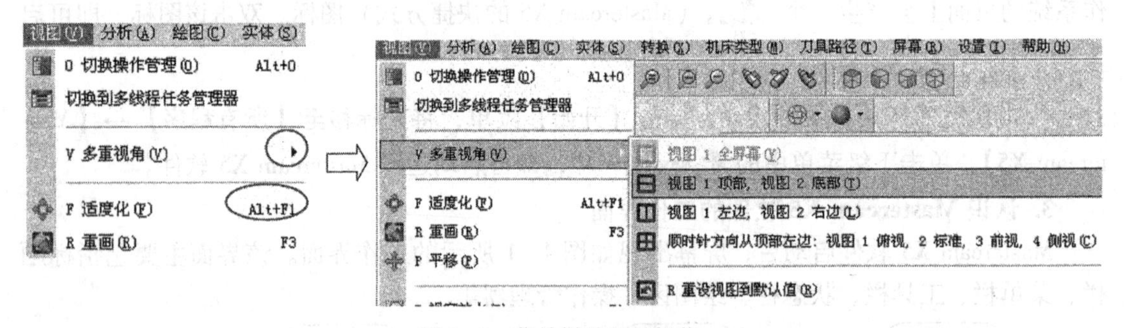

图 1-3　菜单栏的相关操作

（3）工具栏　工具栏内有由图标表示的命令按钮，单击这些按钮，可快速执行某个命令，也就是菜单命令的快捷方式。把鼠标指针置于某个按钮上时，会显示该按钮的名称。在默认的工作界面中，工具栏位于菜单栏的下方和工作界面的左右两侧。Mastercam 允许用户根据需要自行定制工具栏。

位于工作界面右侧的是操作命令记录栏。用户最近使用的 10 个命令按钮会逐一记录在此工具栏中，以方便用户进行重复操作。

操作栏（Ribbon 工具栏）位于工具栏的最下方，可根据当前的操作进行相应选项的设定。例如，单击工具栏的按钮绘制直线时，将显示如图 1-4 所示的【绘制任意线】操作栏。

图 1-4　【绘制任意线】操作栏

（4）绘图区　绘图区也称为图形窗口，是用户进行绘图、编程等的主要工作区。它除了用于显示绘制的图形或选取图形对象等外，还显示如图 1-5 所示的相关内容。

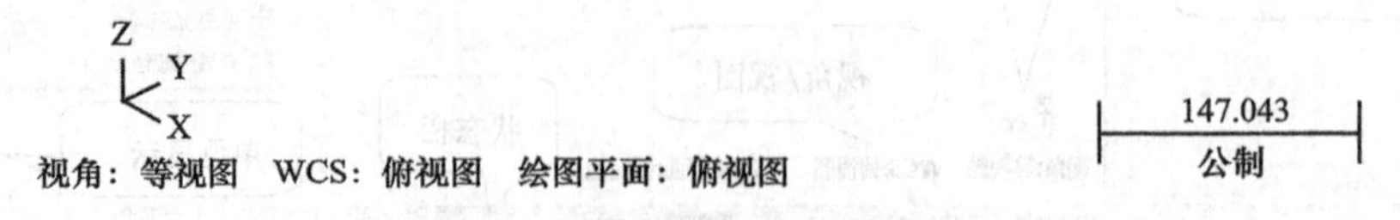

图 1-5　绘图区的显示内容

1）系统坐标：说明当前的坐标系状态。

2）视角/视图：显示当前的屏幕视角、构图平面和刀具平面。

3）单位显示：显示当前的绘图单位是米制（公制）还是英寸制（英制）。

（5）状态栏　位于屏幕的最下方，用于显示当前系统应用的属性状态，如图 1-6 所示。

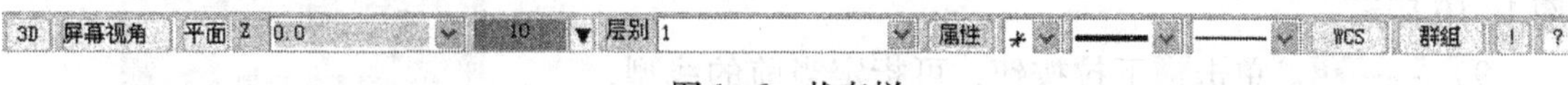

图 1-6　状态栏

1）3D。用于二维/三维构图模式的切换。

2）屏幕视角。表示当前屏幕上图形的观察角度，但用户所绘制的图形不受当前屏幕视角的影响，仅由构图平面和工作深度决定。

3）构图平面。可设定图形绘制时所在的二维平面，其允许定义在三维空间的任意处。它依赖于图形视角的设置，绘图时应避免绘制的图形设置在不适当的位置。

4）Z 0.0。可设定当构图平面的绘图深度，即 Z 轴的坐标位置。Z 轴的定义与构图平面的选择有关，它总是垂直于当前构图平面（Cplane）的 *XY* 平面，而构图深度是相对于系统原点（0，0，0）来定义的。当构图平面设为 3D 时，将忽略此深度值。

5）10。用于选取或定义当前的构图颜色，执行时单击 10 按钮，在弹出的【颜色】对话框中进行选择即可，如图 1-7 所示。右键单击 10 按钮或单击 ▼→ 选择颜色(S) 按钮，系统提示“选取一图素”，在绘图区中选择一个图素，系统将以此图素颜色绘制图形。

6）层别 1。图层是管理图形的一个重要工具。一个 Mastercam 图形文件可以包含线框模型、曲面、实体、尺寸标注、刀具路径等对象。把不同的对象放在不同的图层中，可以控制任何对象在绘图区可见或不可见。单击层别按钮，系统弹出如图 1-8 所示的【层别管理】对话框。在 Mastercam X5 软件中，可以设置 1～255 中的任何一层为当前构图层，也允许复制、移动图层从一个层到另一个层，或隐藏图层、给图层命名等。另外，还可以在层别 1 的文本框中直接输入某层别号，用户可以定义当前的工作层，控制图素在工作区的显示等。

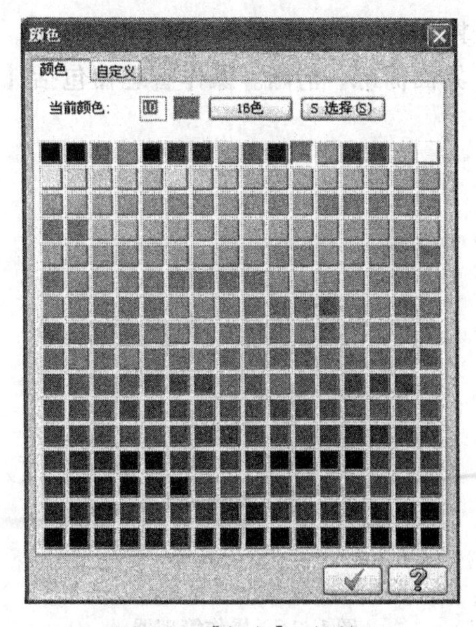

图 1-7　【颜色】对话框

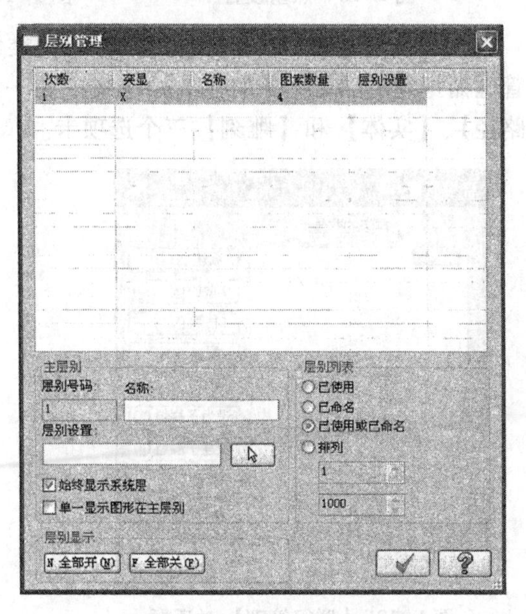

图 1-8　【层别管理】对话框

7）属性。可设定当前的绘图颜色、图层、线型、线宽等，它也反映着当前图素的类型。单击属性按钮，系统弹出【属性】对话框，如图 1-9 所示。

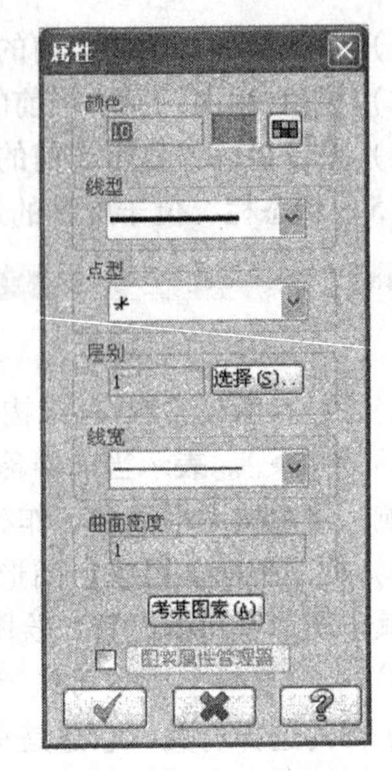

图 1-9 【属性】对话框

8）*。单击下拉按钮，可指定当前的点型，如图 1-10 所示。

9）。单击下拉按钮，可指定当前的线型，如图 1-11 所示。

10）。单击下拉按钮，可指定当前的线宽，如图 1-12 所示。

11）WCS。用于设置或调整当前系统的工作坐标系。

12）群组。单击群组按钮，系统弹出【群组管理】对话框，如图 1-13 所示。用户可将多个图素定义为一个整体，便于在转换指令中使用，如镜像、旋转、平移等，可以提高工作效率。但单体补正不能使用群组。

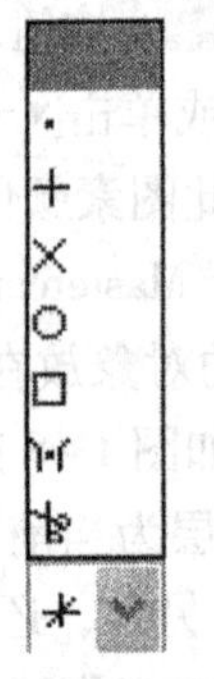

图 1-10 点型设置

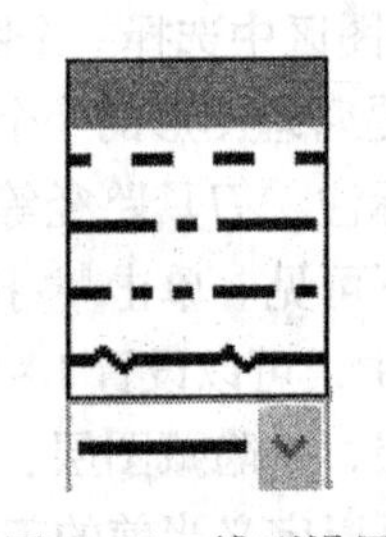

图 1-11 线型设置

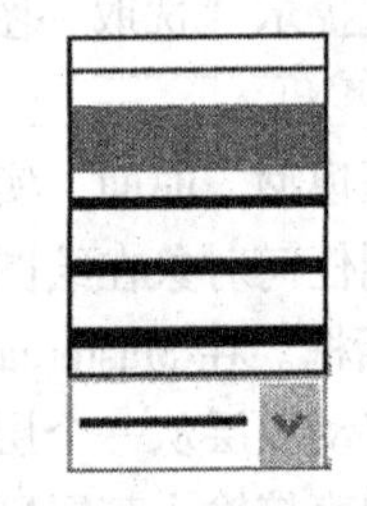

图 1-12 线宽设置

（6）操作管理器 位于绘图区的左侧，类似于其他软件的模型树，如图 1-14 所示。操作管理器把同一加工任务的各项操作集中在一起，界面简练、清晰。操作管理器包括【刀具路径】、【实体】和【雕刻】三个选项卡。

图 1-13 【群组管理】对话框

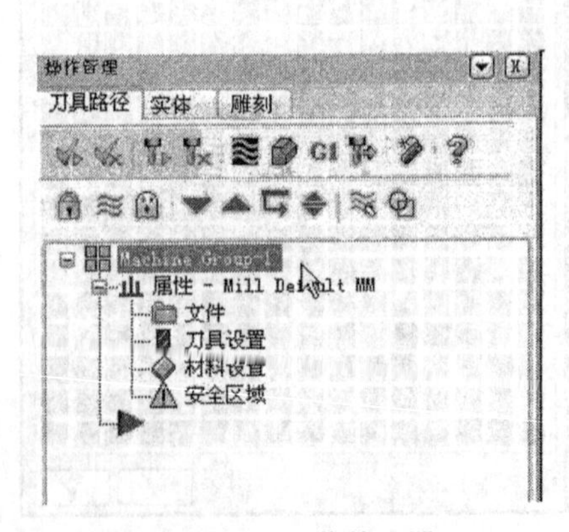

图 1-14 操作管理器

1）【刀具路径】：可进行加工刀具、加工参数的设置，以及刀具路径的编辑、复制、粘贴、校验等操作。

2）【实体】：相当于以前版本的实体管理器，记录了实体造型的每一个步骤以及各项参数等内容。

3）【雕刻】：与【刀具路径】一项类似，它是用来记录雕刻加工时的刀具路径、各项参数等。

（7）快捷菜单　在绘图区单击鼠标右键，系统弹出浮动的快捷菜单，可对图形进行缩放、选择屏幕视角、光标自动抓点设置、清除颜色等操作。

4. Mastercam X5 软件的基本操作

（1）图素的选取　在 Mastercam 软件中对图素进行编辑时，必须选取欲编辑的对象。Mastercam X5 提供了多种选择图素的方法，最常用的图素选择方法是利用鼠标在图形窗口中进行选择，被选中的图素将会高亮显示。在如图 1-15 所示的【标准选择】工具栏中，单击 □ - 下拉列表按钮，将弹出如图 1-16 所示的鼠标选择方式。常用选项的含义说明如下：

图 1-15　【标准选择】工具栏

1）【串连】。利用鼠标以串连方式选择一组首尾相连的图素。此时设置的窗口选择方式无效。

2）【窗选】。利用鼠标框出一个矩形以选择图素，而选取的对象取决于窗口选择方式的设定，如图 1-17a 所示。

3）【多边形】。利用鼠标指定多个点而框出一个封闭的多边形，以选择所需的图素，如图 1-17b 所示。

4）【单体】。利用鼠标单击需要选择的图素。此时设置的窗口选择方式无效。

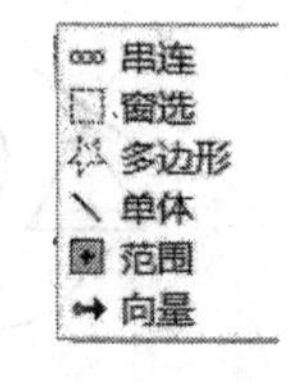

图 1-16　鼠标选择方式

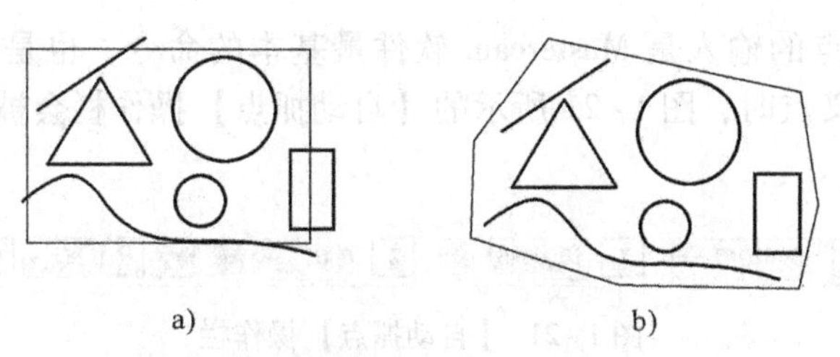

图 1-17　【窗选】和【多边形】

5）【范围】。利用鼠标在某封闭区域内单击以定义一个选择的范围，并实现对图素的选取，如图 1-18a 所示。

6）【向量】。利用鼠标绘制出直线，则所有被直线穿过的图素均被选中，如图 1-18b 所示。

在【标准选择】工具栏中单击 视窗内 下拉列表按钮，将弹出如图 1-19 所示的窗选方式，用于设定窗选时对象选取的范围。执行窗选时，对象选取的具体效果如图 1-20 所示。

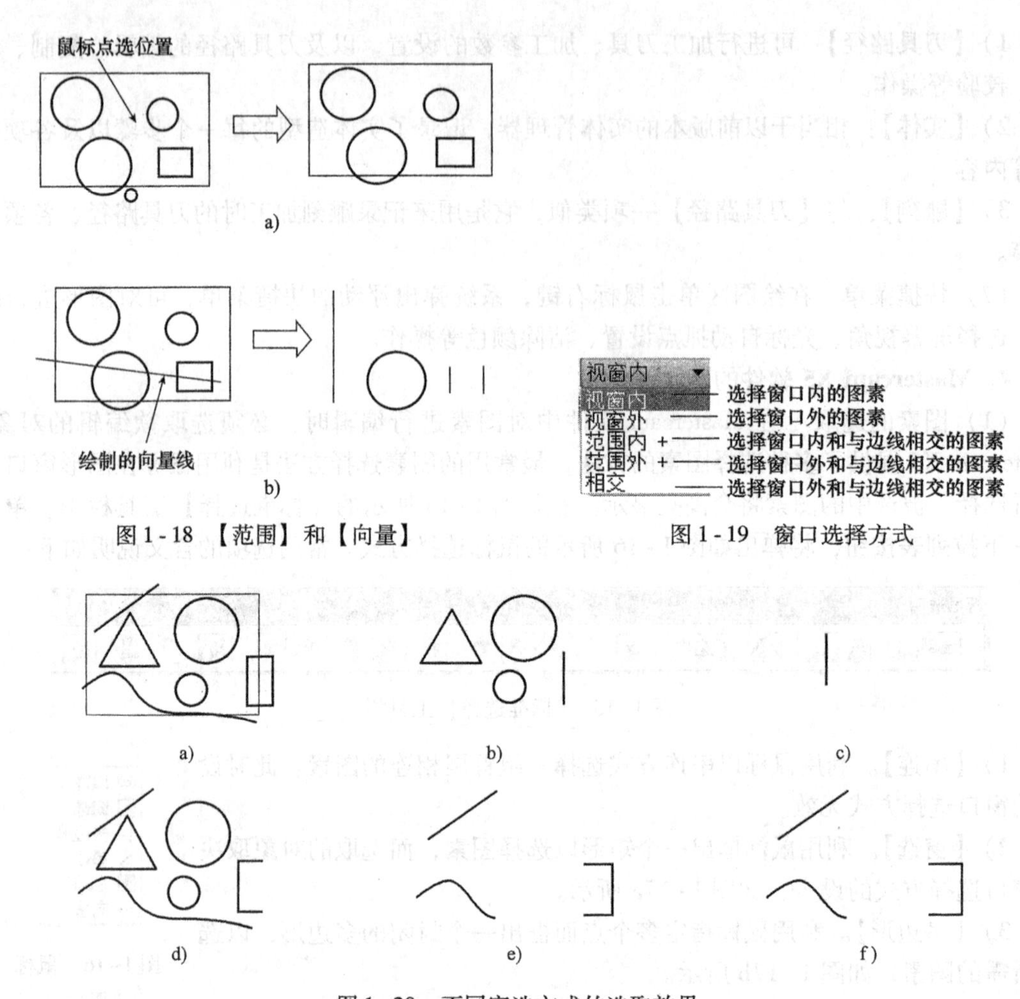

图 1-18 【范围】和【向量】

图 1-19 窗口选择方式

图 1-20 不同窗选方式的选取效果

a）鼠标窗选图素 b）视窗内 c）视窗外 d）范围内 e）范围外 f）相交

（2）点的输入 点的输入是 Mastercam 软件最基本的命令，也是绘图时用得最多的操作。每当系统提示定义点时，图 1-21 所示的【自动抓点】操作栏会被激活。有如下三种方式来定义点：

图 1-21 【自动抓点】操作栏

1）直接输入坐标值来定义点。通过 X 0.0 、 Y 0.0 和 Z 0.0 的文本框，直接输入每一个坐标值来定义点。在文本框中输入坐标值时，可单击工具栏的 X 、 Y 或 Z 按钮，系统将锁定相应的坐标值，即后续绘制的点在该坐标轴上具有相同的坐标值，再次单击该按钮即解除锁定。数值输入后，按键盘上的 <Enter> 键，确认输入的数值。

2）快速输入目标点坐标来定义点。单击按钮，将会显示如图 1-22 所示的【快速坐标】输入栏，可以在文本框中直接输入目标点的 *X*、

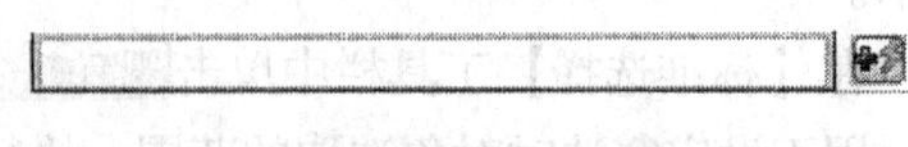

图 1-22 【快速坐标】输入栏

Y、Z 坐标值并按 <Enter> 键确认，或者按 <Esc> 键取消。这种方式可避免在三个独立的X、Y或Z坐标文本框内移动光标的麻烦。输入坐标值时，X、Y 和 Z 值之间要用逗号隔开或直接用 X、Y、Z 来标出。该方式可以接受四则运算以及代数符号等数值。

3）通过光标自动抓点来定义点。单击按钮（也可在绘图区右击，在弹出的快捷菜单中单击【自动抓点】），弹出如图1-23所示的【光标自动抓点设置】对话框，可以设置光标自动捕捉的特殊点类型。选项前有“√”标记时，表示已启动该类特殊点的光标自动抓取功能。单击的下拉按钮，可以弹出如图1-24所示的【特殊点类型】菜单，以指定当前操作所要捕捉的特殊点类型。此时，系统所设置的光标自动抓点功能将被终止，直至当前操作结束后才会重新启用。

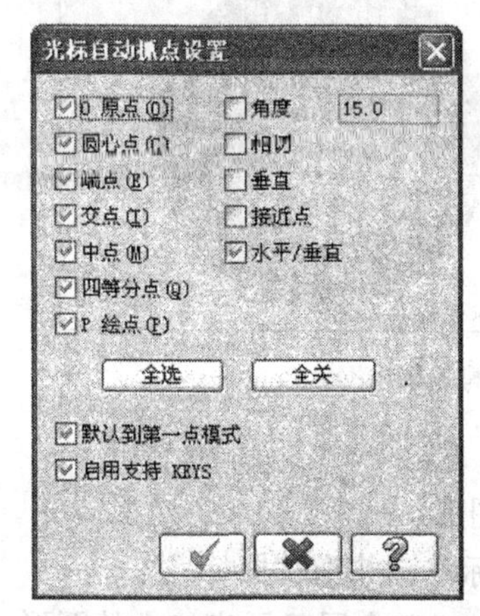

图1-23 【光标自动抓点设置】对话框

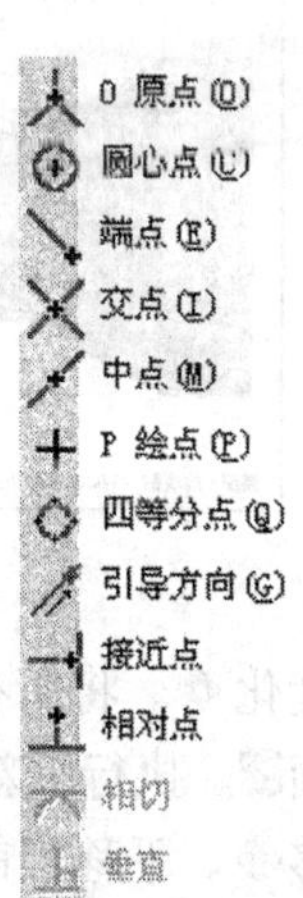

图1-24 【特殊点类型】菜单

（3）图形对象的观察　在设计过程中，往往需要对图形对象的某一部分进行放大或缩小。此时，可以选择如图1-25所示的【视图】菜单中的命令，或者单击如图1-26所示的【视图控制】工具栏按钮来实现。常用命令和按钮的功能说明如下：

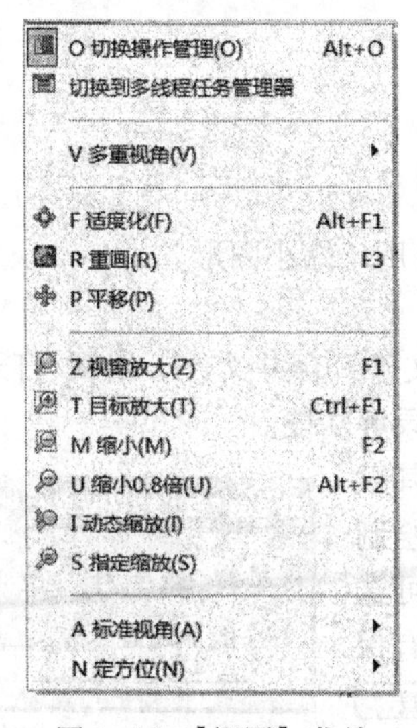

图1-25 【视图】菜单

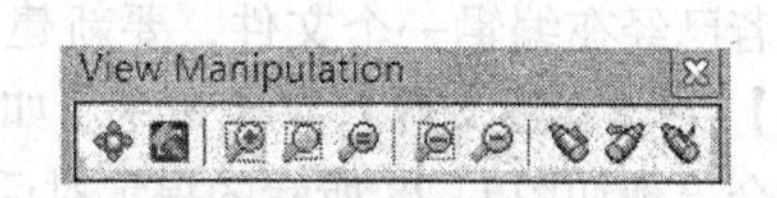

图1-26 【视图控制】工具栏

1）视窗。选择不同的视角组合以实现视图窗口的分割，如图 1-27 所示。此时，各个视图窗口的构图平面是一致的。

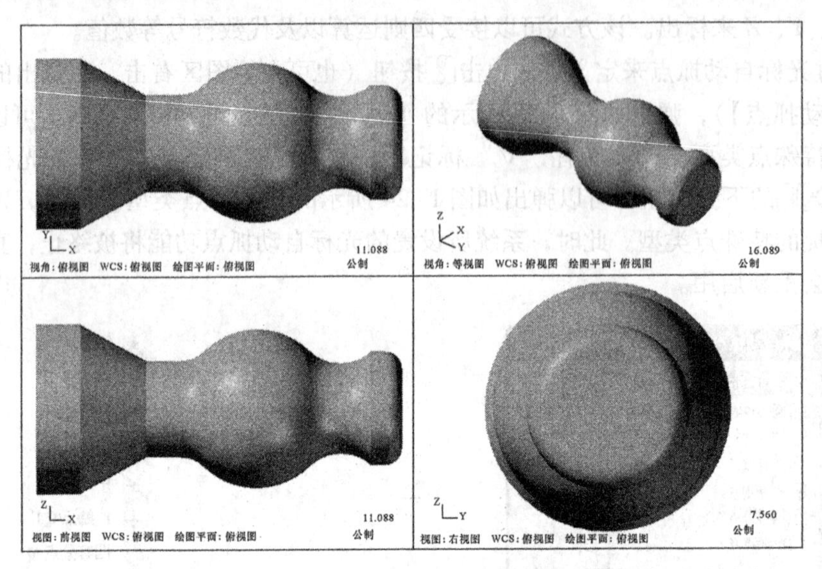

图 1-27 多视窗显示的效果

2）适度化。将所有图形对象全屏显示。

3）重画。执行重新生成运算，刷新当前屏幕图形。

4）平移。平移当前的图形视窗，此时需按鼠标左键并拖移鼠标。

5）视窗放大。利用鼠标左键框选一个矩形窗口，并全屏显示窗口中的图形。

6）目标放大。利用鼠标指定矩形观察窗口的中心，并通过拖动鼠标来设定观察窗口的大小，系统将对窗口内的图形对象全屏显示。

7）缩小 0.8 倍。将当前的图形对象显示缩小至当前的 80%。

在 Mastercam X5 中定义了一些特殊的功能键，通过该类功能键也可快捷地执行某些操作，如：

■ 键盘方向键可用于平移图形。

■ <Alt> + 键盘光标键可用于旋转图形。

■ <End> 键可用于自动旋转图形。

■ <PageUp> 键可用于放大图形，<PageDown> 键可用于缩小图形。

5. 文件管理

Mastercam X5 的文件管理包括：创建新文件、打开文件、合并文件、编辑/打开外部文件、保存文件、另存文件、部分保存文件、输入/输出目录等功能。

（1）创建新文件　在 Mastercam X5 启动后，系统按其默认配置自动创建了一个新文件，用户可以直接进行图形绘制等操作。若已经在编辑一个文件，要新建另一个文件，可选择【文件】→【新建文件】菜单命令。如果当前文件没有保存，系统会出现如图 1-28 所示的提示对话框，单击 是(Y) 按钮，则保存当前文件；单击 否(N) 按钮，则放弃保存。

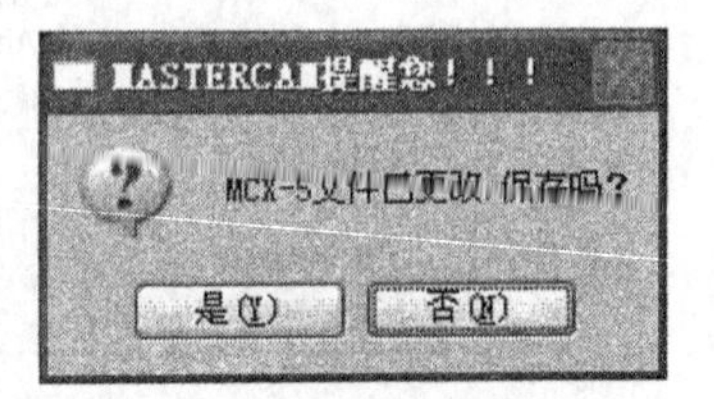

图 1-28 文件保存提示对话框

（2）打开文件

1）选择【文件】→【打开文件】菜单命令，系统弹出【打开】对话框，如图 1-29 所示。

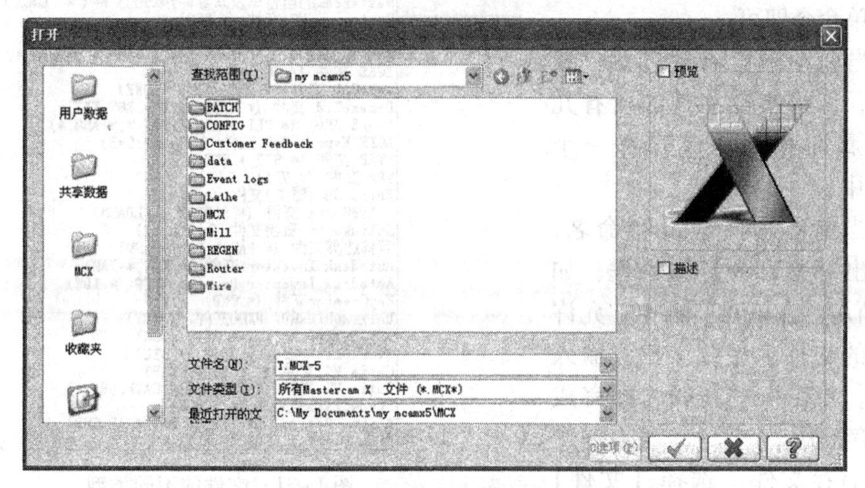

图 1-29　【打开】对话框

2）勾选 预览 复选框，即可通过该预览窗口查看所需文件，如图 1-30 所示。

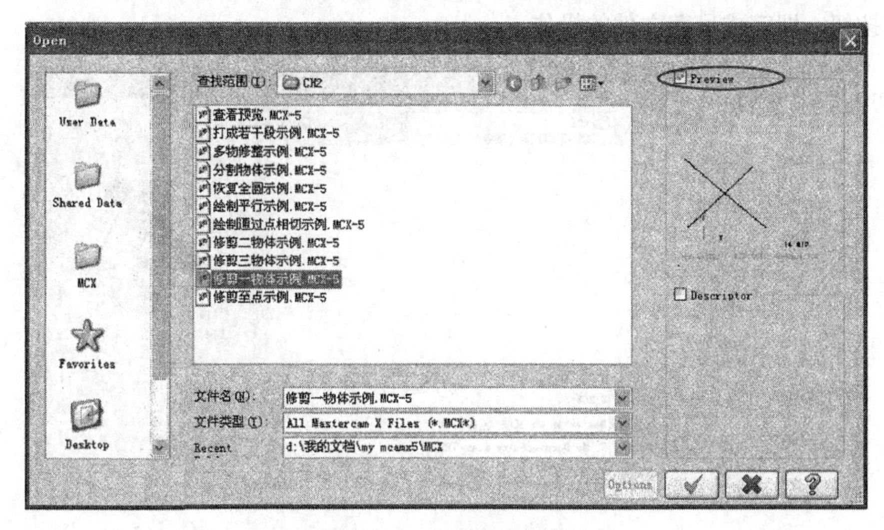

图 1-30　查看预览文件

3）选择文件后，单击 ✔ 按钮或双击所选文件，将在 Mastercam X5 的绘图区显示与打开该文件。此时，如果当前文件没有保存，系统将弹出如图 1-28 所示的对话框提示是否保存当前文件。

4）单击 文件类型(T): 下拉列表按钮，可打开不同类型的文件，如图 1-31 所示。

（3）合并文件　选择【文件】→【合并文件】菜单命令，可以将已有的 MCX、MC9、MC8 或 DWG 下等类型的图形文件合并到当前的文件中，但合并文件的关联系几何对象（如刀具路径等）不能被调入。合并文件时可以对其进行插入点设置、属性设置、缩放、旋转、镜像、刀具平面设置等操作。

(4) 保存文件　完成了图形的绘制与修改后，应对图形文件进行保存，此时选择【文件】→【保存文件】菜单命令即可。

如果当前图形已有文件名，执行该命令，即将当前文件的所有几何图形、属性和操作保存在一个 MCX 文件中。

如果当前图形文件没有命名，系统将弹出【另存为】对话框，如图 1-32 所示。在该对话框中，允许用户以新的文件名保存文件。输入文件名后，单击按钮，即完成文件的保存操作。

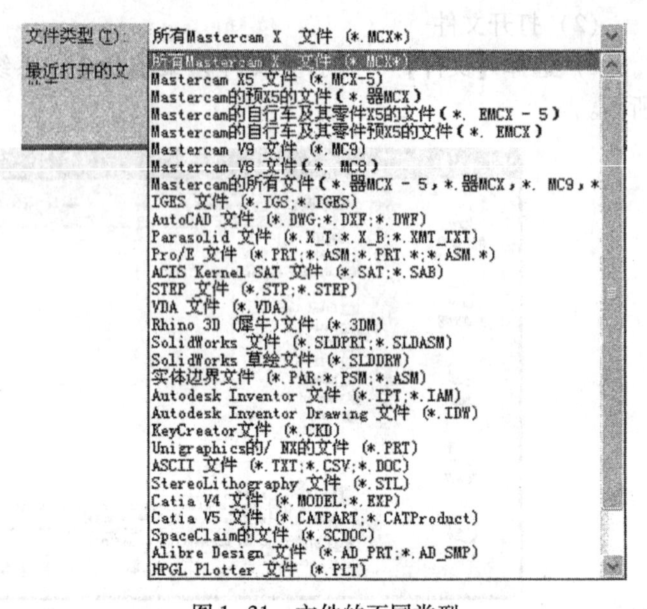

图 1-31　文件的不同类型

(5) 另存文件　选择【文件】→【另存文件】菜单命令，系统弹出如图 1-32 所示的【另存为】对话框，允许用户以新的文件名保存文件，输入文件名后，单击按钮，即完成另存文件的操作。

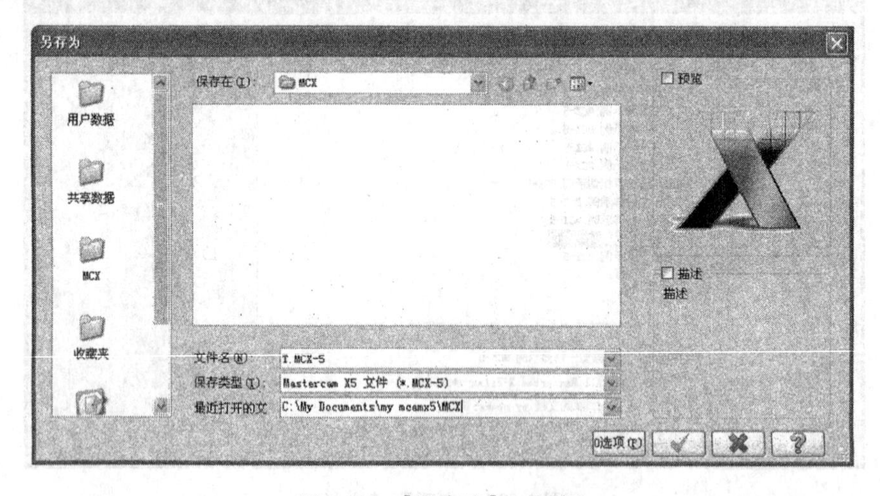

图 1-32　【另存为】对话框

当用户输入的文件名与已有文件同名，屏幕即显示另存文件【替换】对话框，如图 1-33 所示，询问用户是否以当前文件替换原有的同名文件。单击是(Y)按钮，则当前文件替代同名文件的原有图形。为防止因操作失误造成原文件的丢失，用户应谨慎对待对话框的询问，只有在确定不需要保留原文件的前提下，才能单击是(Y)按钮。

图 1-33　另存文件【替换】对话框

（6）部分保存文件　部分保存文件就是对绘图区中的部分图素进行单独保存。选择【文件】→【部分保存】菜单命令，系统提示选取需要保存的图素，选取完图素后，系统同样弹出【另存为】对话框，如图1-32所示，重复保存文件的操作过程即可。

（7）输入/输出目录

1）输入目录。选择【文件】→【汇入目录】菜单命令，系统弹出【汇入文件夹】对话框，如图1-34所示。

用户可以单击【汇入文件夹】对话框中【汇入文件的类型:】右边的下拉箭头按钮，选择需要输入文件的类型；单击【从这个文件夹:】右边的按钮，选择输入文件所在的位置；单击【到这个文件夹:】右边的按钮，选择输入文件将要保存的位置。设置完成后，单击按钮，即完成文件的输入目录操作。

2）输出目录。选择【文件】→【汇出日录】菜单命令，系统弹出【导出文件夹】对话框，如图1-35所示。

图1-34　【汇入文件夹】对话框

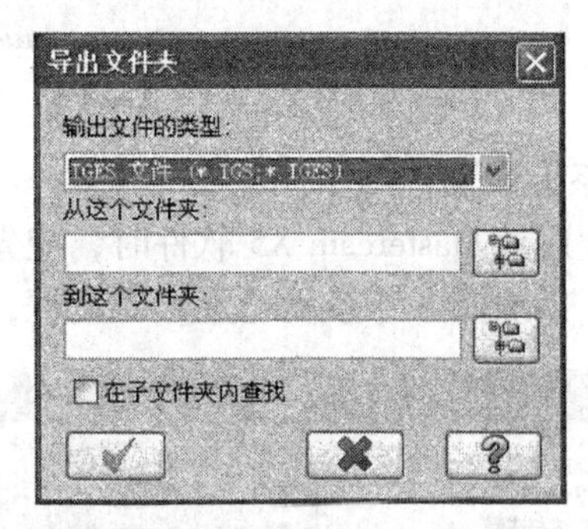

图1-35　【导出文件夹】对话框

用户可以单击【导出文件夹】对话框中【输出文件的类型:】下边的下拉箭头按钮，选择需要输出文件的类型；单击【从这个文件夹:】右边的按钮，选择输出文件所在的位置；单击【到这个文件夹:】右边的按钮，选择输出文件将要保存的位置。设置完成后，单击按钮，即完成文件的输出目录操作。

（8）标准工具栏与定制工具栏

1）标准工具栏。工具栏是 Mastercam X5 提供的一种调用命令的方式，它包含多个由图标表示的命令按钮，单击这些按钮，就可以调用相应的命令。图1-36所示为 Mastercam X5 提供的【草绘】（Sketcher）和【转换】（Xform）工具栏。

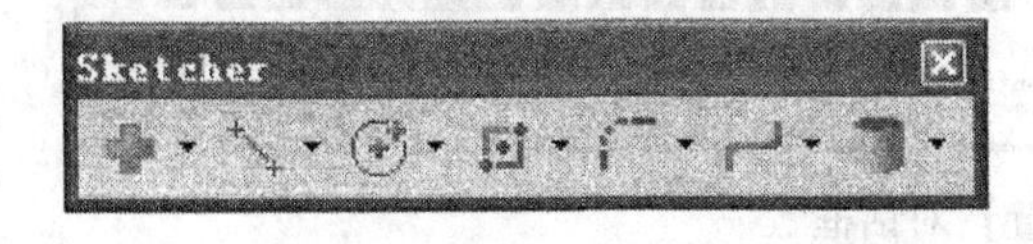

a)

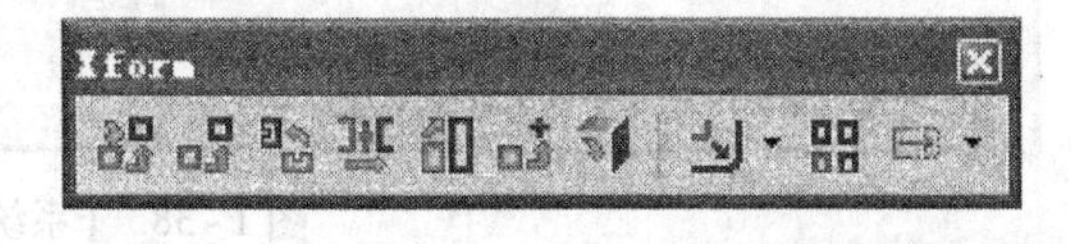

b)

图1-36　部分标准工具栏

a)【草绘】（Sketcher）工具栏　b)【转换】（Xform）工具栏

2）定制工具栏。如果要显示当前隐藏了的工具栏，用户可选择【设置】→【刀具栏设置】菜单命令，系统会弹出【刀具栏状态】对话框，如图1-37所示。在该对话框的【显示如下的刀具栏:】列表框中，在要显示的刀具栏前面的方框中单击鼠标右键，其前面出现“√”，表明在 Mastercam X5 工作界面将显示该工具栏，若要隐藏工具栏，可取消其前面的“√”号。

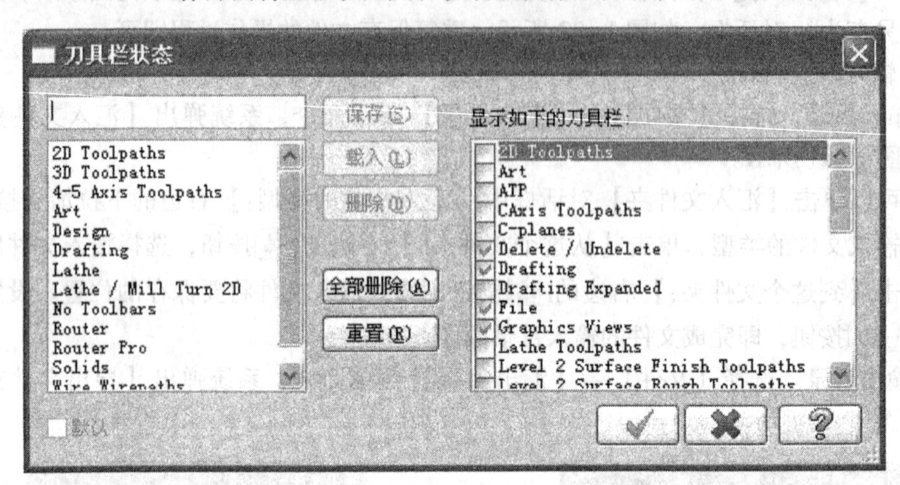

图 1-37 【刀具栏状态】对话框

6. 系统设置

初次启动 Mastercam X5 软件时，应先进行系统设置。选择【设置】→【系统规划】菜单命令，系统弹出【系统配置】对话框，如图 1-38 所示。

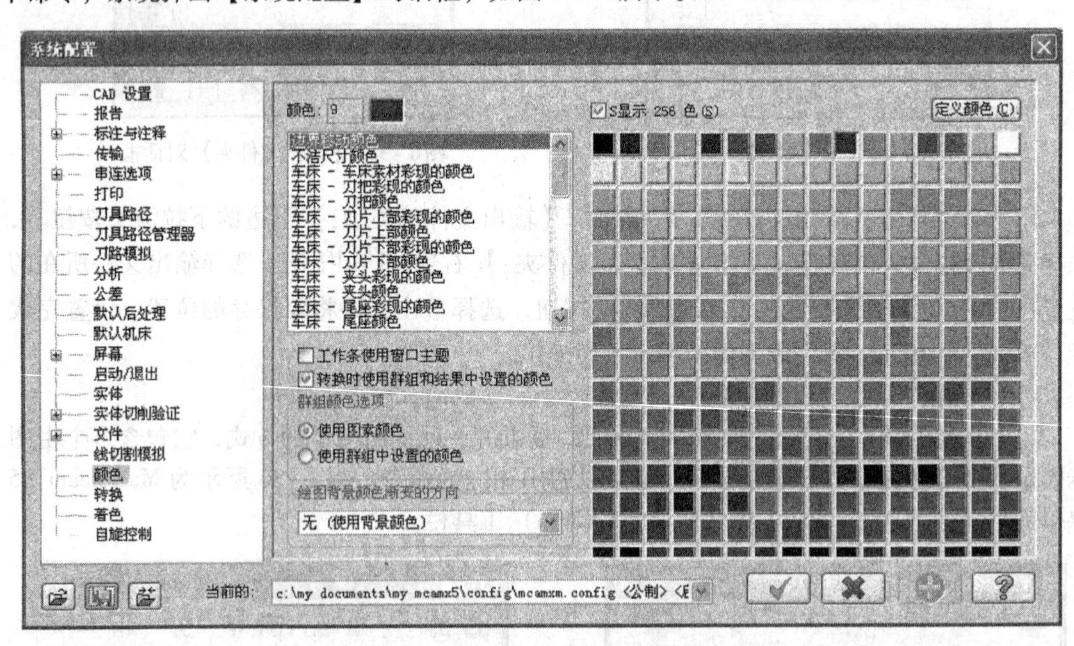

图 1-38 【系统配置】对话框

在【系统配置】对话框中，可根据需要选择相应的选项进行设置。

(1) 设置文件自动保存及文件自动保存的位置　绘图时，应养成及时保存文件的好习惯。可通过以下方法设置文件的自动保存功能：

1) 单击【系统配置】对话框中左列的【文件】选项中的【自动保存/备份】子选项，即可打开该选项中的【自动保存/备份】子选项选项页，如图 1-39 所示。

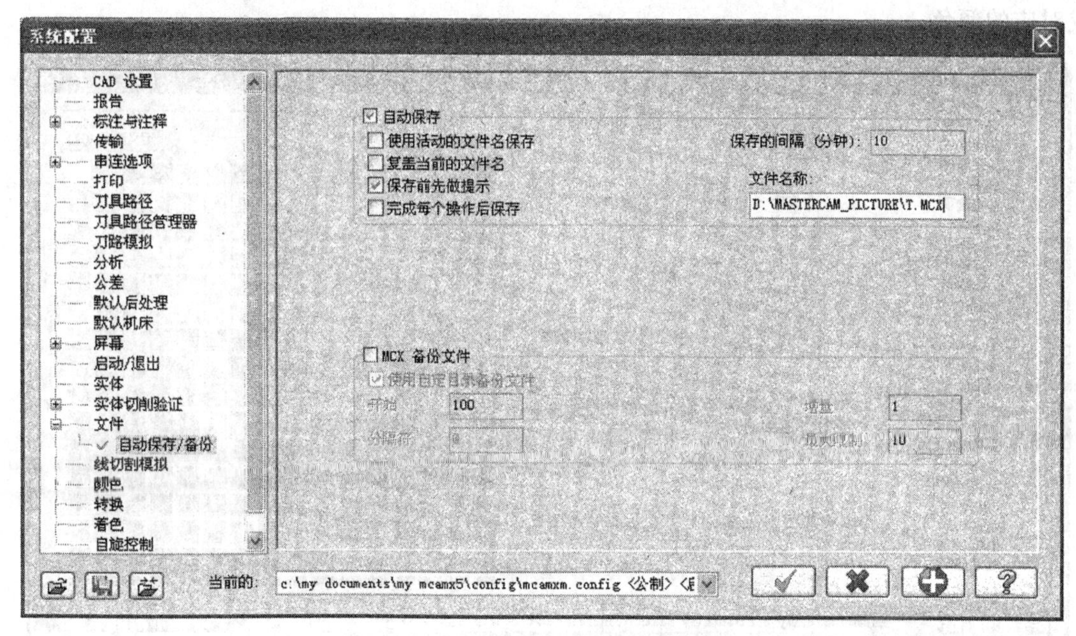

图 1-39　【自动保存/备份】选项页

> 注：单击⊞可展开【文件】选项中的【自动保存/备份】子选项。

2）单击自动保存复选框，其前面出现“√”，表明自动保存文件被激活，可进行相应的设置。

3）在文件名称:文本框中可输入自动保存文件的位置及名称。

4）在保存的间隔（分钟）:文本框中输入文件自动保存的间隔时间，如输入“10”，即设置文件每隔 10min 自动保存一次。

5）单击保存前先做提示复选框，其前面出现“√”，表明自动保存文件时先做提示。

> 注：每到设置的文件自动保存的间隔时间，系统会出现如图 1-40 所示的【自动保存】对话框。用户若不更改自动保存的文件名，直接单击✔按钮进行保存即可；用户若需更改自动保存的文件名，则在该对话框中输入文件名，再单击✖按钮进行保存。

（2）改变绘图区底色

在初始状态下，系统绘图区底色为蓝色，可通过以下方法改变绘图区的底色。

1）单击【系统配置】对话框中左列的【颜色】主题，即可打开该主题的选项页，如图 1-41 所示。

2）拖动【颜色:】列表框右侧的滚动条，单击选中【工作区背景颜色】选项，在颜色: 15 后的文本框中直接输入对应颜色的数字或在☑S显示 256 色(S)的颜色选择板中选择想要改变的颜色，单击✔按钮，工作区背景即变

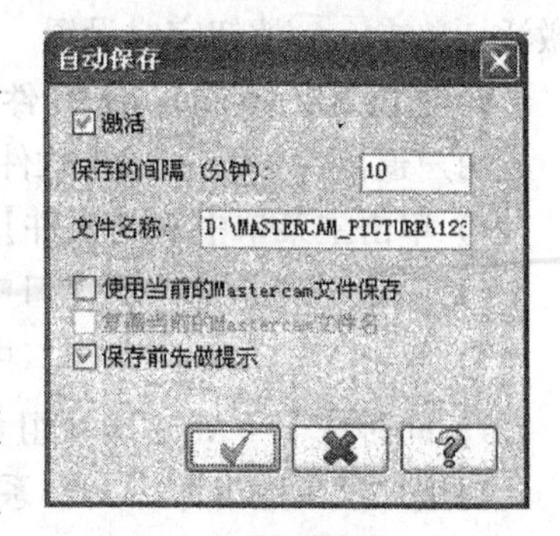

图 1-40　【自动保存】对话框

成对应的颜色。

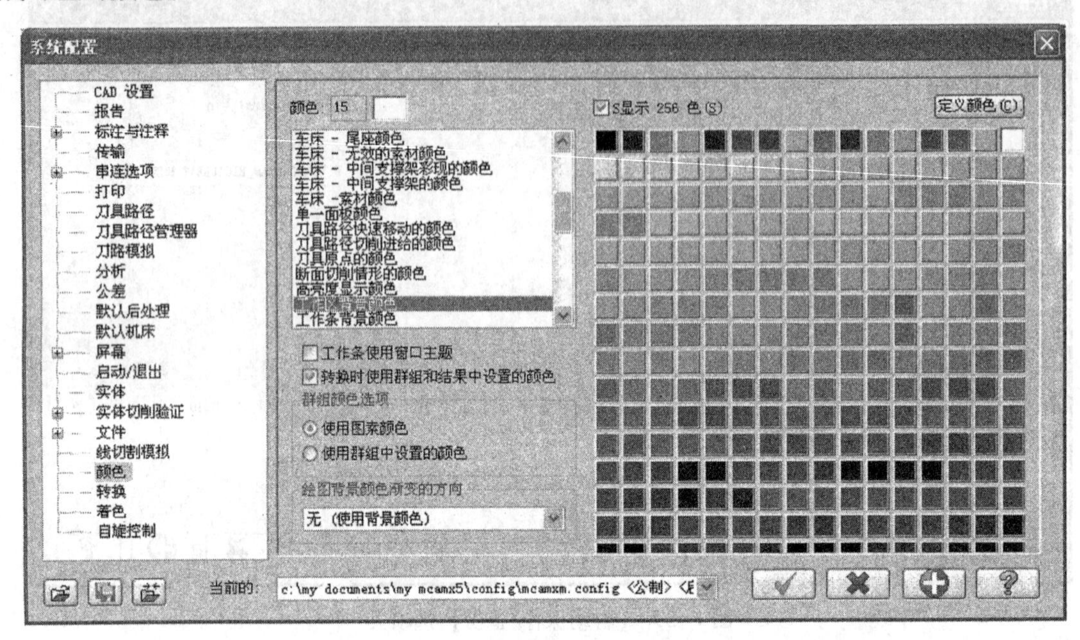

图 1-41 【颜色】选项页

（3）改变米/英制绘图制式　在绘图过程中，米/英制绘图制式可通过以下方式进行设定：在如图 1-41 所示的【系统配置】对话框中，在“当前的: c:\my documents\my mcamx5\config\mcamxm. config <公制> <E”下拉列表框中选择“mcamxm. config <公制>”或“mcamxm. config <英制>”，即可实现米/英制绘图制式的转换。

7. 设置自动抓点方式

类似前面在定义点时讲到的，由于绘图中经常要捕捉图素的端点、交点、圆心、四等分点等特殊点，因此用户可根据需要设置自动抓点方式。

在绘图区单击鼠标右键，在系统弹出浮动的快捷菜单中单击【自动抓点】选项，系统弹出【光标自动抓点设置】对话框，如图 1-42 所示。在该对话框中的抓点项前面的复选框中单击，其前面出现“√”，表明该项自动抓点方式被激活，单击按钮完成设置。

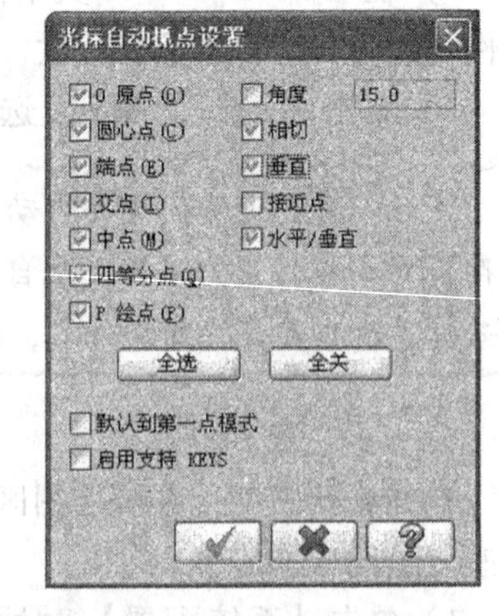

图 1-42 【光标自动抓点设置】对话框

8. 退出 Mastercam X5 软件

用户退出 Mastercam X5 软件有以下几种方式：

1）单击主菜单中的【文件】→【退出】菜单命令。

2）单击 Mastercam X5 窗口中右上角的“ ”图标。

3）双击 Mastercam X5 窗口中左上角的“ ”图标。

4）同时按下 <Alt + F4>组合键。

当用户发出退出命令时，系统会弹出如图 1-43 所示的对话框，询问用户是否确认离开。单击“是(Y)”按钮表示确认退出系统，单击“否(N)”按钮则返回系统工作状态。

单击 是(Y) 按钮后，如果当前图形经修改又尚未保存时，系统会弹出如图1-44所示的对话框，询问用户是否保存改动。单击 是(Y) 按钮表示保存改动，单击 否(N) 按钮表示放弃保存。只有当用户做出明确选择后，才能退出系统。

图1-43 【是否退出】对话框

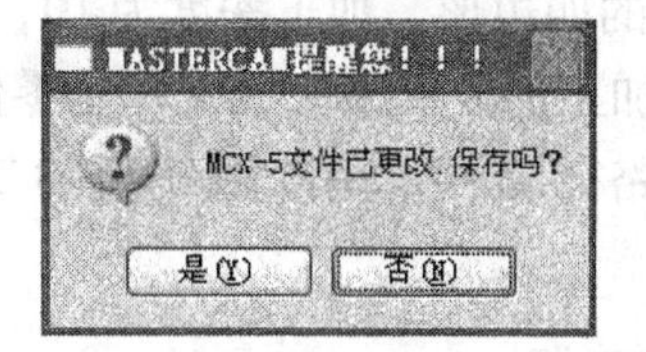

图1-44 【是否保存文件】对话框

1. 打开 Mastercam X5 Lathe 和 Mastercam X5 Wire 界面，找出这两个界面与 Mastercam X5 Mill 界面的区别与联系。

2. 将绘图区的底色设置为白色。

提示：

1）单击【系统配置】对话框中左列的【颜色】主题。

2）拖动【颜色】列表框右侧的滚动条，单击选中【工作区背景颜色】选项，在 颜色: 15 后的文本框中直接输入数字“15”或在 显示 256 色(S) 的颜色选择板中选择白色，单击【确定】按钮，工作区背景即变成白色。

任务2 初识 Mastercam X5 的造型与加工

任务描述

应用 Mastercam X5 软件，完成如图1-45所示零件的数控加工编程。

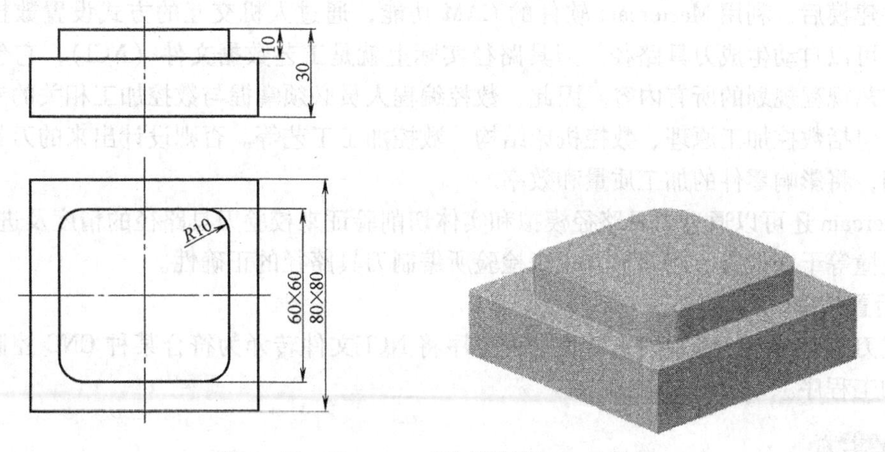

图1-45 Mastercam X5 的造型与加工实例

会叙述应用 Mastercam X5 软件实现零件的数控加工编程的一般流程。

任务分析

分析图 1 - 45 所示的零件图，毛坯尺寸是 80×80×30 的立方体，需加工的部位是 60×60 带圆角的四边形，加工深度为 10，该零件加工属二维加工。因此对该零件的加工编程可采用线架加工的方式来完成，即是零件造型建模只需绘出 60×60 带圆角的四边形即可，在生成刀具路径时可采用外形铣削的二维刀路进行编制，最后进行后置处理生成数控加工程序。

相关知识

使用 Mastercam 的最终目的是要获取数控机床控制器可以识读的数控加工程序（NC 代码）。数控编程就是指从零件设计到得到合格数控加工程序的全过程。

在 CAD/CAM 软件中，NC 代码的生成一般需要三个基本步骤：一是计算机辅助零件设计（CAD），建立被加工零件的几何模型，产生“. MCX”文件；二是计算机辅助制造（CAM），生成通用的刀具路径数据文件，即生成“. NCI”文件；三是后置处理，将 NCI 文件转换为数控加工程序，即生成“. NC”文件。

1. 建模

在 CAD/CAM 软件中，常用以下三种方法来建立被加工零件的几何模型。

1）CAD 设计。利用软件本身的 CAD 造型功能，精确地绘制出零件的几何模型。

2）三维测量或扫描。利用三坐标测量机或扫描仪得到零件模型的 X、Y、Z 三维坐标数据，之后由系统提供的图形转换接口，将测得的实物数据转换成 Mastercam 软件的图形文件。

3）图形文件导入。通过软件提供的 DXF、IGES、CADL、VDA、STEP、DWG 等标准图形转换接口，把其他 CAD 软件建立的图形或模型转换成 Mastercam 软件的图形文件，实现图形的交换与共享。

2. 生成刀具路径

零件建模后，利用 Mastercam 软件的 CAM 功能，通过人机交互的方式设置数控加工工艺参数，可以自动生成刀具路径。刀具路径实际上就是工艺数据文件（NCI），它包含了数控加工工艺规程规划的所有内容。因此，数控编程人员必须掌握与数控加工相关的专业知识和经验，包括数控加工原理、数控机床结构、数控加工工艺等。否则设计出来的刀具路径往往不实用，将影响零件的加工质量和效率。

Mastercam 还可以通过刀具路径模拟和实体切削验证来校验刀具路径的精度及进行过切、欠切和碰撞等干涉检查，用图形方式来检验所编制刀具路径的正确性。

3. 后置处理

生成刀具路径后，必须通过后置处理程序将 NCI 文件转译为符合某种 CNC 控制器需要的数控加工程序。

任务实施

1. 零件的造型建模——绘制 60×60 圆角四边形轮廓的二维草图

（1）启动 Mastercam X5 软件

（2）设置绘图环境　设置构图平面和屏幕视角面均为【顶视图】。

注意：构图平面是用于画草图的平面，视角面是用于观察屏幕图形的平面，两者可以相同也可以不同。

（3）绘制60mm×60mm圆角四边形轮廓　选择菜单栏中的【绘图】（Create）→【矩形形状设置】（Rectangular Shapes）命令，系统弹出如图1-46所示的【矩形选项】对话框。

1）选择产生矩形的方式：单击【一点】产生矩形。

2）定义尺寸：在文本框和文本框中均输入“60”，文本框输入“10”。

3）选择矩形的固定位置：单击【固定的位置】中的中心点。

4）定义【固定的位置】坐标值：本例将圆角四边形的中心放置在坐标系原点上，即在如图1-47所示的【自动抓点】操作栏的X 0.0、Y 0.0和Z 0.0中均输入数值“0”，按键盘上的<Enter>键，确认输入的数值。

5）单击图1-46所示的【矩形选项】对话框中的按钮，在绘图区即出现如图1-48所示的圆角四边形。

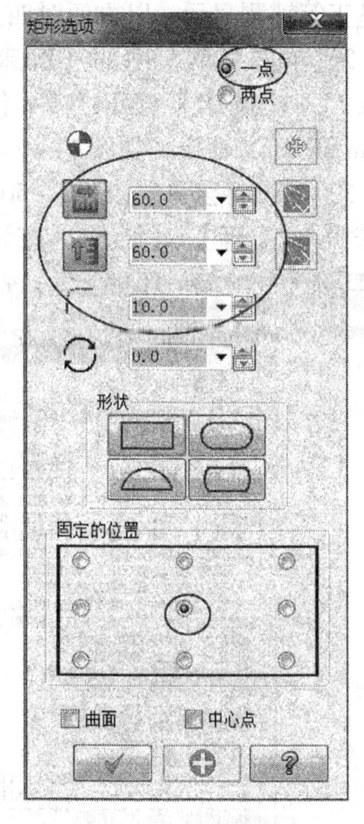

图1-46　【矩形选项】对话框

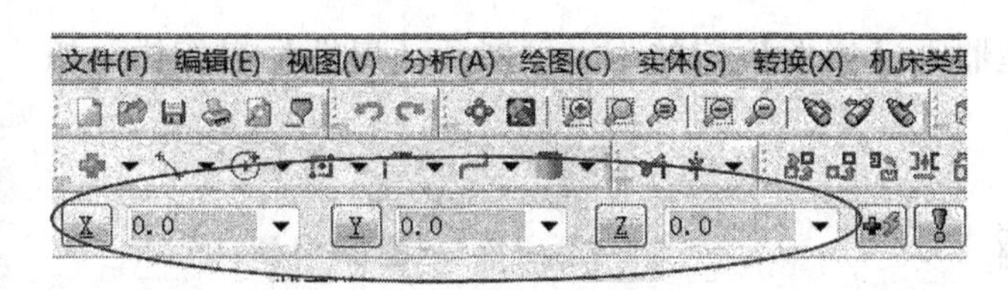

图1-47　【自动抓点】操作栏

图1-48　绘制出的60×60圆角四边形

教你一招

在单击按钮时，在绘图区往往看不到所绘制的图形，其原因不是没把图形画出来，而是所绘图形没有显示在绘图区而已。此时可按键盘上的<ALT+F1>键，使所画图形全屏展示即可。

按<F9>键，可显示坐标系，观察所画四边形的中心是否与坐标系原点重合。

2. 生成刀具路径并进行验证检查

(1) 选择机床类型

1) 设置屏幕视角面为【等角视图】，使四方体呈正等轴测显示，以方便对四方外轮廓的观察。

2) 单击菜单栏中的【机床类型】(Machine Type)→【铣床】(Mill)→【机床列表管理】(Manage list) 命令，如图 1-49 所示。

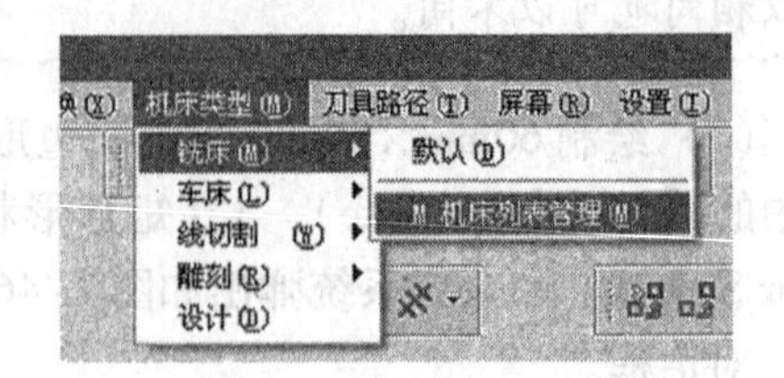

图 1-49 【机床类型】选择

3) 系统将会弹出如图 1-50 所示的【自定义机床菜单管理】对话框。在该对话框中选择“MILL 3 - AXIS VMC MM.MMD-5”，先单击【增加】按钮，再单击☑按钮即可。

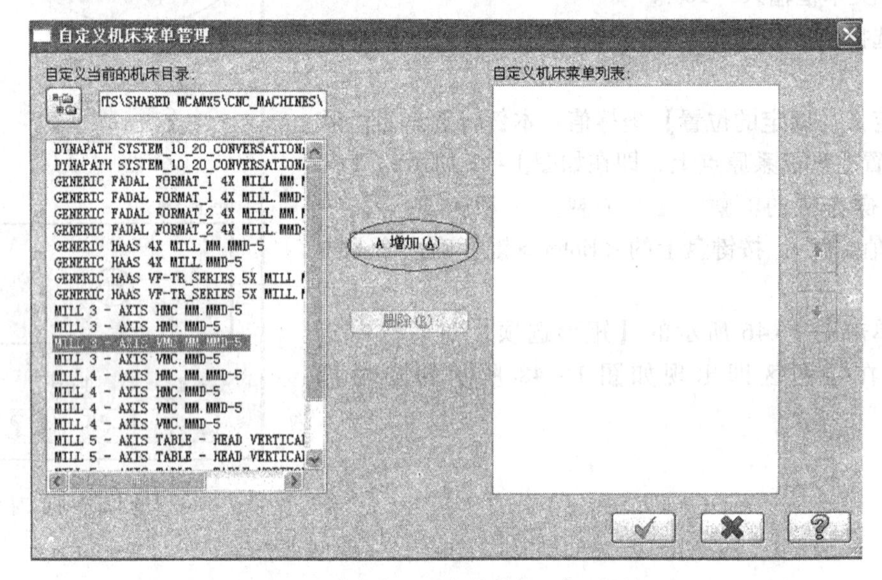

图 1-50 【自定义机床菜单管理】对话框

(2) 设置毛坯尺寸

1) 单击如图 1-51 所示操作管理器中【属性】前的⊞，可展开【属性】操作栏，如图 1-52 所示。

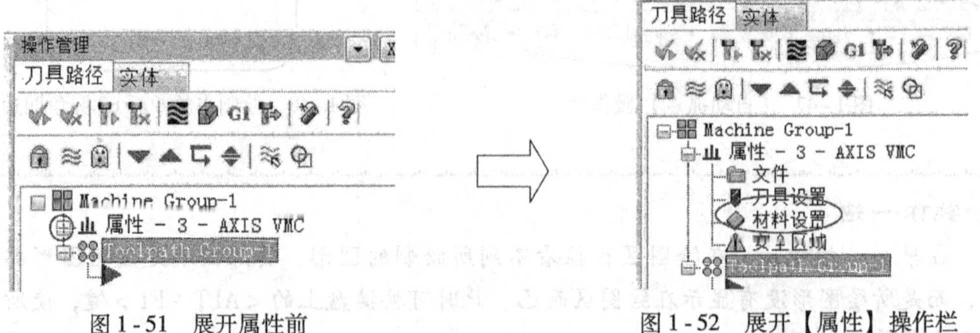

图 1-51 展开属性前　　图 1-52 展开【属性】操作栏

2) 单击如图 1-52 所示的【材料设置】，弹出如图 1-53 所示的【机器群组属性】对话框。

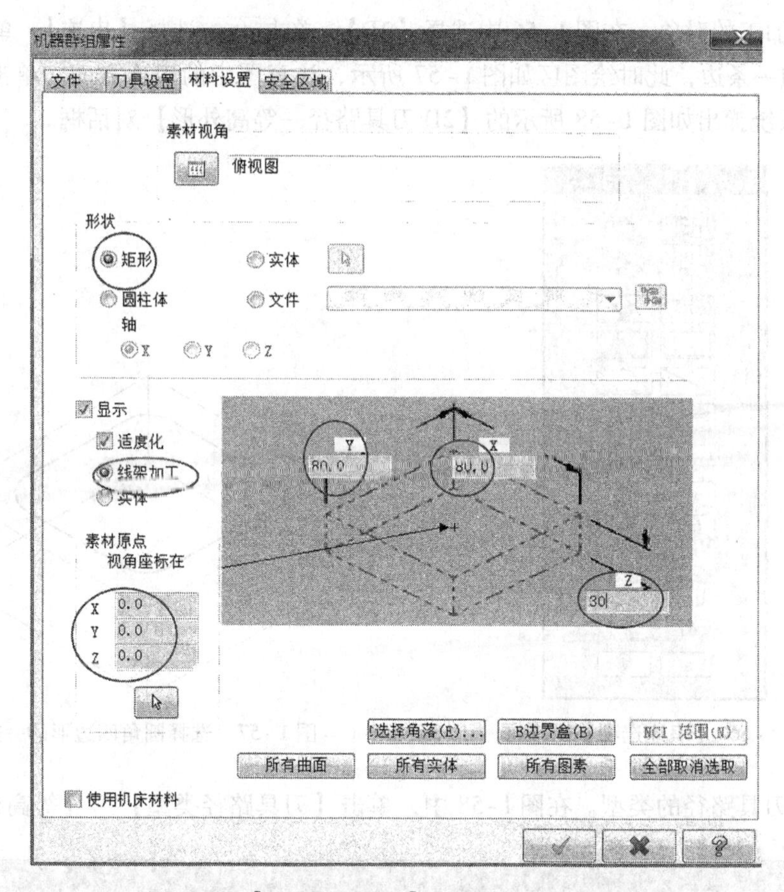

图1-53 【机器群组属性】对话框及其设置结果

3）设置毛坯尺寸。按图1-53所示对话框设置毛坯 X、Y 和 Z 向的尺寸。

4）单击☑按钮，完成毛坯设置，此时绘图区显示的工件毛坯如图1-54所示。

（3）生成轮廓铣削的刀具路径

1）刀具路径类型的选择。单击菜单栏中的【刀具路径】（Toolpath）→【外形铣削】（Contour）命令，系统将会弹出如图1-55所示的【输入新NC名称】对话框。

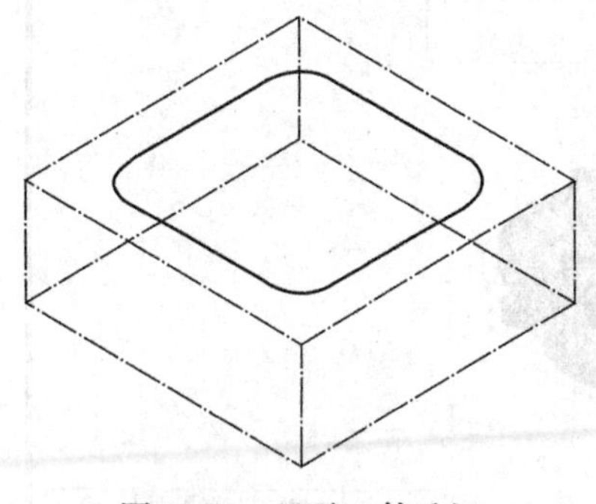

图1-54 显示工件毛坯

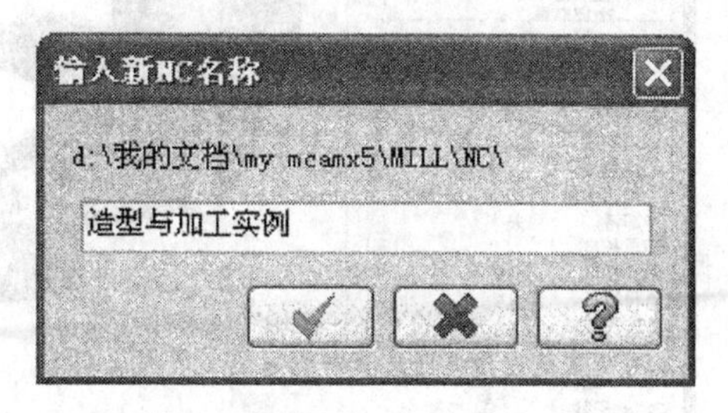

图1-55 【输入新NC名称】对话框

2）给新NC命名。在图1-55所示对话框中输入新NC的名称“造型与加工实例”，单击☑按钮，系统将弹出如图1-56所示的【串连选项】对话框。

3）选择加工的对象。在图 1-56 中选择【2D】，单击选择【串连】，单击绘图区中圆角四边形的一条边，此时绘图区如图 1-57 所示，注意图中的串连方向。单击图 1-56 中的按钮，系统弹出如图 1-58 所示的【2D 刀具路径—等高外形】对话框。

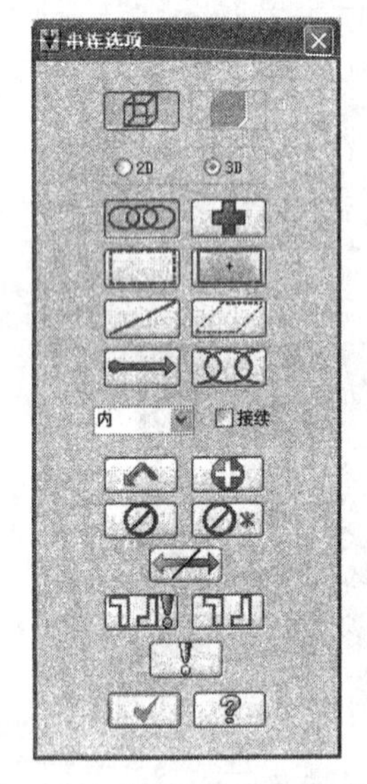

图 1-56 【串连选项】对话框

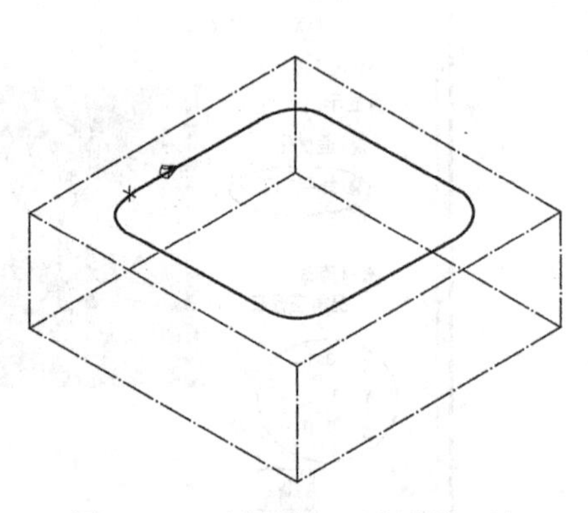

图 1-57 选择圆角四边形的一边

4）选择刀具路径的类型。在图 1-58 中，单击【刀具路径类型】→【等高外形】选项。

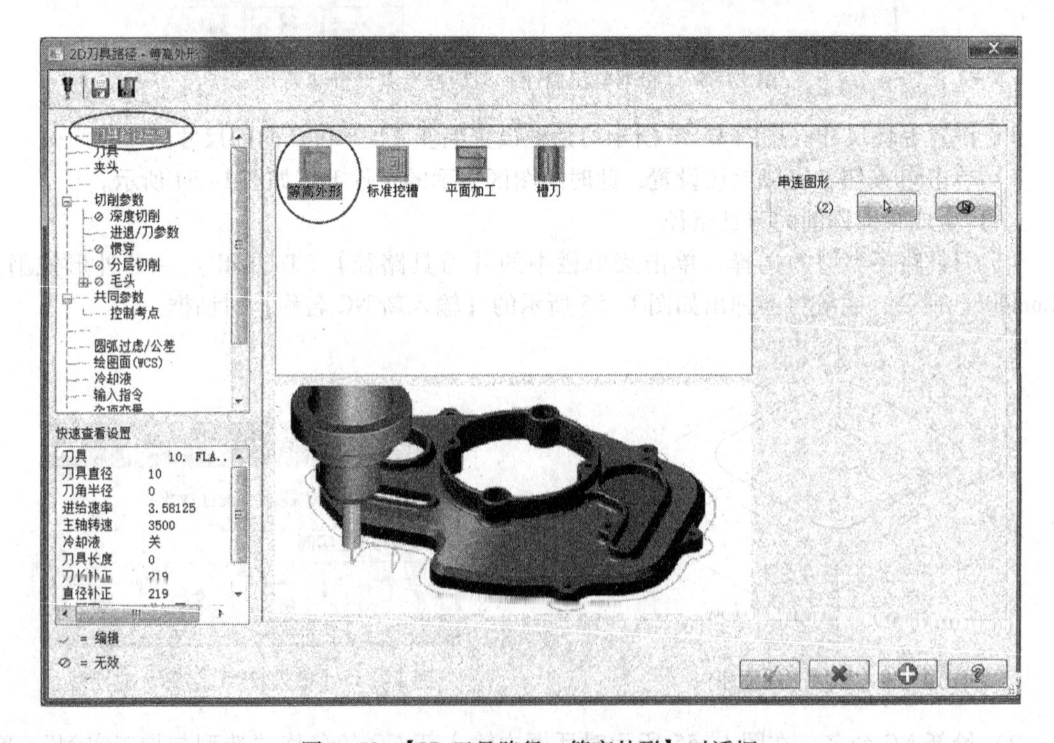

图 1-58 【2D 刀具路径—等高外形】对话框

5）选择刀具的类型。在图 1-58 对话框中单击【刀具】选项。在该选项页中单击【选择库中的刀具】按钮，系统弹出如图 1-59 所示的【选择刀具】对话框。拖动该对话框中的滚动条，选择直径为 ϕ20 的平底刀，单击☑按钮，系统弹出如图 1-60 所示的【2D 刀具路径—刀具】对话框。

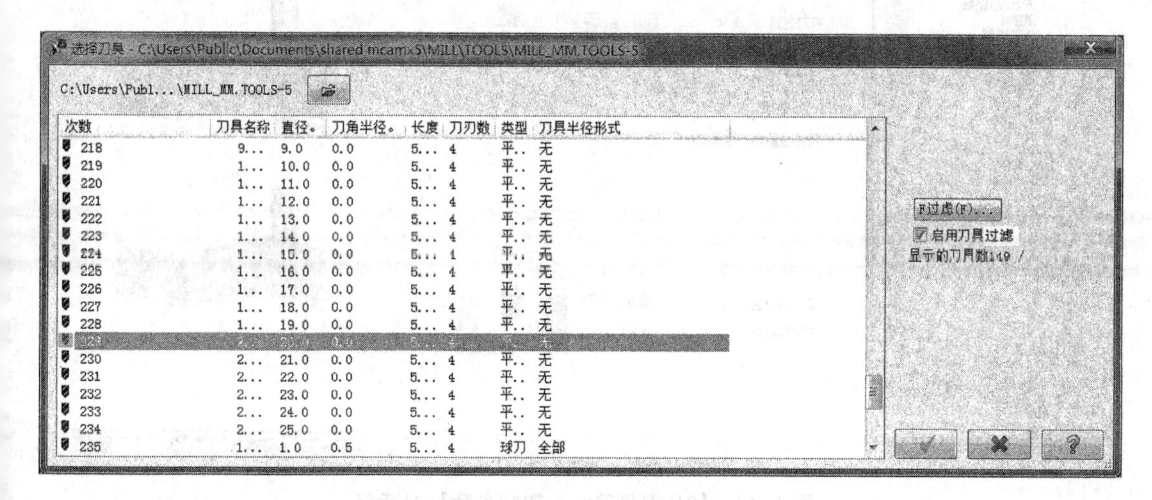

图 1-59　【选择刀具】对话框

6）设置刀具参数。设置结果如图 1-60 所示。

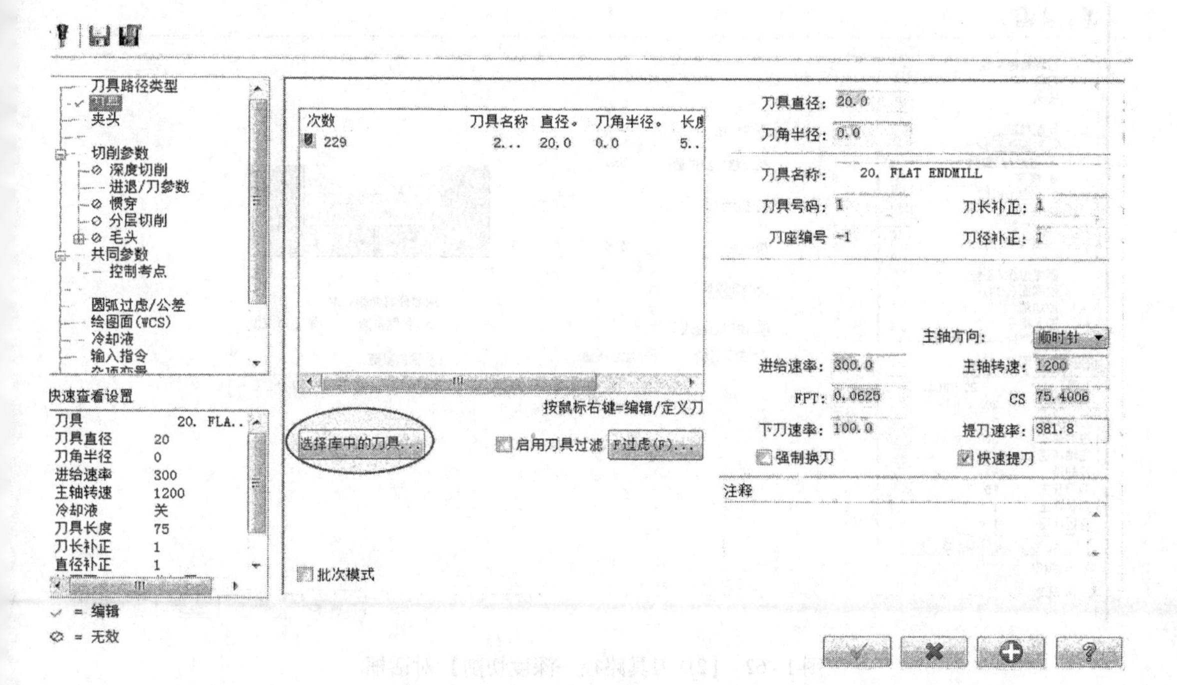

图 1-60　【2D 刀具路径—刀具】对话框

7）切削参数的设置。在对话框中单击【切削参数】选项，设置结果如图 1-61 所示。

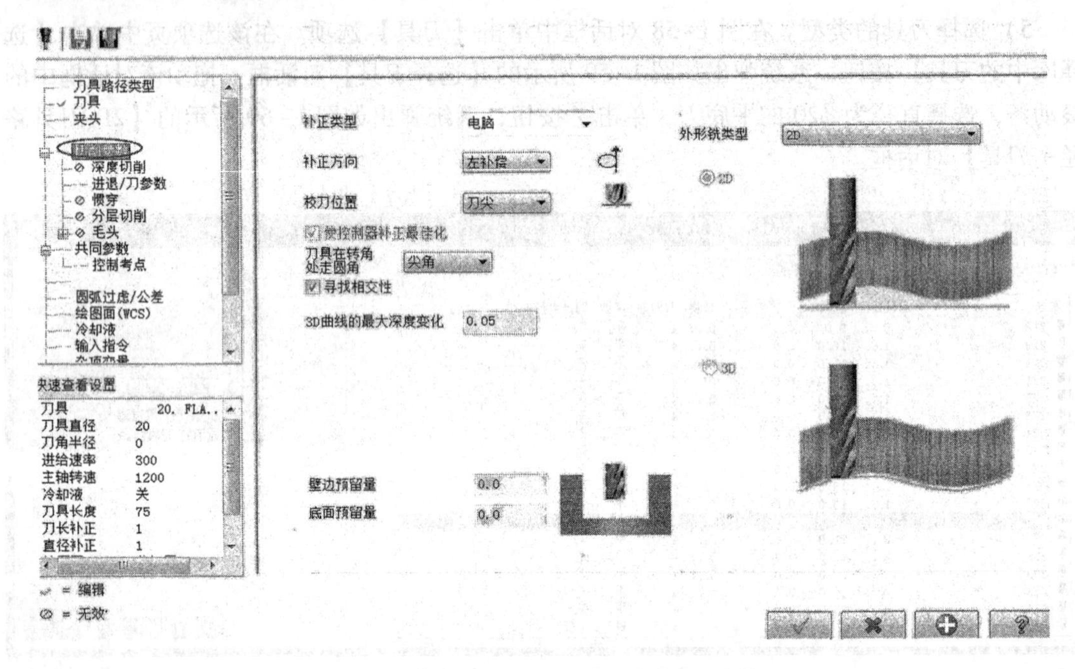

图 1-61 【2D 刀具路径—切削参数】对话框

8）深度切削参数的设置。在对话框中单击【深度切削】，设置结果如图 1-62 所示。

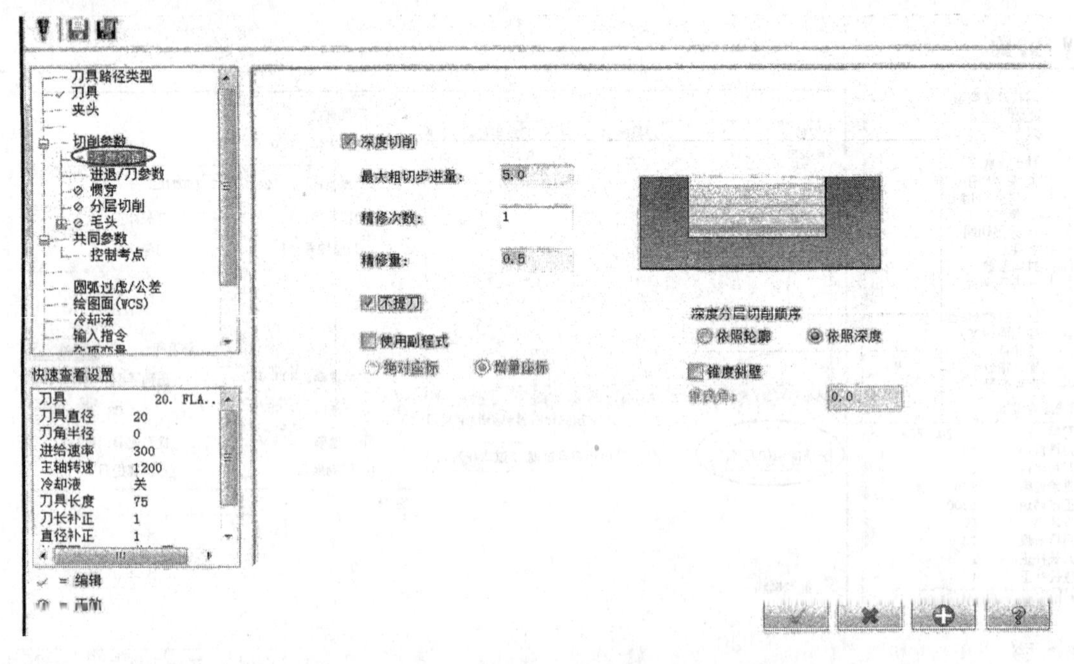

图 1-62 【2D 刀具路径—深度切削】对话框

9）共同参数的设置。在对话框中单击【共同参数】，设置结果如图 1-63 所示。注意绝对坐标或增量坐标的选择。

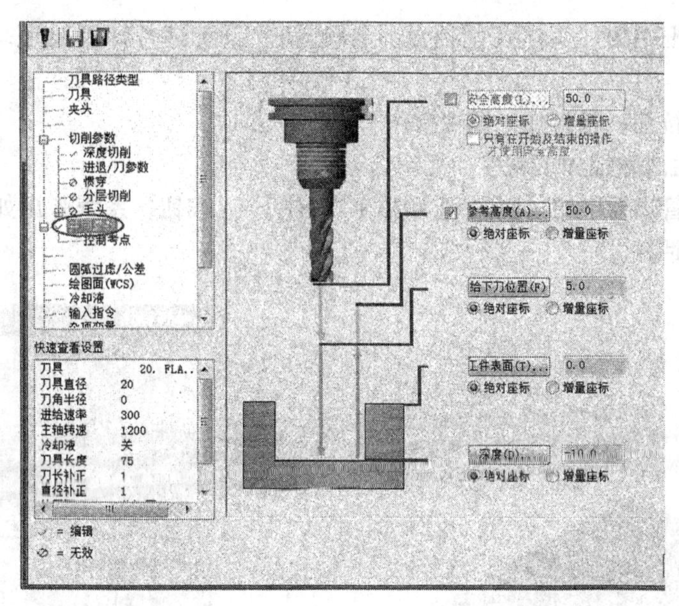

图1-63　【2D刀具路径—共同参数】对话框

10）确定刀具路径的生成。参数设置完后，单击☑按钮，系统产生如图1-64所示的外形铣削刀具轨迹。

（4）实体切削验证

1）单击操作管理器中的【验证已选择的操作】按钮，系统弹出如图1-65所示的【验证】对话框。

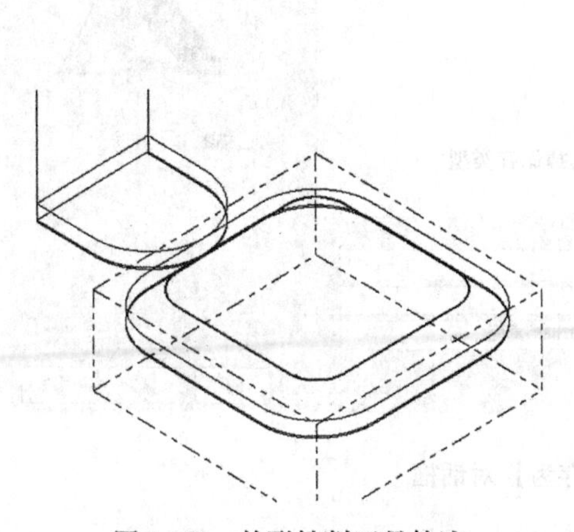

图1-64　外形铣削刀具轨迹

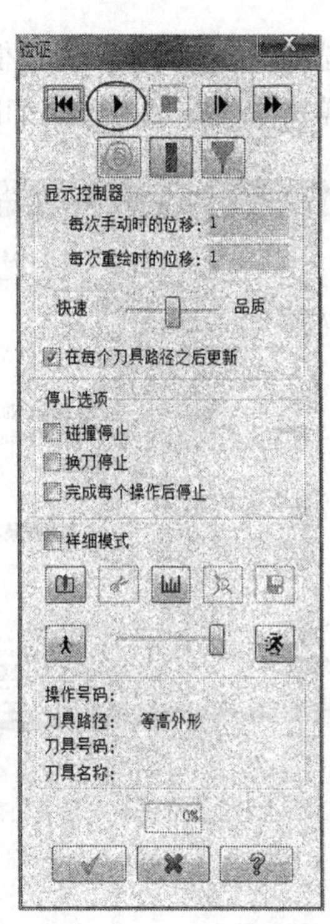

图1-65　【验证】对话框

2）单击对话框中的【实体切削播放】按钮，系统进行切削验证，结果如图 1 - 66 所示。

3）单击按钮，结束加工模拟操作。

3. 后置处理生成数控加工程序

1）单击操作管理器中的【后处理生成 NC 程序】G1按钮，系统弹出如图 1 - 67 所示的【后处理程式】对话框。

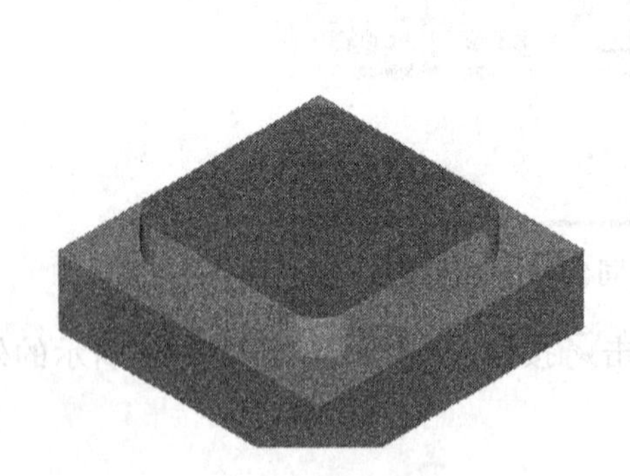

图 1 - 66　实体切削结果

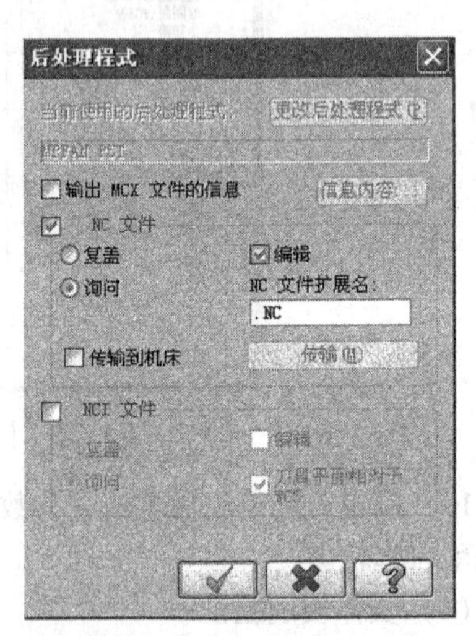

图 1 - 67　【后处理程式】对话框

2）选择【NC 文件】复选框，选择【询问】选项，选择【编辑】复选框。

3）单击按钮，弹出如图 1 - 68 所示的【另存为】对话框。

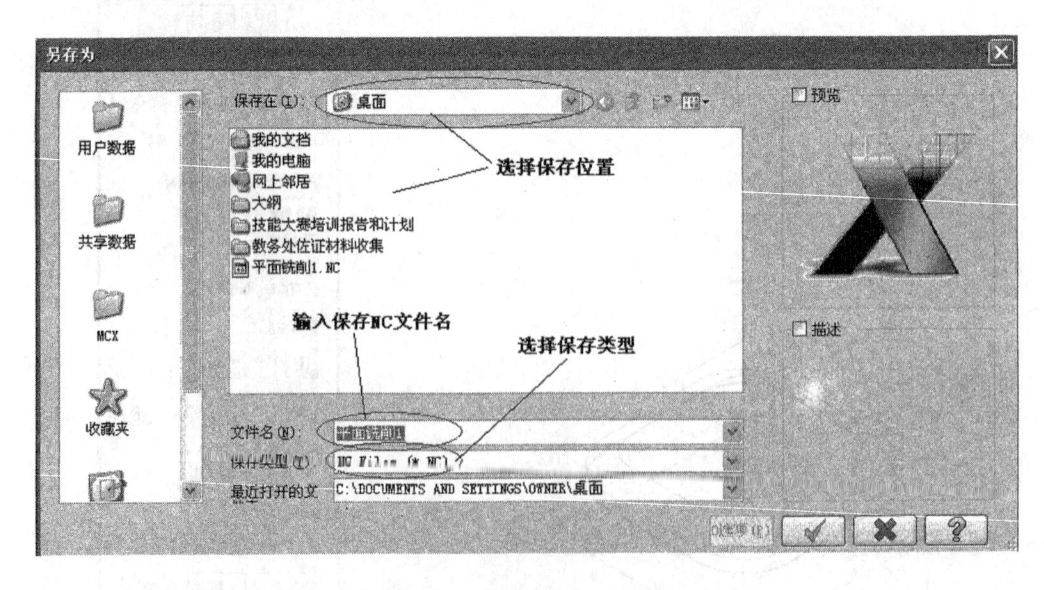

图 1 - 68　【另存为】对话框

4）设置好保存路径和文件类型，单击［✓］按钮，弹出如图1-69所示的【Mastercam X编辑器】窗口，用户可以修改加工程序。

图1-69 【Mastercam X 编辑器】窗口

单元2　二维图形的绘制与编辑

知识目标：

1. 了解直线、圆弧、矩形、多边形等绘图命令的含义及其功能
2. 掌握直线、圆弧、矩形、多边形的画法

技能目标：

1. 会选择合适的绘图命令绘制二维图形
2. 会运用合适的编辑和转换命令完成对二维图形的修整与绘制

任务1　直线的绘制与编辑

任务描述

选择正确的线型，利用直线绘图工具绘制如图2-1所示的图形（不必标注尺寸）。

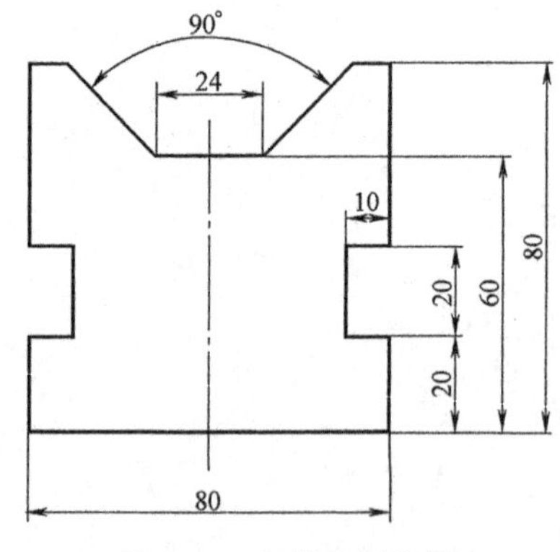

图2-1　直线绘制实例

任务目标

1. 会选择合适的直线命令完成二维图形的绘制。
2. 会运用修剪/打断命令对图形进行修整操作。

任务分析

本任务要求绘制的二维图形主要由线段构成，图形结构要对称，因此绘制方案有以下两种：

方案1：用直线绘制命令和修剪/打断命令完成全图的绘制。

方案2．首先用直线绘制命令绘制半个图形，然后用镜像命令完成全图的绘制。

这里采用方案1来完成图2-1所示图形的绘制。

相关知识

1. 直线的绘制命令

在图2-2所示的菜单栏中选择【绘图】→【任意线】命令，或者单击如图2-3所示

【草绘】(Sketcher) 工具栏中的【绘制直线】按钮（单击的按钮可展开下一级子菜单），可以选择合适的命令来绘制各种类型的直线。

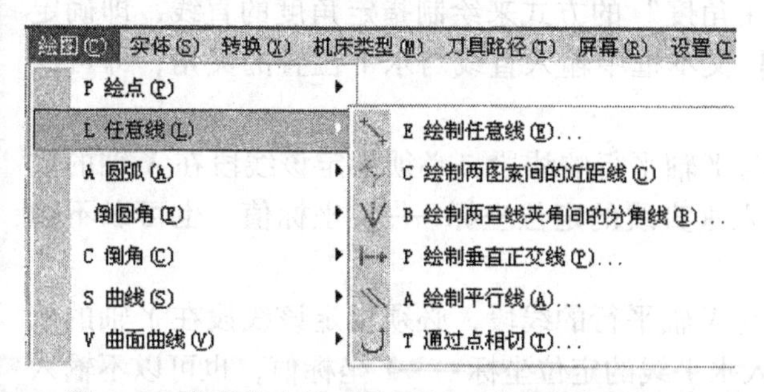

图 2-2 菜单栏中的【绘图】→【任意线】命令

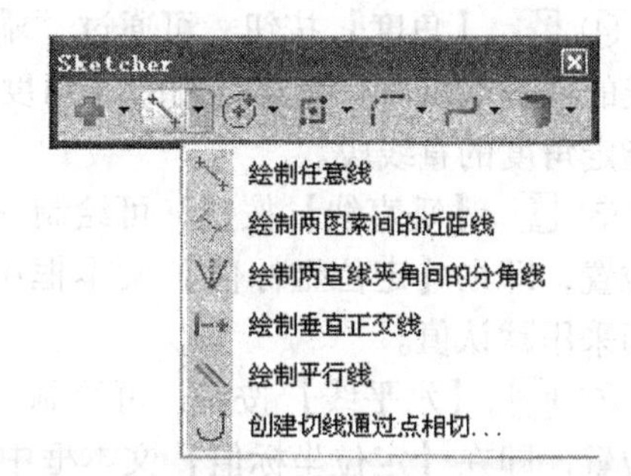

图 2-3 【草绘】工具栏中的【任意线】命令

该命令通过定义直线的两个端点或定义长度和角度来绘制直线，能绘制水平线、垂直线、连续线、极坐标线或切线。这两个端点可用鼠标通过自动捕捉、手动捕捉或任意位置单击的方式来选取，也可用键盘输入坐标来定义。

1）绘制任意线时，其操作步骤如下：

① 选择【绘图】→【任意线】→【绘制任意线】命令，或单击【草绘】(Sketcher) 工具栏的按钮。

② 系统弹出如图 2-4 所示的【绘制任意线】操作栏。系统同时在绘图区提示“指定第一个端点”，用户按系统提示定义直线的第一个端点。

③ 系统提示“指定第二个端点”，用户按系统提示指定直线的第二个端点后，即可绘制出一条以用户指定的两个点作为端点的直线。

④ 绘制出一条直线段后，系统依次重复提示“指定第一个端点”和“指定第二个端点”，用户可以继续绘制其他直线段。

⑤ 单击按钮，固定当前绘制的直线段，并进行下一条直线段的绘制；也可以不单击按钮，直接进入下一条直线段的绘制。否则，单击按钮或者按键盘的 <Esc> 键，结束命令。

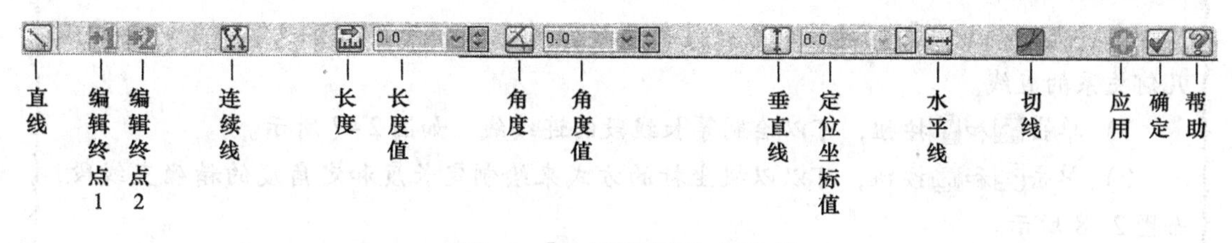

图 2-4 【绘制任意线】操作栏

2）【绘制任意线】操作栏中主要按钮的含义如下：

① 和。【编辑终点 1】按钮和【编辑终点 2】按钮，可以分别修改当前直线的第一个端点和第二个端点的位置。

② 。【连续线】按钮，连续定义一组点，可一次绘出首尾相连的多条直线段，如图 2-5 所示，按 <Esc> 键可结束绘制。

③ 。【长度】按钮，可通过“端点 + 长度”的方式来绘制指定长度的直线，即确定

直线的第一个端点后，在其右侧的【长度值】文本框中输入直线的长度，即可绘制指定长度的直线段。

④ 。【角度】按钮，可通过“端点 + 角度”的方式来绘制指定角度的直线，即确定直线的第一端点后，在其右侧的【角度值】文本框中输入直线与水平位置的夹角，即可绘制指定角度的直线段。

⑤ 。【垂直线】按钮，可绘制一条与 Y 轴平行的线段，必须指定该线段在 X 轴的放置位置，即在【定位坐标值】文本框中输入垂直线的定位坐标——X 坐标值，也可以不输入而采用默认值。

⑥ 。【水平线】按钮，可绘制一条与 X 轴平行的线段，必须指定该线段在 Y 轴的放置位置，即在【定位坐标值】文本框中输入水平线的定位坐标——Y 坐标值，也可以不输入而采用默认值。

⑦ 。【切线】按钮，可绘制一条与圆弧相切的线段。如要绘制与两圆相切的公切线，如图 2-6 所示，先单击按钮，然后依次在两圆的相切位置处单击即可；如要过圆外一点绘制与圆相切的直线，应先定义圆外的一点，然后单击按钮，再选择相应的相切圆即可。

图 2-5　连续折线

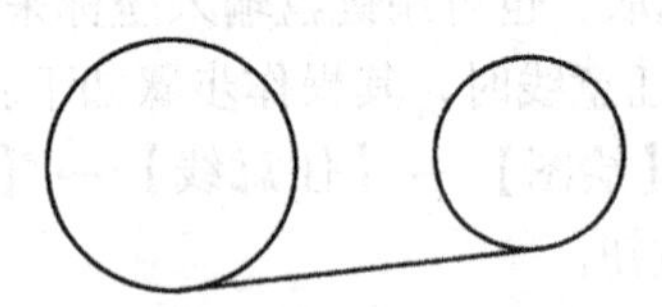

图 2-6　两圆的公切线

⑧ 。【应用】按钮，用于执行当前的绘制或设置等操作，不关闭工具栏或对话框，而且可以继续使用当前的命令执行其他操作。

⑨ 。【确定】按钮，用于完成当前的绘制、设置等操作，关闭工具栏或对话框，并结束当前的命令。

注意：有一些按钮不能组合同时使用，例如：、和按钮不能组合同时使用。

教你一招

在【绘制任意线】的操作栏中，对部分按钮进行组合使用，可以绘制出一些特殊几何关系的直线。

1）单击和按钮，可以绘制等长线段的连续线，如图 2-7 所示。

2）单击和按钮，可以以极坐标的方式来绘制定长度和定角度的精确直线段，如图 2-8 所示。

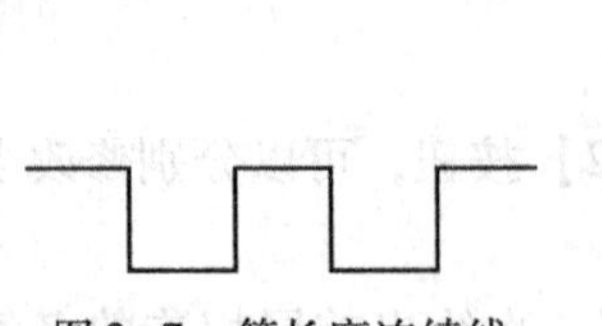

图 2-7　等长度连续线

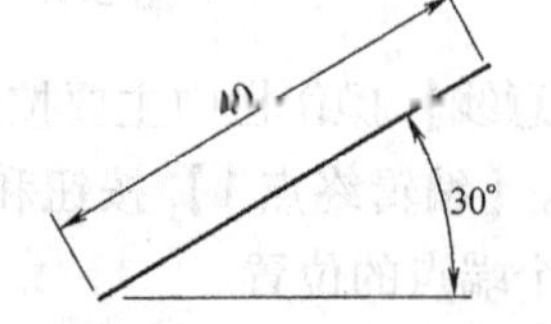

图 2-8　一定长度、一定角度的直线段

3）单击和按钮，可以绘制一系列等长度的切线，如图 2-9 所示。

4）单击、和按钮，可以绘制多条等长度、等角度的切线，如图 2-10 所示。

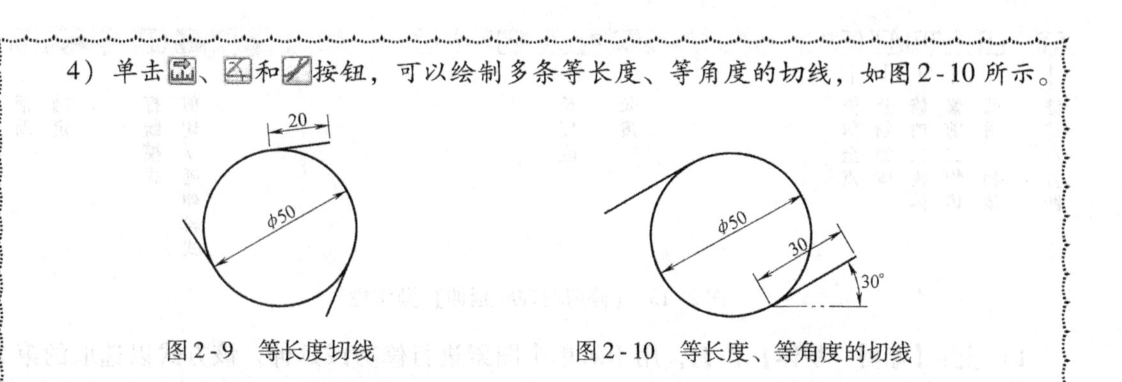

图 2-9　等长度切线　　　　图 2-10　等长度、等角度的切线

2. 二维图形的编辑——图素的修剪、延伸和打断

在设计过程中，仅会绘制图形是远远不够的，只有通过对图素进行适当的编辑才能获得满意的各种图形。对二维图形的编辑命令集中在【编辑】和【转换】菜单的子菜单以及在工具栏、和中。

修整图素就是对已有的图素进行长度、形状或方向等方面的修整。常用的修整命令有修剪、延伸、打断、分割、连接和分解等。选择如图 2-11 所示菜单栏中的【编辑】→【修剪/打断】命令，或者单击如图 2-12 所示的【修剪/打断】工具栏上的相应命令，即可进行图素的修整操作。

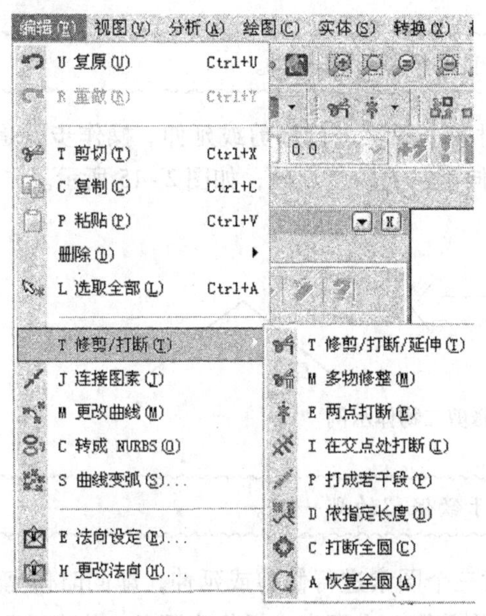

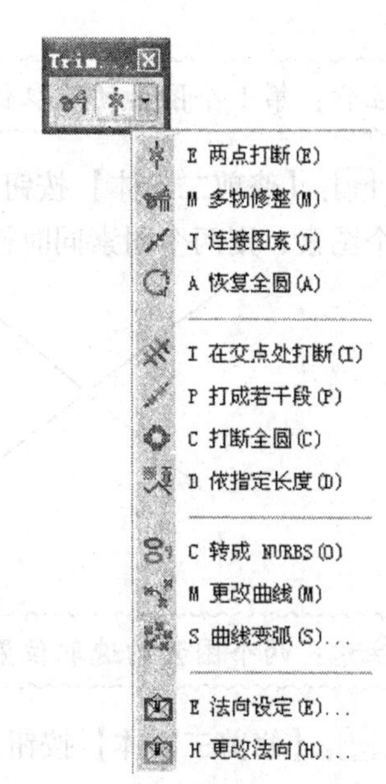

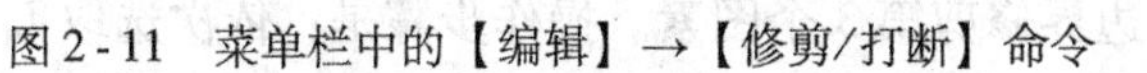

图 2-11　菜单栏中的【编辑】→【修剪/打断】命令　　　　图 2-12　【修剪/打断】工具栏

（1）修剪/打断/延伸（Trim/Break/Extend）　该命令用于对两个或多个相交或不相交的几何图形进行操作，有 8 种操作方式。选择菜单栏中的【编辑】→【修剪/打断】→【修剪/打断/延伸】命令，或者单击【修剪/打断】工具栏中的按钮，系统将会弹出如图 2-13 所示的【修剪/打断/延伸】操作栏。

【修剪/打断/延伸】的操作栏中各按钮的含义如下：

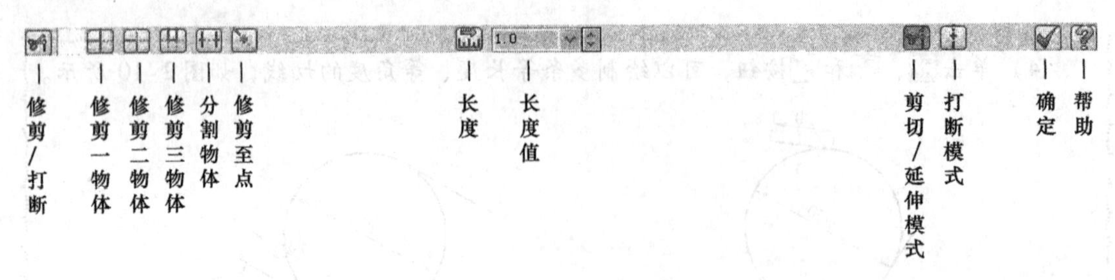

图 2-13 【修剪/打断/延伸】操作栏

1）：【修剪一物体】按钮，用于对单个图素进行修剪或延伸，该方式以选取的第 2 个图素为边界，修剪所选的第 1 个图素，而第 2 个图素不修剪。操作步骤是：先单击图素 1（被剪图素，单击选取的位置必须位于该图素要保留的部分），再单击图素 2（边界图素，单击选取的位置可在该图素的任意部分），则图素 1 被修剪或延伸至它们的交点处，如图 2-14 所示。

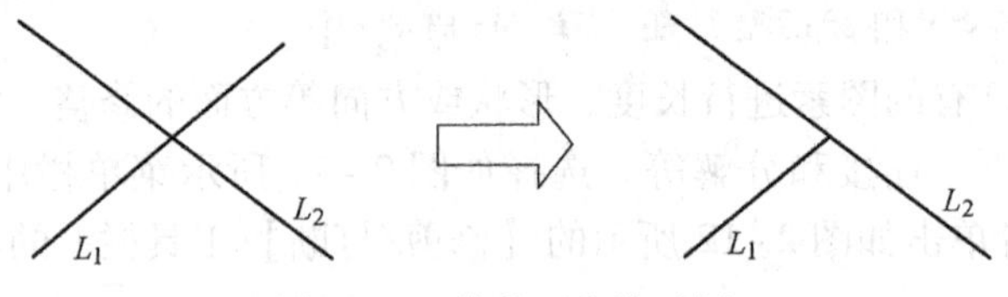

图 2-14 修剪一物体示例

注意：第 1 个图素的选取位置必须位于欲保留的那一侧。

2）：【修剪二物体】按钮，可同时对两个图素进行修剪或延伸。操作步骤是：分别单击两个图素，则两个图素同时被修剪或延伸至它们的交点处，如图 2-15 所示。

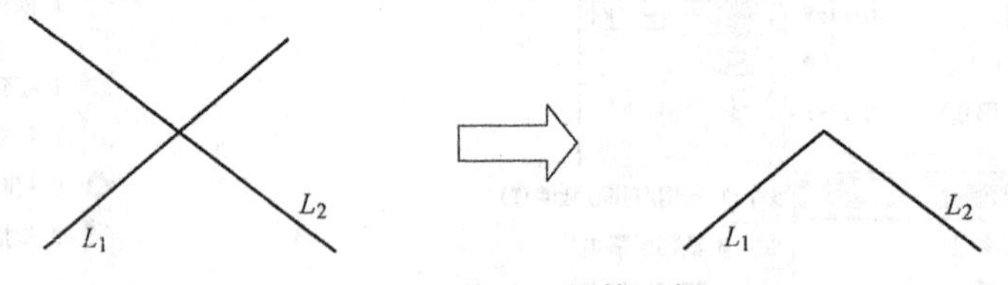

图 2-15 修剪二物体示例

注意：两个图素的选取位置都必须位于欲保留的那一侧。

3）：【修剪三物体】按钮，可同时对三个图素进行修剪或延伸，即同时修剪第 1、2 个图素至第 3 个图素，然后以两图素为边界修剪第 3 个图素。操作步骤是：依次选取 L_1、L_2 和 R_3，则以 L_1 和 L_2 为边界修剪 R_3 图素，如图 2-16 所示。

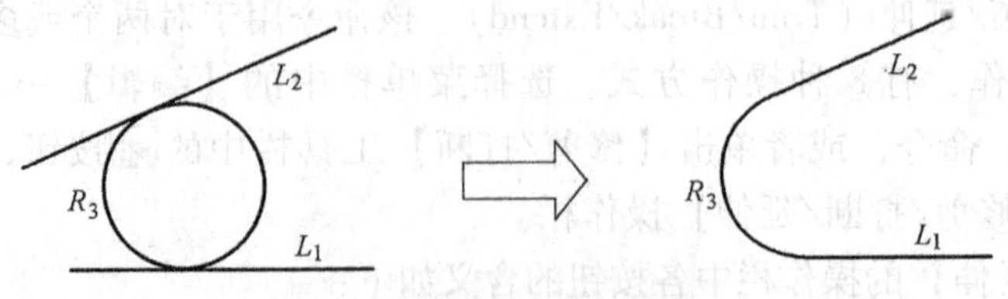

图 2-16 修剪三物体示例

注意：操作命令时，要先选取 L_1 和 L_2，然后再选取 R_3，因为 Mastercam 系统规定第三个对象必须与前两个对象有交点或延长交点。另外，还需注意3个图素的选取位置都必须位于欲保留的那一侧。

4）：【分割物体】按钮，用于将某一图素在两线或两弧间的部分剪切掉。操作步骤是：直接点选需剪掉的部位 L_3，即可删掉需要剪掉的部位，如图2-17所示。

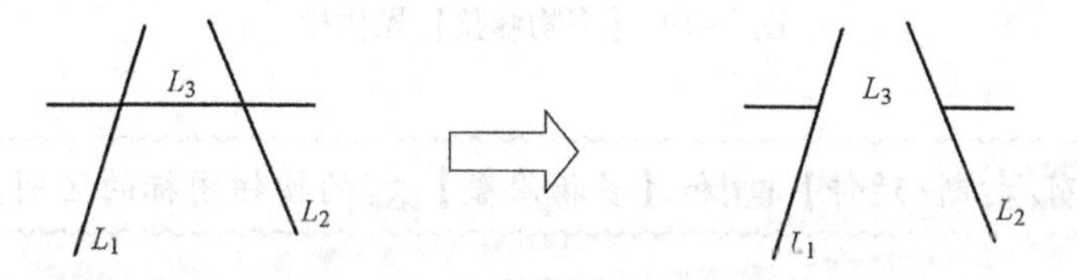

图2-17 分割物体示例

注意：只需选取欲剪切删除的图素段即可。

5）：【修剪至点】按钮，可将某一图素修剪或延伸至在光标所指位置处，如图2-18所示。

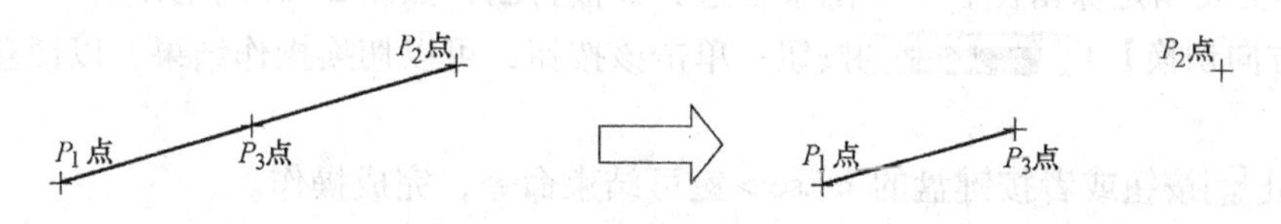

图2-18 修剪至点示例

6）：设定为剪切/延伸模式，即按照所定义的修剪类型，对选取的图素执行修剪命令。

7）：设定为打断模式，即按照所定义的修剪类型，在交点或指定位置处对选取的图素进行打断。

教你一招

若在修剪/延伸模式下没有指定修剪类型，【修剪一物体】和【修剪二物体】默认为激活状态。此时，如果分别单击选取两个相交图素，则第1个图素将被修剪或延伸至与第2个图素的交点处；如果先单击选取第1个图素，然后双击选取第2个图素，则两个图素将同时修剪或延伸至它们的交点处。

（2）多物修整（Trim Many） 该命令可将多个图素修剪或延伸至指定的一个边界图素，而边界图素本身在操作前后不变。操作步骤如下：

1）选择【编辑】→【修剪/打断】→【多物修整】命令，或单击【修剪/打断】工具栏的【多物修整】按钮，弹出如图2-19所示的【多物修整】操作栏。

图 2-19 【多物修整】操作栏

注意：【修剪/打断/延伸】和【多物修整】的按钮图标的区别。

2）系统提示“选取曲线去修剪”，选取欲修剪的多个图素并按 <Enter> 键确认。

3）选择一种工作模式：为修剪模式，为打断模式。

4）系统提示“选取修剪曲线”，选取一个参考图素（即边界曲线）并按 <Enter> 键确认。

5）若工作模式设定为修剪模式，则系统提示“选择修剪曲线要保留的位置”，指定修剪图素欲保留的那一侧，即在保留侧单击鼠标左键，如图 2-20a 所示。若设定为打断模式，则不需要指定保留侧，多个图素在边界处被打断，如图 2-20b 所示。

6）【方向切换】按钮：单击该按钮，可以切换操作结果，以便获得所需保留的一侧。

7）单击按钮或者按键盘的 <Esc> 键可结束命令，完成操作。

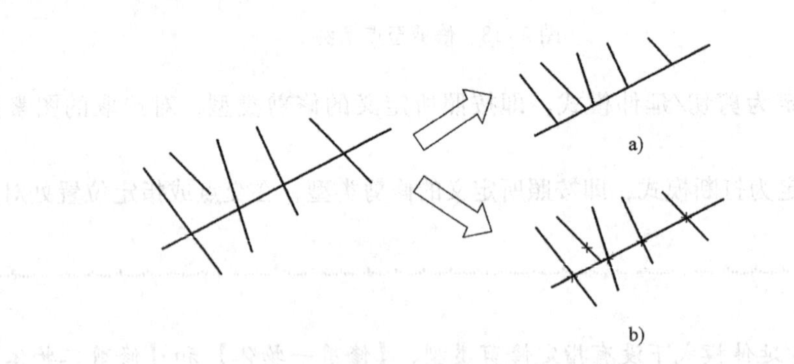

图 2-20 多物修整示例
a）修剪模式 b）打断模式

（3）两点打断（Break Two Pieces） 该命令可将图素在指定位置打断成两个图素，操作步骤如下：

1）选择【编辑】→【修剪/打断】→【两点打断】命令，或单击【修剪/打断】工具栏中的按钮，弹出【两点打断】的操作栏。

2）系统提示“选择要打断的图素”，选取欲打断的一个图素。

3）系统提示“指定打断位置”，指定打断点的位置，即可将图素在指定点一分为二。

4）单击☑按钮或者按键盘的<Esc>键可结束命令，完成操作。

任务实施

1. 绘制对称中心线

（1）设置当前构图属性

1）设置线型：将当前线型设置为点画线。在状态栏中单击【线型】下拉列表按钮，系统弹出如图2-21所示的【线型】下拉列表，在其中点选择点画线即可。

2）设置线宽：将当前线宽设置为细。在状态栏中单击【线宽】下拉列表按钮，系统弹出如图2-22所示的【线宽】下拉列表，在其中点选择细实线即可。

（2）绘制对称中心线的步骤　单击【草绘】（Sketcher）工具栏的按钮，再在弹出的【绘制任意线】操作栏中单击按钮，然后直接输入坐标“40，-5”并按<Enter>键确认，再继续直接输入坐标“40，85”并按<Enter>键确认。单击☑按钮，完成中心线的绘制。

> 注意：输入坐标值时，一定要注意输入法的选择，选择默认的“中文（中国）”输入法，否则不能输入正确的坐标点。按<Alt+F1>组合键，可让所绘制的图形显示在绘图区的中央。

2. 绘制外轮廓图形

（1）设置当前构图属性

1）设置线型：将当前线型设置为实线。在状态栏中单击【线型】下拉列表按钮，在系统弹出的【线型】下拉列表中点选择实线即可，如图2-23所示。

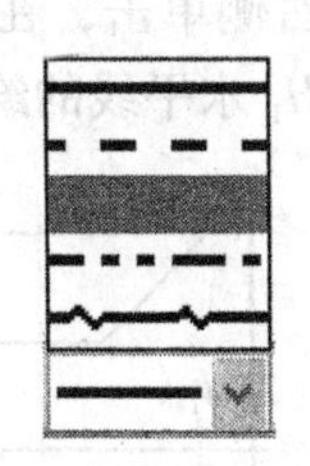

图2-21　【线型】下拉列表

图2-22　【线宽】下拉列表

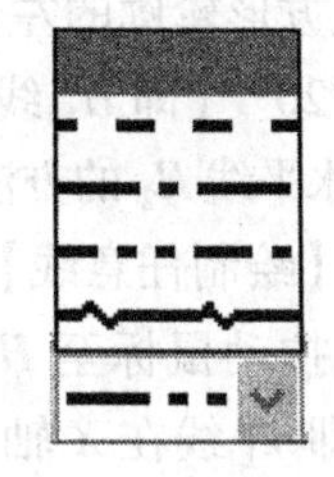

图2-23　【线型】下拉列表

2）设置线宽：将当前线宽设置为“粗”。

（2）绘制80×80的正方形轮廓

1）单击【草绘】（Sketcher）工具栏中的按钮，在【绘制任意线】工具栏中单击按钮。

2）系统提示“指定第一个端点”，直接输入坐标“0，0”并按<Enter>键确认，再继续直接输入坐标“80，0”、“80，80”、“0，80”、“0，0”并分别按<Enter>键确认。

3）单击☑按钮，完成正方形轮廓的绘制，结果如图2-24所示。

（3）画V形槽

1）单击【草绘】（Sketcher）工具栏中的按钮，在【绘制任意线】工具栏中单击按钮。直接输入坐标“28，60”、“52，60”并分别按<Enter>键确认，按<Esc>键，完成

水平线 BC 的绘制，结果如图 2-25 所示。

2）在【绘制任意线】工具栏中单击按钮。在绘图区用鼠标捕捉 B 点，在的文本框中输入 AB 线的角度值“135”，在的文本框中输入 AB 线的大概长度值“30”，按 <Esc> 键，完成 AB 直线的绘制，结果如图 2-25 所示。

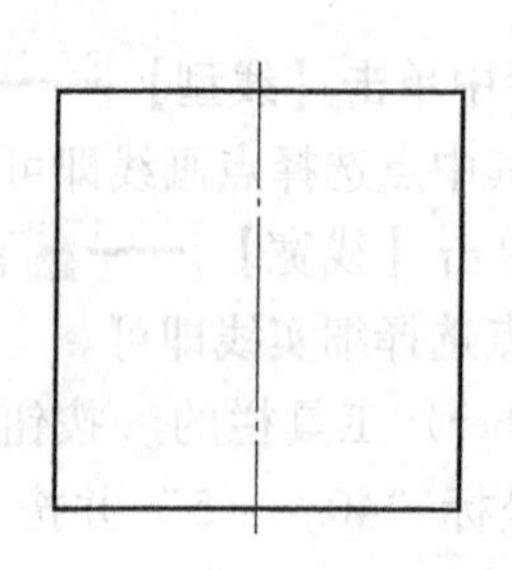

图 2-24　绘制正方形轮廓

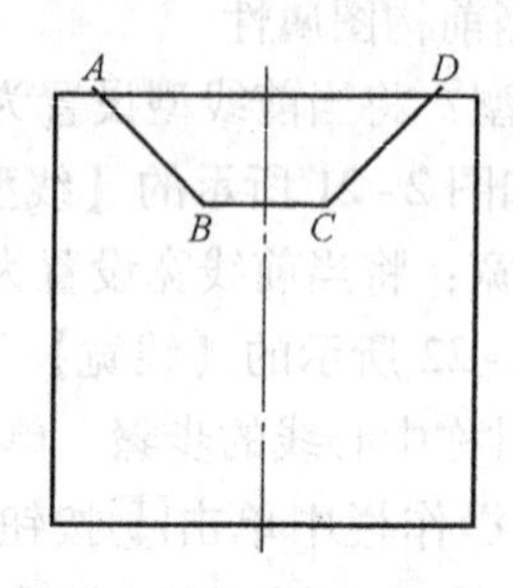

图 2-25　画 V 形槽

> 注意：需要取消步骤 1）的画水平线模式（再次单击按钮即可），否则无法激活的文本框。

3）在绘图区用鼠标捕捉 C 点，在的文本框中输入 CD 线的角度值“45”，在的文本框中输入 AB 线的大概长度值“30”，单击按钮，完成 CD 直线的绘制，结果如图 2-25 所示。

（4）画两个侧槽

1）单击【草绘】（Sketcher）工具栏中的按钮，在【绘制任意线】工具栏中单击按钮。在正方形轮廓的左侧单击后，向右拉动鼠标至正方形轮廓的右侧单击，在的文本框中输入“20”（即 H_1 线在 Y 轴坐标的位置），按 <Esc> 键，完成 H_1 水平线的绘制。

2）画水平线 H_2 的方法同上，只是 H_2 在 Y 轴坐标的位置为“40”。

3）在【绘制任意线】工具栏中单击按钮。在 H_1 线的下方单击后，向上拉动鼠标至 H_2 线的上方单击，在右侧的文本框中输入“10”（即 V_1 线在 X 轴坐标的位置），按 <Esc> 键，完成 V_1 垂直线的绘制。

4）画垂直线 V_2 的方法同上，只是 V_2 在 X 轴坐标的位置为“70”。

5）单击按钮，结束两个侧槽的绘制，结果如图 2-26 所示。

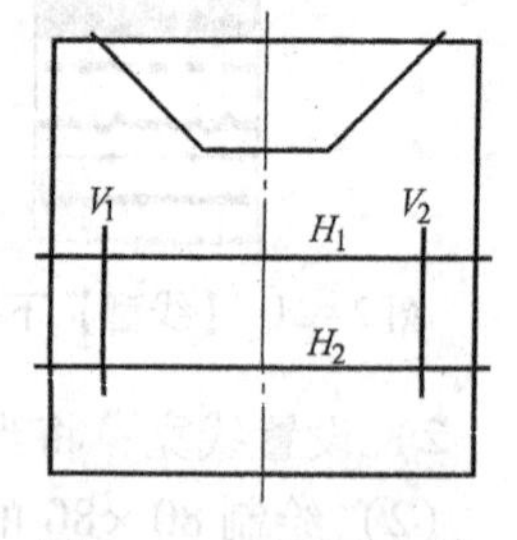

图 2-26　画两个侧槽

3. 图形修整

（1）修剪 H_1 线的左侧——【修剪一物体】法　单击【修剪/打断】（Trim/Break）工具栏中的【修剪/打断/延伸】按钮，在【修剪/打断/延伸】工具栏中单击按钮，用鼠标单击 H_1 线的右半部分，用鼠标单击正方形轮廓 L_1 线，则 H_1 线伸出 L_1 左侧的部分被剪掉，结果如图 2-27 所示。

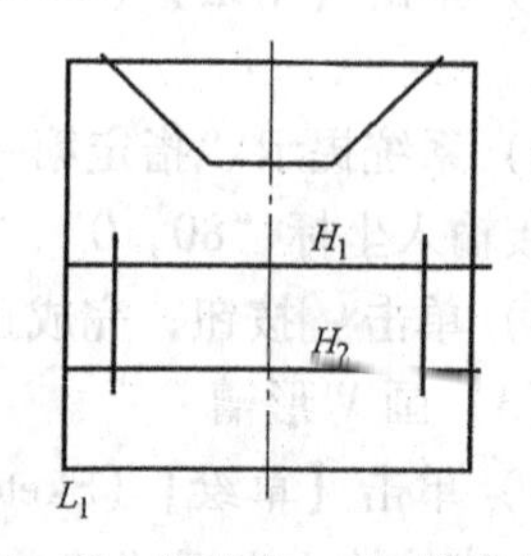

图 2-27　修剪 H_1、H_2 线的左侧

（2）修剪 H_2 线的左侧——【修剪至点】法 单击【修剪/打断】（Trim/Break）工具栏中的【修剪/打断/延伸】按钮，在【修剪/打断/延伸】工具栏中单击按钮，用鼠标单击 H_2 线的右半部分，用鼠标捕捉单击 H_2 与 L_1 的交点，则 H_2 线伸出 L_1 左侧的部分被剪掉，结果如图 2-27 所示。

（3）修剪 V_1、V_2 线——【多物修整】法

1）单击【修剪/打断】（Trim/Break）工具栏中的【多物修整】按钮。系统提示"选取曲线去修剪"，分别用鼠标单击 V_1、V_2 线并确认。选择工作模式为。系统提示"选择修剪曲线"，用鼠标单击 H_2 线。系统提示"选择修剪曲线要保留的位置"，在 H_2 线的上方任一位置单击，则 V_1、V_2 线伸出 H_2 下方的线段被修剪，单击按钮，完成 V_1 垂直线的修剪，结果如图 2-28 所示。

2）单击【修剪/打断】（Trim/Break）工具栏的（多物修整）按钮。系统提示"选取曲线去修剪"，分别用鼠标单击 V_1、V_2 线并确认。系统提示"选取修剪曲线"，用鼠标单击 H_1 线。系统提示"选择修剪曲线要保留的位置"，在 H_1 线的下方任一位置单击，则 V_1、V_2 线伸出 H_1 上方的线段被修剪。单击按钮，完成 V_1、V_2 的修剪，结果如图 2-29 所示。

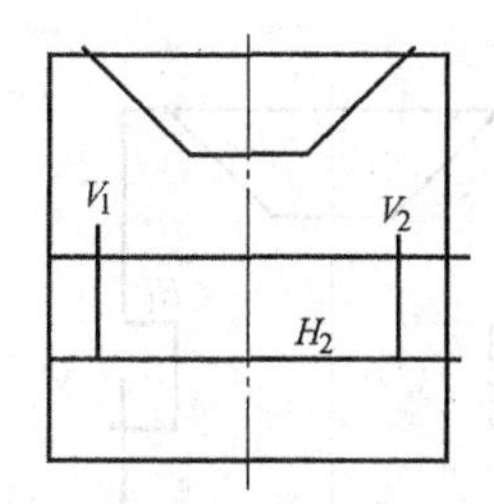

图 2-28 修剪 V_1、V_2 线的下侧

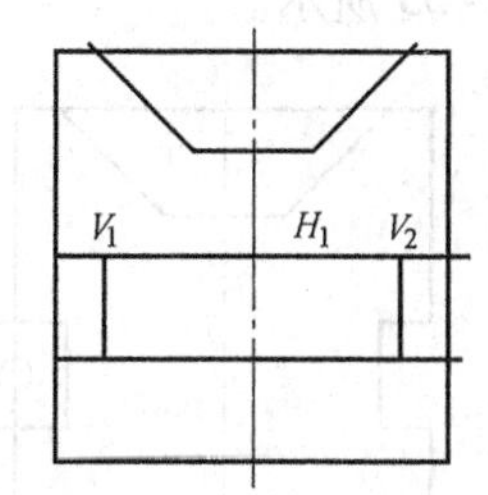

图 2-29 修剪 V_1、V_2 线的上侧

（4）修剪左侧槽和 H_1、H_2 线的中间部分——【分割物体】法

1）单击【修剪/打断】（Trim/Break）工具栏中的【修剪/打断/延伸】按钮，在【修剪/打断/延伸】工具栏中单击按钮。用鼠标单击图 2-30a 中 L_1 线的 P_1 点，则 L_1 线在 H_1、H_2 两线间的部分被修剪掉，结果如图 2-30b 所示。

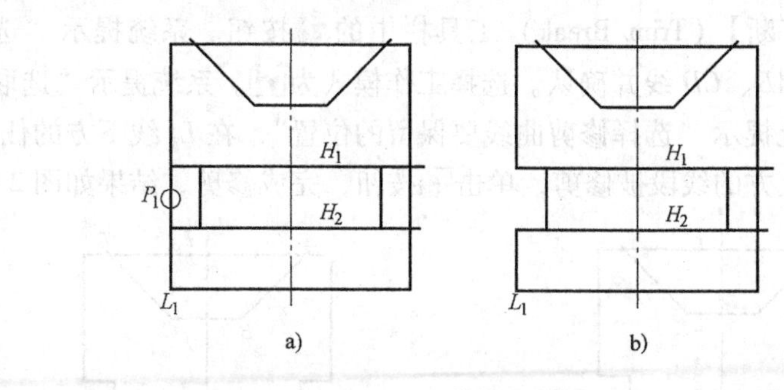

图 2-30 修剪左侧槽

2）用鼠标单击图 2-31a 中 H_1 线的 P_2 点和 P_3 点以及 H_2 线的 P_4 点和 P_5 点，则 H_1、H_2 线在 V_1、V_2 两线间的部分被修剪掉，单击按钮，完成修剪，结果如图 2-31b 所示。

（5）修剪右侧槽——【两点打断】与【修剪两物体】法

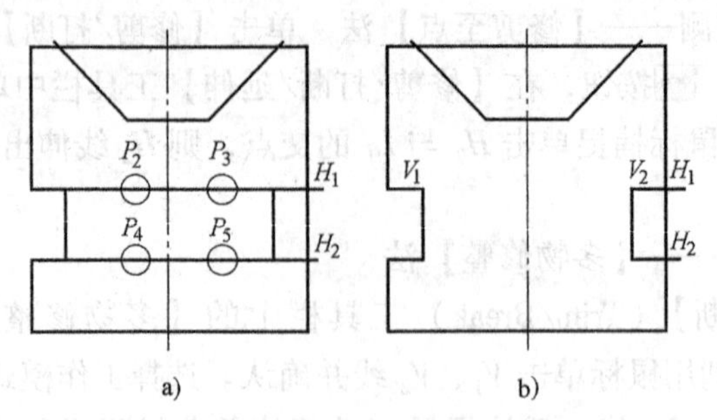

图 2-31　修剪 H_1、H_2 线的中间部分

1）单击【修剪/打断】（Trim/Break）工具栏中的按钮。系统提示“选择要打断的图素”，单击 L_2 线。系统提示“指定打断位置”，单击图 2-32 中的 L_2 线的 P_6 点，则 L_2 线在 P_6 点处被打断成两段，单击按钮，完成打断。

2）单击【修剪/打断】（Trim/Break）工具栏的按钮，在【修剪/打断/延伸】工具栏中单击按钮。用鼠标单击 H_1 线的左端，单击 L_2 线上半部，则 H_1 与 L_2 的多余部分被修剪，结果如图 2-33 所示。

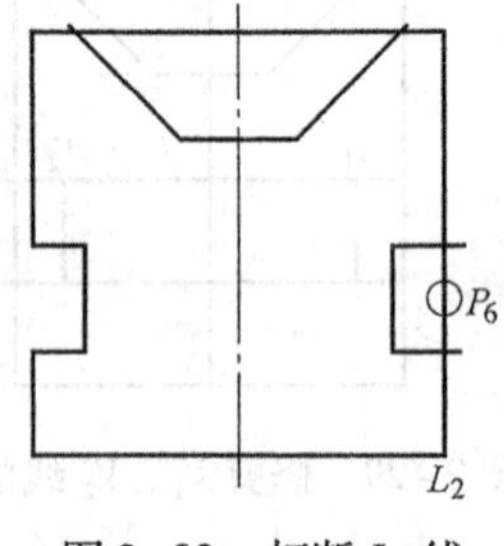

图 2-32　打断 L_2 线

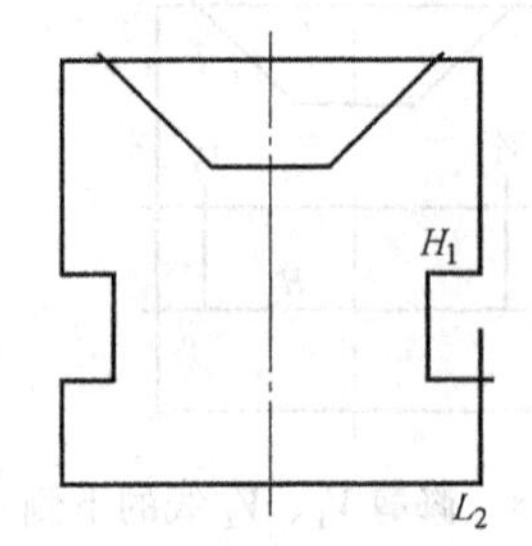

图 2-33　修剪右侧槽 1

3）用鼠标单击 H_2 线的左半部分，单击 L_2 线下半部，则 H_2 与 L_2 的多余部分被修剪，结果如图 2-34 所示。

（6）修整 V 形槽——【多物修整】与【分割物体】法

1）单击【修剪/打断】（Trim/Break）工具栏中的按钮。系统提示“选取曲线去修剪”，分别用鼠标单击 AB、CD 线并确认。选择工作模式为。系统提示“选取修剪曲线”，用鼠标单击 L_3 线。系统提示“选择修剪曲线要保留的位置”，在 L_3 线下方的任一位置单击，则 AB、CD 线伸出 L_3 上方的线段被修剪，单击按钮，完成修剪，结果如图 2-35 所示。

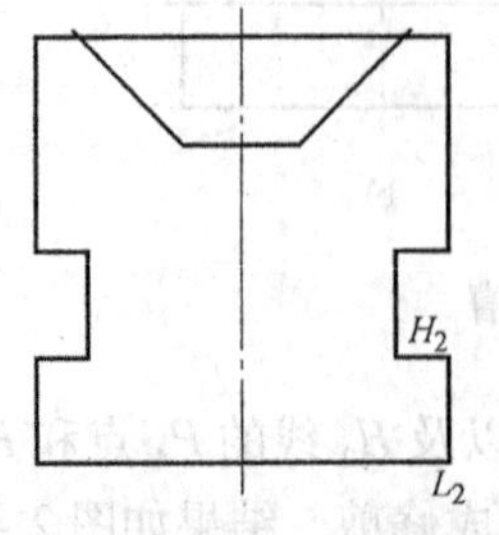

图 2-34　修剪右侧槽 2

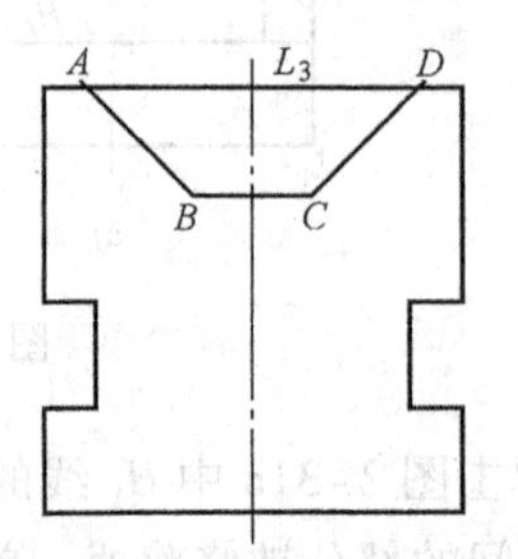

图 2-35　修整 V 形槽 1

2）单击【修剪/打断】（Trim/Break）工具栏中的按钮，在【修剪/打断/延伸】工具栏中单击按钮。选择工作模式为。用鼠标单击图2-36a中的L_3线的P_7点和P_8点，则L_3线在AB、CD两线间的部分被修剪掉，单击按钮，完成修剪，结果如图2-36b所示。

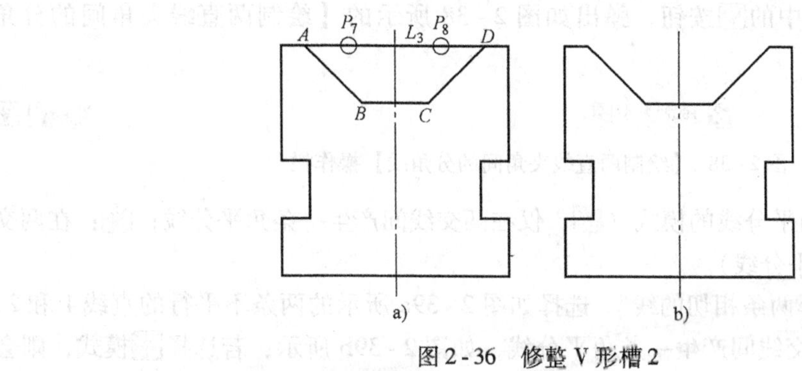

图2-36　修整V形槽2

想一想

1. 正方形轮廓除了用直线绘制命令一条直线接一条直线地画外，还有别的方法吗？

2. 当完成左侧槽的绘制与修整后，完成右侧槽除了用修剪的方式外，还有别的方法吗？

容易产生的问题和注意事项

容易产生的问题	解决方法
1. 不能正确输入坐标值	输入坐标值时，应选择默认的“中文（中国）”作为输入法
2. 修整图素时欲保留的部分被修剪掉	选择修整图素时，一定要选择修整图素的保留部分
3. 采用【修剪至点】法无法修剪掉H_2线的左侧	不要选择打断的工作模式

扩展知识

绘制直线和直线的修整方法是本任务学习的重点。除了以上介绍的直线绘制及其修整方法外，还有多种绘制直线和修整直线的方法，现将其方法作进一步补充介绍。

1. 直线的绘制命令补充

（1）绘制近距线（Create Line Closest）　近距线是指两个图素间的最近连线。选择【绘图】→【任意线】→【绘制两图素间的近距线】命令，或单击【草绘】（Sketcher）工具栏中的按钮。系统提示“Select line，arc or spline”，选择两个已有的图素1和2，即可在它们之间的最近处绘制出一条直线段，如图2-37所示。

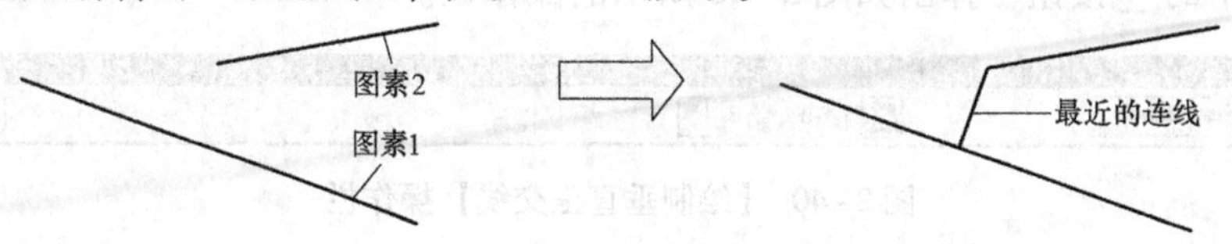

图2-37　绘制近距线示例

（2）绘制两直线夹角间的分角线（Create Line Bisect） 该命令用于绘制两条交线的角平分线。操作步骤如下：

1）选择【绘图】→【任意线】→【绘制两直线夹角间的分角线】命令，或单击【草绘】（Sketcher）工具栏中的按钮，弹出如图 2 - 38 所示的【绘制两直线夹角间的分角线】操作栏。

25.0

图 2 - 38 【绘制两直线夹角间的分角线】操作栏

2）选择一种产生角平分线的模式（：仅在两交线间产生一条角平分线；：在两交线间产生四条可能的角平分线）。

3）系统提示“选择两条相切的线”，选择如图 2 - 39a 所示的两条不平行的直线 1 和 2，若选择模式，则在两交线间产生一条角平分线，如图 2 - 39b 所示；若选择模式，则会在两交线间产生四条可能的角平分线，如图 2 - 39c 所示，且系统继续有提示“选取要保留的线段”，选择欲保留的那一段角平分线。

4）在的文本框中输入角平分线长度。

5）单击按钮，完成操作，结果如图 2 - 39d 所示。

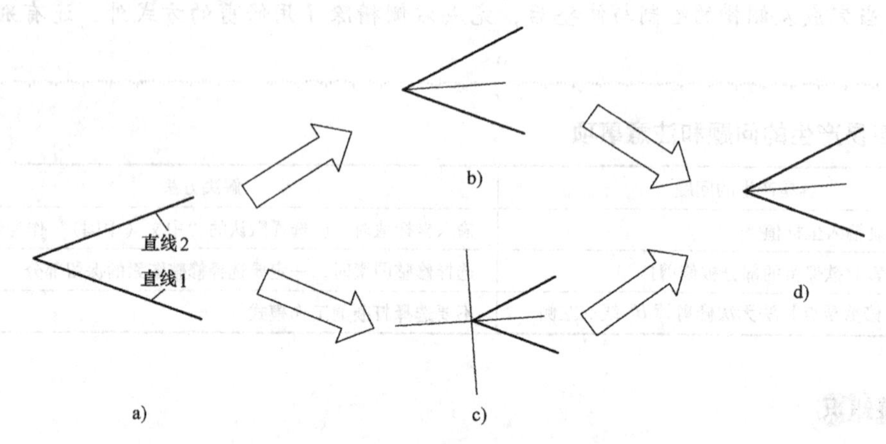

图 2 - 39 绘制角平分线示例

a）原图 b）模式 c）模式 d）结果

（3）绘制垂直正交线（Create Line Perpendicular） 该命令用于绘制与已有直线相垂直，并经过指定点的一条线段。垂直正交线是指经过某图素上的一点，与图素在该点的切线相垂直的一条线段，操作步骤如下：

1）选择【绘图】→【任意线】→【绘制垂直正交线】命令，或单击【草绘】（Sketcher）工具栏中的按钮，弹出如图 2 - 40 所示的操作栏。

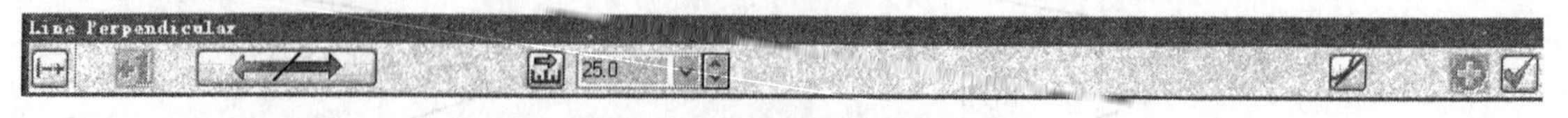

图 2 - 40 【绘制垂直正交线】操作栏

2）指定垂直正交线的长度：在的文本框中输入垂直正交线的长度。

3）系统提示“选择直线、圆弧或曲线”，选择如图2-41所示的直线 L。

4）系统提示“选择任意点”，选择垂线经过的点，捕捉如图2-41所示直线 AB 的中点。

5）单击☑按钮，完成操作，结果如图2-41所示。

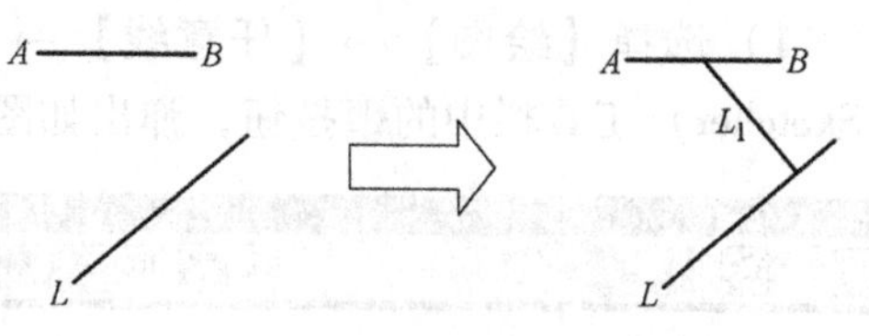

图2-41　绘制垂直正交线示例

（4）绘制平行线（Create Line Parallel）　该命令用于绘制与已有直线相平行的一条线段，操作步骤如下：

1）选择【绘图】→【任意线】→【绘制平行线】命令，或单击【草绘】（Sketcher）工具栏中的按钮，弹出如图2-42所示的【绘制平行线】操作栏。绘制平行线的方法有三种：通过偏置的距离绘制平行线、相切于指定圆弧绘制平行线、经过一点绘制平行线。

图2-42　【绘制平行线】操作栏

2）通过偏置的距离绘制平行线：在的文本框中定义偏置的距离，按系统提示“选取一线”选取一条已有直线，并指定平行线的偏置方向，可绘出与已有直线平行且偏置一定值的线段。

3）相切于指定圆弧绘制平行线：单击按钮，按系统提示“选取一线”选取一条已有直线，再按系统提示“选取一弧”选取一条已有圆弧，可绘出与已有直线平行且相切于指定圆弧的线段。

4）经过一点绘制平行线：按系统提示“选取一线”选取一条已有直线，再按系统提示“选取一点”选取一个点，可绘出与已有直线平行且经过某一指定点的线段。

5）系统显示平行线的预览效果，单击按钮可切换平行线的偏置方向。

6）单击☑按钮，完成操作。

如图2-43所示，已有直线 L 和 AB 及圆 D，则直线 L_1 是通过偏置的距离绘制平行线的方法绘制的与 L 偏置距离为“15”的平行线；直线 L_2 是采用相切于指定圆弧绘制平行线的方法绘制的与 D 圆相切的平行线；直线 L_3 是通过经过一点绘制平行线的方法绘制的通过点 A 的平行线。

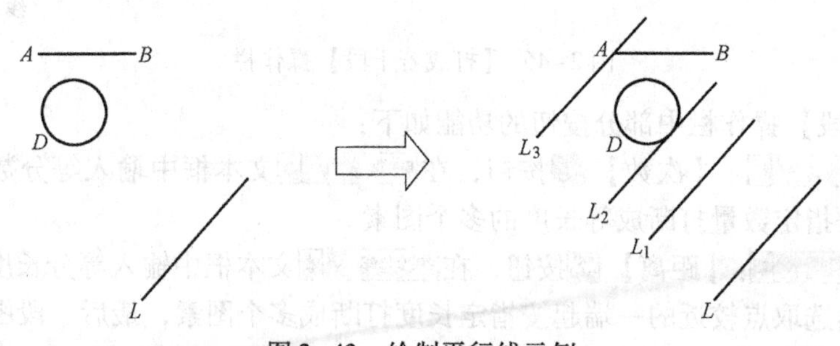

图2-43　绘制平行线示例

（5）通过点相切（Tangent through point）　该命令用于绘制与已有圆弧或曲线相切且经过指定点的一条线段，操作步骤如下：

1）选择【绘图】→【任意线】→【创建切线通过点相切】命令，或单击【草绘】（Sketcher）工具栏中的按钮，弹出如图 2-44 所示的【创建切线通过点相切】操作栏。

图 2-44 【创建切线通过点相切】操作栏

2）系统提示“选择圆弧或曲线”，选择如图 2-45 所示的圆 D。

3）系统提示“选择一个圆弧或曲线上的相切点”，捕捉圆 D 右侧的象限点。

4）系统提示“选择切线的第二个端点或输入一个长度”，捕捉直线 L 的某一端点。

5）单击按钮，完成操作，结果如图 2-45 所示。

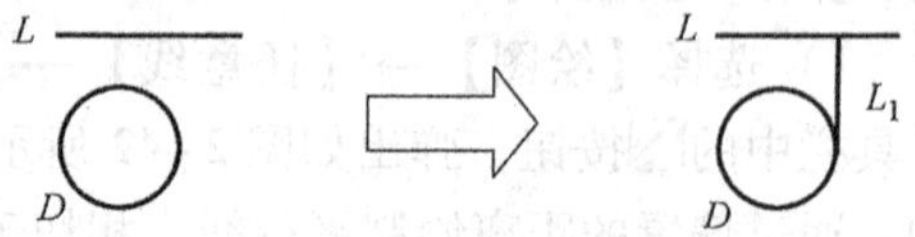

图 2-45 绘制通过点相切示例

2. 二维图形的编辑方法补充

（1）在交点处打断（Break at Intersection） 该命令可将两个或两个以上的图素在它们的交点处进行打断，从而产生以交点为界的多个图素。选择【编辑】→【修剪/打断】→【在交点处打断】命令，或单击【修剪/打断】（Trim/Break）工具栏中的按钮，然后选取两个或多个相交的图素并确认，即可将所有相交图素在交点处打断。

（2）打成若干段（Break Many Pieces） 该命令可将某一图素按照指定的数量、长度或弦高公差均匀分割成若多个图素。分段后，原图形可保留或隐藏，也可删除，操作步骤如下：

1）选择【编辑】→【修剪/打断】→【打成若干段】命令，或单击工具栏中的按钮。

2）系统提示“选择一图素去打断或延伸（Select an entity to break）”，选取欲打断的图素并确认，弹出如图 2-46 所示的【打成若干段】操作栏。

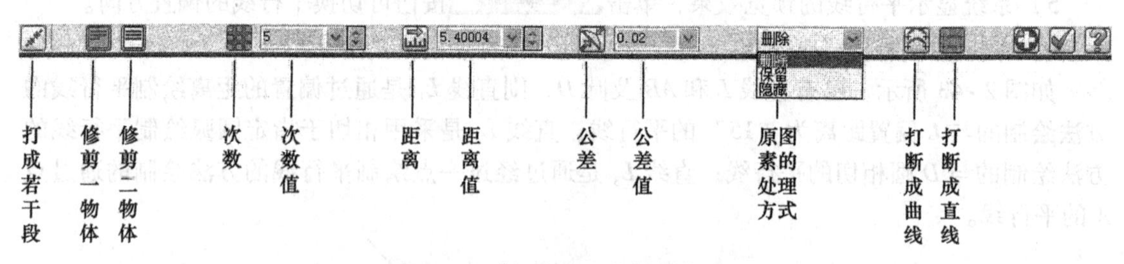

图 2-46 【打成若干段】操作栏

【打成若干段】操作栏中部分按钮的功能如下：

① 6：【次数】按钮，在 6 文本框中输入等分数量，可以使选择的一个图素按指定数量打断成等长度的多个图素。

② 20.94395：【距离】按钮，在 20.94395 文本框中输入等分长度，可以使选定的一个图素从离选取点较近的一端起按指定长度打断成多个图素，最后一段图素的长度小于或等于指定长度。

③ 0.02：【公差】按钮，在 0.02 文本框中输入弦高公差值，可以使选定的一个圆弧或样条曲线按指定弦高公差打断成多个图素。

④ 

：对原图素的处理方式选项，有【删除】、【保留】、【隐藏】三种。

⑤ ：将原图素打断成曲线。

⑥ ：将原图素打断成直线。

3）系统提示“输入数量、距离、误差或选取新的图素”，用户在图2-46所示的【打成若干段】操作栏进行所需设置。若所选图素为圆弧或样条曲线，则可以设定打断为直线或曲线，并且可以在 0.02 的文本框中设定打断的弦高误差。

4）单击按钮，完成操作，结果如图2-47所示。

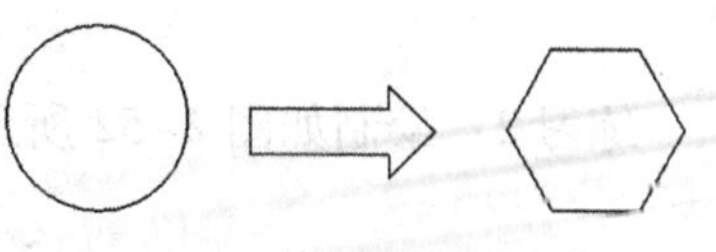

图2-47　打成若干段示例

（3）依指定长度（Break Drafting into Lines）　该命令用于将尺寸标注、图案填充、注释文本、标签、引线等复合图素的分解成线段、圆弧或NURBS曲线，以便于对这些复合图素进行局部编辑。

（4）打断全圆（Break Circles）　该命令可将一个圆均匀分解成半径相等、弧长相等的若干弧段。选择【编辑】→【修剪/打断】→【打断全圆】命令，或单击工具栏中的按钮。选取欲打断的圆并回车确认，在弹出如图2-48所示的【打成若干段】的操作栏的对话框中输入段数并回车，即可将圆打断成等长多段同心圆。

（5）恢复全圆（Close Arc）　可将任意一个圆弧修复成一个全圆。选择【编辑】→【修剪/打断】→【恢复全圆】命令，或单击【修剪/打断】（Trim/Break）工具栏中的按钮，选取所需的圆弧并确认，即可将圆弧修整成一个全圆，结果如图2-49所示。

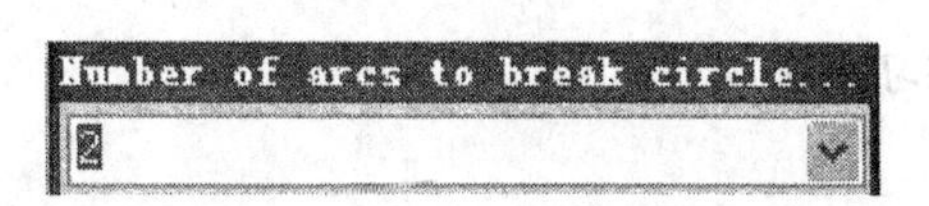

图2-48　【打成若干段】操作栏

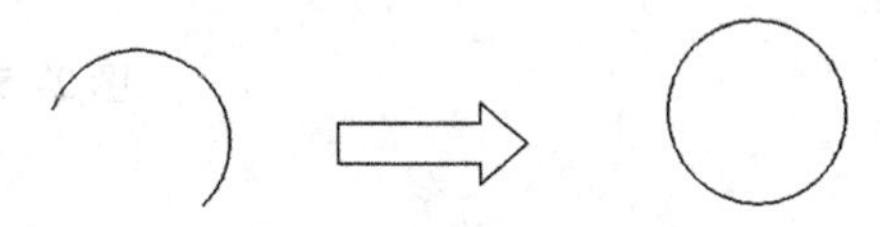

图2-49　恢复全圆示例

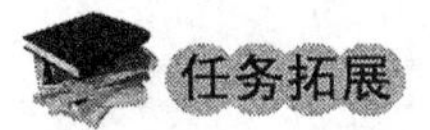

任务拓展

练习1：绘制如图2-50所示的图形（不必标注尺寸）。

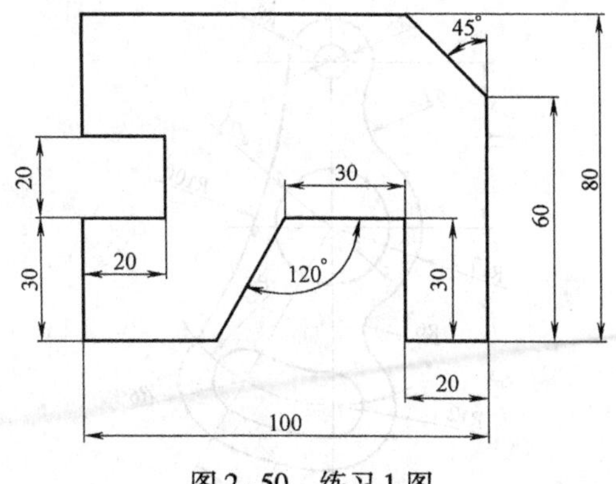

图2-50　练习1图

画图思路：本例主要采用绘制水平线、垂直线、极坐标线、平行线的方法进行绘图，最后通过修剪、延伸和打断进行图形的修整，其画图思路如图 2 - 51 所示。

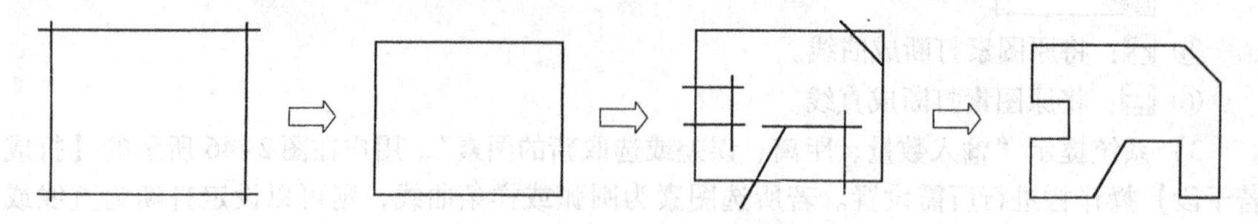

图 2 - 51　练习 1 的画图思路

练习 2：绘制如图 2 - 52 所示的图形（不必标注尺寸）。

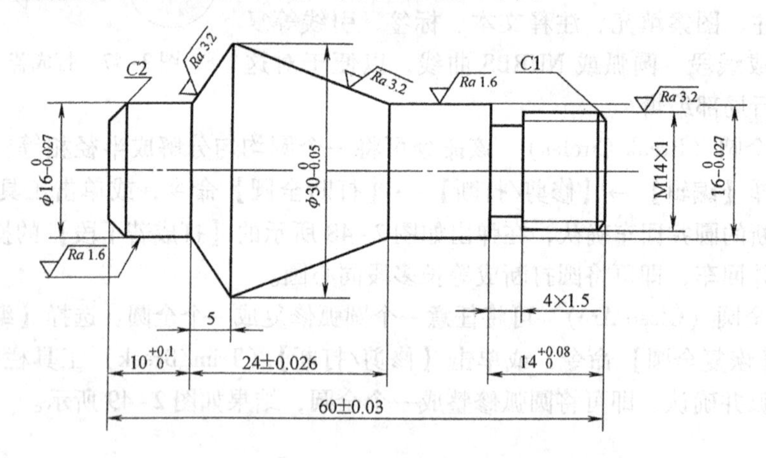

图 2 - 52　练习 2 图

任务 2　圆弧的绘制与修整

任务描述

选择正确的线型，利用圆弧绘图工具绘制如图 2 - 53 所示的图形（不必标注尺寸）。

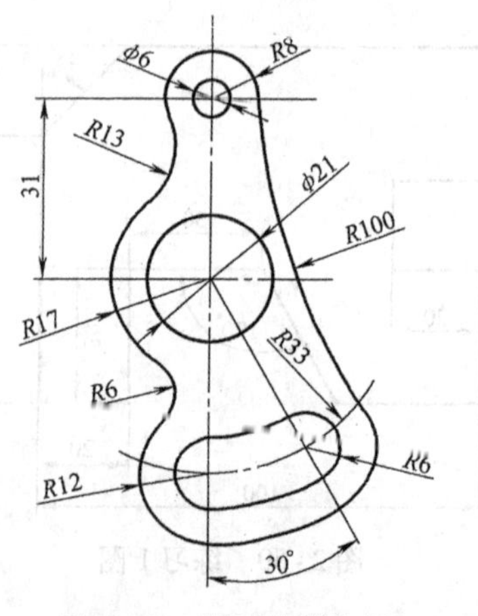

图 2 - 53　圆弧绘制实例

任务目标

1. 会选择合适的圆弧命令完成二维图形的绘制。
2. 会运用修剪/打断命令对图形进行修整操作。

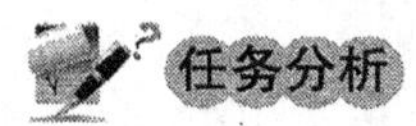

任务分析

本任务要求绘制的二维图形主要由圆弧构成，绘制方案有如下两种：

方案 1：用圆弧绘制命令和修剪/打断命令完成全图的绘制。

方案 2：首先用圆弧绘制命令绘制一部分图形，然后用倒圆命令完成全图的绘制。

这里采用方案 1 来完成图 2 - 53 的绘制。

相关知识

1. 圆弧的绘制

选择如图 2 - 54 所示的菜单栏中的【绘图】→【圆弧】命令，或者单击如图 2 - 55 所示的【草绘】（Sketcher）工具栏中的按钮（单击的下拉按钮可展开下一级子菜单），可以选择合适的命令来绘制各种类型的圆弧。

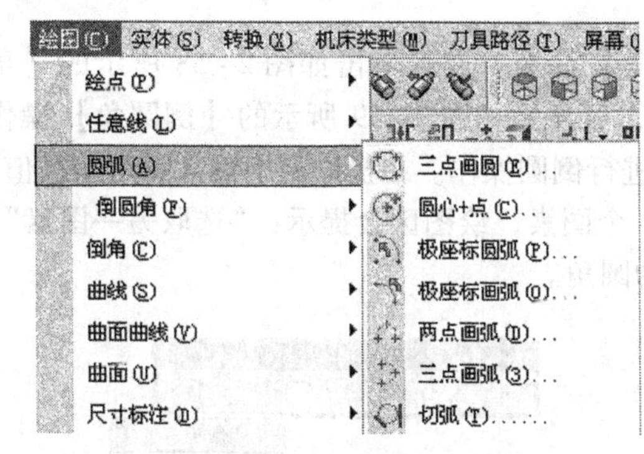

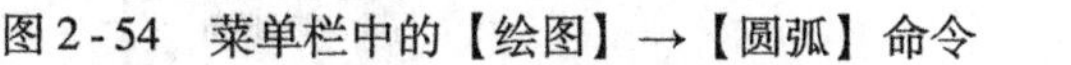

图 2 - 54　菜单栏中的【绘图】→【圆弧】命令

图 2 - 55　【草绘】工具栏中的【圆弧】命令

1）该命令主要用于指定圆心和圆周上的一点画圆，具体操作步骤如下：

① 选择【绘图】→【圆弧】→【圆心 + 点】命令，或单击【草绘】（Sketcher）工具栏中的按钮，系统显示如图 2 - 56 所示的【圆心 + 点】操作栏，同时在绘图区提示“输入圆心点”。

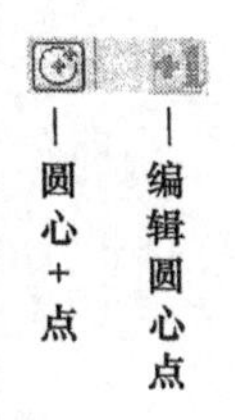

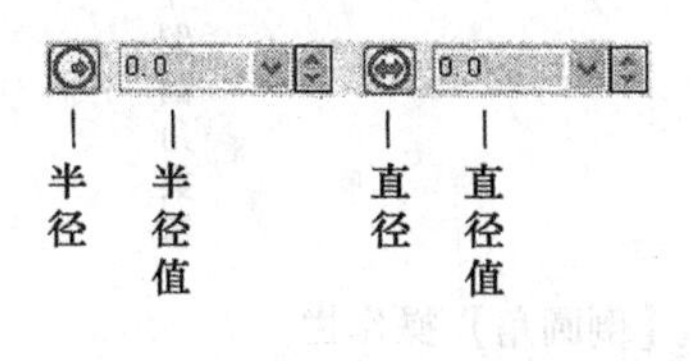

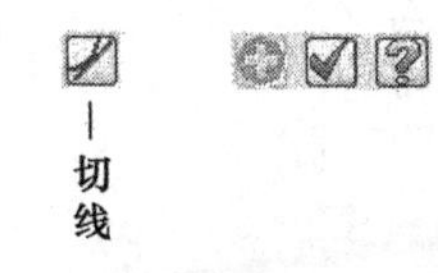

图 2 - 56　【圆心 + 点】操作栏

② 定义圆心点的位置。

③ 定义圆弧的半径或直径值并按 <Enter> 键确认，或者利用鼠标直接在绘图区指定圆

弧的圆周点。

④ 单击☑按钮结束命令，绘制出所定义的圆。

2）【圆心+点】操作栏中主要按钮的含义如下：

① 。【编辑圆心点】按钮，可以修改当前圆心的位置。

② 。【半径】按钮，可锁定圆的半径值。

③ 。【直径】按钮，可锁定圆的直径值。

④ 。【切线】按钮，若选中该按钮，按系统提示“指定圆心点位置”和“选定一条直线或圆弧”，可绘制圆心在指定点上且与指定直线或圆弧相切的圆。

教你一招

在【圆心+点】操作栏中，灵活使用各命令，可以加快绘图速度。

1）单击按钮，可以绘制指定半径的圆。

2）单击按钮，可以绘制指定直径的圆。

2. 二维图形的编辑——倒圆、图素的属性修改

（1）倒圆角　该命令用于对两个处于同一平面但不平行的图素之间进行倒圆（即创建光滑过渡的连接圆弧）。

如图 2-57 所示，单击【绘图】→【倒圆角】命令，或者单击如图 2-58 所示的【草绘】（Sketcher）工具栏中的【倒圆角】按钮，可显示如图 2-59 所示的【倒圆角】操作栏，同时在绘图区提示：“选取一图素”，即可进行倒圆操作。在操作栏中输入圆角半径值，选择圆角类型和修剪模式，然后按提示选择第一个图素，绘图区会提示：“选取另一图素”，按提示选择第二个图素，即可绘制出符合条件的圆角。

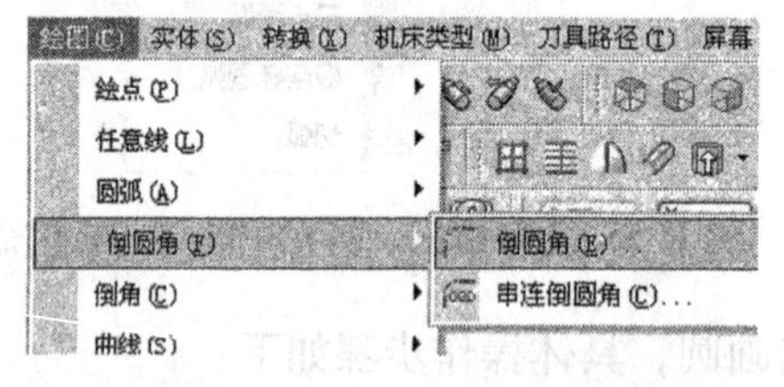

图 2-57　菜单栏中的【绘图】→【倒圆角】命令

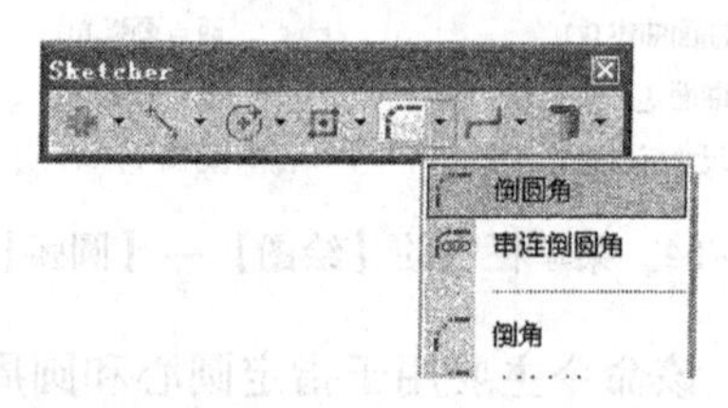

图 2-58　【草绘】工具栏中的【倒圆角】命令

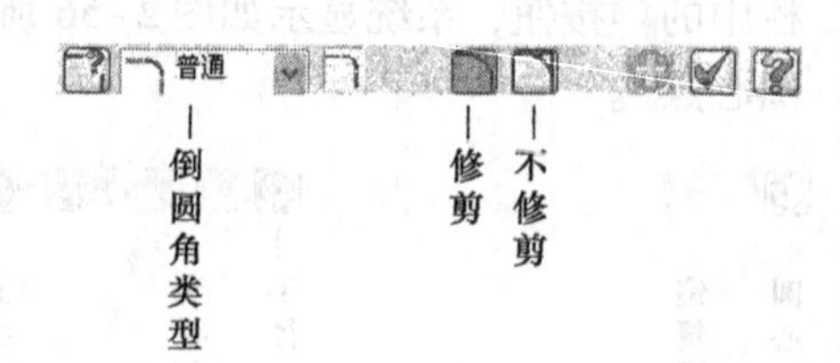

图 2-59　【倒圆角】操作栏

【倒圆角】操作栏中主要按钮的含义如下：

1）：【圆角半径】按钮，可锁定倒圆的半径值。

2）：【倒圆角类型】选项，可选择（普通）、（反向）、（圆柱）、

（安全高度）四种类型的倒圆。

3）：【修剪】按钮，修剪原图素。

4）：【不修剪】按钮，不修剪原图素。

教你一招

1）在【倒圆角】操作栏中，灵活使用各命令，可以绘制出不同效果的倒圆。

① 普通：【倒圆角类型】选项中的普通、反向、圆柱、安全高度四种类型的倒圆，如图2-60所示。

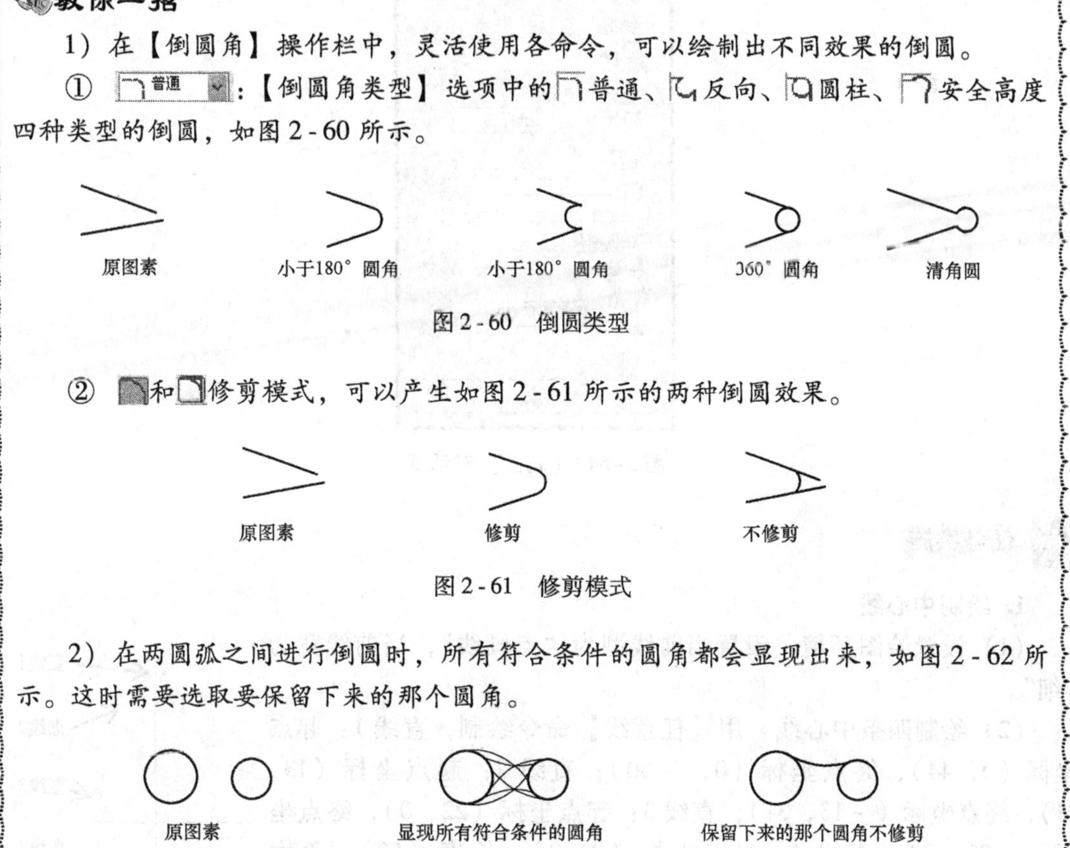

图2-60　倒圆类型

② 和修剪模式，可以产生如图2-61所示的两种倒圆效果。

原图素　　修剪　　不修剪

图2-61　修剪模式

2）在两圆弧之间进行倒圆时，所有符合条件的圆角都会显现出来，如图2-62所示。这时需要选取要保留下来的那个圆角。

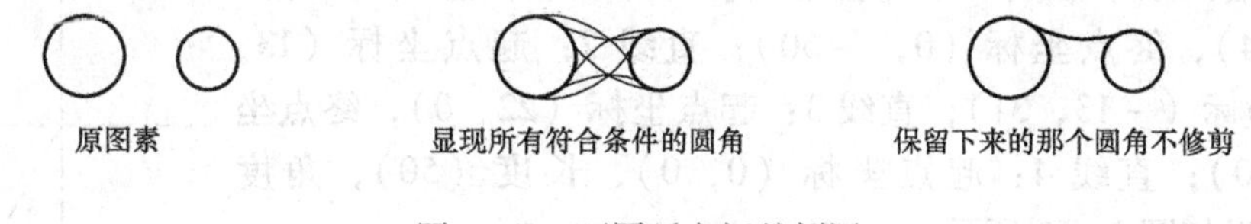

图2-62　两圆弧之间的倒圆

（2）图素属性的修改　图素的属性包括颜色、线型和线宽等，可在图素上进行修改，操作方法如下：

① 选取要修改的图素。

② 如图2-63所示，在状态栏的【属性】按钮处右击，系统弹出如图2-64所示的【属性】对话框。

③ 勾选要修改的属性选项，选择修改内容，然后单击按钮确定。

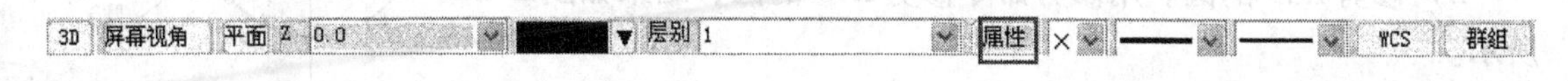

图2-63　状态栏

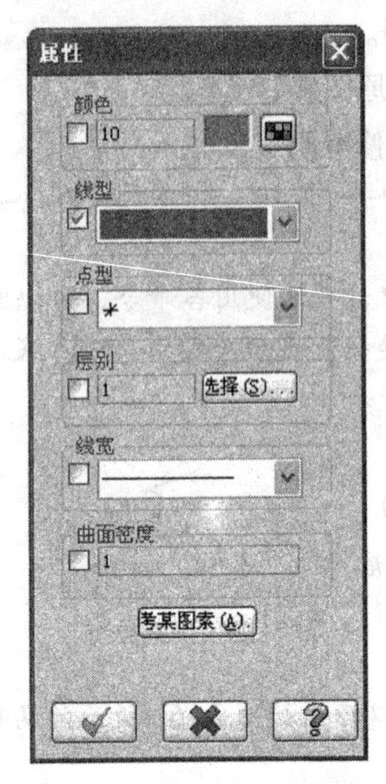

图 2-64 【属性】对话框

任务实施

1. 绘制中心线

(1) 设置绘图环境　设置当前线型为“点画线”，当前线宽为“细”。

(2) 绘制四条中心线　用【任意线】命令绘制，直线 1：起点坐标（0，44），终点坐标（0，-50）；直线 2：起点坐标（13，31），终点坐标（-13，31）；直线 3：起点坐标（22，0），终点坐标（-22，0）；直线 4：起点坐标（0，0），长度（50），角度（-60），结果如图 2-65 所示。

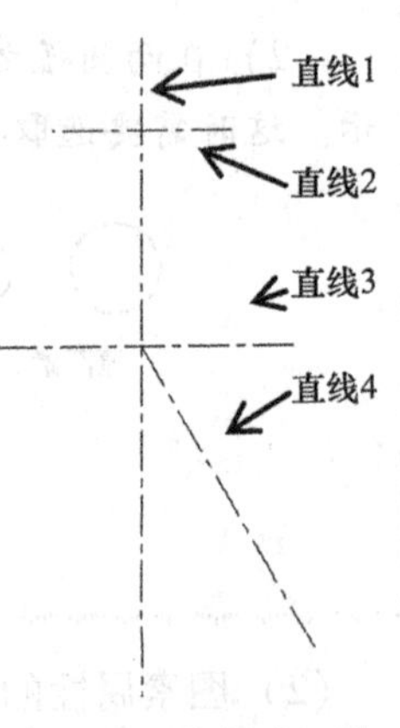

图 2-65　绘制中心线

2. 绘制外轮廓图形

(1) 设置绘图环境　设置当前线型为“实线”，当前线宽设置为“粗”。

(2) 绘制外形轮廓

1) 绘制尺寸为 $R8$、$R17$、$R33$ 的三个圆。采用 圆心+点(C)... 命令来绘制三个圆，圆 1：圆心坐标（0，31），半径为 $R8$；圆 2：圆心坐标（0，0），半径为 $R17$；圆 3：圆心坐标（0，0），半径为 $R33$，结果如图 2-66 所示。

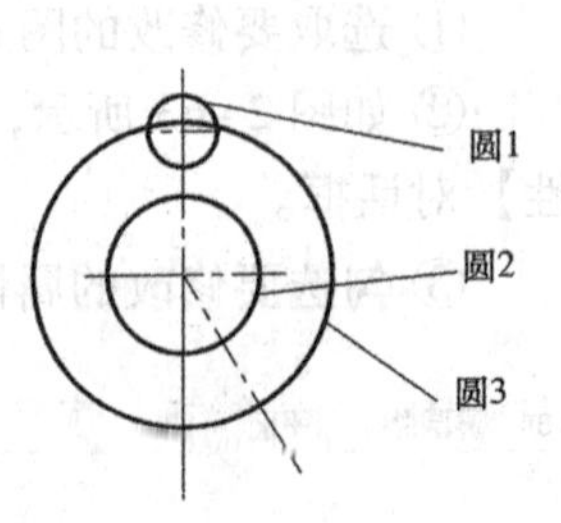

图 2-66　绘制三个圆

2) 修剪 $R33$ 的圆。用修剪命令修剪 $R33$ 的圆，结果如图 2-67 所示。

3) 绘制两个 $R12$ 的圆。用 圆心+点(C)... 命令绘制，结果图 2-68 所示。

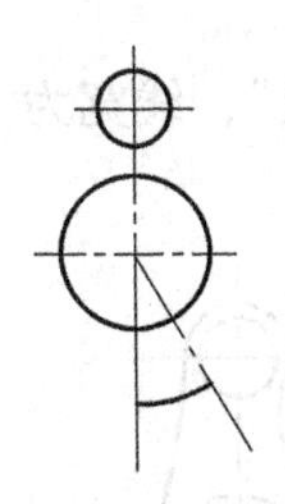

图 2-67　修剪结果

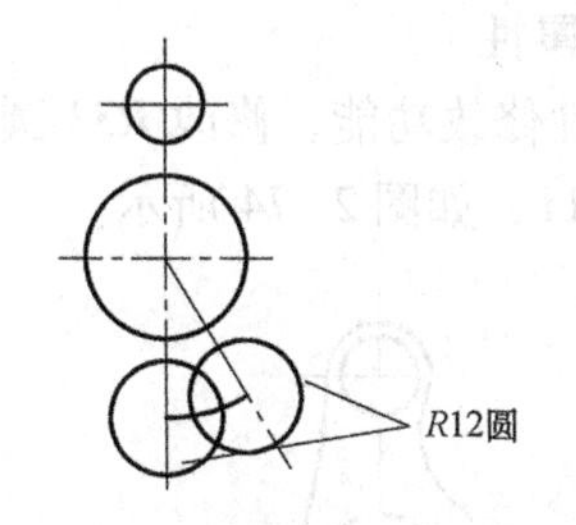

图 2-68　绘制两个 R12 的圆

4）绘制尺寸为 R100、R13、R6、R50 的四个圆弧。用【倒圆角】命令来绘制，圆角 1 的半径为 R100，圆角 2 半径为 R13，圆角 3 半径为 R6，圆角 4 半径为 R50，结果如图 2-69 所示。

5）修剪半径为 R100、R13、R6、R50 的四个圆弧。用修剪命令修剪，结果如图 2-70 所示。

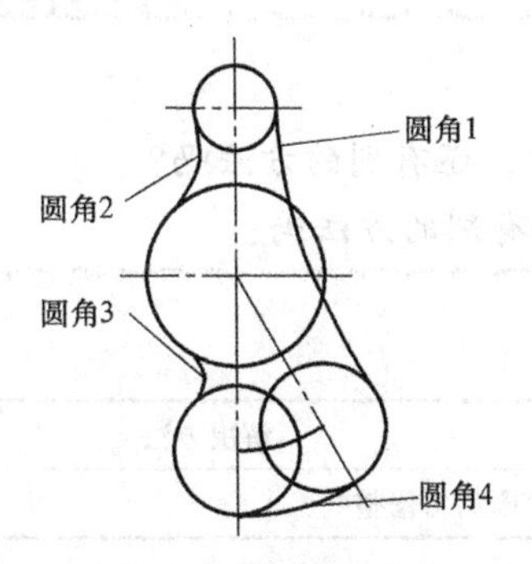

图 2-69　绘制四个圆角

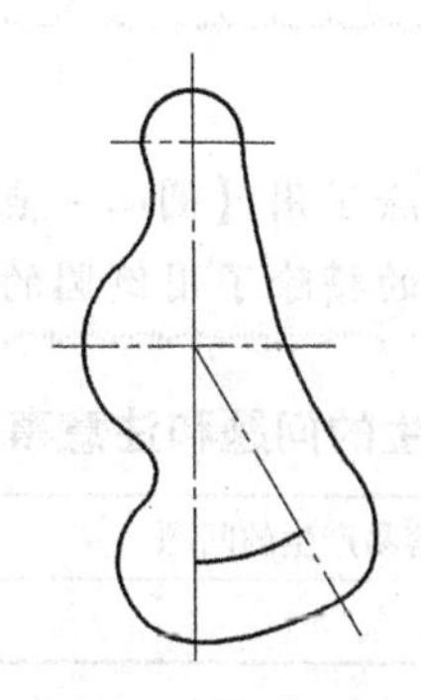

图 2-70　修剪结果

3. 绘制内轮廓图形

1）绘制 $\phi6$、$\phi21$ 和 R6 的四个圆。用 圆心+点(C)... 命令来绘制，圆 1 直径为 $\phi6$，圆 2 直径为 $\phi21$，圆 3 和圆 4 半径均为 R6，结果如图 2-71 所示。

2）绘制 R27 和 R39 的两个圆角。用【倒圆角】命令来绘制，圆角 1 半径为 R27，圆角 2 半径为 R39，结果如图 2-72 所示。

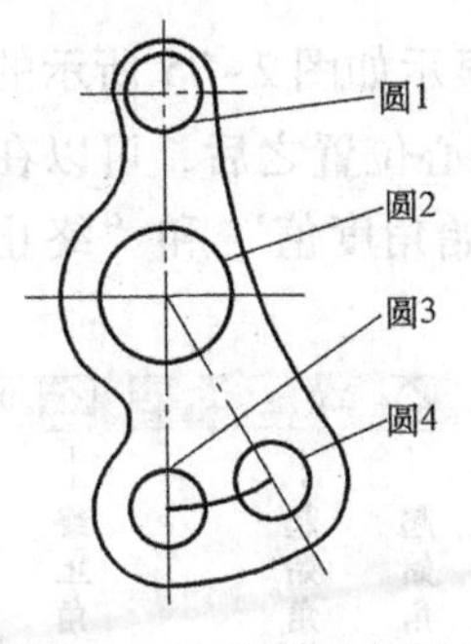

图 2-71　绘制四个圆

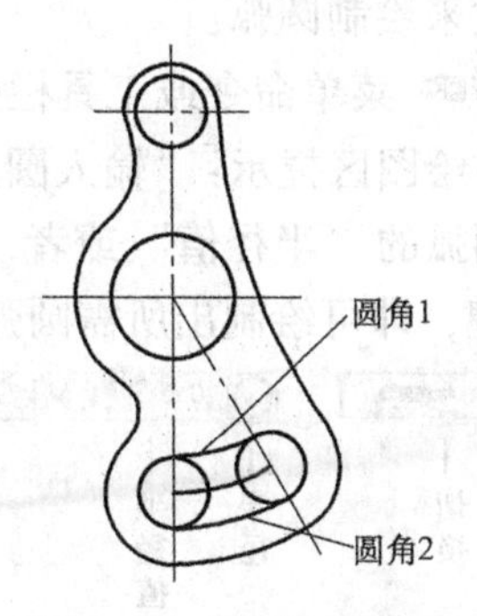

图 2-72　绘制两个圆角

3）修剪半径为 R27 和 R39 的两个圆角。用修剪命令修剪，结果如图 2-73 所示。

4. 修改图素属性

利用图素属性修改功能，修改 *R*33 圆弧的线型为“点画线”，线宽为“细”；用延伸命令将其两端延长 11，如图 2-74 所示。

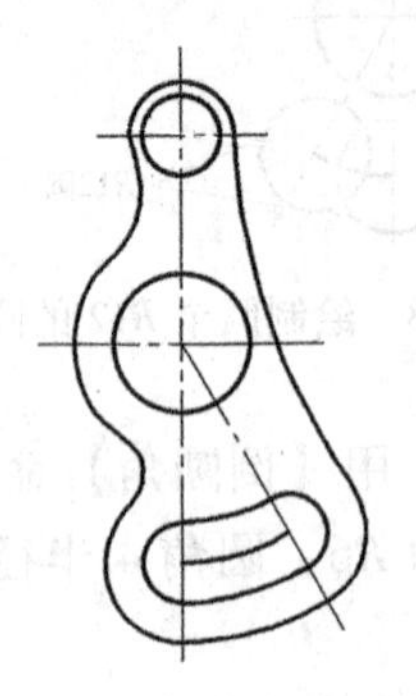

图 2-73　修剪结果

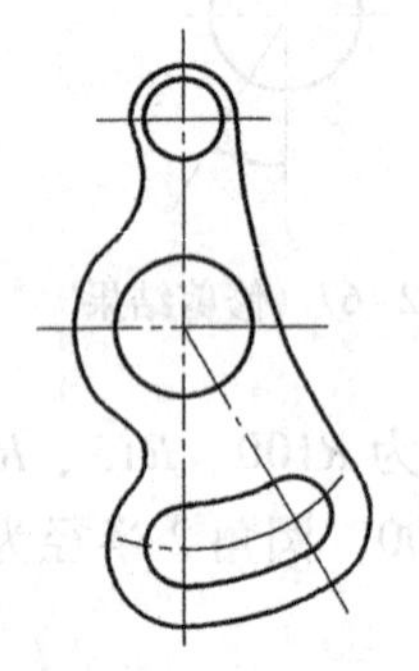

图 2-74　绘制结果

想一想

1. 轮廓除了用【圆心 + 点】命令绘制以外，还有别的方法吗？
2. 下方的槽除了用倒圆的方式绘制外，还有别的方法吗？

容易产生的问题和注意事项

容易产生的问题	解决方法
整圆不能被修剪	把整圆打断后再修整

扩展知识

绘制圆弧和圆弧的修整方法是本任务学习的重点。除了以上介绍的圆弧绘制及其修整方法外，还有多种绘制圆弧和修整圆弧的方法，现将其方法作进一步补充介绍。

1. 圆弧的绘制命令补充

（1）极坐标圆弧（Arc Polar）　该命令主要通过指定圆心位置、半径（或直径）、起始角度和终止角度来绘制圆弧。

选择 极座标圆弧 菜单命令或工具栏中的对应按钮，显示如图 2-75 所示的【极坐标圆弧】操作栏，同时在绘图区提示：“输入圆心点”。在指定圆心位置之后，可以在【极坐标圆弧】操作栏中设置圆弧的“半径值”或者“直径值”、“起始角度值”和“终止角度值”，然后按下 <Enter> 键，即可绘制出所需圆弧。

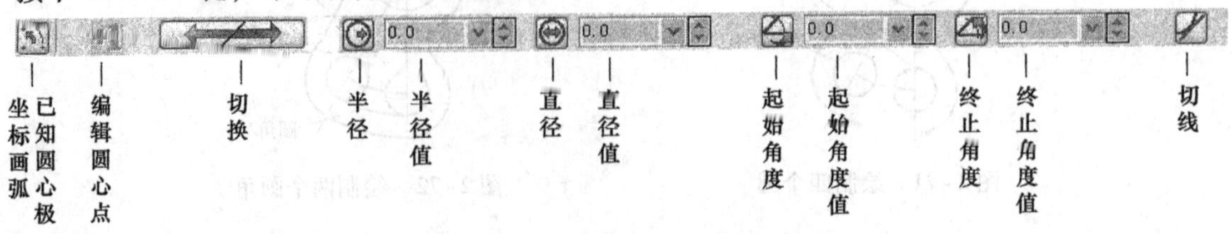

图 2-75　【极坐标圆弧】操作栏

（2）三点画圆（Circle Edge Point）　该命令主要通过指定圆周上的三个点来绘制圆。

选择 三点画圆 菜单命令或工具栏中的对应按钮，显示如图2-76所示的【三点画圆】操作栏，同时在绘图区提示：“输入第一点”。用户按照提示依次输入第1点、第2点和第3点，就可以绘制出经过这3个点的圆。

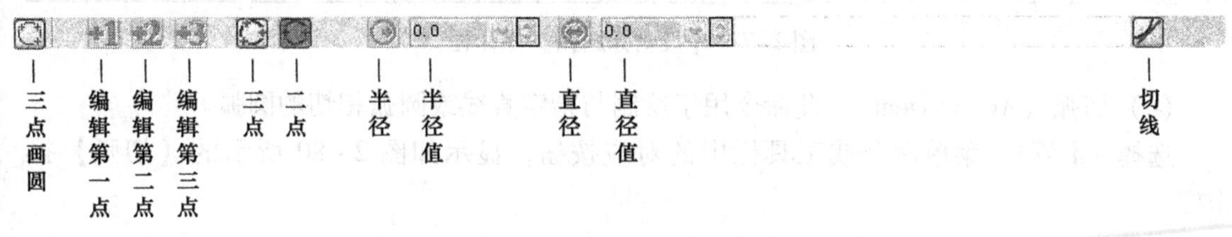

图2-76　【三点画圆】操作栏

（3）两点画弧（Arc Endpoints）　该命令先指定圆弧的两个端点，然后指定圆弧经过的点，以此操作顺序绘制圆弧。

选择 两点画弧 菜单命令或工具栏中的对应按钮，显示如图2-77所示的【两点画弧】操作栏，同时在绘图区提示：“输入第一点”。用户按照提示依次指定圆弧的两个端点和圆弧经过的点，便可画出所需圆弧。

若在指定两个端点后不指定圆弧经过的点，而是输入圆弧的半径或直径，则显示4条满足条件的圆弧，用户从中选取需要保留的圆弧即可。锁定【两点画弧】操作栏上的【切线】按钮，可以绘制两端点在指定点上并且与指定的一条直线或圆弧相切的圆弧。

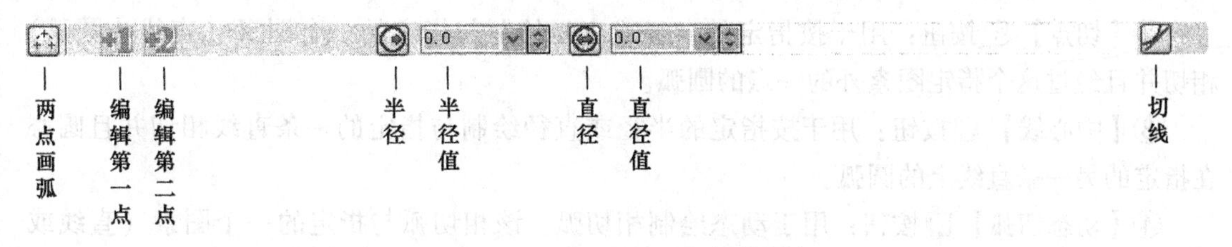

图2-77　【两点画弧】操作栏

（4）三点画弧（Arc 3 Points）　该命令主要用于通过依次指定的3个点画圆弧。

选择 三点画弧 菜单命令或工具栏中的对应按钮，显示如图2-78所示的【三点画弧】操作栏，同时在绘制区提示：“输入第一点”。用户按照提示依次指定3个点即可画出圆弧。

锁定【三点画弧】操作栏上的【切线】按钮，可绘制与三图素（直线或圆弧）相切的圆弧。

图2-78　【三点画弧】操作栏

（5）极坐标画弧（Arc Polar Endpoints）　该命令用于通过指定圆弧的一个端点（起始点或终止点）、圆弧半径（或直径）、起始角度和终止角度来绘制圆弧。

选择 极坐标画弧菜单命令或工具栏中的对应按钮，显示如图2-79所示的【极坐标画弧】操作栏，同时在绘图区提示：“输入起点”。用户指定圆弧的起始点后，系统接着提示“输入半径、起始点和终止角度”。用户输入相应的参数后按下<Enter>键即可。

在默认情况下，系统以指定起始点方式进行圆弧的绘制，单击【极坐标画弧】操作栏上的【端点】按钮，可以切换成指定终止点的方式，单击【起始点】按钮则反向切换。起始点和终止点按逆时针顺序判定。

图 2-79 【极坐标画弧】操作栏

（6）切弧（Arc Tangent） 此命令用于绘制与指定直线或圆弧相切的圆弧。

选择 切弧... 菜单命令或工具栏中的对应按钮，显示如图 2-80 所示的【切弧】操作栏。

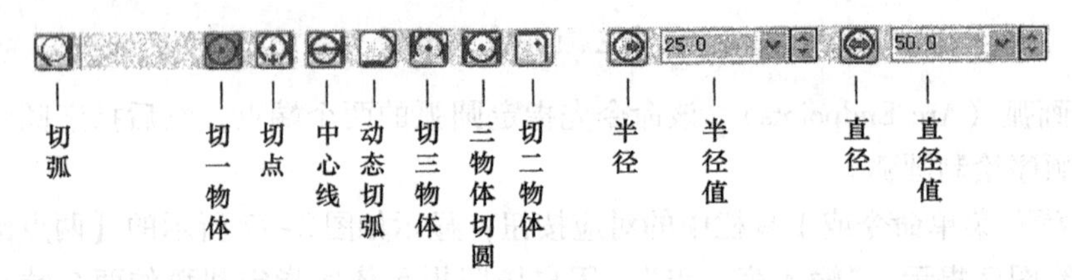

图 2-80 【切弧】操作栏

【切弧】操作栏的部分按钮功能如下：

①【切一物体】按钮：用于按指定的半径或直径绘制与指定的一个图素（直线或圆弧）相切并且切点在这个指定图素上的圆弧。

②【切点】按钮：用于按指定的半径或直径绘制与指定的一个图素（直线或圆弧）相切并且经过这个指定图素外的一点的圆弧。

③【中心线】按钮：用于按指定的半径或直径绘制与指定的一条直线相切并且圆心在指定的另一条直线上的圆弧。

④【动态切弧】按钮：用于动态绘制相切弧。该相切弧与指定的一个图素（直线或圆弧）相切，并且切点可以动态地在这个指定的图素上选取，圆弧的半径和长度随指定的圆弧终止位置而定，圆弧的包含角小于或等于 180°。

⑤【切三物体】按钮：用于绘制与 3 个指定图素（直线或圆弧）相切的圆弧。

⑥【三物体切圆】按钮：用于绘制与 3 个指定图素（直线或圆弧）相切的圆。

⑦【切二物体】按钮：用于按指定的半径或直径绘制与指定的两个图素（直线或圆弧）相切的圆弧。

2. 倒圆方法的补充——串连倒圆角（Break at Intersection）

该命令用于在曲线链的拐角处倒圆（创建光滑过渡的连接圆弧）。

选择 串连倒圆角 菜单命令或工具栏中的对应按钮，显示如图 2-81 所示的【串连倒圆角】操作栏和如图 2-82 所示的【串连选项】对话框，同时在绘图区提示：“选取串连 1”。

用户选取图形中的一个曲线链之后，单击【串连选项】对话框中的【确定】按钮，系统会以【串连倒圆角】操作栏的默认设置在曲线链的各个拐角处产生光滑过渡的连接圆弧，这时，用户根据需要在该操作栏中修改相应的设置后单击【应用】按钮或者【确定】按钮即可，如图 2-83a 所示。

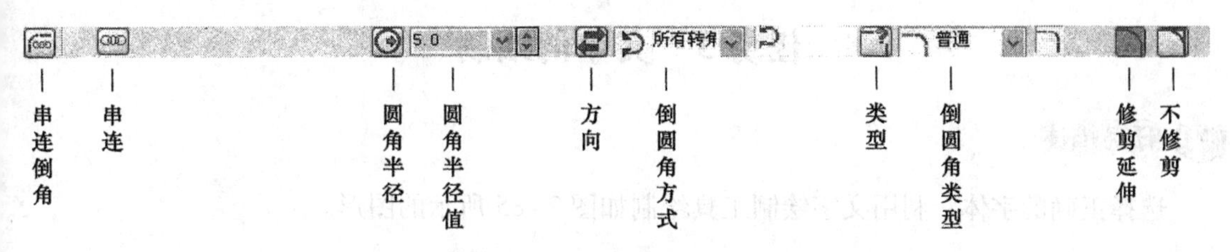

图 2-81　【串连倒圆角】操作栏

【串连倒圆角】操作栏中【方向】选项的功能如下：

① 所有转角：在曲线链的所有拐角处产生圆角，如图 2-83b 所示。

② 正向扫描：仅在沿着串连方向的逆时针拐角处产生圆角，如图 2-83c 所示。

③ 反向扫描：仅在沿着串连方向的顺时针拐角处产生圆角，如图 2-83d 所示。

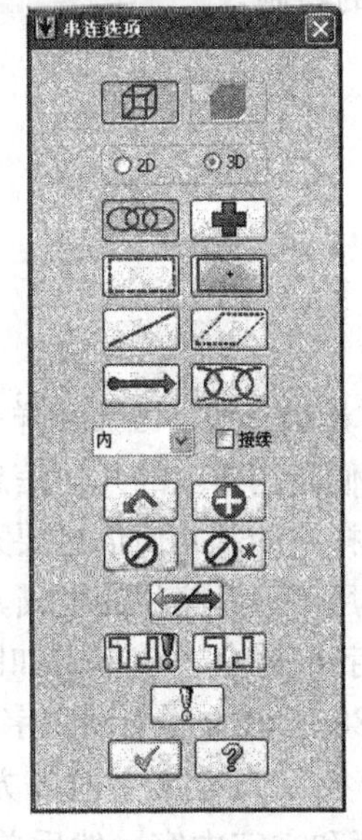

图 2-82　【串连选项】对话框

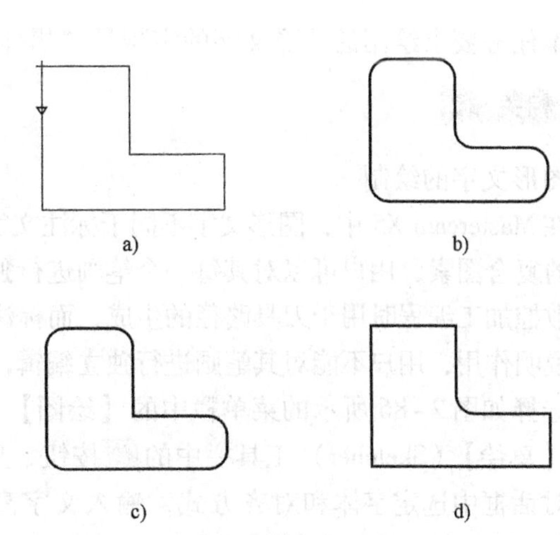

图 2-83　倒圆方式

a）原图素　b）【所有转角】方式下产生的倒圆

c）【正向扫描】方式下产生的倒圆

d）【反向扫描】方式下产生的倒圆

任务拓展

练习：绘制如图 2-84 所示的图形（不必标注尺寸）。

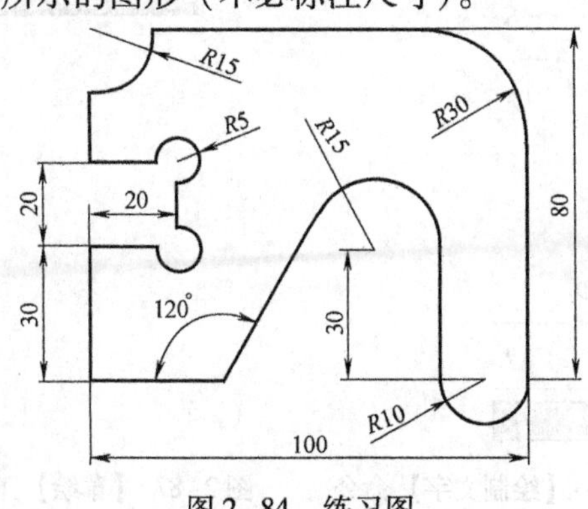

图 2-84　练习图

任务3　文字的绘制

任务描述

选择正确的字体，利用文字绘制工具绘制如图 2-85 所示的图形。

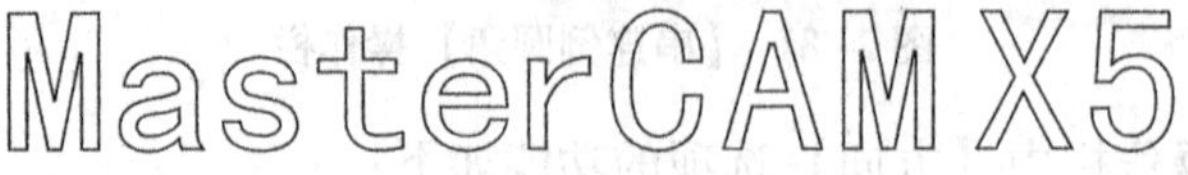

MasterCAM X5

图 2-85　文字绘制实例

任务目标

会使用绘制文字命令并能按要求设置参数完成图形文字的绘制。

任务分析

本任务要求绘制的图形文字的字型是“黑体”。

相关知识

图形文字的绘制

在 Mastercam X5 中，图形文字不同于标注文字。图形文字是由直线、圆弧和样条曲线组合而成的复合图素，用户可以对其每一个笔画进行独立编辑，它们是图样中的几何信息要素，可以在数控加工编程时用于刀具路径的生成，而标注文字则是图样中的非几何信息要素，在图样中起说明作用，用户不能对其笔画进行独立编辑，也不能将其用于刀具路径的生成。

选择如图 2-86 所示的菜单栏中的【绘图】→【绘制文字】命令，或单击如图 2-87 所示的【草绘】(Sketcher) 工具栏中的 L 按钮，显示如图 2-88 所示的【绘制文字】对话框。在该对话框中选定字体和对齐方式，输入文字高度、圆弧半径（只有文字对齐方式设置为“圆弧顶部”或“圆弧底部”时该文本框才可用）、字符间距和文字内容，然后单击 ✔ 按钮，并且按照提示在绘图区指定文字的起点位置后即可绘制出所需要的文字。

绘图(C)
实体(S)
转换(X)
机床类
绘点(P)
任意线(L)
圆弧(A)
矩形(R)...
矩形形状设置(E)...
多边形(N)...
椭圆(T)...
绘制螺旋线(间距(T)...
绘制螺旋线(锥度)(H)...
基本曲面/实体(M)
绘制文字(L)...

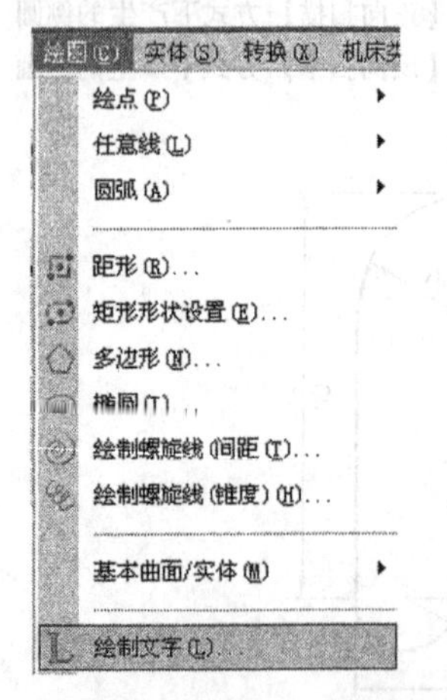

图 2-86　菜单栏的【绘图】→【绘制文字】命令

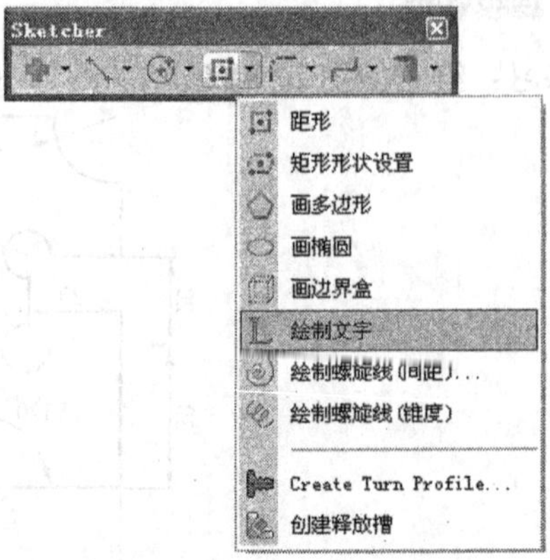

Sketcher
矩形
矩形形状设置
画多边形
画椭圆
画边界盒
绘制文字
绘制螺旋线(间距)...
绘制螺旋线(锥度)
Create Turn Profile...
创建释放槽

图 2-87　【草绘】工具栏中的【绘制文字】命令

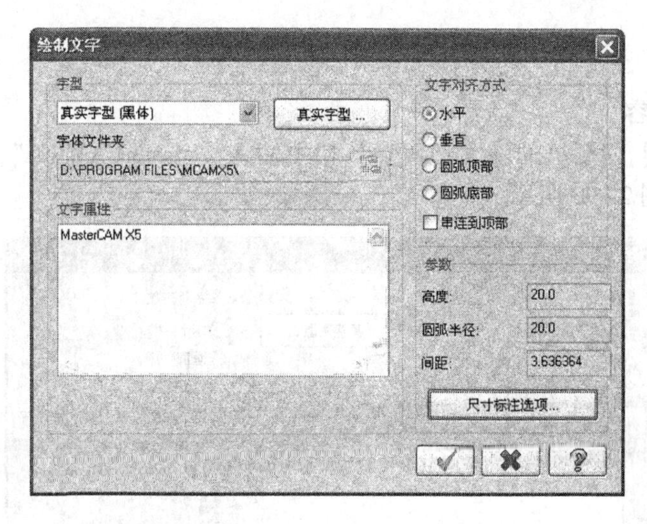

图2-88 【绘制文字】对话框

若要绘制中文字，则应选用真实字型中相应的中文字体，否则用户正常输入的中文字在绘图区不能正常显示。

若当前选用的字体为"草绘字体（Drafting Font）"，则文字对齐方式默认为"水平"对齐，若选用"串连到顶部"对齐方式，其他对齐方式则不能选用。

若当前选用的字体为"草绘字体（Drafting Font）"或"真实字体（TrueType Font）"，则【绘制文字】对话框中的【尺寸标注整体设置】按钮处于可用状态，单击该按钮将打开如图2-89所示的【注解文字】对话框。利用该对话框，可以对文字属性进行更详细的设置。

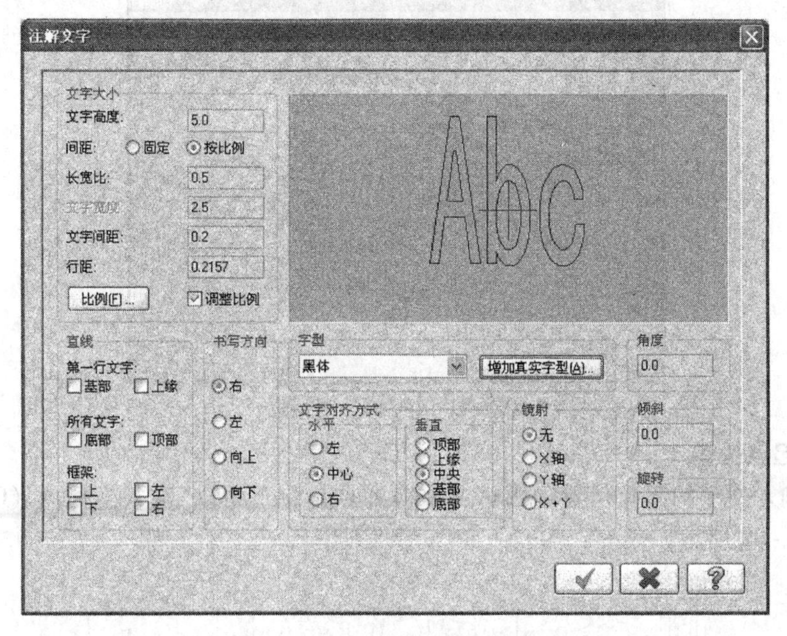

图2-89 【注解文字】对话框

任务实施

1. 输入文字内容

在【绘制文字】对话框的【文字属性】栏中输入“MasterCAM X5”，选择文字对齐方式为“水平”，如图 2-90 所示。

图 2-90 【绘制文字】对话框

2. 选择字体

单击[真实字型...]按钮，打开【字体】对话框，选择字体为“黑体”，如图 2-91 所示。

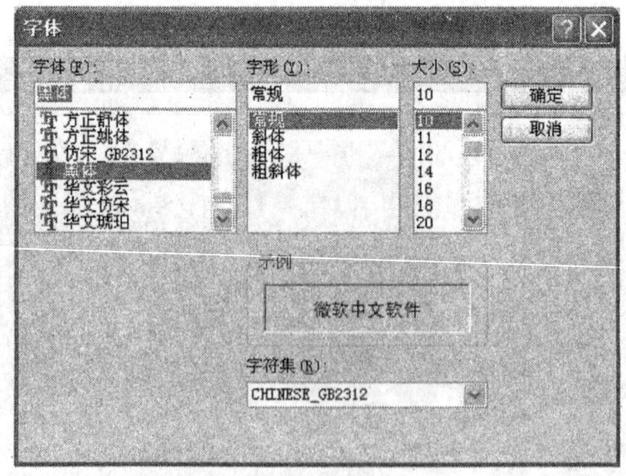

图 2-91 【字体】对话框

3. 输入起点位置

按提示输入文字的起点位置（默认文字对齐点是左下角），输入坐标点（0，0），确认后结果如图 2-92 所示。

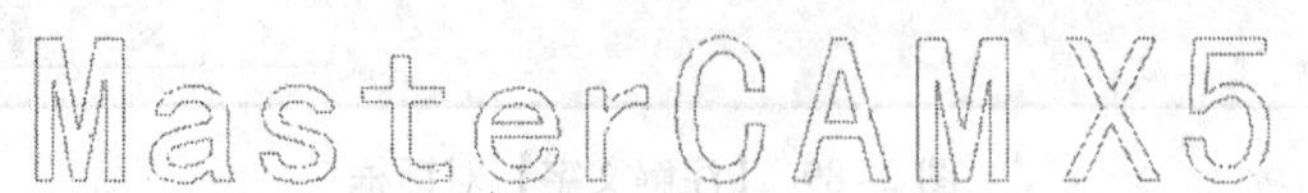

图 2-92 结果图

想一想

1. 单线字应选用哪种字体？
2. 圆弧排列文字如何设置？

容易产生的问题和注意事项

容易产生的问题	解决方法
不能正确显示中文文字图形	选用真实字型中相应的中文字体

扩展知识

绘制图形文字是本任务学习的重点。除了以上介绍的水平排列图形文字外，还有圆弧排列图形文字、曲线排列图形文字，现将其方法作进一步补充介绍。

图形文字排列方法的补充

通过对文字对齐方式的设置，如图2-93所示，可绘制出不同排列方式的图形文字，如图2-94所示。

图2-93 文字对齐方式选项

图2-94 不同排列方式的图形文字

任务拓展

练习：绘制如图2-95所示的图形。

图2-95 练习图

任务4　几何转换

任务描述

选择正确的线型，利用所学的命令绘制如图 2-96 所示的图形（不必标注尺寸）。

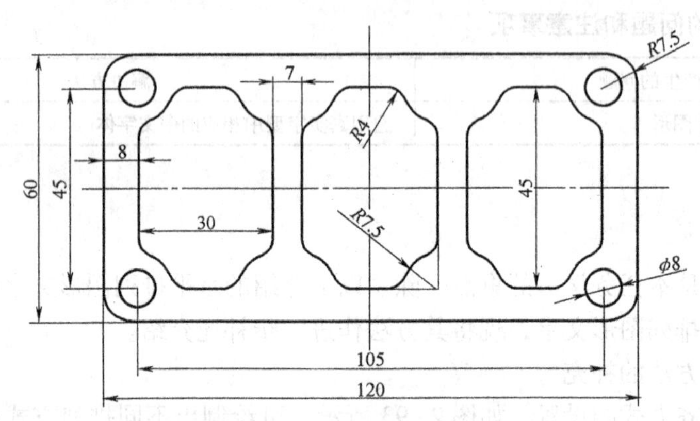

图 2-96　几何转换绘制实例

任务目标

1. 会选择合适的命令完成二维图形的绘制。
2. 会运用转换命令对图形进行修整操作。

任务分析

本任务要求绘制的二维图形主要由直线、圆弧构成，绘制方案如下：

方案 1：用直线、圆弧绘制命令和修剪/打断命令完成全图的绘制。

方案 2：首先用直线、圆弧绘制命令绘制一部分图形，然后用平移、镜像命令完成全图的绘制。

相关知识

1. 矩形的绘制

（1）绘制常规矩形　绘制常规矩形的操作步骤如下：

① 选择【绘图】→【矩形】命令，或单击【草绘】（Sketcher）工具栏中的按钮。

②系统弹出如图 2-97 所示的【矩形】操作栏。直接定义矩形的两个对角点，或者在 0.0 和 0.0 文本框中分别输入矩形的长度、宽度，然后指定矩形的定位基准点。

图 2-97　【矩形】操作栏

③ 若选中按钮，表示采用矩形中心作为定位基准点，否则默认矩形的左下角作为定位基准点；若选中按钮，表示在创建矩形的同时生成以矩形为边界的平整曲面。

④ 单击按钮，绘制出所需的矩形，如图 2-98 所示。

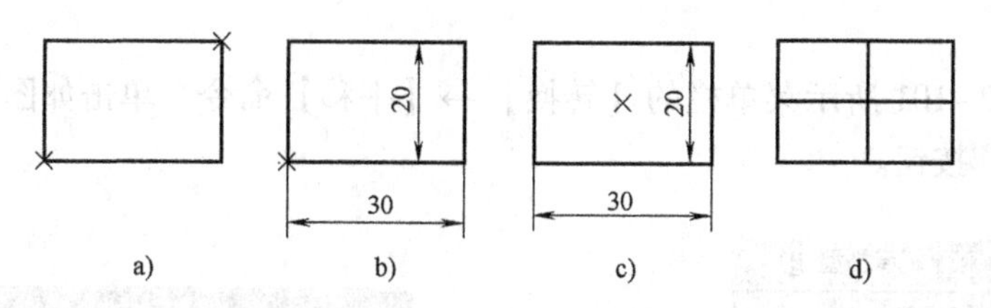

图 2-98 常规矩形的绘制

a）指定两个角点 b）指定角点和长度、宽度 c）指定中心和长度、宽度 d）创建曲面

（2）绘制其他形状矩形　其他形状的矩形包括圆角形、普通键形、D 形、双 D 形、旋转形等。绘制其他形状的矩形的操作步骤如下：

① 选择【绘图】→【矩形形状设置】命令，或单击【草绘】（Sketcher）工具栏中的按钮。

② 系统弹出如图 2-99 所示的【矩形选项】对话框。指定定位方式并依次定义其长度、宽度、圆角半径、旋转角度、形状类型和基准点等。其中，只有定位方式设置为【一点】时，【高度】、【宽度】和【基准点】项才有效。

③ 单击按钮，绘制出所需的矩形，如图 2-100 所示。

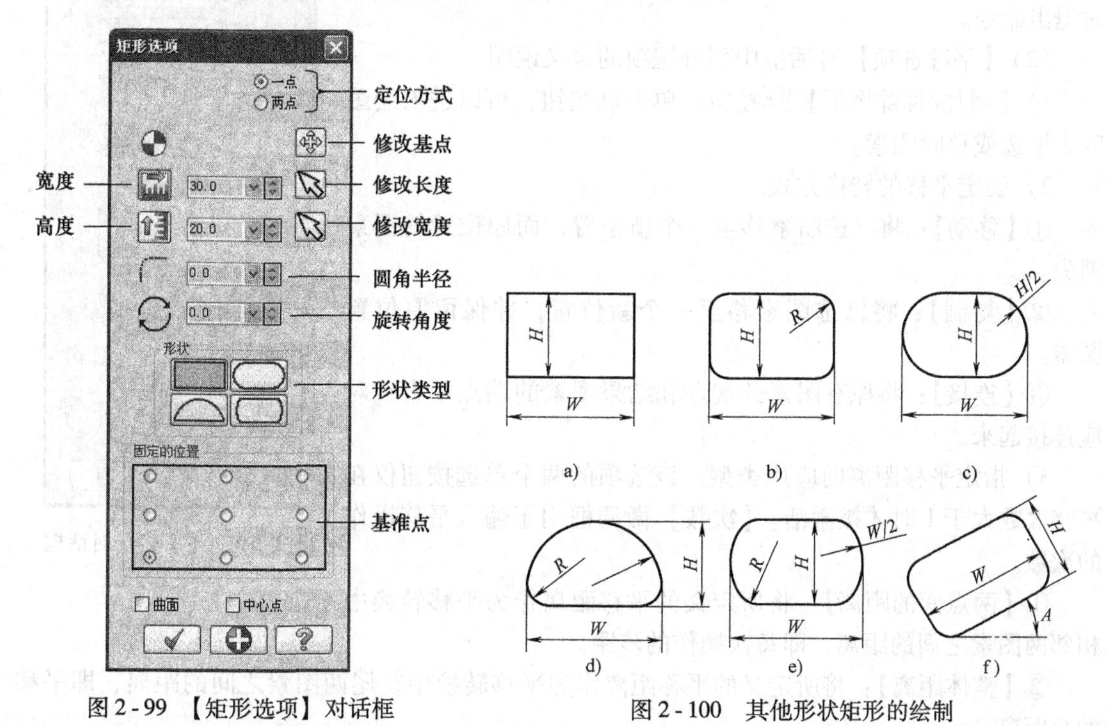

图 2-99 【矩形选项】对话框　　图 2-100 其他形状矩形的绘制

2. 平移

（1）平移操作　转换（Xform）是指用镜像、旋转、比例、补正、平移等方法来编辑几何图形。

平移命令用于将选定的原图素在同一视图平面内按照指定次数沿指定方向和距离进行平移、复制或连接，生成新图素，并保持它们原有的方向、大小和形状。执行平移操作的主要步骤如下：

① 选择如图 2-101 所示菜单栏的【转换】→【平移】命令，单击如图 2-102 所示【转换】工具栏中的按钮。

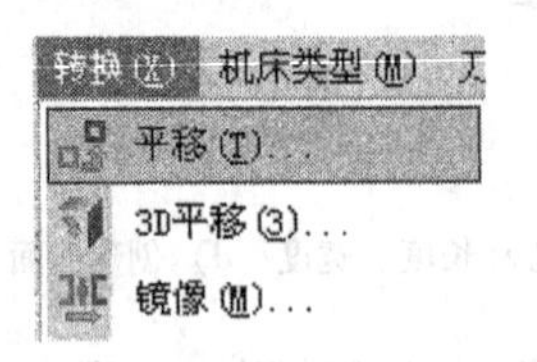

图 2-101 菜单栏的【转换】→【平移】命令

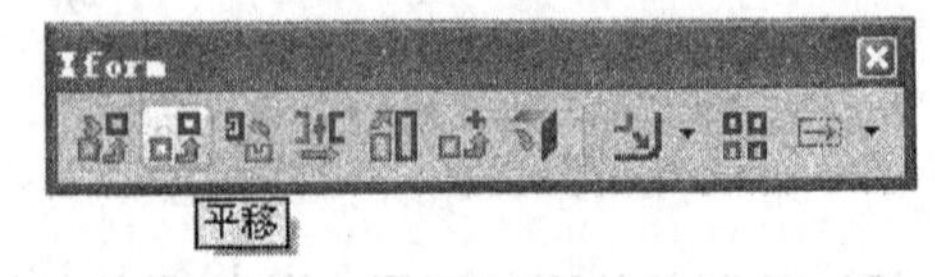

图 2-102 【转换】工具栏中的【平移】命令

② 选取需要平移的原图素后按 <Enter> 键确认。

③ 系统弹出如图 2-103 所示的【平移】对话框。在该对话框中设置或修改有关参数，并且可以在绘图区实时预览参数设置或修改的效果。

④ 单击（应用）按钮，可以固定当前操作结果，以便继续新的平移操作；单击（确定）按钮，则完成平移操作，同时退出命令。

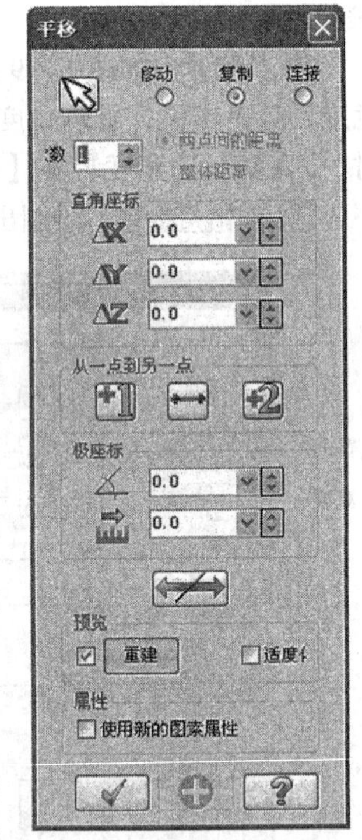

图 2-103 【平移】对话框

（2）【平移选项】对话框中部分选项的含义说明

1）【增加/移除图形】按钮：单击该按钮，可以进入绘图区去增选或移除图素。

2）设定平移的转换方式。

①【移动】：将已选图素移至一个新位置，而原位置的图素消失。

②【复制】：将已选图素移至一个新位置，并保留原位置图素。

③【连接】：将原有图素的端点和结果图素的端点用直线对应连接起来。

3）指定平移距离的应用类型。该选项的两个单选按钮仅在平移次数大于 1 时才被激活。【次数】微调框用于输入平移操作的次数。

①【两点间的距离】：将所定义的平移距离作为平移转换中相邻两图素之间的距离，即每次操作的步距。

②【整体距离】：将所定义的平移距离作为平移转换中首尾两图素之间的距离，即平移的总距离。

4）定义平移的方向。系统提供了 3 类（4 种）方法来定义平移方向，用户可以根据已知条件选用其中的一种方式。

①【直角坐标】：以直角坐标来定义图形的平移方向，即通过输入新图素相对于原图素的直角坐标增量（△X，△Y，△Z）来定义平移向量。

②【从一点到另一点】：该方式有两种情况。一种是通过指定两个点来定义平移向量

(从第一点指向第二点)；另一种是通过指定一条已有直线来定义平移向量（从直线上距离选择点较近的一端指向该直线的另一端）。在用户还没有使用指定两个点或指定一条直线的方式定义平移向量的情况下，单击【第一点】按钮或【第二点】按钮，都将让用户选择第一点和第二点；若用户已经用其中的一种方式定义了平移向量，则单击【第一点】按钮可让用户重新指定第一点，单击【第二点】按钮可让用户重新指定第二点。

③【极坐标】：以极坐标（线性距离和角度）的方式来定义图形的平移方向。

5)【方向】按钮：单击该按钮，可以切换操作结果，以便获得正向、反向或者双向操作结果。

6)【预览】复选框和【重建】按钮：勾选【重建】按钮左边的【预览】复选框，可以实时预览【平移】对话框中参数设置和绘图区操作行为的结果，这时【重建】按钮无效；清除【预览】复选框，可以激活【重建】按钮，这时，参数设置和操作行为的结果不会实时显示出来，待用户单击【重建】按钮后才显示结果。

7)【适度化】复选框：勾选该项，可以使【预览】或【重建】效果缩放至整个视窗。

8)【使用新的图素属性】复选框：选中该复选框，显示【层别】和【颜色】设置区域，以便设置新图素的层别和颜色属性。清除该复选框，则新图素将继承原图素的属性。

9)【层别】设置区域：用于设置新图素的【层别】属性。

10)【每次平移都增加一个图层】复选框：该复选框只有在【次数】大于 1 时才被激活。选中该复选框，将使每一“步”的平移结果图素创建在不同的图层上。其中“第一步”的平移结果图素置于【层别】设置区域指定的图层上，后续各“步”对应的层别号按增量 1 依次递增。

11)【颜色】设置区域：用于设置新图素的【颜色】属性。

教你一招

单击按钮，可以将原图素和新图素的颜色恢复为它们的属性颜色。

3. 镜像

1) 该命令可以将选定的原图素沿指定的镜像轴线（对称轴线）进行镜像移动、复制或连接，生成新图素，并保持它们原有的大小和形状。该命令主要用于绘制对称图形。执行镜像操作的主要步骤如下：

① 选择如图 2 - 104 所示菜单栏中的【转换】→【镜像】命令，或者单击如图 2 - 105 所示【转换】工具栏中的按钮。

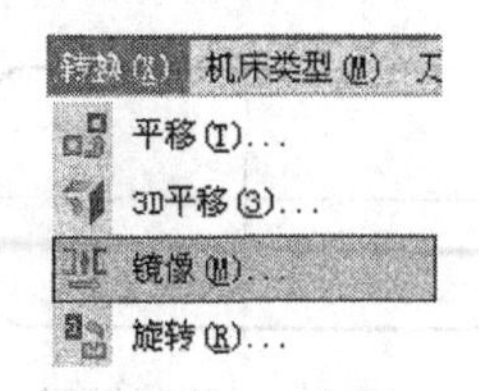

图 2 - 104　菜单栏中的【转换】→【镜像】命令

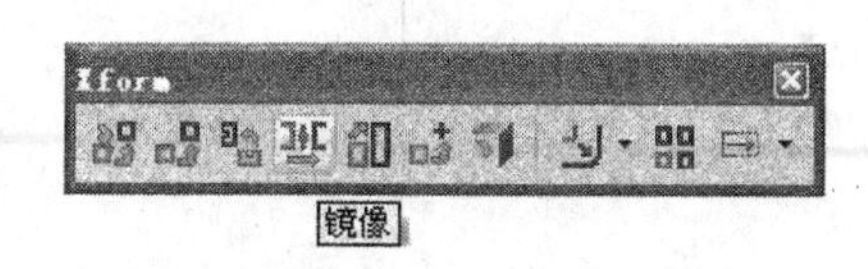

图 2 - 105　【转换】工具栏中的【镜像】命令

② 选取需要镜像的原图素后按 <Enter> 键确认。

③ 显示如图 2 - 106 所示的【镜像】对话框。

④ 在该对话框中选择镜像的转换方式，指定镜像轴线。

⑤ 单击按钮，即可完成图素的镜像操作。

2）在【镜像】对话框中，系统提供了五种定义镜像轴线的方式，其含义说明如下：

① X 轴。定义一条虚拟的水平线（与 *X* 轴平行）为镜像轴线。此时，必须单击按钮返回绘图区指定水平镜像轴的定位点，或者直接在对应的【Y】微调框中输入水平线的定位 *Y* 坐标值。

② Y 轴。定义一条虚拟的垂直线（与 *Y* 轴平行）为镜像轴线。此时，必须单击按钮返回绘图区指定垂直镜像轴的定位点，或者直接在对应的【X】微调框中输入水平线的定位 *X* 坐标值。

③ 极轴。定义一条与 *X* 轴正向成一定夹角，且经过指定定位点的虚拟斜线作为镜像轴线。此时，必须单击按钮返回绘图区指定其定位点，并在【A】微调框中输入镜像轴与 *X* 轴正向的夹角。

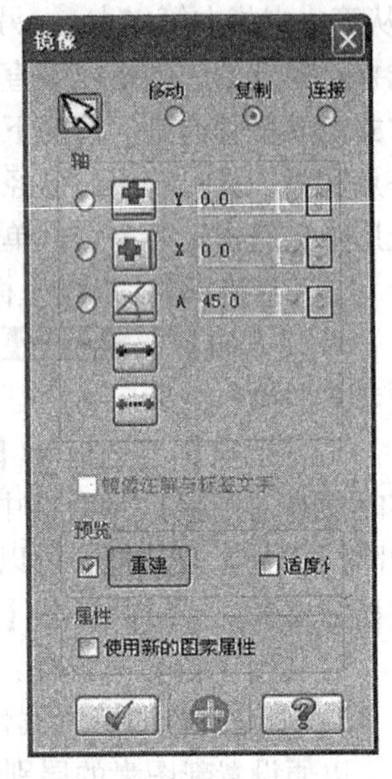

图 2-106 【镜像】对话框

④ 直线。选择某已有直线作为镜像轴线，执行时单击按钮返回绘图区进行选择。

⑤ 两点。选择两个点并定义其虚拟的连线作为镜像轴线，执行时单击按钮返回绘图区指定两个点。

任务实施

1. 绘制中心线

（1）设置绘图环境　设置当前线型为“点画线”，当前线宽为“细”。

（2）绘制两条中心线　用【任意线】命令绘制，第一条起点坐标（0，35），终点坐标（0，-35）；第二条起点坐标（65，0），终点坐标（-65，0），如图 2-107 所示。

2. 绘制矩形

（1）设置绘图环境　当前线型保留为“实线”，当前线宽设置为“粗”。

（2）绘制 120×60 的矩形轮廓　用【矩形形状设置】命令绘制矩形，选择【一点】方式，设置宽度是 120，高度是 60，圆角半径是 7.5，旋转角度是 0，形状是长方形，固定位置是中心点，绘制如图 2-108 所示的矩形。

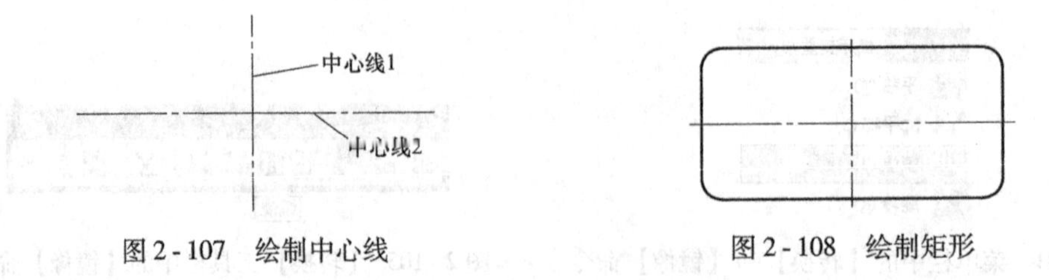

图 2-107　绘制中心线　　图 2-108　绘制矩形

3. 绘制两条直线

用【任意线】命令绘制，第一条直线起点坐标（0，22.5），终点坐标（15，22.5）；第二条直线起点坐标（15，22.5），终点坐标（15，0），如图2-109所示。

4. 绘制圆弧

用【极坐标圆弧】命令绘制，设置圆角半径是7.5，起始角度是180，终止角度是270；选择直线1与直线2的交点为圆心坐标点，绘制如图2-110所示的圆弧。

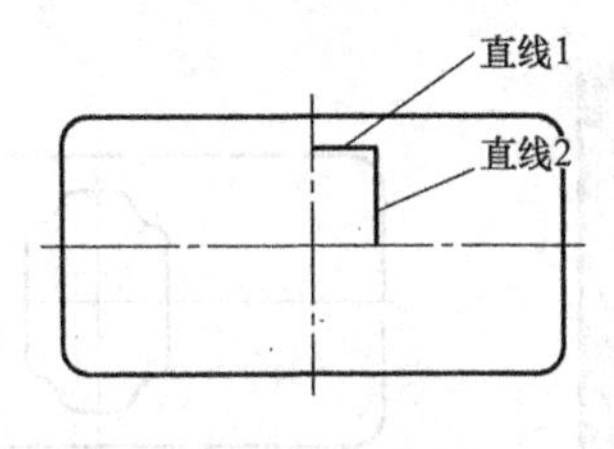

图2-109　绘制两条直线

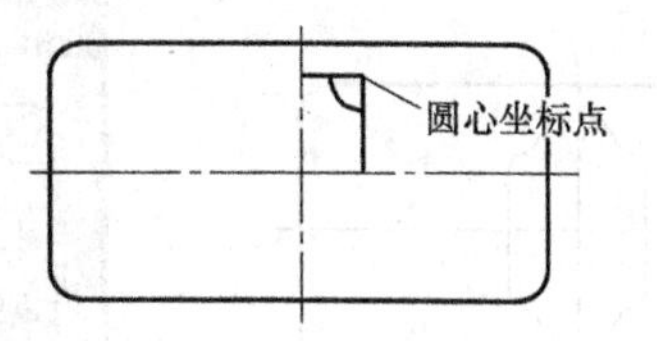

图2-110　绘制圆弧

5. 倒圆角

用【倒圆角】命令，设置倒圆半径是4，倒圆如图2-111所示。

6. 镜像

（1）*X*轴镜像　用【镜像】命令绘制，选择如图2-112所示的*X*轴镜像原图形并确定，在【镜像】对话框中选择【X轴】，如图2-113所示，确定后结果如图2-114所示。

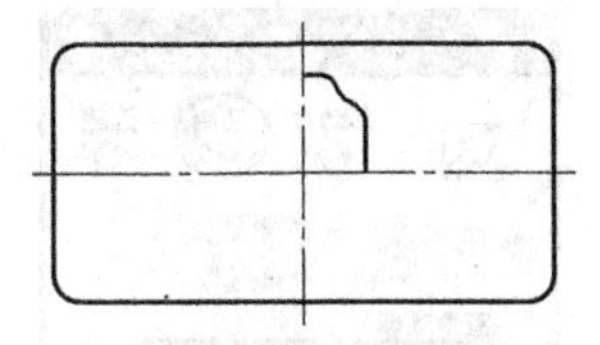

图2-111　倒圆

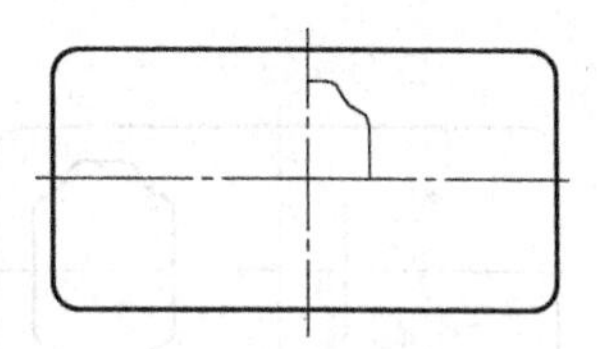

图2-112　*X*轴镜像原图形

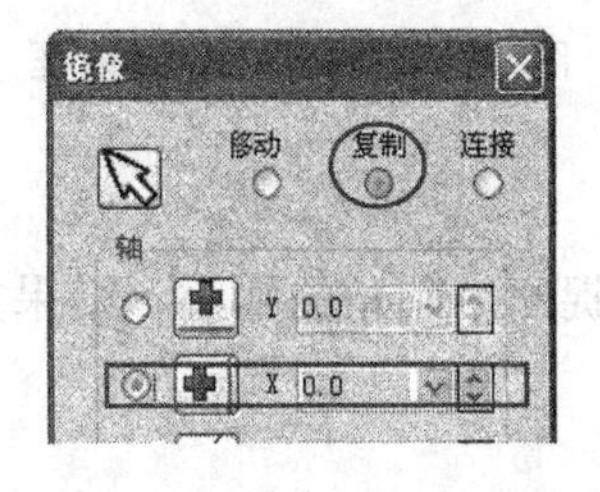

图2-113　【镜像】对话框

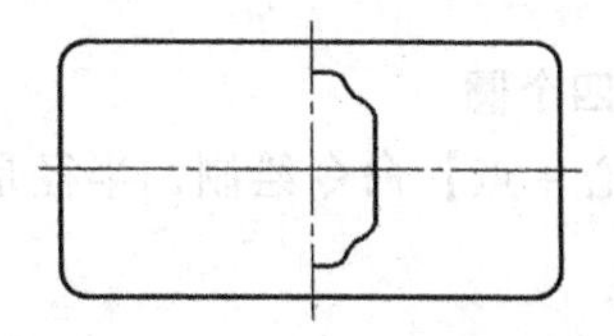

图2-114　*X*轴镜像结果

（2）*Y*轴镜像　用【镜像】命令绘制，选择如图2-115所示的*Y*轴镜像原图形并确定，在【镜像】对话框中选择【Y轴】，如图2-116所示，确定后的结果如图2-117所示。

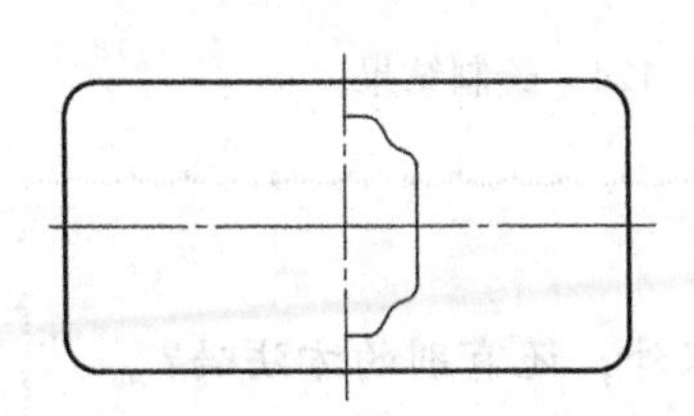

图2-115　*Y*轴镜像原图形

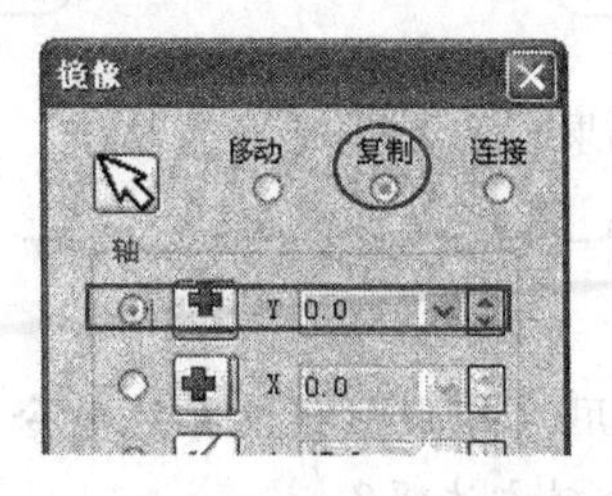

图2-116　【镜像】对话框

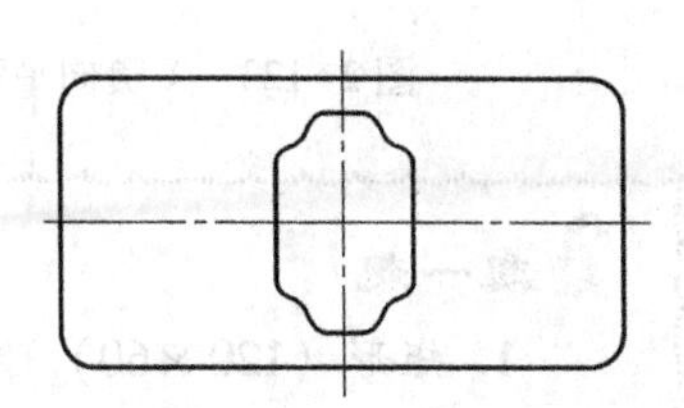

图2-117　*Y*轴镜像结果

7. 平移

(1) *X* 正向平移　用【平移】命令绘制，选择如图 2-118 所示的 *X* 正向平移原图形并确定，在【平移】对话框中的【X 轴】选项输入“37”，如图 2-119 所示，确定后的结果如图 2-120 所示。

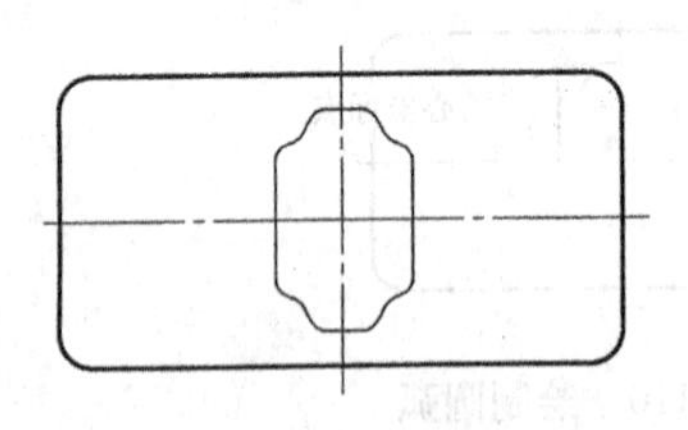

图 2-118　*X* 正向平移原图形

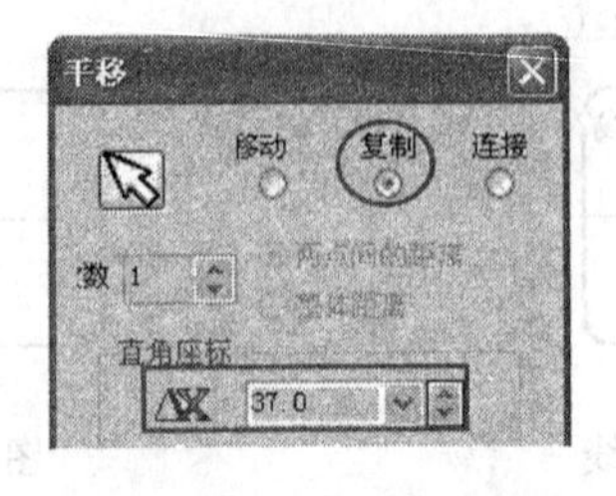

图 2-119　【平移】对话框

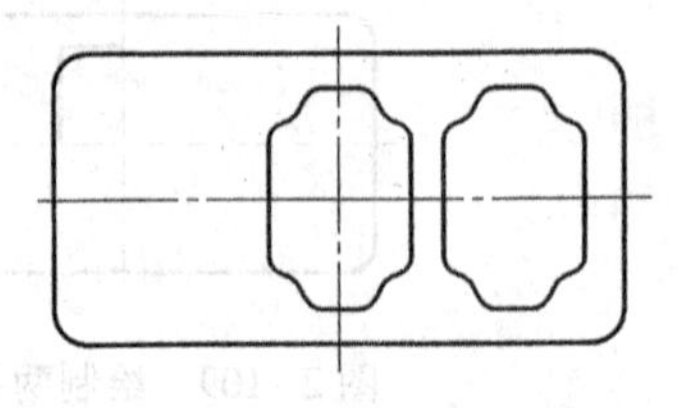

图 2-120　*X* 正向平移结果

(2) *X* 负向平移　用【平移】命令绘制，选择如图 2-121 所示的 *X* 负向平移原图形并确定，在【平移】对话框中的【X 轴】选项输入“-37”，如图 2-122 所示，确定后的结果如图 2-123 所示。

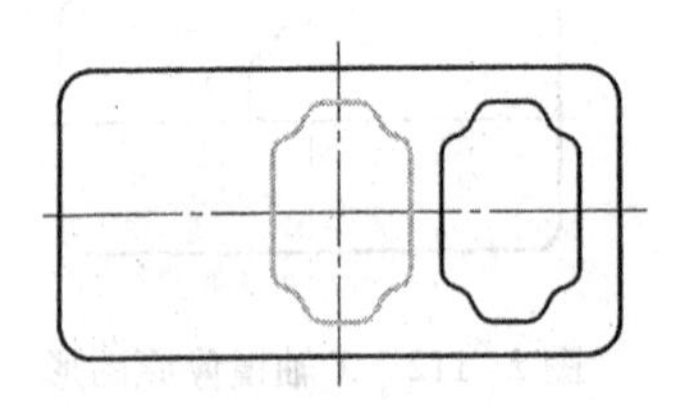

图 2-121　*X* 负向平移原图形

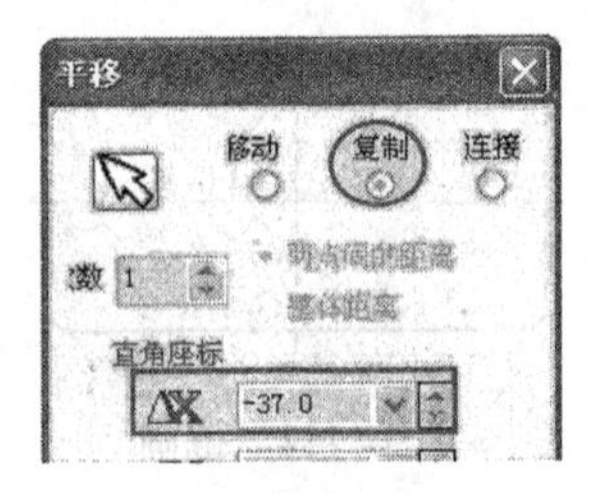

图 2-122　【平移】对话框

8. 绘制四个圆

用【圆心 + 点】命令绘制，半径是 4，圆心坐标捕捉四个圆角的圆心，结果如图 2-124 所示。

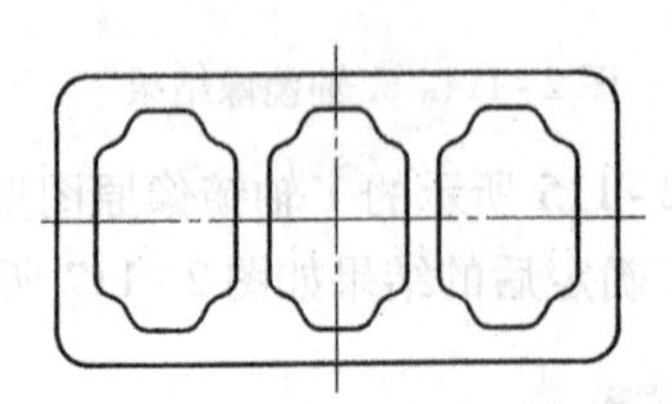

图 2-123　*X* 负向平移结果

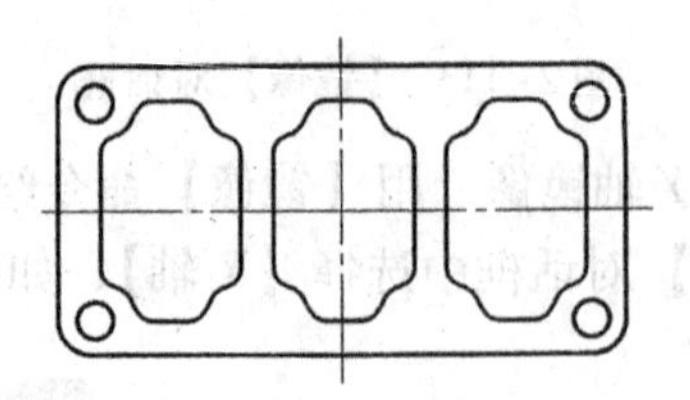

图 2-124　绘制结果

想一想

1. 矩形 (120×60) 除了用【矩形形状设置】命令画以外，还有别的方法吗？
2. 中心的图形还有别的绘制方法吗？

⚠容易产生的问题和注意事项

容易产生的问题	解决方法
1. 不能正确输入坐标值	输入坐标值时，应选择默认的“中文（中国）”作为输入法
2. 选择图素时会出现漏选	用串连方式或窗选方式选择图素

扩展知识

几何转换方法补充

几何转换方法是本任务学习的重点。除了以上介绍的平移及镜像方法外，还有旋转、缩放、补正、阵列等方法，现将其方法作进一步补充介绍。

（1）旋转　该命令用于将选定图素按照指定次数绕指定基点旋转某个角度进行移动、复制或连接，生成新图素，并保持其原有的大小和形状，其朝向则有不变（平移）和旋转两种情况。具体操作步骤如下：

① 选择菜单栏中的【转换】→【旋转】命令，或者单击工具栏中的按钮。

② 选取欲旋转的原图素，然后按 <Enter> 键结束选择。

③ 系统弹出如图 2 - 125 所示【旋转选项】对话框，单击按钮返回绘图区指定旋转的基准点。

④ 指定旋转的转换方式（移动、复制或连接），以及定义旋转次数、旋转角度（当旋转次数大于1时，还应指定该旋转角度是单次旋转角度还是总旋转角度）、指定新图素的朝向（旋转或平移）。必要时还可以切换旋转方向、指定旋转结果中需要剔除的新图素（误剔除时可以恢复）。

⑤ 单击按钮结束命令。

（2）缩放　该命令用于以构图坐标原点或用户指定的点为参考点，按照指定的次数和比例将选定图素放大或缩小相应尺寸进行移动、复制或连接，生成新图素。具体操作步骤如下：

① 选择菜单栏中的【转换】→【比例缩放】命令，或者单击工具栏中的按钮。

② 选取欲缩放的原图素，然后按 <Enter> 键结束选择。

③ 系统弹出如图 2 - 126 所示的【比例缩放选项】对话框，单击按钮返回绘图区指定缩放的基准点。

④ 设定比例缩入的转换方式（移动、复制或连接），以及缩放的次数、比例系数等。系统有两种定义缩放比例的方式：等比例缩放，即选中【等比例】单选按钮，表示在 *X*、*Y*、*Z* 方向设定相同的缩放比例，此时只需定义一个比例系数；不等比例缩放，即选中【XYZ】单选按钮，此时需在 *X*、*Y*、*Z* 方向分别定义不相同的缩放比例。

⑤ 单击按钮结束命令。

（3）单体补正　该命令用于将选定的一个图素按照指定的方向和次数偏移指定的距离

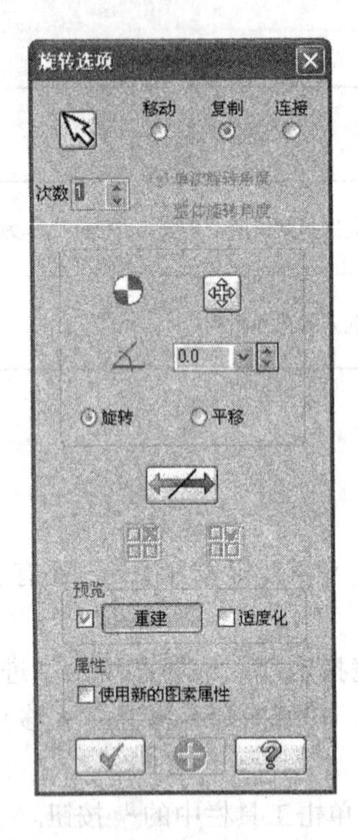

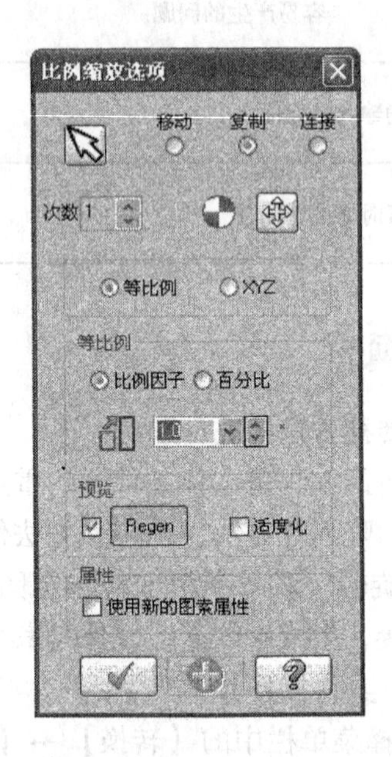

图 2-125 【旋转选项】对话框　　图 2-126 【比例缩放选项】对话框

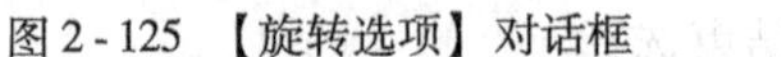

进行移动或复制，生成新图素。新图素与原图素平行。具体操作步骤如下：① 选择菜单栏中的【转换】→【单体补正】命令，或者单击工具栏中的按钮。

② 系统弹出如图 2-127 所示的【补正选项】对话框，设定补正的转换方式（移动或复制），以及补正的次数、偏置距离等。

③ 选取一个欲补正的原图素，此时只能选取单一的线或圆弧等。

④ 指定欲偏置的补正方向，即相对原图素在欲偏置的一侧单击鼠标左键，可以实时预览操作结果。如果需要，可以单击按钮切换偏置方向。

⑤ 单击按钮结束命令。

（4）阵列　该命令用于将选定图素相对于当前构图平面同时沿两个方向按照用户指定的次数和间距进行复制，生成规则阵列的新图素，并保持它们原有的方向、大小和形状。具体操作步骤如下：

① 选择菜单栏中的【转换】→【阵列】命令，或者单击工具栏中的按钮。

② 选取需要进行阵列的原图素，然后按 <Enter> 键结束选择。

③ 系统弹出如图 2-128 所示的【矩形阵列选项】对话框，分别定义【方向 1】和【方向 2】的阵列次数（含原图素）、距离和角度。其中，【方向 1】的角度是相对当前坐标系的 X 轴正向而言的，其值可正可负；而【方向 2】的角度是相对【方向 1】而言的，其值只能是介于 0°～180°之间的正值。

④ 如果需要，可以单击按钮切换阵列【方向 1】和【方向 2】。

⑤ 单击按钮结束命令。

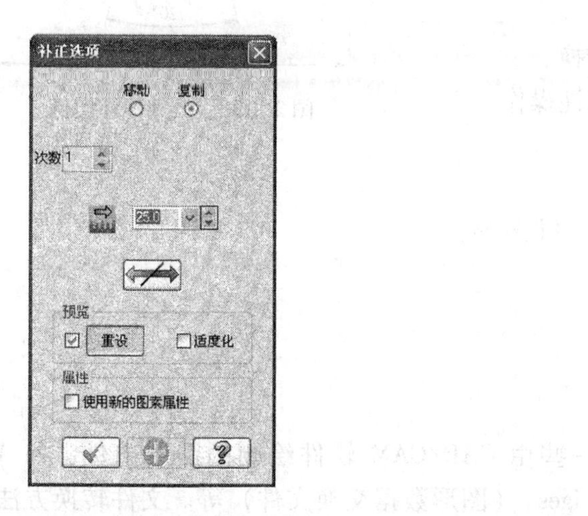

图 2-127 【补正选项】对话框

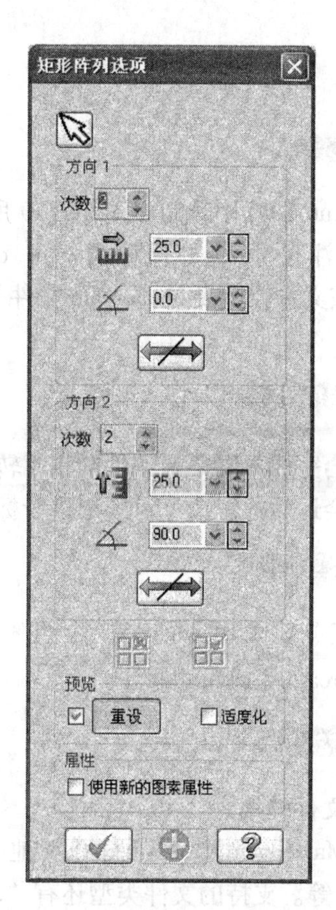

图 2-128 【矩形阵列选项】对话框

任务拓展

练习：绘制如图 2-129 所示的图形（不必标注尺寸）。

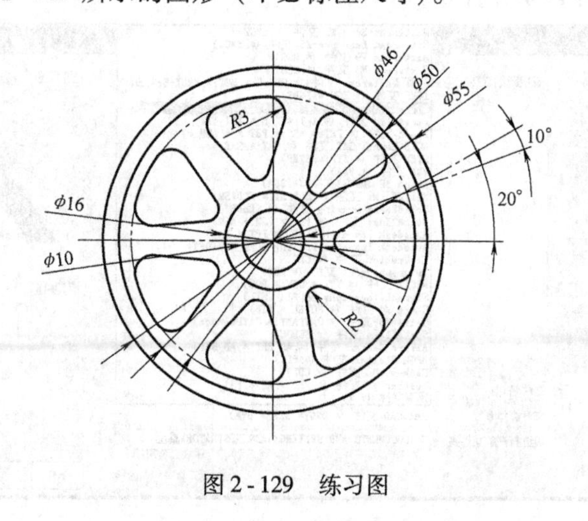

图 2-129　练习图

任务5　文件转换与尺寸标注

任务描述

在 AutoCAD 中绘制如图 2 - 130 所示的图形（不必标注尺寸），并保存为“ *. dfx”文件，然后将该文件转换成 Mastercam 文件并进行尺寸标注。

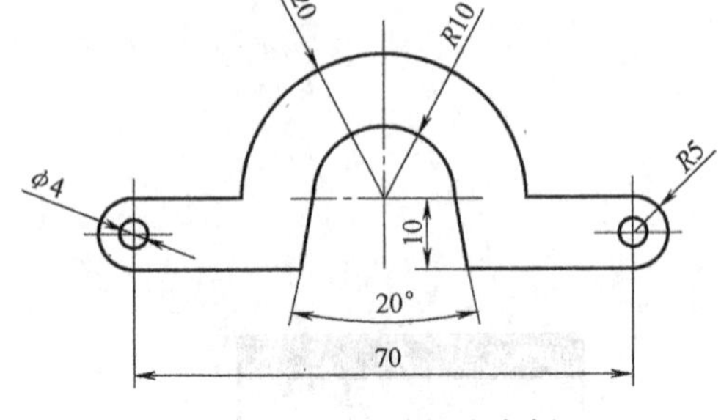

图 2 - 130　尺寸标注实例

任务目标

1. 会完成不同格式文件的相互转换。
2. 会运用标注命令对图形进行标注操作。

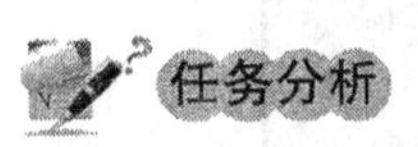

任务分析

本任务要求用 AutoCAD 绘制的二维图形，用 Mastercam 完成尺寸标注。

相关知识

1. 文件转换

在 Mastercam X5 中可打开其他一些由 CAD/CAM 软件绘制的图形文件，如 AutoCAD “. dwg”等。支持的文件类型还有“. iges”（图形数据交换文件）等。文件转换方法有如下几种：

（1）通过【打开文件】命令实现文件转换打开　选择菜单栏中的【文件】→【打开文件】命令，或者单击【文件】（File）工具栏中的按钮，系统弹出如图 2 - 131 所示的【打开】对话框。在【文件类型】下拉列表中选择相应文件的类型，选择要打开的文件后，按☑按钮确定，完成文件转换并打开。

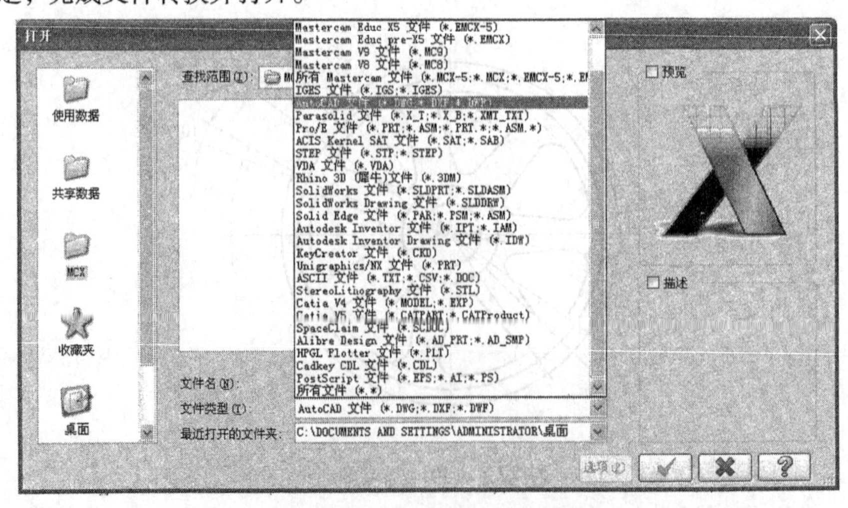

图 2 - 131　【打开】对话框

（2）通过【汇入/汇出目录】命令实现文件转换　选择菜单栏中的【文件】→【汇入目录】或【汇出目录】命令，系统弹出如图2-132所示的【汇入文件夹】对话框或如图2-133所示的【导出文件夹】对话框，可对系统文件及其他CAD/CAM软件（AutoCAD、Pro/E、UG等）的文件进行批量转换管理。其中，【汇入目录】用于将指定路径的指定格式文件批量转换成“.MCX”文件；【汇出目录】用于将指定路径的“.MCX”文件转换成指定格式的文件。

图2-132　【汇入文件夹】对话框

图2-133　【导出文件夹】对话框

2. 尺寸标注

（1）水平标注　该命令用于标注两点之间的水平距离。具体操作步骤为：选择【绘图】→【尺寸标注】→【标注尺寸】→【水平标注】命令，或者单击【Drafting】工具栏中的按钮，系统弹出如图2-134所示的【尺寸标注】操作栏。在绘图区选取一条直线或指定尺寸标注的起点和终点，然后利用鼠标左键单击可指定尺寸标注的放置位置。完成水平尺寸的标注后，单击按钮结束命令。图2-135所示为水平标注举例。

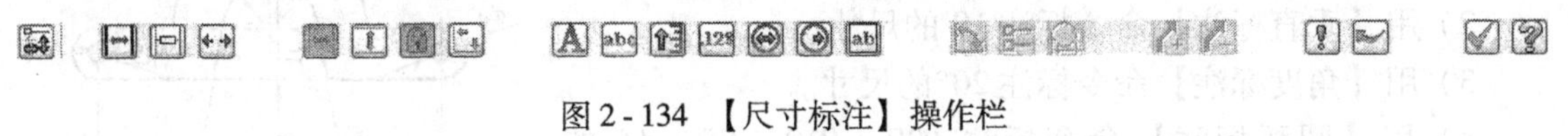

图2-134　【尺寸标注】操作栏

（2）垂直标注　该命令用于标注两点之间的垂直距离，如图2-136所示。其标注方法与【水平标注】相似。

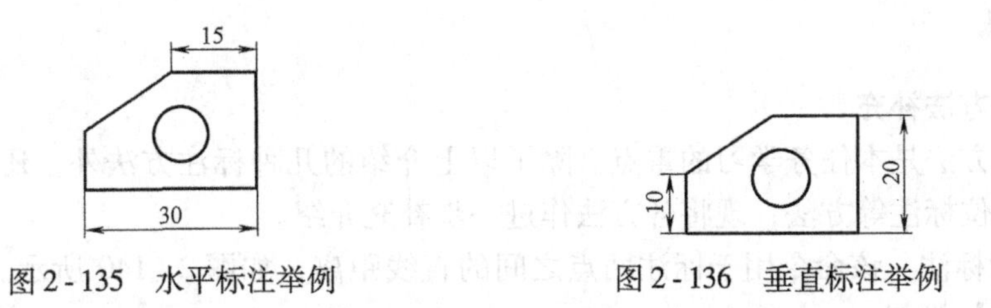

图2-135　水平标注举例　　　图2-136　垂直标注举例

（3）角度标注　该命令用于标注两条不平行直线的夹角，如图2-137所示。具体操作步骤为：

选择【绘图】→【尺寸标注】→【标注尺寸】→【角度标注】命令，或者单击【Drafting】工具栏中的按钮。选取两条相交直线去标注它们的角度，或者选取一条圆弧去标注其圆心角，或者依次指定三个点去标注所定义的夹角，其中第一点为角的顶点，第二点为角的起点，第三点为角的终点，然后利用鼠标左键单击可指定尺寸标注的放置位置。完成尺寸的标注后，单击☑按钮结束命令。

（4）圆弧标注　该命令用于标注圆弧（或整圆）的直径或半径，如图 2 - 138 所示。具体操作步骤为：

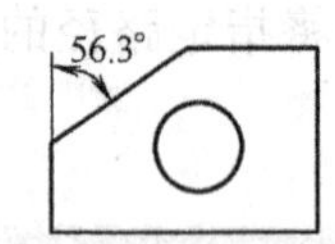

图 2 - 137　角度标注举例

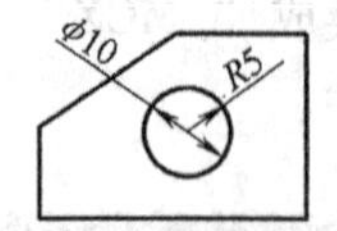

图 2 - 138　圆弧标注举例

选择【绘图】→【尺寸标注】→【标注尺寸】→【圆弧标注】命令，或者单击【Drafting】工具栏中的按钮。选取圆弧或圆，然后利用鼠标左键单击可指定尺寸标注的放置位置。标注时可以单击【尺寸标注】操作栏中的或按钮来切换直径或半径标注。完成尺寸的标注后，单击☑按钮结束命令。

任务实施

1. 文件绘制与转换

1）在 AutoCAD 中绘制如图 2 - 130 所示的图形（不必标注尺寸）并保存在桌面，将文件命名为“2 – 128. dfx”。

2）在 Mastercam X5 中用的【打开文件】命令打开桌面上的“2 – 128. dfx”文件，完成文件转换。

2. 尺寸标注

1）用【水平标注】命令标注 70 的尺寸。

2）用【垂直标注】命令标注 10 的尺寸。

3）用【角度标注】命令标注 20°的尺寸。

4）用【圆弧标注】命令标注 $R20$、$R10$、$R5$、$\phi4$ 的尺寸。

完成后的结果如图 2 - 139 所示。

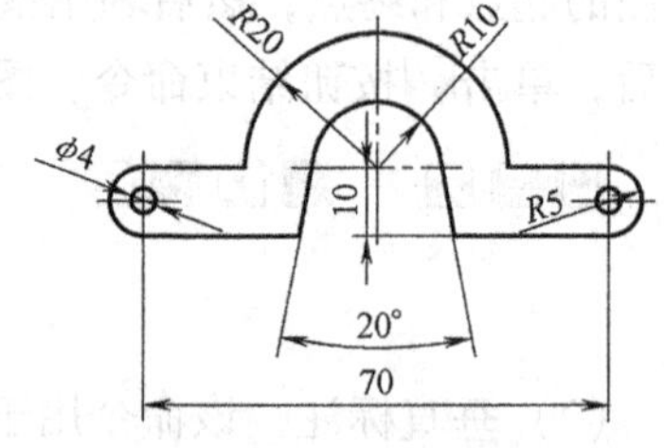

图 2 - 139　尺寸标注结果

扩展知识

尺寸标注方法补充

尺寸标注方法是本任务学习的重点。除了以上介绍的几种标注方法外，还有平行标注、基准标注、点位标注等方法，现将各方法作进一步补充介绍。

（1）平行标注　该命令用于标注两点之间的直线距离，如图 2 - 140 所示。其标注方法与【水平标注】类似。

（2）基准标注　该命令用于标注与选定的一个已有线性标注（如水平标注、垂直标注、平行标注）具有相同测量起点的若干个相互平行的线性尺寸，如图 2 - 141 所示。具体操作步骤为：

选择【绘图】→【尺寸标注】→【标注尺寸】→【基准标注】命令，或者单击【Drafting】工具栏中的按钮。选取一个已有的线性标注，然后再指定每一个测量终点，就可以标注出一系列与选定尺寸有相同测量起点的线性尺寸。按一次 <Esc> 键，可以选取另一个已有线性尺寸进行另一组基准标注，否则连续按两次 <Esc> 键结束命令。

（3）点位标注　该命令用于标注指定点相对于坐标系原点的位置，用坐标形式显示，如图 2-142 所示。具体操作步骤为：

择【绘图】→【尺寸标注】→【标注尺寸】→【点位标注】命令，或者单击【Drafting】工具栏中的 按钮。选取需要标注的点，再在绘图区的适当位置单击即可。

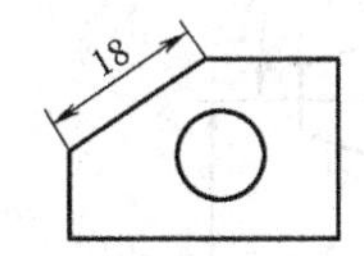

图 2-140　平行标汻举例

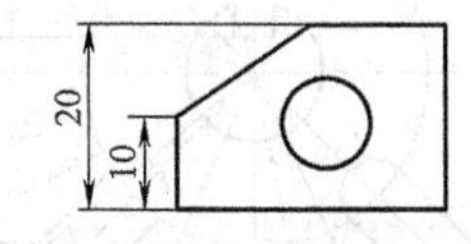

图 2-141　基准标注举例

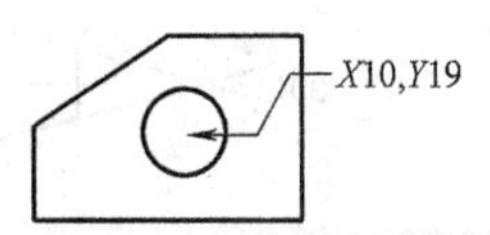

图 2-142　点位标注举例

任务拓展

练习：绘制如图 2-143 所示的图形并标注尺寸。

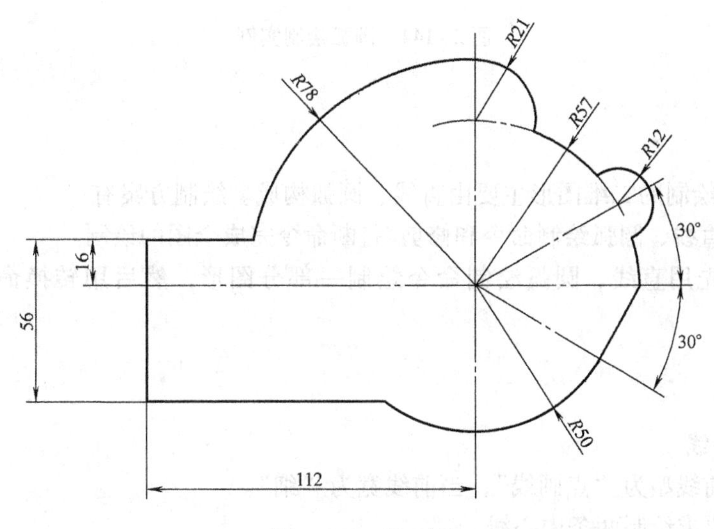

图 2-143　练习图

任务 6　二维绘图综合实例

任务描述

选择正确的线型，利用圆弧绘图等工具绘制如图 2-144 所示的图形（不必标注尺寸）。

任务目标

1. 会选择合适的命令完成二维图形的绘制。
2. 会运用编辑、转换命令对图形进行修整操作。

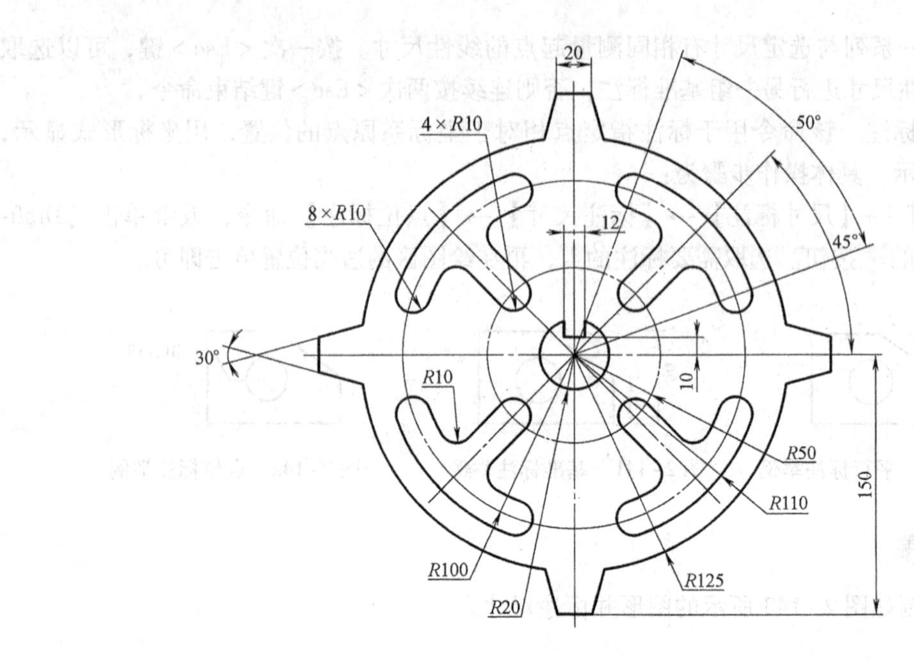

图 2-144　圆弧绘制实例

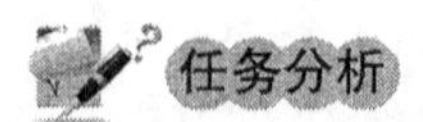

任务分析

本任务要求绘制的二维图形主要由直线、圆弧构成。绘制方案有：

方案 1：用直线、圆弧绘制命令和修剪/打断命令完成全图的绘制。

方案 2：首先用直线、圆弧绘制命令绘制一部分图形，然后用转换命令完成全图的绘制。

任务实施

1. 绘制中心线

1）设置当前线型为“点画线”，当前线宽为“细”。

2）按图样要求绘制两条中心线。

用【任意线】命令绘制，第一条起点坐标（0，160），终点坐标（0，－160）；第二条起点坐标（160，0），终点坐标（－160，0），如图 2-145 所示。

2. 绘制外轮廓图形

1）设置当前线型为“实线”，当前线宽为“粗”。

2）绘制外形轮廓

① 用【圆心＋点】命令绘制圆，圆心坐标（0，0），半径为 R125，如图 2-146 所示。

② 用【任意线】命令绘制三条直线，第一条起点坐标（10，－150），终点坐标（－10，－150）；第二条起点坐标（10，－150），角度为 75°，长度为 35；第三条起点坐标（10，－150），角度为 105°，长度为 35；如图 2-147 所示。

③ 用【旋转】命令选取刚绘制的三条实线，如图 2-148 所示，绕原点复制旋转 3 次，每次角度为 90°，如图 2-149 所示，旋转后的结果如图 2-150 所示。

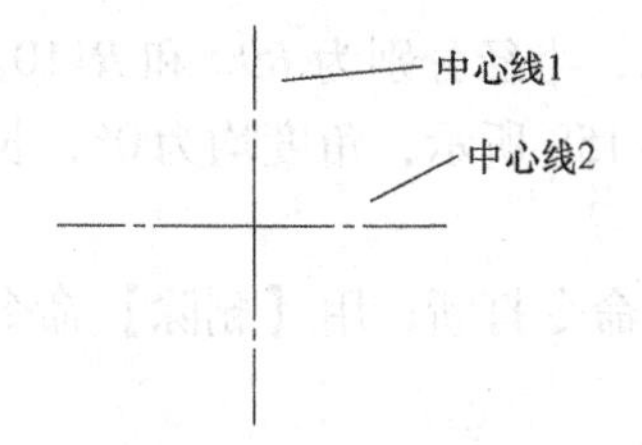

图 2-145 绘制中心线

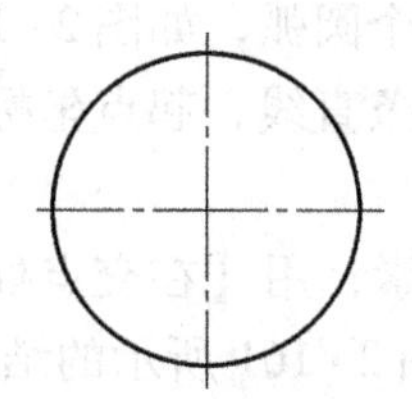
图 2-146 绘制 $R125$ 圆

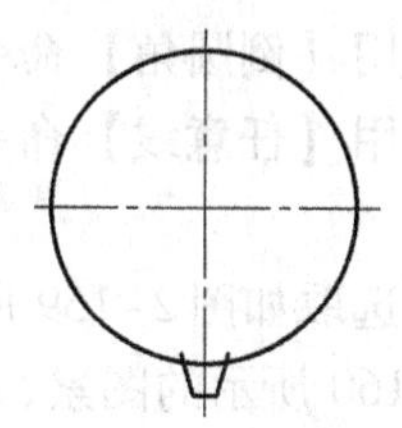
图 2-147 绘制三条直线

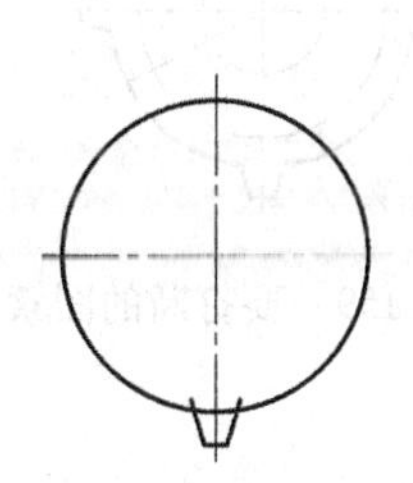
图 2-148 旋转原图形

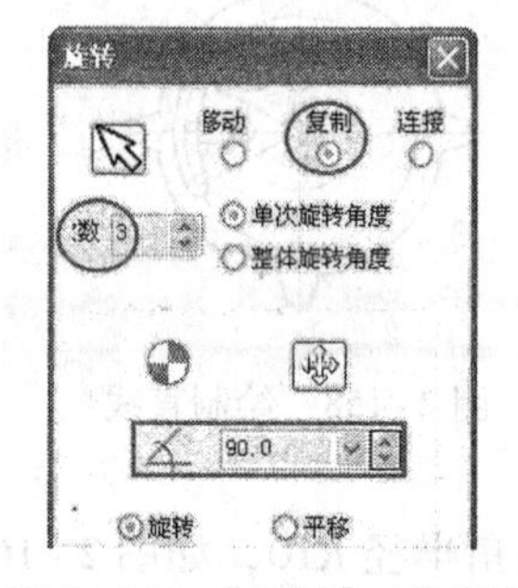

图 2-149 【旋转】对话框

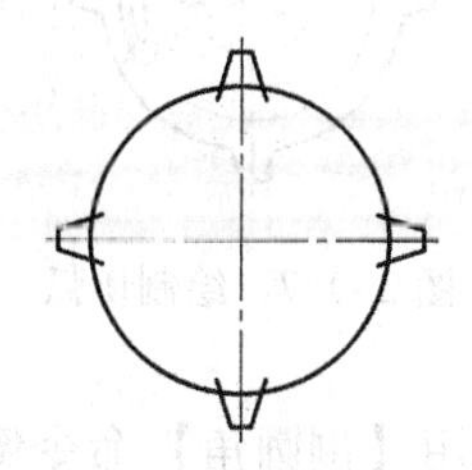
图 2-150 旋转后的结果

④ 选取如图 2-151 所示的图素，用【在交点处打断】命令打断；用【删除】命令删除如图 2-152 所示的图素，删除后的结果如图 2-153 所示。

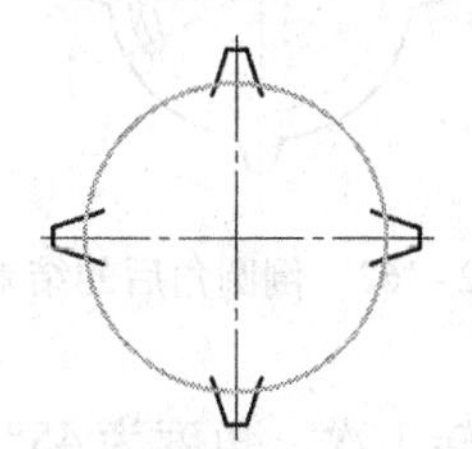
图 2-151 要打断的图素

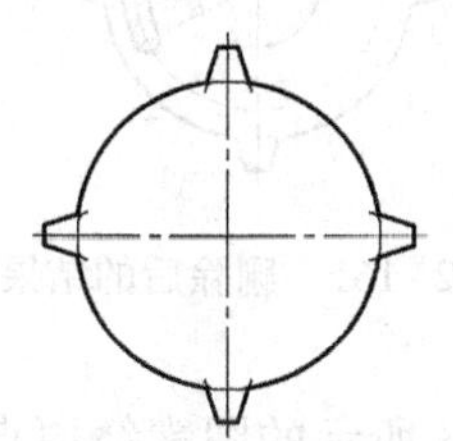
图 2-152 要删除的图素

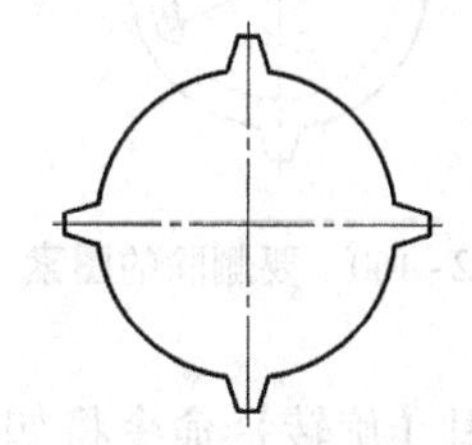
图 2-153 删除后的结果

3. 绘制内轮廓图形

1）设置当前线型为“点画线”，当前线宽为“细”。

2）用【圆心 + 点】命令绘制两个圆，圆心坐标均为（0，0），半径分别为 $R50$ 和 $R100$，如图 2-154 所示。

3）用【任意线】命令绘制两条直线，起点坐标均为（0，0），角度分别为 27.5° 和 −27.5°，长度均为 120；如图 2-155 所示。

4）将当前线型设置为“实线”，线宽为“粗”。用【圆心 + 点】命令绘制三个圆，圆心位置如图 2-156 所示，半径均为 $R10$。

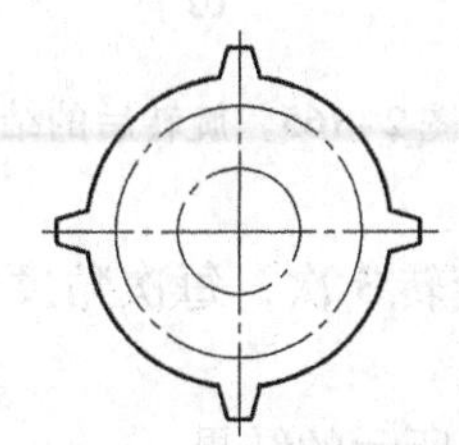
图 2-154 绘制两个中心圆

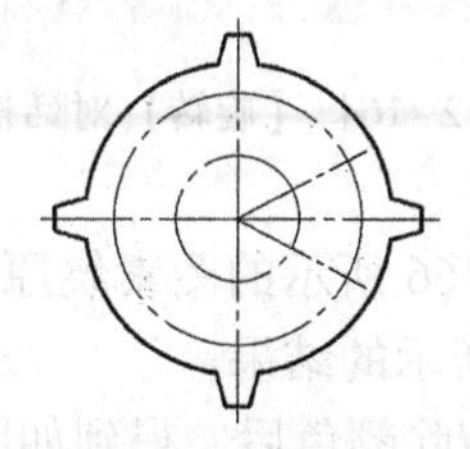
图 2-155 绘制两条中心线

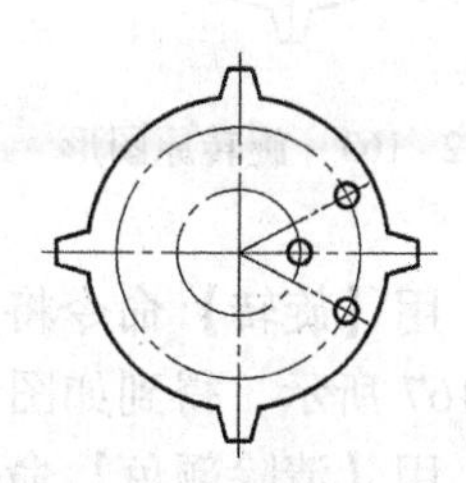
图 2-156 绘制三个 $R10$ 的圆

5）用【倒圆角】命令绘制两个圆弧，如图 2 - 157 所示，半径分别为 $R90$ 和 $R110$。

6）用【任意线】命令绘制两条直线，起点坐标如图 2 - 158 所示，角度均为 0°，长度均为 40。

7）选取如图 2 - 159 所示的图素，用【在交点处打断】命令打断；用【删除】命令删除如图 2 - 160 所示的图素，得到如图 2 - 161 所示的结果。

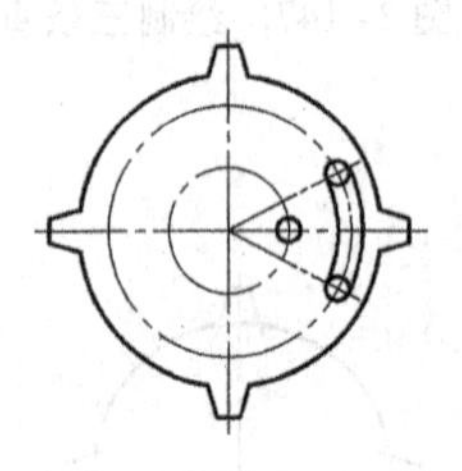

图 2 - 157　绘制切弧

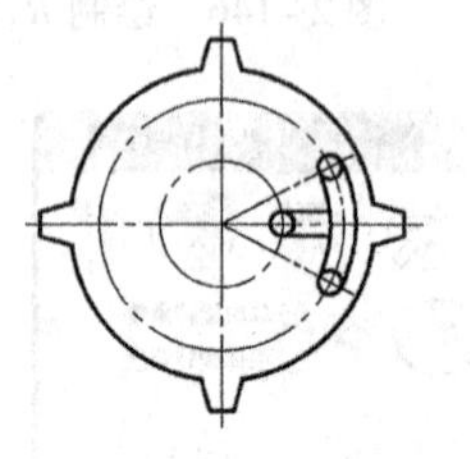

图 2 - 158　绘制直线

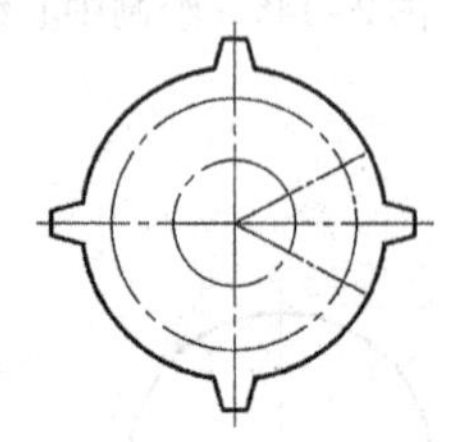

图 2 - 159　要打断的图素

8）用【倒圆角】命令倒圆，圆角半径 $R10$，如图 2 - 162 所示。

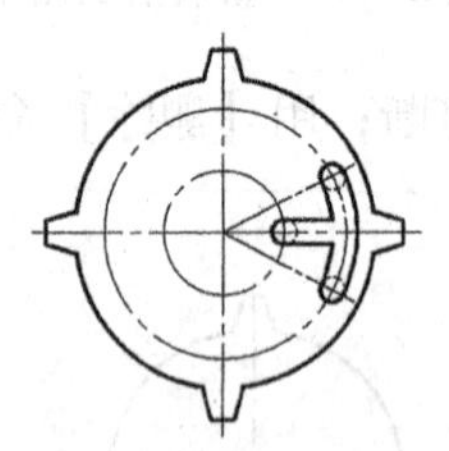

图 2 - 160　要删除的图素

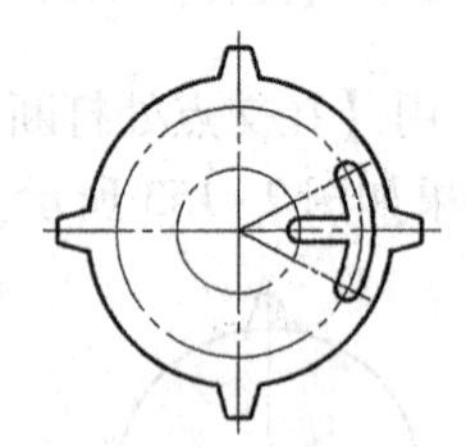

图 2 - 161　删除后的结果

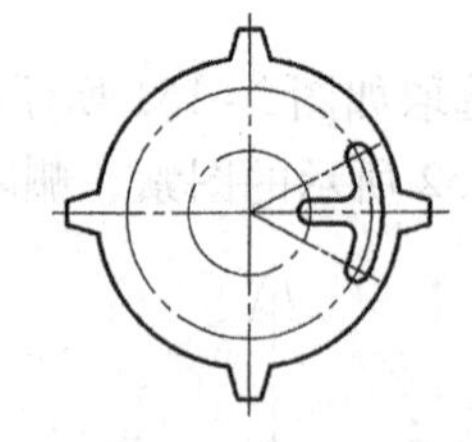

图 2 - 162　倒圆角后的结果

9）用【旋转】命令将如图 2 - 163 所示的图素绕原点移动旋转 1 次，角度为 45°，如图 2 - 164 所示，得到如图 2 - 165 所示的结果。

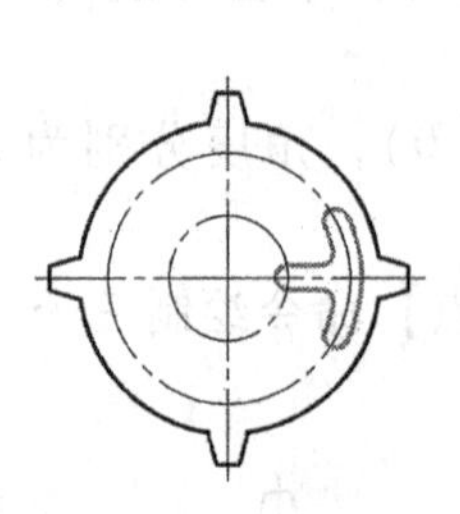

图 2 - 163　旋转原图形

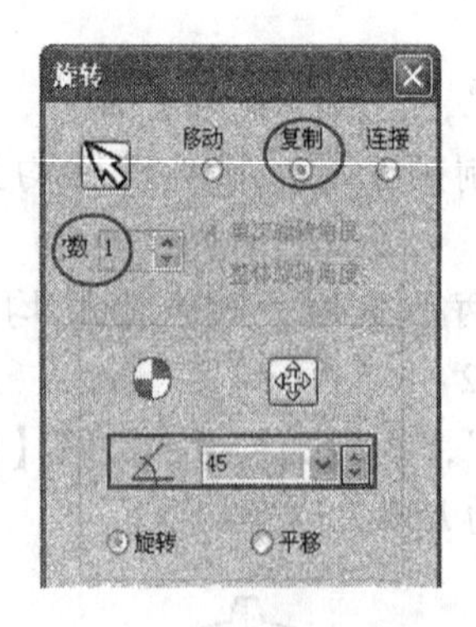

图 2 - 164　【旋转】对话框

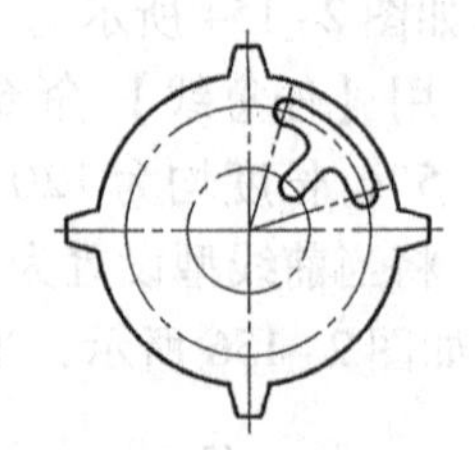

图 2 - 165　旋转后的结果

10）用【旋转】命令将如图 2 - 166 所示的图素绕原点复制旋转 3 次，每次角度为 90°，如图 2 - 167 所示，得到如图 2 - 168 所示的结果。

11）用【清除颜色】命令清除清除颜色后，得到如图 2 - 169 所示的结果。

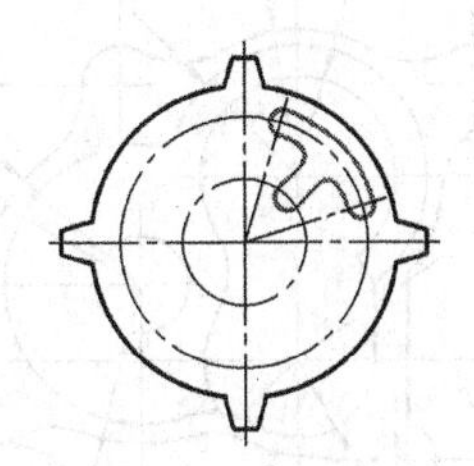

图 2 - 166　旋转原图形

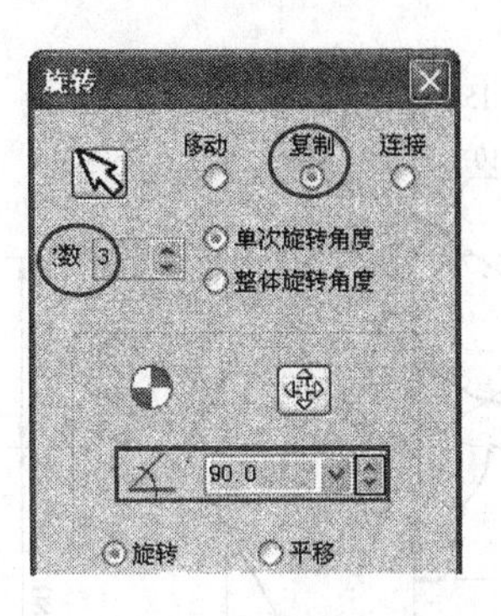

图 2 - 167　【旋转】对话框

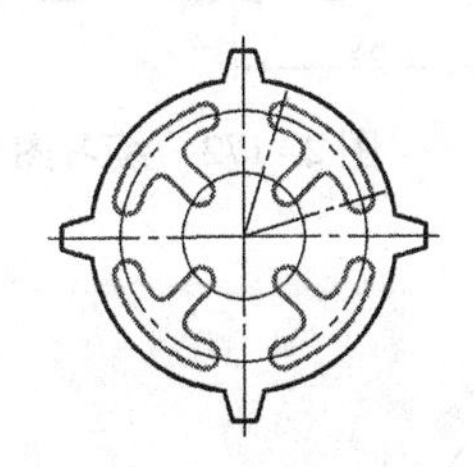

图 2 - 168　旋转后的结果

图 2 - 169　绘制结果

练习：绘制如图 2 - 170、图 2 - 171、图 2 - 172、图 2 - 173 所示的图形（不必标注尺寸）。

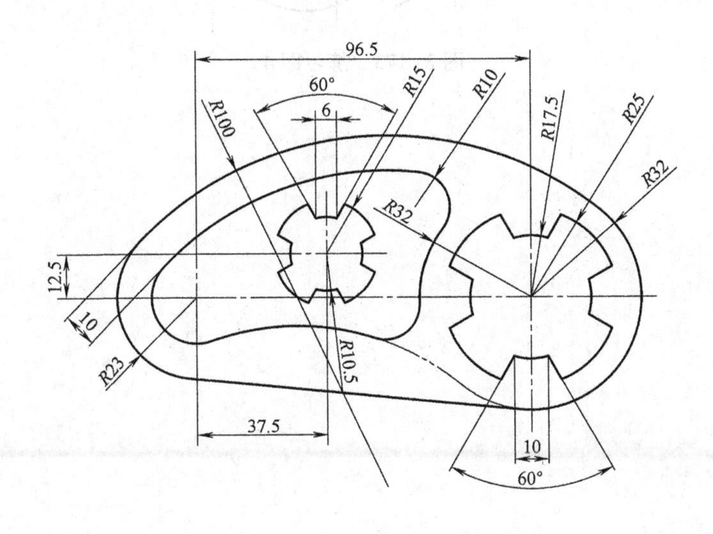

图 2 - 170　练习图 1

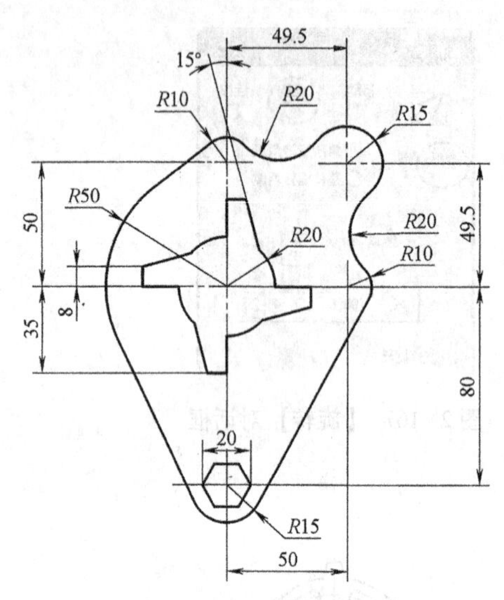

图 2-171　练习图 2

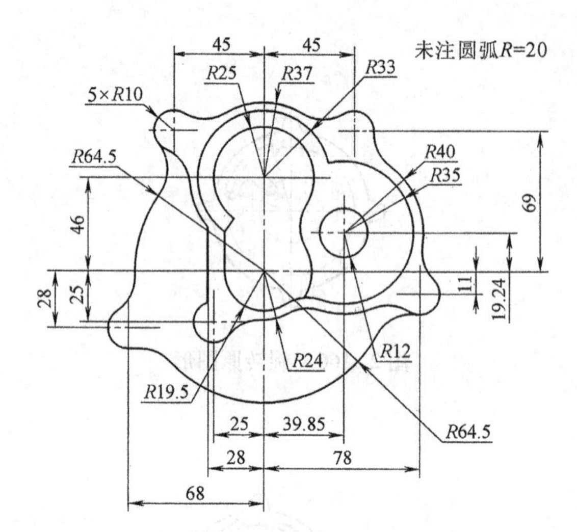

图 2-172　练习图 3

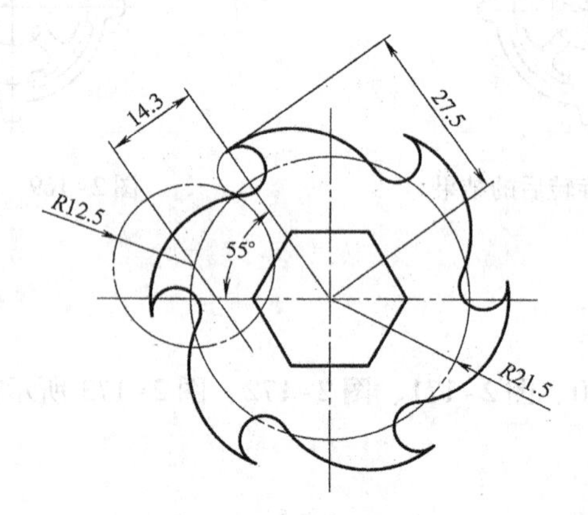

图 2-173　练习图 4

单元3　实体造型

3

知识目标：

1. 掌握基本三维实体的创建方法
2. 掌握各种常见三维实体的创建方法
3. 掌握常用实体编辑命令的使用方法
4. 掌握常用实体集合运算命令的使用方法
5. 掌握实体管理器的使用方法

技能目标：

1. 能创建常见三维实体模型
2. 能完成三维实体模型的编辑与修改

任务1　创建实体

任务描述

选用合适的实体模型创建命令，按照尺寸要求完成如图3-1所示的螺母实体模型的创建（高度方向尺寸与螺纹尺寸自定）。

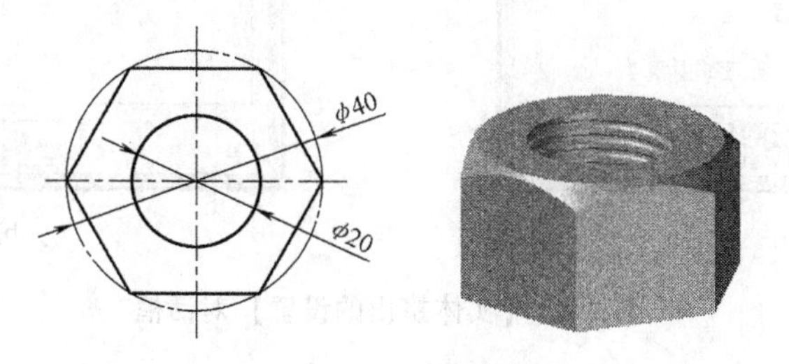

图3-1　螺母造型实例

任务目标

1. 掌握三维实体造型的一般方法和基本思路。
2. 会选择合适的三维实体造型命令完成三维实体模型的建立。

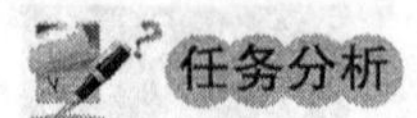

任务分析

本任务需要完成的是螺母实体模型的建立，通过对图形的分析可知，螺母本体需要用到【挤出实体】命令，螺母圆弧部分需要用到【实体旋转】命令，螺纹部分需要用到【扫描实体】命令。

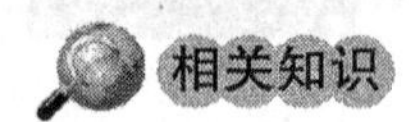

相关知识

1. 挤出实体

挤出实体所创建的模型由二维图形组成，是截面沿着一个直线轨迹运动生成的实体模型。该命令能串连一个或多个共面的曲线，并按照指定的方向和尺寸创建一个或多个新的挤出实体；该命令还可以完成拔模、薄壁等实体结构的创建。当创建了挤出实体后，可以在其上进行切割实体、增加凸缘和合并等操作。

选择菜单栏中的【实体】→【挤出实体】命令，或者在工具栏中单击按钮，系统会弹出【串连选项】对话框，对其进行设置后单击按钮，系统弹出如图 3-2 所示的【实体挤出的设置】对话框。该对话框包括【挤出】和【薄壁设置】两个选项卡。

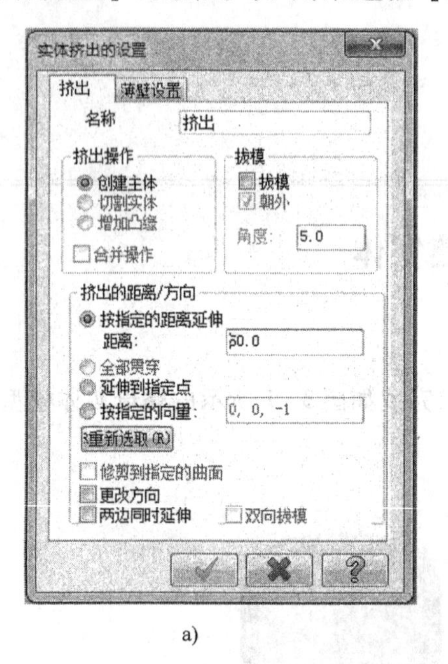

a)

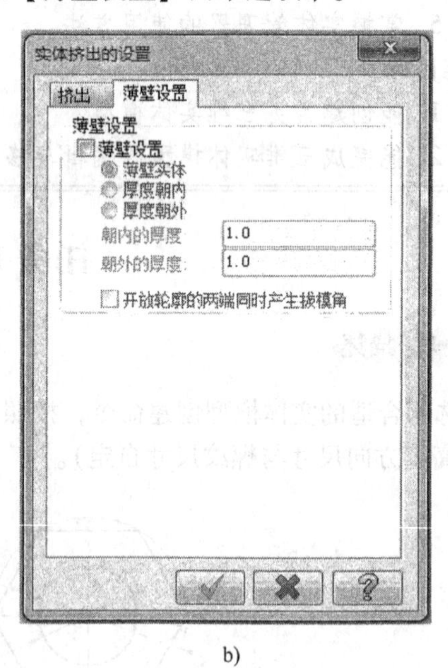

b)

图 3-2 【实体挤出的设置】对话框

在【实体挤出的设置】对话框中进行不同的设置，会产生不同的结果，下面进行简单介绍：

（1）创建挤出实体　在如图 3-2a 所示【实体挤出的设置】对话框选中的【挤出】选项卡，在该选项卡中可实现挤出实体，并可以修改实体的名称，对实体的各项操作进行定义。

1）挤出操作。【挤出操作】可以直接建立新实体、切割其他实体或者添加到其他实体上。当创建的实体没有和其他实体相交时，无法选择【切割实体】和【增加凸缘】方式。

① 创建主体。例如：绘制如图 3-3a 所示的五角星，单击【挤出实体】命令，弹出【串连选项】对话框，保持【串连选项】对话框中的参数为默认设置；选择要挤出的二维图形作为截面串连图线，如图 3-3b 所示；单击【串连选项】对话框中的按钮，弹出【实体挤出的设置】对话框；在该对话框选中【挤出】选项卡，按图 3-2a 所示设置好参数，此时绘图区如图 3-3c 所示，单击按钮，结果如图 3-3d 所示。

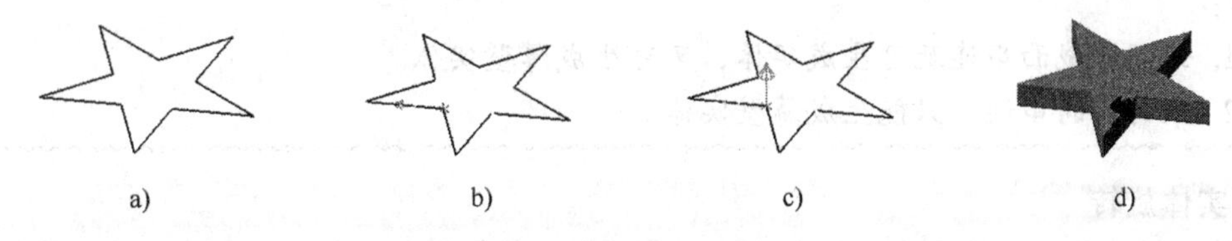

图 3-3 挤出实体

② 切割实体。如图 3-4 所示，在原五角星上表面做一个五角星二维线，利用【切割实体】方式可以生成一个被切割的实体。

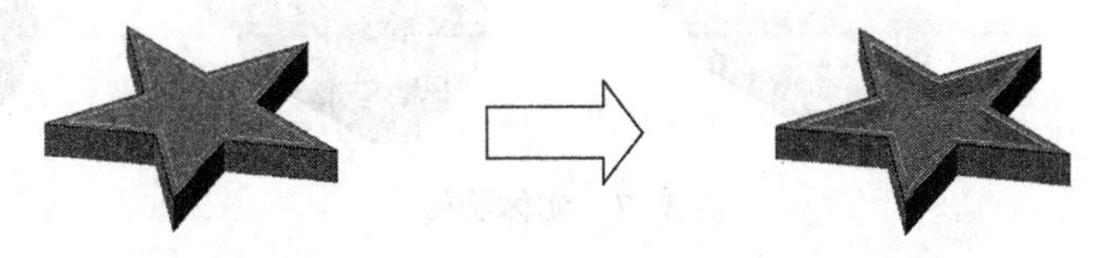

图 3-4 切割实体的操作

2）拔模。选中【拔模】选项，生成的实体的侧面可以向外或者向内倾斜一定的角度。在【角度】文本框中可以输入需要的角度。选中【拔模】选项并设置一定的拔模角度，可以得到如图 3-5 所示的效果。

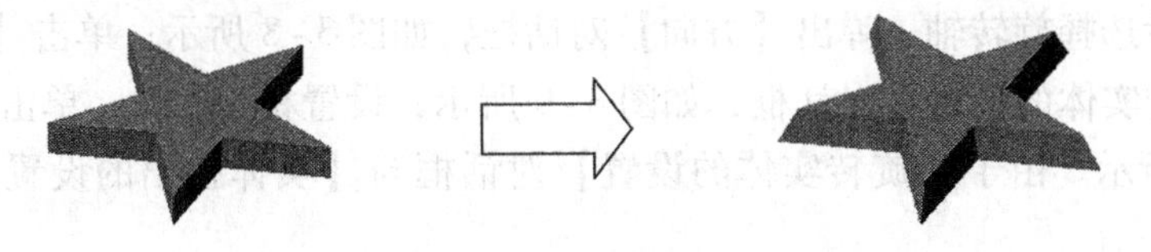

图 3-5 设置拔模斜度的挤出操作

3）挤出的距离/方向。选择好挤出操作方式后，用户可以直接输入挤出距离，也可以挤出到指定点，或者用向量方式来指定挤出距离。

- 【按指定的距离延伸距离】：可以直接输入挤压距离生成实体。
- 【全部贯穿】：只在选中【切割实体】选项时才可选，可以使切割贯穿目标实体。
- 【延伸到指定点】：沿挤压方向挤压到指定点。
- 【按指定的向量】：通过制定 X、Y、Z 值来指定挤压的方向与距离。
- 【重新选取】：重新设置挤压方向。
- 【修剪到指定的曲面】：将挤压实体修剪到目标实体的一个曲面。
- 【更改方向】：使挤压方向和设置相反。
- 【两边同时延伸】：使挤压向两个方向生成实体。

- 【双向拔模】：用于设置带拔模斜度的双向挤压时斜度的方向。

(2) 创建挤出薄壁　如图 3-2b 所示，在【实体挤出的设置】对话框中选择【薄壁设置】选项卡，指定薄壁抽壳（即厚度）方向后，即可生成薄壁实体。用户可以沿截面内、外或者双向生成指定厚度的薄壁实体。图 3-6 所示即为创建挤出的薄壁实体。

图 3-6　创建挤出的薄壁实体

提示：

1. 封闭的截面串连既可生成实体，又可生成薄壁实体。
2. 未封闭的串连，只能生成薄壁实体。

2. 实体旋转

实体旋转是将一个或多个二维截面图形绕旋转中心轴线旋转指定的角度，生成回转型实体模型，也可以对已有实体进行旋转切割，还可以旋转生成薄壁壳体，如图 3-7 所示。

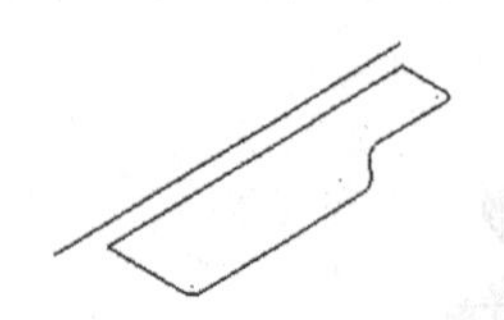
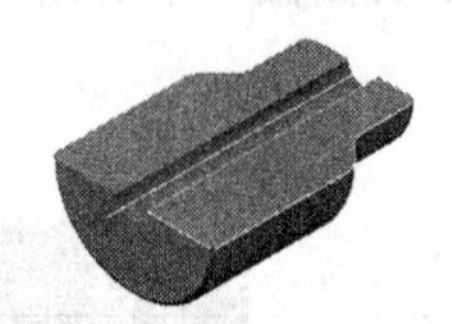

图 3-7　实体旋转

【实体旋转】可以用以下两种方式启动命令：

方法一：选择菜单命令【实体】→【实体旋转】。

方法二：在工具栏中单击按钮，即可启动【实体旋转】命令。

以图 3-7 为例，单击【实体旋转】命令，弹出【串连选项】对话框，保持【串连选项】对话框中的参数为默认设置；选择串连图线，单击【串连选项】对话框中的【确定】按钮；然后选择旋转轴，弹出【方向】对话框，如图 3-8 所示；单击【确定】按钮，弹出【旋转实体的设置】对话框，如图 3-9 所示；设置相关参数，单击确定按钮，结果如图 3-7 所示。由于【旋转实体的设置】对话框与【实体挤出的设置】对话框类似，这里不再赘述。

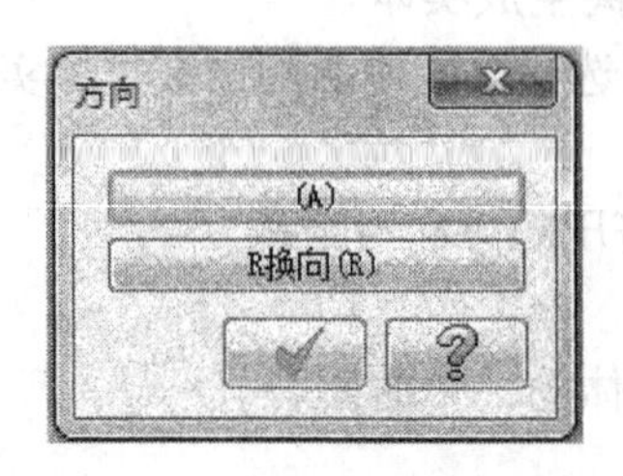

图 3-8　【方向】对话框

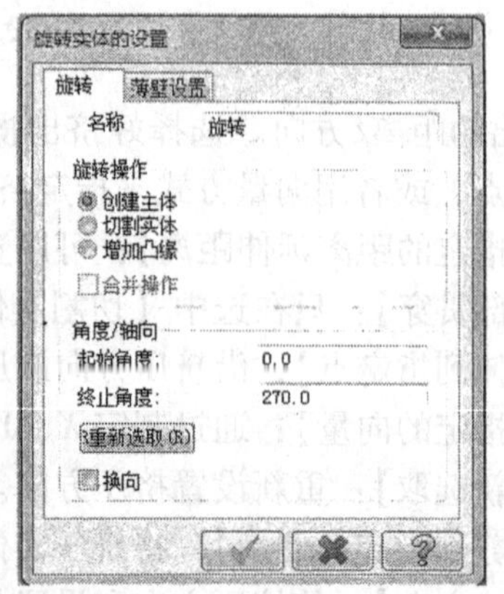

图 3-9　【旋转实体的设置】对话框

提示：

1. 用于生成旋转实体的几何模型只能在旋转轴的一侧，不能与旋转轴相交。如图3-10所示，作为轴线的 L_1 不能与串连图线 L_2、L_3 相交。

2. 多个几何模型可以只执行一次旋转操作，从而生成多个独立的实体，当其中一个串连模型完全包含其他封闭串连模型时，系统将以外围串连旋转生成目标实体，内部串连生成的实体作为工具实体在目标上被移除，从而形成空心。如图3-10所示，依次选择 L_3、L_2 作为串连图线，以 L_1 作为旋转轴得到的旋转实体。

3. 选取的轴线不同（如图3-11a所示的 L_1、L_2、L_3 都可以作为实体旋转的轴线）生成的实体会有所不同，如图3-11所示，其中图3-11b选择的轴线是 L_1，图3-11c选择的轴线是 L_2，图3-11d选择的轴线是 L_3。

4. 旋转也可以生成薄壁实体，此时串连图形可以不封闭，如图3-11e所示。

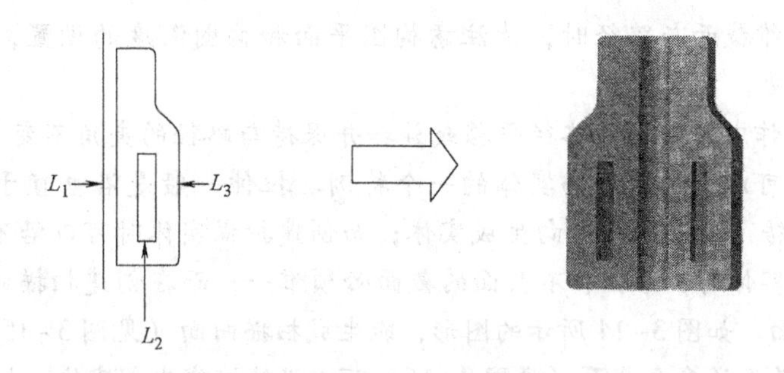

图3-10 一串连图线被另一串连图线包含的实体旋转

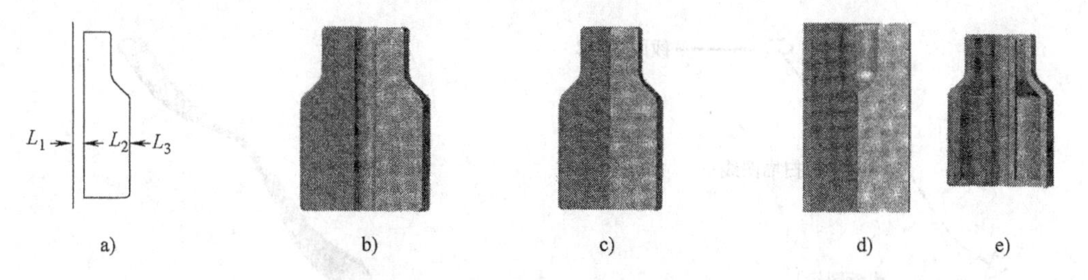

图3-11 不同参数设置下的实体旋转比较

3. 扫描实体

扫描实体比拉伸实体更具有一般性，是将已有截面沿着指定的路径做扫描运动生成的实体模型，如图3-12所示。

【扫描实体】可以用以下两种方式启动命令：

方法一：选择菜单命令【实体】→【扫描实体】。

方法二：在工具栏中单击按钮。

以图3-12为例，启动【扫描实体】命令，弹出【串连选项】对话框，保持【串连选项】对话框中的参数为默认设置；选择截面图线，单击【串连选项】对话框中的【确定】

按钮；然后选择扫描路径，弹出【扫描实体的设置】对话框，如图 3-13 所示；设置相关参数，单击【确定】按钮，结果如图 3-12 所示。由于【扫描实体的设置】对话框与【旋转实体的设置】对话框类似，这里不再赘述。

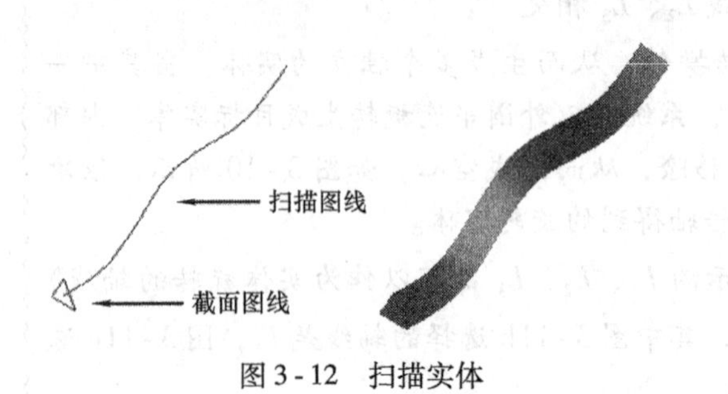

图 3-12　扫描实体

图 3-13　【扫描实体的设置】对话框

提示：

1. 在创建二维截面与路径时，请注意构图平面和构图深度的设置，否则可能会导致扫描创建不成功。

2. 在扫描操作中，截面沿路径平移或旋转并保持与路径的夹角不变。

3. 拉伸实体可以看作是扫描实体的一个特例。拉伸一般是沿垂直于截面的路径进行平移，不能旋转，沿着固定方向生成实体；而创建扫描实体时可以沿不同方向平移。

4. 生成扫描实体时，路径和不共面的截面必须唯一；而在创建扫描曲面时，可以有多个不共面的截面。如图 3-14 所示的图形，能生成扫描曲面（见图 3-15），但不能生成扫描实体。但是共面的多个截面（见图 3-16）可以沿轨迹线生成实体，如图 3-17 所示。

5. 扫描路径的过渡不能导致截面图形在扫描过程中产生自交，否则会出现错误。

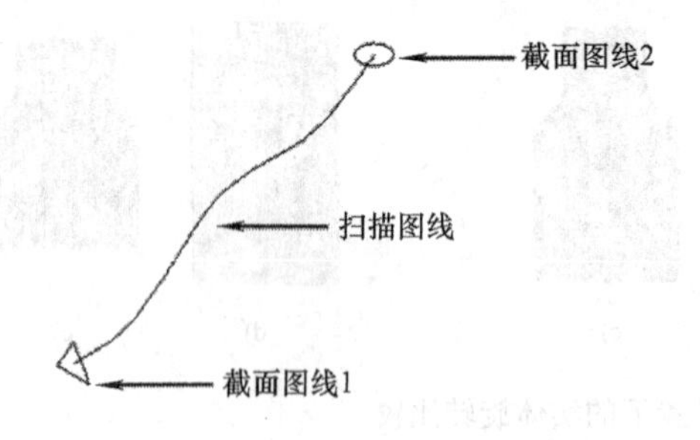

图 3-14　无法扫描实体的几何模型

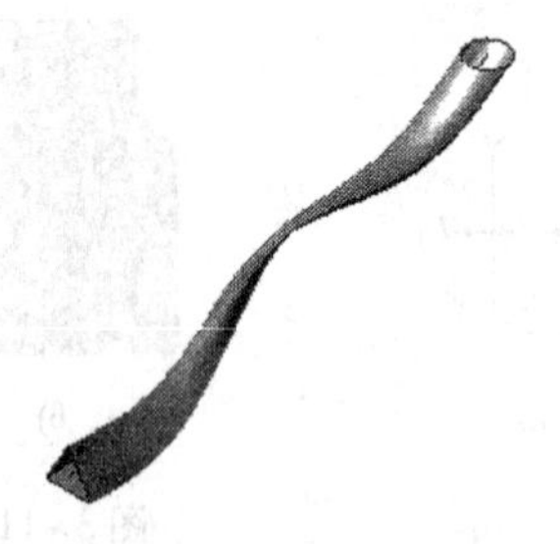

图 3-15　多截面扫描曲面

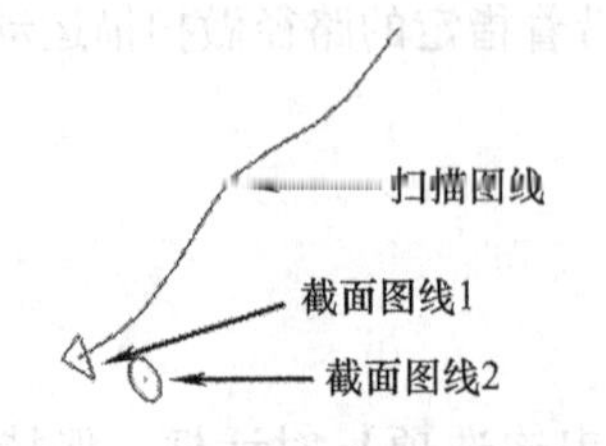

图 3-16　多截面扫描几何模型

图 3-17　生成的多个扫描实体

任务实施

综合运用创建实体命令，按照图3-1所示要求绘制带螺纹的螺母，高度尺寸与螺纹尺寸自定。

1）切换到顶视图方向，参考图3-1所示尺寸要求绘制一个同心圆和一个正六边形，如图3-18a所示。

2）切换到轴测图方向，选择【实体】→【挤出实体】命令，选取图素按照图3-18b所示方向挤出，设置距离为20，挤出方向可以根据需要调整，结果如图3-18c所示。

3）选择【绘图】→【任意线】→【绘制任意线】命令，在螺母中心线上绘制出实体的轴线。切换到前视图方向，绘制出一个小三角形，如图3-18d所示。

4）切换到轴测图方向，选择【实体】→【实体旋转】命令，分别选择小三角形为截面图形，实体轴线为旋转轴线，在弹出的【旋转实体的设置】对话框中选择【切割实体】单选按钮，设置终止角为360，生成切割实体，如图3-18e所示。

5）选择【绘图】→【绘制螺旋线】命令，按弹出如图3-19所示的【螺旋形】对话框设置参数，生成的螺旋线如图3-18f所示。

6）切换到前视图方向，在螺旋线顶端绘制一个小圆来近似代替螺旋截面形状，结果如图3-18g所示。

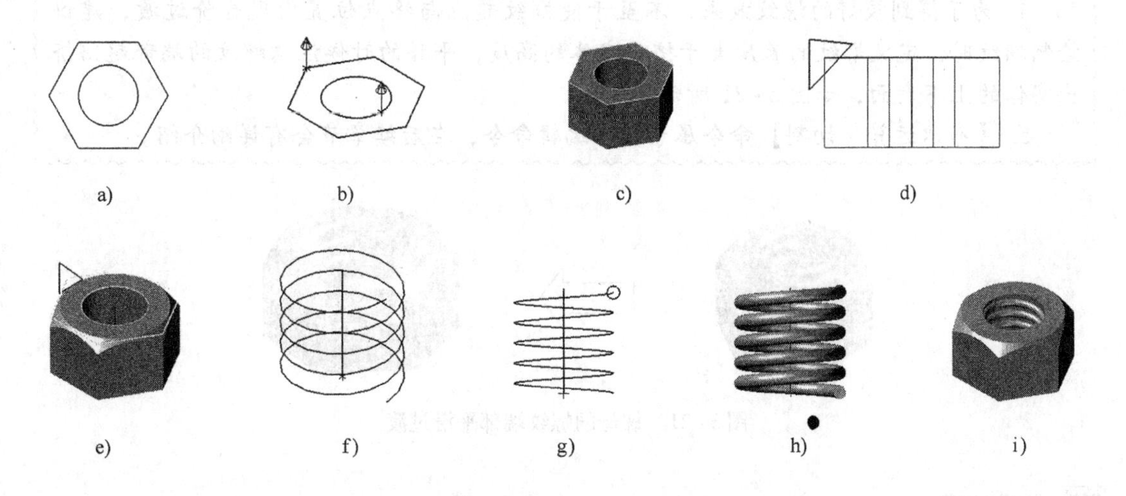

图3-18 螺母实体模型的建立

7）选择【实体】→【扫描实体】命令，以小圆为截面图形，螺旋线为扫描路径，生成一个螺旋实体，如图3-18h所示。

8）选择【转换】→【平移】命令，选择螺旋实体，然后将螺旋实体平移到挤出实体的空中，如图3-18i所示。

9）选择【实体】→【布尔运算-切割】命令，依次选择挤出实体和螺旋实体，进行切割运算，结果如图3-20所示。

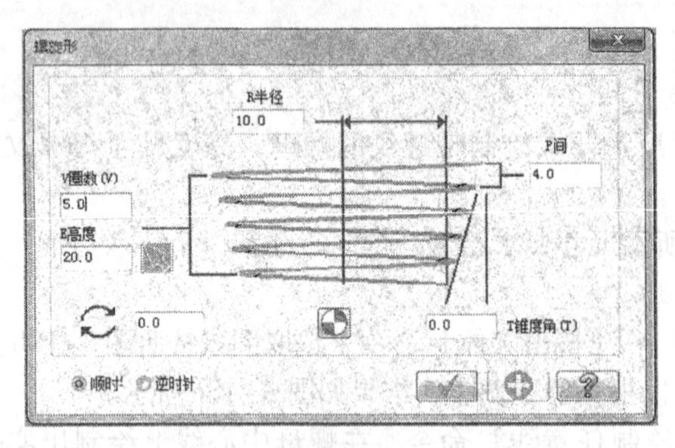

图 3-19 【螺旋形】对话框

图 3-20 生成的螺母实体

提示：

1. 在绘制螺旋线前，建议先用【绘点】命令绘制一空间点，以放置螺旋线。

2. 在绘制螺纹实体的截面图线时，注意小圆所在平面应与螺旋线方向大致垂直，否则不能生成螺旋实体。

3. 在执行【转换】→【平移】命令时，基准点可以选择绘制的空间点，使用点对点方式，选择挤出实体的中心线的端点，以保证将其平移到挤出实体的中心位置。

4. 为了得到较好的螺纹效果，不至于使螺纹起点与终点位置出现台阶过渡，建议绘制螺纹时，定义螺纹的长度大于挤出实体的高度，平移的时候注意螺纹的端部超出挤出实体的上下表面，如图 3-21 所示。

5. 【布尔运算－切割】命令属于实体编辑命令，在后续章节会有详细介绍。

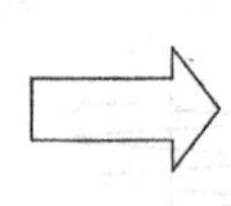

图 3-21 螺母的螺纹端部平滑过渡

扩展知识

常用的实体造型命令除了挤出实体、实体旋转、扫描实体外，还有一些命令与方法可以完成实体模型的构造，下面就一一补充介绍。

1. 基本三维实体的创建

基本三维实体主要包括圆柱、圆锥、立方体、球体和圆环体，如图 3-22 所示。Mastercam X5 中的 5 种基本三维实体的创建方法和基本曲面的创建方法大致相同，不同之处就是需要在基本三维实体对话框中设置为【实体】方式，如图 3-23 所示的【圆柱体】对话框。

基本三维实体创建与基本三维曲面的创建一样，都是参数化造型，即通过改变实体的参数，可以方便地绘制出需要的实体模型，具体的创建方法见模块三中的相关内容。

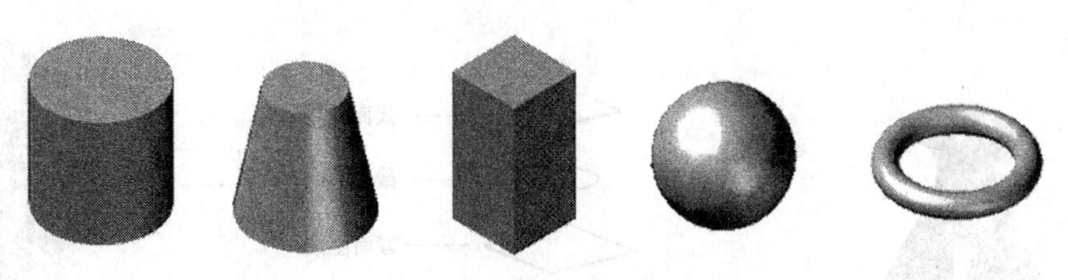

图3-22 基本三维实体

2. 举升实体

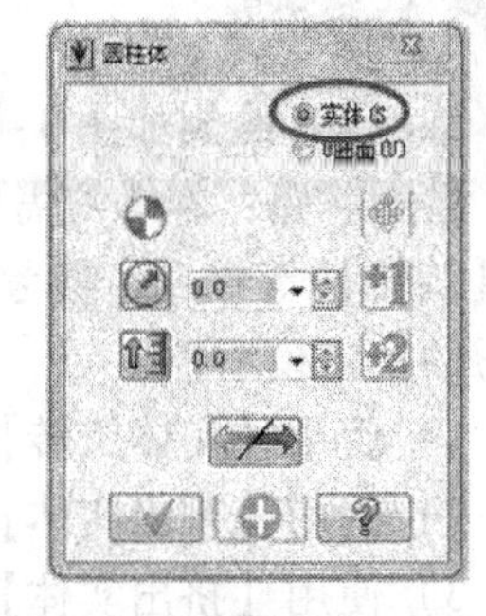

图3-23 【圆柱体】对话框

将两个或两个以上的截面用直线或曲线熔接形成实体的方法即为举升，其中用直线熔接的实体称为直纹实体。

【举升实体】可以用以下两种方式启动命令。

方法一：选择菜单命令【实体】→【举升实体】。

方法二：在工具栏中单击按钮。

以图3-24a为例，单击【举升实体】命令，弹出【串连选项】对话框，保持对话框中的参数不变；依次选择截面图线，单击【确定】按钮，弹出【举升实体的设置】对话框，如图3-25所示。【举升实体的设置】对话框和【实体挤出的设置】对话框类似，不同的是【举升实体的设置】对话框中有一个【以直纹方式产生实体】复选框，选中该复选框时实体将以直纹方式生成，如图3-24c所示；不选中该复选框时，则以光滑方式生成，如图3-24b所示。

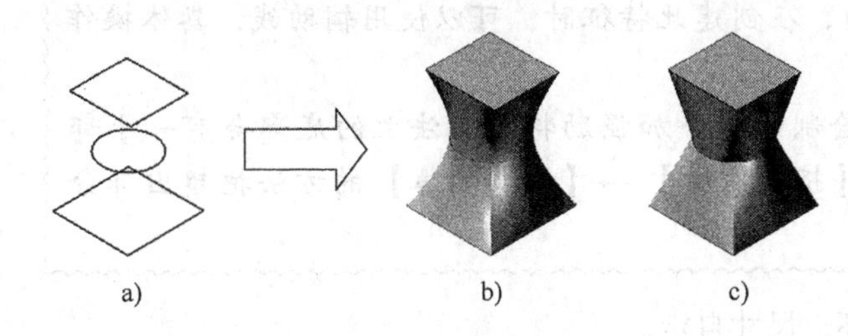

图3-24 举升实体

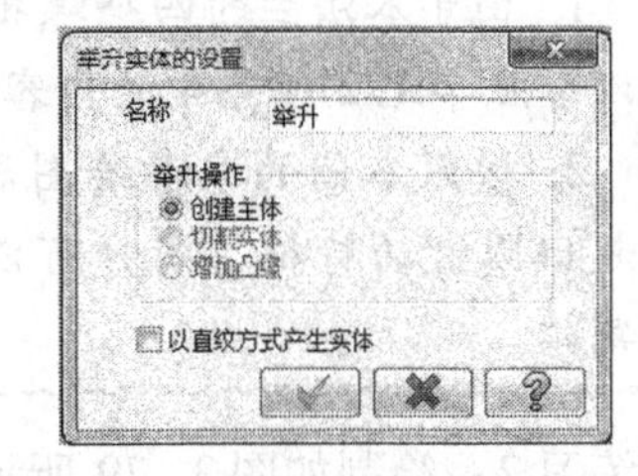

图3-25 【举升实体的设置】对话框

提示：

1. 在选择图形串连时，注意各个截面的节点位置的对应关系，否则将产生扭曲的举升实体，如图3-26所示。

2. 在图形串连时，系统生成的实体还与选取的顺序相关。例如，依次选取如图3-27a所示的截面图线1、截面图线3和截面图线2，生成的实体如图3-27b所示。

3. 当截面的节点数和位置不一致时，需要对截面进行打断、连接等操作来保证各截面的点数和位置。也可以不执行任何操作，系统会自动计算。

4. 在选取截面时，需要注意每个截面的箭头方向应一致，否则会出错。

5. 用于举升的各个截面可以不平行。

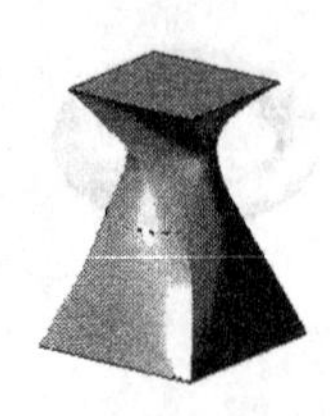

图 3-26 扭曲的举升实体

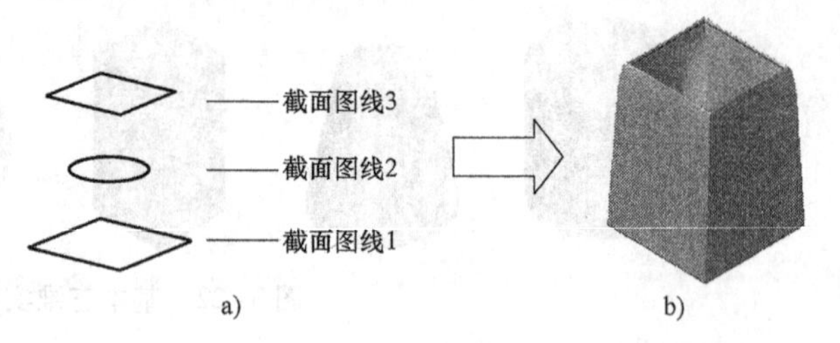

图 3-27 改变截面选取顺序生成的举升实体

任务拓展

练习 1：绘制如图 3-28 所示的法兰，尺寸自定。

绘图思路：本练习需要使用到【绘图】、【实体旋转】、【挤出实体】和【旋转】等命令，参考步骤如下（用户也可以使用其他的思路创建本练习的实体模型）：

图 3-28 法兰的绘制

1）使用【实体旋转】命令绘制好法兰的本体特征。

2）使用【挤出实体】命令完成法兰底部四个孔的切割。

3）使用【挤出实体】命令完成四个加强肋中的一个加强肋的绘制。

4）使用【转换】→【旋转】命令完成其他三个加强肋的绘制（此命令在本模块没有讲解，可以参考单元 2 任务 4 的内容）。

提示：

1. 由于本法兰的四个螺孔为均布，在创建此特征时，可以使用辅助线，具体操作可以参照单元 2 任务 4 的内容。

2. 按照本例的参考绘图思路，绘制的四个加强肋特征在法兰的底部会有一小部分超出圆盘的特征，用户可以使用【挤出实体】→【切割实体】的方法把超出部分切割掉。

练习 2：绘制如图 3-29 所示的水杯，尺寸自定。

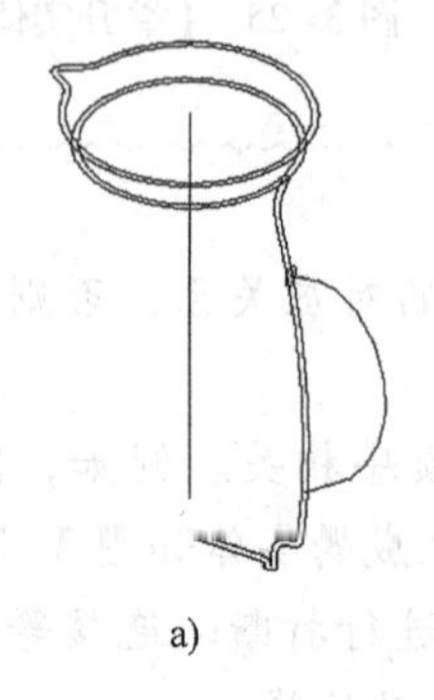

b)

图 3-29 水杯的绘制

绘图思路：本练习需要使用到【绘图】、【实体旋转】、【举升实体】和【扫描实体】等命令，参考步骤如下（用户也可以使用其他的思路创建本练习的实体模型）：

1）使用【绘图】命令绘制好水杯的线框模型，如图3-29a所示。

2）使用【举升实体】和【举升实体】→【切割实体】命令完成水杯口特征的创建。

3）使用【实体旋转】命令完成水杯主体特征的创建。

4）使用【扫描实体】命令完成水杯手柄特征的创建。

任务2 编辑实体

任务描述

综合运用实体创建命令及实体编辑命令绘制如图3-30所示的鼠标。

图3-30 鼠标三维模型的创建

任务目标

1. 掌握三维实体编辑的一般方法和基本思路。
2. 掌握常用实体集合运算命令的使用方法。
3. 掌握实体管理器的使用方法。
4. 选择合适的三维编辑命令完成三维实体模型的编辑与修改。

任务分析

本任务需要完成的是鼠标的实体造型，该任务除了需要用到【绘图】、【转换】和【实体】命令之外，还需要用到【倒圆角】、【倒角】、【实体抽壳】、【布尔运算】等实体编辑命令，是一个综合性较强的任务。

相关知识

1. 倒圆

（1）实体倒圆角 【实体倒圆角】命令是在一个实体上按照指定的半径给选中的图素构建一个圆弧面，该圆弧面和相邻的两个面相切，边角上的材料在外倒圆时会去除材料，在内倒圆角时会增加材料。【实体倒圆角】命令可以使零件边角光滑过渡，是三维建模中常用的命令。

根据倒圆的大小确定半径，在任何边上都可以使用常数半径或可变半径进行倒圆，可以采用拾取实体边线、实体面、实体主体等方式倒圆。图3-31a所示为常数倒圆，图3-31b所示为变半径倒圆。

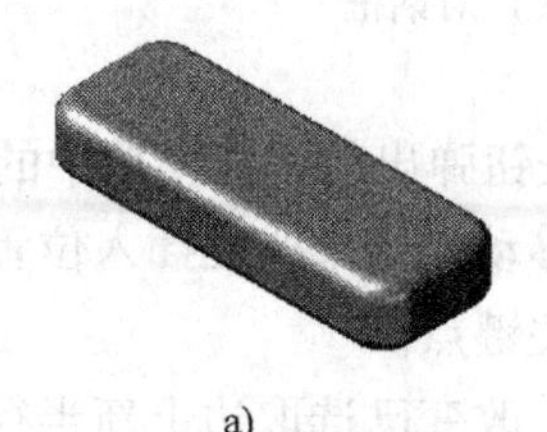

a)

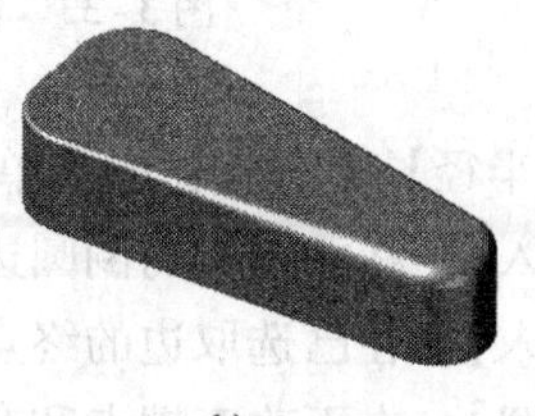

b)

图3-31 倒圆

【实体倒圆角】命令可以用以下两种方式启动：

方法一：选择菜单命令【实体】→【倒圆角】→【实体倒圆角】。

方法二：在工具栏中单击按钮。

单击【实体倒圆角】命令，弹出【标准选择】工具栏，如图 3-32 所示。此时可以在工具栏上单击相应的选择方式来选择需要倒圆的图素，选择完成后，单击【结束选择】按钮，弹出【实体倒圆角参数】对话框，如图 3-33 所示，其中图 3-33a 是固定半径下的【实体倒圆角参数】对话框，图 3-33b 是变化半径的。

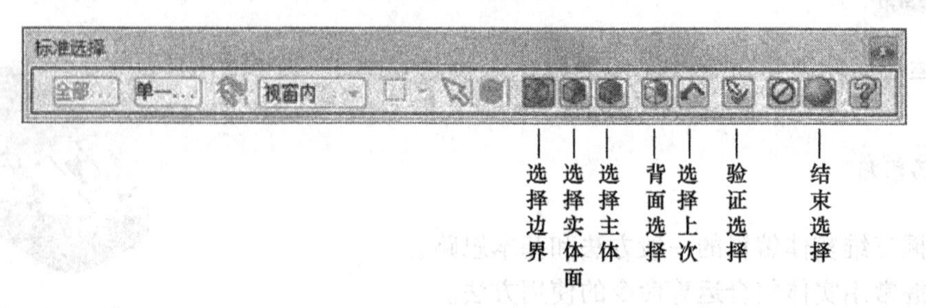

图 3-32 【标准选择】工具栏

如果倒圆是固定半径，可在【实体倒圆角参数】对话框中选择【固定半径】单选按钮，然后给定半径值，设置相应的选项后，单击【确定】按钮即可，如图 3-33a 所示。

如果倒圆是可变半径，可在【实体倒圆角参数】对话框中选择【变化半径】单选按钮，此时对话框右边的【编辑】按钮被激活，单击【编辑】按钮，弹出快捷菜单，如图 3-33b 所示。例如，执行【修改半径】命令，然后在绘图区选取需要改变半径的点，输入需要的半径值，即可获得可变半径倒圆的效果。

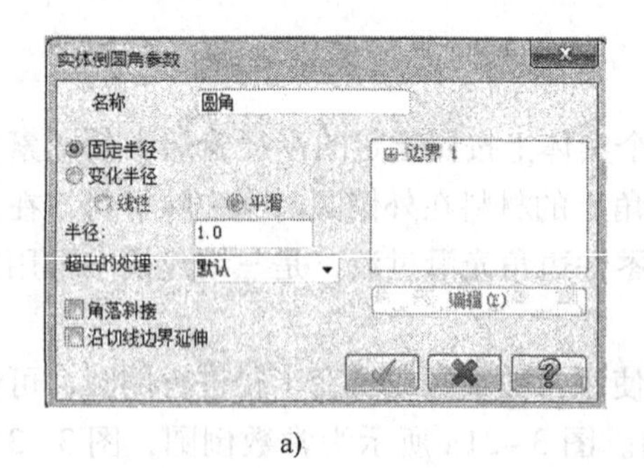

a)

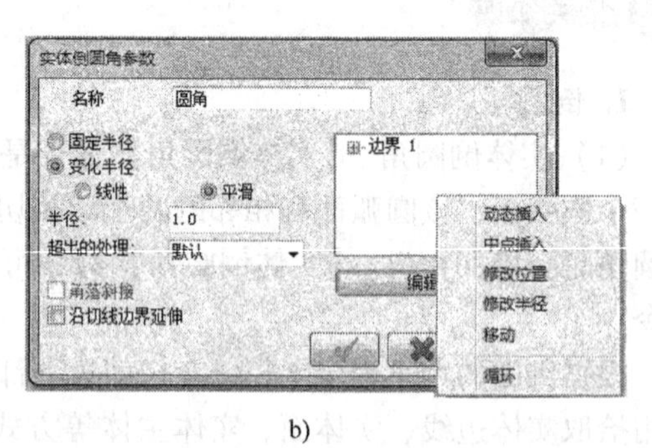

b)

图 3-33 【实体倒圆角参数】对话框

选中【变化半径】单选按钮时，单击【编辑】按钮弹出的快捷菜单中的命令如下：

- 【动态插入】：在已选取的倒圆边线上，通过移动光标来改变插入位置。
- 【中点插入】：在已选取边的终点插入新半径关键点。
- 【修改位置】：在不改变端点和交点的情况下，改变已选取边上新半径的位置。
- 【修改半径】：修改已定出的半径值。
- 【移动】：移动两端点间的半径点。

- 【循环】：循环显示并编辑各半径关键点。

提示：

执行【实体倒圆角】命令时，只有以选择边的方式选择图素时才可以进行【变化半径】倒圆，以通过面或形体的方式选择图素时，只能进行【固定半径】倒圆。

（2）面与面倒圆角 【面与面倒圆角】命令是在同一实体的两组面之间形成圆滑过渡，命令启动方式与【实体倒圆角】类似。

单击【面与面倒圆角】命令，依次选择需要倒圆的两组面，弹出如图3-34所示的【实体的面与面倒圆角参数】对话框。【实体的面与面倒圆角参数】对话框中的参数和【实体倒圆角参数】对话框类似，不同的是倒圆方式有【半径】、【宽度】和【控制线】3种方式。

提示：

【实体倒圆角】命令和【面与面倒圆角】命令都只能在一个实体内进行操作，如果不同实体之间进行倒圆，需要先利用【布尔运算－结合】命令将两个实体结合后再进行操作。

2. 倒角

【倒角】命令和【倒圆角】命令类似，不同之处就是【倒角】命令产生的过渡是尖角。Mastercam X5提供了三种倒角方式，如图3-35所示。

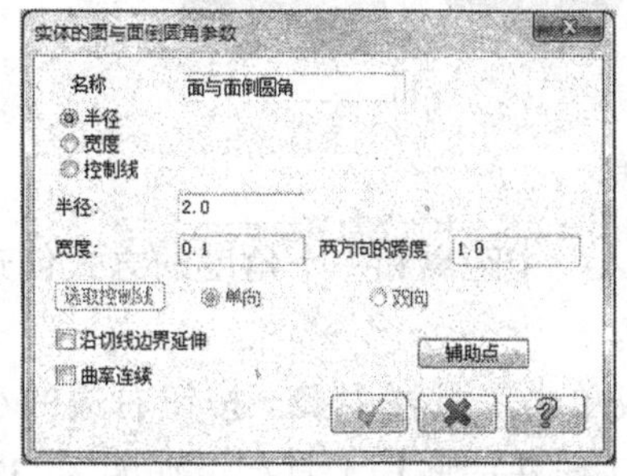

图3-34 【实体的面与面倒圆角参数】对话框

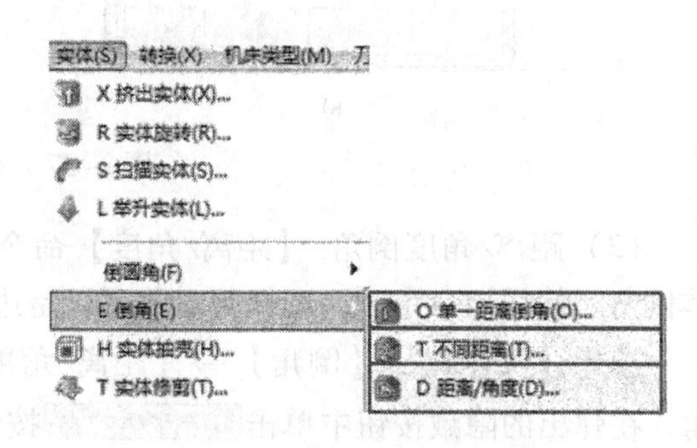

图3-35 倒角的三种方式

（1）单一距离倒角 【单一距离倒角】命令是指以输入单一距离的方式创建实体倒角，使用该命令时，选择的对象可以是边界线、面或实体。

选择【实体】→【倒角】→【单一距离倒角】命令或单击工具栏中 按钮右边的小三角，在弹出的隐藏按钮中选择 按钮，弹出【标准选择】工具栏，如图3-32所示。此时可以在工具栏上单击相应的选择方式来选择需要倒角的图素。选择完成后，单击【结束选择】 按钮，弹出【实体倒角参数】对话框，如图3-36a所示，在该对话框中设置好倒角距离和其他参数后，单击【确定】 按钮即可。图3-36b所示为单一距离倒角实例。

（2）不同距离倒角 【不同距离】命令是指以输入两个距离的方式创建实体倒角。使用该命令时，选择的对象可以是边界线和面。

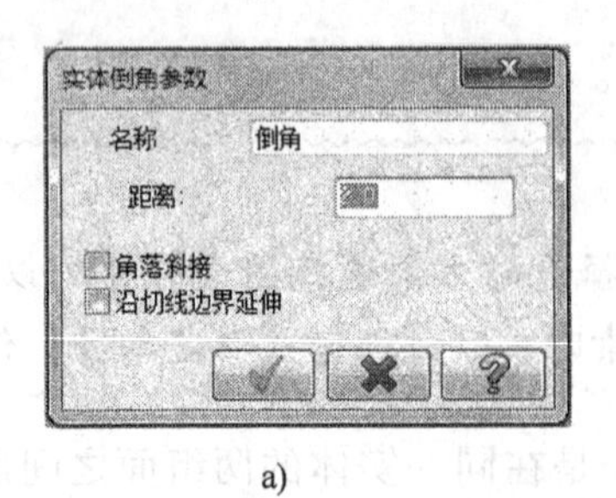

a)

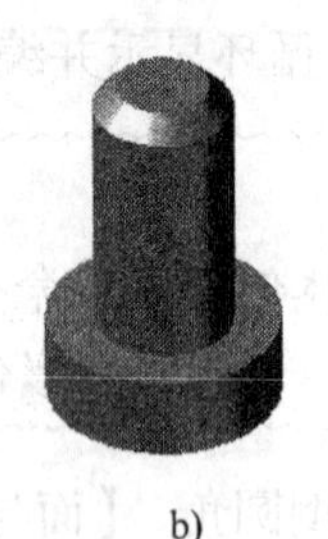

b)

图 3-36　单一距离倒角

选择【实体】→【倒角】→【不同距离】命令或单击工具栏中 按钮右边的小三角，在弹出的隐藏按钮中单击 按钮，弹出【标准选择】工具栏，如图 3-32 所示。此时可以在工具栏上单击相应的选择方式来选择需要倒角的图素。选择完成后，单击【结束选择】 按钮，弹出【实体倒角参数】对话框，如图 3-37a 所示，在该对话框中设置好倒角【距离 1】、【距离 2】和其他参数后，单击【确定】 按钮即可。图 3-37b 所示为不同距离倒角实例。

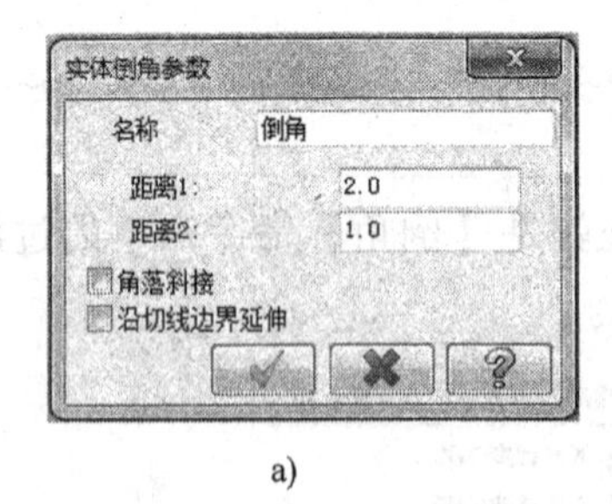

a)

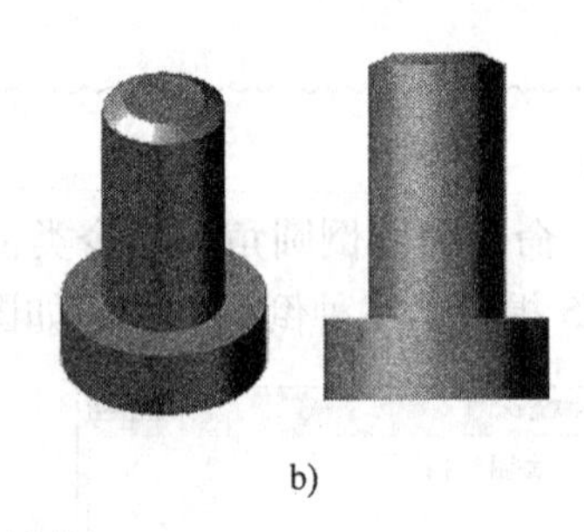

b)

图 3-37　不同距离倒角

（3）距离/角度倒角　【距离/角度】命令是指以输入一个距离和一个角度的方式创建实体倒角。使用该命令时，选择的对象可以是边界线或面。

选择【实体】→【倒角】→【距离/角度】命令或单击工具栏中 按钮右边的小三角，在弹出的隐藏按钮中单击 按钮，弹出【标准选择】工具栏，如图 3-32 所示。此时可以在工具栏上单击相应的选择方式来选择需要倒角的图素。选择完成后，单击【结束选择】 按钮，弹出【实体倒角参数】对话框，如图 3-38a 所示，在该对话框中设置好倒角【距离】、【角度】和其他参数后，单击【确定】 按钮即可。图 3-38b 所示为距离/角度倒角实例。

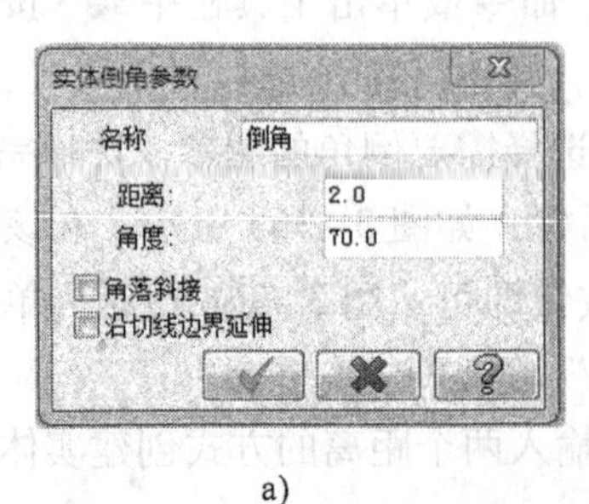

a)

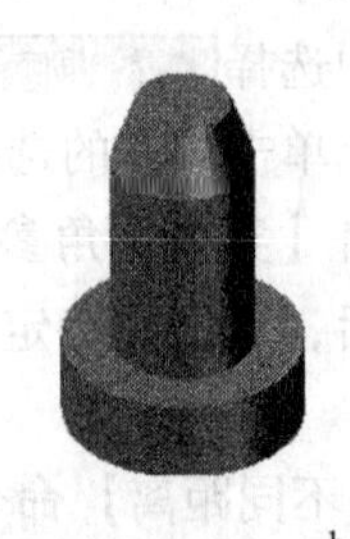

b)

图 3-38　距离/角度倒角

3. 实体抽壳

利用【实体抽壳】命令可以挖空实体。如果选择了实体上的表面作为开口，则可以生成一个在指定面上开口的薄壳实体；如果没有选择开口面，则会生成一个内部被挖空但没有开口的薄壳实体，如图3-39所示。

选择【实体】→【实体抽壳】命令，在实体表面选择开口面，选择完后单击【标准选择】工具栏中的【结束选择】按钮，弹出如图3-40所示【实体薄壳】对话框。可以在该对话框中选择【朝内】、【朝外】或【两者】单选按钮以确定抽壳方向，设置好薄壳的厚度，单击【确定】按钮即可。

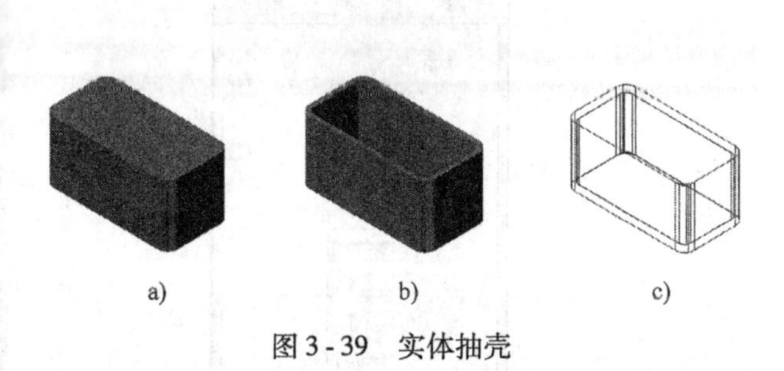

图3-39 实体抽壳

图3-40 【实体薄壳】对话框

提示：

1. 使用【实体抽壳】命令时在选择开口面的时候需要注意，如果要得到内部被挖空的薄壳零件，在系统提示选择开口面时，需要选择整个实体（在【标准选择】工具栏中可以设置选择方式）；如果只选择某一面就只能生成表面开口的薄壳实体。

2. 在【实体抽壳】命令中，厚度设置一定要合理，要避免使实体计算产生自交。

4. 实体修剪

【实体修剪】命令是指用平面、曲面或者薄壁实体来切割实体，可以保留切割实体的一部分或者两部分都保留，如图3-41所示。

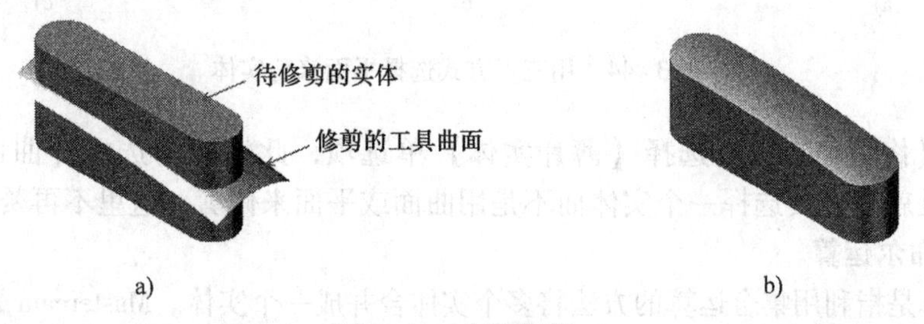

图3-41 实体修剪

【实体修剪】命令可以用以下两种方式启动：

方法一：选择菜单命令【实体】→【实体修剪】。

方法二：在工具栏中单击按钮。

以图3-41所示实体为例，单击【实体修剪】命令，弹出如图3-42所示【修剪实体】对话框。该对话框中【修剪到】栏中有三个单选项可以选择。选择【曲面】方式，系统会提示选择要执行修剪的曲面。选择图 3-41a 所示的曲面，系统会重新回到【修剪实体】对话框，设置好其他参数，单击【修剪实体】对话框中的【确定】按钮即可完成实体的修剪，结果如图 3-41b 所示。

如果在【修剪实体】对话框中选择【平面】单选项，系统将弹出【平面选择】对话框，如图 3-43 所示。设置【平面选择】对话框中的参数并选择修剪平面，完成后单击【确定】按钮，回到【修剪实体】对话框。设置好其他参数，单击【修剪实体】对话框中的【确定】按钮即可完成实体的修剪，如图 3-44 所示。本例是采用三点方式选择平面来修剪实体的。

图 3-42 【修剪实体】对话框

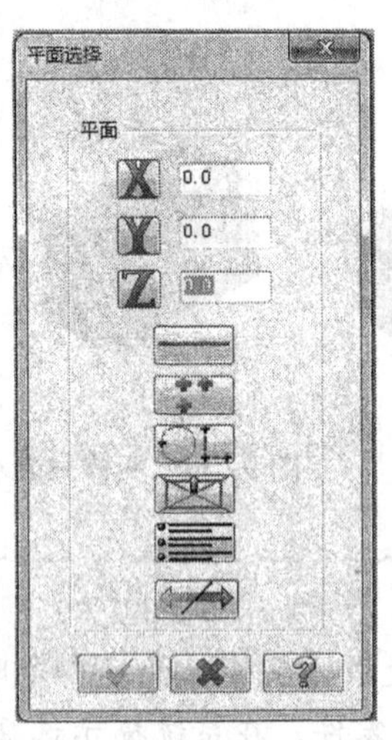

图 3-43 【平面选择】对话框

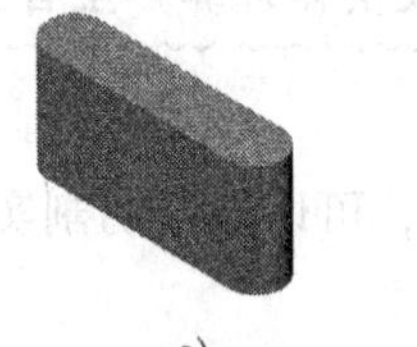

a)

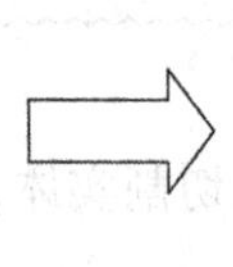

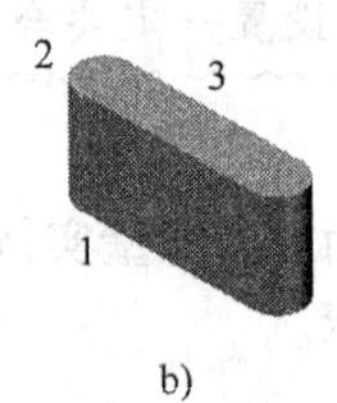

b)

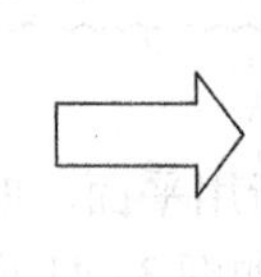

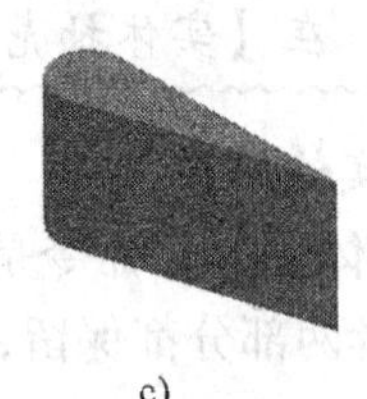

c)

图 3-44 用三点方式选择平面修剪实体

如果在【修剪到】栏中选择【薄片实体】单选项，此情况与选择【曲面】单选项类似，不同之处就是需要选择一个实体而不是用曲面或平面来修剪，这里不再赘述。

5. 实体布尔运算

布尔运算是指利用集合运算的方法将多个实体合并成一个实体。Mastercam X5 提供的布尔运算包括【布尔运算 - 结合】、【布尔运算 - 切割】、【布尔运算 - 交集】和【非关联实体】。

（1）布尔运算 - 结合 【布尔运算 - 结合】命令是指将已存在的实体（两个或两个以上，并且部分重合）合并成一个实体。

【布尔运算 - 结合】命令可以用以下两种方式启动：

方法一：选择菜单命令【实体】→【布尔运算 - 结合】。

方法二：在工具栏中单击按钮右边的小三角形，在弹出的隐藏按钮中单击 A布尔运算-结合(A) 。

以图3-45为例，启动【布尔运算-结合】命令，系统提示选取布尔运算的目标主体，选择如图3-45a所示的实体1，系统会提示选取布尔运算的工件主体，选择如图3-45a所示的实体2，选择完后单击【标准选择】工具栏中的【结束选择】按钮或者直接按<Enter>键即可，结果如图3-45b所示。

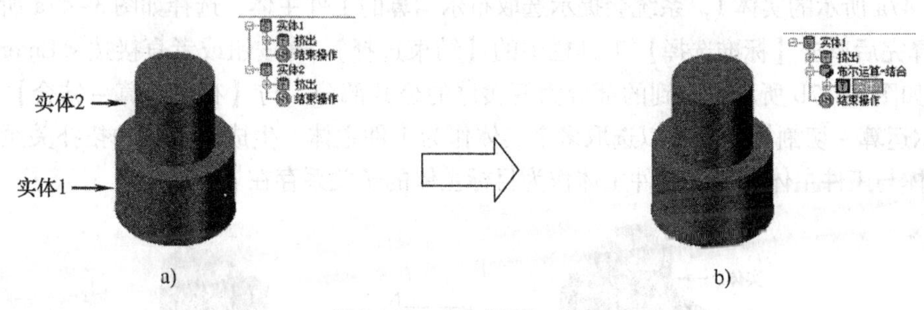

图3-45 布尔运算-结合

提示：

1. 注意观察图3-45a和图3-45b中的操作管理器，发现在图3-45b中，作为工件主体选择的实体2被包含在作为目标主体选择的实体1中，而两者在布尔运算之前是相互独立的两个实体。

2. 在选取工件主体时可以选取多个实体。

（2）布尔运算-切割 【布尔运算-切割】命令是指对实体进行修剪，即在一个实体内减去另外一个或多个实体从而生成一个新的实体的方法，其大小和形状取决于两个实体间的公共的部分。

【布尔运算-切割】命令可以用以下两种方式启动：

方法一：选择菜单命令【实体】→【布尔运算-切割】。

方法二：在工具栏中单击按钮右边的小三角形，在弹出的列表中单击 V布尔运算-切割(V) 。

以图3-46为例，启动【布尔运算-切割】命令，系统提示选取布尔运算的目标主体，选择如图3-46a所示的实体1，系统会提示选取布尔运算的工件主体，选择如图3-46a所示的实体2，选择完后单击【标准选择】工具栏中的【结束选择】按钮或者直接按<Enter>键即可，结果如图3-46b所示。与【布尔运算-结合】命令类似，【布尔运算-切割】命令可以选取多个实体作为工件主体，生成的实体的拓扑关系与选择的目标主体与工件主体有关，工件主体作为目标主体的子关系存在。

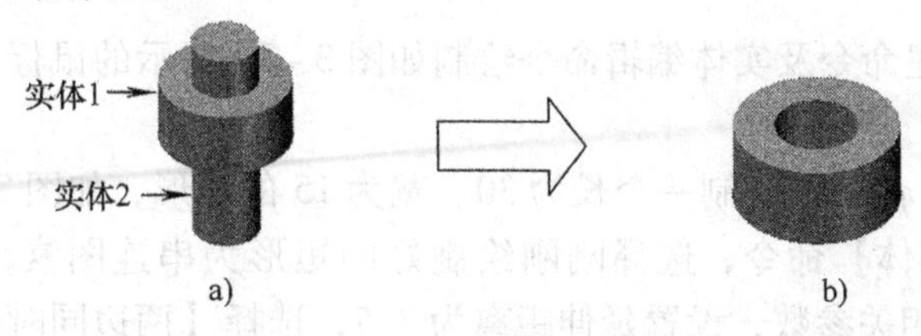

图3-46 布尔运算-切割

（3）布尔运算－交集 【布尔运算－交集】命令是指获取两个实体的公共部分。

【布尔运算－交集】命令可以用以下两种方式启动：

方法一：选择菜单命令【实体】→【布尔运算－交集】。

方法二：在工具栏中单击按钮右边的小三角形，在弹出的列表中单击 C 布尔运算-交集(C)。

以图 3-47 为例，单击【布尔运算－交集】命令，系统提示选取布尔运算的目标主体，选择如图 3-47a 所示的实体 1，系统会提示选取布尔运算的工件主体，选择如图 3-47a 所示的实体 2，选择完后单击【标准选择】工具栏中的【结束选择】按钮或者直接按 <Enter> 键即可，结果如图 3-47b 所示，得到的部分为两实体的公共部分。与【布尔运算－结合】命令类似，【布尔运算－切割】命令可以选取多个实体作为工件主体，生成的实体的拓扑关系与选择的目标主体与工件主体有关，工件主体作为目标主体的子关系存在。

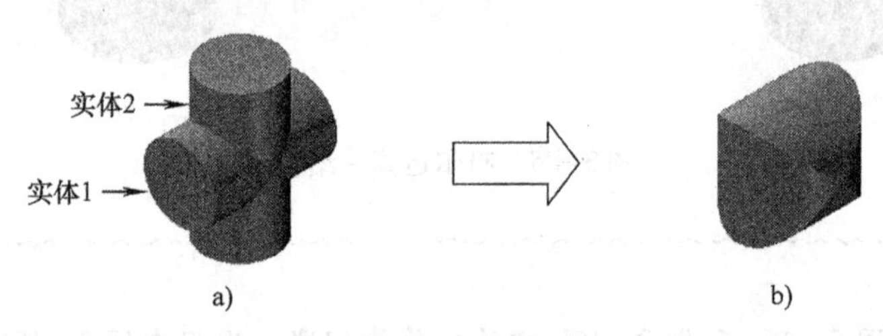

图 3-47 布尔运算－交集

（4）非关联实体 【非关联实体】命令和前面论述的布尔运算命令的主要区别是，可以选择是否保留目标实体和工件实体。

【非关联实体】命令可以通过菜单或者是工具栏中的按钮启动，包含【切割】和【交集】两个命令，其子菜单和对话框分别如图 3-48 和图 3-49 所示，操作步骤与前面论述的布尔运算类似，这里不再赘述。

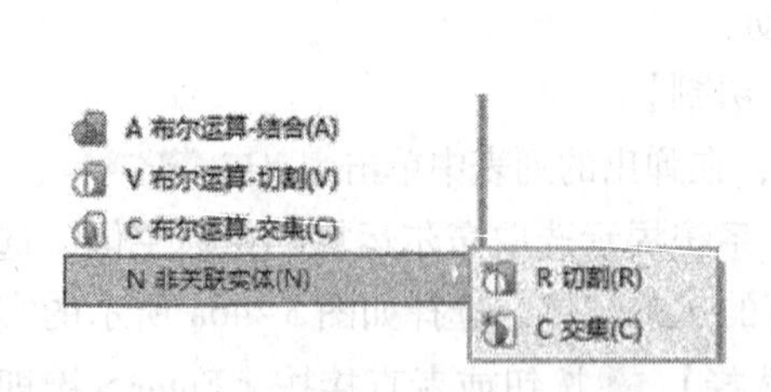

图 3-48 【非关联实体】子菜单

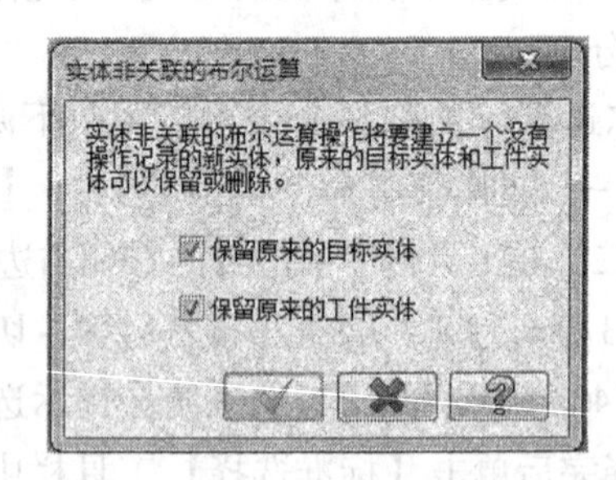

图 3-49 【实体非关联的布尔运算】对话框

任务实施

综合运用实体创建命令及实体编辑命令绘制如图 3-30 所示的鼠标，尺寸自定，以下是绘图步骤。

1）单击【矩形】命令，绘制一个长为 30、宽为 15 的矩形，如图 3-50a 所示。

2）单击【挤出实体】命令，选择刚刚绘制好的矩形为串连图素，在【实体挤出的设置】对话框中设置好相关参数，设置延伸距离为 7.5，选择【两边同时延伸】复选按钮，单击【确定】按钮，一个长为 30、宽为 15、高为 15 的立方体就绘制好了，如图 3-50b

所示。

3）切换到前视图，单击【手动画曲线】命令，设置好绘图平面，绘制一条曲线如图3-50c所示。

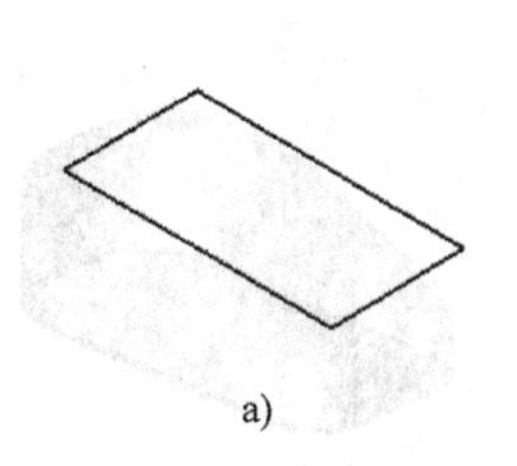
a)

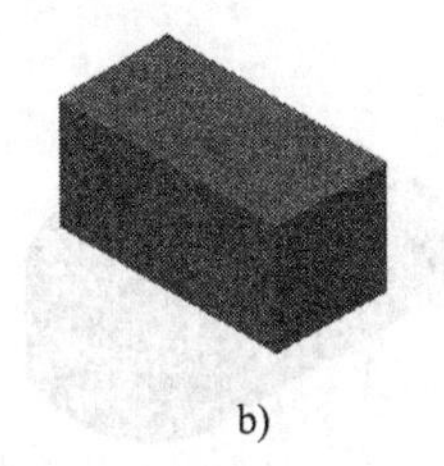
b)

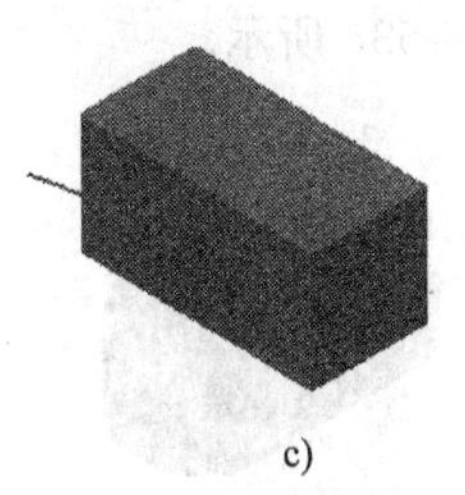
c)

图3-50 创建鼠标（一）

4）切换到左视图方向，将刚刚绘制好的曲线复制一条并移动到长方体的另一侧，如图3-51a所示。

5）通过两条曲线的端点绘制第三条曲线，如图3-51b所示。绘制曲线的时候注意选择好绘图平面。

6）选择【绘图】→【曲面】→【扫描曲面】命令，利用刚刚做好的三条曲线绘制曲面，选取曲线3为截面方向外形，曲线1和曲线2为引导方向外形，得到如图3-51c所示的曲面。

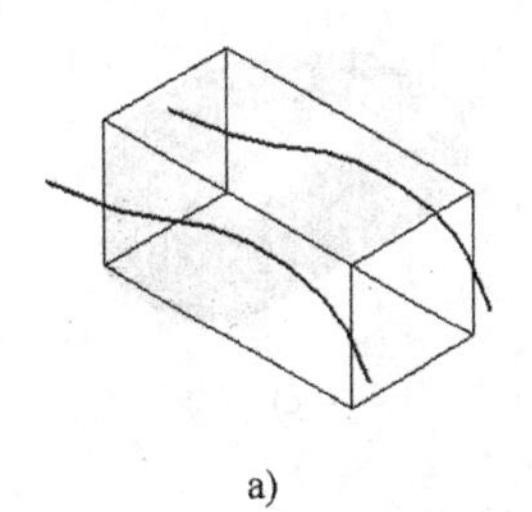
a)

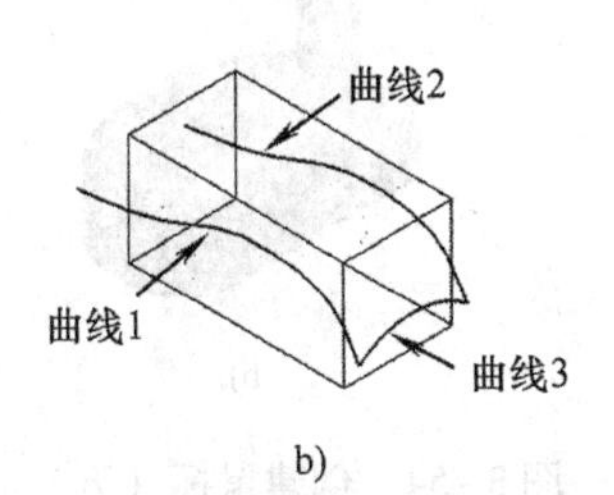

b)

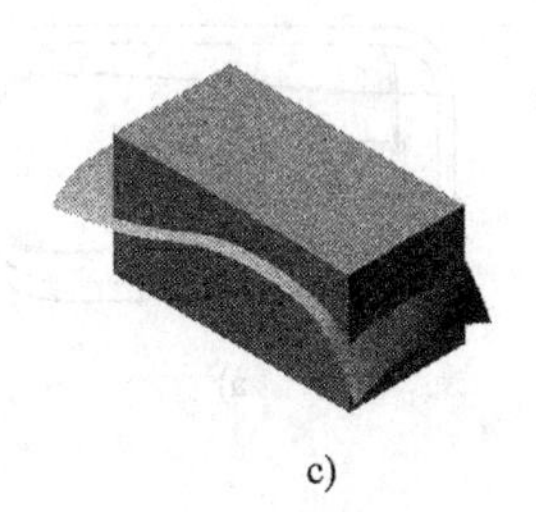
c)

图3-51 创建鼠标（二）

7）选择【实体】→【实体修剪】命令，利用刚刚生成的曲面将长方体切割，保留下半部分实体，然后隐藏曲面，如图3-52a所示。

8）选择【实体】→【倒圆角】→【实体倒圆角】命令，取半径为6，将鼠标后端两倒圆作出，如图3-52b所示；同样的方式将鼠标前端两倒圆作出，取半径为4，如图3-52c所示。

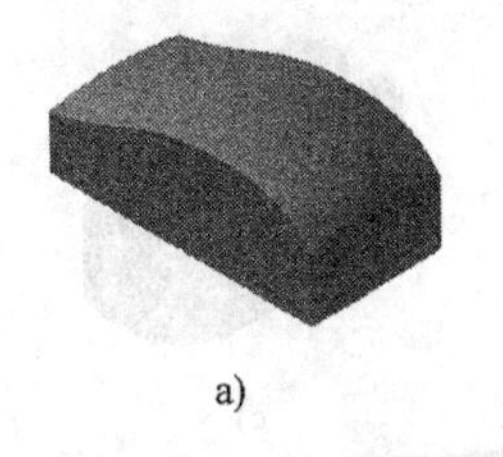
a)

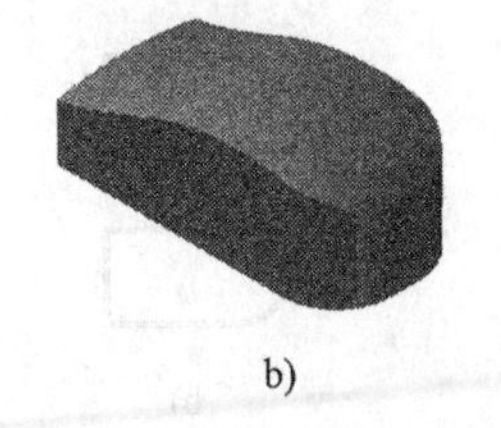
b)

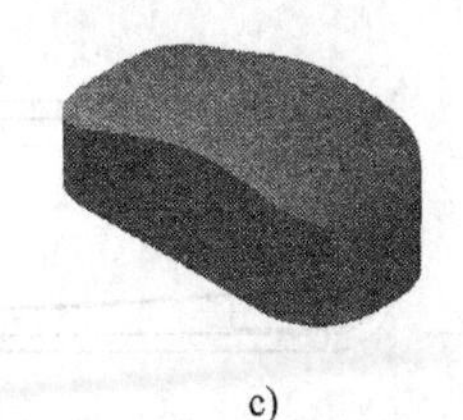
c)

图3-52 创建鼠标（三）

9）选择【实体】→【倒圆角】→【实体倒圆角】命令，单击鼠标上表面周边为倒圆对象，在【实体倒圆角参数】对话框中选择【变化半径】单选按钮，设置默认值为3，然后利用【编辑】按钮将鼠标前端标号为2、3 两点处的半径值修改为5，将标号为1、4 两点处的半径值修改为4，如图3-53a 所示。倒圆最终效果如图3-53b 所示。

10）选择【实体】→【实体抽壳】命令，选择底面为开放面，设置薄壳厚度为1，结果如图3-53c 所示。

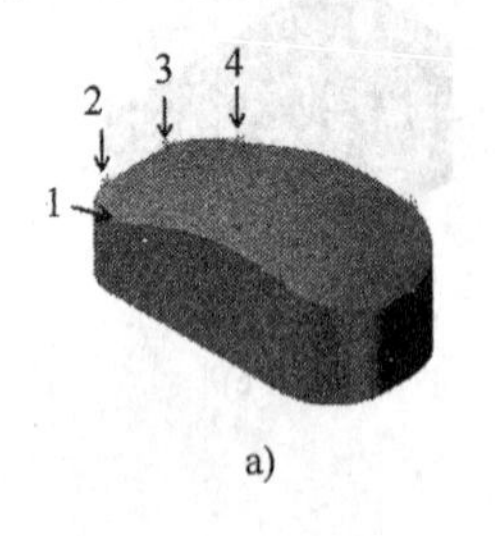

a)

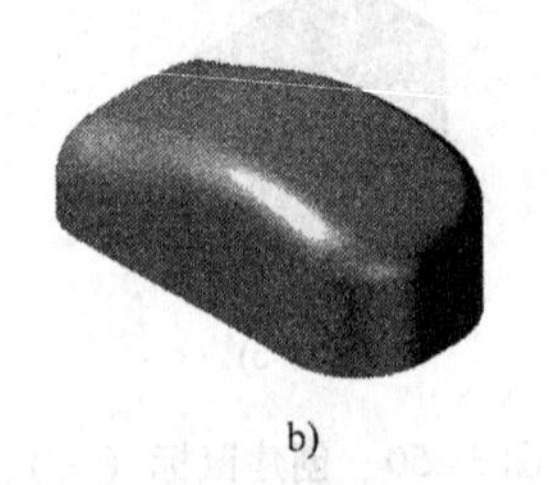

b)

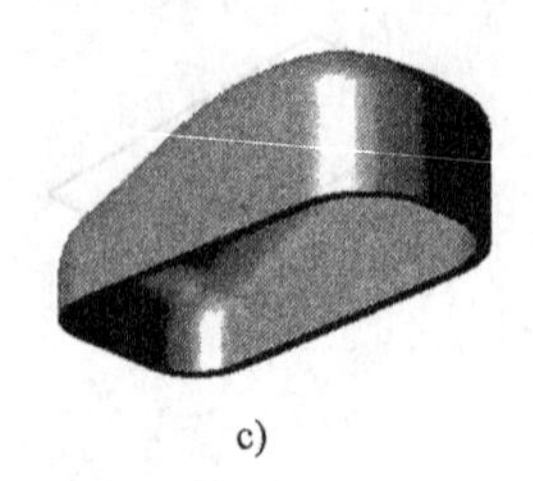

c)

图3-53　创建鼠标（四）

11）切换到顶视图方向，选择好绘图平面，绘制一个5×2.4 的小矩形，如图3-54a 所示，在绘制矩形图素时，要注意其对称性。选择【实体】→【挤出实体】命令，利用刚刚做好的矩形，向上挤出一个高为20 的长方体，如图3-54b 所示。

12）选择【实体】→【布尔运算－切割】命令，以鼠标为目标主体，长方体为工件主体进行切割运算，结果如图3-54c 所示。

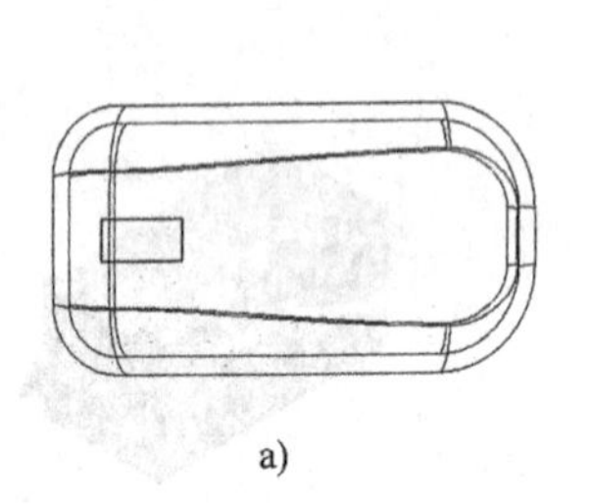

a)

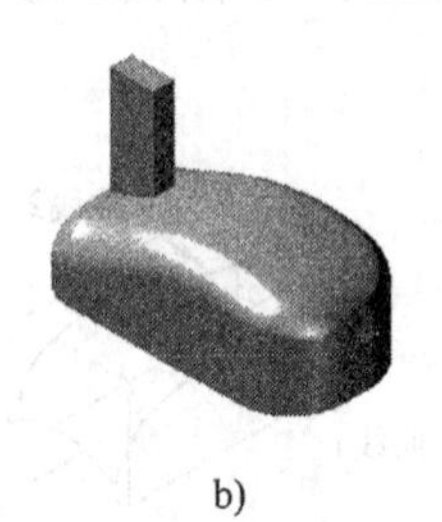

b)

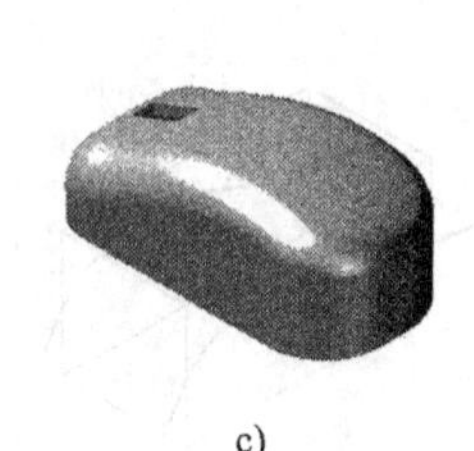

c)

图3-54　创建鼠标（五）

13）切换到顶视图方向，绘制两个对称且封闭的图形，如图3-55a 所示。选择【转换】→【串连补正】命令，在弹出的【串连补正】对话框中将补正距离设置为0.2，方向向里，绘制补正图形，如图3-55b 所示。

14）选择【实体】→【挤出实体】命令，选择刚刚绘制的图形向上挤出两个高为12 的空心实体，如图3-55c 所示。

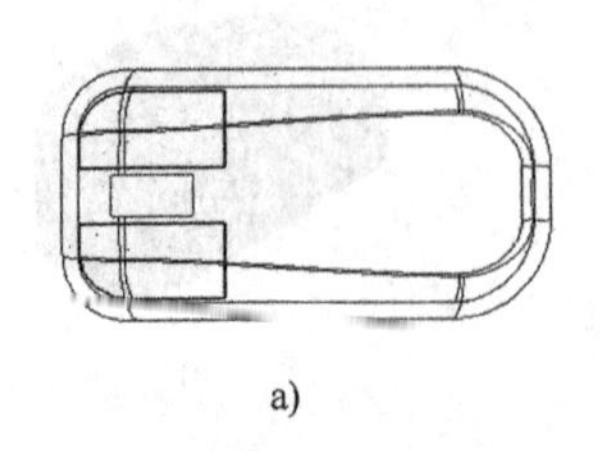

a)

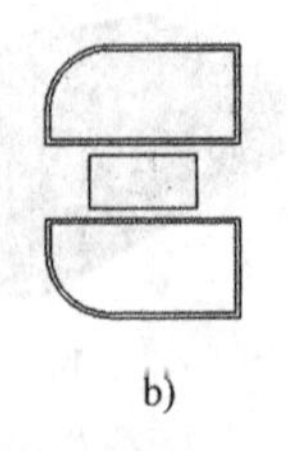

b)

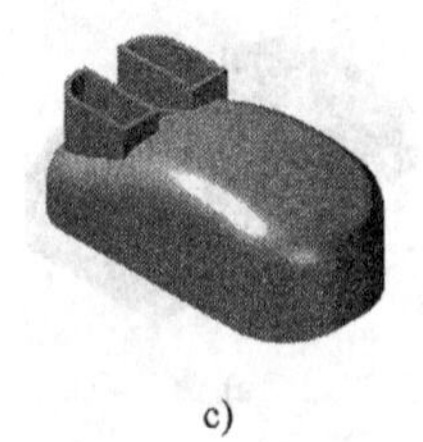

c)

图3-55　创建鼠标（六）

15）选择【实体】→【布尔运算－切割】命令，以鼠标为目标体，两个空心实体为工件主体进行切割运算，隐藏无关图素，结果如图3-56a所示。

16）在鼠标实体的中心面上绘制图素圆，如图3-56b所示，注意设置好图素的圆心位置。利用【挤出实体】命令，使用刚刚绘制好的图素圆，构建鼠标滚轮，如图3-56c所示。

至此，鼠标的三维实体模型已经创建完成，结果如图3-57所示。

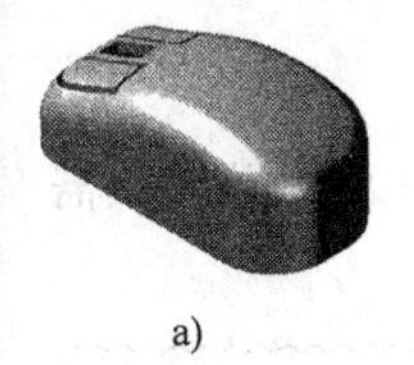

a)

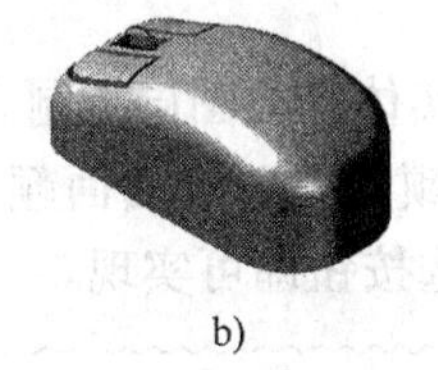

b)

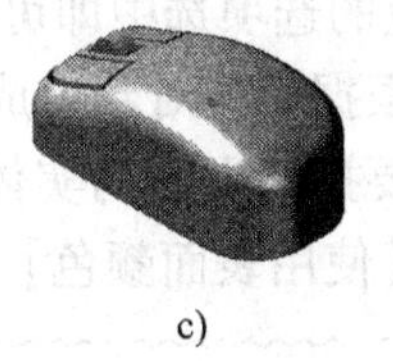

c)

图3-56 创建鼠标（七）

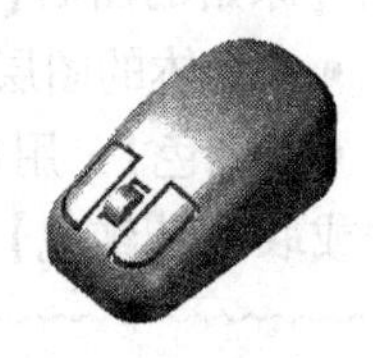

3-57 创建鼠标（八）

扩展知识

常用的实体编辑命令除了实体修剪、倒圆、倒角、实体抽壳、布尔运算之外，还有一些命令与方法可以完成实体模型的编辑，如薄片加厚实体、移动实体表面、牵引实体、由曲面生成实体等，除此之外还可以通过【实体】操作管理器完成对实体的编辑与修改，下面就一一补充介绍。

1. 由曲面生成实体

【由曲面生成实体】命令是指将一个或多个曲面转换为实体，用于曲面实体化操作。该命令有两种生成实体的形式：如果选取曲面为封闭曲面，则转换生成封闭实体；如果选取曲面为开放式曲面，则生成薄片实体。

【由曲面生成实体】命令可以用以下两种方式启动：

方式一：选择菜单命令【实体】→【由曲面生成实体】。

方式二：在实体工具栏中单击按钮。

单击【由曲面生成实体】命令，弹出如图3-58a所示的【曲面转为实体】对话框。该对话框中各选项说明如下：

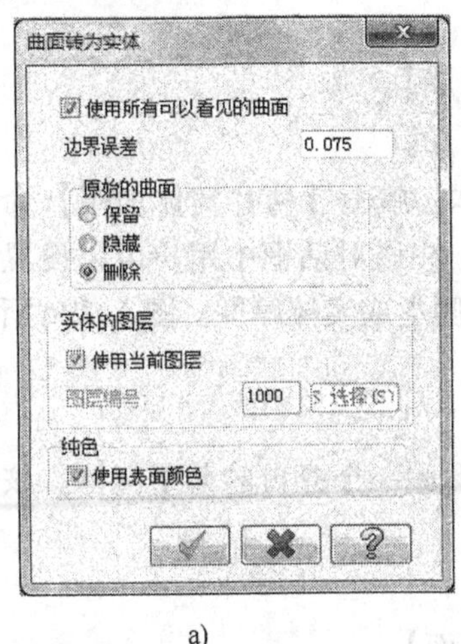

a)

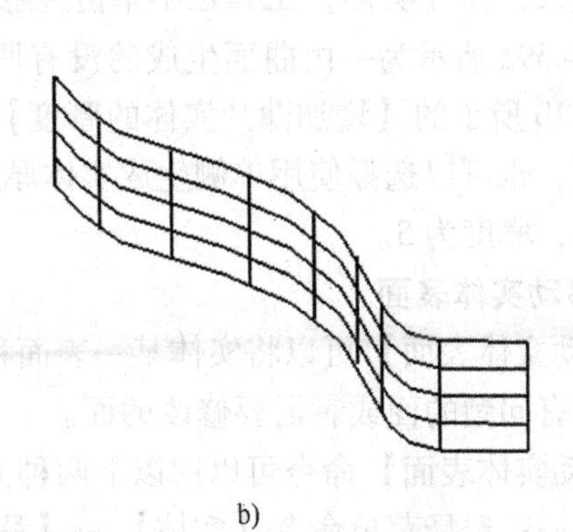

b)

图3-58 由曲面生成实体

•【使用所有可以看见的曲面】：系统默认选择绘图区中所有显示的曲面来转换，当然用户也可以自行选择，此时只要取消【使用所有可以看见的曲面】复选框的选中即可。

•【边界误差】：系统根据设置的边界误差值对曲面边缘转换精度进行控制。

•【原始的曲面】：用户可以根据需要对原始曲面进行保留、隐藏或删除操作，此时只要把【原始的曲面】单选框中对应的选项选中即可。

•【实体的图层】：用户可以根据需要对新生成的实体进行图层控制。

•【纯色】：用户可以根据需要控制生成的实体的颜色是否与曲面颜色一致，此时只需选中或取消【纯色】复选框中的【使用表面颜色】复选按钮即可实现。

> **提示**：
> 执行【由曲面生成实体】命令时，产生的结构实体是没有厚度的，在外观上与原曲面完全相同，如图 3-58b 所示，用户可以通过【薄片实体加厚】命令来指定厚度。

2. 薄片实体加厚

【薄片实体加厚】命令能将由曲面生成的没有厚度的实体加厚变成有厚度的真正实体，一般用于对【由曲面生成实体】命令完成的实体模型的加厚操作，如图 3-59 所示。

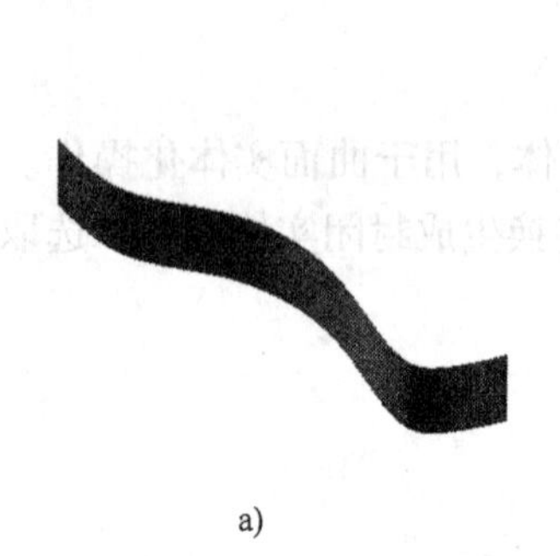
a)

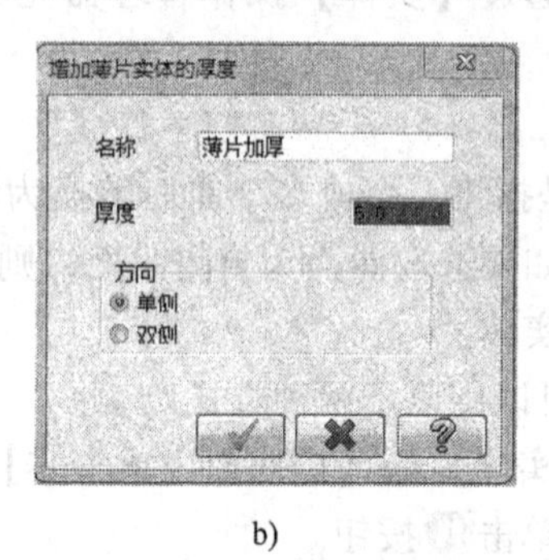

b)

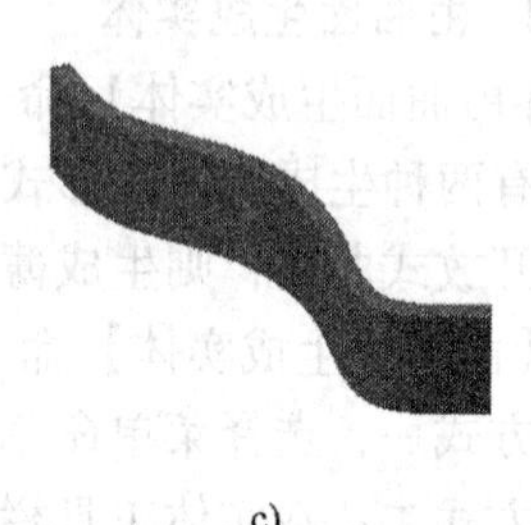
c)

图 3-59　薄片实体加厚

【薄片实体加厚】命令可以用以下两种方式启动：

方式一：选择菜单命令【实体】→【薄片实体加厚】。

方式二：在【实体】工具栏中单击按钮。

图 3-59a 所示为一由曲面生成的没有厚度的实体，单击【薄片实体加厚】命令，弹出如图 3-59b 所示的【增加薄片实体的厚度】对话框。在该对话框中用户可以设置生成的实体的厚度，也可以选择使用单侧生成实体厚度或者双侧生成实体厚度。图 3-59c 所示为单侧生成实体，厚度为 5。

3. 移动实体表面

【移动实体表面】可以将实体某一表面移除，以形成一个开口的薄壁实体。该命令一般用于删除有问题的面或者需要修改的面。

【移动实体表面】命令可以用以下两种方式启动：

方法一：选择菜单命令【实体】→【移动实体表面】。

方法二：在工具栏中单击按钮。

以图3-60所示操作为例，单击【移动实体表面】命令，系统提示选择要移除的实体表面，如图3-60b所示。选择实体模型的上表面为移除面，单击工具栏上的【结束选择】按钮或按<Enter>键，弹出如图3-60c所示的【移除实体的表面】对话框。设置好相关参数，单击【确定】按钮，系统会弹出提示："要在开放的边界绘制边界曲线吗?"，如图3-60d所示。单击【否】按钮，即可完成操作，完成的结果如图3-60e所示。

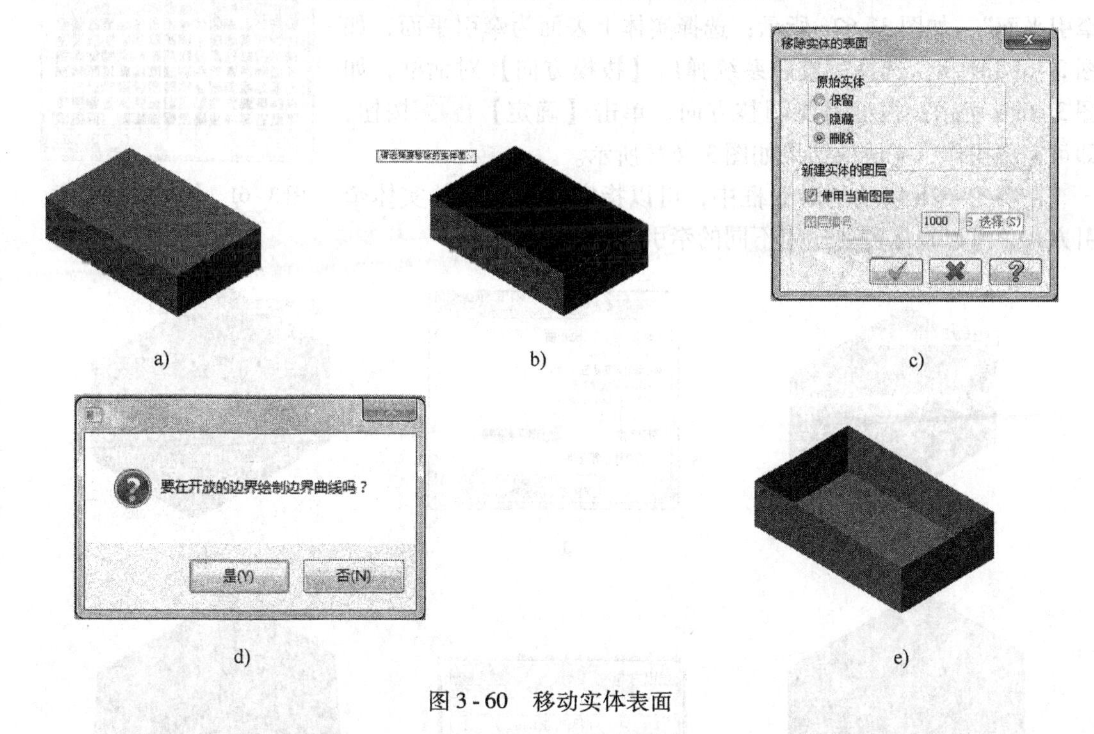

a)　b)　c)　d)　e)

图3-60　移动实体表面

提示：

1.【移除实体的表面】对话框中可以选择保留、隐藏原始实体，并且可以设置当前新建实体的图层。

2. 生成的新实体是一薄壁实体，可以再使用【薄片实体加厚】命令对实体进行编辑。

3. 如果在如图3-60d所示的对话框中单击【是】按钮，系统就会弹出【颜色】对话框，用户可以选择需要绘制边界曲线的颜色，如图3-61所示，单击【颜色】对话框中的【确定】按钮，即可完成移除实体表面的操作并绘制边界曲线。

4. 牵引实体

【牵引实体】命令和拔模操作类似，定义一个角度和方向以创建一个斜面或锥面。该命令可以拔模任何实体面，不管实体是用Mastercam建立的，还是别的软件创建后导入的。当牵引一个实体面时，邻接曲面被延伸或者修剪成一个新的曲面。在单元3任务1的挤出实体操作中也有拔模选项，读者可以对比体会。

【牵引实体】命令可以用以下两种方式启动：

方法一：选择菜单命令【实体】→【牵引实体】。

方法二：在工具栏中单击按钮。

单击【牵引实体】命令，系统提示“请选择要牵引的实体面”，如图 3 - 62a 所示；选择实体模型的视图方向的前两面，单击工具栏上的【结束选择】按钮或按 <Enter> 键，弹出【实体牵引面的参数】对话框，如图 3 - 62b 所示；设置好相关参数，单击【确定】按钮，系统会提示“选择平的实体面来指定牵引平面”，如图 3 - 62c 所示；选择实体上表面为牵引平面，如图 3 - 62d 所示；选择完成后系统弹出【拔模方向】对话框，如图 3 - 62e 所示；根据需要调整方向，单击【确定】按钮，即可完成操作，完成的结果如图 3 - 62f 所示。

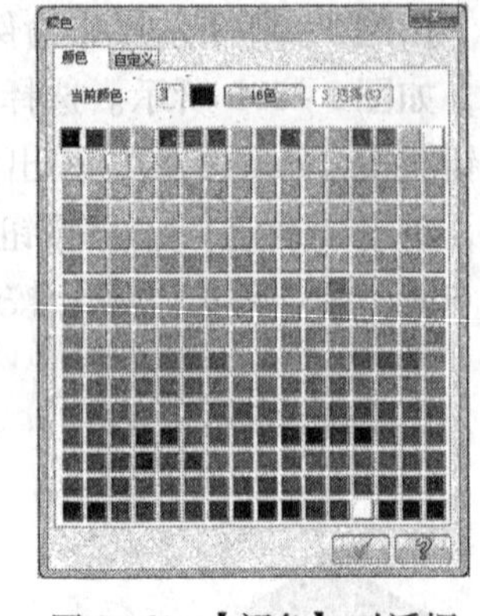

图 3 - 61 【颜色】对话框

在图 3 - 62b 所示的对话框中，可以指定四种不同的实体牵引方式，可以根据需要选用不同的牵引方式。

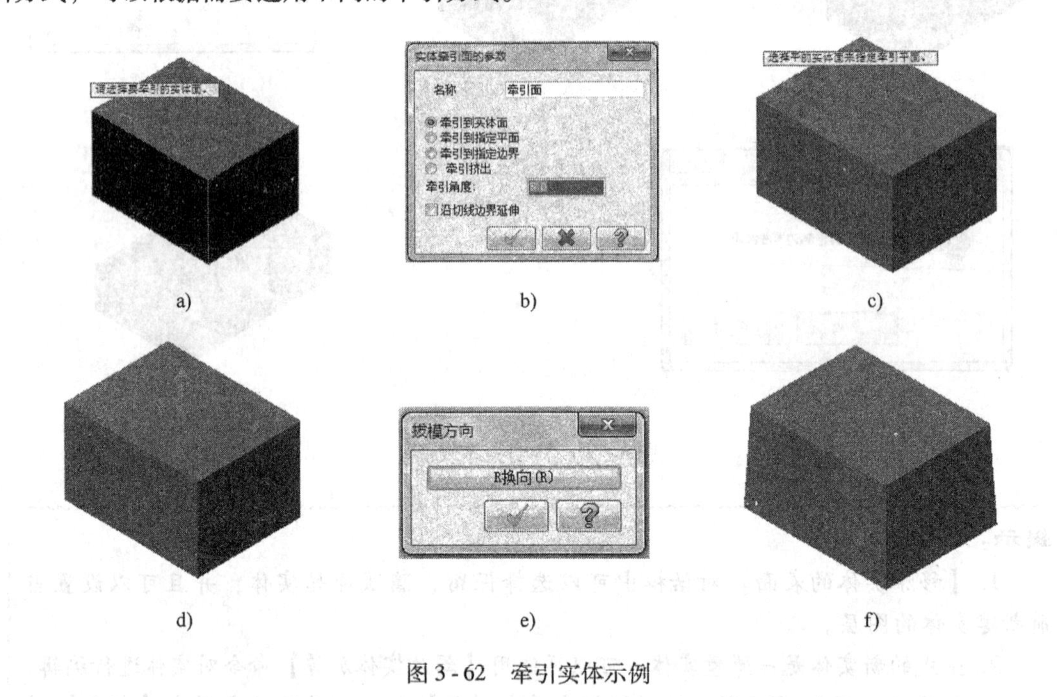

a) b) c)

d) e) f)

图 3 - 62 牵引实体示例

提示：

牵引实体操作中系统提示“选择平的实体面来指定牵引平面”时，需要选取与要牵引的实体面垂直的面，否则系统会提示选择不到面，此时选择的面是用来定义拔模方向的，请注意体会。

5. 【实体】操作管理器

在 Mastercam 绘图区的左侧有一个操作管理器，包括【刀具路径】操作管理器和【实体】操作管理器。【实体】操作管理器将实体模型的创建过程按顺序记录下来。在这里可以对实体的相关参数进行修改，并对实体创建的顺序进行重新排列。【实体】操作管理器如图 3 - 63 所示。

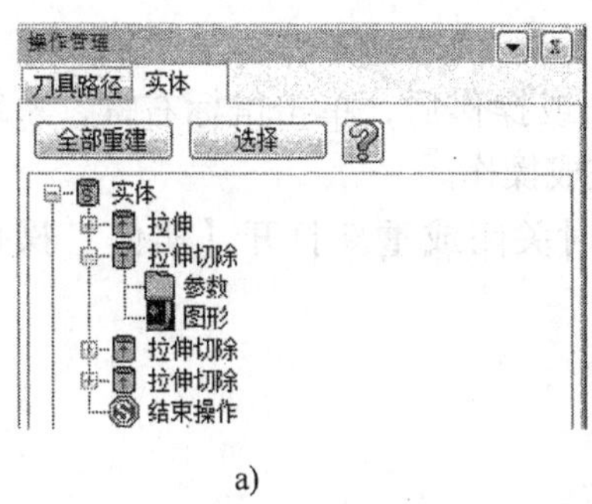

a)

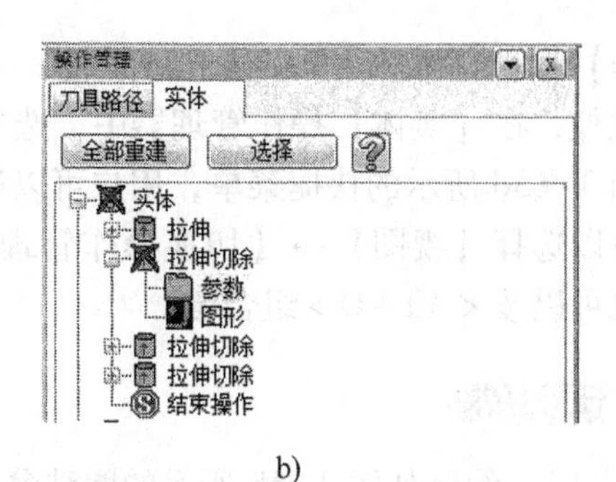

b)

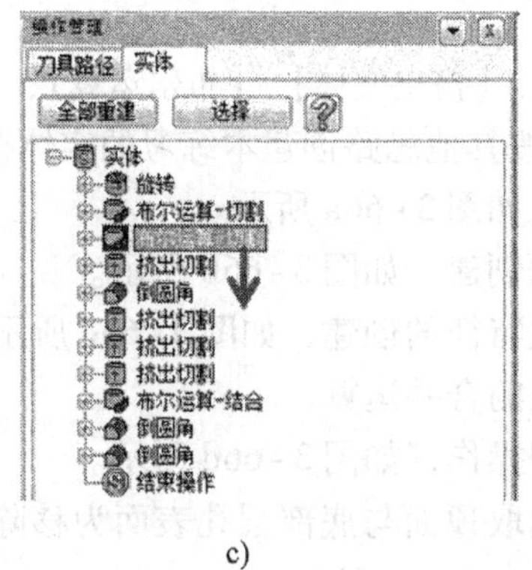

c)

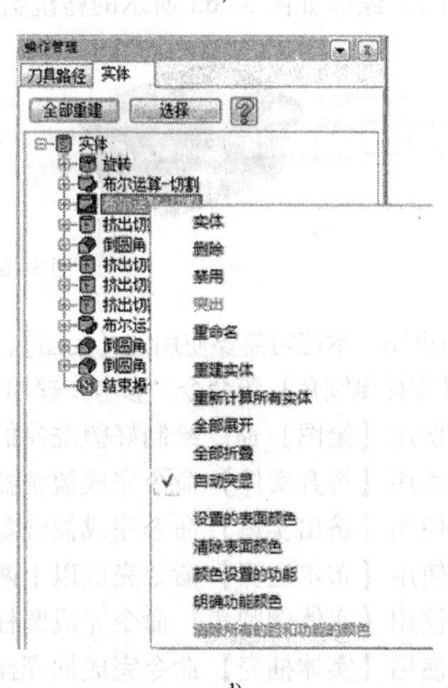

d)

图 3-63 【实体】操作管理器

当需要对某一实体的特征参数进行修改时，选中该实体特征，单击【参数】项，系统会弹出相应的对话框，如图 3-64 所示，在对话框中可以根据需要修改相关参数，设置完成后，【实体】操作管理器出现如图 3-63b 所示的标志，此时需要单击【实体】操作管理器上面的【全部重建】按钮，系统才会按照刚刚设置好的参数重新生成实体特征。

使用【实体】操作管理器还可以完成对实体或操作的先后顺序的编辑，操作的时候单击需要移动的实体或操作，并拖动到需要放置的实体上面，系统会将选中的实体或操作移动到另一步骤的后面，如图 3-63c 所示。用户需要注意的是，有些有“父 - 子”顺序关系的实体或操作是不能调换先后顺序的。

使用【实体】操作管理器还可以移动【结束操作】标识符到某一实体或操作上，隐含后续的特征或操作，使其不能在视图中显示，需要时可以移动【结

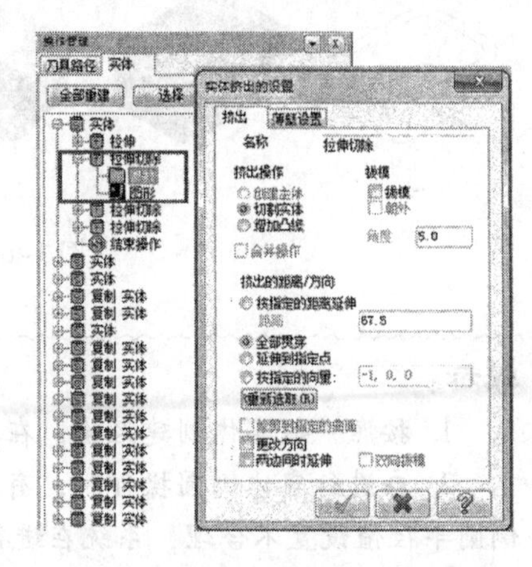

图 3-64 单击【参数】弹出的【实体挤出的设置】对话框

束操作】标识符激活相关的操作或特征。

此外，在【实体】操作管理器中，选中某一特征或操作后，单击鼠标右键，系统会弹出如图 3 - 63d 所示的快捷菜单，用户可以根据需要完成操作。

可以选择【视图】→【切换操作管理】命令随时关闭或重新打开【实体】操作管理器，也可以按 < Alt + O > 组合键。

任务拓展

练习 1：绘制如图 3 - 65 所示的盥洗盆，尺寸自定。

图 3 - 65　创建盥洗盆

绘图思路：本练习需要使用到【绘图】、【举升实体】、【挤出实体】、【布尔运算】、【实体抽壳】和【实体倒圆角】等命令，参考步骤如下（也可以按其他思路创建本练习的实体模型）：

1）使用【绘图】命令绘制好盥洗盆的线框模型，如图 3 - 66a 所示。

2）使用【举升实体】命令完成盥洗盆主体特征的创建，如图 3 - 66b 所示。

3）使用【挤出实体】命令完成盥洗盆底部的圆柱特征的创建，如图 3 - 66c 所示。

4）使用【布尔运算】命令完成以上两个实体特征的合并运算。

5）使用【实体倒圆角】命令完成圆柱底部的倒圆操作，如图 3 - 66d 所示。

6）使用【实体抽壳】命令完成抽壳操作，注意选取顶面与底部圆孔表面为移除面，如图 3 - 66e 所示。

7）使用【挤出实体】命令完成盆沿的创建，如图 3 - 66f 所示。

8）使用【实体倒圆角】命令，完成相关部位的倒圆操作，结果如图 3 - 65 所示。

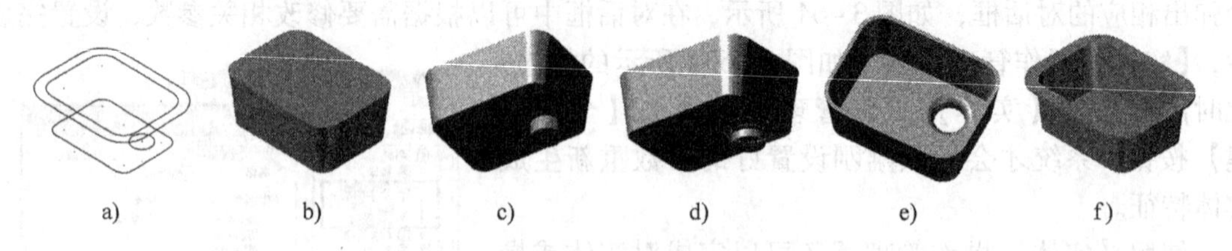

图 3 - 66　盥洗盆的三维模型创建

提示：

1. 按照一般实体创建经验，在抽壳之前可以先把相关部位的倒圆特征做好。

2. 在进行实体倒圆操作时，有时系统会提示不能创建特征，究其原因主要是因为倒圆半径值设置不合理，系统在进行布尔运算时出错，一般情况下把倒圆半径值改小就能完成操作。

练习2：绘制如图3-67所示的座体模型，尺寸自定。

图3-67　座体模型

绘图思路：本练习需要使用到【绘图】、【挤出实体】、【牵引实体】、【布尔运算】、【实体倒圆角】和【实体倒角】等命令，参考步骤如下（也可以按其他思路创建本练习的实体模型）：

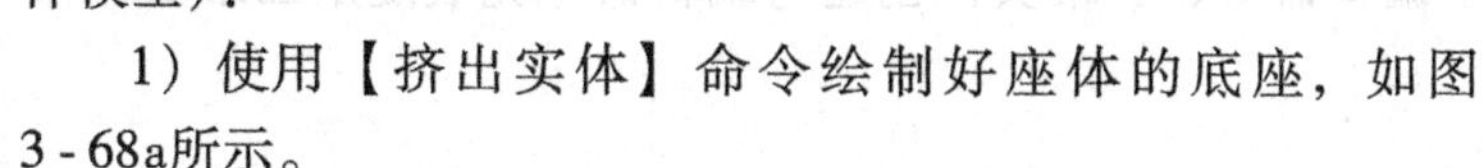

1）使用【挤出实体】命令绘制好座体的底座，如图3-68a所示。

2）使用【挤出实体】命令完成座体两圆孔连接部位特征的创建，如图3-68b所示。

3）使用【牵引实体】命令完成座体两圆孔连接部位的拔模，一端大另一端小，如图3-68c所示。

4）使用【挤出实体】命令完成两个圆柱体特征的创建，如图3-68d所示。

5）使用【布尔运算】命令完成以上各实体特征的合并运算，一定要完成合并，否则后续【挤出实体-切割】操作时不能达到预期的效果。

6）使用【挤出实体-切割】命令完成两个孔的创建，如图3-68e所示。

7）使用【实体倒圆角】命令完成圆孔连接部位大端倒圆特征的建立，如图3-68f所示。

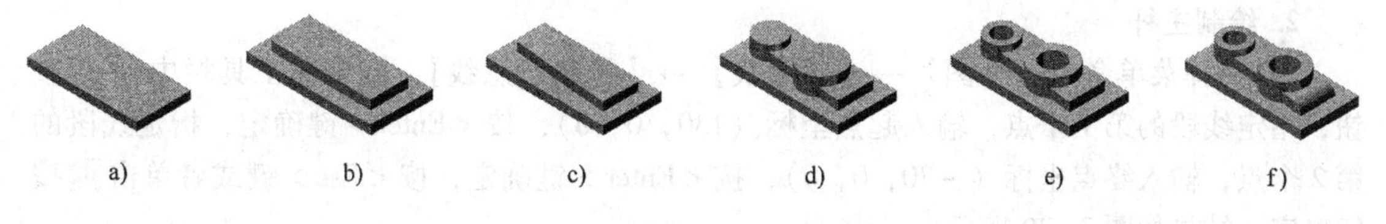

图3-68　座体三维模型的创建

8）使用【实体倒圆角】命令，完成其他部位的倒圆操作，注意倒圆的先后顺序，这样便于系统计算，得到较完美的倒圆特征。

9）使用【实体倒角】命令完成孔的倒角操作，最后得到的模型如图3-67所示。

任务3　三维实体造型综合实例

任务描述

综合运用绘图及三维实体创建命令，完成如图3-69所示的连接杆的三维实体造型。

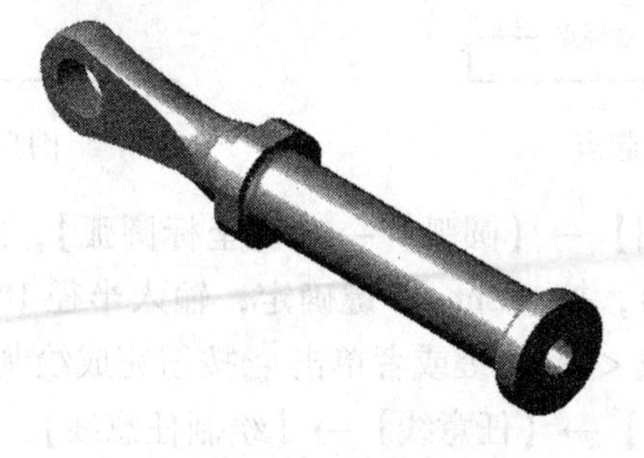

图3-69　连接杆创建实例

任务目标

1. 熟练运用三维实体创建命令完成模型的创建。

2. 熟练运用三维实体编辑命令完成对模型的编辑修改。

3. 综合运用绘图命令、图形编辑命令、三维实体创建与编辑命令完成复杂三维实体模型的绘制。

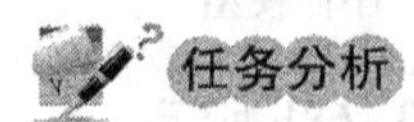

任务分析

本任务需要完成的是连接杆的三维实体造型，该任务综合运用了绘图、图形编辑、创建实体命令和实体编辑命令，是一项综合性很强的任务。

任务实施

1. 设置视图模式

单击工具栏中的按钮，将视图模式设置为【顶视图】模式。设置图层，单击按钮，将图层 1 设置为当前图层。按照设置绘图模式和绘图深度，绘制颜色为“黑色”。

2. 绘制主杆

1）选择菜单命令【绘图】→【任意线】→【绘制任意线】，或单击工具栏中的按钮，指定线段的第 1 个点，输入起点坐标（130，0，0），按 <Enter> 键确定；指定线段的第 2 个点，输入终点坐标（ −70，0，0），按 <Enter> 键确定，按 <Esc> 键或者单击按钮确定，结果如图 3 - 70 所示。

2）选择菜单命令【绘图】→【任意线】→【绘制任意线】，或单击工具栏中的按钮，指定线段的第 1 个点，输入起点坐标（130，0，0），输入线段长度 13 和角度 90，按 <Enter> 键确定，按 <Esc> 键或者单击按钮完成绘制，结果如图 3 - 71 所示。

图 3 - 70　产生的线段 1

图 3 - 71　产生的线段 2

3）选择菜单命令【绘图】→【任意线】→【绘制任意线】，或单击工具栏中的按钮，选取如图 3 - 72 所示的点，输入线段长度 140 和角度 180，按 <Enter> 键确定，按 <Esc> 键或者单击按钮完成绘制，结果如图 3 - 73 所示。

选择点

图 3 - 72　选择线段的起点

图 3 - 73　产生的线段 3

4）选择菜单命令【绘图】→【圆弧】→【极坐标圆弧】，或单击工具栏中的按钮，输入圆心坐标（ −70，0，0），按 <Enter> 键确定，输入半径 18，起始角度 90 及结束角度 180，按 <Enter> 键确定，按 <Esc> 键或者单击按钮完成绘制，结果如图 3 - 74 所示。

5）选择菜单命令【绘图】→【任意线】→【绘制任意线】，或单击工具栏中的按钮，连接如图 3 - 75 所示的两点，按 <Esc> 键或者单击按钮完成绘制，结果如图 3 - 76 所示。

图 3-74 产生的圆弧 1 　　图 3-75 选择绘制线段的两个点

6）选择菜单命令【绘图】→【任意线】→【绘制任意线】，或单击工具栏中的按钮，输入起点坐标（0，10，0），按 < Enter > 键确定，输入线段长度 10 和角度 180，按 < Enter > 键确定，按 < Esc > 键或者单击按钮完成绘制，结果如图 3-77 所示。

图 3-76 产生的线段 4 　　图 3-77 产生的线段 5

7）选择菜单命令【绘图】→【圆弧】→【切弧】，或单击工具栏中的按钮，单击按钮，依次选取如图 3-78 所示的线段和点，则绘制出如图 3-79 所示的圆弧；继续依次选取如图 3-80 所示的线段和任一点，则绘制出如图 3-81 所示的圆弧。

图 3-78 选取线段和点 　　图 3-79 产生的圆弧 2

图 3-80 选取线段和点 　　图 3-81 产生的圆弧 3

8）单击按钮，依次选取如图 3-82 所示的圆弧，按 < Esc > 键或者单击按钮确定；选取如图 3-82 所示的线段，单击按钮删除所选线段，结果如图 3-83 所示。

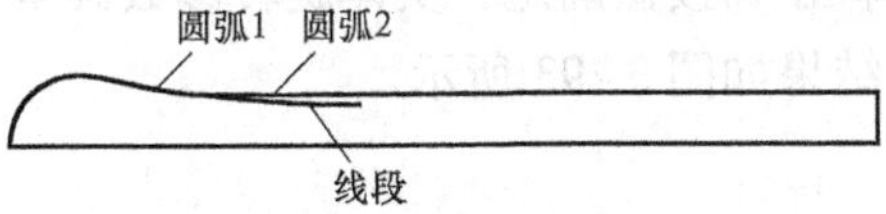

图 3-82 修剪选择圆弧和删除线段　　图 3-83 修剪的结果

9）选择菜单命令【绘图】→【任意线】→【绘制任意线】，或单击工具栏中的按钮，指定线段的第 1 点，输入起点坐标（-5，13，0），按 < Enter > 键确定；指定线段的第 2 点，输入终点坐标（-5，19，0），按 < Enter > 键确定；用同样的方法绘制第 2 条线段，坐标分别为（5，13，0）和（5，19，0），按 < Enter > 键确定；绘制第 3 条线段，坐标分别为（5，19，0）和（-5，19，0），按 < Enter > 键确定，按 < Esc > 键或者单击按钮完成绘制，结果如图 3-84 所示。

10）单击按钮，分别依次选取如图 3-85 所示的线段 1、2、3 和 4，结果如图 3-86 所示。

图 3-84 绘制的线段 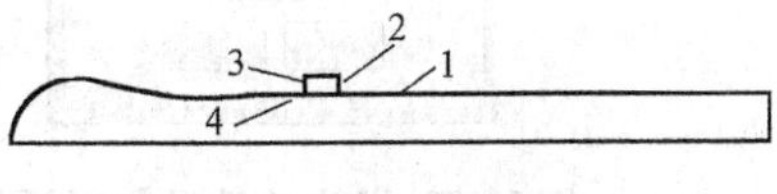　　图 3-85 打断选择的线段

11）选取如图 3 - 87 所示的线段，单击✓按钮删除所选线段，结果如图 3 - 88 所示。

图 3 - 86　打断的结果　　　　图 3 - 87　删除选择的线段

12）图层设置。创建图层 2 并设置为当前工作层，如图 3 - 89 所示，单击✓按钮确定。

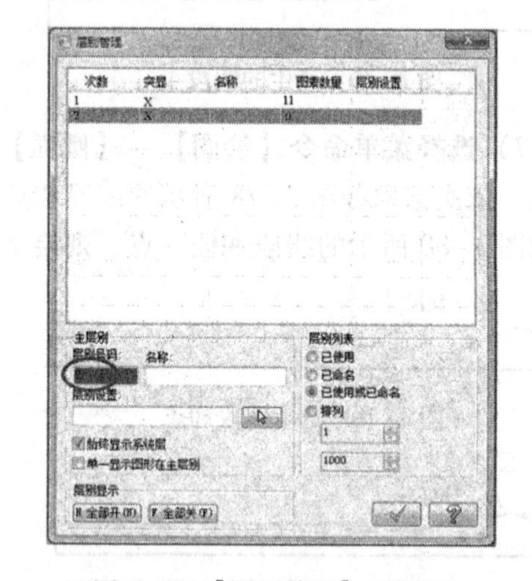

图 3 - 88　删除后的结果　　　　图 3 - 89　【图层管理】对话框

13）设置视图模式为等角视图，选择菜单命令【实体】→【实体旋转】，打开【串连选项】对话框，如图 3 - 90 所示，选择绘制的图形如图 3 - 88 所示，单击确定✓按钮；选择最长的线段作为旋转轴，方向确定如图 3 - 91 所示，单击✓按钮确定，实体旋转参数设置如图 3 - 92 所示，设置好旋转参数，单击✓按钮确定，结果如图 3 - 93 所示。

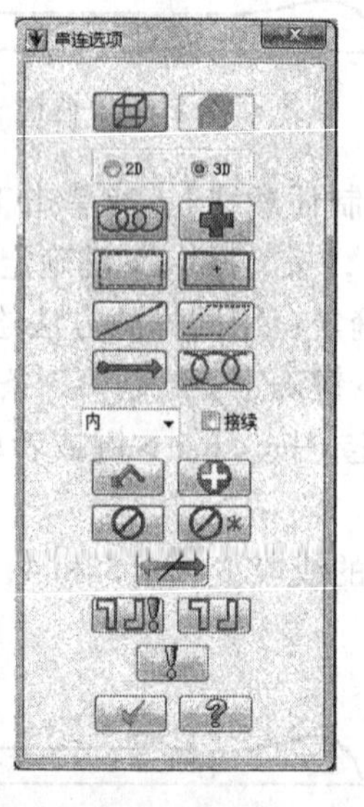

图 3 - 90　【串连选项】对话框

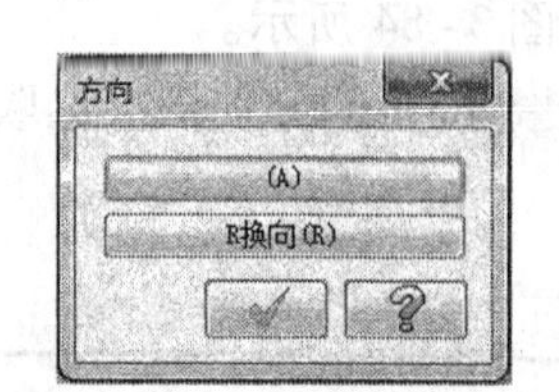

图 3 - 91　【方向】对话框

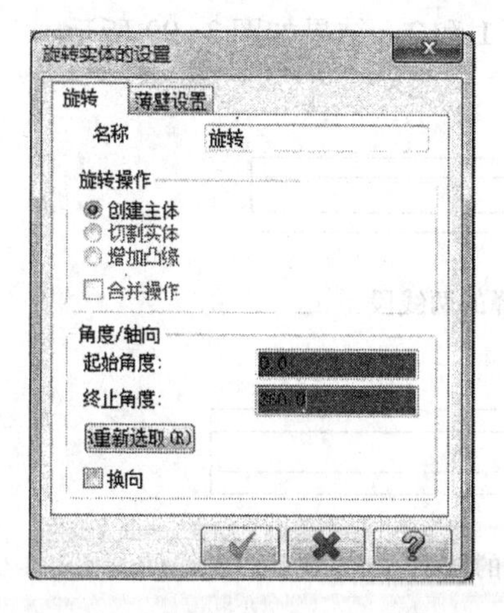

图 3-92 【旋转实体的设置】对话框

图 3-93 实体旋转结果

3. 绘制切割实体

关闭图层 1（目的是为了下一步绘图减少线条的干扰），把当前图层设置为 3。

1）单击按钮使实体以线框模式显示，设置视图为前视图，如图 3-94 所示。

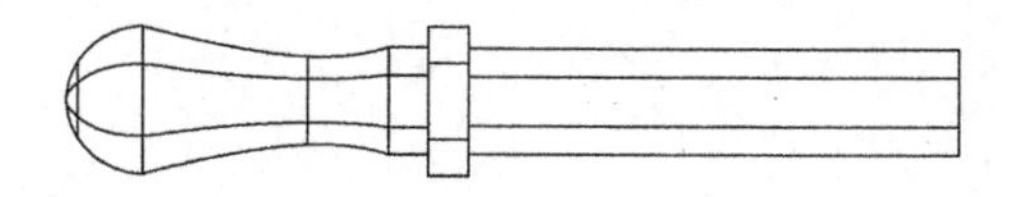

图 3-94 设置绘图模式

2）选择菜单命令【绘图】→【任意线】→【绘制任意线】，或单击工具栏中的按钮，输入坐标（-88，6，0），输入长度 55 和角度 0，按 <Enter> 键确定；选择菜单命令【绘图】→【圆弧】→【切弧】，或单击工具栏中的按钮，单击按钮，依次选取如图 3-95所示的线段和点，结果如图 3-96 所示。

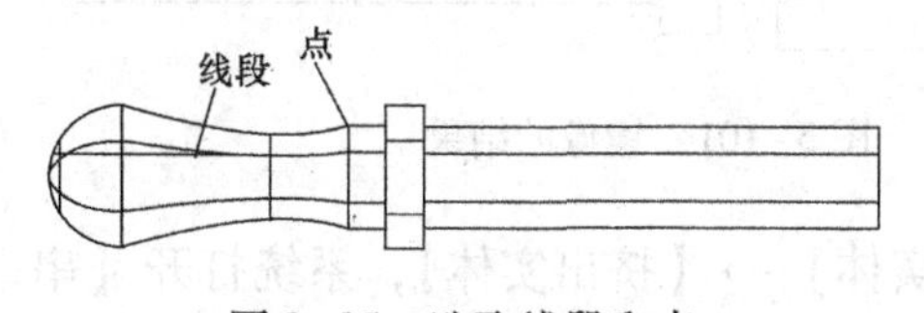

图 3-95 选取线段和点

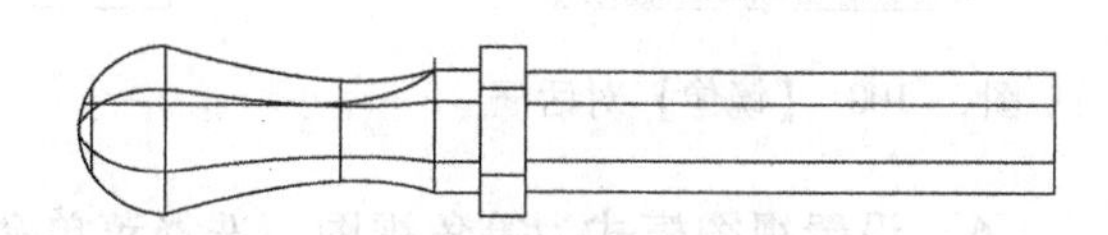

图 3-96 产生的圆弧 4

3）选择菜单命令【绘图】→【任意线】→【绘制任意线】，或单击工具栏中的按钮，输入起点坐标（-88，6，0），输入长度 15，角度 90，按 <Enter> 键确定；输入坐标（-88，21，0），输入长度 80，角度 0，按 <Enter> 键确定；输入坐标（-10，13，0），输入长度 10，角度 90，按 <Enter> 键确定，按 <Eec> 键或者单击按钮完成绘制，结果如图 3-97 所示。

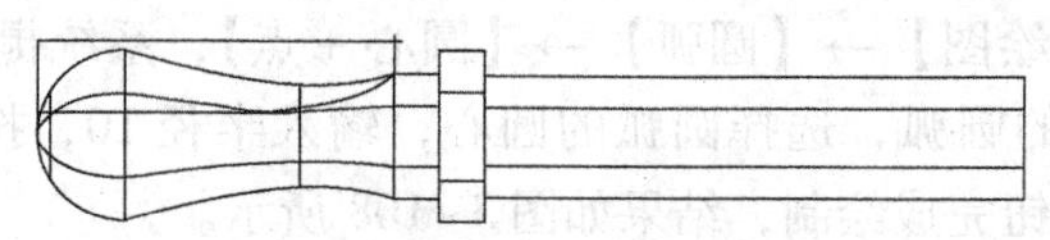

图 3-97 产生的两线段

4）单击按钮，选取如图 3-98 所示的直线 1 和 2，结果如图 3-99 所示。

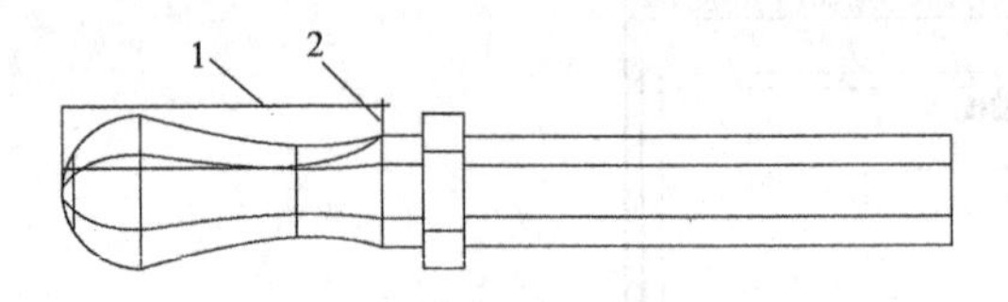

图 3-98　修剪选择的两线段

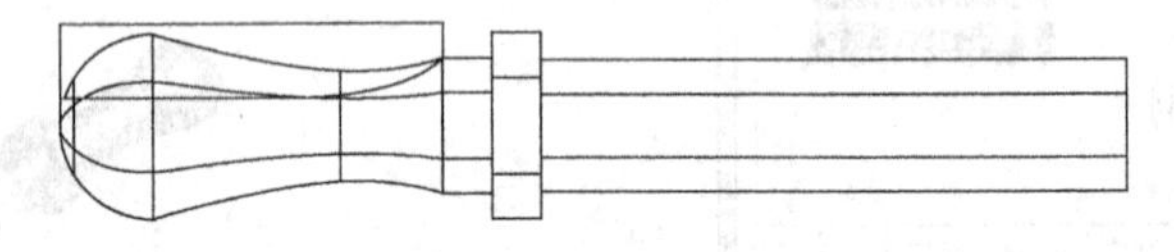

图 3-99　修剪的结果

5）选择菜单命令【转换】→【镜像】，系统提示“选取图素去镜像”，选择刚刚绘制的图形，按 <Enter> 键确定，参数设置如图 3-100 所示，单击按钮确定，结果如图 3-101所示。

图 3-100　【镜像】对话框

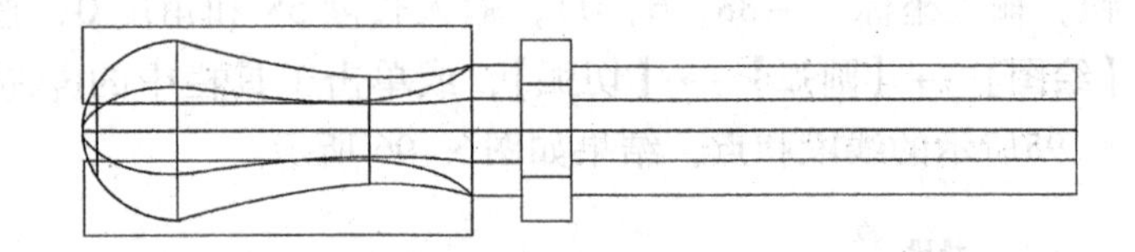

图 3-101　镜像的结果

6）设置视图模式为等角视图，选择菜单命令【实体】→【挤出实体】，系统打开【串连选项】对话框，如图 3-102 所示，选择上一步镜像的两个图形，单击按钮确定，实体挤出参数设置如图 3-103 所示，单击按钮确定，结果如图 3-104 所示。

4. 绘制孔

关闭图层 3，把当前图层设置为 4。

1）单击 2D 屏幕视角 平面 按钮选择【实体面】，设置绘图平面为实体切割后的平面，结果如图 3-105 所示，单击按钮确定，设置视图为前视图，如图 3-106 所示。

2）选择菜单命令【绘图】→【圆弧】→【圆心+点】，系统提示【输入圆心】，把光标靠近如图 3-107 所示的圆弧，选择圆弧的圆心，输入半径 10，按 <Enter> 键确定，按 <Esc> 键或者单击按钮完成绘制，结果如图 3-108 所示。

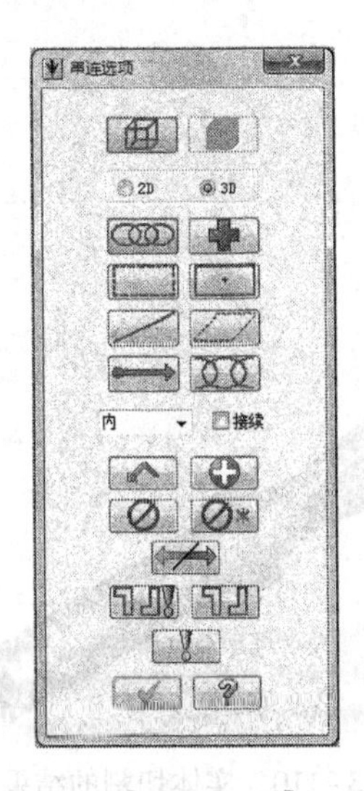

图 3 - 102 【串连选项】对话框

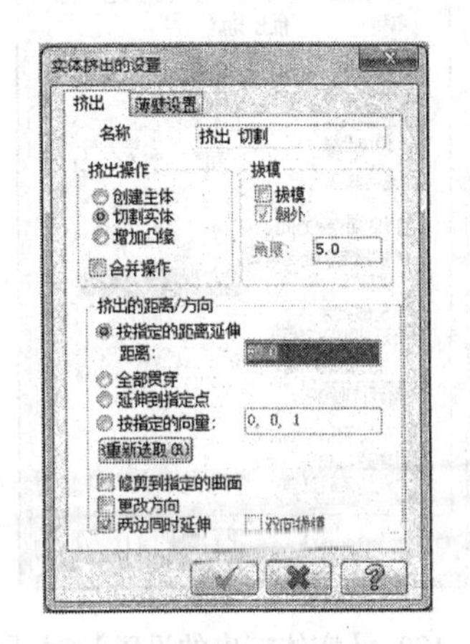

图 3 - 103 【实体挤出的设置】对话框

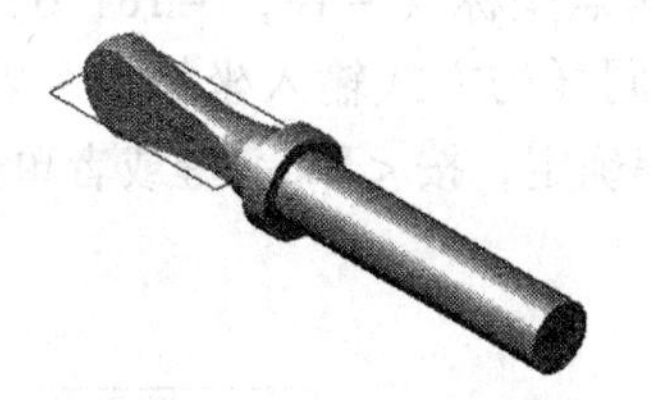

图 3 - 104 实体切割的结果

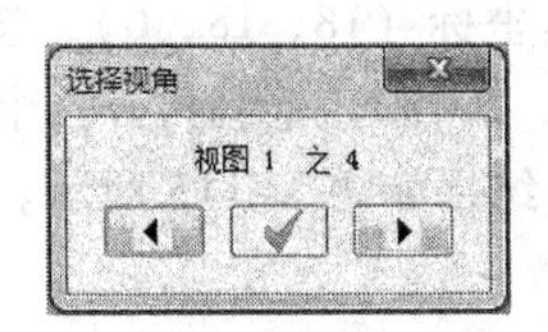

图 3 - 105 选择视角

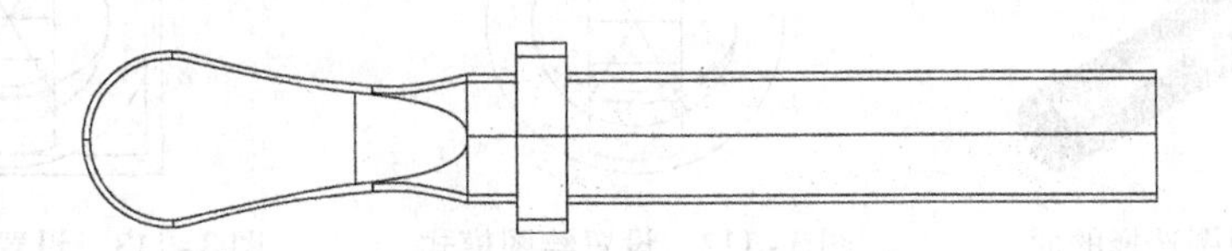

图 3 - 106 设置绘图的模式

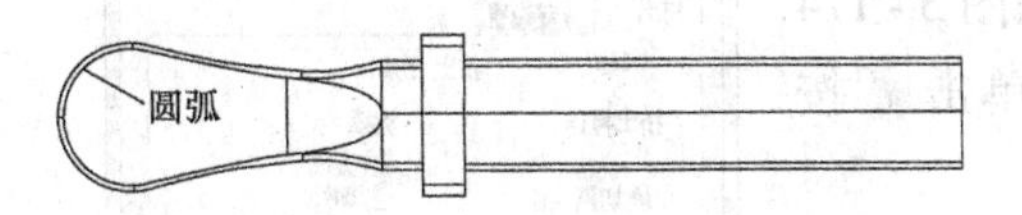

图 3 - 107 选择绘制圆的圆心

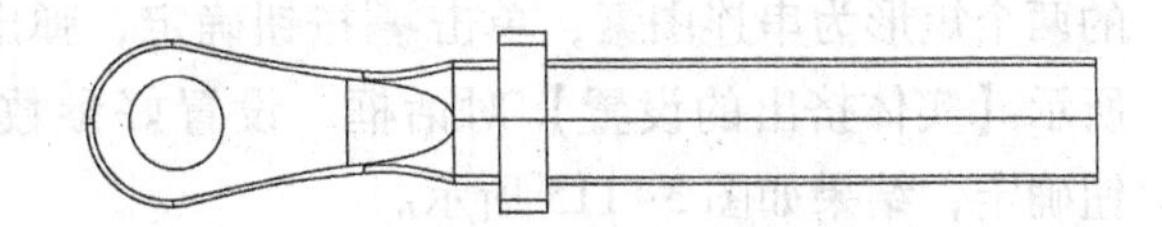

图 3 - 108 绘制的圆

3）设置视图模式为等角视图，选择菜单命令【实体】→【挤出实体】，选择上一步绘制的圆，单击按钮确定。实体挤出参数设置如图 3 - 109 所示，单击按钮确定，结果如图 3 - 110 所示。

5. 绘制切割实体

关闭图层 4，把当前图层设置为 5。

1）单击 2D 屏幕视角 平面 按钮选择【实体面】，设置绘图平面为如图 3 - 111 所示的选择面，单击按钮确定。设置视图为右视图，如图 3 - 112 所示。

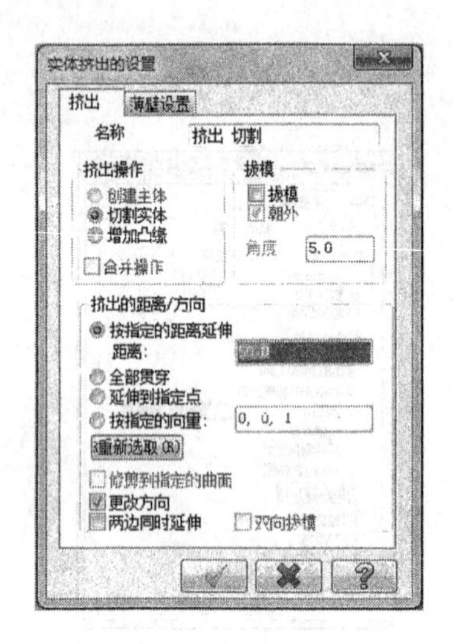

图 3-109 【实体挤出的设置】对话框

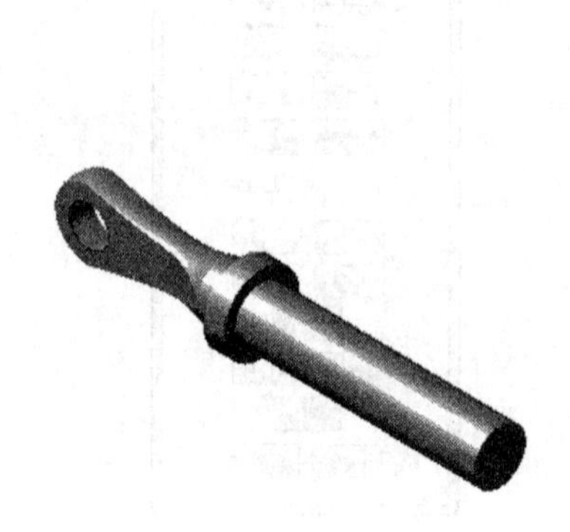

图 3-110 实体切割的结果

2）选择菜单命令【绘图】→【矩形】，输入第一角点坐标（-18，-18，0），接着输入第二角点坐标（18，18，0），按 <Enter> 键确定；同样的方式输入坐标（-20，-20，0）和（20，20，0）绘制另外一个矩形，按 <Enter> 键确定，按 <Esc> 键或者单击按钮完成绘制，结果如图 3-113 所示。

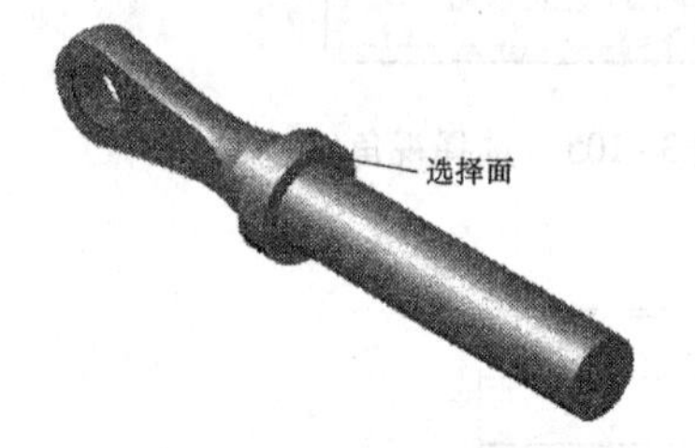

图 3-111 设置视图选择的面

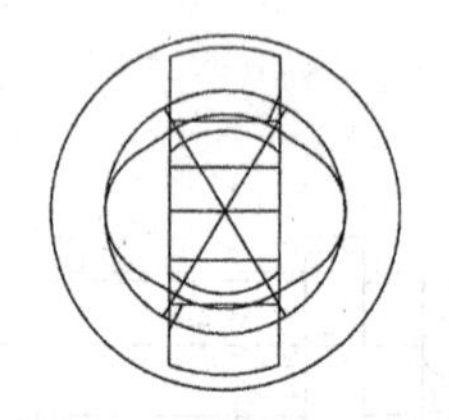

图 3-112 设置绘图模式

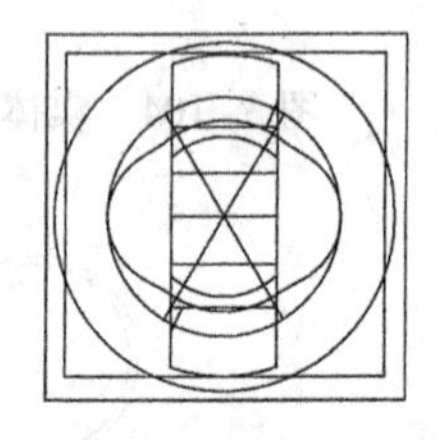

图 3-113 设置视图选择的面

3）选择菜单命令【实体】→【挤出实体】，选择绘制的两个矩形为串连图素，单击按钮确定，弹出如图 3-114 所示【实体挤出的设置】对话框。设置好参数，单击按钮确定，结果如图 3-115 所示。

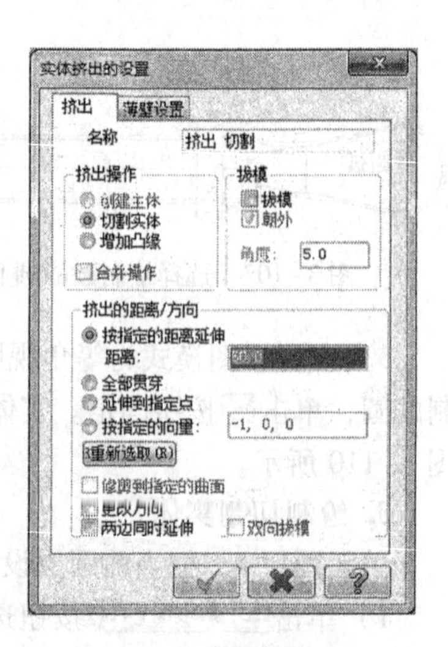

图 3-114 【实体挤出的设置】对话框

6. 绘制孔

关闭图层 5，把当前图层设置为 6。

1）单击 2D 屏幕视角 平面 按钮选择【实体面】，设置绘图平面为如图 3-116 所示的面，单击按钮确定。设置视图为顶视图，如图 3-117 所示。

2）选择菜单命令【绘图】→【圆弧】→【圆心 + 点】，输入圆心坐标（0，0，18），输入直径 7，按 <Enter> 键确定，按 <Esc> 键或者单击按钮完成绘制，结果如图3-118 所示。

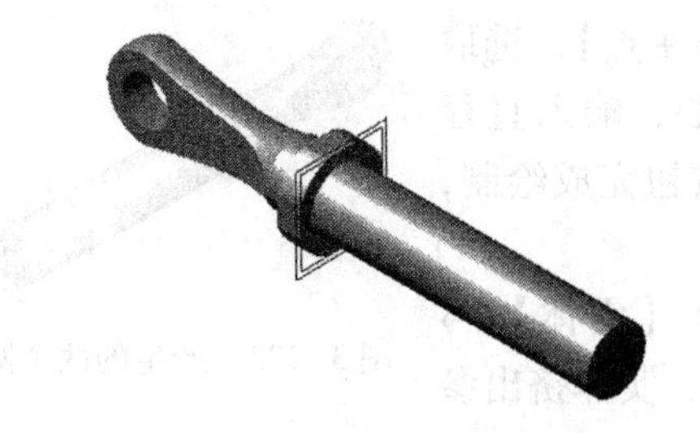

图 3 - 115　实体切割的结果

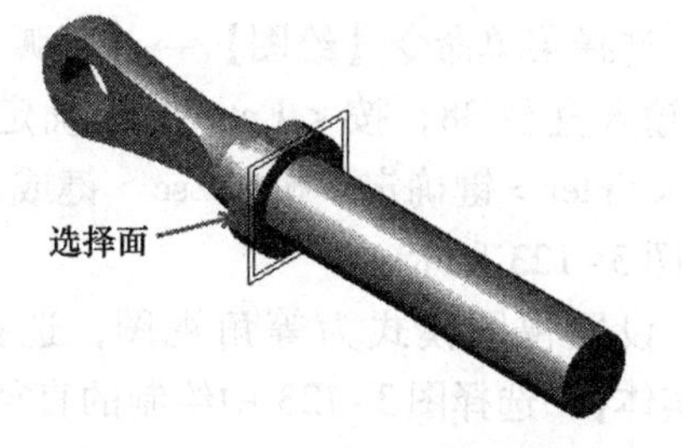

图 3 - 116　设置视角选择的面

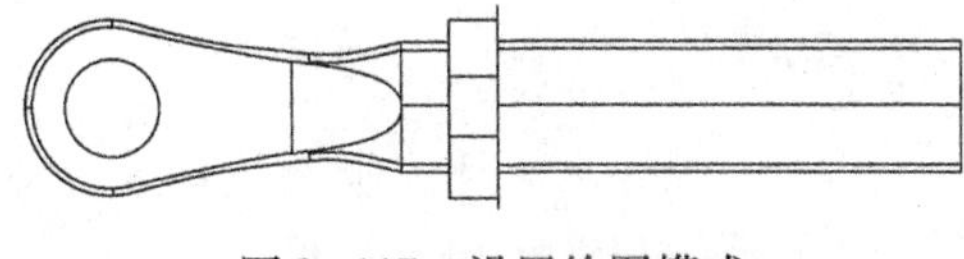

图 3 - 117　设置绘图模式

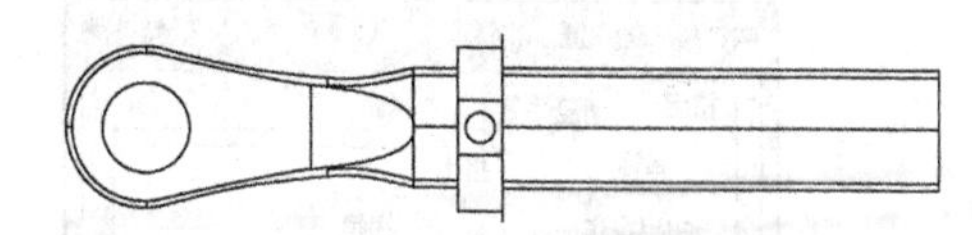

图 3 - 118　产生的圆

3）设置视图模式为等角视图，选择菜单命令【实体】→【挤出实体】，选择绘制的圆，单击☑按钮确定，系统弹出如图 3 - 119 所示的【实体挤出的设置】对话框，设置好挤出参数，单击☑按钮确定，结果如图 3 - 120 所示。

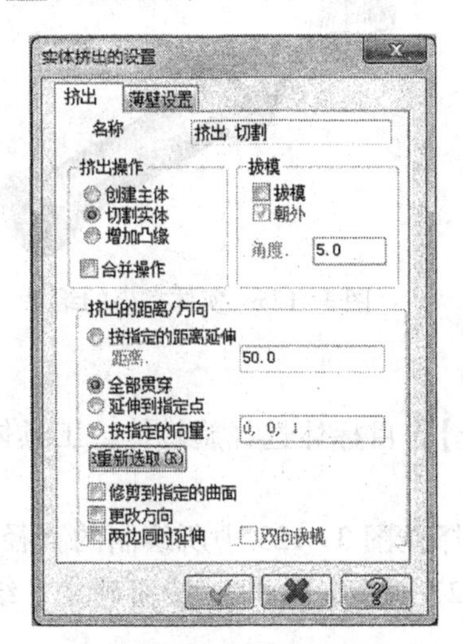

图 3 - 119　【实体挤出的设置】对话框

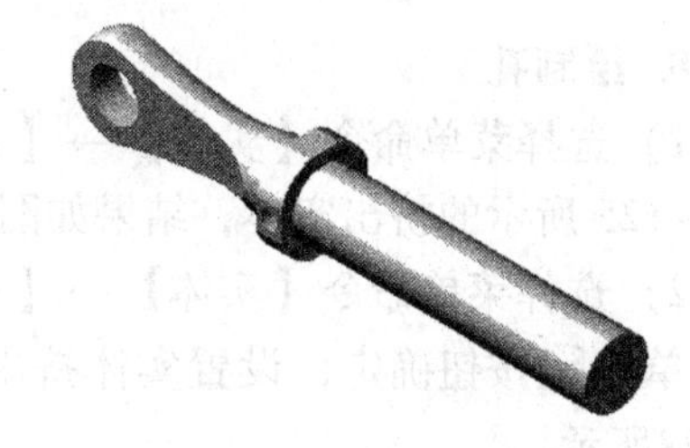

图 3 - 120　实体切割的结果

7. 绘制挤出实体

关掉图层 6，把当前图层设置为 7。

1）单击 2D 屏幕视角 平面 按钮选择【实体面】，设置绘图平面为如图 3 - 121 所示的选择面，单击☑按钮确定。设置视图为右视图，如图 3 - 122 所示。

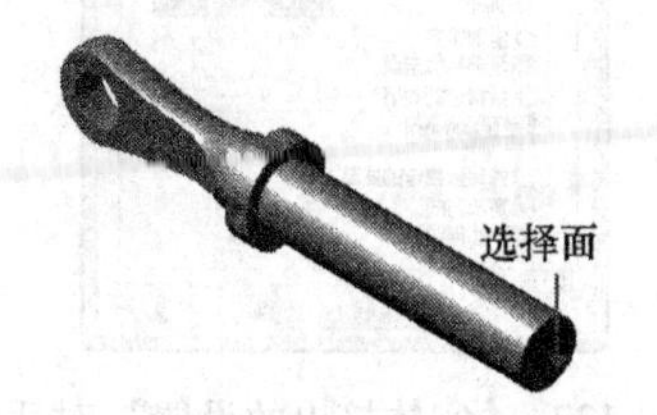

图 3 - 121　设置视图选择的面

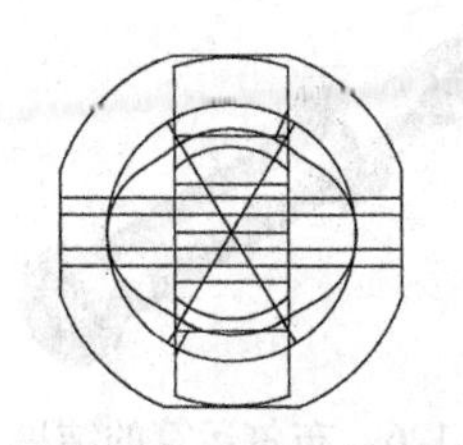

图 3 - 122　设置绘图模式

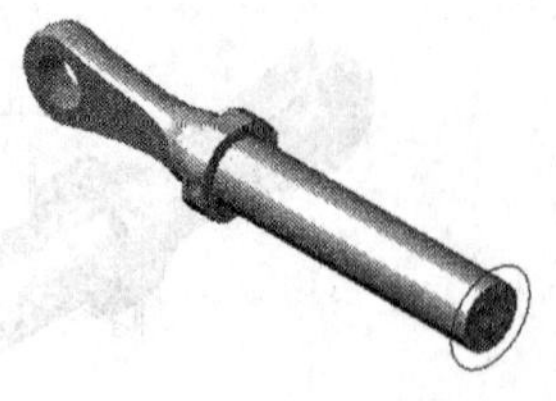

图 3-123　产生的两个圆

2）选择菜单命令【绘图】→【圆弧】→【圆心 + 点】，选取圆心，输入直径 38，按 <Enter> 键确定；选取圆心，输入直径 15，按 <Enter> 键确定；按 <Esc> 键或者单击☑按钮完成绘制，结果如图 3-123 所示。

3）设置视图模式为等角视图，选择菜单命令【实体】→【挤出实体】，选择图 3-123 中绘制的直径为 38 的圆，实体挤出参数设置如图 3-124 所示，单击☑按钮确定，结果如图 3-125 所示。

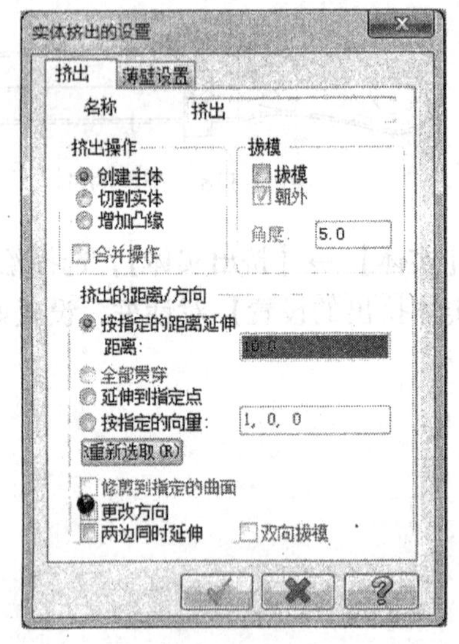

图 3-124　【实体挤出的设置】对话框

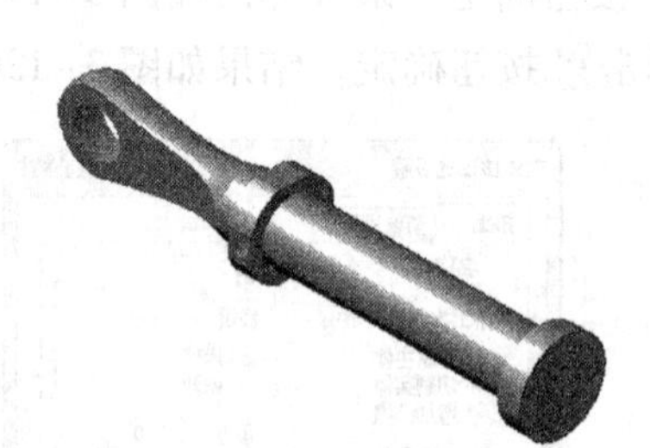

图 3-125　实体挤出的结果

8. 绘制孔

1）选择菜单命令【实体】→【布尔运算 - 结合】，目标体选择旋转体，工具体选择如图 3-125 所示的挤出实体，结果如图 3-126 所示。

2）选择菜单命令【实体】→【挤出实体】，选择在图 3-123 中所绘制的直径为 15 的圆，单击☑按钮确定，设置实体挤出参数如图 3-127 所示，单击☑按钮确定，结果如图 3-128所示。

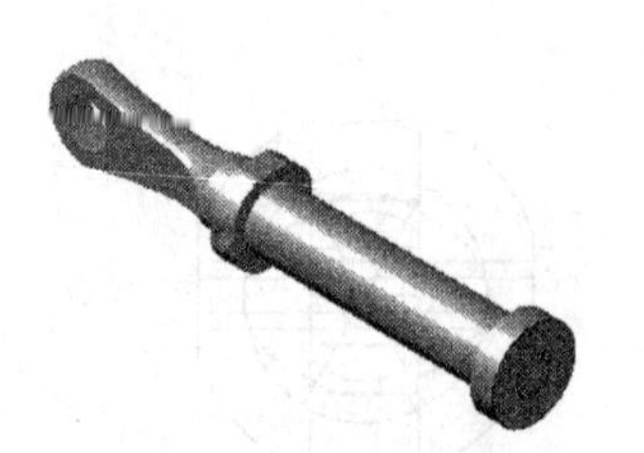

图 3-126　布尔运算的结果

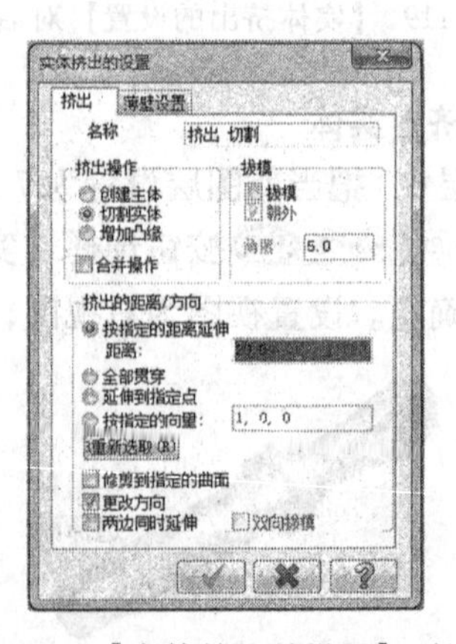

图 3-127　【实体挤出的设置】对话框

9. 倒圆

选择菜单命令【实体】→【倒圆角】→【实体倒圆角】，选择如图 3 - 129 所示的边，实体倒圆角参数设置如图 3 - 130 所示，单击☑按钮确定，结果如图 3 - 131 所示。关掉图层 7 完成实体的绘制，结果如图 3 - 132 所示。

10. 保存图形

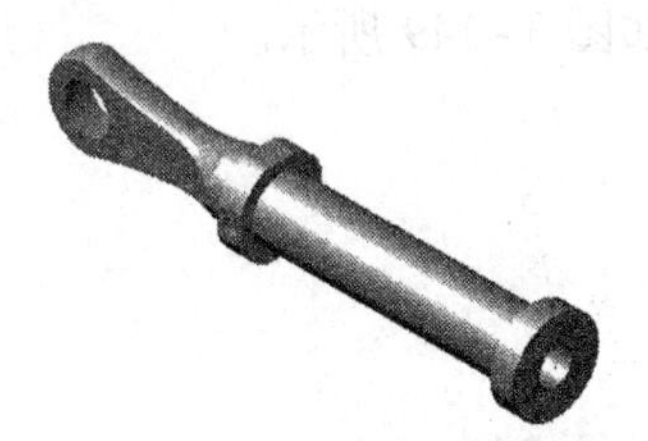

图 3 - 128　实体切割的结果

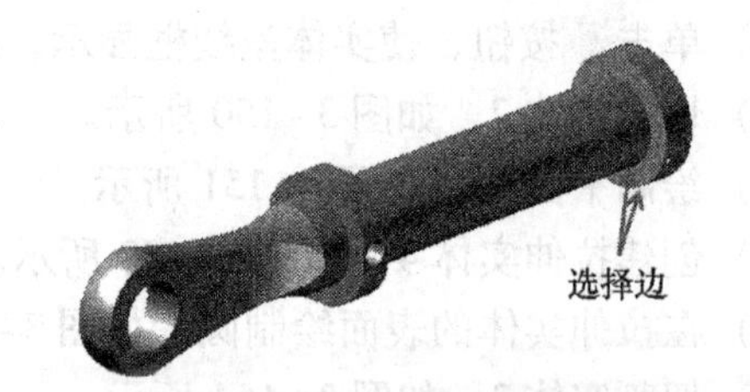

图 3 - 129　倒圆选择的边

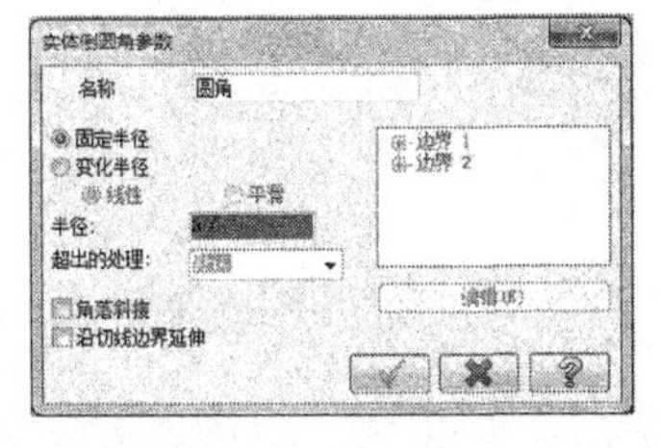

图 3 - 130　【实体倒圆角参数】对话框

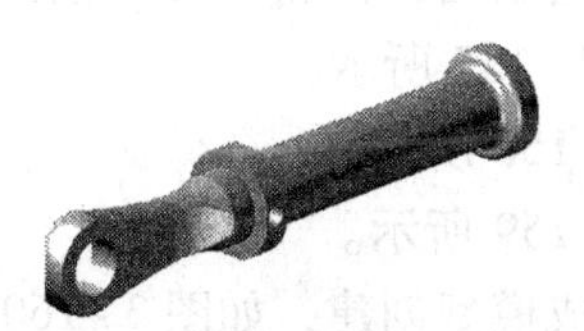

图 3 - 131　倒圆的结果

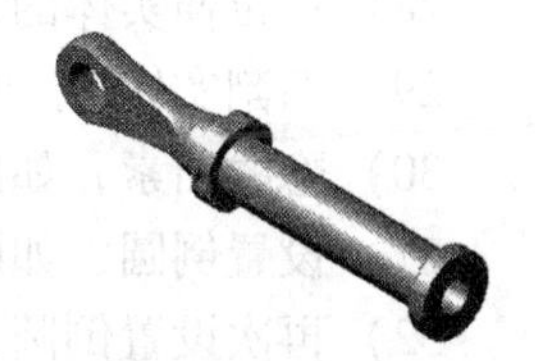

图 3 - 132　完成的连接杆

练习：绘制如图 3 - 133 所示的曲柄连杆，尺寸自定。

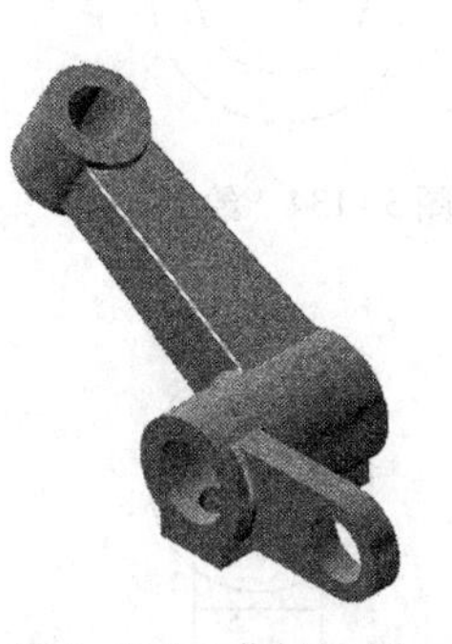

图 3 - 133　曲柄连杆

绘图思路：本练习需要综合运用绘图与实体命令，参考步骤如下（用户也可以按其他思路创建本练习的实体模型）：

1）设置视图模式。
2）绘制圆，如图 3 - 134 所示。
3）绘制线段 1，如图 3 - 135 所示。
4）绘制平行线，如图 3 - 136 所示。
5）删除中间线段。
6）绘制线段 2，如图 3 - 137 所示。
7）平移水平线段，结果如图 3 - 138 所示。
8）修剪图形，结果如图 3 - 139 所示。
9）再次修剪图形，结果如图 3 - 140 所示。
10）创建拉伸实体 1，如图 3 - 141 所示。
11）绘制矩形，如图 3 - 142 所示。
12）创建拉伸实体 2，如图 3 - 143 所示。
13）旋转梯形实体，如图 3 - 144 所示。
14）选择 按实体面设置平面 选项。

15）绘制圆，如图 3 - 145 所示。
16）拉伸实体 3，如图 3 - 146 所示。
17）选择菜单命令【实体】→【布尔运算 - 结合】，选择所有的实体结合起来。
18）切割实体 1，如图 3 - 147 所示。
19）选择实体的面，作为绘图平面，如图 3 - 148 所示。
20）单击按钮，使实体呈线框显示，绘制图形，如图 3 - 149 所示。
21）切割实体 2，如图 3 - 150 所示。
22）绘制平面图，如图 3 - 151 所示。
23）创建拉伸实体 4，如图 3 - 152 所示。
24）在拉伸实体的表面绘制圆，如图 3 - 153 所示。
25）切割实体 3，如图 3 - 154 所示。
26）选择菜单命令【实体】→【布尔运算 - 结合】，选择所有实体。
27）选择实体的面，如图 3 - 155 所示。
28）在拉伸实体的表面绘制圆，如图 3 - 156 所示。
29）切割实体 4，如图 3 - 157 所示。
30）隐藏图素，如图 3 - 158 所示。
31）设置倒圆，如图 3 - 159 所示。
32）再次设置倒圆，完成模型创建，如图 3 - 160 所示。

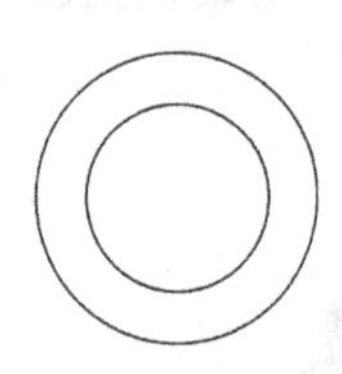
图 3 - 134　绘制圆

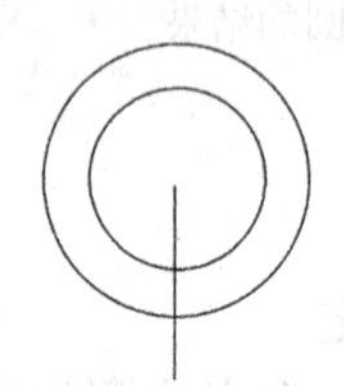
图 3 - 135　绘制线段 1

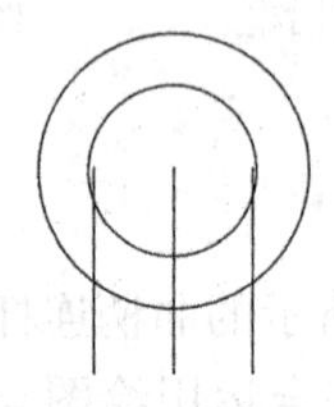
图 3 - 136　绘制平行线

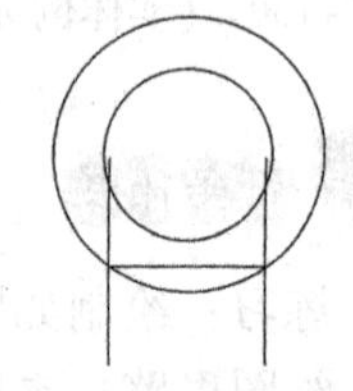
图 3 - 137　绘制线段 2

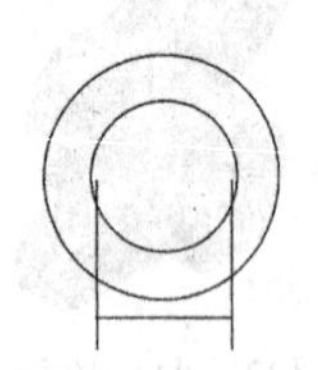
图 3 - 138　平移结果

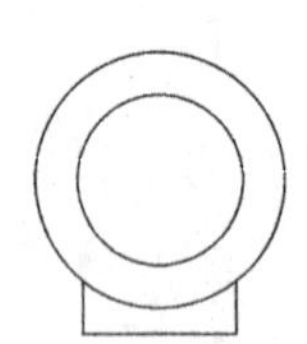
图 3 - 139　修剪结果 1

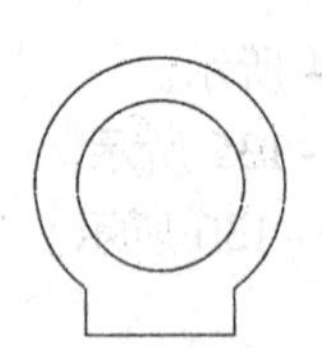
图 3 - 140　修剪结果 2

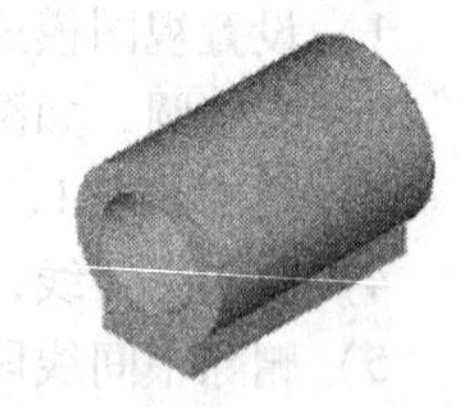
图 3 - 141　拉伸实体 1

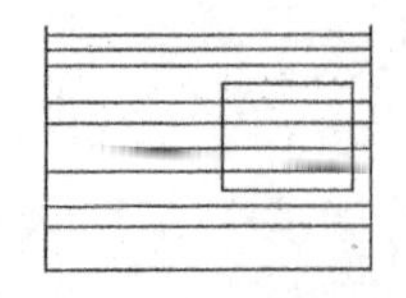
图 3 - 142　绘制矩形

图 3 - 143　拉伸实体 2

图 3 - 144　实体旋转

图 3 - 145　绘制圆

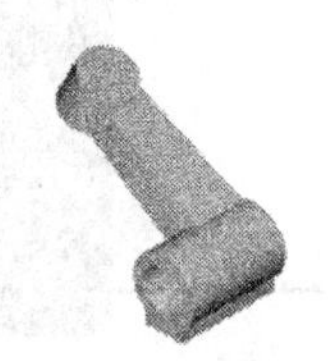
图 3-146　拉伸实体 3

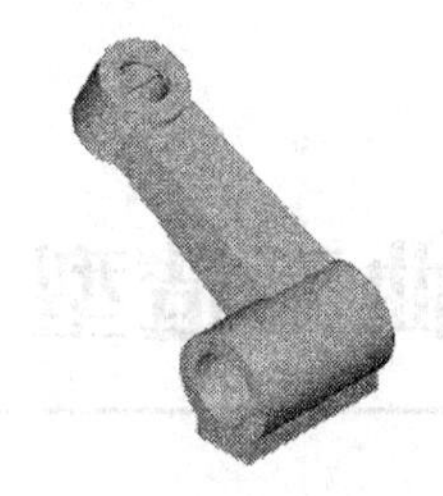
图 3-147　切割实体 1

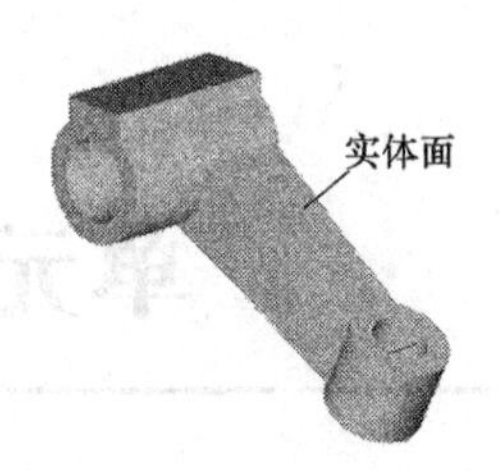

图 3-148　选择绘图平面

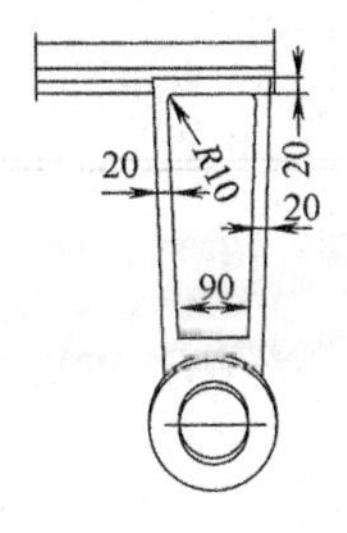

图 3-149　绘制图形

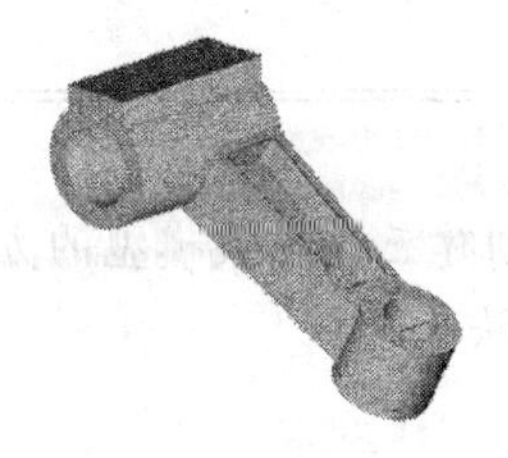
图 3-150　切割实体 2

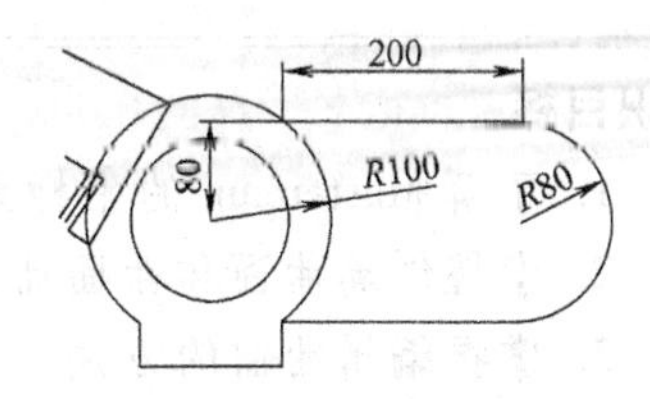

图 3-151　绘制平面图

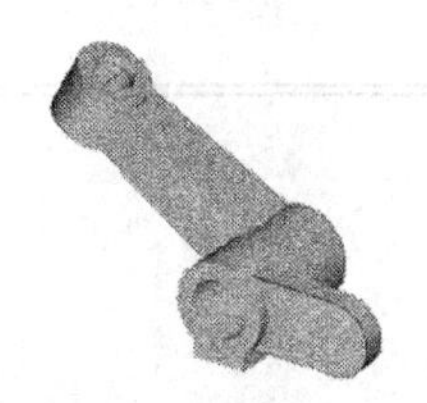
图 3-152　创建拉伸实体 4

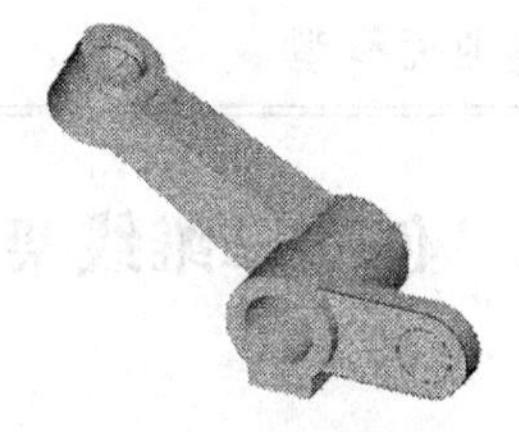
图 3-153　绘制圆

图 3-154　切割实体 3

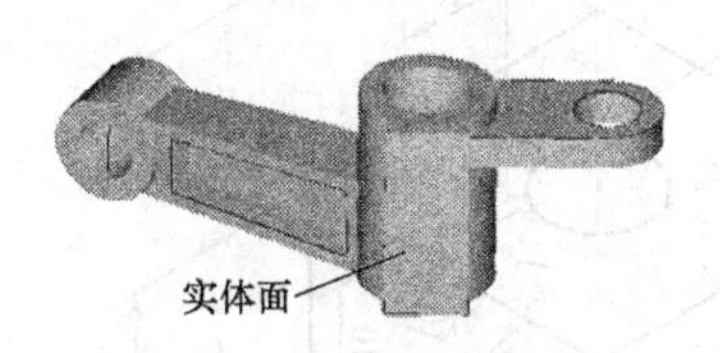

图 3-155　选择实体的面

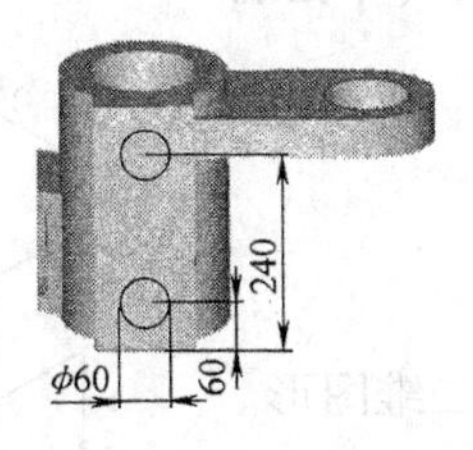

图 3-156　在拉伸实体的表面绘制圆

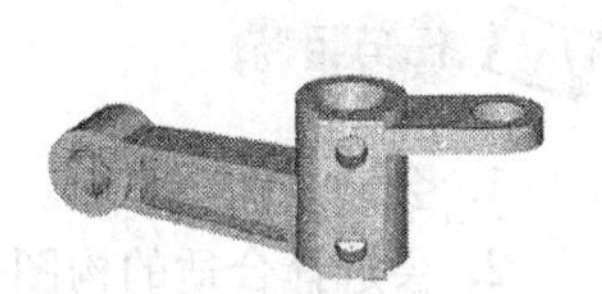
图 3-157　切割实体 4

图 3-158　隐藏图素

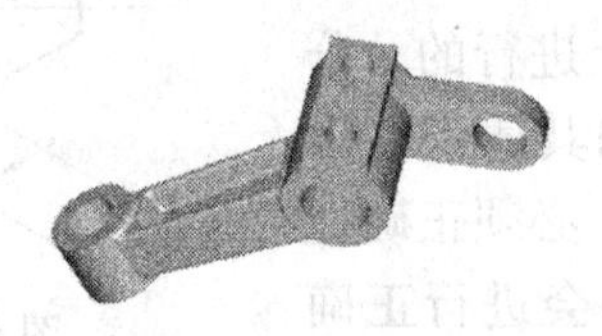
图 3-159　设置倒圆

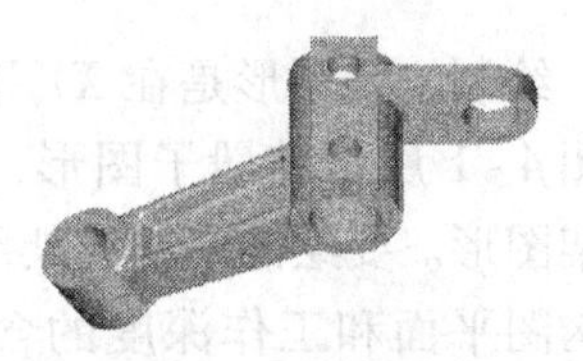
图 3-160　完成模型创建

单元4　曲面造型

4

知识目标：

1. 了解 Mastercam 的坐标系统和创建三维线架模型的方法
2. 掌握创建曲面和曲面曲线的方法
3. 掌握编辑曲面的方法

技能目标：

1. 会选择合适的坐标系绘制三维线框
2. 会运用合适的曲面命令构建曲面模型

任务1　创建三维线架模型

任务描述

绘制如图4-1所示的骰子线架（不必标注尺寸）。

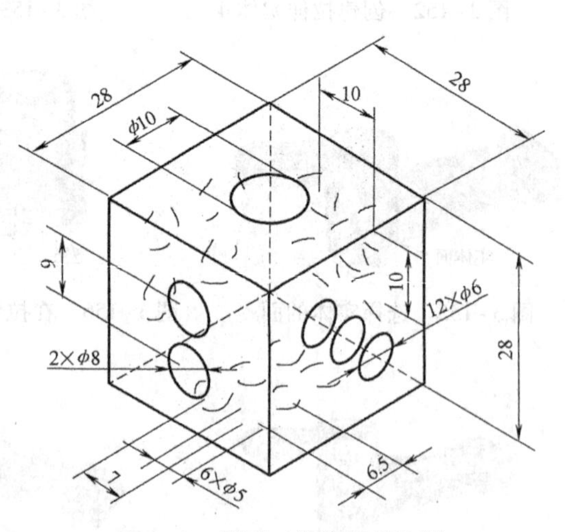

图4-1　骰子三维线架的绘制

任务目标

1. 会定义构图平面。
2. 会选择合适的构图平面绘制二维图形。

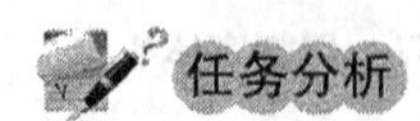

任务分析

绘制二维图形是在 *XY* 平面上进行的。分析图4-1所示的骰子图形，可知其属于三维线架图形。要绘制三维线架图形，必须正确理解构图平面和工作深度的含义并会进行正确运用。

相关知识

构建三维模型时，往往需要先建立一个三维空间的线形框架，然后再利用曲面或实体功能构建三维模型。线形框架代表的是一个曲面的骨架，用来定义一个曲面的边界或截断面的特征。三维线架模型是空心的，跟实心的三维实体模型在性质和使用上有很大的不同，它不能用于数控加工。

要使用 Mastercam 软件构建三维模型，必须首先掌握构图平面和工作深度的定义以及构图平面与工作深度的关系。

1. Mastercam X5 的坐标系统

在 Mastercam X5 中，共有三个层次的坐标系。

（1）系统坐标系　第一层次是系统坐标系。它是 Mastercam 软件本身固有的坐标系，显示于绘图区左下角，其坐标原点（0，0，0）是固定且不可改变的。它符合右手笛卡儿定则。按<F9>键可以显示系统坐标系。

（2）工作坐标系（WCS）　第二层次是工作坐标系（WCS）。它是用户为简化工作而暂时定义的坐标系，以系统坐标系为其参考原点，也是下面三个坐标系的参考坐标系。在默认情况下是顶视图，与系统坐标系重合。

（3）绘图平面坐标系（Cplane）、刀具平面坐标系（Tplane）和视角平面坐标系（Gview）　第三层次的坐标系有三个，包括绘图平面坐标系（Cplane）、刀具平面坐标系（Tplane）和视角平面坐标系（Gview）。它们均是以 WCS 为其参考原点。Cplane 用于确定绘图平面，Tplane 在编制程序过程中必须与 Cplane 平行，Gview 用于观察当前屏幕上图形在某一视角的投影视图。

2. 绘图平面

绘图平面是指当前绘图所在的一个二维平面。在 Mastercam 立体构图中，绘图平面相当重要，用于构建工作断面轮廓的平面，有了它就可以将立体图用一个一个的断面分割，将立体图当做平面图来画，如图 4-2 所示。

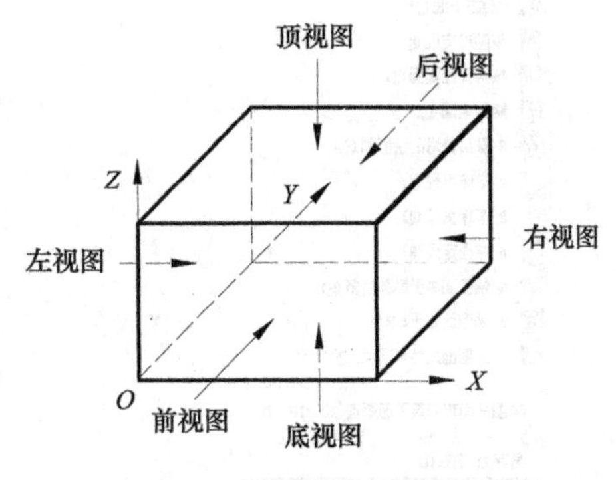

图 4-2　图形与构图平面

单击状态栏中的平面按钮，显示如图 4-3 所示的【构图平面】快捷菜单，从中可定义所需的构图平面。Mastercam 构图平面的定义方法较多，前 7 种视图与机械制图的定义是一样的，如图 4-3 所示。

3. 工作深度

在构图平面中，与顶视图、底视图、侧视图等平行的平面有许多个。为了区别某个方向上不同的平面，采用了构图深度（工作深度）这一名词。工作深度是用户绘制出的图形所处的三维深度，通常用 Z 来表示。需注意工作深度有正负之分。

工作深度的设置方法有两种：一是可以单击状态栏的 Z 0.0 按钮，直接从键盘输入数值；二是从屏幕上选取已存在的点或者图形上的某一点来设定工作深度。

4. 构图平面与工作深度的关系

除了等角视图（空间构图平面）外，有构图平面必有工作深度，两者缺一不可。深度 Z 总是垂直于构图平面的。因为构图平面、工作深度是经常变换的，所以必须先定义构图平面，然后再定义工作深度。这两个步骤必须习惯一起使用。这也是初学者最容易忽略和最难掌握的地方。

工作深度虽是用 Z 来表示，但指的是第三轴的深度，例如：当构图平面为【顶视图】时，Z 轴深度指的是 Z 轴的深度；当构图平面为【前视图】时，Z 轴深度指的是 Y 轴的深度；当构图平面为【右视图】时，Z 轴深度指的是 X 轴的深度。

5. 图形视角

图形视角（Gview）是用于设置观察屏幕图形的视角。单击状态栏中的屏幕视角按钮，显示如图 4-4 所示的【图形视角】快捷菜单，从中可设置所需的图形视角，当然也可以通过单击工具栏中的按钮来实现图形视角的设定。

图形视角表示的是当前屏幕上图形的观察角度，即当前图形的投影视图方向。例如，图形视角设置为【顶视图】，表示从上往下投影，则在当前屏幕上显示的是图形的俯视图。

几何图形的绘制受当前构图平面和工作深度的影响，而不受图形视角的影响。图形视角的作用只是方便用户观看屏幕上的模型而已。

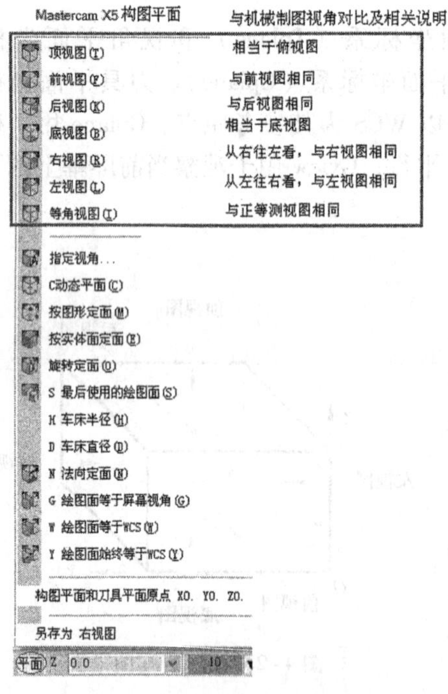

图 4-3 【构图平面】快捷菜单

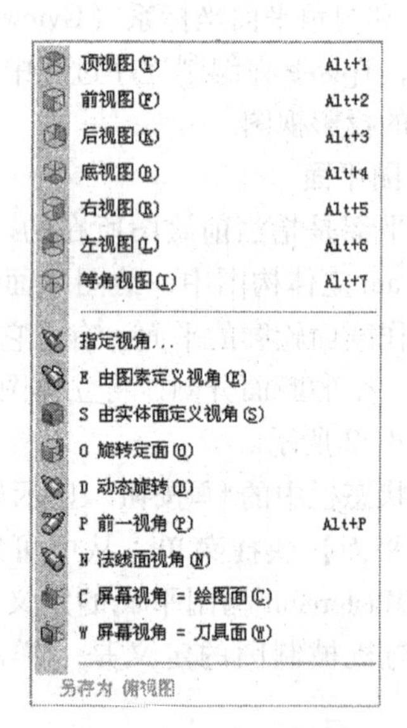

图 4-4 【图形视角】快捷菜单

1. 绘制立方体

（1）设置绘图环境

1）设置构图平面为【顶视图】，屏幕视角为【等角视图】。

2）设置工作深度为“0”。单击状态栏中 Z 0.0 的文本框中，直接用键盘输入数值“0”。

（2）绘制立方线架的顶面　选择菜单栏中的【绘图】→【矩形】命令，然后利用【自动抓点】操作栏中的按钮依次输入矩形的两个对角点的坐标：（-14，-14）和（14，14），单击按钮，绘制出立方体的顶面如图 4-5 所示。

（3）绘制立方体　选择菜单栏中的【转换】→【平移】命令，选取立方线架的顶面并按 <Enter> 键确认，在弹出的【平移】对话框中按如图 4-6 所示设置好参数，单击按钮，单击工具栏中的【清除颜色】按钮，结果如图 4-7 所示。

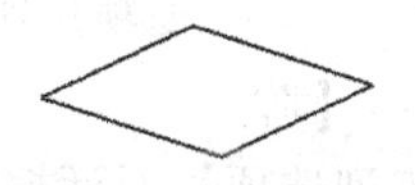

图 4-5　立方体的顶面

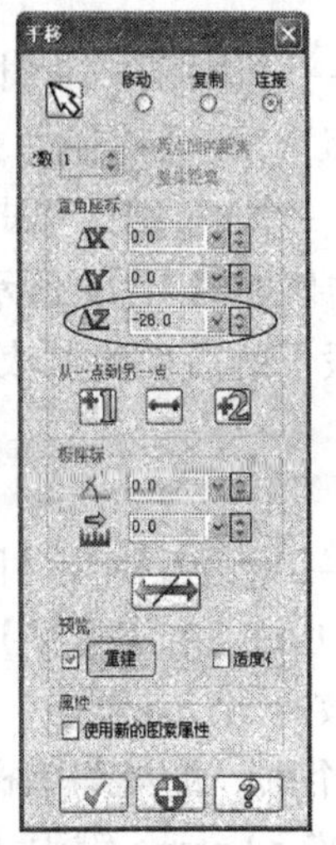

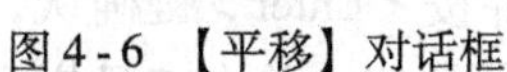

图 4-6　【平移】对话框

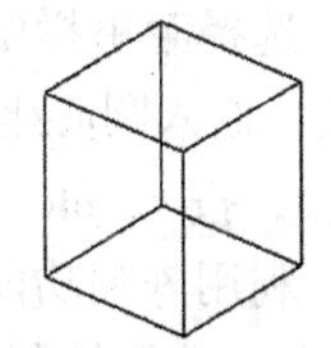

图 4-7　立方体

2. 绘制“一点”和“六点”的圆

（1）设置构图平面　设置构图平面为【顶视图】。

（2）绘制“一点”圆　在骰子的顶面绘制表示“一点”的 1 个 ϕ10 的圆。

1）设置工作深度为“0”。

2）选择菜单栏中的【绘图】→【圆弧】→【圆心 + 点】命令，单击按钮，输入圆心坐标（0，0），在【直径】文本框中输入圆的直径值“10”，按 <Enter> 键确认，结果如图 4-8 所示。

（3）绘制“六点”圆　在骰子的底面绘制表示“六点”的 6 个 ϕ5 的圆。

1）设置工作深度为“-28”。

2）绘制一个 ϕ5 的圆。单击按钮，输入圆心坐标（3.5，-6.5），在【直径】文本框中输入圆的直径值“5”，单击按钮，画好一个 ϕ 5 的圆，结果如图 4-9 所示。

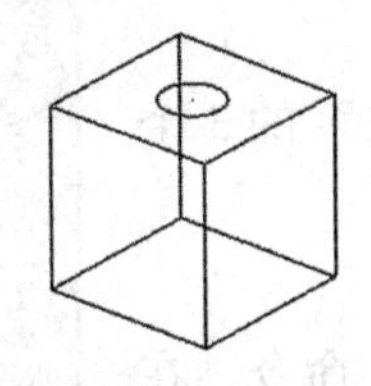

图 4-8　“一点”圆

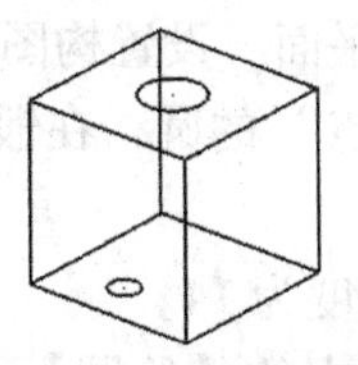

图 4-9　“六点”圆的一个 ϕ5 圆

3）利用阵列功能绘制其余五个圆。选择菜单栏中的【转换】→【阵列】命令，选取绘好的 ϕ5 圆并按 <Enter> 键确认，在弹出的【阵列选项】对话框中按如图 4-10 所示设置好参数，单击按钮，单击工具栏中的【清除颜色】按钮，结果如图 4-11 所示。

3. 绘制“二点”和“五点”的圆

（1）设置构图平面　设置构图平面为【前视图】。

（2）绘制“二点”的圆　在骰子的前面绘制表示“二点”的 2 个 $\phi 8$ 的圆。

1）设置工作深度为“14”。

2）选择菜单栏中的【绘图】→【圆弧】→【圆心 + 点】命令，单击按钮，输入圆心坐标（0，－9.5），在【直径】文本框中输入圆的直径值 8，按 <Enter> 键确认，画好一个 $\phi 8$ 圆；单击按钮，输入圆心坐标（0，－18.5），单击按钮，结果如图 4-12 所示。

图 4-10 【阵列选项】对话框

（3）绘制“五点”的圆　在骰子的后面绘制表示“五点”的 5 个 $\phi 6$ 的圆。

1）设置工作深度为－14。

2）选择菜单栏中的【绘图】→【圆弧】→【圆心 + 点】命令，单击按钮，输入圆心坐标（－5，－19），在【直径】文本框中输入圆的直径值 6，按 <Enter> 键确认，画好一个 $\phi 6$ 圆。

3）利用阵列功能绘制其余三个圆。选择菜单栏中的【转换】→【阵列】命令，选取绘制好的 $\phi 6$ 圆并按 <Enter> 键确认，在弹出的【阵列选项】对话框中按如图 4-13 所示设置好参数，单击按钮，单击工具栏中的【清除颜色】按钮。

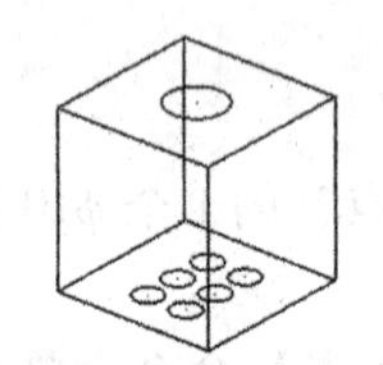

图 4-11　“六点”圆

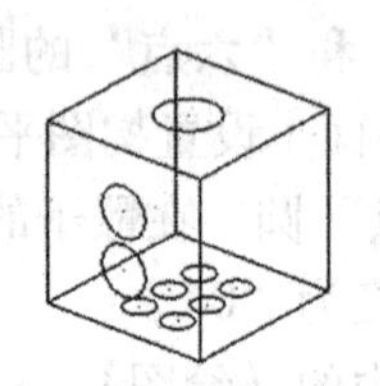

图 4-12　“二点”圆

4）绘制“五点”中间的一个圆。选择菜单栏中的【绘图】→【圆弧】→【圆心 + 点】命令，单击按钮，输入圆心坐标（0，－14），在【直径】文本框中输入圆的直径值“6”，单击按钮，结果如图 4-14所示。

4. 绘制“三点”和“四点”的圆

（1）设置构图平面　设置构图平面为【右视图】。

（2）绘制“三点”的圆　在骰子的右侧面绘制表示“三点”的 3 个 $\phi 6$ 的圆。

1）设置工作深度为 14。

2）选择菜单栏中的【绘图】→【圆弧】→【圆心 + 点】命令，在【直径】文本框中输入圆的直径值 6，分别通过单击按钮从键盘输入三个圆的圆心坐标（5，－19）、（0，－14）、（－5，－9），最后单击按钮，结果如图 4-15 所示。

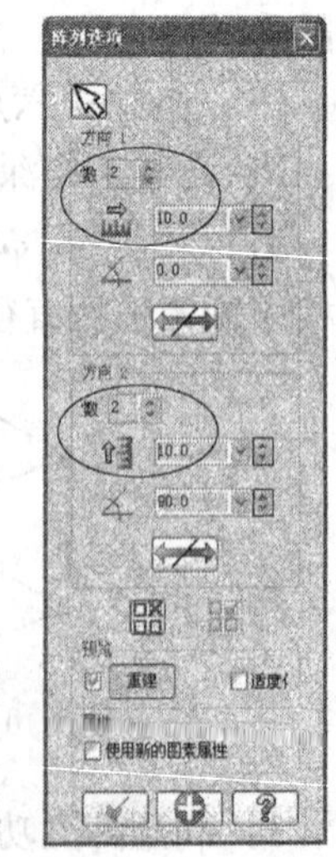

图 4-13 【阵列选项】对话框

（3）绘制“四点”的圆

1）设置工作深度为 –14。

2）选择菜单栏中的【绘图】→【圆弧】→【圆心 + 点】命令，在【直径】文本框中输入圆的直径值6，分别通过单击按钮从键盘输入三个圆的圆心坐标（5，–19）、（5，–9）、（–5，–9）、（–5，–19），最后单击按钮，结果如图4-16所示。

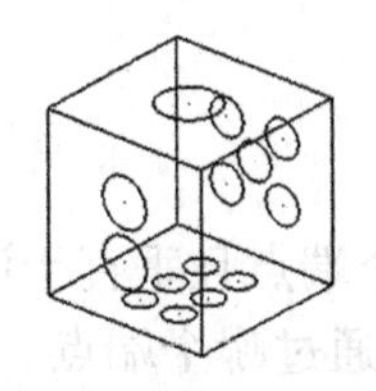

图4-14 “五点”圆

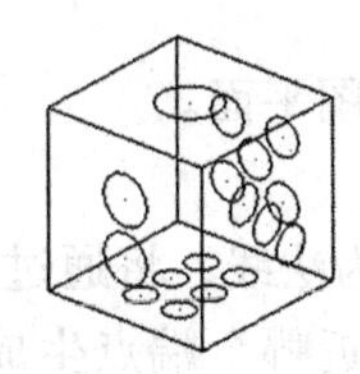

图4-15 “三点”圆

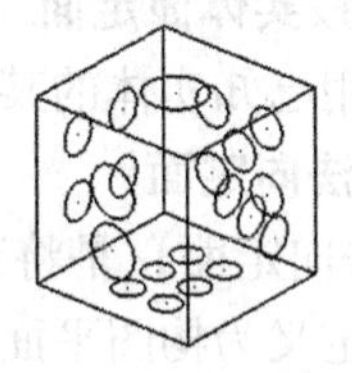

图4-16 “四点”圆

要构建三维线架模型，除了要正确运用前所介绍的七种构图平面外，还常会用到如下一些构图平面。

1. 等角视图（空间绘图面）

该构图平面是唯一不受工作深度影响的构图平面。使用该构图平面就是在三维空间直接构建图素。如图4-17所示，可以在空间构图平面状态下直接连 *AB* 两点的直线。但是，在空间构图状态下有些平面构图功能是难以预见结果的。

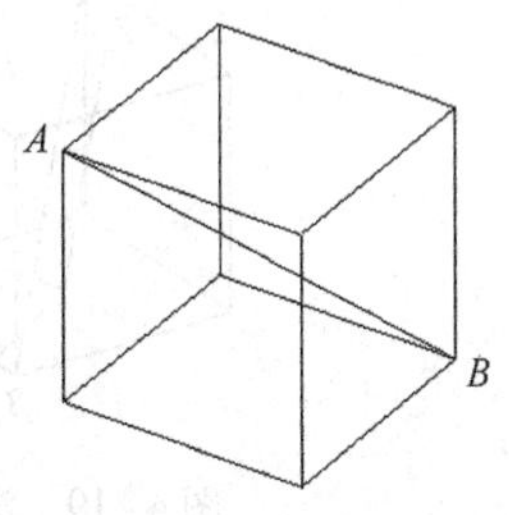

图4-17 空间绘图面

2. 按图形定面

【按图形定面】可以通过选择绘图区已有的图素（点、直线和圆弧）来定义构图平面，并允许指定构图平面的原点位置。主要操作步骤是：单击状态栏中的平面按钮，在弹出的【构图平面】快捷菜单中选择【按图形定面】命令，再用鼠标选择如图4-18a所示平面上的任意两条直线，则定义了构图平面，确定了坐标系；选择命令，在如图4-18a所示平面上任意作一圆，结果如图4-18b所示。在使用【按图形定面】命令来定义构图平面时，图素的选取分为以下三种情况：

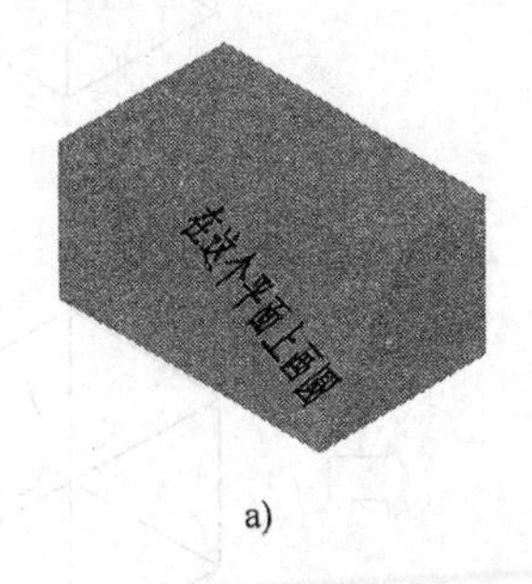

a)

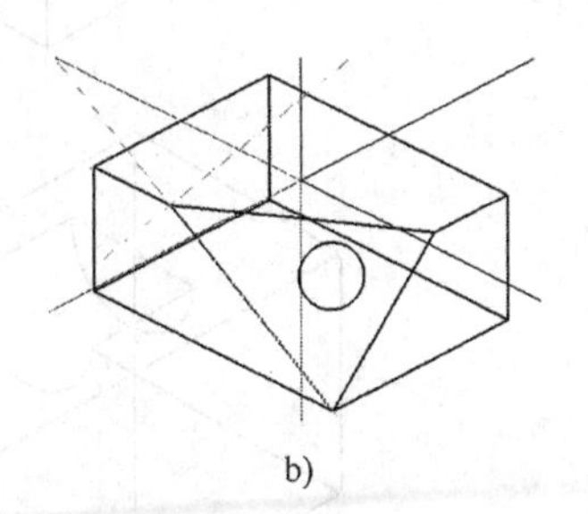

b)

c)

图4-18 按图形定面

1）三点定面：使用已知不共线的三点定义构图平面。

2）两线定面：使用已知的两相交或者平行的直线定义构图平面。此时选取的第一条线

决定着 X 轴的正向，而第二条线决定着 Y 轴的正向。例如，如图 4-18c 所示，定义 ABC 面为构图平面，可以使用 A、B、C 三点或 BC、AC 两线定义构图平面 ABC。

3）平面图素定面：使用已知圆弧或者平面曲线定义构图平面。此时圆弧或者平面曲线所在的平面为构图平面的 XY 平面。

3. 按实体面定面

使用已知实体的某个表面来定义构图平面。

4. 法向定面

【法向定面】是将某条空间直线作为法线，将通过该法线其中一个端点且垂直于该法线的平面定义为构图平面。选择法线时靠近哪个端点生成的构图平面就通过哪个端点。例如，如图 4-19 所示，选取 AB 线后屏幕上显示一工作坐标系，线段 AB 刚好就是 Z 轴方向。

任务拓展

练习 1：绘制如图 4-20 所示的线架图形（不必标注尺寸）。

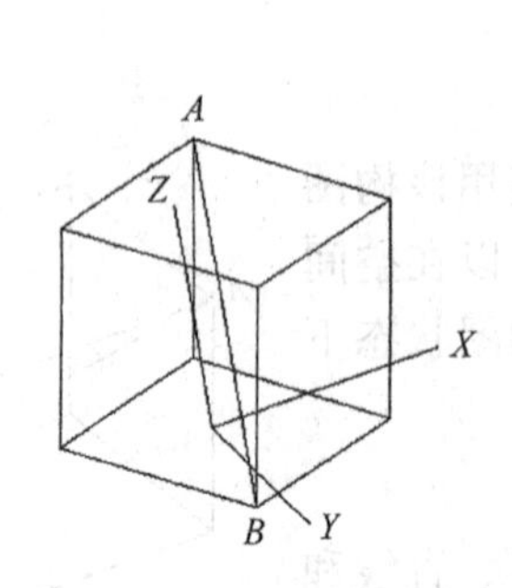

图 4-19　法向面设定

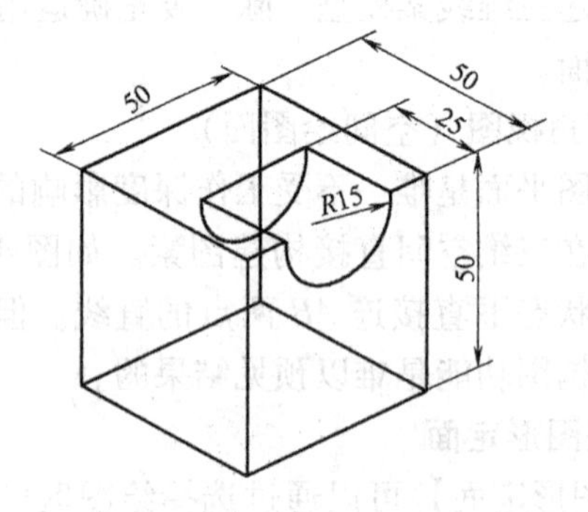

图 4-20　练习 1 图

绘图思路：其画图思路如图 4-21 所示。

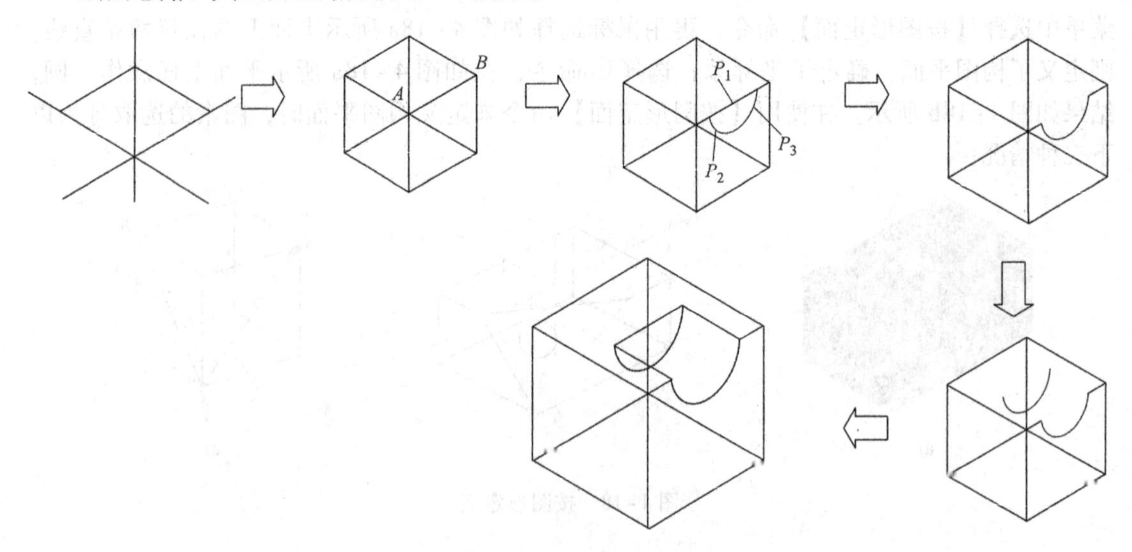

图 4-21　练习 1 的绘图思路

练习2：绘制如图4-22所示的鞋模线架图形（不必标注尺寸）。

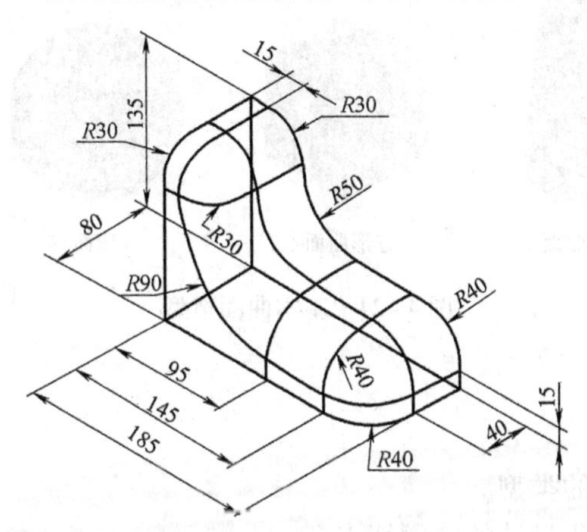

图4-22 绘制三维线架

绘图思路：其画图思路如图4-23所示。

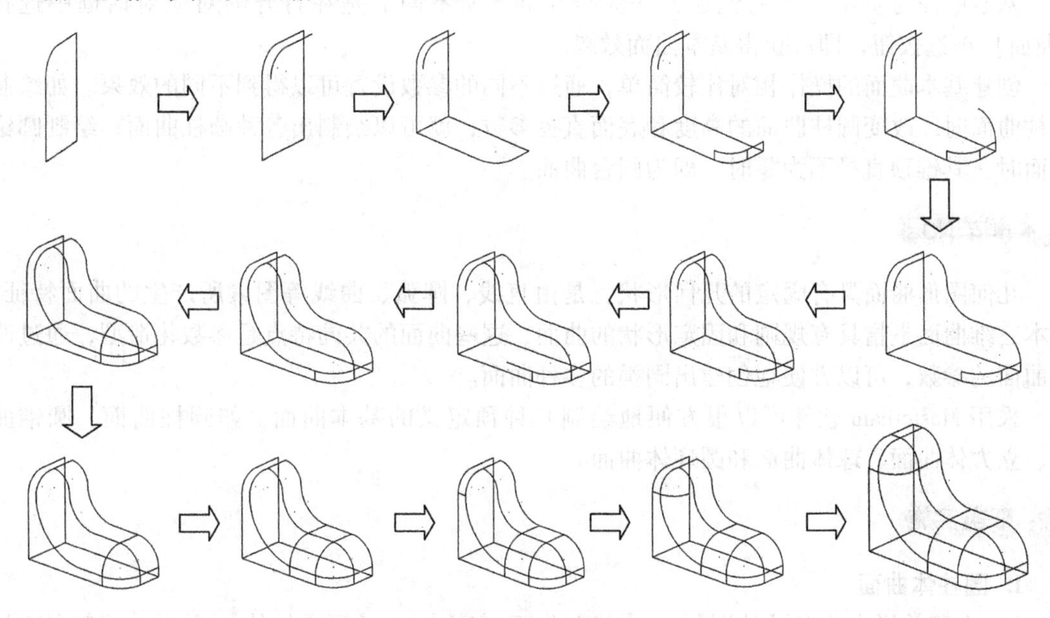

图4-23 绘图思路

任务2 创建基本曲面

任务描述

图4-24为几种常见的曲面造型，试使用Mastercam软件中基本曲面的绘制功能完成各个图形的绘制。

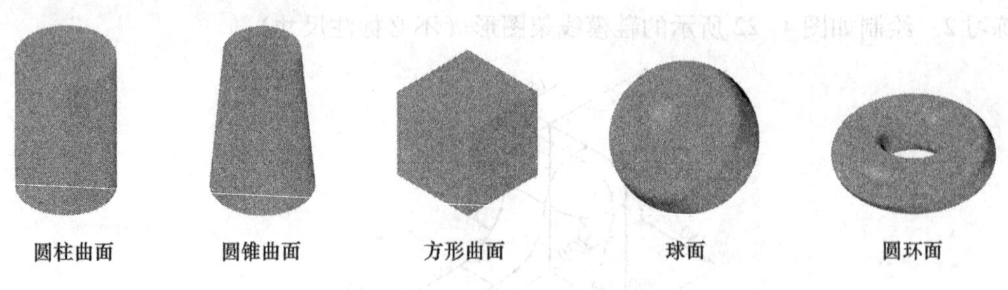

图 4-24　基本曲面造型

任务目标

1. 掌握常见基本曲面的类型。
2. 熟悉基本曲面参数化设计的共同特点。

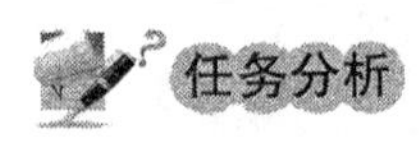

任务分析

基本曲面与基本实体的创建方法完全相同，所不同的是在打开的对应对话框中选择【曲面】单选按钮，即可获得基本曲面效果。

创建基本曲面的操作相对比较简单，通过不同的参数设置可以得到不同的效果。如绘制圆柱曲面时，改变圆柱曲面的高度和底面直径参数，就可以绘制出各种圆柱曲面；绘制圆锥曲面时，其锥顶直径不为零时，即为圆台曲面。

相关知识

几何图形曲面具有固定的几何形状，是由直线、圆弧、曲线等图素所产生的曲面特征。基本三维曲面是指具有规则和固定形状的曲面，这些曲面的共同特点是参数化造型，通过改变曲面的参数，可以方便地创建出同类的多种曲面。

采用 Mastercam 软件可以很方便地绘制几种预定义的基本曲面，如圆柱曲面、圆锥曲面、立方体曲面、球体曲面和圆环体曲面。

任务实施

1. 圆柱体曲面

1）在菜单栏中选择【绘图】→【基本曲面/实体】→【画圆柱体】命令，或者在工具栏中单击按钮。

2）系统弹出【圆柱体】对话框，如图 4-25 所示。

3）在【圆柱体】对话框中选择【曲面】单选按钮，设置圆柱体半径为 30，圆柱高度 80，其他设置默认。

4）系统提示“选取圆柱体的基准点位置”，用鼠标在绘图区任意单击一点，再单击对话框中的按钮确定，完成圆柱体曲面的绘制。

5）将屏幕视角设置为【等角视图】，曲面效果如图 4-26 所示。

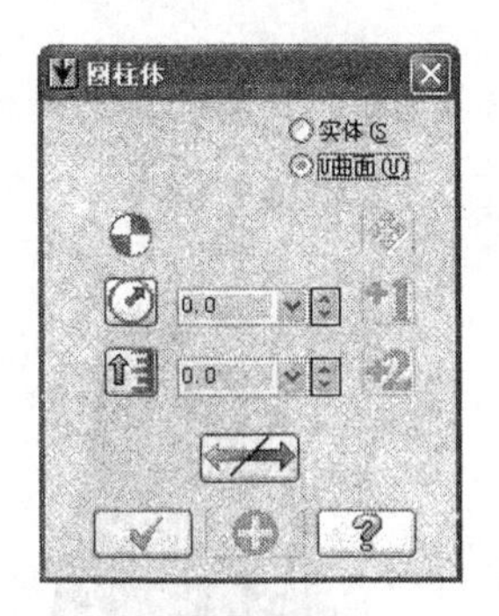

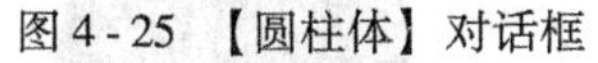
图4-25 【圆柱体】对话框

图4-26 创建的圆柱体曲面

6）在图4-25所示的对话框中，单击位于对话框标题栏中的按钮，可以打开扩展选项对话框，如图4-27所示。

7）在扩展对话框中，设置圆柱面半径为30，高度为80，扫描起始角度为30°，终止角度为270°，则创建出一不完整的圆柱体曲面，如图4-28所示。

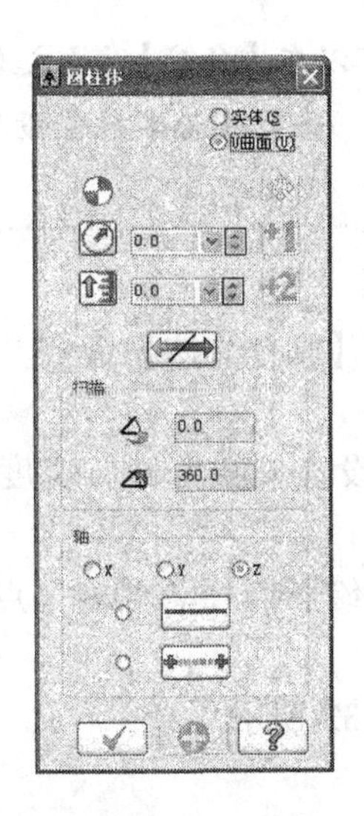

图4-27 扩展【圆柱体】对话框

图4-28 不完整的圆柱体曲面

2. 圆锥体曲面

1）在菜单栏中选择【绘图】→【基本曲面/实体】→【画圆锥体】命令。

2）系统弹出【圆锥体】对话框，如图4-29所示。

3）在【圆锥体】对话框中选择【曲面】单选按钮，设置圆锥基部半径为30，圆锥高度为80，俯视图（顶部）半径为15，其他设置默认。

4）系统提示“选取圆锥体的基准点位置”，用鼠标在绘图区任意单击一点，再单击对话框中的按钮确定，完成圆锥体曲面的绘制。

5）将屏幕视角设置为【等角视图】，曲面效果如图4-30所示。

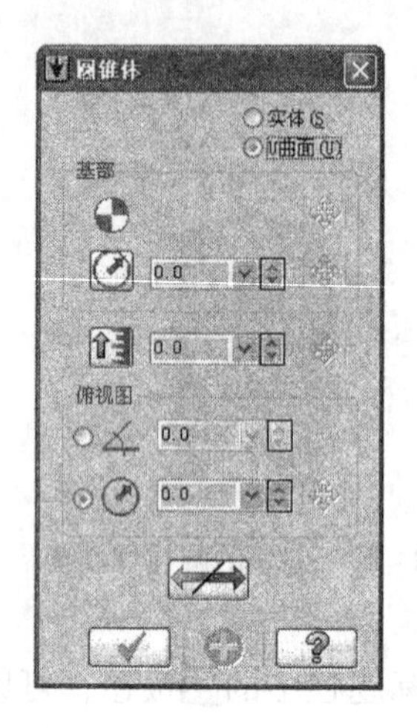

图 4-29 【圆锥体】对话框

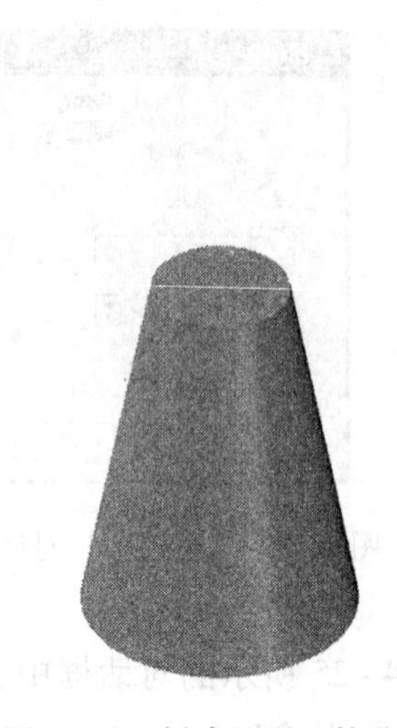

图 4-30 创建的圆锥体曲面

教你一招

在图 4-29 所示对话框的【俯视图】选项组中，既可以在【角度】文本框中设置圆锥角，也可以在【半径】文本框中输入顶面半径值。如果顶面半径值设置为 0，则得到尖顶的圆锥曲面。

3. 立方体曲面

1）在菜单栏中选择【绘图】→【基本曲面/实体】→【画立方体】命令。

2）系统弹出【立方体】对话框，如图 4-31 所示。

3）在【立方体】对话框中选择【曲面】单选按钮，设置长度为 80，宽度为 40，高度为 40，其他设置默认。

4）系统提示“选取立方体的基准点位置”，用鼠标在绘图区任意单击一点，再单击对话框中的按钮确定，完成立方体曲面的绘制。

5）将屏幕视角设置为【等角视图】，曲面效果如图 4-32 所示。

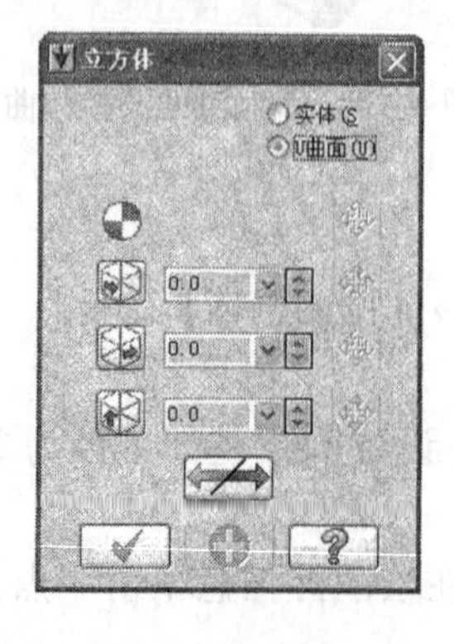

图 4-31 【立方体】对话框

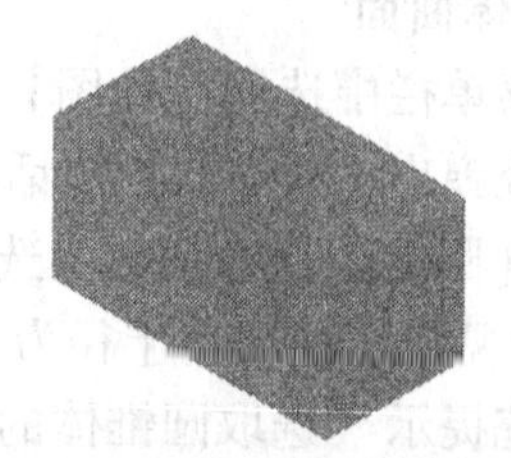

图 4-32 创建的立方体曲面

4. 球体曲面

1）在菜单栏中选择【绘图】→【基本曲面/实体】→【画球体】命令。

2）系统弹出【球体】对话框，如图 4-33 所示。

3）在【球体】对话框中选择【曲面】单选按钮，设置球体半径为 50。

4）系统提示“选取球体的基准点位置”，用鼠标在绘图区任意单击一点，再单击对话框中的按钮确定，完成球体曲面的绘制。

5）将屏幕视角设置为【等角视图】，曲面效果如图 4-34 所示。

6）图 4-35 所示为通过设置扫描起始角度 30°、终止角度 270°而创建的不完整球体曲面。

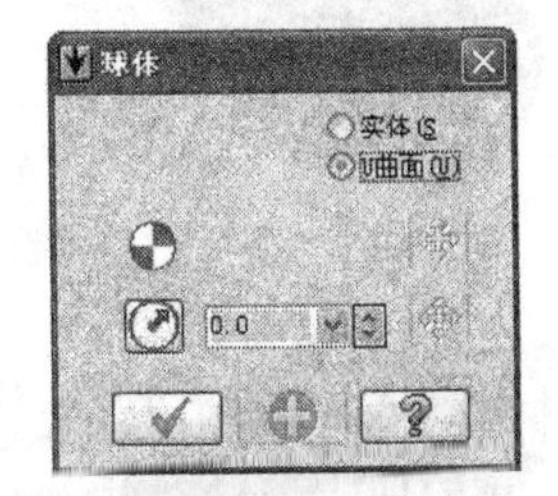

图 4-33　【球体】对话框

图 4-34　创建的球体曲面

图 4-35　不完整的球体曲面

5. 圆环体曲面

1）在菜单栏中选择【绘图】→【基本曲面/实体】→【画圆环体】命令。

2）系统弹出【圆环体】对话框，如图 4-36 所示。

3）在【圆环体】对话框中选择【曲面】单选按钮，设置半径值为 50，较小半径值为 10。

4）系统提示“选取圆环体的基准点位置”，用鼠标在绘图区任意单击一点，再单击对话框中的按钮确定，完成圆环体曲面的绘制。

5）将屏幕视角设置为【等角视图】，曲面效果如图 4-37 所示。

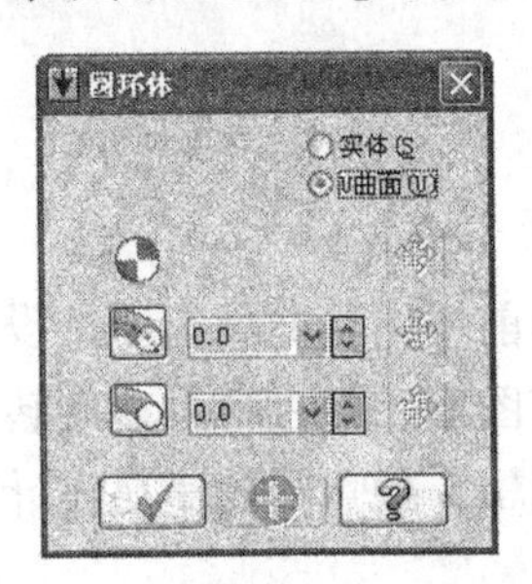

图 4-36　【圆环体】对话框

图 4-37　创建的圆环体曲面

任务 3　由线架模型生成曲面

线架模型指的是由直线、圆弧、平滑曲线等图素构成的几何图形。通过对几何图形的拉伸、旋转、扫描、拔模等特征操作，可以获得具有固定形状的曲面造型。Mastercam 软件为用户提供了丰富的曲面设计功能，常见曲面包括直纹曲面与举升曲面、旋转曲面、扫描曲面、网状曲面、围篱曲面、牵引曲面和挤出曲面，如图 4-38 所示。

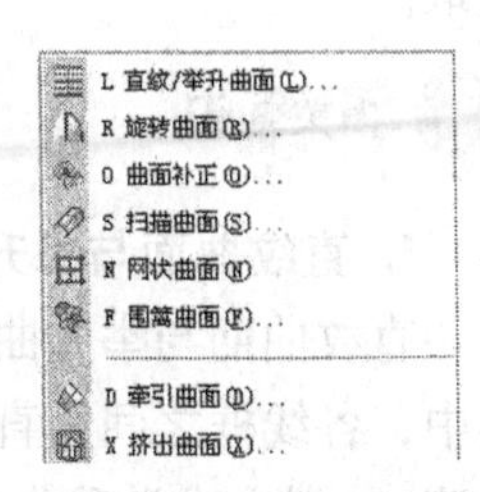

图 4-38　曲面种类

任务描述

图 4-39 所示为各种曲面造型，试采用 Mastercam 软件中曲面的绘制功能完成各个曲面造型的绘制。

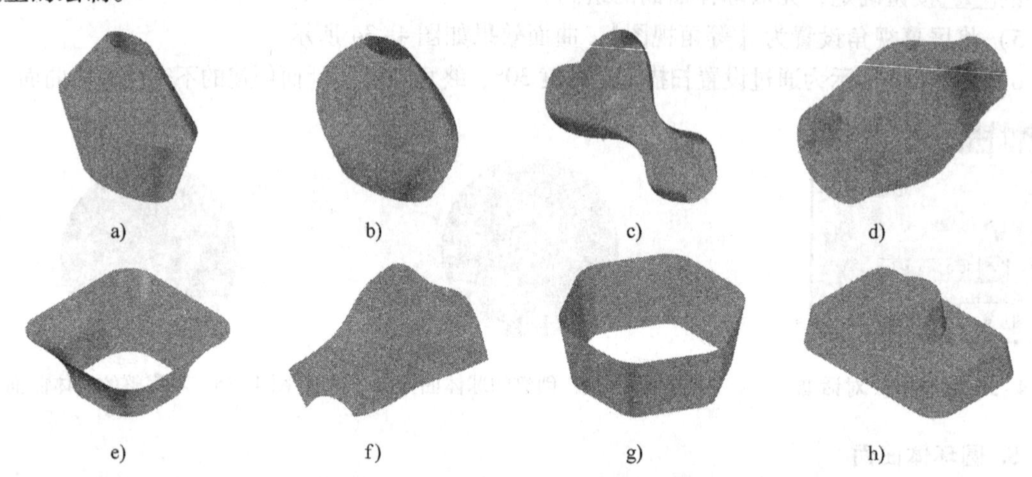

图 4-39　由线架模型生成的曲面造型

a）直纹曲面　b）举升曲面　c）旋转曲面　d）扫描曲面
e）网状曲面　f）围篱曲面　g）牵引曲面　h）挤出曲面

任务目标

1. 掌握由线架模型生成曲面的常见类型。
2. 熟悉曲面造型设计的不同方法。
3. 能够分析比较同一曲面不同造型方法的特点。

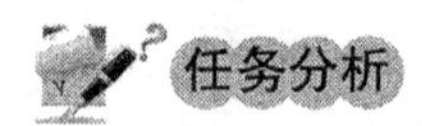

任务分析

随着对产品质量要求的提高，在满足现代加工技术的前提下，曲面造型的设计任务越来越复杂。由直线、圆弧、平滑曲线等基本图素构成的几何图形，经过拉升、旋转或扫描等操作，生成单一的基本曲面，再通过曲面间的相互组合与编辑，便可得到满足设计需求的复杂曲面。

本任务中的曲面均为单一的基本曲面，要想获得较好的设计效果，关键是要选好构成曲面的基本图素，并确定好各图素的功能，如旋转轮廓、旋转轴、截面线、引导线等的正确选取。

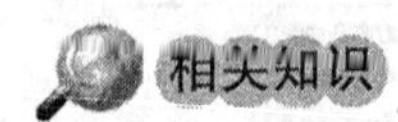

相关知识

1. 直纹曲面与举升曲面

直纹曲面与举升曲面都是将指定的多个截面线框以一定的方式连接起来而生成的曲面。其中，各线框之间用直线相连（硬连接），则生成直纹曲面；各线框之间用曲线相连（圆滑过渡），则生成举升曲面。

2. 旋转曲面

旋转曲面是以定义的串连外形，绕着定义的一条旋转轴按右手法则旋转指定的角度来生成的曲面。其中，串连外形可以是封闭的，也可以是开放的；旋转角度由起始角度和终止角度界定。在绘制旋转曲面之前，应该绘制好或准备好旋转轮廓线（母线）和旋转轴。

3. 扫描曲面

扫描曲面是将截面方向外形沿着引导方向外形运动所形成的曲面。其中引导方向外形可以是一个或两个，截面方向外形也可以是一个或多个，系统会自动对这些外形曲线进行平滑的扫描过渡处理。采用扫描曲面可以绘制出较为复杂的曲面，以满足某些曲面造型的需要。

4. 网状曲面

网状曲面是指通过选择所需的串连图素来生成的一类特殊曲面。由四条封闭曲线构成的缀面为网状曲面的基本曲面，网状曲面便是按照边界条件把多个缀面平滑连接所创建的类似网状的不规则曲面。网状曲面又叫做昆氏曲面。

5. 围篱曲面

围篱曲面是指通过已有曲面上指定边来生成与原曲面垂直或成给定角度的曲面。

6. 牵引曲面

牵引曲面是将一个边界线（直线、圆弧、曲线、串连图素等）用给定的长度和角度构建成的曲面。用于牵引的边界线既可以是单一图素也可以是串连图素，既可以是二维也可以是三维的，既可以是封闭的也可以是开放的。

7. 挤出曲面

挤出曲面是将一个封闭图形沿着指定方向移动而形成的封闭曲面（增加了两个封闭平面）。在挤出过程中，可对图形进行比例缩放、旋转、补正（偏正）等操作，且可以设置挤出轴线，轴线与封闭图形不一定垂直。挤出曲面又叫做拉伸曲面。

任务实施

1. 直纹/举升曲面

1）首先绘制好曲面造型需要的三维线架图。如图4-40所示，构图平面为【顶视图】，当前视角为【等角视图】，绘制的三个椭圆中，最下方的椭圆半径分别为20、10，基准点位置为（0，0，-30），中间椭圆的半径分别为30、15，基准点位置为（0，0，0），最上方的椭圆半径分别为10、5，基准点位置为（0，0，30）。

2）在菜单栏中选择【绘图】→【曲面】→【直纹/举升曲面】命令。

3）系统弹出【串连选项】对话框，并提示“定义外形1”，如图4-41所示。

4）在绘图区依次串连选取作为曲面线框的三个椭圆。在定义串连时一定要注意鼠标的选取位置，应该要保证各串连点的起始点相一致，且串连方向相同，否则所生成的曲面将产生扭曲效果。定义各串连后，单击【串连选项】对话框中的按钮确定。

5）出现【直纹/举升】工具条（图标），如图4-42所示。

6）单击工具栏中的【直纹】图标或【举升】图标，再单击工具栏中的【应用】按钮或【确定】按钮，则可得到如图4-43所示的直纹曲面或举升曲面造型。

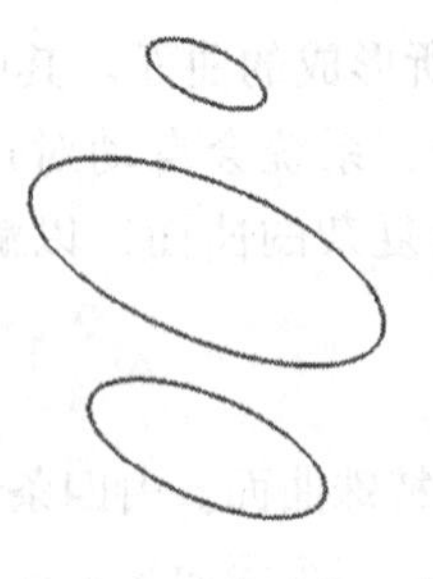

图 4-40　直纹与举升曲面线架图

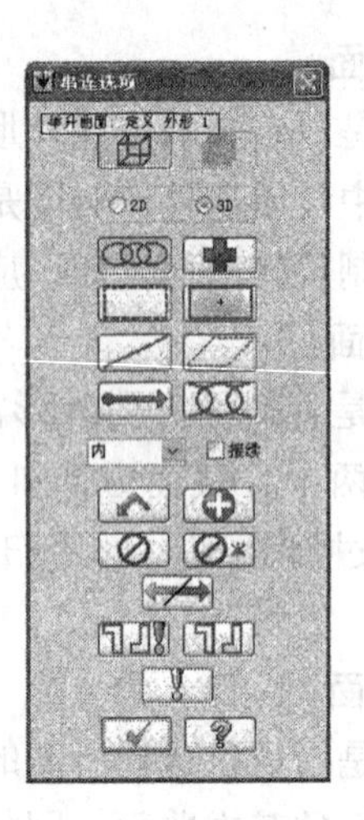

图 4-41　【串连选项】对话框

图 4-42　【直纹/举升】工具条

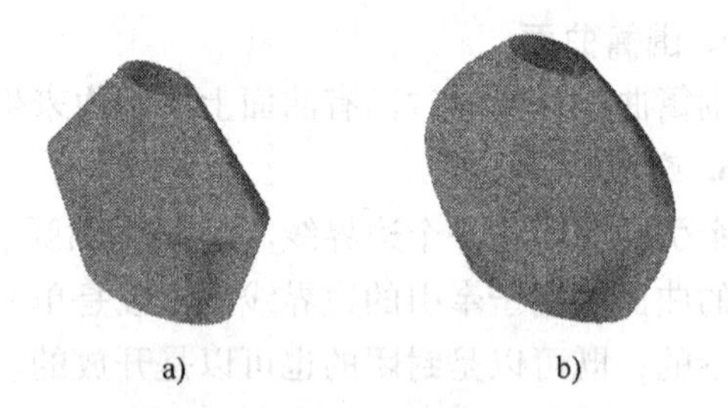

图 4-43　直纹/举升曲面造型
a）直纹曲面　b）举升曲面

2. 旋转曲面

1）首先绘制好曲面造型需要的二维线框图。设置构图平面为【顶视图】，当前视角为【等角视图】，绘制如图 4-44 所示的二维图形，包括一条直线和一条自由曲线。

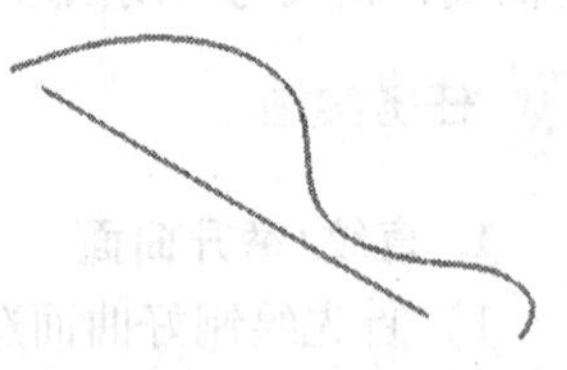

图 4-44　旋转曲面线框图

2）在菜单栏中选择【绘图】→【曲面】→【旋转曲面】命令。

3）系统弹出【串连选项】对话框，并提示“选取轮廓曲线 1”，在绘图区串连选取曲线，并单击对话框中的按钮确定。系统接着又提示“选取旋转轴”，用鼠标选取图形中的直线。

4）工具栏中出现【旋转曲面】工具条，如图 4-45 所示。

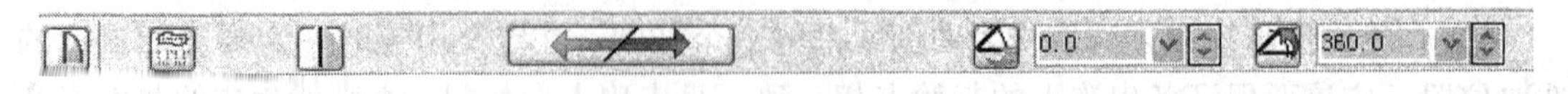

图 4-45　【旋转曲面】工具条

5）在工具条中设置旋转起始角度为 -30，旋转终止角度为 210，再单击工具条中的按钮或按钮，则可得到如图 4-46 所示的旋转曲面造型。

3. 扫描曲面

1）首先绘制好曲面造型需要的三维线架图。设置构图平面为【前视图】，当前视角为【等角视图】，绘制如图4-47所示的三维图形，包括一条直线、一个六边形和两个圆形。其中六边形的内切圆半径为100，大圆半径为100，小圆半径为50，两两间距均为200。

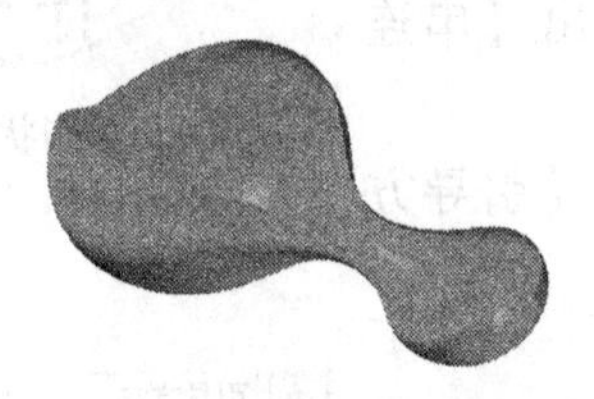

图4-46　旋转曲面造型

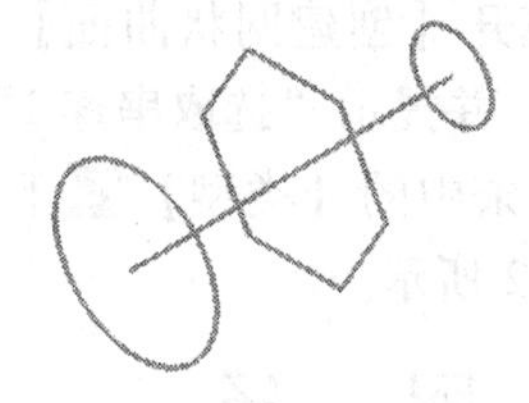

图4-47　扫描曲面线架图

2）在菜单栏中选择【绘图】→【曲面】→【扫描曲面】命令。

3）系统弹出【串连选项】对话框，并提示“定义截面方向外形”，在绘图区依次串连选取大圆、六边形、小圆，然后单击对话框中的按钮确定。系统接着又提示“定义引导方向外形”，用鼠标选取绘图区中的直线，再单击对话框中的按钮确定。

4）工具栏中出现【扫描曲面】工具条，如图4-48所示。

图4-48　【扫描曲面】工具条

5）在工具条中单击按钮，再单击工具条中的按钮或按钮，则可得到如图4-49所示的扫描曲面造型。

教你一招

在依次串连选取截面方向外形时，注意各自串连起始点的位置要大致相同，否则产生的曲面会有扭曲现象，如图4-50所示。但有时为了设计需要，灵活选取不同的串连起始点，可以获得较好的曲面造型效果。

图4-49　扫描曲面造型

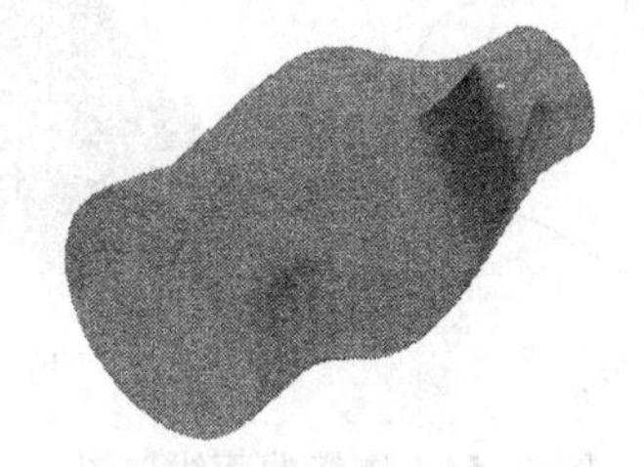

图4-50　扭曲的扫描曲面

4. 网状曲面

1）首先绘制好曲面造型需要的三维线架图。设置构图平面为【顶视图】，当前视角为【等角视图】，绘制如图4-51所示的三维图形。其中，最上面的为100×100的正方形，四个圆角半径均为20；将此图形向内串连补正15，并向下平移20，修改圆角半径为20，便得到中间线框图；将中间线框图向内串连补正5，并向下平移20，修改圆角半径为20，便可得到最下面的线框图；最后利用八条自由曲线连接各个圆弧端点，完成曲面造型需要的三维线架图。

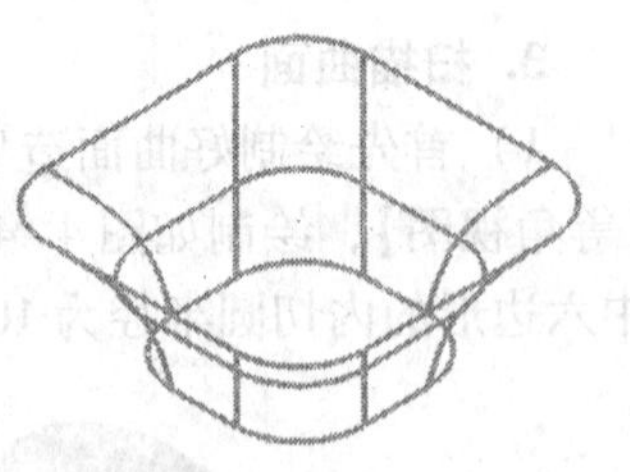

图 4-51　网状曲面线架图

2）在菜单栏中选择【绘图】→【曲面】→【网状曲面】命令。

3）系统打开【创建网状曲面】工具条，同时弹出【串连选项】对话框，并提示“选取串连 1”。

4）在工具条中的【类型】下拉列表框中选择【引导方向】，如图 4-52 所示。

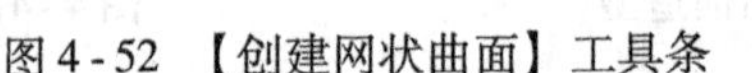

图 4-52　【创建网状曲面】工具条

5）在【串连选项】对话框中单击【窗口】按钮，用鼠标框选绘图区中已绘制好的所有曲线，系统提示“输入搜寻点”，鼠标选取任意交点，单击【串连选项】对话框中的按钮，再单击工具条中的按钮或按钮，隐藏线框构图层，得到的网状曲面造型如图 4-53 所示。

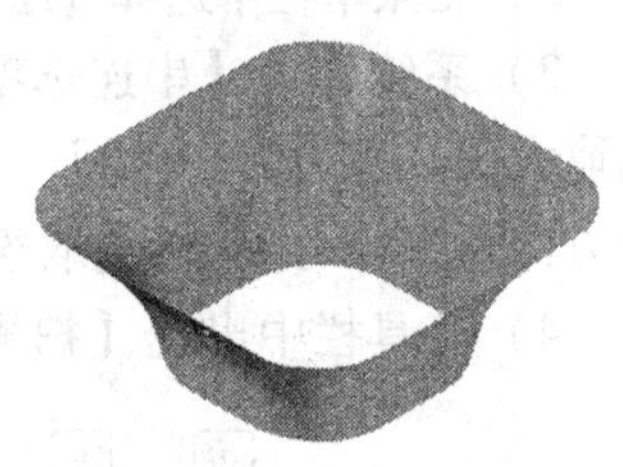

图 4-53　网状曲面造型

5. 围篱曲面

1）首先绘制好曲面造型需要的三维线架图及所生成的基本曲面图。图 4-54a 所示为利用自由曲线在空间绘制的三维线架，图 4-54b 所示为由线架生成的网状曲面。

2）在菜单栏中选择【绘图】→【曲面】→【围篱曲面】命令。

3）系统打开【创建围篱曲面】工具条，同时提示“选取曲面”。

4）用鼠标选取已绘制好的网状曲面，系统弹出【串连选项】对话框，并提示“选取串连 1”。

5）用鼠标选取如图 4-55 所示的曲面边线，然后单击对话框中的按钮确定。

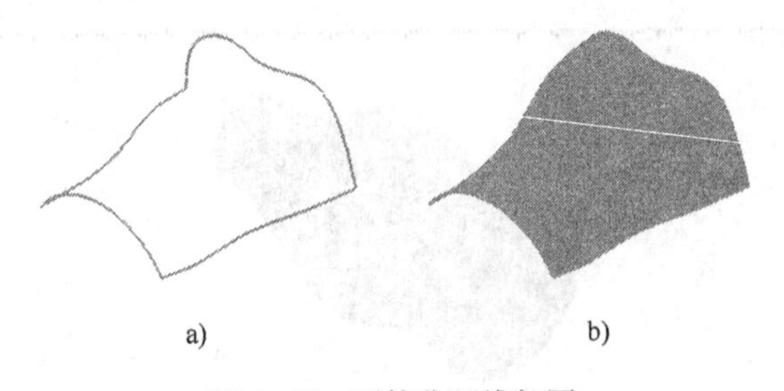

图 4-54　围篱曲面线架图

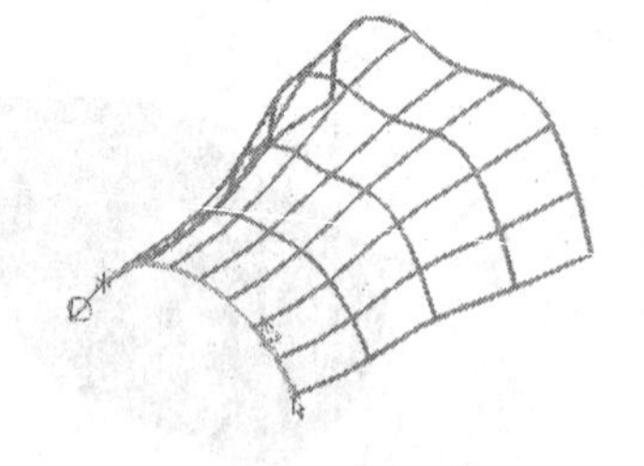

图 4-55　选取曲面边线

6）在曲面工具条中设置好相应参数，在【熔接方式】下拉列表中选【线锥】，起始高度为 10，结束高度为 20，起始角度为 5，终止角度为 10，具体如图 4-56 所示。

图 4-56　围篱曲面参数设置

7）单击工具条中的按钮，隐藏三维线框构图层，得到围篱曲面造型，如图4-57所示。

教你一招

在图4-56中，围篱曲面的【熔接方式】有【相同圆角】、【线锥】、【立体混合】三种。其中，【相同圆角】表示所有扫描线的高度和角度均一致，且以起点数据为准；【线锥】表示扫描线的高度和角度方向呈线性变化；【立体混合】表示根据立方体的混合方式进行曲面熔接。

6. 牵引曲面

1）首先绘制好曲面造型需要的二维线框图。设置构图平面为【顶视图】，当前视角为【等角视图】，绘制一个正六边形，其外切圆半径为100，倒圆半径为30，如图4-58所示。

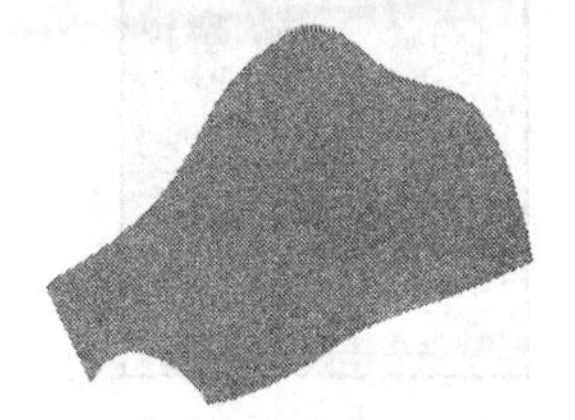

图4-57 围篱曲面造型

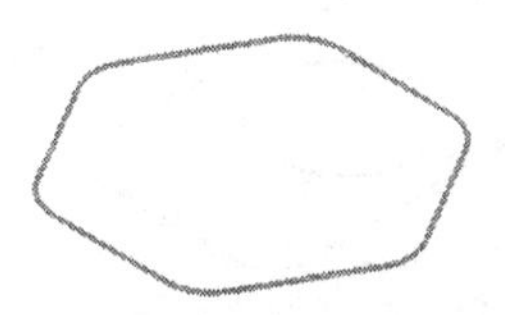

图4-58 牵引曲面线框图

2）在菜单栏中选择【绘图】→【曲面】→【牵引曲面】命令。

3）系统弹出【串连选项】对话框，并提示“选取直线、圆弧或曲线1”，在绘图区串连选取所有图素，并单击对话框中的按钮确定。

4）系统弹出【牵引曲面】对话框，设置长度为100，角度为10，具体参数如图4-59所示。

5）单击对话框中的按钮或按钮，则可得到如图4-60所示的牵引曲面造型。其中图4-60b所示为单击按钮对角度进行切换所得到的牵引曲面造型。

图4-59 牵引曲面参数设置

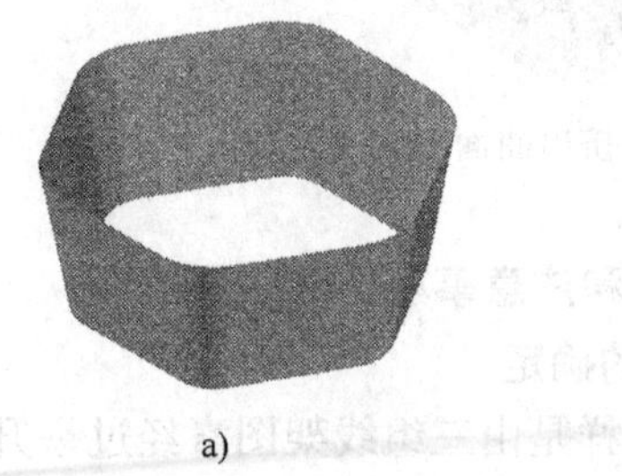

图4-60 牵引曲面造型

7. 挤出曲面

1）首先绘制好曲面造型需要的二维线框图。设置构图平面为【顶视图】，当前视角为

【等角视图】，绘制如图 4-61 所示的二维图形，其中矩形尺寸为 100×60，圆角半径为 10，正中放置的圆形半径为 20。

2）在菜单栏中选择【绘图】→【曲面】→【挤出曲面】命令。

3）系统弹出【串连选项】对话框，并提示“选择由直线及圆弧构成的串连，或封闭曲线 1”，在绘图区串连选取矩形，系统随即弹出【拉伸曲面】对话框，如图 4-62 所示。

图 4-61　挤出曲面线框图

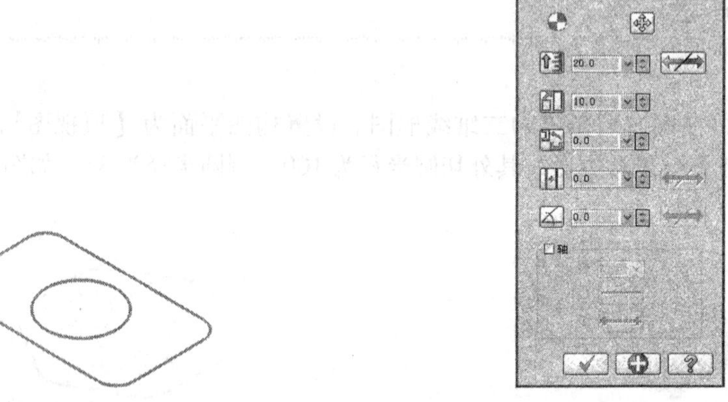

图 4-62　挤出（拉伸）曲面参数设置

4）在对话框中设置挤出高度为 20，锥度角为 10，并根据设计需要单击按钮对挤出方向及挤出角度进行切换，其他参数默认，再单击对话框中的按钮，所生成的曲面如图 4-63 所示。

5）系统又弹出【串连选项】对话框，在绘图区选取圆形，并在随即弹出的【拉伸曲面】对话框中设置与上一步骤相同的参数，注意对挤出方向及挤出角度进行切换。最后单击对话框中的按钮确定，隐藏线框图层，生成的挤出曲面造型如图 4-64 所示。

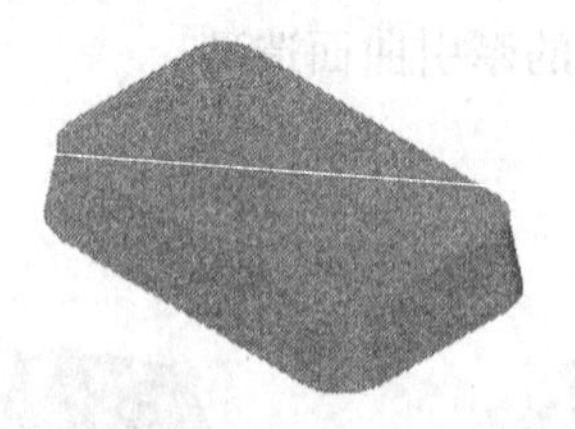

图 4-63　挤出曲面

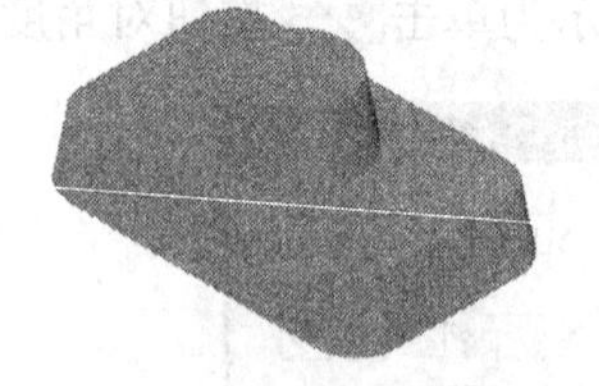

图 4-64　挤出曲面造型

⚠容易产生的问题和注意事项

1. 图素串连起始点的确定

如图 4-65 所示，同样是由三组线架图素经过举升功能产生的曲面，却得到不同的曲面造型。

图中曲面发生扭曲现象的原因就在于串连每一组图素时，起始点没有对应。所以在串连图素时，应尽可能保证各次串连的起始点位置大致对应，必要时可以利用辅助手段，对单一图素进行打断操作，从而获得准确的起始点位置。

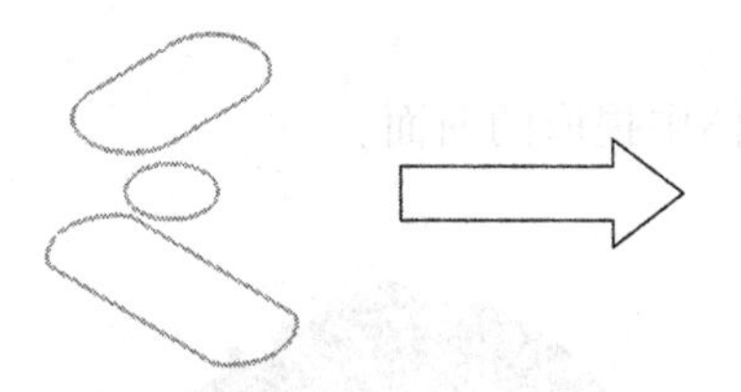
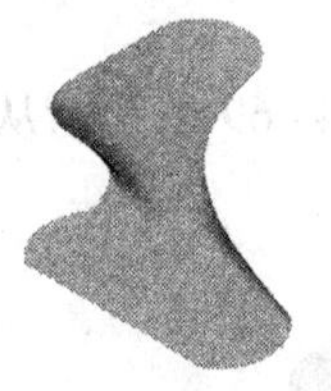

图4-65 不同图素起始点生成的曲面

串连方向不同也会导致曲面扭曲，所以图素串连时需要注意。

2. 图素串连先后顺序的确定

如图4-66所示，均是由相同的线架图素经过举升功能产生的曲面，但却得到迥然不同的曲面造型。

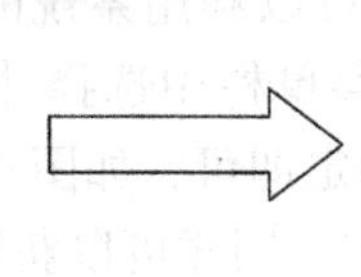
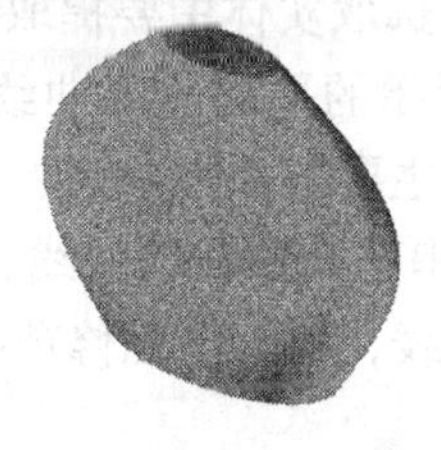
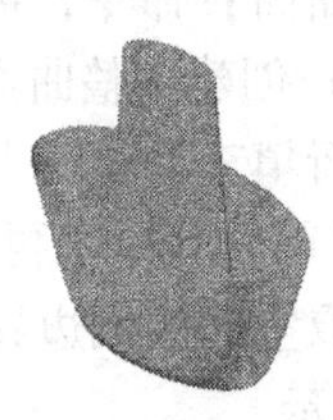

图4-66 不同串连顺序生成的曲面

经分析可知，所生成的举升曲面在串连图素时，前者是按从下到上的顺序进行选取，后者则是先选取中间的椭圆，接着选取下面的椭圆，最后选取上面的椭圆。所以，图素串连顺序不同，也会得到不同的曲面模型。

3. 拔模角度（锥角）问题

如图4-67所示，为曲面牵引过程中所出现的曲面相错、曲面相离和曲面扭曲现象。

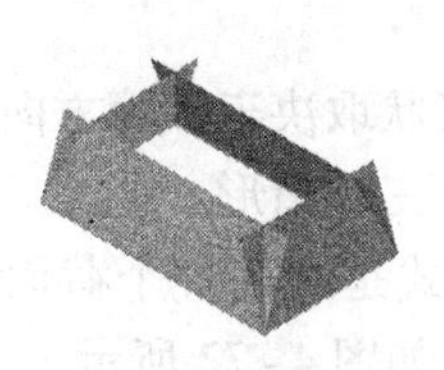
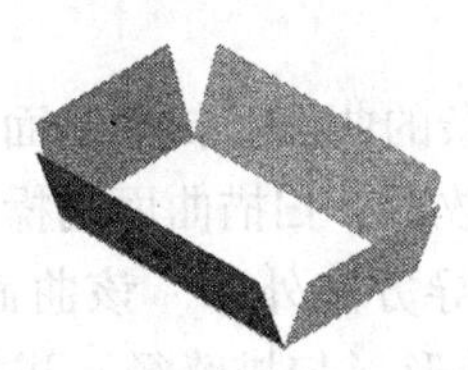
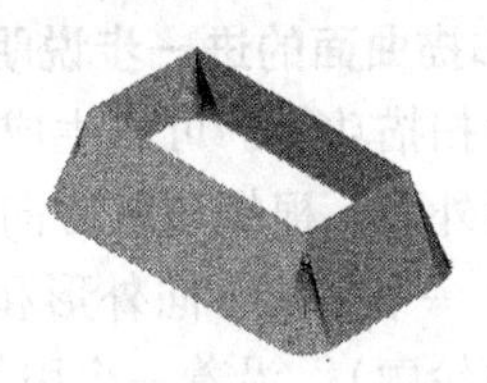

图4-67 不同拔模角度引起的曲面情况

分析其原因，是由于曲面牵引时设置了拔模角度（即锥度角），角度的大小以及牵引的距离没有与牵引边界的圆角相适应而导致上述现象发生。要避免此类现象出现，必须使角度、牵引距离与边界圆角三者的值相适应。

扩展知识

1. 曲面的其他生成方式

（1）由实体生成曲面　实体曲面是指将实体造型的表面剥离而形成的曲面，相对由线架模型生成的曲面来说，该种曲面生成方式更容易获得较为复杂的曲面。因此，对于复杂曲面，一般先考虑采用由实体生成曲面的方法。

执行该功能时，可以从实体中指定所需的表面来产生曲面，原始实体可以保留，也可以删除。

如图 4-68 所示为一实体，图 4-69 所示为从实体中提取的曲面。

图 4-68 待生成曲面的实体

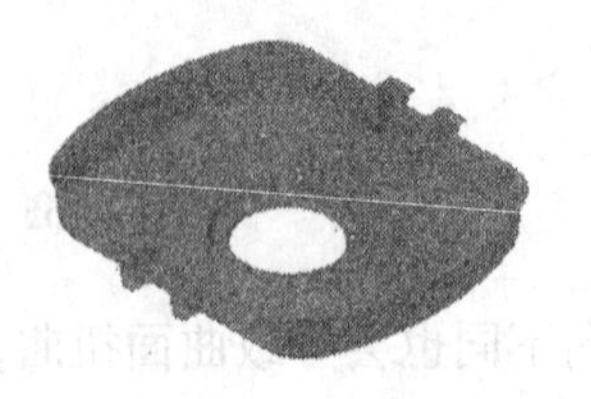

图 4-69 从实体中提取的曲面

从实体中提取曲面的主要操作方法为：在菜单栏中选择【绘图】→【曲面】→【由实体生成曲面】命令，再在绘图区选取实体中要提取曲面的表面即可。

（2）创建平整曲面　对于封闭的平面边界曲线，可以利用系统的平面修剪功能对边界内部进行填充而获得平整曲面。主要操作方法为：在菜单栏中选择【绘图】→【曲面】→【平面修剪】命令，再在绘图区串连选取封闭曲线，确定即可，如图 4-70 所示。

选取空间区域边界封闭轮廓线，执行平面修剪操作，同样可以获得平整曲面效果，如图 4-71 所示。

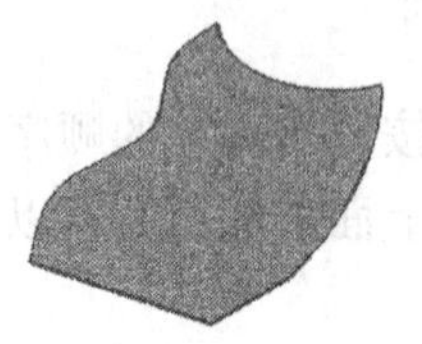

图 4-70 平面区域平面修剪

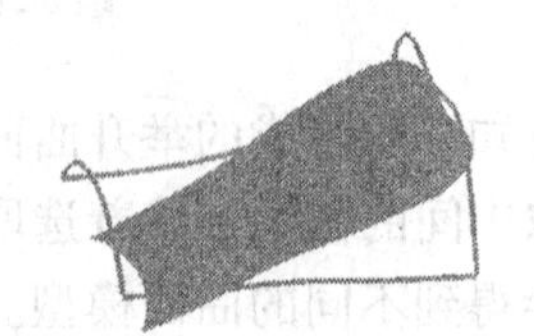

图 4-71 空间区域平面修剪

2. 扫描曲面的进一步说明

利用扫描功能，可以生成比较复杂的曲面。扫描曲面的最终形状取决于截面方向外形与引导方向外形，根据两种方向外形的数量，扫描曲面的操作有以下三种情形。

（1）一个截面方向外形和一个引导方向外形　该曲面创建方式是利用一个截面方向外形（截面轮廓），沿着一个引导方向外形（扫描路径）进行扫描，如图 4-72 所示。

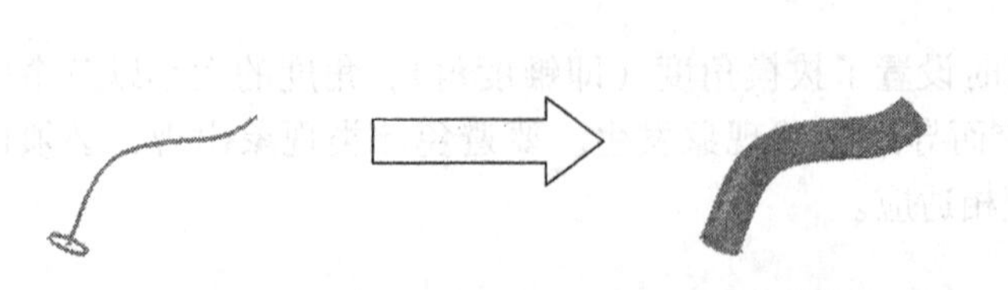

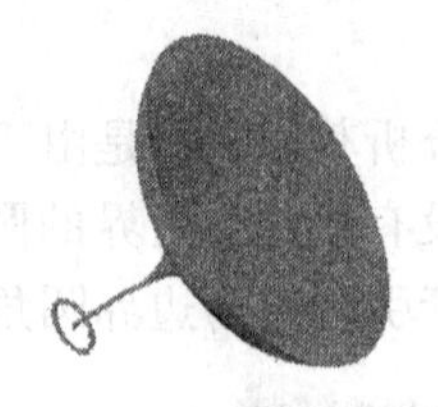

图 4-72 扫描曲面情形一

图 4-72 中，创建的扫描曲面前者是以圆形为截面方向外形，自由曲线为引导方向外形，后者是以自由曲线为截面方向外形，圆形为引导方向外形。

（2）多个截面方向外形和一个引导方向外形　该曲面创建方式是由多个截面外形沿着一个引导方向外形进行扫描。如图 4-73 所示，两个圆形与一个六边形为截面方向外形，圆弧线为引导方向外形。

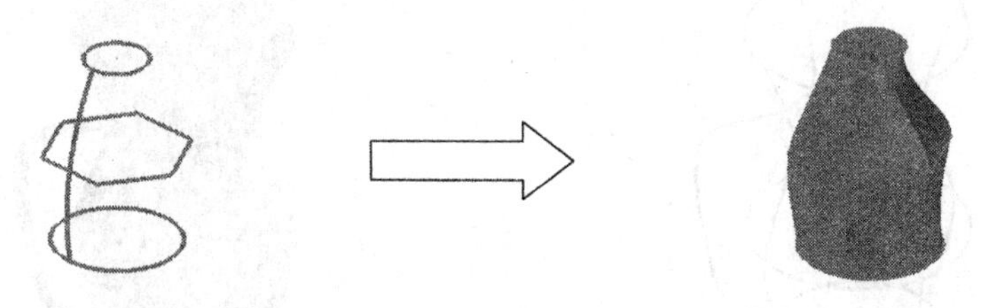

图4-73　扫描曲面情形二

此种扫描曲面创建方式与举升曲面类似。不同的是，当举升曲面的母线（相当于扫描曲面中的截面方向外形）一定时，形成的曲面是唯一的；而扫描曲面的最终形成还取决于引导方向外形。

（3）一个截面方向外形和两个引导方向外形　该曲面创建方式通过一个截面方向外形沿着两个引导方向外形进行扫描。如图4-74所示，圆弧线为截面方向外形，两条自由曲线为引导方向外形。

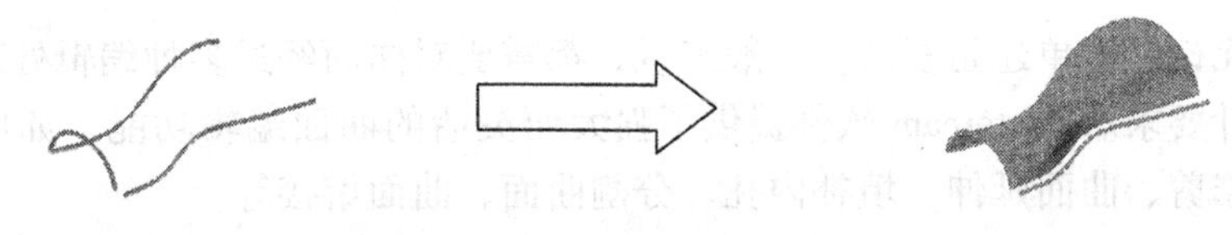

图4-74　扫描曲面情形三

当使用两个引导方向外形（路径）进行扫描曲面的创建时，两个外形不能相交或相接触，否则扫描曲面不能成功创建。

练习1：试绘制如图4-75所示的五角星曲面造型，五角星外接圆半径为100，顶点高度为20。

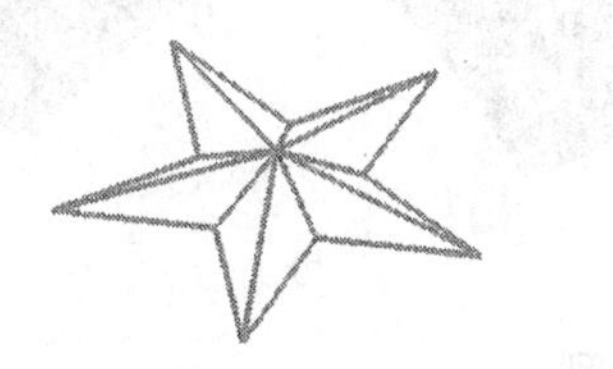

图4-75　练习1图

绘图思路：利用三维线架绘制功能绘制出五角星的三维线架后，再利用直纹曲面绘制命令或网状曲面绘制命令绘制出每一个三角形围成的曲面，全部完成后便得到了五角星曲面造型。如果对各种曲面绘制的操作比较熟练，能够举一反三，五角星曲面造型还可以用其他的曲面绘制方法一次完成。

练习2：试绘制如图4-76所示的水壶曲面造型，两个大圆的半径为100，小圆半径为70，两两相距100，各圆周点用四条自由曲线相连，其他形状与尺寸自定。

绘图思路：三维线架完成后，利用网状曲面绘制命令绘制出水壶主体，利用直纹曲面绘

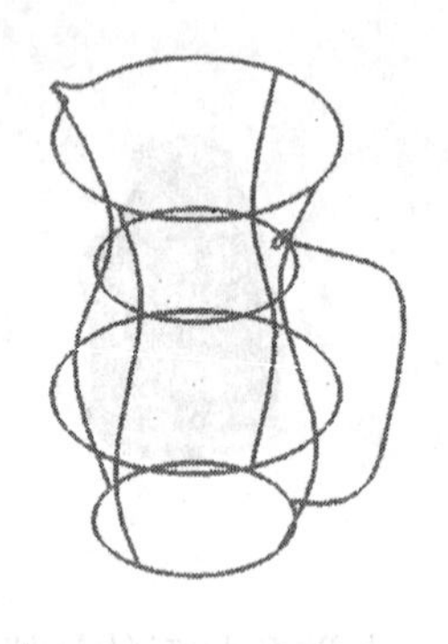

图 4-76　练习 2 图

制命令绘制出水壶底面，利用扫描曲面绘制命令绘制出水壶手柄，全部完成后便可得到水壶曲面造型。还可以利用后续学到的曲面编辑命令，对水壶造型作倒角、修剪等进一步的处理。

任务 4　编辑曲面

曲面造型无论是简单还是复杂，一般来说，都需要对曲面经过多种编辑处理，才能最终符合曲面的设计要求。Mastercam 软件提供了强大而灵活的曲面编辑功能，如曲面补正、曲面倒圆、曲面修剪、曲面延伸、填补内孔、分割曲面、曲面熔接等。

任务描述

如图 4-77 所示，试对图 4-77a 所示的曲面进行相应的编辑处理，最终完成如图 4-77b 所示的曲面造型。

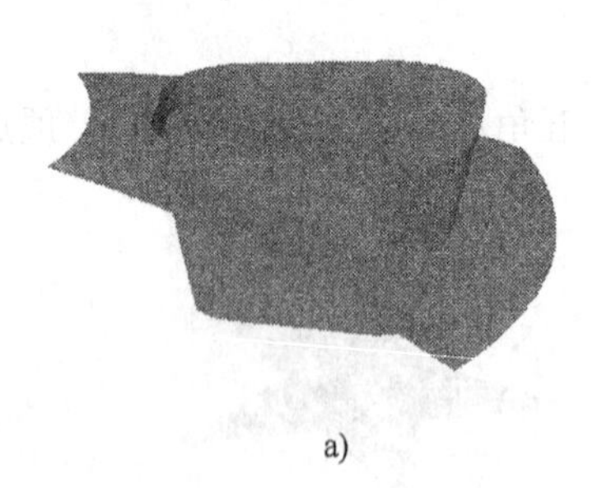

a)

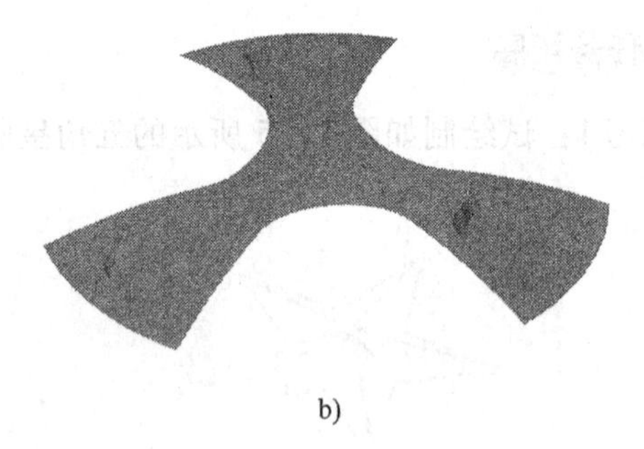

b)

图 4-77　曲面编辑处理

任务目标

1. 进一步掌握多种曲面的绘制方法。
2. 学习掌握编辑曲面的多种方法。

任务分析

本任务中，要由图 4-77a 所示的曲面生成图 4-77b 所示的曲面，必须首先对图 4-77a 中的旋转曲面进行补正，再把补正曲面与现有的两个曲面进行相互修剪或修整，得到凹槽造型，对槽的边缘倒圆，获得三分之一曲面造型，旋转复制出另外两部分，最后再进行曲面熔接，便可完成整个曲面造型的设计。

在进行曲面编辑处理的过程中，一定要细心和耐心，特别是在曲面修剪过程中保留部分与删除部分的选取及倒圆过程中倒角方向的选取，极易混淆，导致得不到正确的曲面编辑效果。

1. 曲面补正

曲面补正是指将现有曲面沿着法线方向按照给定的距离进行偏移生成新的曲面。在菜单栏中选择【绘图】→【曲面】→【曲面补正】，效果如图 4 - 78 所示。

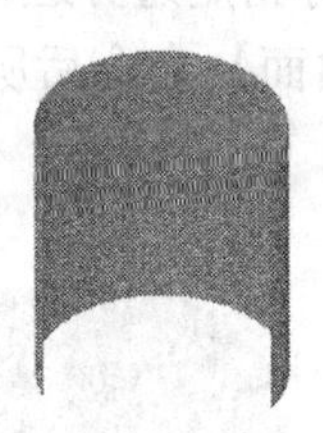
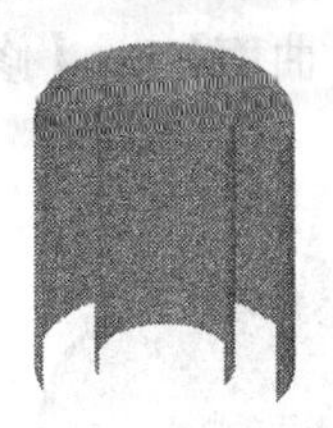

图 4 - 78　曲面补正

2. 曲面倒圆角

为了避免曲面之间的尖角情况，保证曲面间的平滑过渡，增加强度、美观性及满足加工需要等因素，需要在零件的轮廓上倒圆角。曲面倒圆就是在已有曲面上产生一组由圆弧构成的曲面，并与原有曲面相切。在菜单栏中选择【绘图】→【曲面】→【曲面倒圆角】→【曲面与曲面倒圆角】命令后，在两曲面之间倒圆的效果，如图 4 - 79 所示。

图 4 - 79　曲面与曲面倒圆角

根据需要，也可以在曲线与曲面之间倒圆。在菜单栏中选择【绘图】→【曲面】→【曲面倒圆角】→【曲线与曲面】命令后所获得的效果如图 4 - 80 所示。

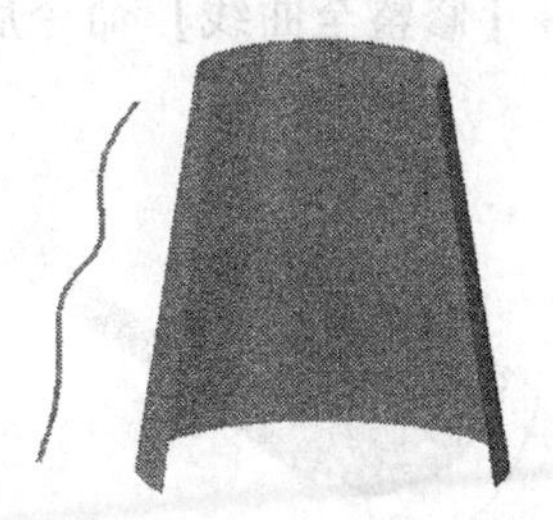
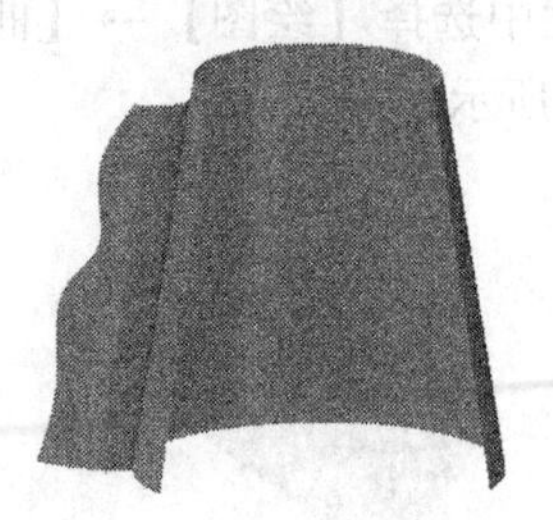

图 4 - 80　曲线与曲面倒圆角

曲面与平面之间也可以倒圆。在菜单栏中选择【绘图】→【曲面】→【曲面倒圆角】→

【曲面与平面】命令后所获得的效果如图 4-81 所示。

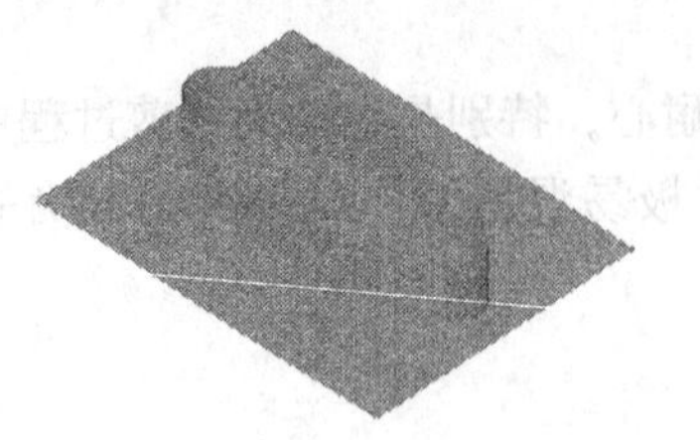

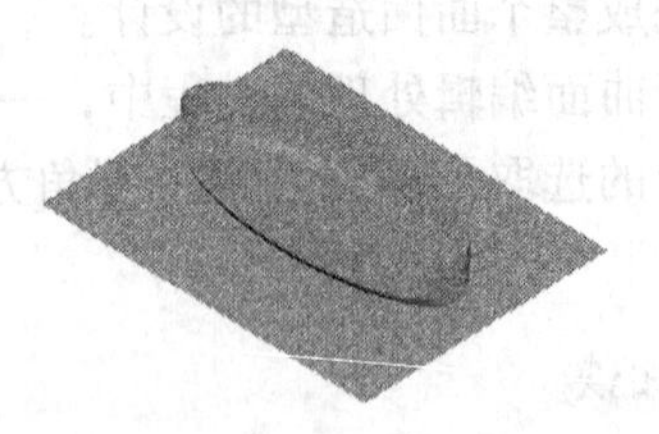

图 4-81　曲面与平面倒圆

3. 曲面修整

曲面修整是将某一现有的曲面沿曲面、平面或曲线等指定边界进行修剪的操作。在菜单栏中选择【绘图】→【曲面】→【修剪】→【修整至曲面】命令后所获得的效果如图4-82所示。

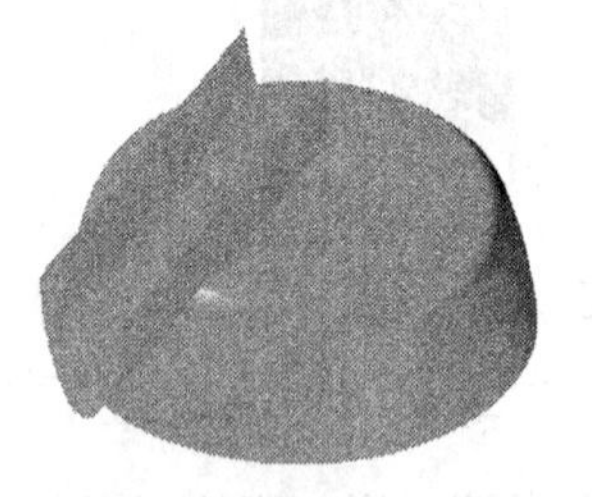

图 4-82　修整至曲面

在菜单栏中选择【绘图】→【曲面】→【修剪】→【修整至平面】命令后所获得的效果如图 4-83 所示。

图 4-83　修整至平面

在菜单栏中选择【绘图】→【曲面】→【修剪】→【修整至曲线】命令后所获得的效果如图 4-84 所示。

图 4-84　修整至曲线

4. 曲面熔接

曲面熔接是指将两个或三个原始曲面通过一定的方式做平滑相切连接，从而得到一个流畅的单一曲面。曲面熔接与曲面倒圆都是为了获得光滑的连接曲面，只是曲面熔接命令更加灵活。Mastercam 软件提供了三种熔接方式，分别为两曲面熔接、三曲面熔接、三圆角曲面熔接。

1）两曲面熔接可以在两曲面间产生一个顺滑曲面。在菜单栏中选择【绘图】→【曲面】→【两曲面熔接】命令后获得的效果如图4-85所示。

图4-85　两曲面熔接

2）三曲面熔接是在三个曲面之间创建光滑的熔接曲面，与两曲面熔接操作方法类似，主要区别在于三曲面熔接需要分别指定三个曲面及其相应的熔接位置。在菜单栏中选择【绘图】→【曲面】→【三曲面熔接】命令后获得的效果如图4-86所示。

3）三圆角曲面熔接是在三个选定的圆角曲面上产生一光滑曲面将各圆角曲面熔接在一起。如图4-87所示为【三个圆角曲面熔接】对话框，其中选中3单选按钮为创建三条边界构成的熔接曲面，选中6单选按钮为创建六条边界构成的熔接曲面，六条边界熔接曲面比三条边界熔接曲面更加光顺。

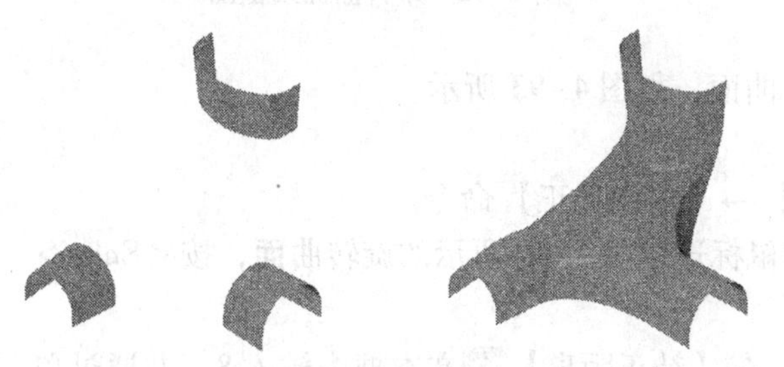

图4-86　三曲面熔接

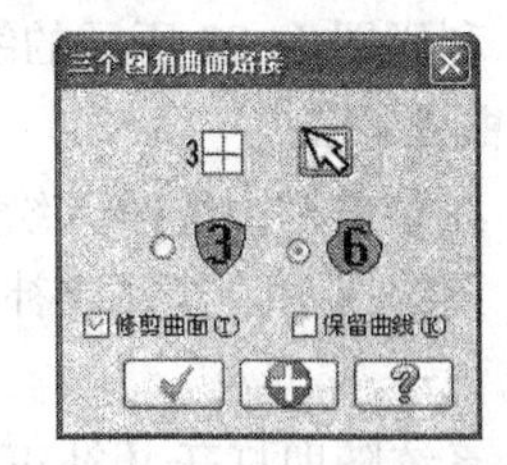

图4-87　【三个圆角曲面熔接】对话框

在菜单栏中选择【绘图】→【曲面】→【三圆角曲面熔接】命令后获得的效果如图4-88所示。

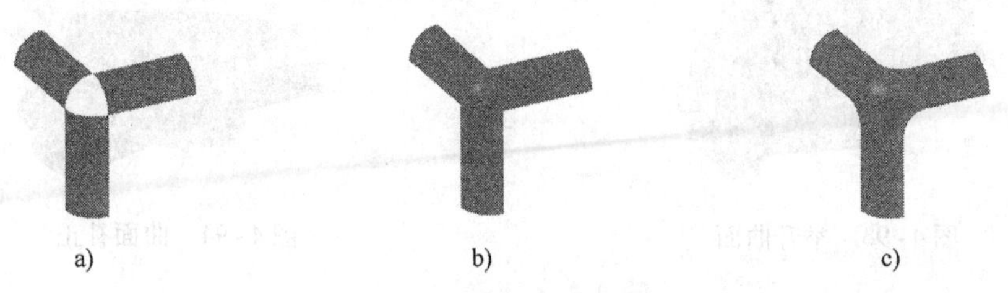

a)　　b)　　c)

图4-88　三圆角曲面熔接

a）待熔接圆角曲面　b）三条边界曲面熔接　c）六条边界曲面熔接

任务实施

1. 图形准备

1）在前视图构图平面内绘制出生成旋转曲面需要的线框，如图 4-89 所示。

2）利用图 4-88 所示的线框，生成旋转曲面，旋转角度为 45°，如图 4-90 所示。

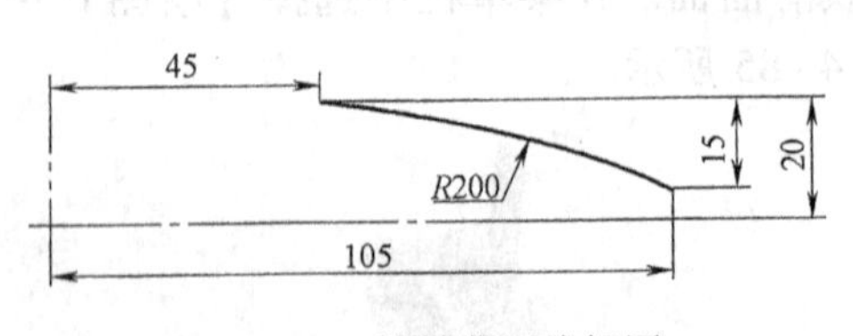

图 4-89　旋转曲面线框图

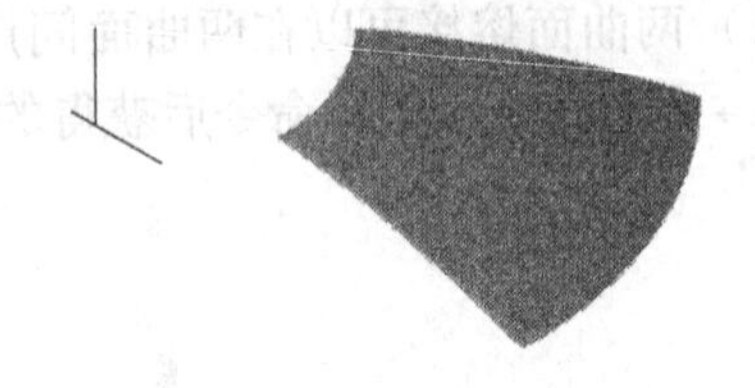

图 4-90　旋转曲面

3）在顶视图构图平面中绘制出生成举升曲面需要的基本线框，如图 4-91 所示。

4）将图 4-91 所示的线框向外以复制方式串连补正 6，并向上平移 22，得到的等角视图如图 4-92 所示。

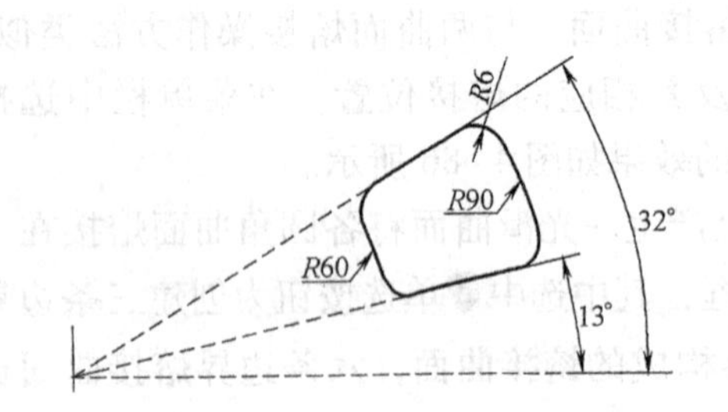

图 4-91　举升曲面基本线框图

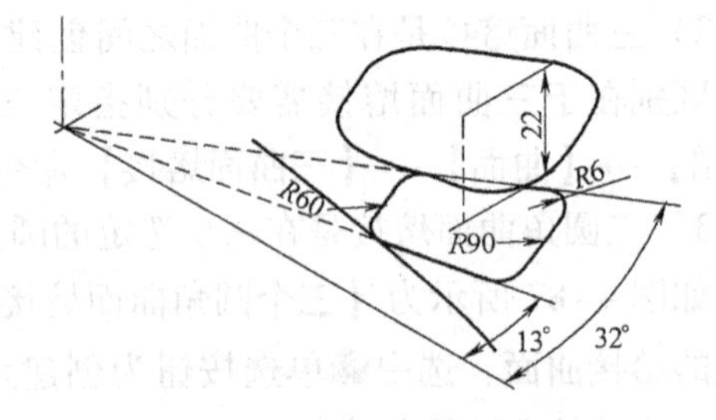

图 4-92　举升曲面线框图

5）利用图 4-92 所示的线框，绘制举升曲面，如图 4-93 所示。

2. 曲面补正

1）在菜单栏中选择【绘图】→【曲面】→【曲面补正】命令。

2）系统提示“选择要补正的曲面”，用鼠标选取图 4-89 所示的旋转曲面，按 <Enter> 键确定。

3）系统随即打开【补正曲面】工具条，在【补正距离】文本框中输入 8，并通过单击【循环】及【方向】按钮调节曲面补正方向，使曲面向下补正，如图 4-94所示。

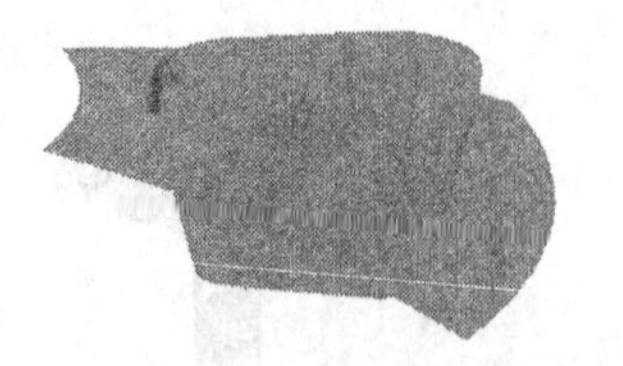

图 4-93　举升曲面

图 4-94　曲面补正

4）单击工具条中的按钮确定，完成曲面补正任务。

3. 曲面修剪

1）在菜单栏中选择【绘图】→【曲面】→【修剪】→【修整至曲面】命令。

2）系统提示“选取第一个曲面或按 <Esc> 键退出”，鼠标单击选取旋转曲面，按 <Enter> 键确定。

3）系统提示“选取第二个曲面或按 <Esc> 键退出”，鼠标单击选取举升曲面，按 <Enter> 键确定。

4）系统打开【曲面至曲面】工具条，并提示“指出保留区域——选取曲面去修剪”，鼠标单击选取旋转曲面；系统又提示“调整曲面修剪后保留的位置”，移动鼠标，将指示保留位置的箭头移至如图 4-95 所示处，并单击鼠标确定。

5）系统又提示“指出保留区域——选取曲面去修剪”，鼠标单击选取举升曲面，并移动鼠标，将指示修剪后需保留位置的箭头移至如图 4-96 所示处，并单击鼠标确定。

图 4-95　第一个曲面修剪后保留位置选取

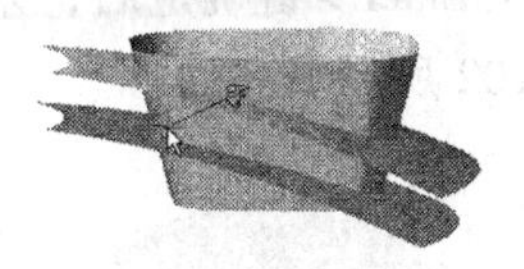

图 4-96　第二个曲面修剪后保留位置选取

6）单击工具条中的按钮确定，完成第一次的曲面修剪任务，效果如图 4-97 所示。

7）接着用鼠标选取补正曲面为第一个曲面，按 <Enter> 键确定，再用鼠标选取举升曲面为第二个曲面，按 <Enter> 键确定。

8）系统再次打开【曲面至曲面】工具条，并提示“指出保留区域——选取曲面去修剪”，鼠标单击选取补正曲面；系统又提示“调整曲面修剪后保留的位置”，移动鼠标，将指示保留位置的箭头移至如图 4-98 所示处，并单击鼠标确定。

图 4-97　第一次曲面修剪

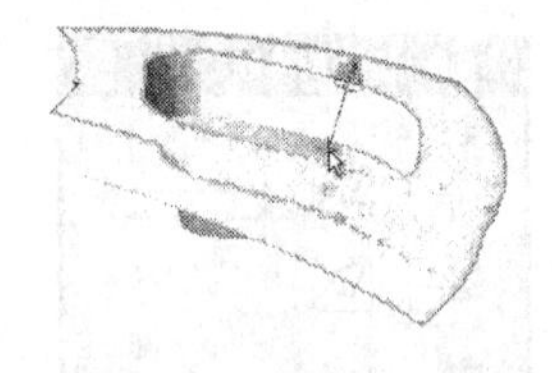

图 4-98　第一个曲面修剪后保留位置选取

9）系统又提示“指出保留区域——选取曲面去修剪”，鼠标单击选取举升曲面，并移动鼠标，将指示修剪后需保留位置的箭头移至如图 4-99 所示处，并单击鼠标确定。

10）单击工具条中的按钮确定，完成第二次的曲面修剪任务，效果如图 4-100 所示。

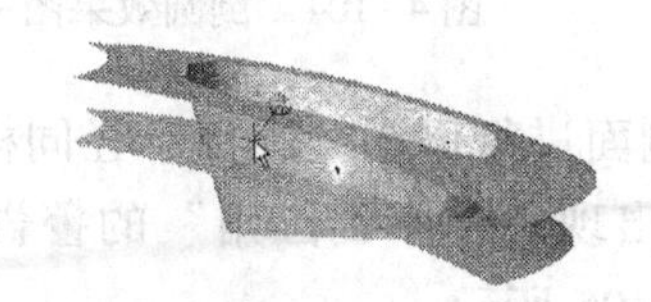

图 4-99　第二个曲面修剪后保留位置选取

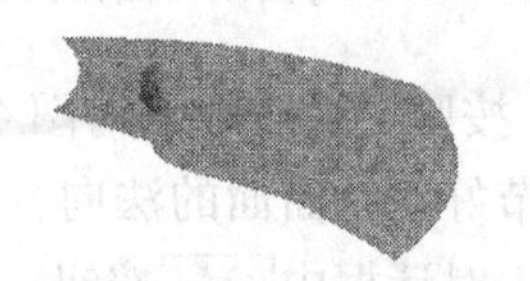

图 4-100　第二次曲面修剪

教你一招

为了方便选取曲面修整后的保留区域，可以按住鼠标中键不放并拖动鼠标，将整个图形旋转到适当视角再进行操作。注意，默认情况下，选取到的区域为保留部分，未选取到的区域为删除部分。

4. 曲面倒圆

1）在菜单栏中选择【绘图】→【曲面】→【曲面倒圆角】→【曲面与曲面倒圆角】命令。

2）系统提示“选取第一个曲面或按 <Esc> 键退出”，用鼠标选取修剪后的上表面，如图 4-101 所示。

3）按 <Enter> 键确定后，系统提示“选取第二个曲面或按 <Esc> 键退出”，用鼠标选取如图 4-102 所示的曲面。

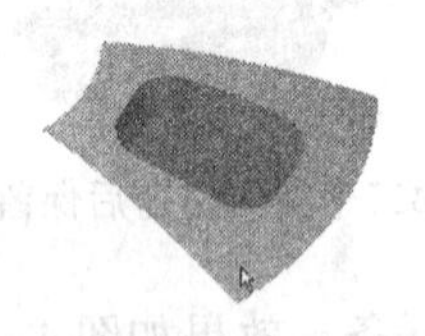

图 4-101　选取第一个倒圆的曲面

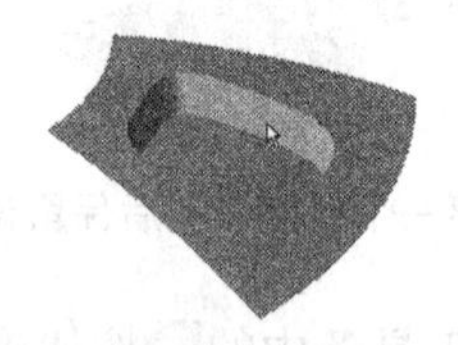

图 4-102　选取第二个倒圆的曲面

4）按 <Enter> 键确定，系统弹出【曲面与曲面倒圆角】对话框。在对话框中设置圆角半径值为 2，并勾选【修剪】选项，如图 4-103 所示。

5）单击对话框中的按钮切换法向，使已选择的两个曲面的法向相对。调节好后，再单击按钮，完成的倒圆效果如图 4-104 所示。

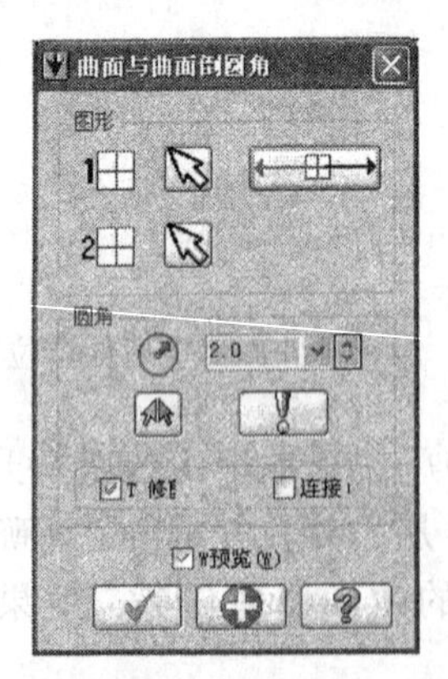

图 4-103　【曲面与曲面倒圆角】参数设置

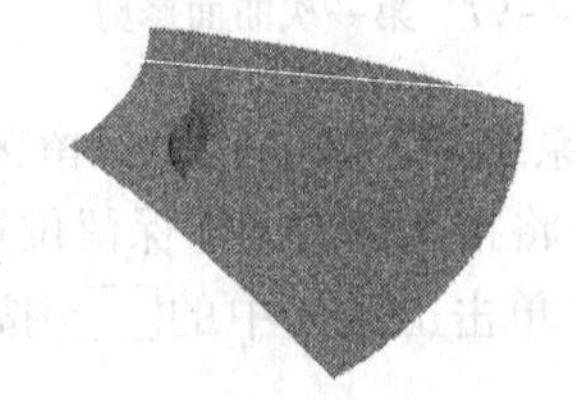

图 4-104　倒圆效果图一

6）按照上述步骤，对图 4-104 中的凹槽底面和侧面进行倒圆，圆角半径同样为 2。注意要调节好两个曲面的法向，保证方向相对，否则会出现“找不到圆角”的警告。设置好后，单击对话框中按钮，完成的倒圆效果如图 4-105 所示。

5. 曲面熔接

1）在菜单栏中选择【转换】→【旋转】命令。

2）鼠标框选所有曲面，按<Enter>键确定。

3）在弹出的【旋转】对话框中，设置旋转方式为【复制】，旋转次数为2，单次旋转角度为120，如图4-106所示。

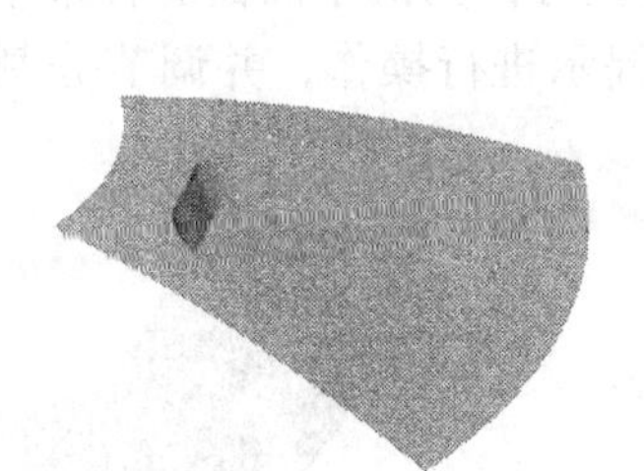

图4-105 倒圆效果二

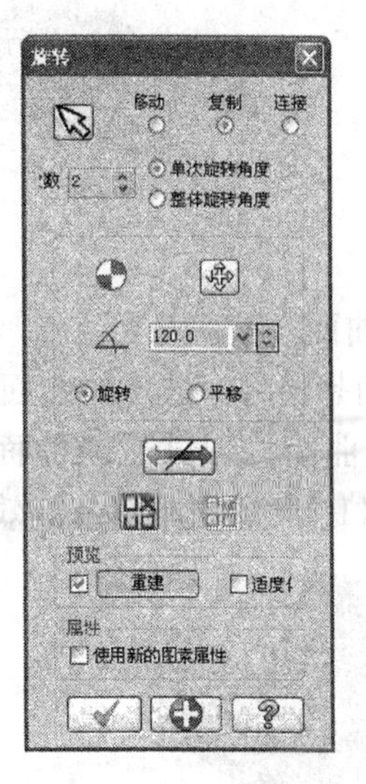

图4-106 【旋转】对话框

4）单击对话框中按钮，旋转效果如图4-107所示。

5）在菜单栏中选择【绘图】→【曲面】→【三曲面熔接】命令。

6）系统提示“选择第一熔接曲面”，选取图4-107中待熔接的曲面，用鼠标移动显示的箭头到要熔接的位置，然后单击鼠标左键。用同样方法，选取第二、第三熔接曲面，结果如图4-108所示。

7）按<Enter>键确定，在弹出的【三曲面熔接】对话框中设置好方向等选项，单击对话框中的按钮完成三曲面的熔接，效果如图4-109所示。

图4-107 旋转效果

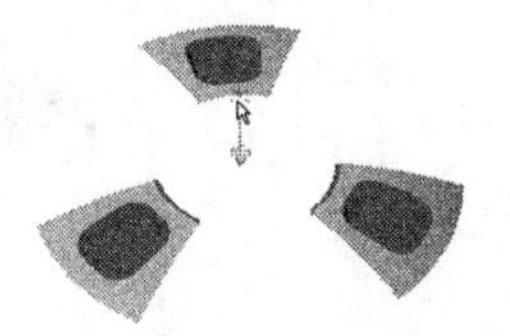

图4-108 选择熔接曲面和熔接位置

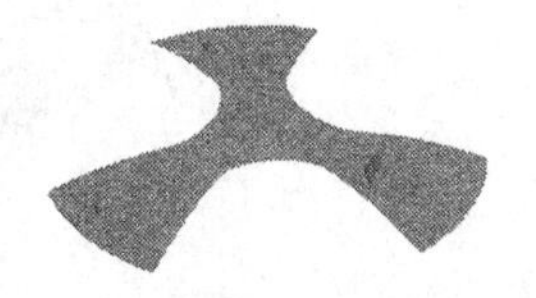

图4-109 三曲面熔接

注意：两组曲面之间倒圆时，经常会遇到“找不到圆角”的警告，这时就要注意检查两组曲面的法线方向，要求两组曲面的法线方向都要指向倒圆曲面的圆心，同时要考虑圆角半径不要设置得太大，以免在两曲面间容不下倒圆曲面。

扩展知识

1. 曲面延伸

曲面延伸是指将选定的曲面延伸指定的距离，或者延伸到指定的曲面，延伸部分在边界处与原始曲面相切，并且曲面的种类、精度与原始曲面相同。在菜单栏中选择【绘图】→【曲面】→【曲面延伸】命令，按照系统提示进行操作，可得到如图 4 - 110 所示的曲面延伸效果。

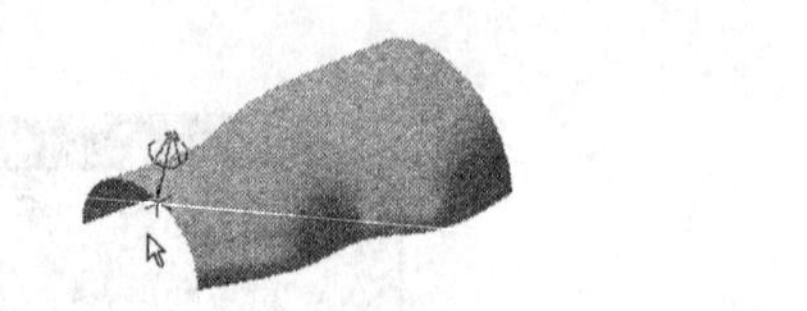
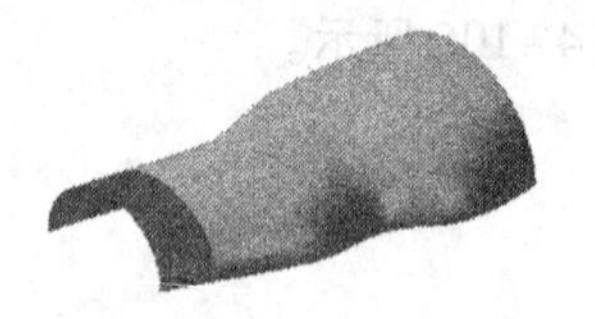

图 4 - 110　曲面延伸

2. 分割曲面

分割曲面是指将一选定的曲面按照指定的位置和方向分割为两个曲面。在菜单栏中选择【绘图】→【曲面】→【分割曲面】命令，按照系统提示进行操作，并调节分割方向，可得到如图 4 - 111 所示的曲面分割效果。

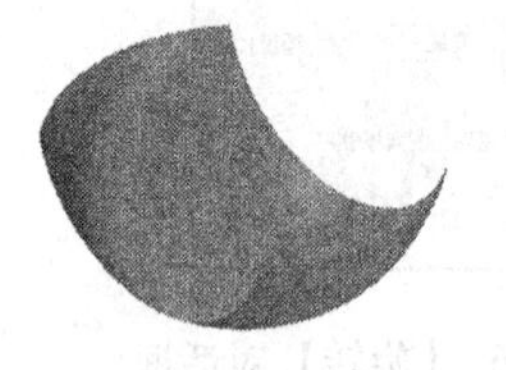
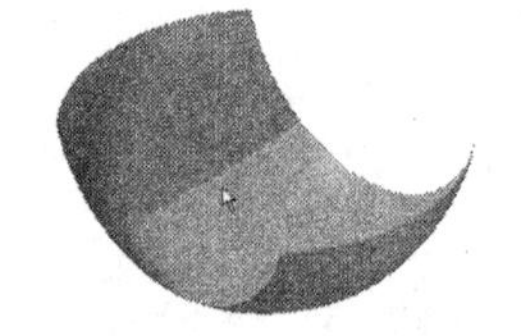
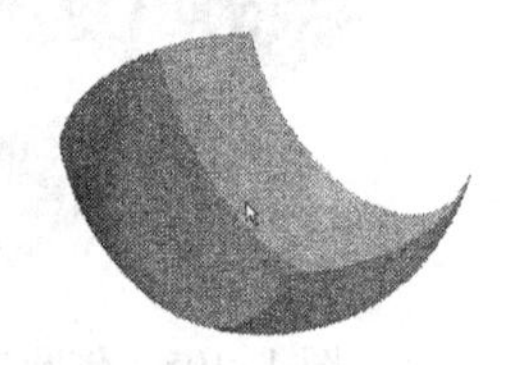

图 4 - 111　分割曲面

3. 填补内孔

填补内孔是指在选定曲面的内孔处进行填充，从而获得新的曲面填充效果。如果选定曲面有多个内孔，选择一个内孔边界后，系统会弹出“填补所有的内孔?”的警告，如选择【是】，将填充全部内孔，如选择【否】，则仅填充箭头移动到边界处的内孔。在菜单栏中选择【绘图】→【曲面】→【填补内孔】命令，按照系统提示进行操作，可得到如图 4 - 112 所示的效果。

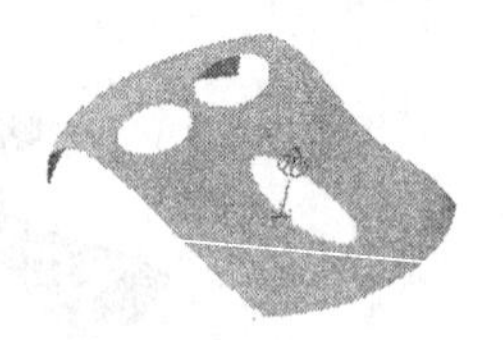

图 4 - 112　填补内孔

任务 5　创建曲面曲线

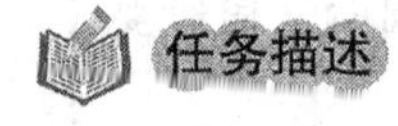

绘制如图 4 - 113 所示的电话听筒后盖零件的曲面模型（不必标注尺寸）。

任务目标

1. 掌握绘制分模线、投影曲线的方法。

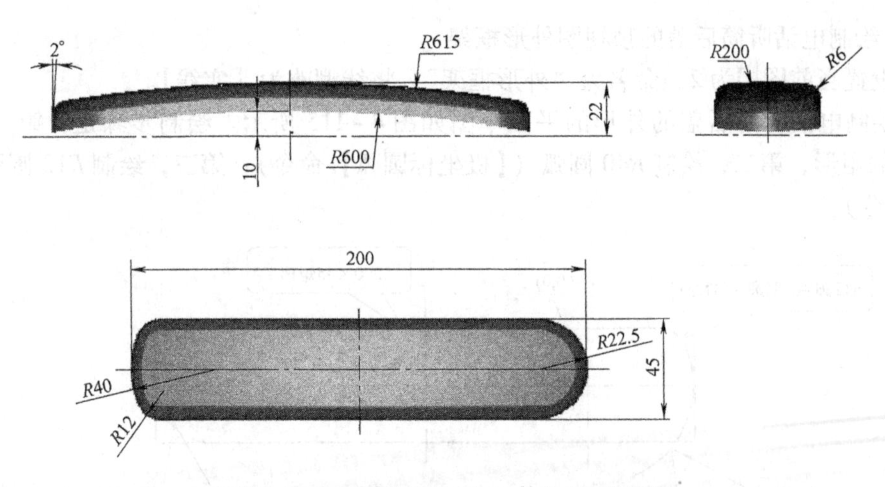

图4-113 电话听筒后盖零件的曲面模型

2. 会灵活选用合适的曲线、曲面命令完成产品零件的造型设计。

任务分析

分析图4-113所示的电话听筒后盖零件，可知该零件大体由三部分组成：顶面、侧面和顶面与侧面的圆弧过渡面，且零件图沿X轴对称。其中，顶面可通过【投影】命令和【圆弧】命令获得其线架模型，并通过【扫描曲面】命令来完成；侧面可通过【牵引曲面】命令来完成；顶面与侧面的圆弧过渡面可通过【曲面倒圆角】命令来完成。

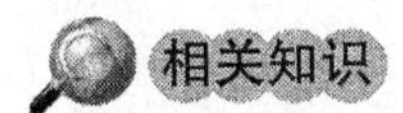

相关知识

曲面曲线与曲线不同，是在曲面或实体上建立的空间曲线，可实现曲线对曲面的修剪。选择菜单栏中的【绘图】→【曲面曲线】命令，显示如图4-114所示的【曲面曲线】菜单。

【创建分模线】命令可在指定的曲面或实体表面上，依照设定的构图平面方向沿其最大外轮廓位置产生分模曲线。

0 单一边界(0)...
A 所有曲线边界(A)
C 缀面边线(C)...
F 曲面流线(F)...
D 动态绘曲线(D)...
S 曲面剖切线(S)...
U 曲面曲线(U)
P 创建分模线(P)...
I 曲面交线(I)...

图4-114 【曲面曲线】菜单

任务实施

1. 绘制顶视图外形框架

(1) 绘制中心线

1) 设置构图平面为【顶视图】，当前图层为1，命名为“中心线”，线型设为【点画线】，其余按默认设置。

2) 绘制水平中心线。单击【草绘】(Sketcher) 工具栏中的按钮，再在弹出的【绘制任意线】操作栏中单击按钮，然后直接输入坐标(-110，0)并按<Enter>键确认，再继续输入坐标(110，0)并按<Enter>键确认。

3) 绘制垂直中心线。在【绘制任意线】操作栏中单击按钮，然后直接输入坐标(0，33)并按<Enter>键确认，再继续输入坐标(0，-33)并按<Enter>键确认。单击按钮，完成中心线的绘制。

（2）绘制电话听筒后盖的顶视图外形框架

1）设置当前图层为 2，命名为“外形框架”，将线型改为【实线】。

2）绘制电话听筒后盖的外形的平面草图如图 4 - 115 所示。绘制步骤是：第一，绘制 200 ×45 的矩形；第二，绘制 *R*40 圆弧（【极坐标圆弧】命令）；第三，绘制 *R*12 圆弧（【倒圆角】命令）。

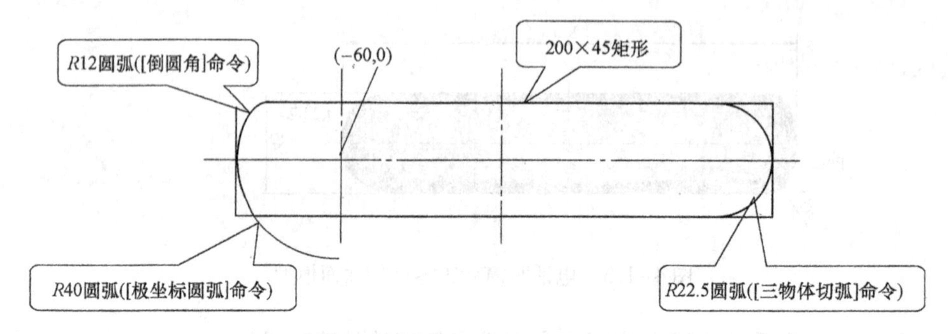

图 4 - 115　电话听筒后盖外形的平面草图

3）修剪成如图 4 - 116 所示的图形。

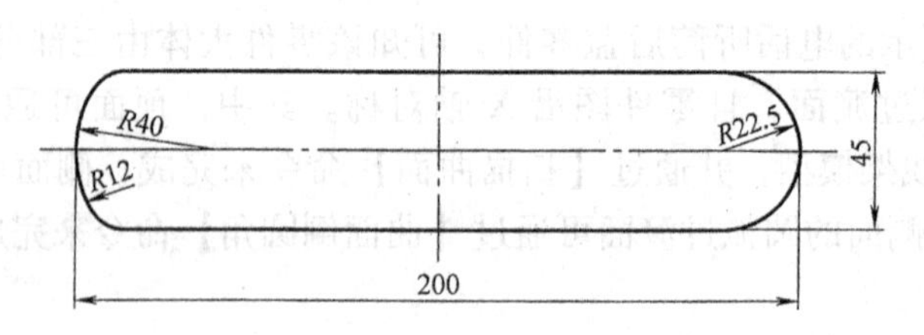

图 4 - 116　电话听筒后盖的顶视图

2. 绘制分型面

（1）绘制分型面线框架图

1）设置视角和构图平面均为【前视图】，构图深度 *Z* 设为 0，将当前图层设为 3，命名为“分型面线框”。

2）绘制如图 4 - 117 所示，该圆弧半径为 *R*600，其圆心坐标为（0，－590），圆弧与 *X* 轴相交，长度约等于 218。

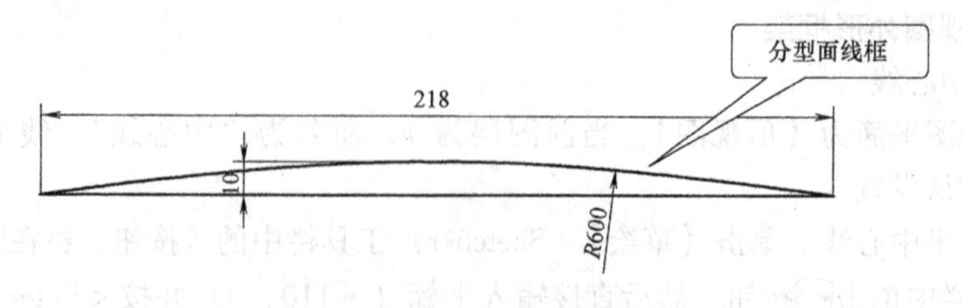

图 4 - 117　分型面线框架图

（2）绘制分型面（牵引曲面）

1）设置视角为【等角视图】，构图平面为【前视图】，将当前图层设为 4，命名为“分型面”，选择 3 号颜色（天蓝色）。

2）选择菜单栏中的【绘图】→【曲面】→【牵引曲面】命令。

3）系统弹出【串连选项】对话框。在该对话框中，选择【2D】，单击【串连】按钮，并在绘图区选择绘好的“分型面线框”。

4）系统弹出如图4-118所示的【牵引曲面】对话框，输入牵引长度45，并单击按钮可切换曲面的偏置方向。

5）单击按钮，完成电话听筒后盖分型面的绘制，如图4-119所示。

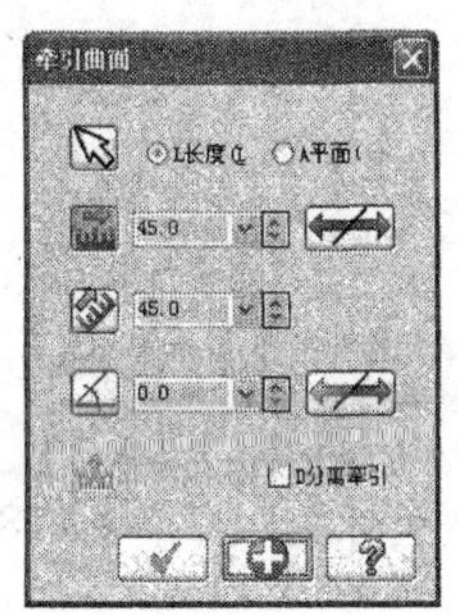
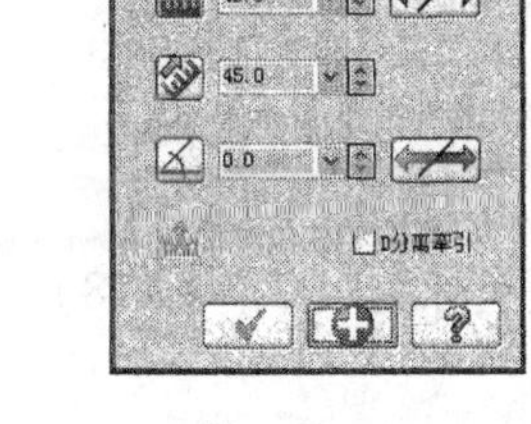

图4-118 【牵引曲面】对话框

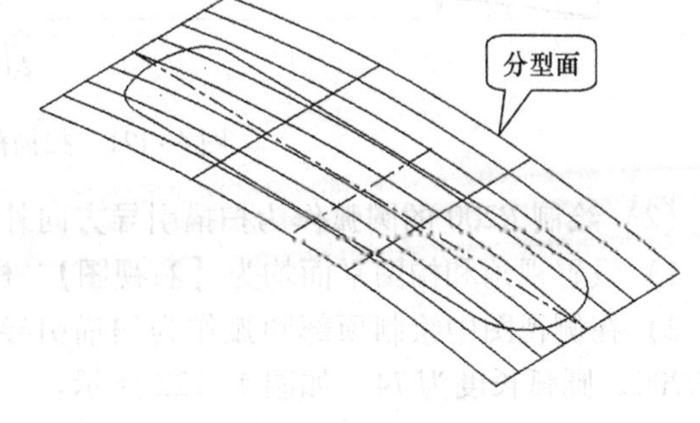

图4-119 电话听筒后盖的分型面

3. 绘制投影线（分模线）

1）设置视角为【等角视图】，构图平面为【顶视图】，当前图层设为5，命名为“投影线”。

2）选择菜单栏中的【转换】→【投影】命令。

3）在绘图区选择绘好的“外形框架”，按<Enter>键确定。

4）系统弹出【投影】对话框，勾选【使用新的图素属性】复选框，选择【投影到曲面】单选项，在绘图区选取分型曲面并按<Enter>键确定。

5）单击按钮，系统在分型面上生成投影曲线，也就是分模线。该分模线为后盖与前盖的共同的分模线，也是电话听筒前盖与后盖装配时重合之线，如图4-120所示。

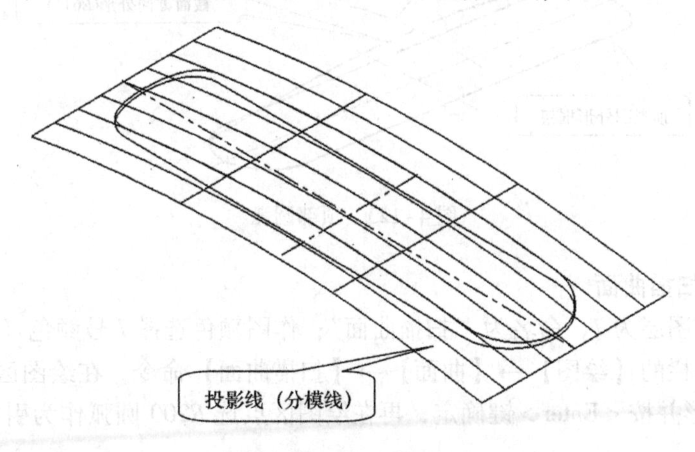

图4-120 分模线

4. 绘制顶部扫描线框架

（1）绘制*R*615的圆弧作为扫描截面方向外形

1）设置视角和构图平面均为【前视图】，构图深度 Z 为 0，设置当前图层为 6，命名为“顶部扫描线框架”。

2）在前视图中绘制一个圆弧作为扫描截面方向外形，圆心坐标为（0，－593），半径为 R615，圆弧长度 222，如图 4-121 所示。

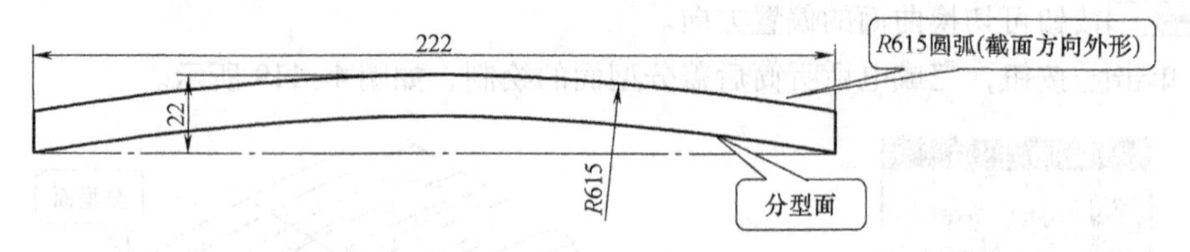

图 4-121　扫描截面方向外形

（2）绘制 R200 的圆弧作为扫描引导方向外形

1）设置视角和构图平面均为【右视图】，构图深度 Z 为 0。

2）在侧视图中绘制顶部圆弧作为扫描引导方向外形，圆心坐标为（0，－178），半径为 R200，圆弧长度为 74，如图 4-122 所示。

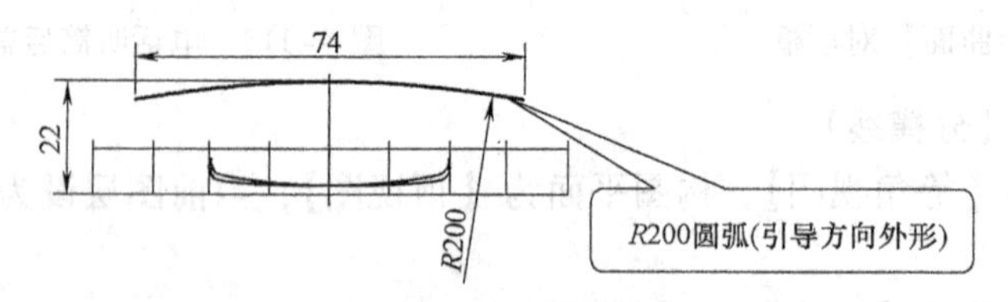

图 4-122　扫描引导方向外形

3）将视角设为【等角视图】，关闭图层 3、4、5，显示绘制的顶部圆弧，如图 4-123 所示。

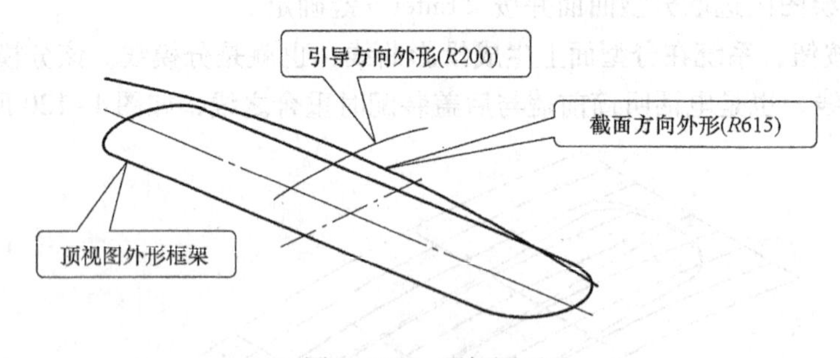

图 4-123　顶部圆弧

5. 绘制顶面扫描曲面

1）设置当前图层为 7，命名为“扫描曲面”；作图颜色选择 7 号颜色（灰色）。

2）选择菜单栏的【绘图】→【曲面】→【扫描曲面】命令，在绘图区点选 R615 圆弧作为截面方向外形并按 <Enter> 键确定，再在绘图区点选 R200 圆弧作为引导方向外形并按 <Enter> 键确定。

3）单击☑按钮，系统生成扫描曲面。

4）选择菜单栏中的【转换】→【镜像】命令，在绘图区选择扫描曲面并按 <Enter> 键确认，选择 X 轴作为镜像轴，单击☑按钮完成，结果如图 4-124 所示。

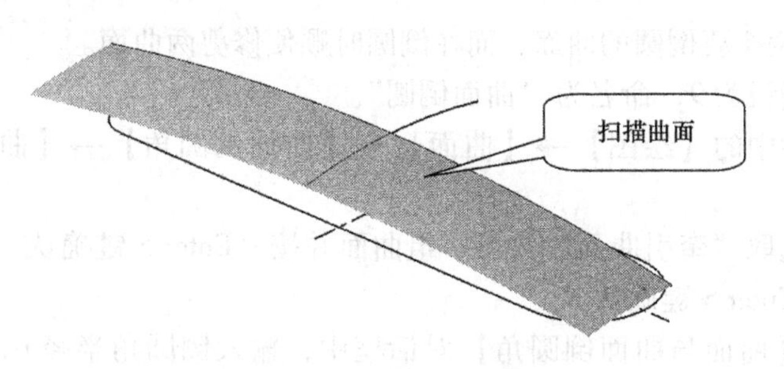

图 4-124　顶面扫描曲面

6. 绘制侧面牵引曲面

将分模线向上牵引曲面，形成电话听筒后盖的侧面。

1）设置视角为【等角视图】，构图平面为【顶视图】，将当前层别设为 8，命名为“牵引曲面”，并且关闭第 2、6、7 图层，打开第 5 图层。

2）选择菜单栏中的【绘图】→【曲面】→【牵引曲面】命令。

3）系统弹出【串连选项】对话框。在该对话框中，选择【2D】，单击【串连】按钮，并在绘图区选择“投影线”。

4）系统弹出如图 4-125 所示的【牵引曲面】对话框，输入牵引长度 15，并单击按钮可切换曲面的偏置方向向上；输入牵引角度 2。

5）单击按钮，生成牵引曲面，如图 4-126 所示。

图 4-125　【牵引曲面】对话框

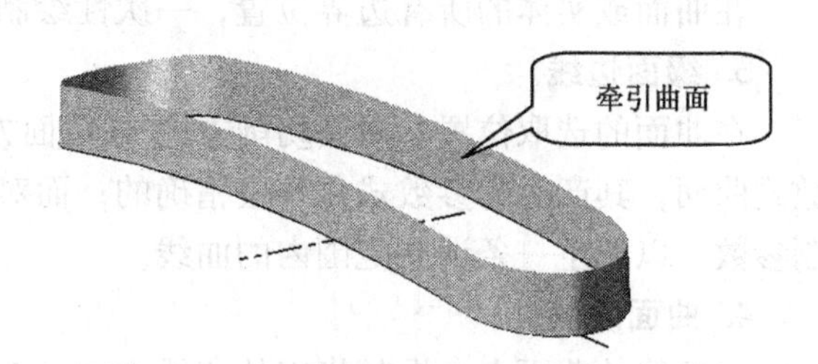

图 4-126　侧面牵引曲面

7. 曲面与曲面的修剪

1）打开第 7 图层。

2）选择菜单栏中的【绘图】→【曲面】→【修剪】→【修整至曲面】命令。

3）在绘图区选取“牵引曲面”为第一组曲面并按 <Enter> 键确认，选择扫描曲面为第二组面并按 <Enter> 键确认。

4）系统提示“指出保留区域”，点选“牵引曲面”，拉动鼠标箭头，选择下边为保留区域；点选“扫描曲面”，拉动鼠标箭头，选择里边为保留区域。

5）单击按钮，修剪后的曲面如图 4-127 所示。

8. 曲面倒圆

在“牵引曲面”与“扫描曲面”交角处倒圆，圆角半径为 *R*6.0。需要说明的是，在倒圆之前可以不修剪两个要倒圆的曲面，而在倒圆时顺便修剪两曲面。

1）将当前层别设为9，命名为“曲面倒圆”。

2）选择菜单栏中的【绘图】→【曲面】→【曲面倒圆角】→【曲面与曲面倒圆角】命令。

3）在绘图区选取“牵引曲面”为第一组曲面并按 <Enter> 键确认，选择“扫描曲面”为第二组面并按 <Enter> 键确认。

4）系统弹出【曲面与曲面倒圆角】对话框中，输入倒圆角半径 6，勾选【修剪】复选框。

5）单击☑按钮，完成曲面倒圆，如图 4-128 所示。

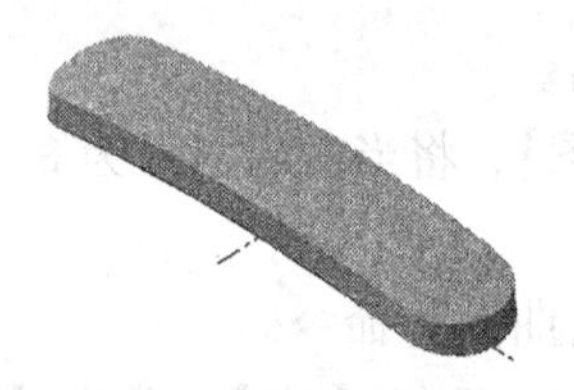

图 4-127　曲面的修剪

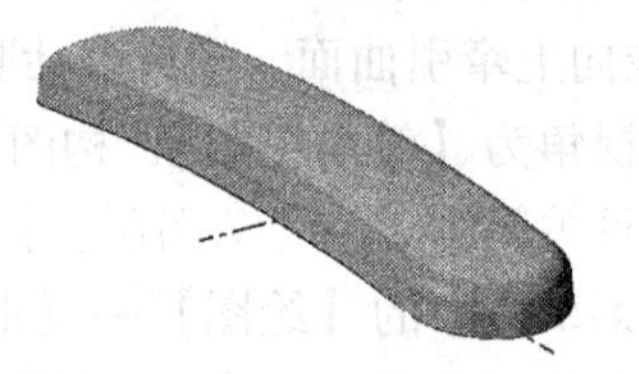

图 4-128　曲面倒圆

 扩展知识

1. 单一边界

在曲面或实体的指定边界位置，绘制单条的曲面边界线。

2. 所有边界

在曲面或实体的所有边界位置，一次性绘制出其所有的边界线。

3. 缀面边线

在曲面的选取位置，沿其切削方向 或截面方向绘制一条参数式曲线。对于 NURBS 或参数式曲面，其产生的参数式曲线是精确的；而对于其他类型的曲面，则需设定弦高等精度控制参数，以产生一条误差范围内的曲线。

4. 曲面流线

在选取的曲面上，沿其指定的流线方向（Along 或 Across 方向）绘制出多条流线。

5. 曲面曲线

在指定的曲面上生成所选曲线的投影线。可以使用投影出来的曲线修整曲面，其功能类似于曲面修整至曲线，如图 4-129 所示。构建曲面曲线同样也需要构图平面的配合，即保持构图平面与曲线的投影方向垂直。

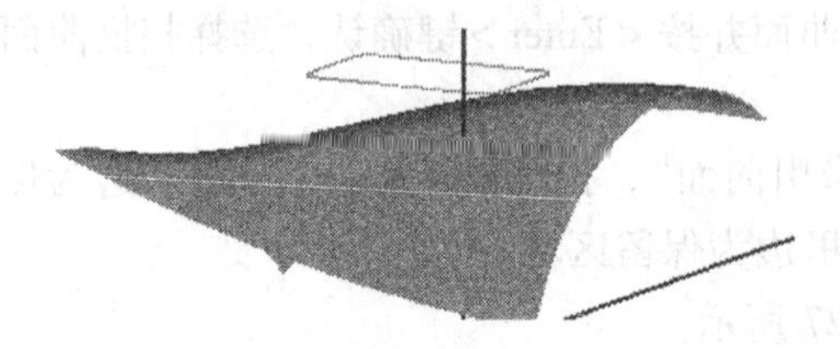

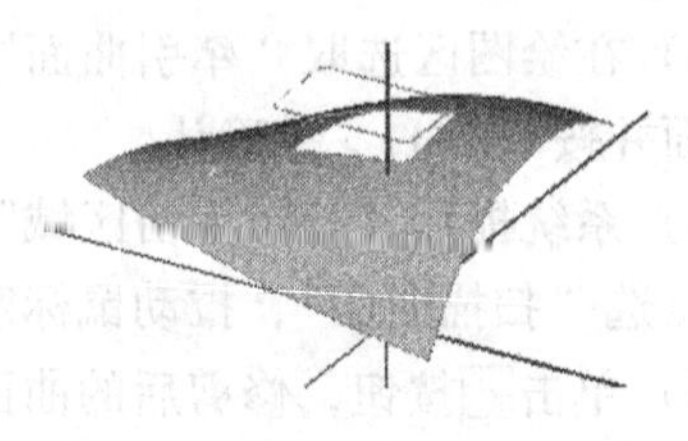

图 4-129　曲面曲线

任务拓展

练习：绘制如图 4 - 130 所示汤勺的曲面模型（不必标注尺寸）。

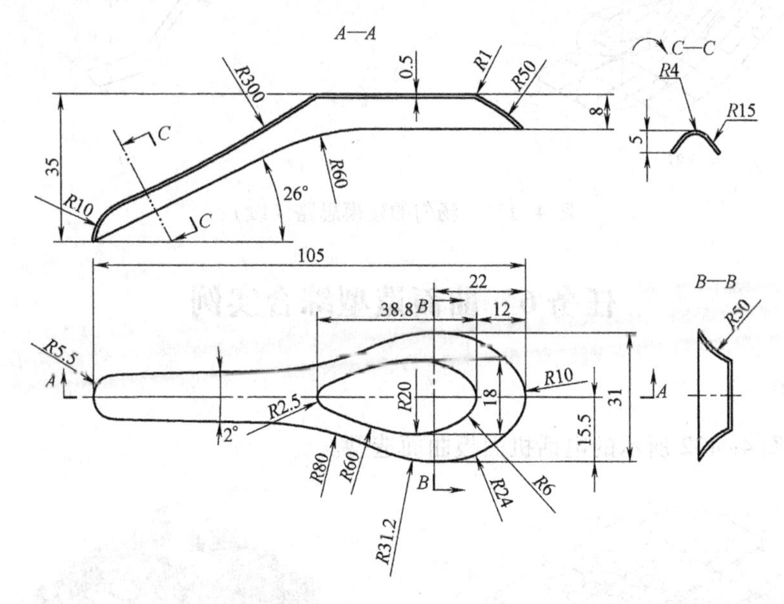

图 4 - 130　汤勺的曲面造型

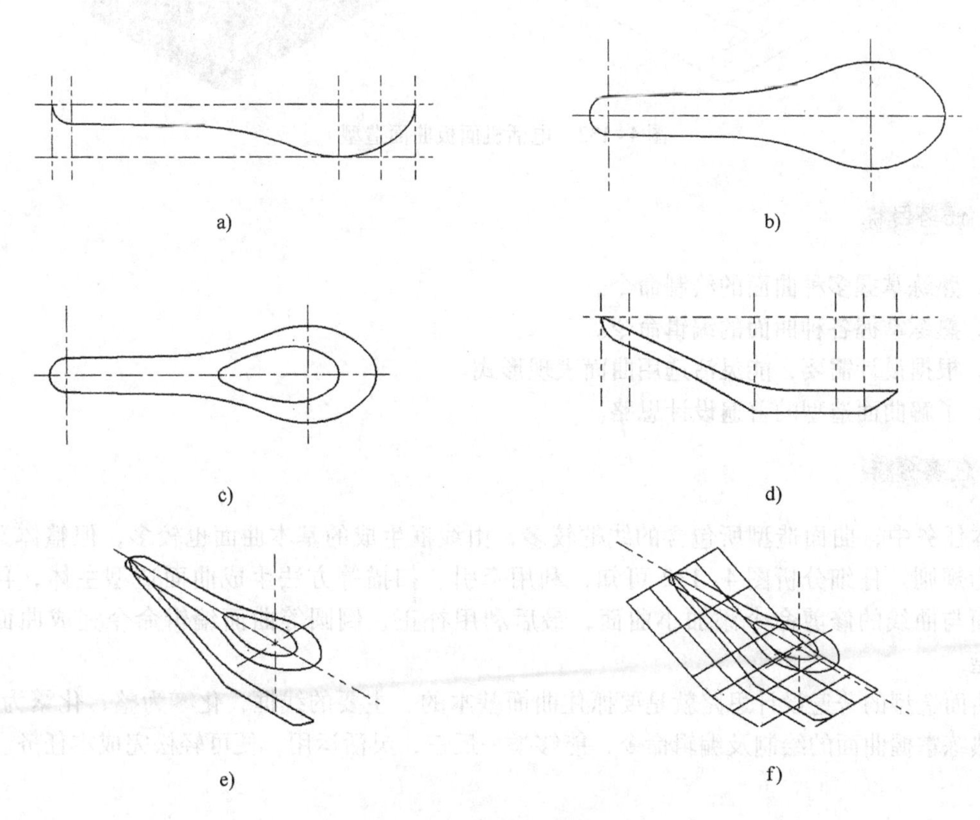

图 4 - 131　汤勺的建模思路

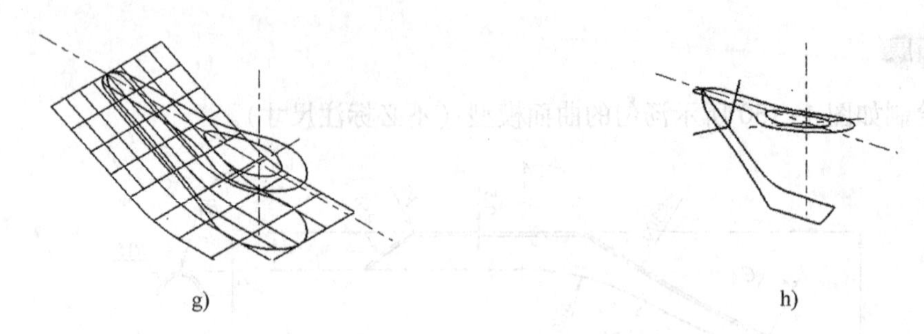

图 4-131　汤勺的建模思路（续）

任务 6　曲面造型综合实例

任务描述

试完成如图 4-132 所示的电话机面板曲面造型。

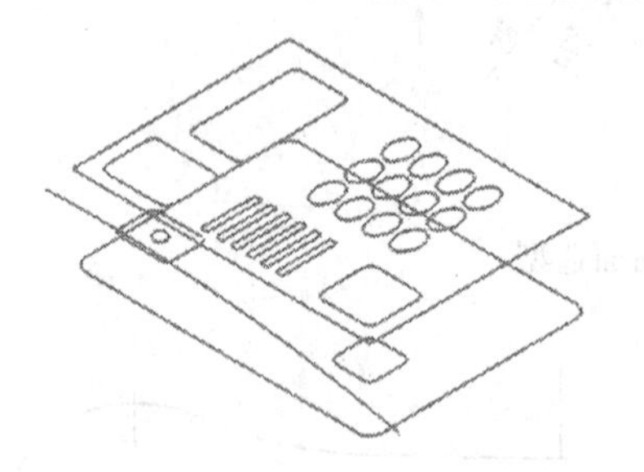

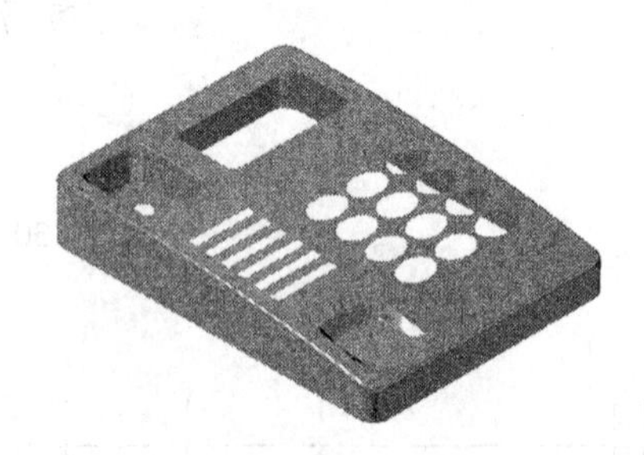

图 4-132　电话机面板曲面造型

任务目标

1. 熟练掌握多种曲面的绘制命令。
2. 熟练掌握各种曲面的编辑命令。
3. 根据设计需要，能灵活选用曲面表现形式。
4. 了解曲面造型的普遍设计思路。

任务分析

本任务中，曲面造型所包含的线框较多，由线框生成的基本曲面也较多，但整体又表现较为规则。仔细分析图 4-132 可知，利用牵引、扫描等方法生成曲面造型主体，再利用曲面与曲线的修剪命令添加小曲面，最后利用补正、倒圆等曲面编辑命令完成曲面整体造型。

曲面造型的普遍设计思路就是要抓住曲面基本的、主要的线框，化零为整、化繁为简。只要熟练掌握曲面的绘制及编辑命令，能够举一反三，灵活运用，便可轻松完成本任务。

任务实施

1. 基本线框绘制

1）在顶视图构图平面内绘制 220 × 160 的矩形，四个角的圆角半径为 10，如图 4 - 133 所示。

2）在前视图构图平面中利用【两点画弧】命令绘制一条圆弧，高度（Y 坐标）为 40，其他尺寸自定，如图 4 - 134 所示为等角视图效果。

图 4 - 133　绘制的圆角矩形

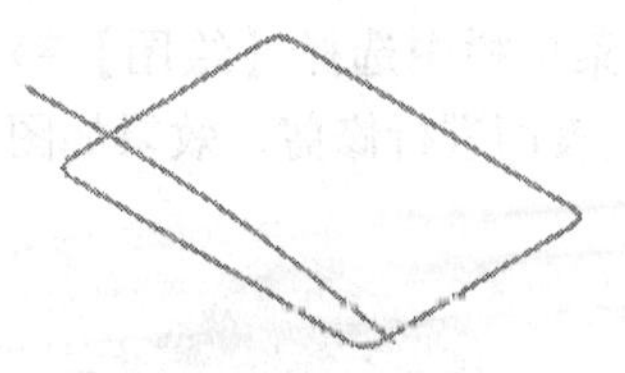

图 4 - 134　绘制的圆弧

2. 基本曲面绘制

1）对矩形进行牵引，牵引长度为 50，牵引角度（拔模角度）为 5，生成的牵引曲面如图 4 - 135 所示。

2）对圆弧进行牵引，牵引长度为 180，牵引角度为 90，之后再对生成的牵引曲面进行延伸，长度为 20，效果如图 4 - 136 所示。

图 4 - 135　矩形牵引曲面

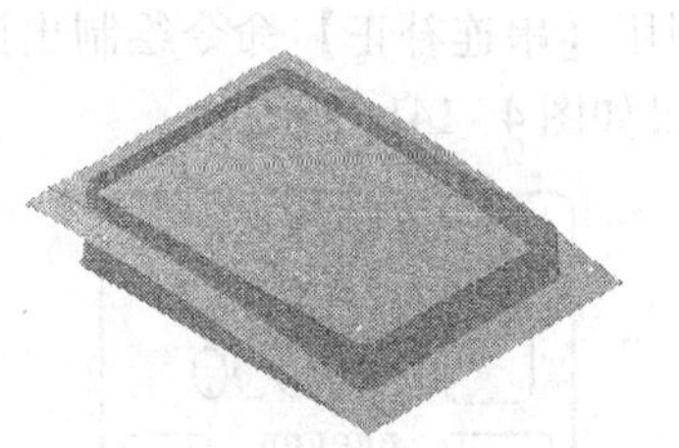

图 4 - 136　圆弧牵引曲面

3. 曲面编辑

1）对两个牵引曲面执行【修整至曲面】命令，效果如图 4 - 137 所示；再对修剪后的曲面执行【曲面与曲面倒圆角】操作，效果如图 4 - 138 所示。

图 4 - 137　曲面修剪效果

图 4 - 138　曲面倒圆效果

2）在构图深度 Z 为 60 的顶视图构图平面中，绘制如图 4 - 139 所示的线框，作为下一步修剪曲面的曲线。

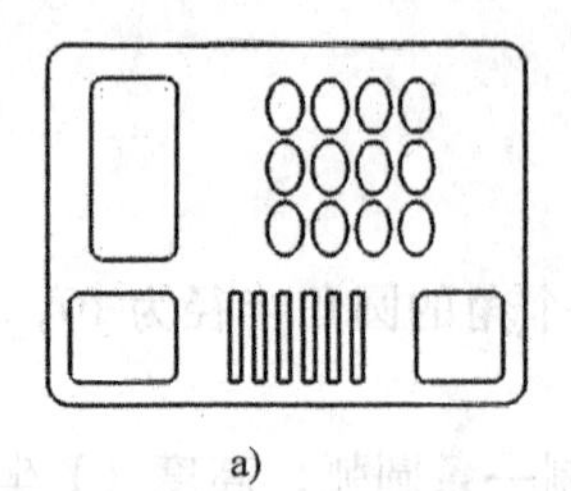
a)

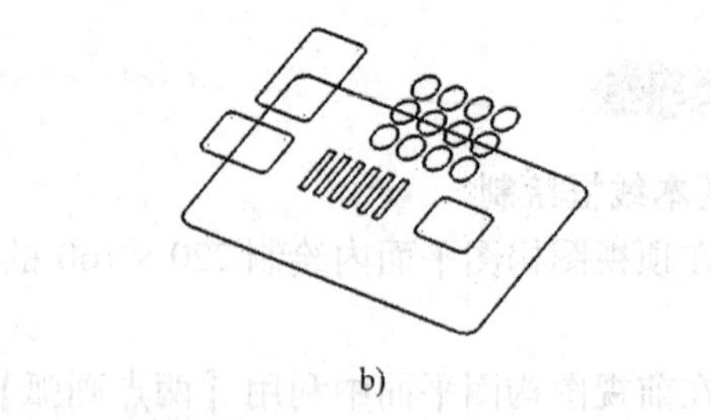
b)

图 4 - 139　修剪曲面的曲线线框

3）在菜单栏中选择【绘图】→【曲面】→【修剪】→【修整至曲线】命令，对电话机面板的上表面进行修剪，效果如图 4 - 140 所示。

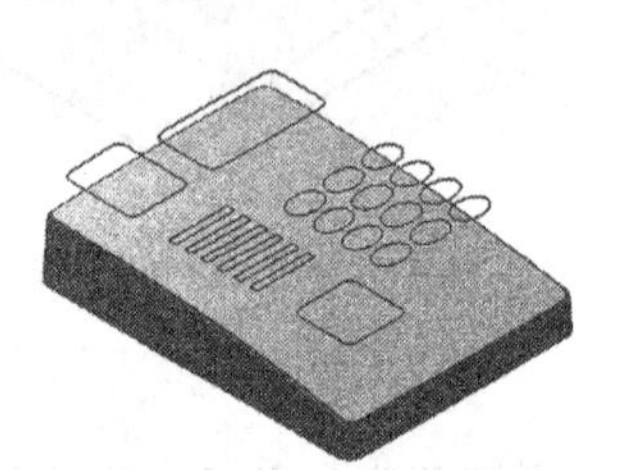

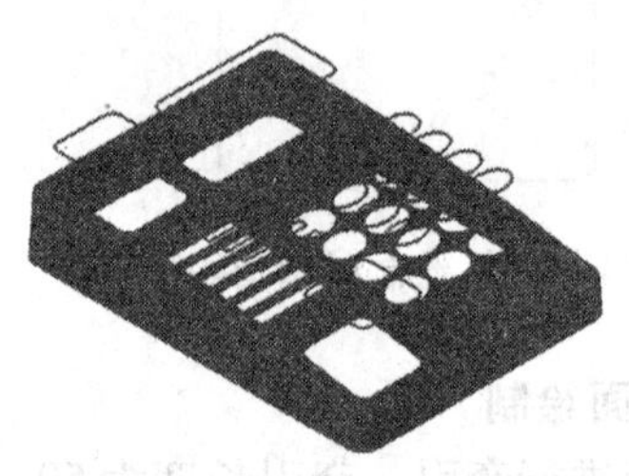

图 4 - 140　上表面修剪效果

上述操作时，用于修剪曲面的曲线比较多，为了避免修剪不成功，可以按照曲线的不同类型分别进行修剪。当然，如果操作熟练的话，也可选取全部曲线一次性修剪。

4）利用【串连补正】命令绘制出话筒放置处的下底面线框，并向下平移 40，其他尺寸自定，效果如图 4 - 141 所示。

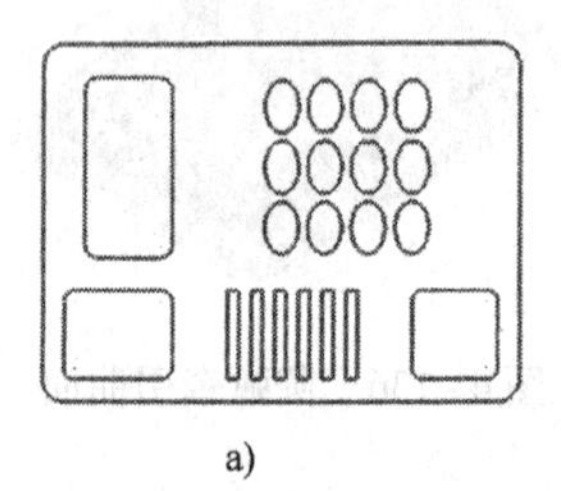
a)

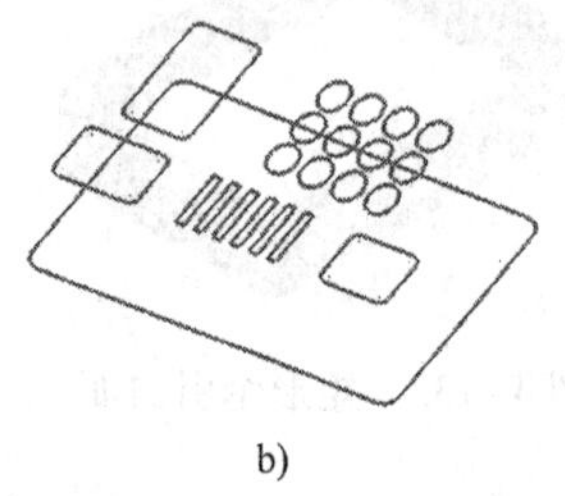
b)

图 4 - 141　话筒放置处的下底面线框

5）在菜单栏中选择【绘图】→【曲面曲线】→【单一边界】命令，生成话筒放置处的上边缘线框，效果如图 4 - 142 所示。

6）利用【举升曲面】命令及【修整至平面】命令绘制出话筒放置处的曲面造型，并在边角处倒 $R1$ 的圆角，效果如图 4 - 143 所示。

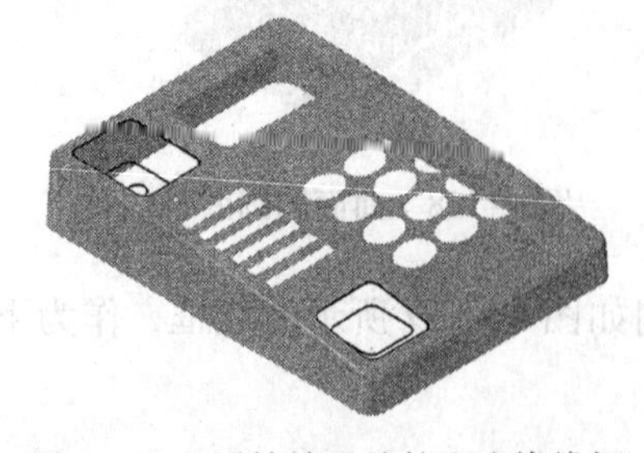

图 4 - 142　话筒放置处的上边缘线框

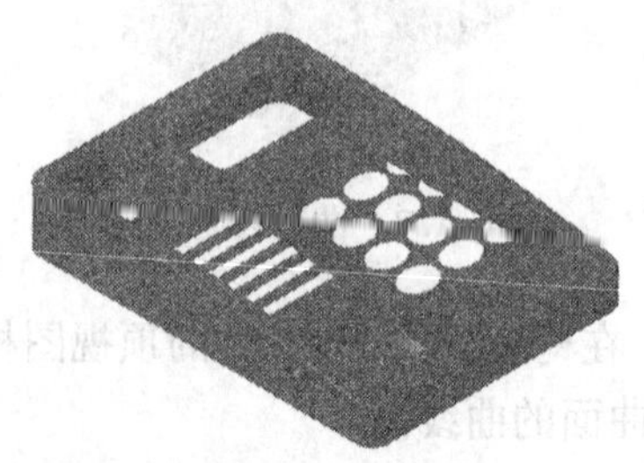

图 4 - 143　电话机面板曲面造型效果

师傅说现场

在图形绘制的过程中，应养成良好的图层设置习惯。根据图形绘制的前后顺序及图素类别，合理安排各类图素所在图层，配合视角旋转功能进行操作，可以避免许多麻烦，尤其是在复杂的、大型的图形绘制过程中，可以起到事半功倍的作用。

想一想

如要进一步获得如图4-144所示的电话机面板曲面造型效果，还要继续怎样的操作？

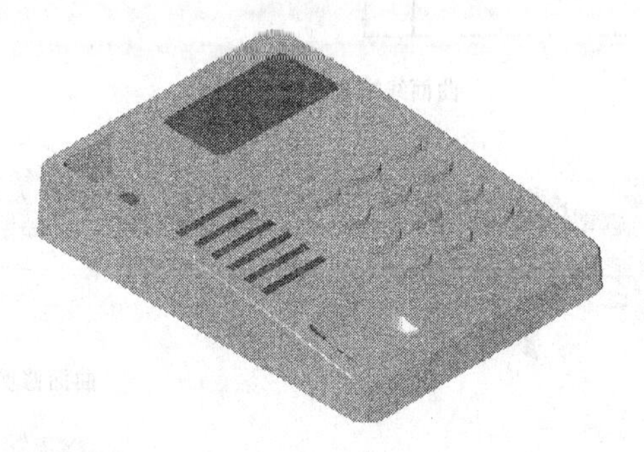

图4-144　添加了曲面的效果

任务拓展

练习1：结合所掌握的相关知识，试绘制如图4-145所示的玩具车轮曲面造型。

图4-145　玩具车轮曲面造型

绘图思路：曲面建模思路如图4-146所示。

练习2：试绘制如图4-147所示的笔筒曲面造型。

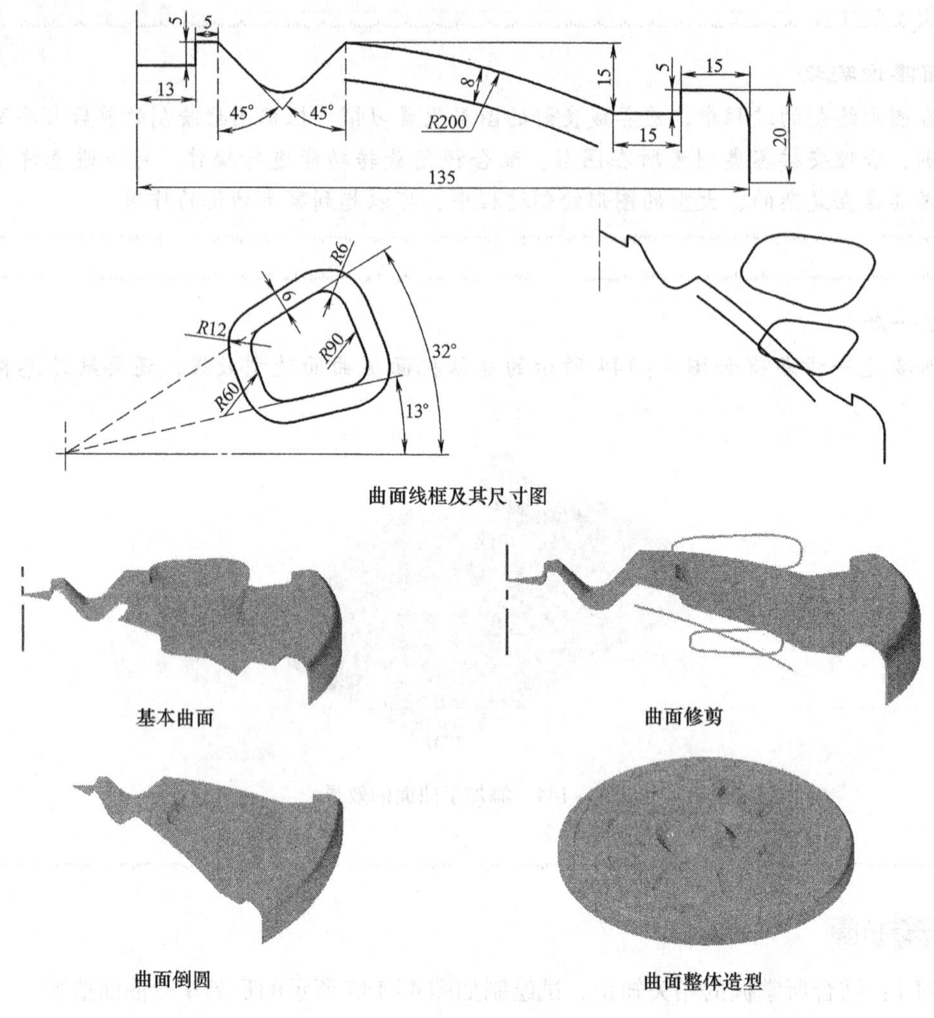

图 4-146　玩具车轮曲面建模思路

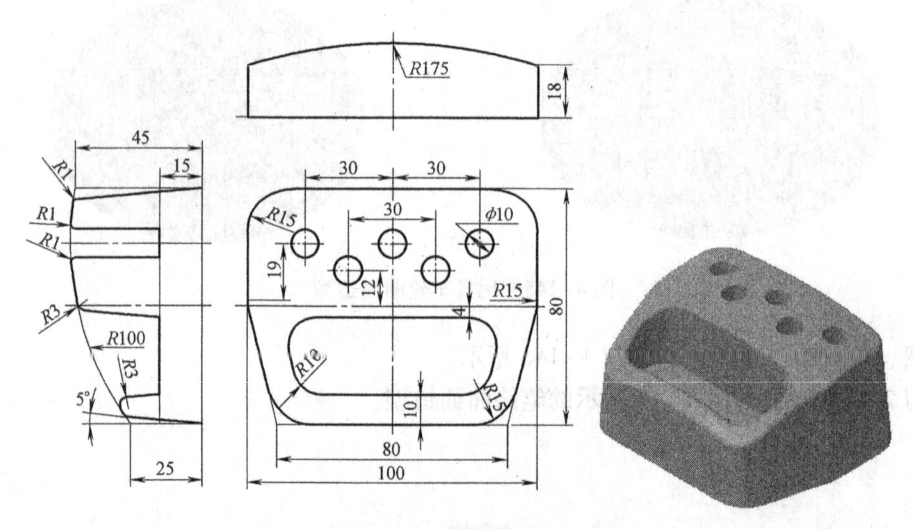

图 4-147　笔筒曲面造型

绘图思路：曲面建模思路如图 4-148 所示。

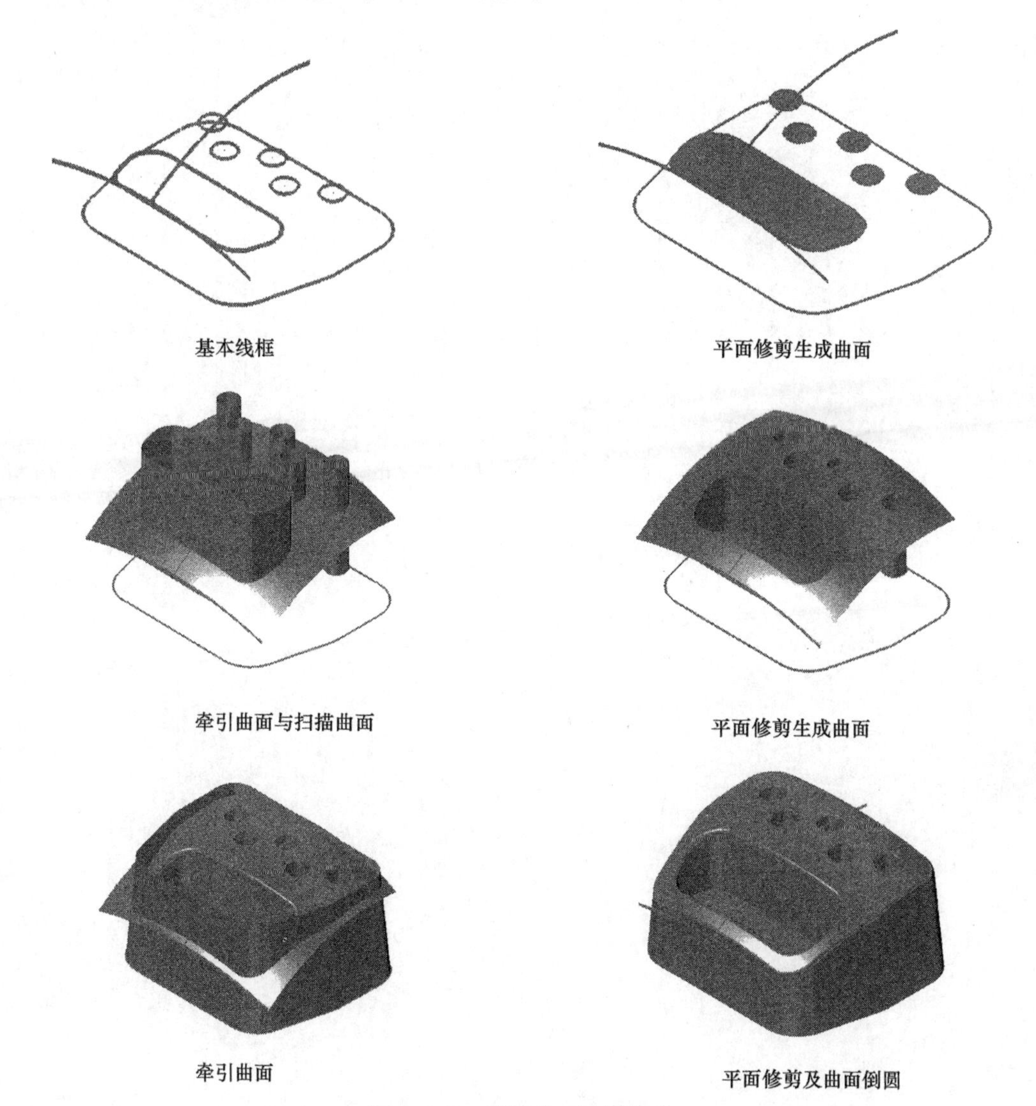

图 4-148　笔筒曲面建模思路

下篇　加工篇

单元5　二维数控铣削编程加工

5

知识目标：

1. 熟悉刀具的选取和设置方法
2. 掌握加工工件的设置方法
3. 掌握加工操作的管理方法

技能目标：

1. 会设置二维铣削参数
2. 能够完成二维铣削加工，如平面铣削、轮廓铣削、挖槽加工、孔加工等

任务1　平面铣削与轮廓铣削加工

任务描述

完成如图5-1a所示零件的数控编程加工，该零件毛坯的尺寸如图5-1b所示。

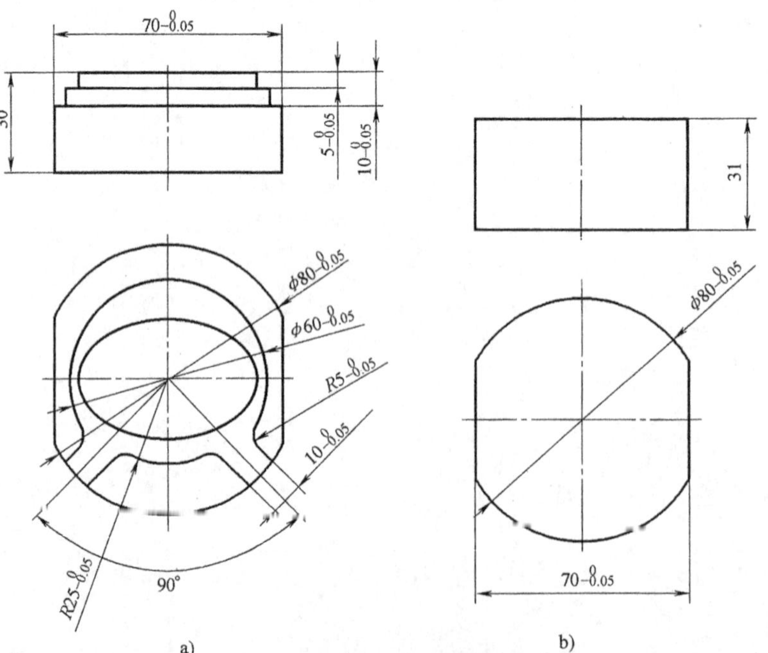

图5-1　平面铣削和轮廓铣削加工实例

a）零件图　b）零件毛坯图

任务目标

1. 会设置二维铣削参数。
2. 能够完成零件平面铣削和轮廓铣削加工。

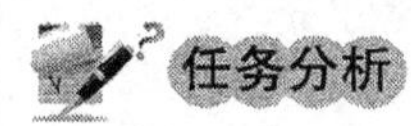

任务分析

如图 5-1 所示零件，需要对外轮廓和顶面进行加工，属二维加工。二维加工所产生的刀具路径在切削深度方向上是不变的，是在生产实践中应用最多的一种加工方式。对于图 5-1所示的零件，宜先加工顶面（可利用二维刀具路径中的平面铣削功能来完成），再加工侧面轮廓（轮廓铣削），这样可以避免切削顶面时产生的飞溅切屑划伤已加工好的表面。

相关知识

1. Mastercam X5 的数控加工模块简介

（1）Mastercam X5 的 CAM 模块　当完成零件的 CAD 建模后，就可以创建刀具路径了。在进入加工编程环境之前，应首先定义机床类型，以调用其专用数据库。单击菜单栏中的【机床类型】命令，即可看到 Mastercam X5 的四种 CAM 模块：铣床（数控铣削加工）、车床（数控车削加工）、线切割（线切割加工）和雕刻（雕刻加工），如图 5-2 所示。

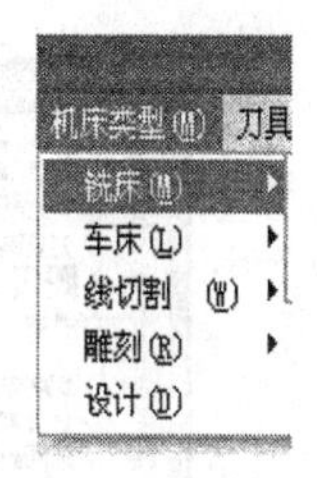

图 5-2　机床类型的选择

（2）Mastercam X5 的铣床模块　铣床模块是 Mastercam X5 的主要功能模块，系统提供了三至五轴的所有立式（VMC）和卧式（HMC）的铣削机床类型。单击菜单栏中的【机床类型】→【铣床】→【机床列表管理】命令，系统弹出如图 5-3 所示的【自定义机床菜单管理】对话框。在该对话框中，列出了不同的铣床，可分为七种，说明如下：

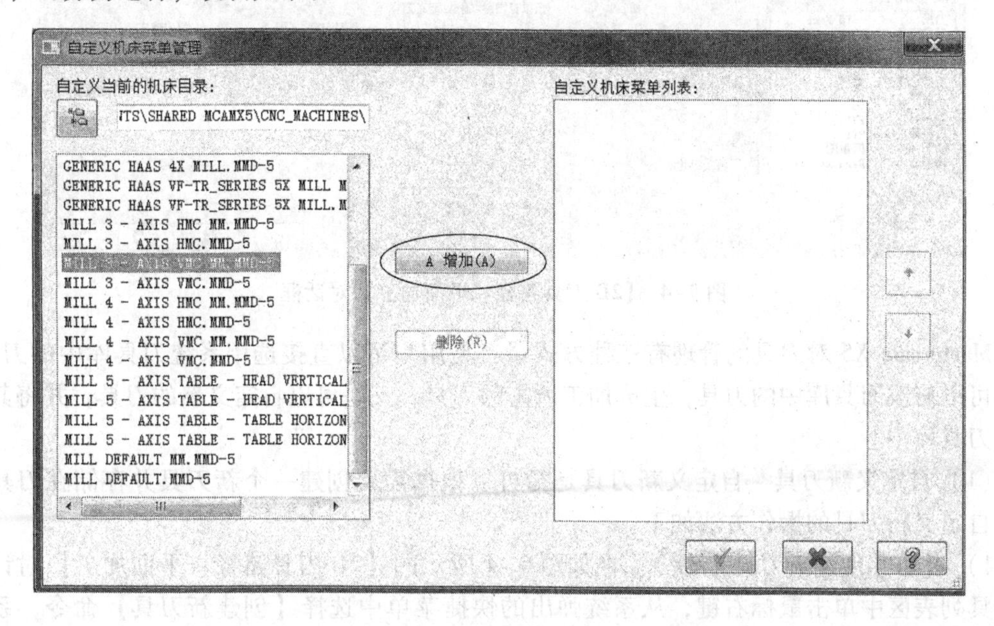

图 5-3　【自定义机床菜单管理】对话框

1）MILL 3 - AXIS HMC：三轴卧式铣床。

2）MILL 3 - AXIS VMC：三轴立式铣床。

3）MILL 4 - AXIS HMC：四轴卧式铣床。

4）MILL 4 - AXIS VMC：四轴立式铣床。

5）MILL 5 - AXIS TABLE - HEAD VERTICAL：五轴立式铣床。

6）MILL 5 - AXIS TABLE - HEAD HORIZONTAL：五轴卧式铣床。

7）MILL DEFAULT：默认的铣床。

2. 设置加工刀具

选择了机床类型和指定加工区域后，系统会自动弹出相应加工类型的对话框。图 5-4 所示为【2D 刀具路径 - 平面加工】对话框。使用 Mastercam X5 生成刀具路径时，需要设置各种刀具工艺参数，包括刀具共同参数和铣床模块专用参数两大类。刀具共同参数是指各种刀具路径都要用到的参数；铣削模块专用参数是指每一种加工模式特有的参数。无论采用何种方法生成刀具路径，在指定加工区域后，都需定义加工所需的刀具及其加工参数。

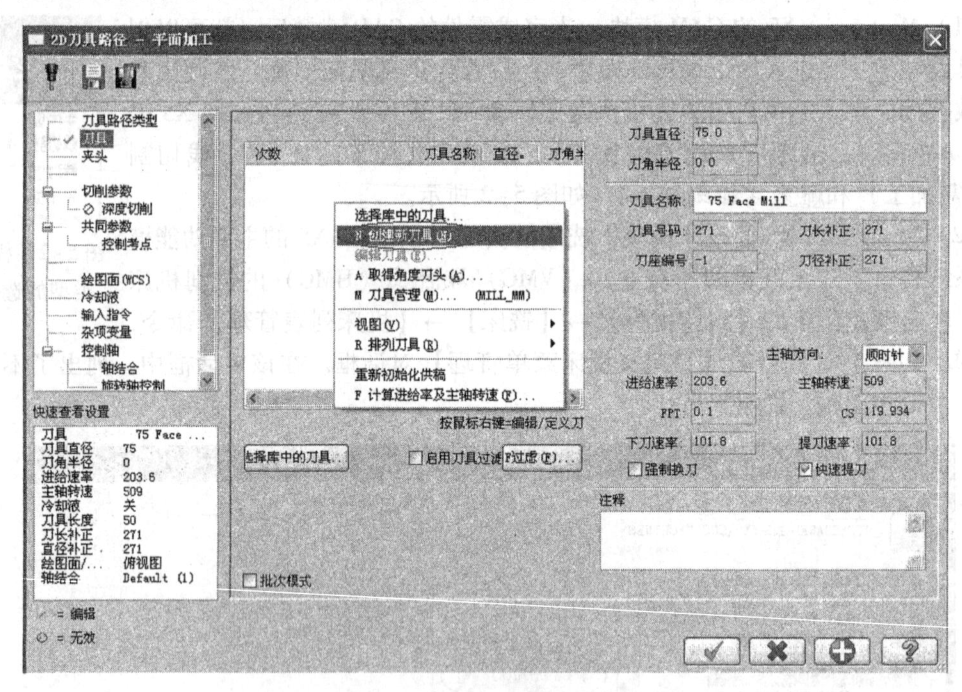

图 5-4 【2D 刀具路径 - 平面加工】对话框

Mastercam X5 对刀具的管理有三种方式：一是用户可以直接选用系统刀具库中的刀具；二是可以修改刀具库中的刀具，生成加工所需的刀具；三是可以自定义新的刀具，并将其保存到刀具库中。

（1）自定义新刀具　自定义新刀具是指可以根据需要创建一个新刀具并存储在刀具库中。自定义新刀具的操作方法如下：

1）启动【创建新刀具】命令。在如图 5-4 所示的【2D 刀具路径 - 平面加工】对话框的刀具列表区中单击鼠标右键，从系统弹出的快捷菜单中选择【创建新刀具】命令，系统将会弹出【定义刀具】对话框，如图 5-5 所示。

2）选择刀具类型。在图 5-5 所示【定义刀具】对话框的【类型】选项卡中显示了系统提供的 22 种刀具类型如平底刀、球刀、圆鼻刀等。

3）定义刀具的尺寸参数。在【类型】选项卡中选择加工所需的刀具类型后，系统会自动切换至对应的选项卡。在该选项卡中可设置刀具和夹头的结构尺寸以及刀具加工方式。如选择【面铣刀】，系统会自动切换至如图 5-6 所示的【面铣刀】选项卡。

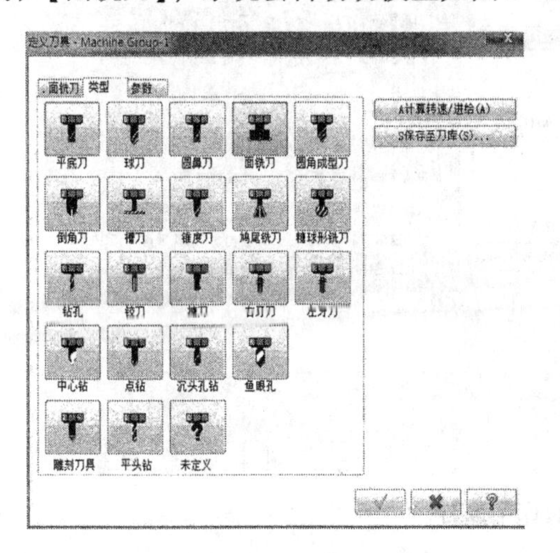

图 5-5　【定义刀具】对话框

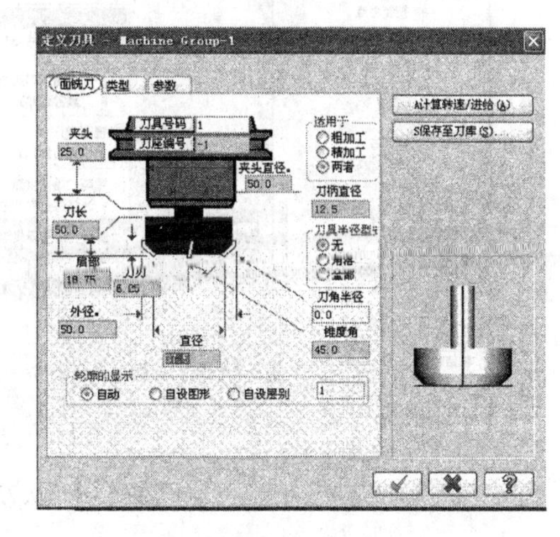

图 5-6　定义刀具的尺寸参数

4）定义刀具的切削参数。单击【参数】选项，可切换至如图 5-7 所示的【参数】选项卡。在该选项卡可设置刀具的切削参数。新刀具设置好后，单击[S保存至刀库(S)...]按钮，新建的刀具即被添加至刀具库中。单击[✔]按钮，新建的刀具即被添加至刀具列表区中，如图 5-8 所示。

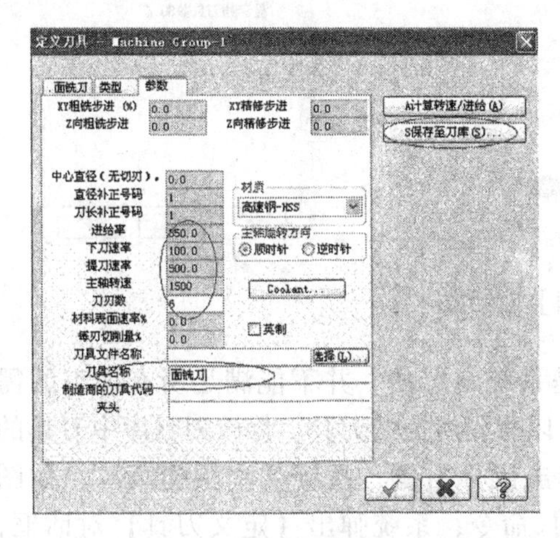

图 5-7　定义刀具的切削参数

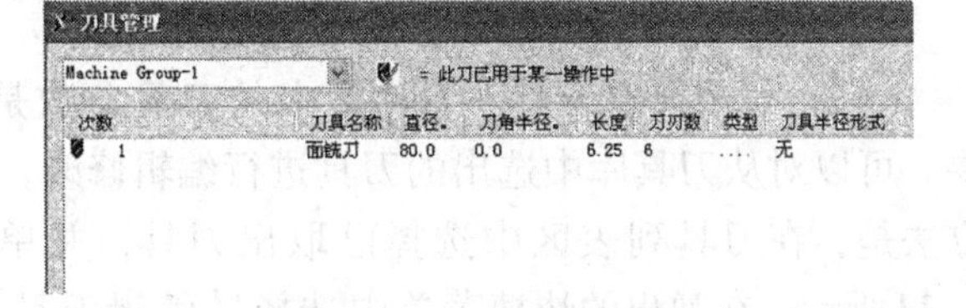

图 5-8　新建刀具的添加

（2）从刀具库中选刀　在如图 5-9 所示的【2D 刀具路径 - 平面加工】对话框中，单击[选择库中的刀具]按钮，或在刀具列表区单击鼠标右键，从系统弹出的快捷菜单中选择【选择库中的刀具】命令，系统将弹出【选择刀具】对话框，如图 5-10 所示。从刀具库中选择加工所需要的刀具即可。

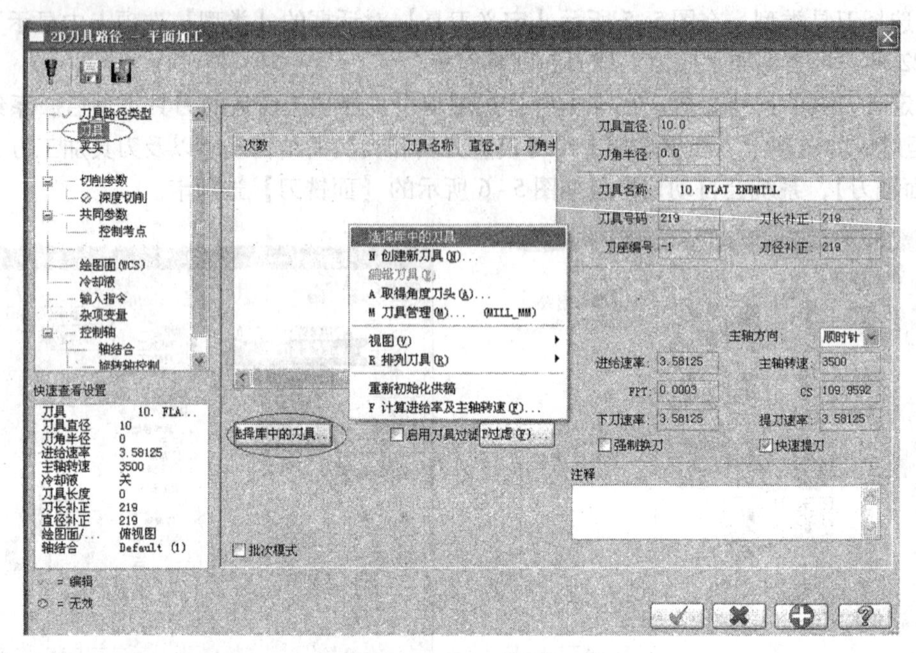

图 5-9　从刀具库中选刀

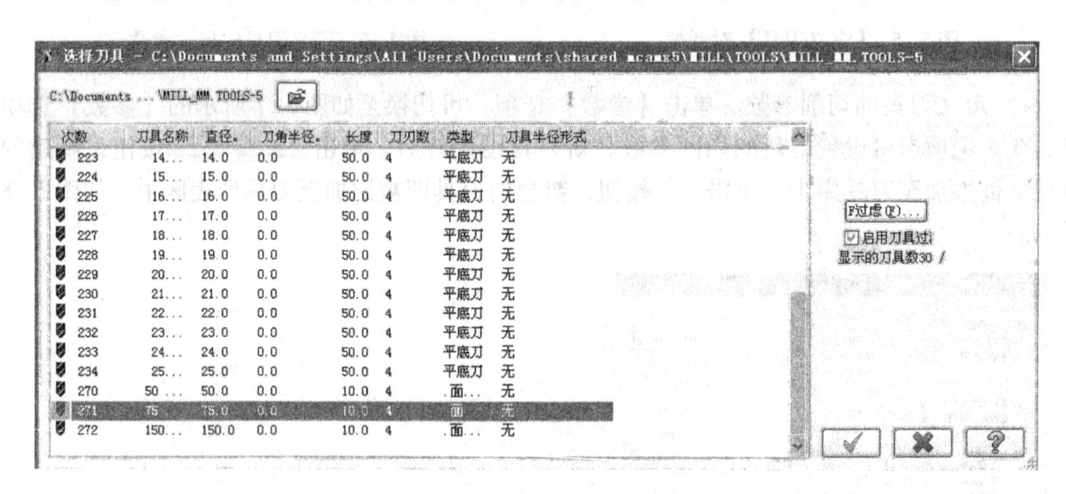

图 5-10　【选择刀具】对话框

（3）修改已有刀具　刀具库中的刀具参数是系统给定的，并不能满足所有加工的需要。可以对从刀具库中选出的刀具进行编辑修改，以得到所需的刀具。修改刀具库中刀具的方法是：在刀具列表区中选择已取出刀具，并单击鼠标右键，系统弹出快捷菜单，如图5-11所示；在弹出的快捷菜单中选择【编辑刀具】命令，系统弹出【定义刀具】对话框，如图5-6所示；在该对话框中根据需求来更改刀具的参数。

3. 设置毛坯

如图5-12所示，在【刀具路径】操作管理器中单击【材料设置】选项，弹出如图5-13所示的【机器群组属性】对话框。在【材料设置】选项卡中，对毛坯的类型、尺寸、原点和材料等进行设置。

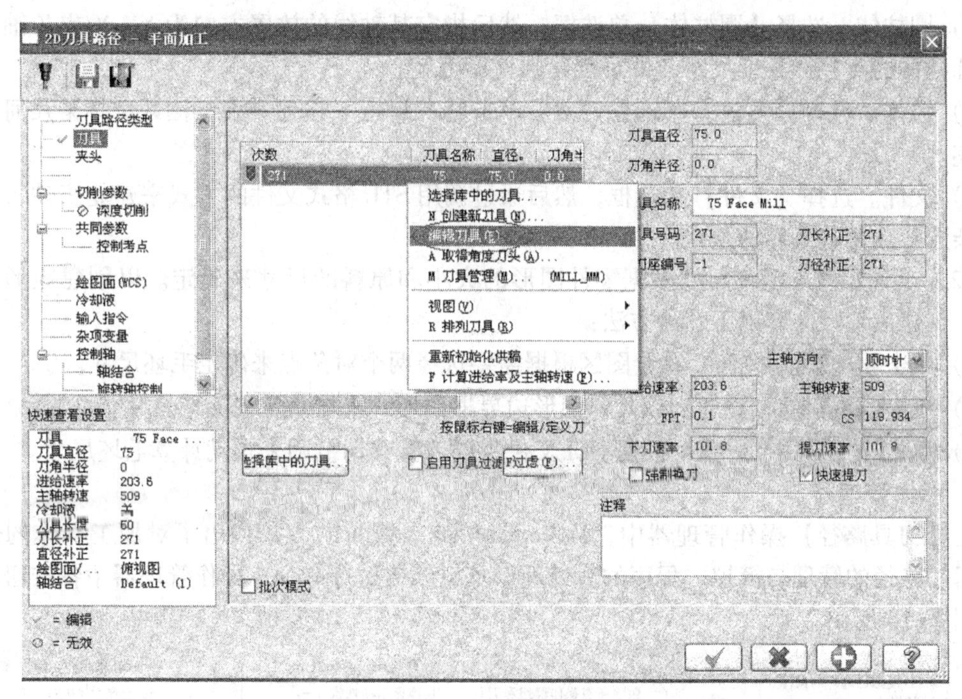

图5-11　编辑刀具

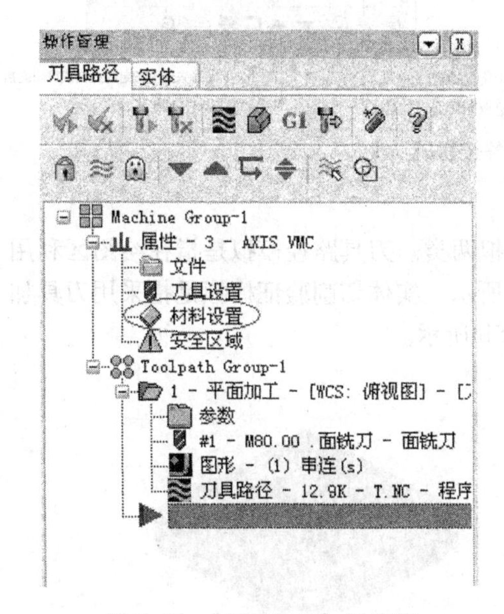

图5-12　【刀具路径】操作管理器中的【材料设置】选项

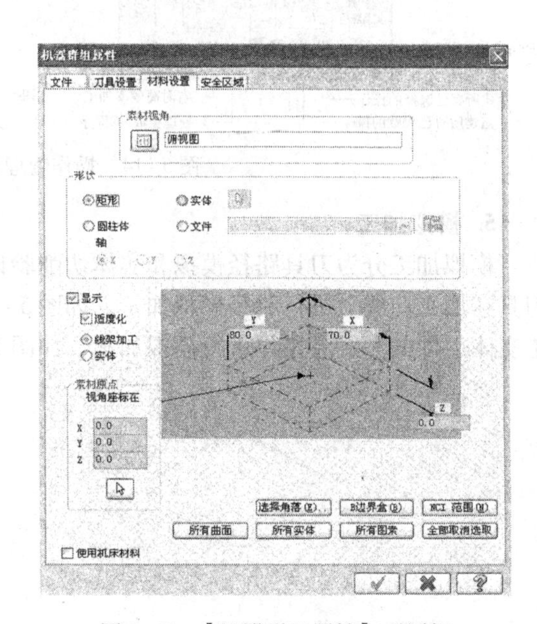

图5-13　【机器群组属性】对话框中的【材料设置】选项卡

（1）毛坯类型　Mastercam X5可根据零件尺寸建立任何形状的毛坯类型，包括矩形和圆柱体，或者在绘图区通过选取图素来创建毛坯的几何形状。

1）矩形。选择【矩形】单选框，然后直接在窗口的【X】、【Y】、【Z】文本框内输入工件的尺寸，即可创建矩形毛坯。

2）圆柱体。选择【圆柱体】单选框，然后指定其轴线的放置方向为 X、Y 或 Z 轴，并输入圆柱体的直径和长度尺寸，即可创建圆柱形毛坯。

3）实体。选择【实体】单选框，然后单击其右侧的按钮并在绘图区选择某几何实体为毛坯。

4）文件。选择【文件】单选框，然后通过调用 STL 格式文件的方式来建立工件，常用于复杂形状或铸造毛坯的建立。

（2）毛坯尺寸　毛坯尺寸根据零件图形的大小和原料的尺寸来确定。以创建矩形毛坯为例，创建毛坯尺寸有以下几种方法：

1）单击 选择角落(E) 按钮，在绘图区根据需要选择两个对角点来确定毛坯尺寸。

2）单击 B边界盒(B) 按钮，以几何图形边界框的形式来自动定义毛坯尺寸。

3）单击 NCI 范围(N) 按钮，根据 NCI 文件中的刀具移动范围来自动计算毛坯尺寸。

4. 操作管理器

在【刀具路径】操作管理器中，Mastercam X5 以按钮的方式列出了对加工操作的选择与编辑、路径的管理与模拟、程序的后处理以及机床传送等命令。操作管理器中各按钮的功能如图 5-14 所示。

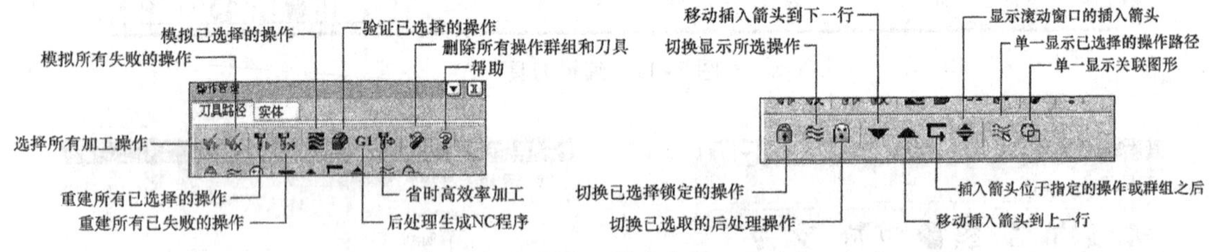

图 5-14　操作管理器中各按钮的功能

5. 模拟加工

模拟加工分为刀具路径模拟和实体切削验证模拟两类。刀具路径模拟是指在绘图区利用刀具在加工曲线上进行路径模拟加工，如图 5-15a 所示；实体切削验证模拟是指采用刀具加工实体工件的方式对操作进行模拟加工，如图 5-15b 所示。

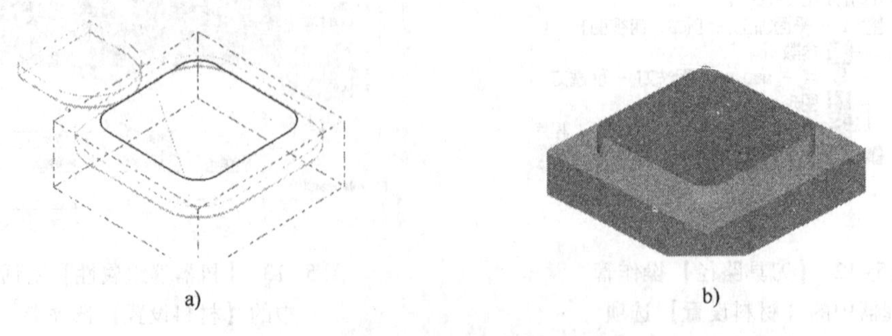

图 5-15　两种模拟加工的不同效果

a）刀具路径模拟　b）实体切削验证模拟

（1）刀具路径模拟　在操作管理器中选取欲模拟的操作，然后单击按钮，可打开如图 5-16 所示的【刀路模拟】对话框，并显示图 5-17 所示的【刀具路径模拟】工具栏，利用其中的选项可对选择的操作进行模拟加工。

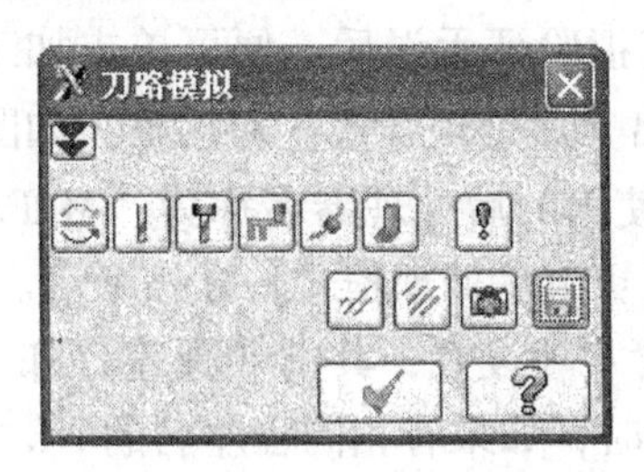

图 5 - 16 【刀路模拟】对话框

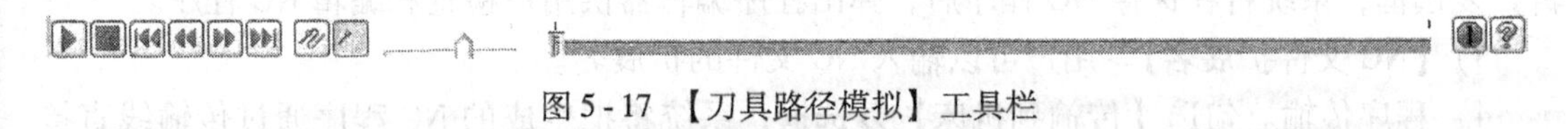

图 5 - 17 【刀具路径模拟】工具栏

（2）实体切削验证模拟　在操作管理器中选取欲模拟的操作，然后单击按钮，可打开图 5 - 18 所示的实体切削【验证】对话框，其中各项功能如图 5 - 18 所示。

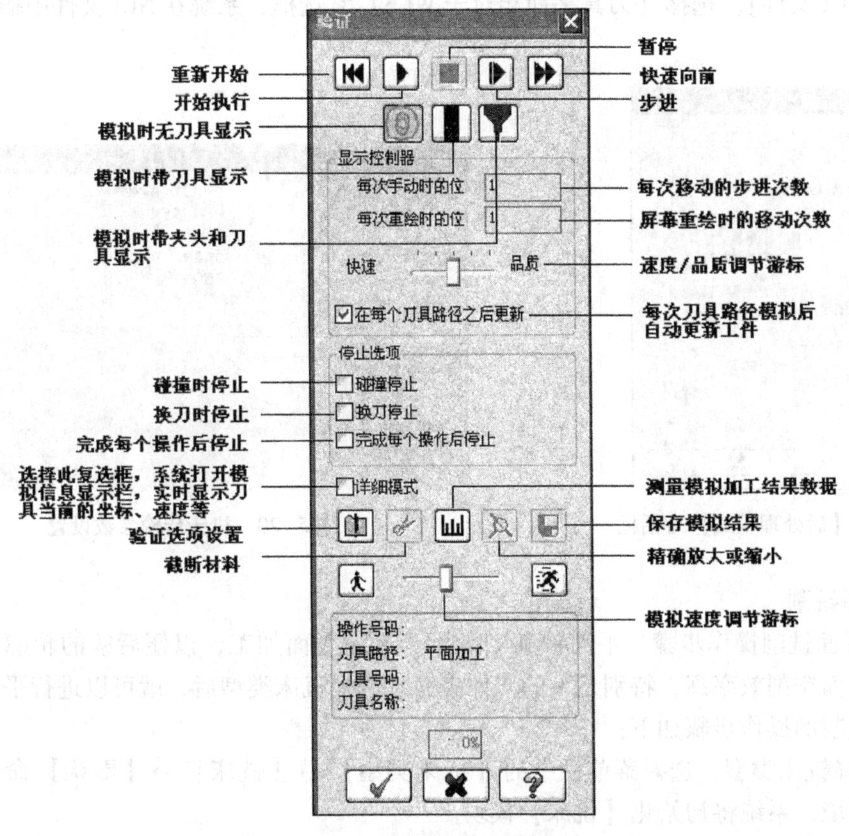

图 5 - 18 【验证】对话框

6. 后置处理生成 NC 程序

后置处理是指根据设置的图形和刀具路径等信息来生成数控加工程序的处理过程。刀具路径操作所产生的 NCI 文件仅是一种过渡性的文件，必须通过后置处理器将 NCI 文件转换为数控机床可以解读的数控程序文件，即 NC 代码文件。为机床配置不同的后置处理程序，生成的 NC 程序也不同。

在对生成的刀具路径进行模拟验证无误后，便可单击加工操作管理器中的【后处理已选择的操作】G1按钮，系统弹出【后处理程式】对话框，如图 5-19 所示。

1）后处理器名。系统当前使用的后处理器名称为“MPFAN. PST”，只有在未指定任何后处理器的情况下，灰色按钮【更改后处理程式】才被激活。

2）【NC 文件】。该栏中包含 6 项设置，其中【覆盖】和【询问】项，只能二选一。选择【覆盖】项，在生成 NC 程序时，如果有相同程序名的 NC 文件，将直接覆盖；选择【询问】项，在生成 NC 程序时，如果有相同程序名的 NC 文件，将提示是否覆盖。选择【编辑】复选框，系统将在保存 NC 程序后，弹出程序编辑器供用户检查和编辑 NC 程序。

3）【NC 文件扩展名】。用户可以输入 NC 文件的扩展名。

4）程序传输。勾选【传输到机床】复选框，系统将把生成的 NC 程序通过传输线直接传至机床，供机床存储或 DNC 加工。单击 传输(M) 按钮，【传输】对话框如图 5-20 所示，可对传输参数进一步设置，使计算机和机床传输参数匹配。

5）【NCI 文件】。选择【刀具平面相对于 WCS】复选框，系统在 NCI 文件中输入刀具平面信息。

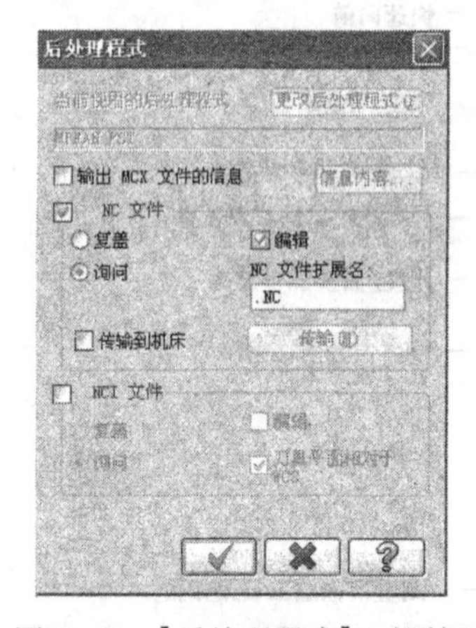

图 5-19 【后处理程式】对话框

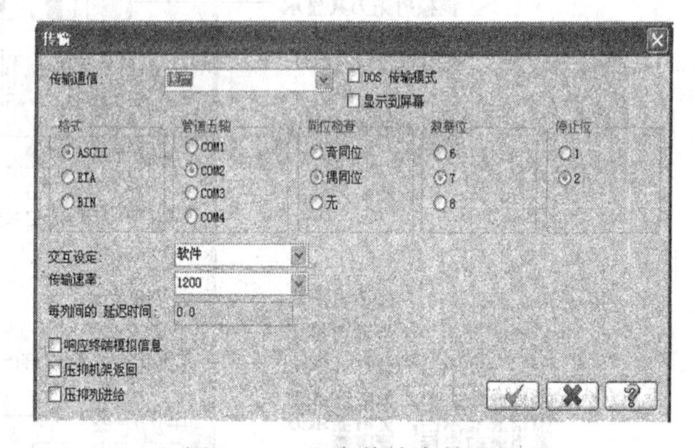

图 5-20 机床传输参数设置

7. 平面铣削

（1）平面铣削操作步骤　平面铣削一般用于毛坯表面加工，以便后续的轮廓、孔的特征加工。平面铣削效率高，特别是大的工件表面。选择机床类型后，就可以进行平面铣削加工。平面铣削的操作步骤如下：

1）选择铣床类型。选择菜单栏中的【机床类型】→【铣床】→【默认】命令，进入铣削加工环境，系统将初始化【铣床】模块。

2）设置加工环境，包括定义刀具、设置工件尺寸与原点，以及定义安全区域等。

3）选择菜单栏中的【刀具路径】→【平面铣】命令，或单击工具栏中的按钮，系统弹出【输入新 NC 名称】对话框。

4）在【输入新 NC 名称】对话框中输入新 NC 文件的名称，并单击按钮确定，系统弹出【串连选项】对话框。

5）选择所需加工的平面轮廓边界，并单击✓按钮确定，系统弹出【2D 刀具路径－平面加工】对话框，如图 5-21 所示。

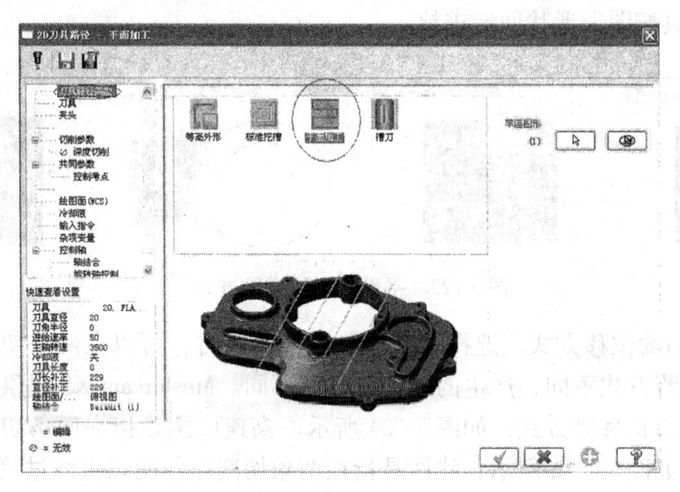

图 5-21　【2D 刀具路径－平面加工】对话框

6）设置刀具、切削参数等选项参数，并单击✓按钮确定，系统生成平面铣削的刀具路径。

7）进行实体切削验证。

8）存储生成的刀具路径，并进行后处理生成 NC 程序。

（2）平面铣削的切削参数　单击【2D 刀具路径－平面加工】对话框中的【切削参数】选项，如图 5-22 所示。主要参数说明如下：

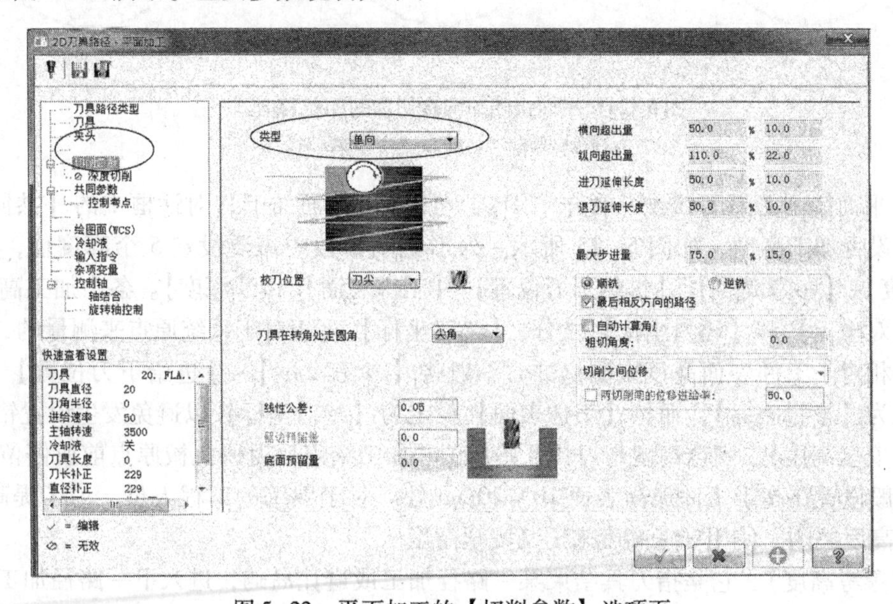

图 5-22　平面加工的【切削参数】选项页

1）平面铣削的进给方式。如图 5-23 所示，平面铣削的进给方式有【双向】、【单向】、【一刀式】和【动态】四种，可以单击【切削参数】选项中的【类型】下拉列表进行选择。

【双向】是刀具在加工中可以往复进给，来回都在切削加工；【单向】是刀具沿一个方向进给，进时切削，回时空走；【一刀式】是仅进行一次切削，刀具路径位置为几何模型中心位置；【动态】是刀具按图形形状回转进给。

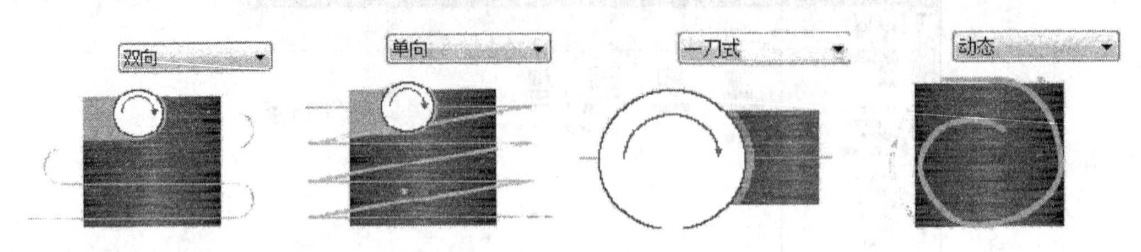

图 5-23　平面铣削的进给方式

2）两次切削间的位移方式。选择【双向】进给方式时，可以在两条切削路径间设置不同的过渡方式。过渡方式不同，产生的刀具路径也不同。Mastercam X5 提供了高速回圈、线性和快速位移三种刀具过渡方式，如图 5-24 所示。高速回圈是指在两条切削路径间以圆弧过渡的形式连接，如图 5-24a 所示；线性是指在两条切削路径间以直线过渡的形式连接，如图 5-24b 所示；快速位移是指在两条切削路径间以直线过渡的形式连接，进给速度为 G00 快速移动，如图 5-24c 所示。

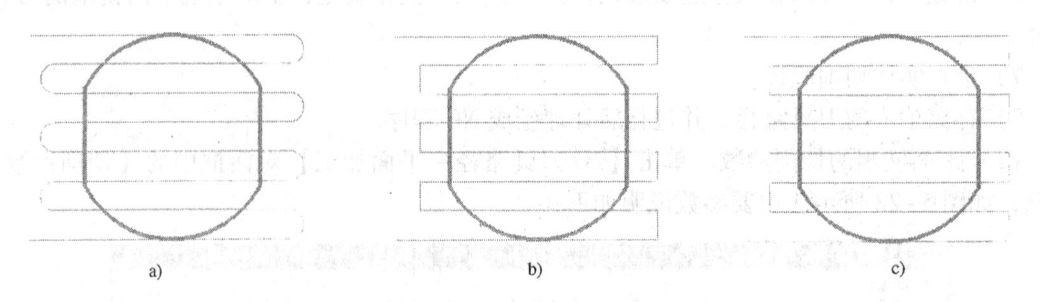

图 5-24　平面铣削的两次切削间的位移方式
a）高速回圈　b）线性　c）快速位移

（3）平面铣削的高度参数　单击【2D 刀具路径 - 平面加工】对话框中的【共同参数】选项，可设置加工高度，如图 5-25 所示。外形铣削参数中需要设定 5 个高度值，分别是【安全高度】、【参考高度】、【进给下刀位置】、【工件表面】和【深度】。各个加工高度的设置有【绝对坐标】和【增量坐标】之分。【绝对坐标】是相对于系统原点来测量的，【增量坐标】是相对于工件表面高度来测量的。一般将【参考高度】、【进给下刀位置】和【深度】设定为【增量坐标】，而将【工件表面】设定为【绝对坐标】以避免发生设置错误。

1）【安全高度】。安全高度是刀具开始加工和加工结束后返回机械原点前所停留的高度位置，一般设置在高于工件最高表面 10 ~ 20mm 处。对于熟练的编程人员，为了提高效率，可将安全高度关闭，使用参考高度来定义安全高度。

2）【参考高度】。它是指刀具结束某一路径加工或避让岛屿，进入下一路径加工前在 Z 轴方向上刀具回升的高度，一般设置在高于工件最高表面 5 ~ 20mm 处。

3）【进给下刀位置】。它又称 G00 下刀位置，是指刀具从安全高度以 G00 方式快速移到此位置，然后再以 G01 方式下刀，一般设置在工件表面上方 2 ~ 5mm 处，以便于节省 G01

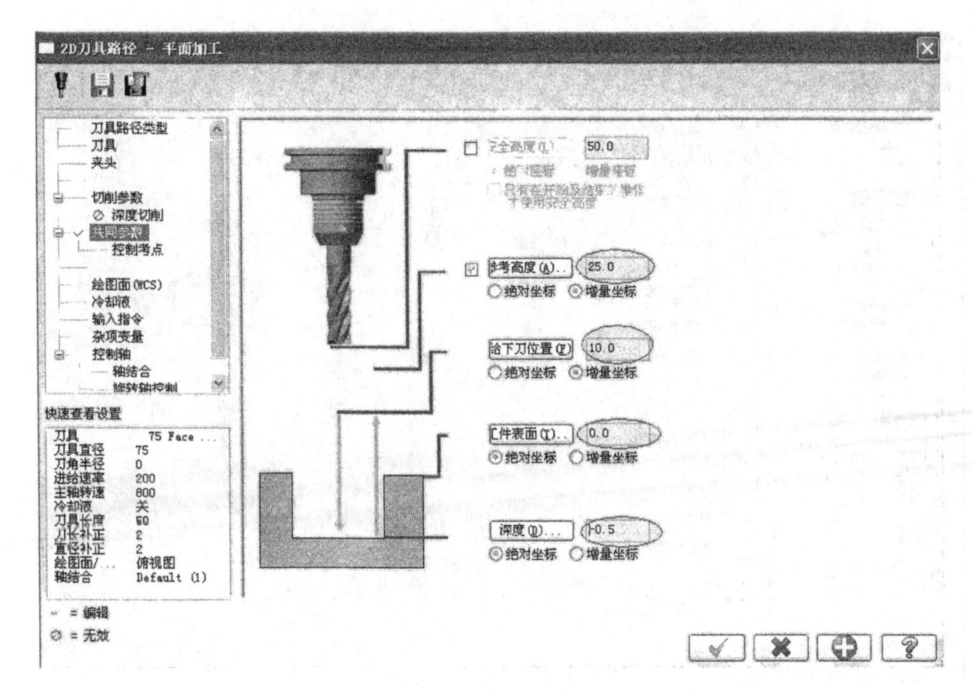

图 5-25　平面加工的【共同参数】选项页

下刀时间，提高加工效率。

4）【工件表面】。它是指加工毛坯表面相对坐标系 Z 轴的高度位置。

5）【深度】。它是指刀具进行切削加工的最后深度。

8. 轮廓铣削

（1）轮廓铣削操作方法　轮廓铣削一般是刀具沿零件的形状进给来形成二维刀具路径，可以利用刀具补正来控制外形的铣削方式。在实际加工中，外形加工主要用于加工一些形状简单的曲面，模型特征是二维图形决定的，侧面为直面或者倾斜度一致的工件。和平面铣削加工相同，选择机床类型后即可以进行轮廓铣削加工。轮廓铣削的操作步骤如下：

1）选择铣床类型，设置加工环境。

2）选择菜单栏中的【刀具路径】→【轮廓铣削】命令，或单击工具栏的按钮。

3）根据提示输入新 NC 文件的名称，并单击按钮确定。

4）利用【串连选项】对话框，选择所需加工的工件轮廓边界，并单击按钮确定。

5）在系统弹出的【2D 刀具路径 - 等高外形】对话框中，设置刀具参数、切削参数等选项参数，并单击按钮确定，系统生成轮廓铣削的刀具路径。

6）进行实体切削验证。

7）存储生成的刀具路径，并进行后处理生成 NC 程序。

轮廓铣削的选项参数与平面铣削的选项参数大体相同，不同的选项有：【切削参数】、【深度切削】、【分层切削】等。

（2）轮廓铣削的切削参数　单击【2D 刀具路径 - 等高外形】对话框中的【切削参数】选项，如图 5-26 所示。

1）刀具补偿。在实际的外形铣削加工中，刀具所走的加工路径并不是零件的外形轮

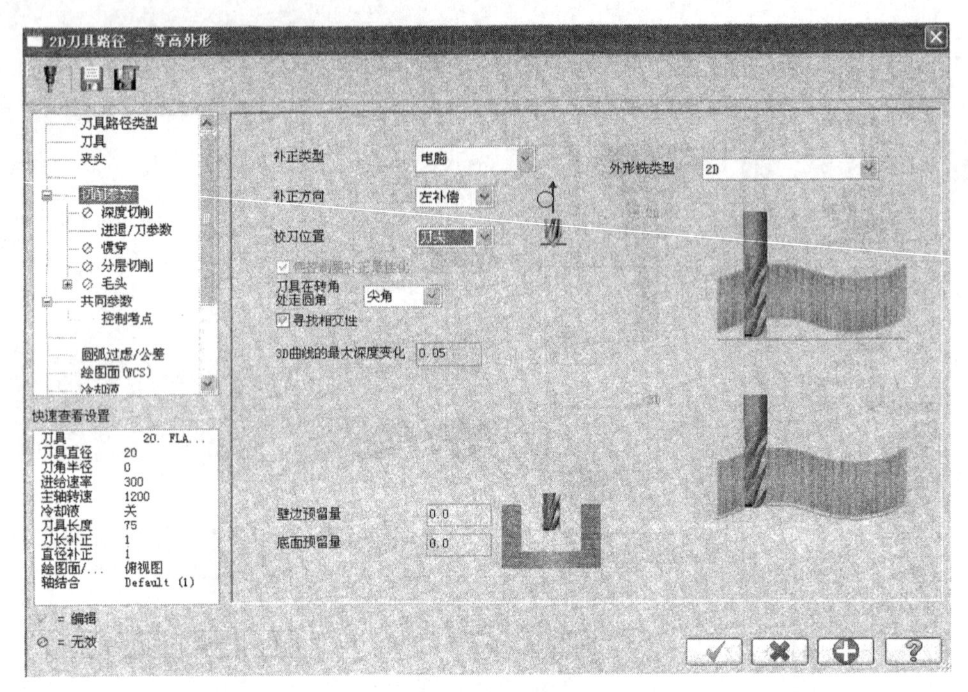

图 5-26　等高外形的【切削参数】选项页

廓，还包含了一个补偿量。补偿量包括：实际使用刀具的半径、程序中指定的刀具半径与实际刀具半径的差值、刀具的磨损量、工件间的配合间隙。

①【补正类型】。轮廓铣削的补正类型有【电脑】、【控制器】、【磨损】、【反向磨损】和【关】五种，如图 5-27 所示。

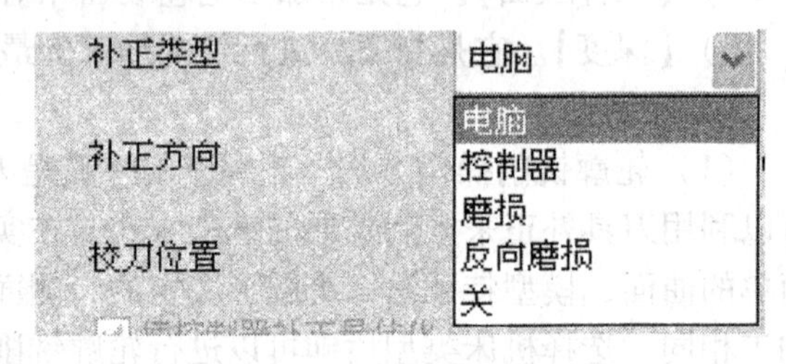

图 5-27　补正类型

a.【电脑】方式：即计算机补正，是指由计算机直接计算补正后的刀具路径，刀具中心往指定方向移动一个补偿量（一般为刀具的半径），NC 程序中的坐标值已加入了补偿量的坐标值，所产生的 NC 程序不含有刀具补偿指令 G41 或 G42。

b.【控制器】方式：是指在计算刀具路径时不考虑刀具因素，而在 CNC 控制器上直接作刀具补正，由控制器将刀具中心往指定方向移动一个存储在寄存器里的补偿量（一般为刀具的半径），NC 程序中的坐标值是外形轮廓的坐标值，所产生的 NC 程序含有 G42 或 G41 指令。

c.【磨损】方式：系统同时采用计算机和控制器补偿方式，且补偿方向相同，并在 NC 程序中给出了加入补偿量的轨迹坐标值，同时又输出控制补偿代码 G41 或 G42。

d.【反向磨损】方式：系统同时采用计算机和控制器补偿方式，但补偿方向相反，即当计算机采用左补偿时，系统在 NC 程序中输出反向补偿控制代码 G42（右补偿）；当计算机采用右补偿时，系统在 NC 程序中输出反向补偿控制代码 G41（左补偿）。

e.【关】方式：系统关闭补偿方式，在 NC 程序中给出外形轮廓的坐标值，且 NC 程序中无控制补偿代码 G41 或 G42。

②【补正方向】。Mastercam X5 提供了【左补偿】和【右补偿】两种刀具半径补正方向供选择，如图 5-28 所示。

a.【左补偿】：是指当【补正类型】为【电脑】方式时，朝选择的串连方向看去，刀具中心往外形轮廓左侧方向移动一个补偿量；当选择的是【控制器】方式时，则在 NC 程序中输出一个补偿代码 G41。

b.【右补偿】：是指当【补正类型】为【电脑】方式时，朝选择的串连方向看去，刀具中心往外形轮廓右侧方向移动一个补偿量；当选择的是【控制器】方式时，则在 NC 程序中输出一个补偿代码 G42。

③【校刀位置】。专用于设定刀具长度补偿，有刀具的【中心】（即球心）和【刀尖】两种方式，如图 5-29 所示。为避免发生过切，一般使用【刀尖】补正。

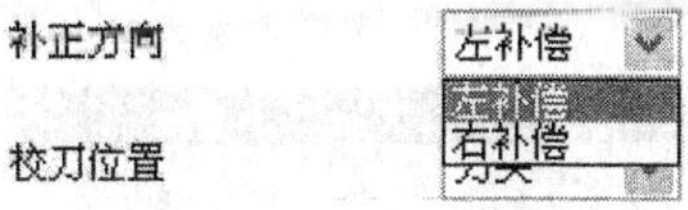

图 5-28　补正方向 　　　　图 5-29　校刀位置

2）外形转角的进给方式。外形转角的进给方式有三种，如图 5-30 所示。

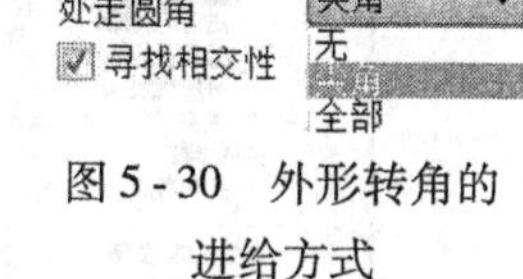

图 5-30　外形转角的进给方式

①【无】。即不走圆弧，在所有的转角处都以尖角直接过渡，产生的刀具路径的形状为尖角，如图 5-31a 所示。

②【尖角】。即在尖角部位（默认为 <135°）走圆弧，对于大于该角度的转角部位采用尖角过渡，如图 5-31b 所示。

③【全部】。即全走圆弧，对所有的外形转角部位均采用圆弧方式过渡，如图 5-31c 所示。

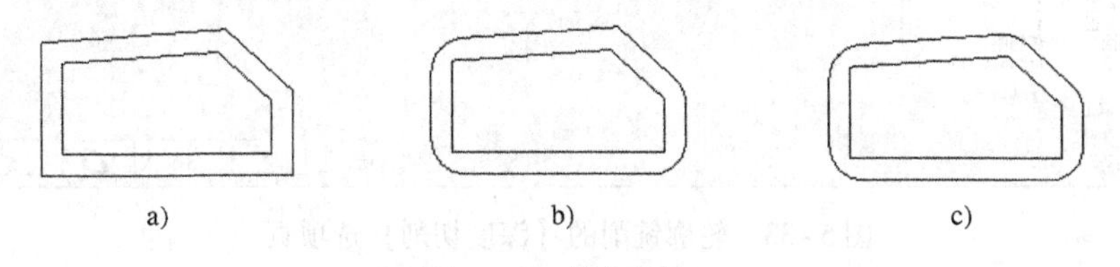

图 5-31　转角设置
a）无　b）尖角　c）全部

教你一招

采用【电脑】补正时，在外形转角处需设定是否要加入弧形刀具路径（一般采用圆弧过渡），这样可避免在转角部位时机床的运动方向发生突变，产生切削负荷的大幅度变化，从而影响刀具的使用寿命。

3）预留量。该项用于为下一道工序设置加工余量，包括【壁边预留量】和【底面预留量】。

①【壁边预留量】。用于输入侧壁方向的预留量，如图 5-32a 所示。

②【底面预留量】。用于输入底部方向（Z 向）的预留量，如图 5-32b 所示。

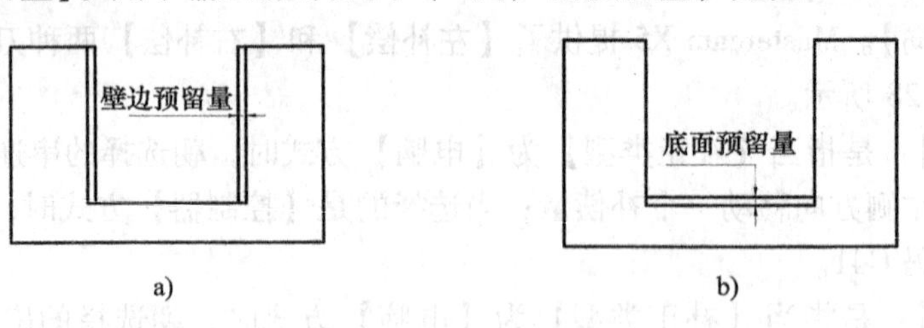

图 5-32 预留量设置

（3）轮廓铣削的深度切削 深度切削是指外形铣削时刀具在 Z 轴方向的分层粗铣和精铣，用于材料较厚、无法一次加工至最后深度的情形。单击【2D 刀具路径 - 轮廓铣削】对话框中的【深度切削】选项，如图 5-33 所示。在该选项页中，选择【深度切削】复选框后，即可设置 Z 向分层铣削。

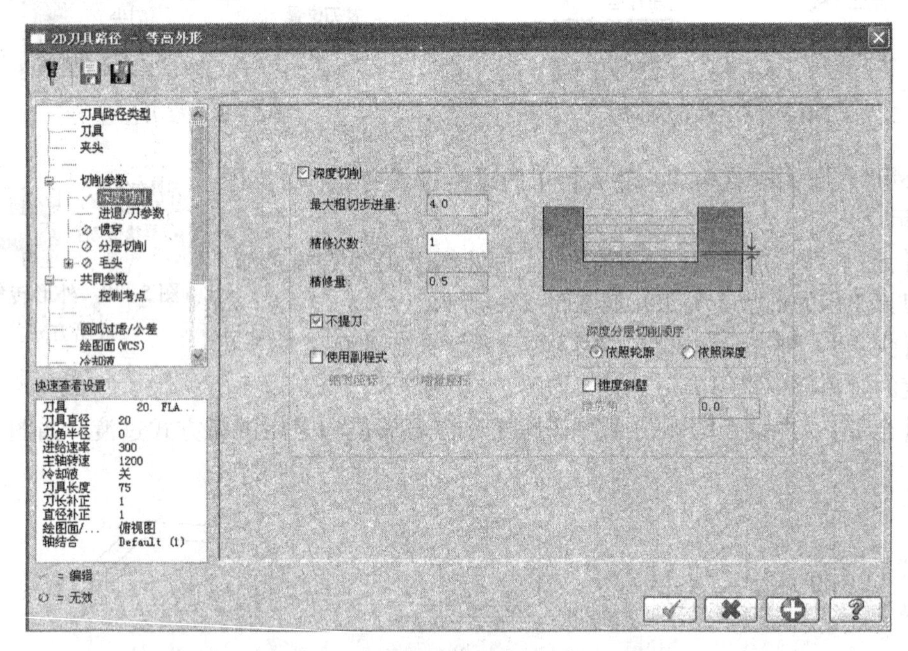

图 5-33 轮廓铣削的【深度切削】选项页

1）分层铣削切削量。【最大粗切步进量】，指最大 Z 向粗加工切削量（即背吃刀量），是影响加工效率最主要的因素之一。【精修次数】指 Z 向精加工次数。【精修量】指 Z 向每次精加工的切削量。

2）【不提刀】。选择【不提刀】复选框，刀具在切削完一层后，不提刀直接进入下一层的切削，否则每切削一层，刀具都会先回到参考高度后再进行下一层切削。

3）【使用副程式】。选择【使用副程式】复选框，系统将在 NC 程序中用子程序处理相同的深度循环，可大大减少程序的行数。

4）【深度分层切削顺序】。有两种方式：【依照轮廓】指铣削同一外形的所有深度后再转到另一外形铣削；【依照深度】指先铣削同一深度的所有外形后，再进行下一深度的外形铣削。

5）【锥度斜壁】。选择【锥度斜壁】复选框，系统将从工件的表面按指定的角度沿外形铣削出一个有锥度的斜壁。

（4）轮廓铣削的分层切削　在铣削加工中，考虑到机床及刀具系统的刚性，对较大的毛坯余量一般要分层进行加工。此时，可单击【2D 刀具路径 - 等高外形】对话框中的【分层切削】选项，选择【分层切削】复选框，进行外形分层参数的设置，如图 5-34 所示。

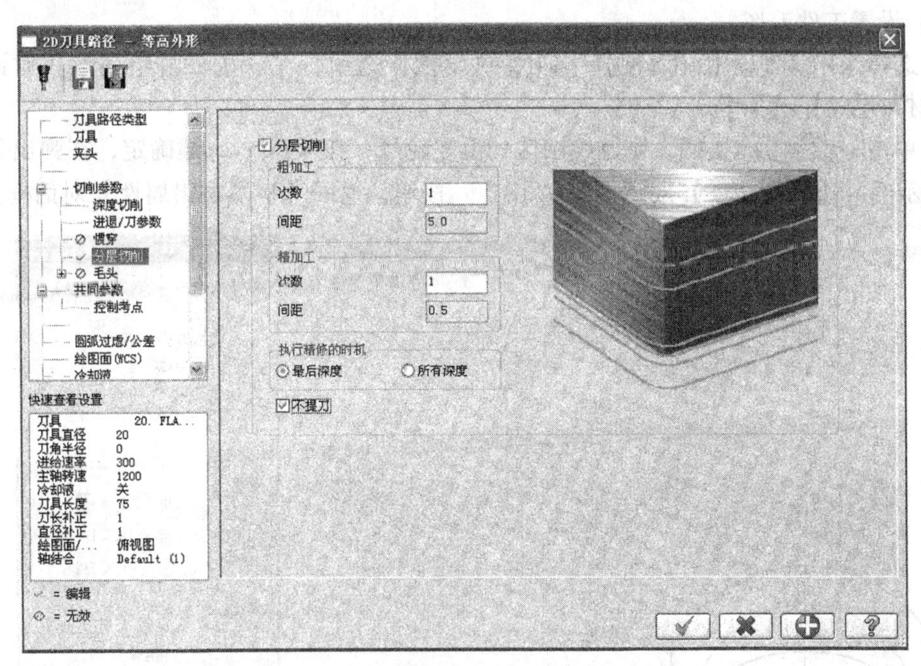

图 5-34　轮廓铣削的【分层切削】选项页

1）【粗加工】。根据毛坯余量和刀具直径的大小，可设定沿外形的粗铣次数和进刀间距。进刀间距是指两次相邻铣削轨迹间的距离值。粗铣的进刀间距与刀具直径有关，一般取刀具直径的 60% ~70%。

2）【精加工】。可设定沿外形的精铣次数和进刀间距。粗铣后，沿工件外形预留的加工余量决定于所设定的精铣次数和间距。

3）【执行精修的时机】。用于设定沿外形精铣的时机，有两种选择：【最后深度】表示系统只在粗加工的最后深度才进行外形精铣；【所有深度】表示系统在每一层粗铣后都执行外形精铣。

4）【不提刀】。选择此复选框，刀具在切削完一层后，直接进入下一层切削，不提刀，否则刀具每切削一层外形轮廓后都会回到安全高度，再进行下一层切削。

（5）轮廓铣削的高度参数　单击【2D 刀具路径 - 等高外形】对话框中的【共同参数】选项，可设置轮廓铣削的加工高度。轮廓铣削的高度参数与平面铣削的高度参数相同，在此不再赘述。

任务实施

1. 零件建模

启动 Mastercam，绘制如图 5-35 所示的毛坯轮廓和零件的外形轮廓。该零件可分为三个外形轮廓：轮廓一是毛坯轮廓，轮廓二和轮廓三是零件的外形轮廓。注意，毛坯 $\phi 80$ 的圆心坐标为（0，0）。

2. 平面铣削

（1）选择机床类型　选择菜单栏中的【机床类型】→【铣床】→【默认】命令，进入铣削加工环境。

（2）设置工件毛坯

1）选择操作管理器中【属性】→【材料设置】选项，在【机器群组属性】对话框中单击【材料设置】选项卡。

2）单击[B边界盒(B)]按钮，窗选绘图区的毛坯轮廓，按 <Enter> 键确定，在弹出的如图 5-36 所示的【边界盒选项】对话框中单击[✓]按钮，返回【机器群组属性】对话框。

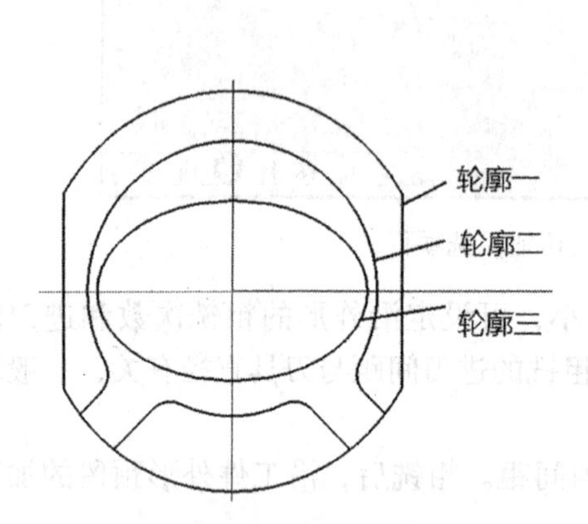

图 5-35　绘制毛坯轮廓和零件的外形轮廓

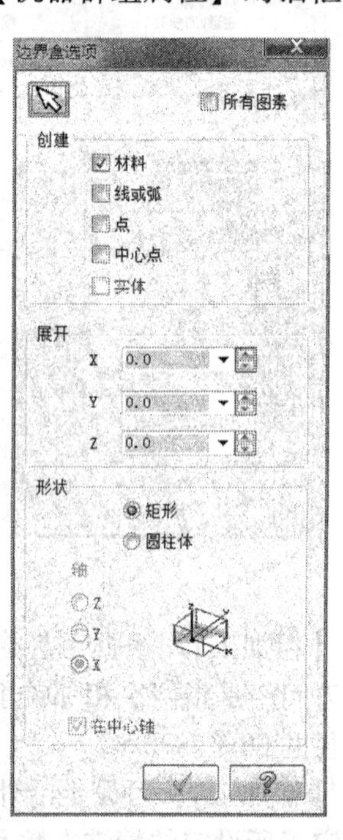

图 5-36　【边界盒选项】对话框

3）在【机器群组属性】对话框的【材料设置】选项卡中的 Z 向尺寸处输入 30，如图 5-37所示。

（3）选择铣削类型　选择菜单栏中的【刀具路径】→【平面铣】命令，或单击工具栏中的按钮。

（4）输入新 NC 文件的名称　在弹出的【输入新 NC 名称】对话框中输入新 NC 文件的名称“平面铣削 1”，并单击[✓]按钮确定。

（5）选择毛坯轮廓　系统弹出的【串连选项】对话框如图 5-38 所示。在该对话框中，选择【2D】，单击按钮，并在绘图区选择绘好的毛坯轮廓如图 5-39 所示，（注意与图中箭头方向一致），单击[✓]按钮确定。

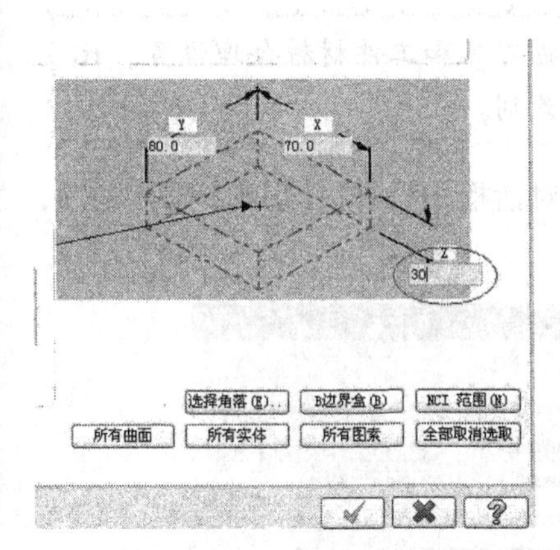

图 5-37　输入 Z 向尺寸

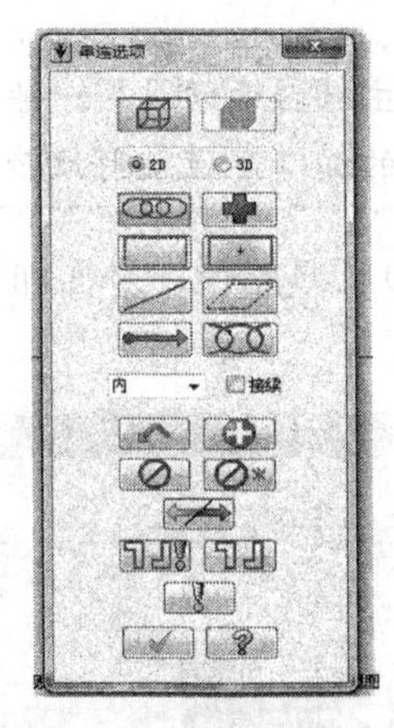

图 5-38　【串连选项】对话框

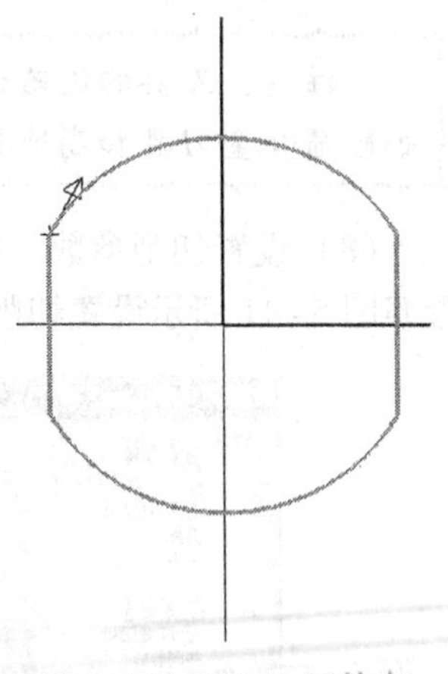

图 5-39　选择毛坯轮廓

（6）选择刀具路径类型　在系统弹出的【2D 刀具路径 - 平面加工】对话框中，选择【刀具路径类型】选项，然后再选择【平面加工】选项。

（7）选择刀具和设置刀具加工参数

1）选择刀具。在【2D 刀具路径 - 平面加工】对话框中选择【刀具】选项，单击［选择库中的刀具...］按钮，系统弹出【选择刀具】对话框，在该对话框刀具库的列表中选择直径为 ϕ75 的面铣刀，单击［✔］按钮结束选择。

2）设置刀具加工参数。以图 5-40 所示的刀具加工参数为例：刀具号码为 2，此输入将在生成的 NC 程序中产生“T2”；刀座编号为 -2，此输入为设置刀头号；刀长补正为 2，此输入将在生成的 NC 程序中产生刀具长度补偿“H2”；刀径补正为 2，此输入将在生成的 NC 程序中产生刀尖圆弧半径补偿“D2”；进给速率为 200，主轴转速为 800，下刀速率为 100，输入此三项将在生成的 NC 程序中分别表示平面进给速度 F200，主轴转速 S800，Z 向下刀进给速度 F100；选择【快速提刀】。

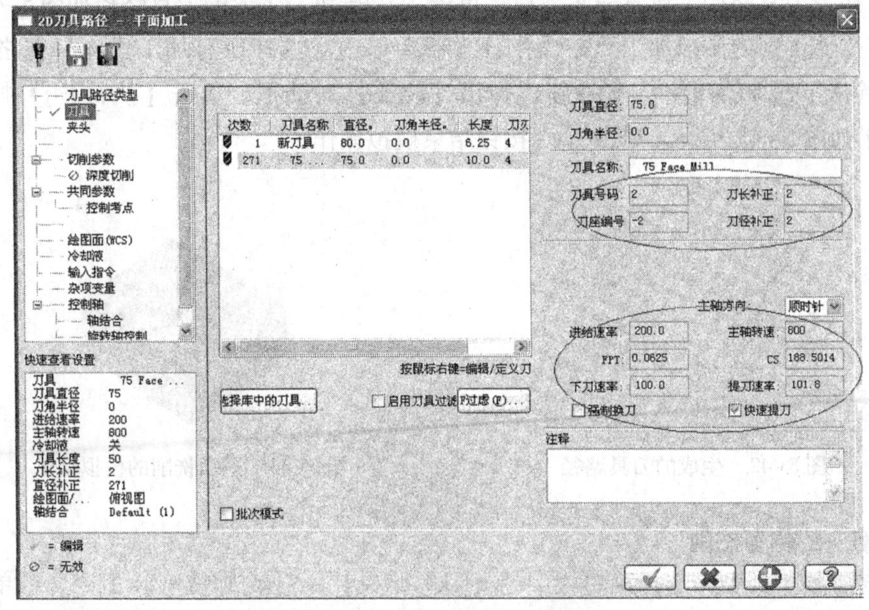

图 5-40　设置刀具加工参数

注意：刀具的进给速率、主轴转速的设置一般要根据刀具和工件材料合理设置，比如硬质合金刀具和高速钢刀具的加工参数就有比较大的差别。

（8）设置切削参数　在【2D 刀具路径－平面加工】对话框中选择【切削参数】选项，参照图 5-41 所示设置切削参数。

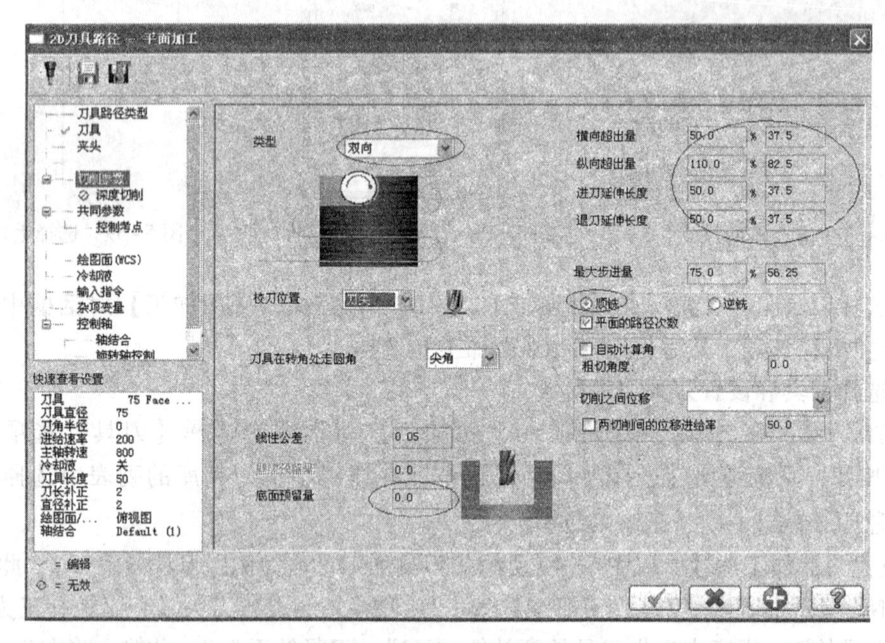

图 5-41　设置切削参数

（9）设置高度参数　在【2D 刀具路径－平面加工】对话框中选择【共同参数】选项，参照图 5-25 所示设置高度参数。

（10）生成刀具路径　设置完参数后，单击 ✔ 按钮，生成的刀具路径如图 5-42 所示。

（11）平面铣削的模拟加工　在操作管理器中单击【选择所有加工操作】按钮，然后单击【验证已选择的操作】按钮，弹出【验证】对话框。单击【执行】▶按钮，模拟加工结果如图 5-43 所示。单击 ✔ 按钮结束模拟操作。

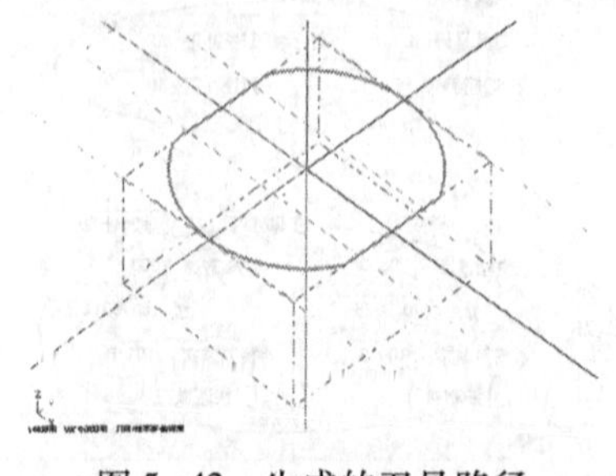

图 5-42　生成的刀具路径

图 5-43　平面铣削的模拟结果

3. 轮廓一的轮廓铣削

（1）选择铣削类型　选择菜单栏中的【刀具路径】→【轮廓铣削】命令，或单击工具栏中的按钮。

（2）输入新NC文件的名称　在弹出的【输入新NC名称】对话框中输入新NC文件的名称“轮廓铣削一”，并单击按钮确定。

（3）选择加工轮廓　在系统弹出的【串连选项】对话框中，选择【2D】，单击按钮，并在绘图区选择绘好的毛坯轮廓（注意与图中箭头方向一致），如图5-44所示，单击按钮确定。

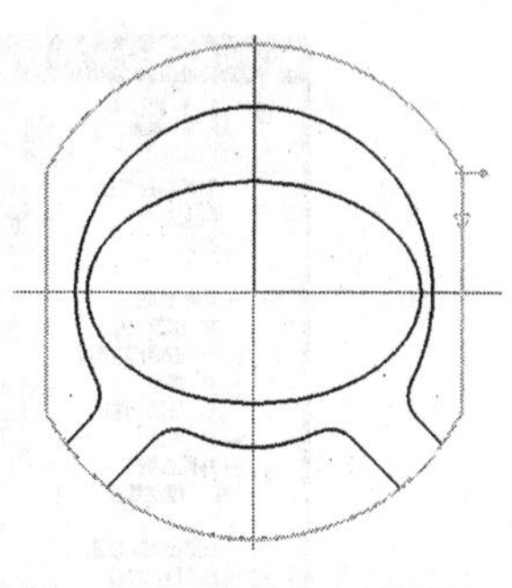

图5-44　选择加工轮廓一

（4）选择刀具路径类型　系统弹出【2D刀具路径－等高外形】对话框，如图5-45所示。在该对话框中选择【刀具路径类型】选项，然后再选择【等高外形】选项。

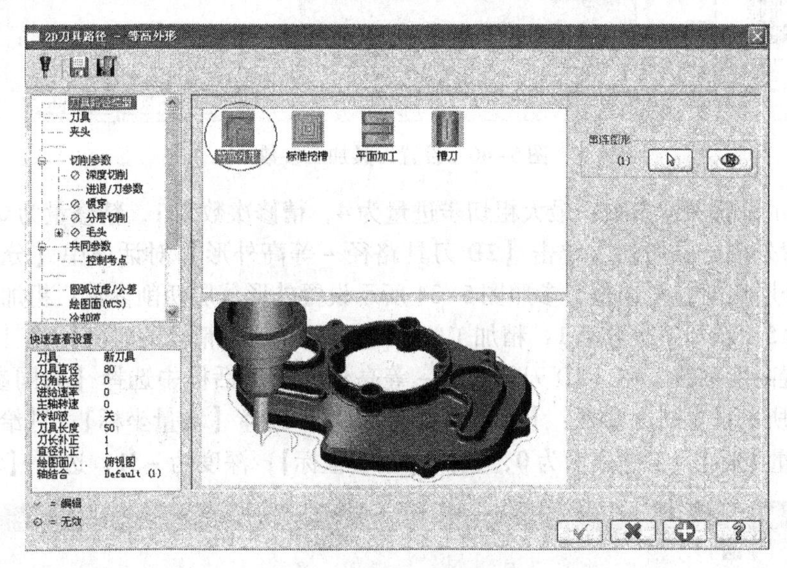

图5-45　选择刀具路径类型

（5）选择刀具和设置刀具加工参数　在【2D刀具路径－等高外形】对话框中选择【刀具】选项。

1）选择刀具。从刀具库中，选择直径为$\phi20$的立铣刀，单击按钮结束刀具选择。

2）设置刀具加工参数。参照图5-46所示设置刀具加工参数：刀具号码为1，此输入将在生成的NC程序中产生“T1”；刀座编号为－1，设置刀头号；刀长补正为1，此输入将在生成的NC程序中产生刀具长度补偿“H1”；刀径补正为1，此输入将在生成的NC程序中产生刀尖圆弧半径补偿“D1”；在进给速率处输入300，主轴转速处输入1200，下刀速率处输入100，输入此三项将在生成的NC程序中分别表示平面进给速度F300，主轴转速S1200，Z向下刀进给速度F100；选择【快速提刀】。

（6）设置切削参数　在【2D刀具路径－等高外形】对话框中选择【切削参数】选项，参照图5-26所示设置切削参数：【补正类型】为【电脑】，【补正方向】为【左补偿】，【校刀位置】为【刀尖】。

（7）设置深度切削　单击【2D刀具路径－等高外形】对话框中【深度切削】选项，参

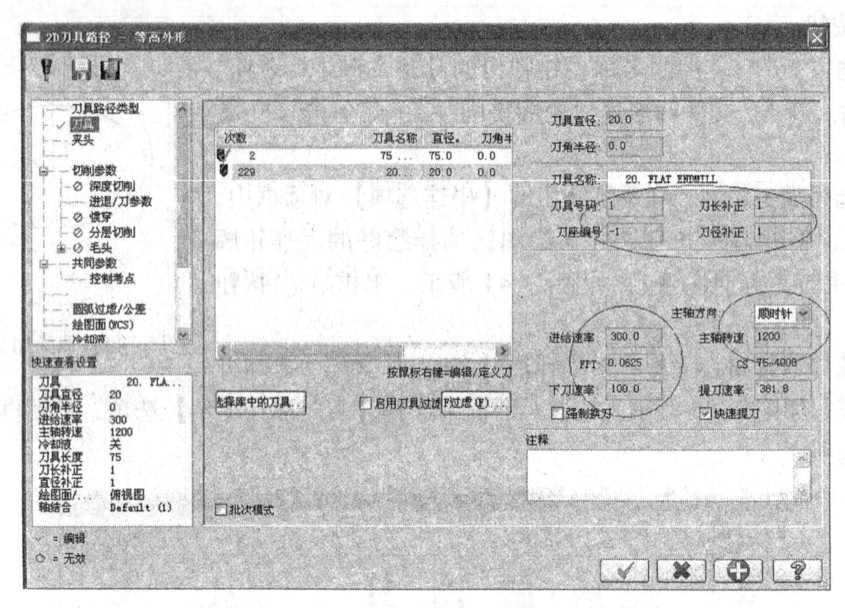

图 5-46 设置刀具加工参数

照图 5-33 所示设置深度参数：最大粗切步进量为 4，精修次数为 1，精修量为 0.5。

（8）设置外形分层切削　单击【2D 刀具路径 - 等高外形】对话框中【分层切削】选项，选择【分层切削】复选框，参照图 5-34 所示设置外形分层切削参数：粗加工次数为 1，粗加工间距为 5，精加工次数为 1，精加工间距为 0.5，【执行精修的时机】为【最后深度】。

（9）设置高度参数　在【2D 刀具路径 - 等高外形】对话框中选择【共同参数】选项，参照图 5-47 所示设置高度参数：【参考高度】为 30，选择【增量坐标】；进给下刀位置为 5，选择【增量坐标】；工件表面为 0，选择【绝对坐标】；深度为 -31，选择【增量坐标】。

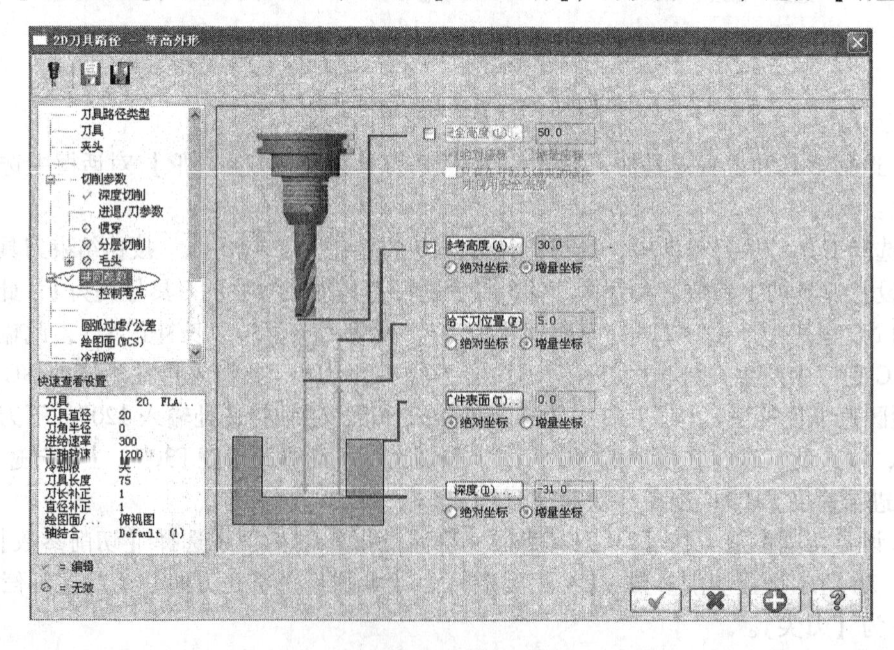

图 5-47 轮廓铣削的【共同参数】选项页

设置完参数后，单击确定按钮 ✔，结束参数设置，生成的刀具路径如图5-48所示。

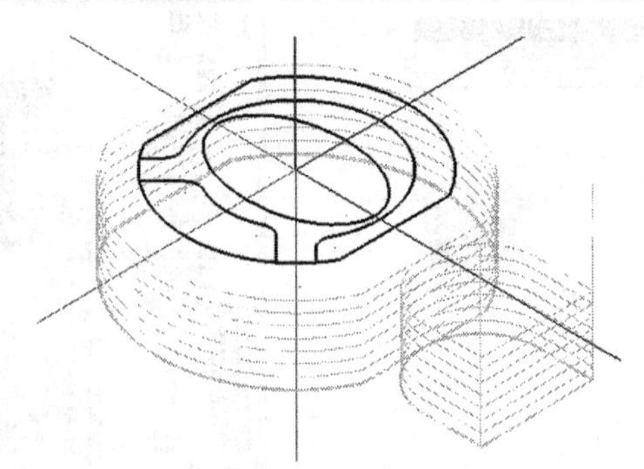

图5-48　轮廓一的加工刀具路径

4. 轮廓二的轮廓铣削

对轮廓二进行轮廓铣削加工的设置，可参照轮廓一的轮廓铣削来进行。关键参数设置如下：

刀具选择 $\phi8$ 立铣刀；外形分层切削设置中，粗加工次数为3，如图5-49所示；在共同参数设置中，深度为 -10，如图5-50所示。设置完参数后，单击 ✔ 按钮，生成的刀具路径如图5-51所示。

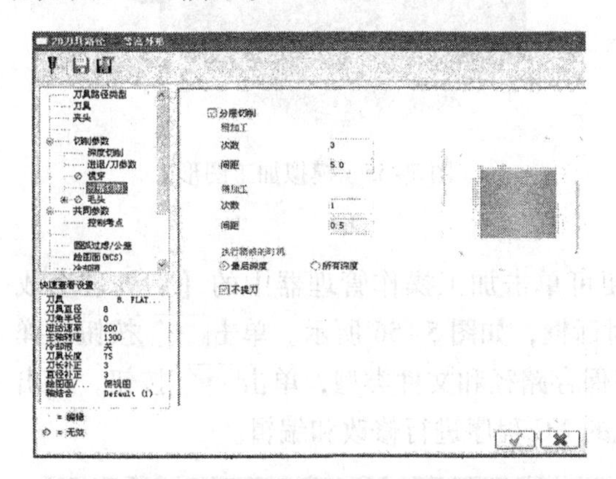

图5-49　轮廓二的外形分层切削设置

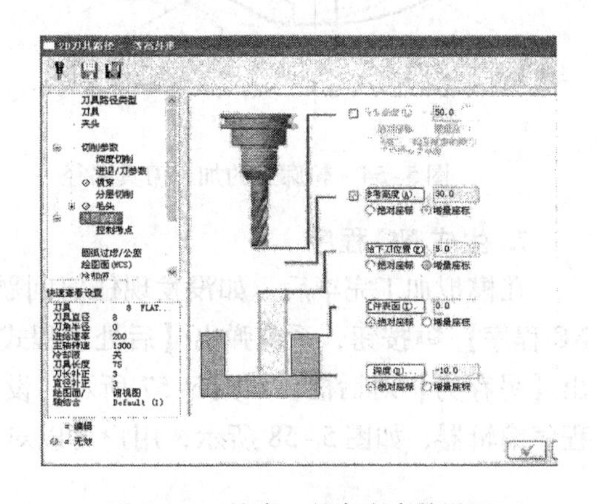

图5-50　轮廓二的高度参数设置

5. 轮廓三的轮廓铣削

对轮廓三的轮廓铣削，关键参数设置有：刀具选择 $\phi20$ 立铣刀；在外形分层切削设置中，粗加工次数为1，如图5-52所示；在共同参数设置中，深度为 -5，如图5-53所示。设置完参数后，单击 ✔ 按钮，生成的刀具路径如图5-54所示。

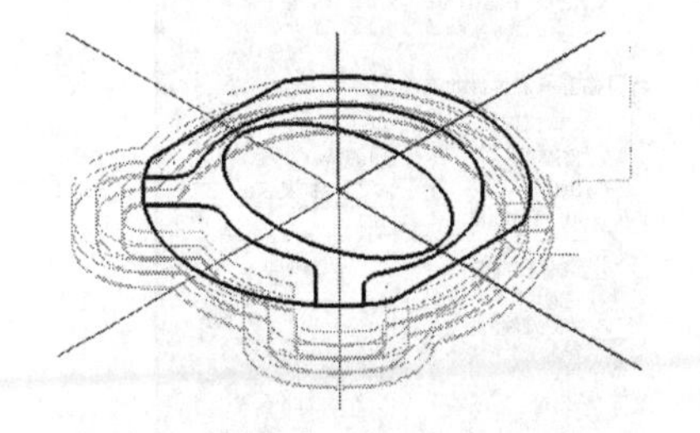

图5-51　轮廓二的加工刀具路径

6. 模拟加工

在操作管理器中单击按钮，然后单击按钮，弹出【验证】对话框，单击【执行】▶按钮，模拟加工结果如图5-55所示，单击 ✔ 按钮结束模拟操作。

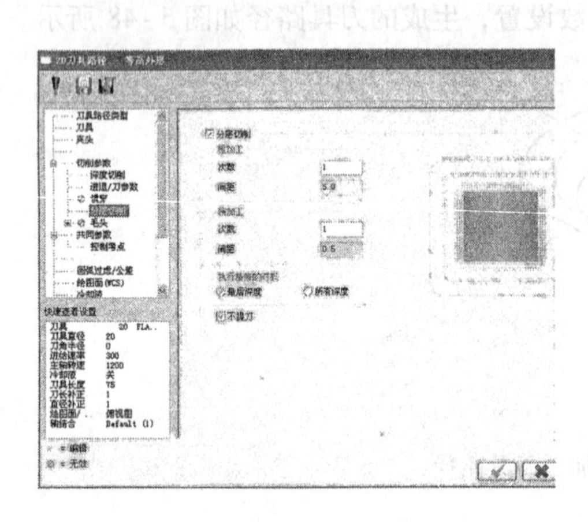

图 5-52　轮廓三的外形分层切削设置

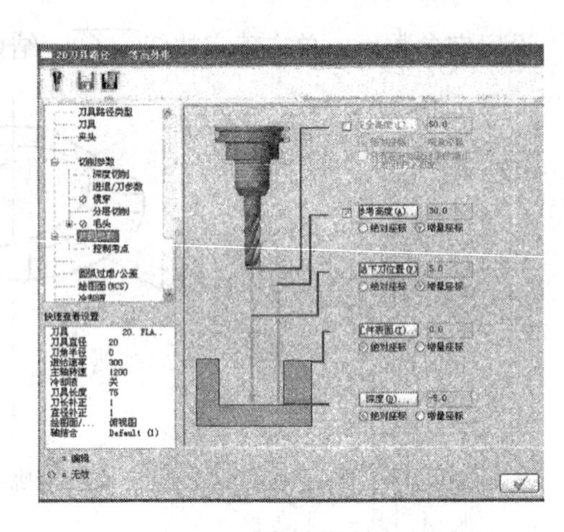

图 5-53　轮廓三的深度参数设置

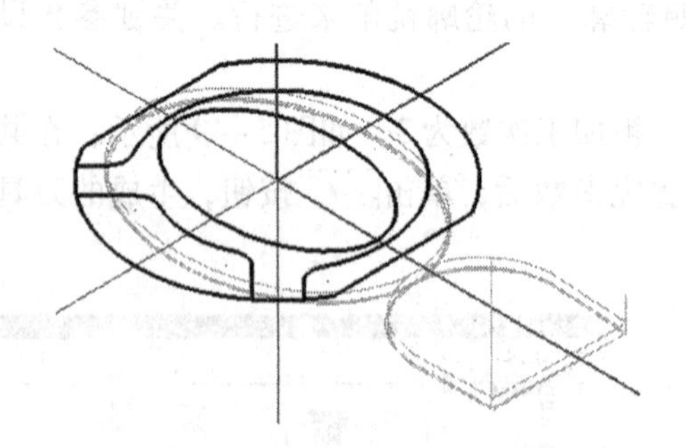

图 5-54　轮廓三的加工刀具路径

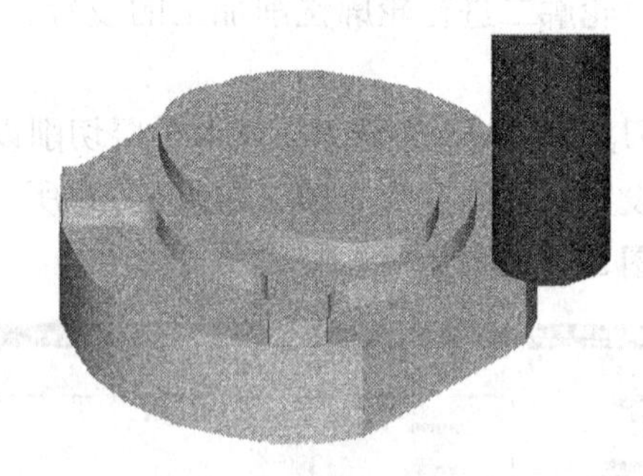

图 5-55　模拟加工图形

7. 生成 NC 程序

在模拟加工完毕后，如没发现任何问题，便可单击加工操作管理器中的【后处理生成NC程序】G1按钮，系统弹出【后处理程式】对话框，如图 5-56 所示。单击✓按钮，弹出【另存为】对话框，如图 5-57 所示。设置好保存路径和文件类型，单击✓按钮，弹出程序编辑器，如图 5-58 所示，用户可以对生成的 NC 程序进行修改和编辑。

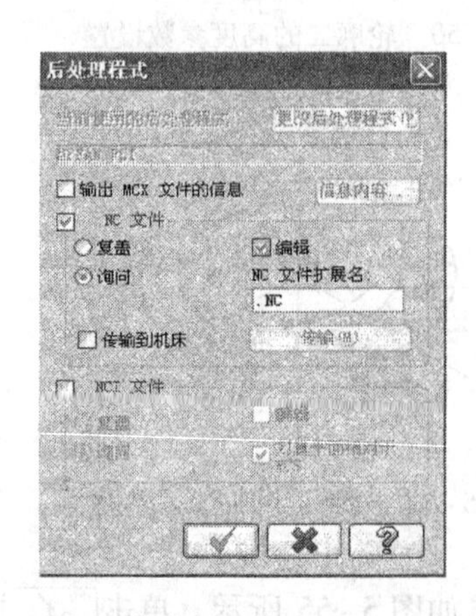

图 5-56　【后处理程式】对话框

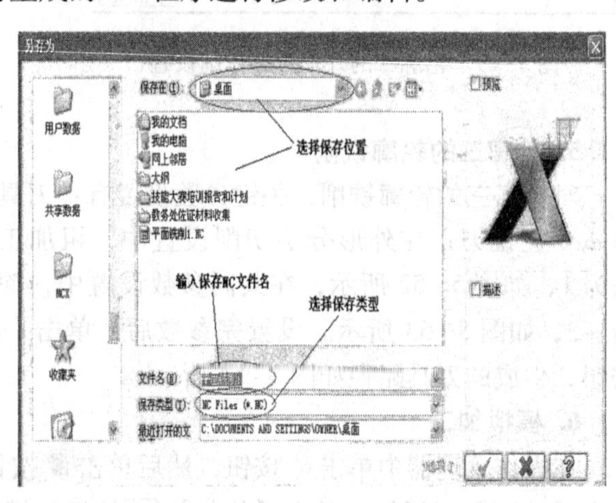

图 5-57　保存设置

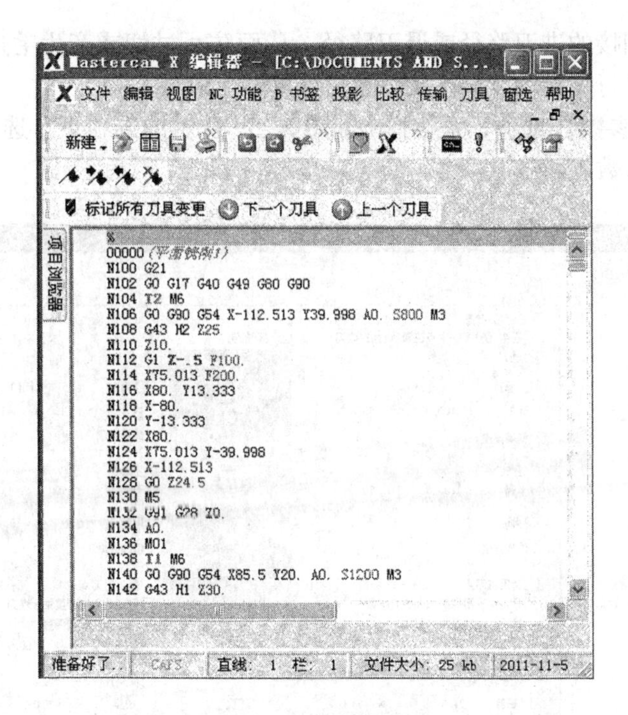

图5-58　程序编辑器

⚠容易产生的问题和注意事项

类型	加工方法	加工特点	注意事项
二维铣削	面铣	可以选择一个或多个封闭区域进行加工	单向铣削有利于提高加工质量，双向铣削有利于提高工作效率
	外形铣削加工	可以进行内、外轮廓的加工	1）加工内、外轮廓时要将串连方向和补偿方向结合起来考虑 2）加工内轮廓时要设置进/退刀向量 3）加工内、外轮廓要用控制器补偿

加工内、外轮廓时要将串连方向和补偿方向结合起来考虑；如果余量较小，可不必进行粗加工；高速刀具的转速不可太快。平面铣削应使用平底铣刀加工，少用球刀加工，以减少加工时间。做每一道工序前，想清楚前一道工序加工后所剩的余量，以免空刀或吃刀量过大而发生弹刀现象。

外形铣削的进/退刀设置

为了使刀具平稳地切入和切出工件，一般要求在外形铣削路径的起点或终点位置产生一段与工件加工外形相接的进刀路径或退刀路径，从而防止过切或产生毛边。在实际加工中，对刀具路径的两端进行一定的延长，能获得良好的加工效果。

单击【进/退刀参数】选项，系统弹出如图 5-59 所示的选项页，选中【进退/刀参数】复选框，设置相关参数。

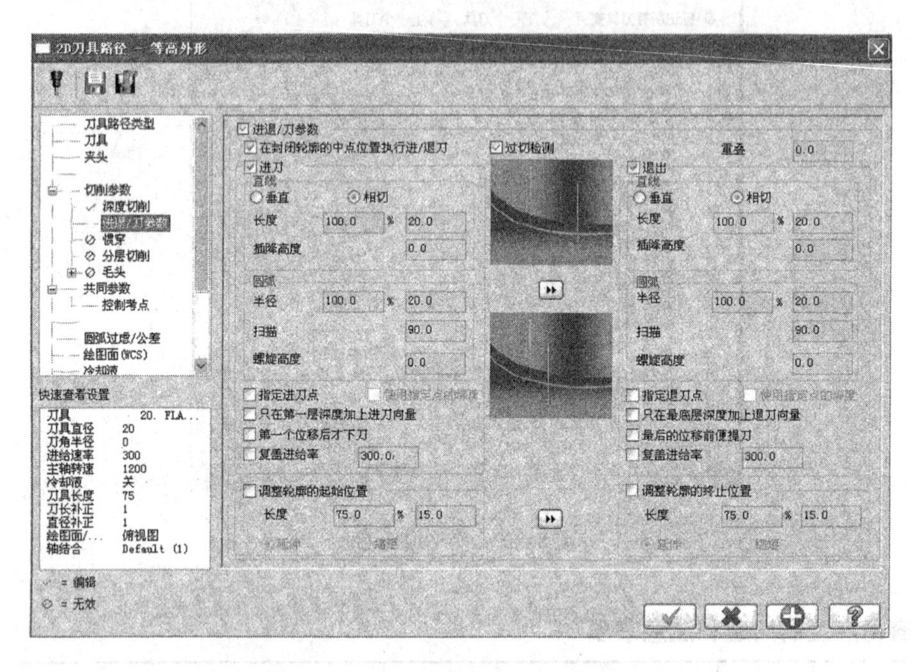

图 5-59　进/退刀参数设置

（1）切入/切出位置　选择【在封闭轮廓的中点位置执行进/退刀】复选框，将在所选择图形的中点位置切入/切出轮廓，否则将在所选择图形的端点处切入/切出轮廓。

（2）切入/切出过切检测　选择【过切检测】复选框，将启动切入/切出检测，确保在切入和切出的时候不会铣削到零件的内部材料。

（3）切入/切出设置　选择【进刀】复选框，将启动进刀切入功能，否则关闭该功能；选择【退出】复选框，将启动退刀切出功能，否则关闭该功能。切入/切出路径有直线和圆弧两种，可按需要进行设置。

【直线】切入/切出：【直线】切入/切出有【垂直】和【相切】两种导引方式，【垂直】方式为切入/切出路径垂直于轮廓，这种方式会在进/退刀处产生刀痕；【相切】方式为切入/切出路径相切于轮廓，即延伸的直线刀具路径与相接的外形刀具路径相切。【长度】栏输入直线切入/切出的长度，可以输入占刀具直径的百分比或直接输入长度。【插降高度】栏用于输入切入/切出的渐升（降）高度。

【圆弧】切入/切出：除了可以加入【直线】切入/切出路径外，还可以设置为【圆弧】切入/切出导引方式。该方式以一段圆弧做引线，与刀具路径相切。其中【半径】栏用于输入切入/切出圆弧的半径值，也可以输入占刀具半径的比例；【扫描】栏用于输入切入/切出圆弧的展开角度。【螺旋高度】栏用于输入圆弧切入/切出的螺旋高度。

任务拓展

练习1：完成如图5-60所示工件的数控铣削加工。

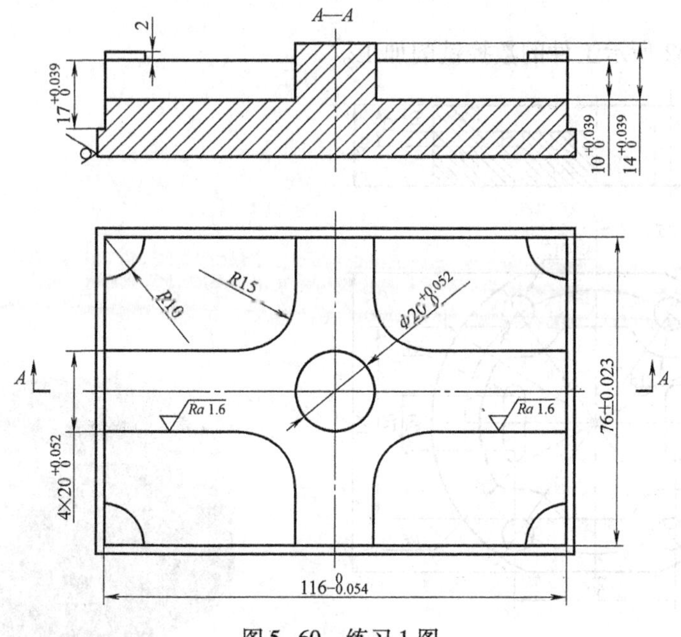

图5-60 练习1图

解题思路：本例先绘制零件图，通过平面铣削、等高外形分层铣削、轮廓铣削完成铣削加工任务。

练习2：完成如图5-61所示工件的数控铣削加工。

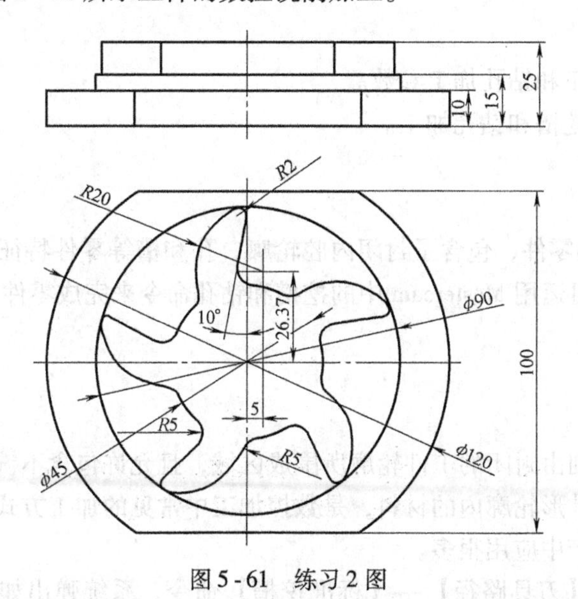

图5-61 练习2图

解题思路：本例先绘制零件图，通过平面铣削、等高外形分层铣削完成铣削加工任务。

任务2　挖槽加工与钻孔加工

任务描述

完成如图 5 - 62 所示工件的数控铣削加工。

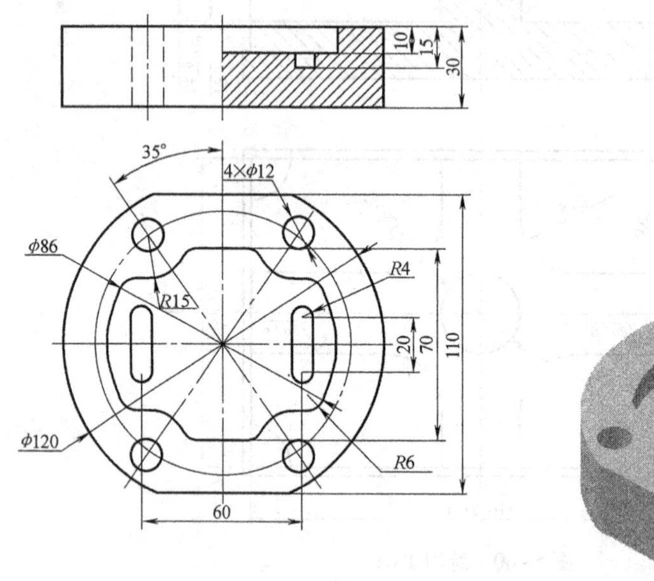

图 5 - 62　挖槽加工和钻孔加工实例

任务目标

1. 会设置挖槽加工和钻孔加工参数。
2. 能够完成零件挖槽和钻孔加工。

任务分析

如图 5 - 62 所示的零件，包含了封闭内腔轮廓、孔和槽等零件特征，其中封闭内腔的材料需全部去除。因此可运用 Mastercam 中的挖槽和钻孔命令来完成零件的铣削加工。

相关知识

1. 挖槽加工

挖槽加工用来铣削由封闭的工件轮廓所围成区域，且允许包含不铣削的突起岛屿。挖槽加工可大量去除封闭外形轮廓内的材料，是数控加工中常见的加工方式，尤其在塑料模、压铸模等型腔模具的生产中应用很多。

选择菜单栏中的【刀具路径】→【标准挖槽】命令，系统弹出如图 5 - 63 所示的【2D 刀具路径 - 标准挖槽】对话框。挖槽加工的选项参数与轮廓铣削的选项参数大体相同，不同的选项有：【切削参数】、【粗加工】、【精加工】、【深度切削】、【贯穿】等。

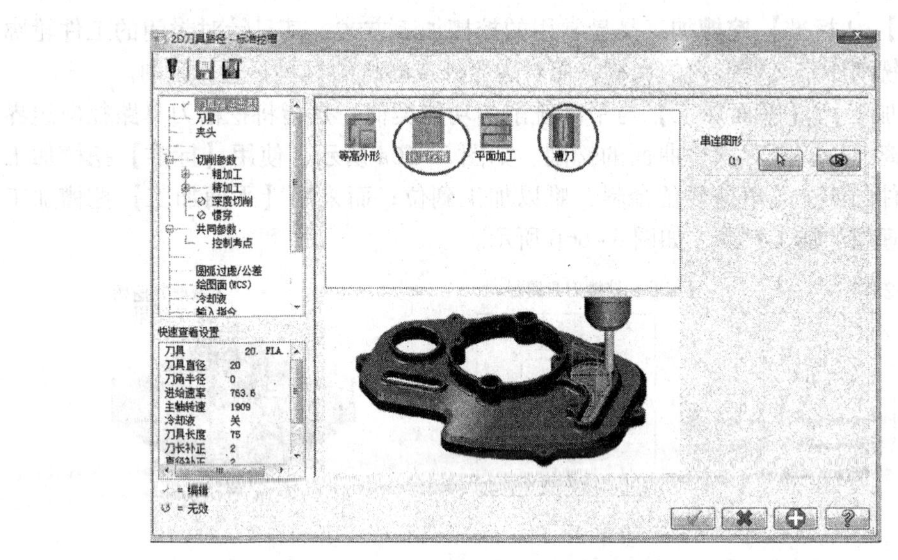

图 5-63　【2D 刀具路径 – 标准挖槽】对话框

（1）挖槽加工的切削参数　在【2D 刀具路径 – 标准挖槽】对话框中单击【切削参数】选项，可进行切削参数的设置，如图 5-64 所示。

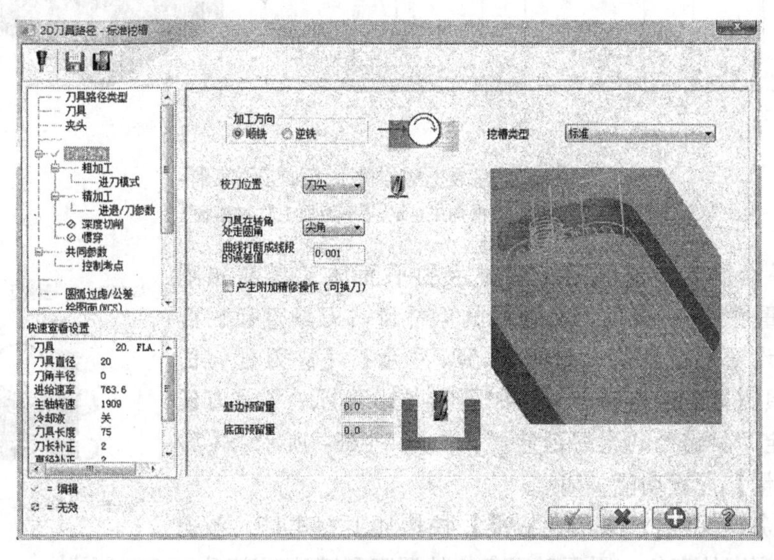

图 5-64　标准挖槽的【切削参数】选项页

1）【加工方向】。该项用于设置挖槽加工时在切削区域内刀具的进给方向，会直接影响到加工表面的质量、刀具的寿命和加工过程的平稳性，有【顺铣】和【逆铣】两种方式。【顺铣】有利于延长刀具的寿命，并有利于获得较好的加工性能和表面加工质量。【逆铣】时的切削力能将螺杆的间隙消除，从而可以减小振动。一般情况下，粗加工时采用【逆铣】，精加工时采用【顺铣】。

2）【挖槽类型】。如图 5-65 所示，挖槽加工形式主要有【标准】、【平面加工】、【使用岛屿深度】、【残料加工】、【打开】五种。

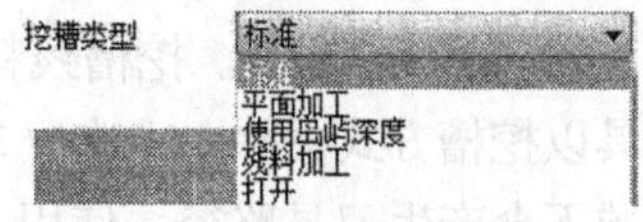

图 5-65　挖槽类型

①【标准】。【标准】挖槽加工是最常用的挖槽加工方式，其只针对封闭的工件轮廓产生刀路，即仅铣削所定义外形内的材料，而对边界外或岛屿的材料不进行铣削。

②【平面加工】。【平面加工】与平面铣削的功能类似，是指将挖槽刀具路径向边界延伸到指定的距离，以实现对挖槽曲面的铣削。如图 5 - 66a 所示，使用【标准】挖槽加工方式后，会在工件的四个端角处残留余料，难以加工到位；而采用【平面加工】挖槽加工方式则可以达到理想的加工效果，如图 5 - 66b 所示。

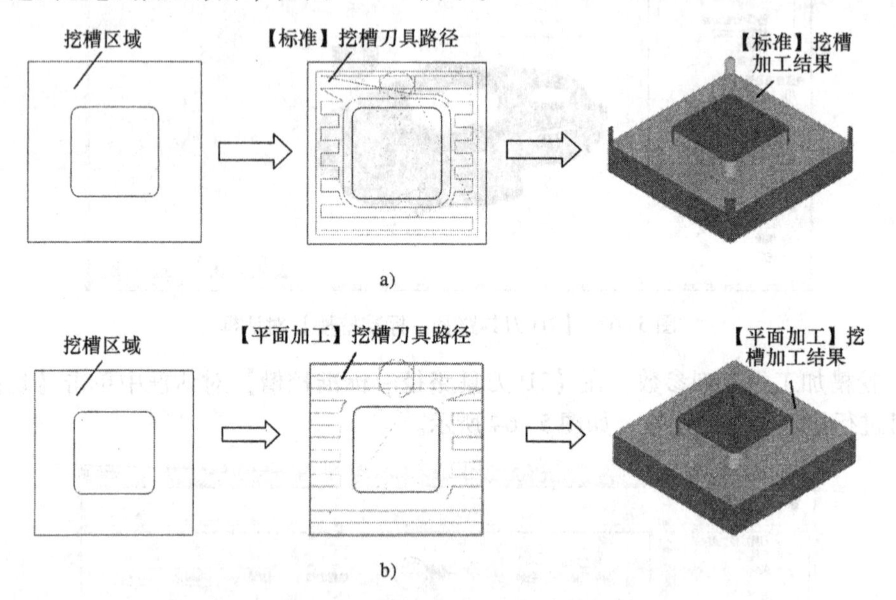

图 5 - 66　标准挖槽与槽平面加工的区别
a)【标准】挖槽加工　b)【平面加工】挖槽加工

选择【平面加工】方式后，所显示的平面加工参数如图 5 - 67所示。【重叠量】：设置刀具路径的重叠量占刀具直径的百分比，或直接设置重叠数值，如图 5 - 68a 所示；【进刀延伸长度】：设定刀具路径的进刀延伸量，如图 5 - 68b 所示；【退刀延伸长度】：设定刀具路径的退刀延伸量，如图 5 - 68c 所示；【岛屿上方的预留量】设置功能关闭。

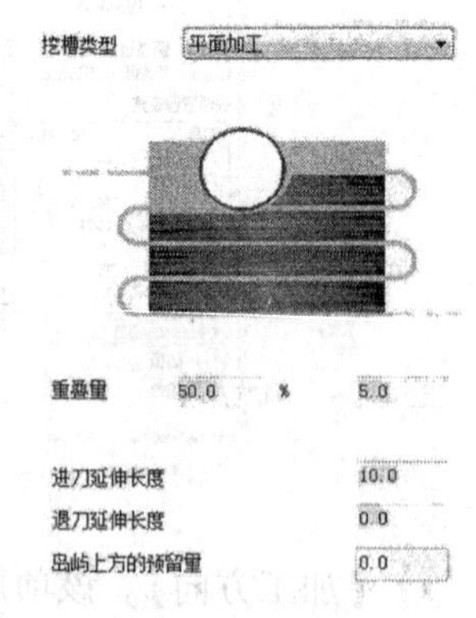

图 5 - 67　【平面加工】的参数设置界面

③【使用岛屿深度】。采用【标准】挖槽加工方式时，系统不会考虑岛屿深度的变化，因而对于岛屿的深度和槽的深度不一样的情形，就需要采用该功能。【使用岛屿深度】挖槽加工方式的参数设置界面如图 5 - 69 所示，大体与【平面加工】方式相同，但【岛屿上方的预留量】选项被激活，可在在其中设置岛屿顶面的预留量，它的"边界"是指岛屿轮廓线。在采用【使用岛屿深度】方式时，岛屿面与工件顶面的距离处于激活状态。

④【残料加工】。挖槽残料加工与外形铣削的残料清角加工基本相同，即选用直径较小的刀具以挖槽方式去除上一次（较大直径刀具）加工残留的余料，上一次加工已经加工到位的区域不会产生刀具路径。使用【残料加工】方式的参数设置界面如图 5 - 70 所示。【剩余材料

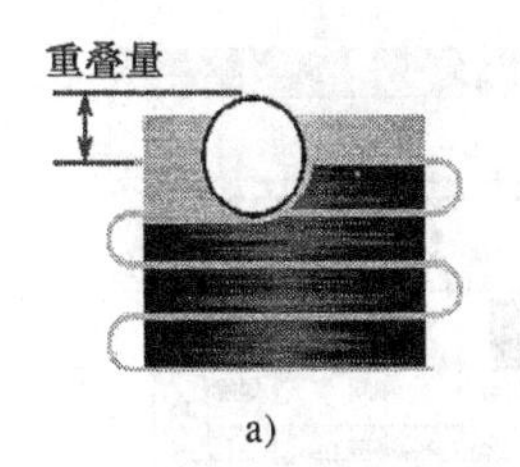

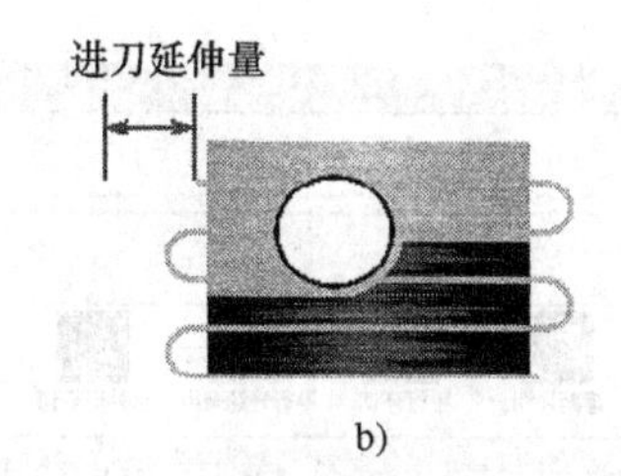

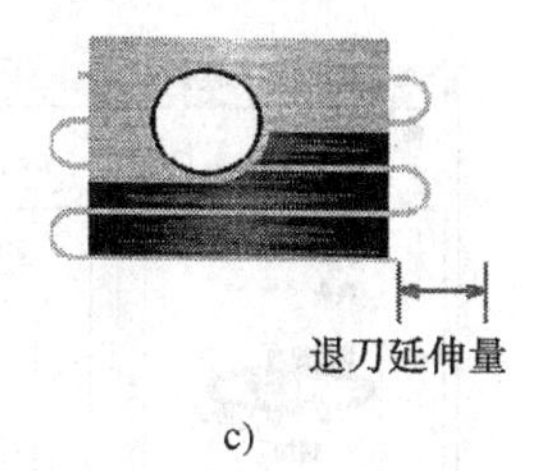

图5-68　重叠量和进/退刀量的设置

a）重叠量　b）进刀延伸长度　c）退刀延伸长度

的计算是来自】选项可以选择是由哪些操作带来的残料；【粗切刀具直径】选项是针对指定刀具直径的粗加工操作进行残料加工，在其文本框内输入的是上一次加工的刀具直径值；【安全高度】选项是指残料加工刀具路径的延伸量；选择【在粗切路径加上进/退刀引线】复选框，将进/退刀引线路径加入到残料加工刀具路径中；选择【精修所有的外形】复选框，将在残料加工完毕后，再进行一次精加工；选择【显示材料】复选框，将显示残料加工的区域。

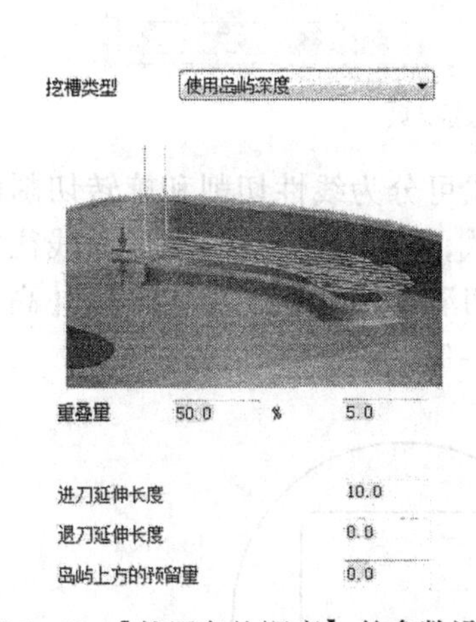

图5-69　【使用岛屿深度】的参数设置

图5-70　【残料加工】的参数设置界面

3）【打开】。【打开】挖槽加工方式专用于对轮廓没有完全封闭、一部分开放的槽形零件的加工。【打开】挖槽加工方式的参数设置界面如图5-71所示。【重叠】是指开放式刀具路径超出边界的距离，以与刀具直径的百分比表示，也可以直接设置开放加工刀具路径超出开放边界的距离；选择【使用开放轮廓的切削方法】复选框，开放刀具路径从开放轮廓端点起刀；选择【使用标准的轮廓作为关闭链】复选框，对于封闭的串连外形，系统采用【标准】挖槽方式进行加工。

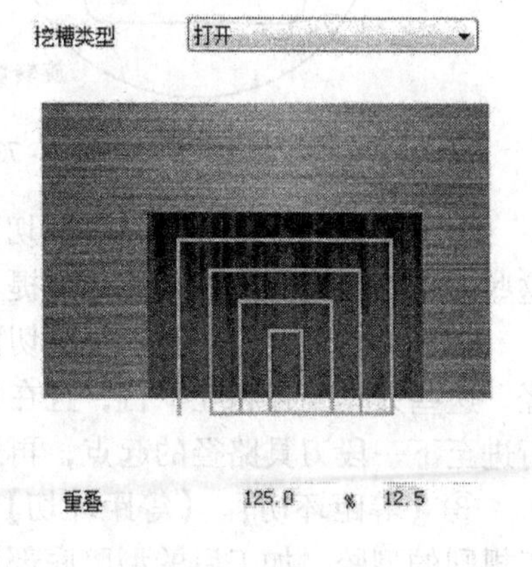

图5-71　【开放式轮廓挖槽】的参数设置界面

（2）粗加工　在【2D刀具路径-标准挖槽】对话框中单击【粗加工】选项，并勾选【粗加工】复选框，即可进行粗加工参数的设置，如图5-72所示。

1）粗加工切削方式。Mastercam X5软件提供了八种

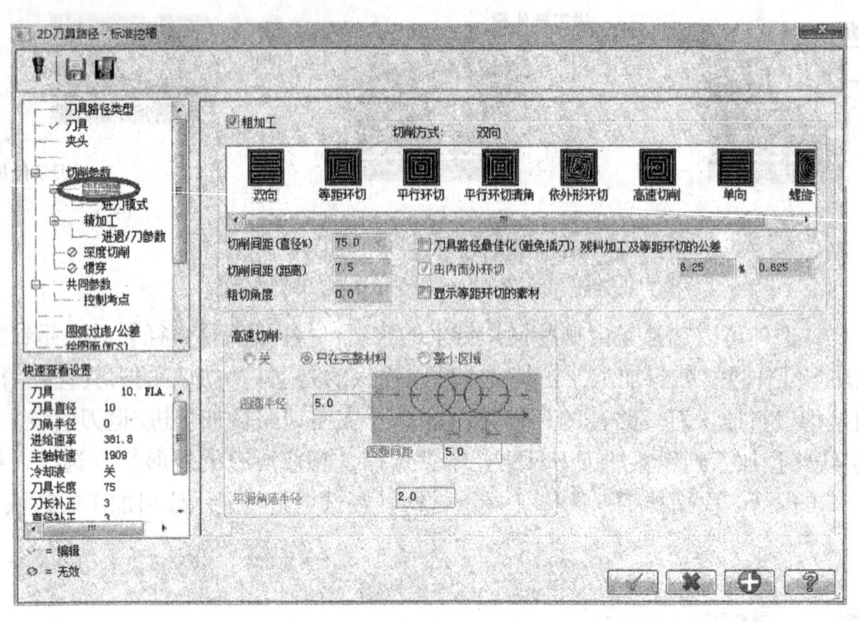

图 5-72　标准挖槽的【粗加工】选项页

挖槽粗加工的切削方式，也即进给方式。这八种切削方式可分为线性切削和旋转切削两大类。线性切削包括【双向】切削和【单向】切削两种方式，产生的刀具路径呈直线往复形状；旋转切削包括【等距环切】、【平行环切】、【平行环切清角】、【依外形环切】、【高速切削】、【螺旋切削】六种方式。线性切削和旋转切削如图 5-73 所示。

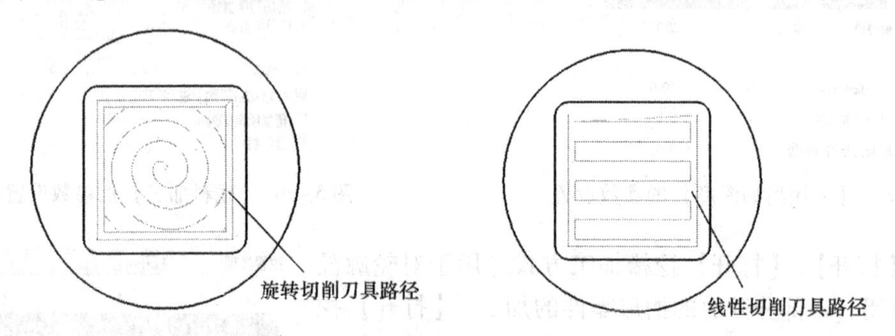

图 5-73　旋转切削方式和线性切削方式

①【双向】切削。【双向】切削是指按照粗切角度，产生一组直线往复式的刀具路径。这些刀具路径相互平行且连续不提刀，为最经济省时的方式，适合于平面粗铣加工。

②【单向】切削。【单向】切削是指按照粗切角度，产生按同一个方向切削的刀具路径。这些刀具路径相互平行，且在每段刀具路径的终点提刀至安全高度后，以快速移动速度行进至下一段刀具路径的起点，再进行下一段刀具路径的铣削动作。

③【等距环切】。【等距环切】是指以等距切削的环绕画圈方式产生刀具路径，适合加工规则的型腔，加工后的型腔底部质量较好。

④【平行环切】。【平行环切】是指以平行围绕外轮廓的环绕画圈方式产生刀具路径，每次用横跨步距补正轮廓边界。加工时可能不能清除干净毛坯。

⑤【平行环切清角】。【平行环切清角】是指以【平行环切】方式粗加工内腔，同时增

加了在内腔转角处的清除加工，可切除更多的毛坯。此项需根据加工轮廓合理设定，否则也难以保证将所有的毛坯都清除干净。

⑥【依外形环切】。【依外形环切】是指依外形以螺旋方式产生挖槽刀具路径，在外部边界和岛屿间用逐步过滤的方法进行插补，粗加工内腔。当型腔内有单个或多个岛屿时可选用该项。

⑦【高速切削】。【高速切削】是指以【平行环切】方式粗加工内腔，但其在行间过渡时采用一种平滑过渡的方法，另外在转角处也以圆角过渡，保证整个刀具路径平稳而高速。可以清除转角或边界壁的余量，但加工时间相对较长。

⑧【螺旋切削】。【螺旋切削】是指以圆形或螺旋方式产生挖槽刀具路径，用所有正切圆弧进行粗加工铣削。该方式为刀具提供了一个平滑的运动、一个短的 NC 程序，并能较好地清除所有的毛坯余量，适用于圆槽加工。对于周边余量不均的切削区域，该选项会生成较多抬刀。

对同一挖槽轮廓可以采用不同的切削方式来完成加工，但切削效率和加工质量大不相同。一般由线性几何图素组成的轮廓，宜采用线性切削方式，而由旋转几何图素组成的轮廓宜采用旋转切削方式来完成加工。

2）【切削间距】。【切削间距】是指在挖槽粗加工时在 *XY* 平面上两条刀具路径间的距离，如图 5-74 所示。【切削间距（直径%）】文本框：用于设置粗加工间距，以刀具直径百分比来表示，一般取 60% ~75%。【切削间距（距离）】文本框：用于直接设置粗加工间距，与【切削间距（直径%）】是互动关系，输入一个，另一个自动更新。

3）【粗切角度】。【粗切角度】是指挖槽粗加工时刀具相对于构图平面 *X* 轴正向的移动角度，逆时针方向为正，如图 5-75 所示。该选项在选择【单向】或【双向】切削方式时有效。

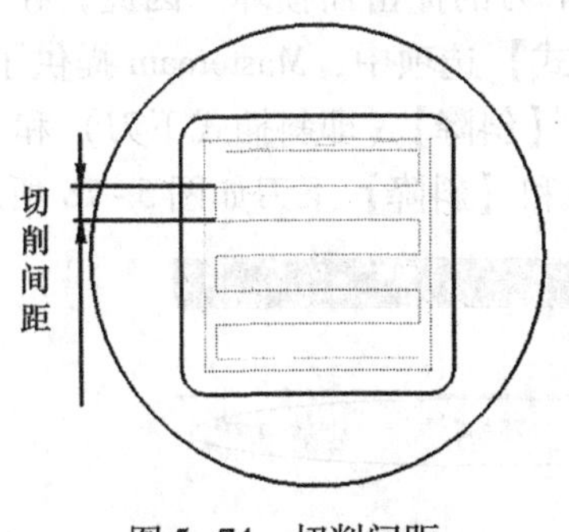

图 5-74　切削间距

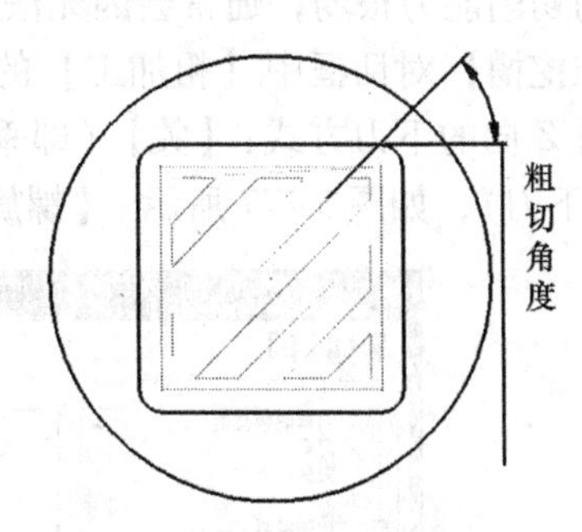

图 5-75　粗切角度

4）【刀具路径最佳化】。勾选【刀具路径最佳化】复选框，能优化挖槽刀具路径，达到最佳铣削顺序。

5）【由内而外环切】。勾选【由内而外环切】复选框，表示当用户选择的切削方式为旋转切削中的一种方式时，系统从内往外逐圈切削，否则从外往内逐层切削。

6）【显示等距环切的素材】。勾选【显示等距环切的素材】复选框，系统将显示毛坯工件。

7）【高速切削】。当采用高速切削的粗加工进给方式时，【高速切削】选项被激活，如图 5-76 所示，用户可以设置高速切削的相关参数。【关】选项：关闭摆线式切削方式，仅在相邻刀具路径间加入摆线或圆弧；【只在完整材料】选项：刀具陷入材料尺寸大于设置的切削间距时，刀具按【高速切削】的方式运动，直到刀具陷入材料尺寸小于刀间距时，才回到原来的进给方式（直线式进给），刀具陷入材料时使用的【摆线式切削】方式为高速加工的默认加工方式；【整个区域】选项：当刀间距或步距较大时，使用【摆线式切削】方式；【平滑角落半径】文本框："摆线式切削"允许拐角位置走圆弧，当切削方向的改变小于135°时，为了使刀具切削平稳，将在拐角处走圆角，圆半径可以在拐角半径栏内设定。

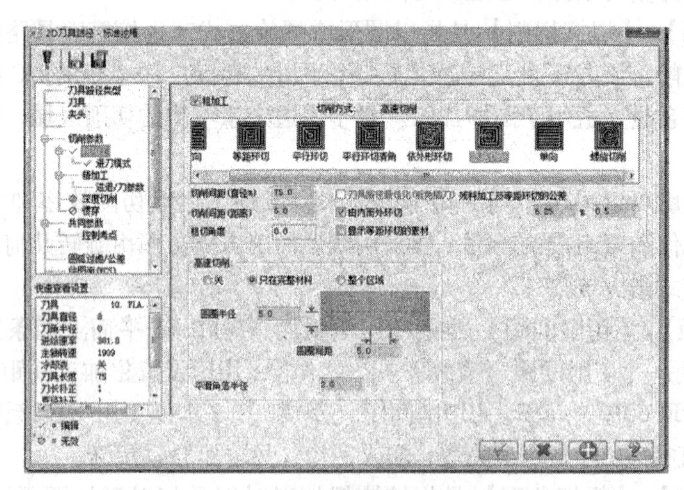

图 5-76　高速切削参数设置

8）粗加工下刀方式。挖槽粗加工一般采用平底铣刀。平底铣刀主要用侧切削刃切削材料，端面的切削能力很弱，通常会因无法承受垂直下刀的撞击而损坏。因此，在【2D 刀具路径 - 标准挖槽】对话框中【粗加工】的【进刀模式】选项中，Mastercam 提供了三种在挖槽粗加工时 Z 向的下刀方式：【关】（即垂直下刀）、【斜降】（即斜插式下刀）和【螺旋形】（即螺旋式下刀），如图 5-77 所示。【螺旋形】下刀和【斜降】下刀如图 5-78 所示。

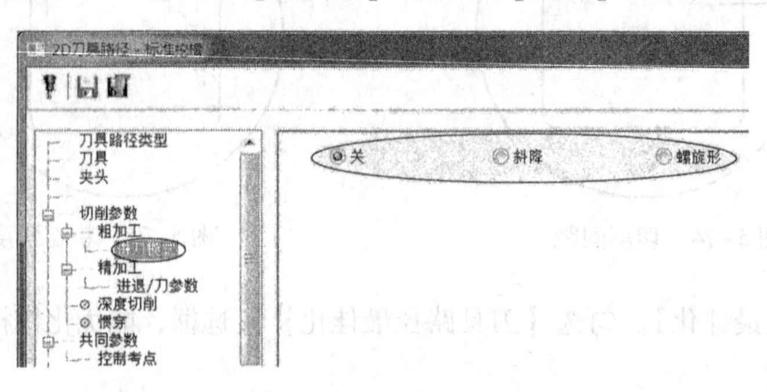

图 5-77　【粗加工】的【进刀模式】选项页

（3）精加工　在挖槽加工时，可以附加一个精加工操作，可以一次完成两个刀具路径规划。在【2D 刀具路径 - 标准挖槽】对话框中单击【精加工】选项，并勾选【精加工】复选框，即可进行精加工参数的设置，如图 5-79 所示。

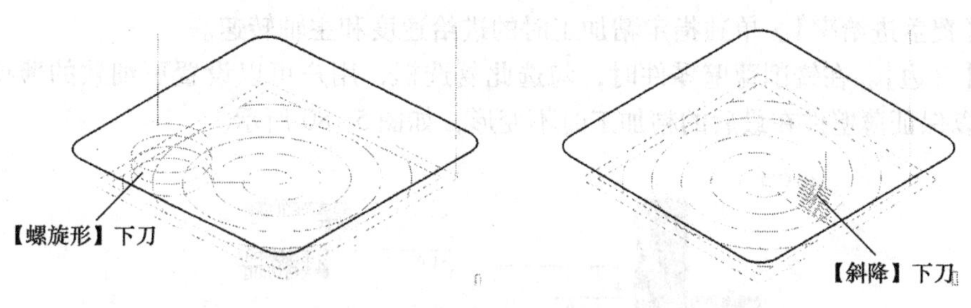

图5-78 粗加工下刀方式

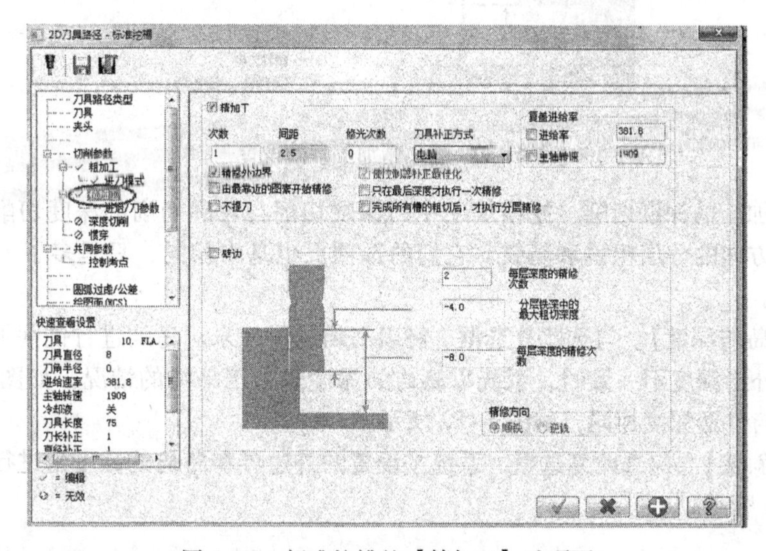

图5-79 标准挖槽的【精加工】选项页

1）【次数】。设置挖槽精加工的次数。

2）【间距】。设置每次精加工的切削间距，即每层切削量。

3）【修光次数】。设置精加工后的光刀次数。

4）【刀具补正方式】。选精加工的补偿方式，有【电脑】、【控制器】、【磨损】、【两者磨损】四种方式。

5）【精修外边界】。勾选此复选框，将对内腔壁和内腔岛屿进行精加工，否则只对岛屿进行精加工。

6）【由最靠近的图素开始精修】。勾选此复选框，将在粗加工完成后，刀具以封闭几何图形的粗加工刀具路径终点作为精加工的起点。

7）【不提刀】。勾选此复选框，刀具将在粗加工后不提刀，直接精加工；否则刀具将回到安全高度后，再下刀精加工。

8）【使控制器补正最佳化】。当精加工采用【控制器】方式时，勾选此复选框，可以消除小于或等于刀具半径的圆弧精加工路径。

9）【只在最后深度才执行一次精修】。当粗加工采用深度分层铣削时，勾选此复选框，所有粗加工完成后，才在最后深度执行精加工，且仅精加工一次。

10）【完成所有槽的粗切后，才执行分层精修】。当粗加工采用深度分层铣削时，勾选此复选框，所有粗加工完成后再分层精加工，否则粗加工一层会马上精加工一层。

11）【覆盖进给率】。单独指定精加工时的进给速度和主轴转速。

12）【壁边】。在铣削薄壁零件时，勾选此复选框，用户可以设置更细致的薄壁件精加工参数，以保证薄壁件在最后的精加工时不变形，如图 5-80 所示。

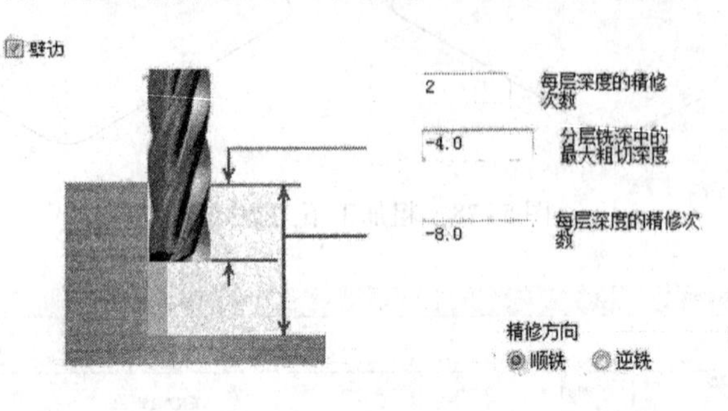

图 5-80　壁边精加工参数设置

（4）挖槽加工的深度切削　挖槽加工中的深度切削与轮廓切削的深度切削类似，均是指刀具在 Z 轴方向的分层粗铣和精铣。它们的选项页也基本相同，只是多了一个【使用岛屿深度】选项。

1）【使用岛屿深度】。勾选此复选框，将以岛屿的深度来对岛屿进行铣削加工。适用于当岛屿深度与外形深度不一致时，系统以岛屿的深度来加工岛屿的情况，如图 5-81 所示；否则岛屿深度与外形深度相同，如图 5-82 所示。

2）【锥度斜壁】。勾选此复选框，系统按设置的外边界和岛屿的锥度角进行深度分层铣削，如图 5-83 所示。

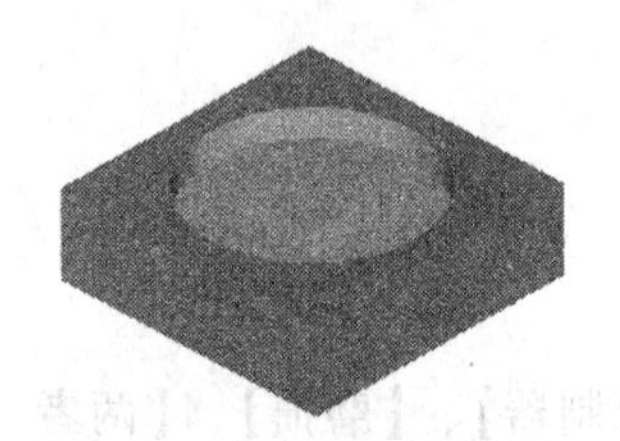

图 5-81　使用岛屿深度

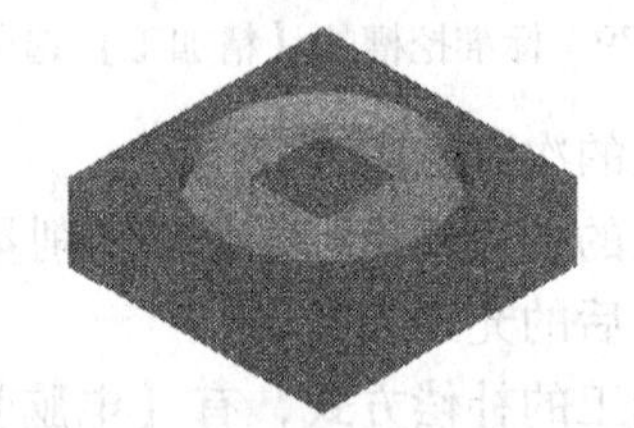

图 5-82　未使用岛屿深度

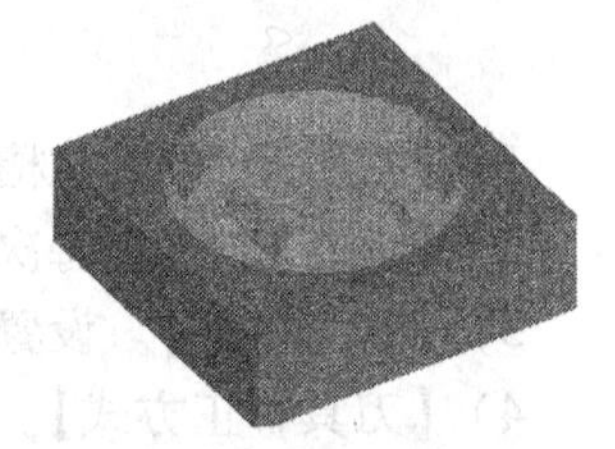

图 5-83　锥度斜壁效果

2. 钻孔加工

（1）孔加工操作步骤　钻孔刀具路径主要用于钻孔、镗孔和攻螺纹孔等加工。Mastercam 软件以点来定义孔的位置，而孔的大小由钻孔参数所设定的刀具直径来决定。

钻孔加工的操作步骤是：

1）选择菜单栏中的【刀具路径】→【钻孔】命令。

2）在弹出的【输入新 NC 名称】对话框中，输入新 NC 文件的名称，并单击 ✔ 按钮确定。

3）系统弹出【选取钻孔的点】对话框，如图 5-84 所示。定义所需的钻孔中心点，并调整它们的路径排列顺序，单击 ✔ 按钮确定。

4）系统弹出【2D 刀具路径 - 钻孔】对话框，如图 5-85 所示。设置刀具参数、钻削专用参数等选项参数，并单击 ✔ 按钮确定，系统自动生成钻孔的刀具路径。

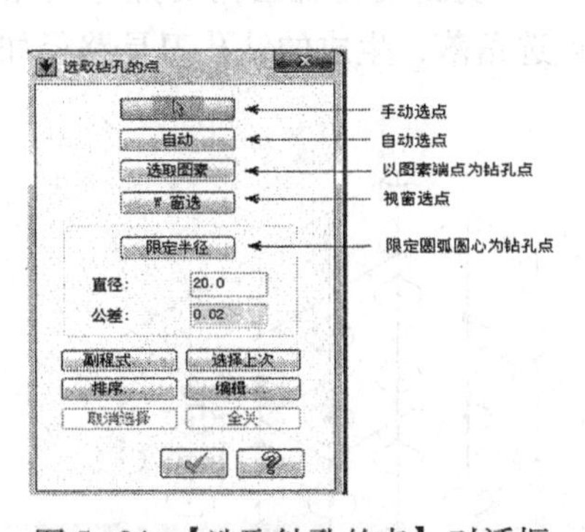

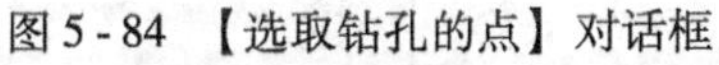
图5-84 【选取钻孔的点】对话框

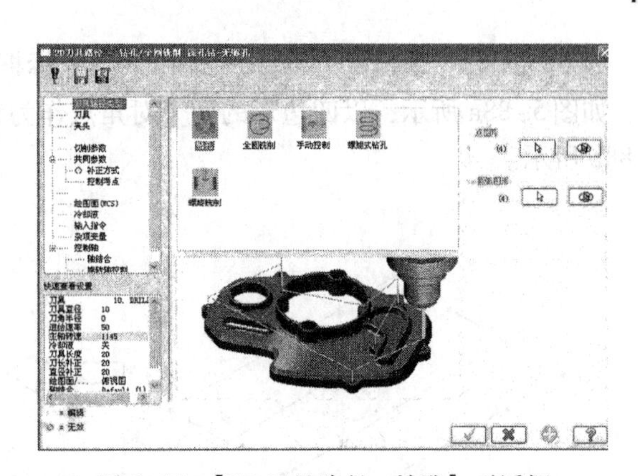
图5-85 【2D刀具路径-钻孔】对话框

（2）钻削点的选择 钻孔加工使用的几何模型为钻削点，也即钻孔的中心点。选择钻削点就是指定钻孔加工的中心位置。图5-84所示的【选取钻孔的点】对话框中各选项的含义说明如下：

1）【手动】。手动选点要求用户通过选择已存在的点、输入钻孔点坐标、捕捉几何图形上的某一点等操作来产生钻孔点。

2）【自动】。系统自动选择一系列已经存在的点作为钻孔的中心点。单击 自动 按钮，系统提示选取第一点、第二点和最后一点，然后自动产生钻孔刀具路径，如图5-86所示。

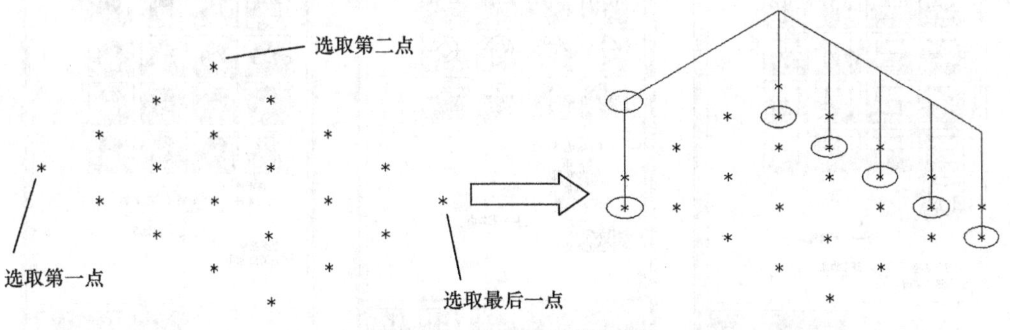

图5-86 自动选择钻孔点

3）【选取图素】。单击 选取图素 按钮，系统提示选择图素，按<Enter>键确认后，系统自动选择所选图素的端点作为钻孔点，如图5-87a所示，顺序选取矩形的四条边线，按<Enter>键确认，生成的钻孔刀具路径如图5-87b所示。

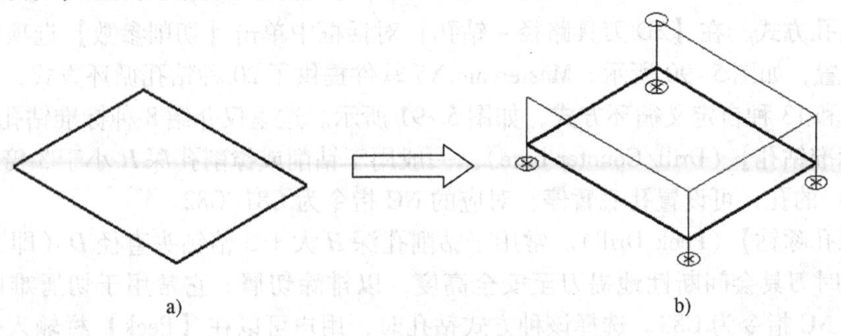

图5-87 图素选取钻孔点

4）【窗选】。单击[窗选]按钮，用鼠标框选点，系统自动将视窗内的点作为钻孔点，如图 5-88a 所示，以四边形的两个对角点作为窗选点选角落，生成的钻孔刀具路径如图 5-88b 所示。

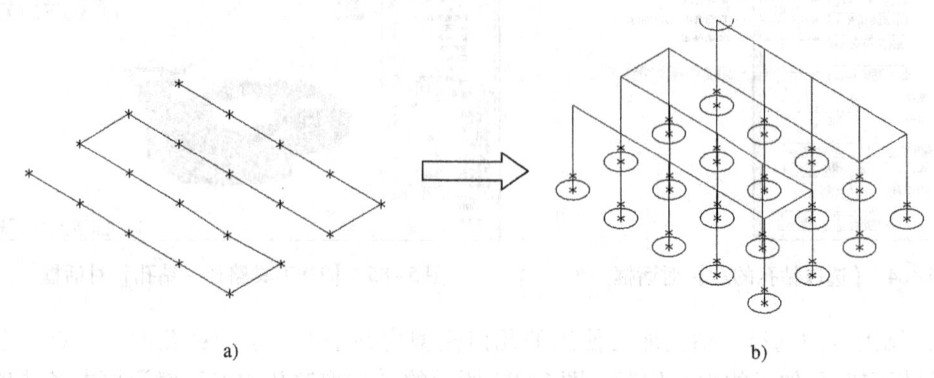

图 5-88　窗选钻孔点

用户在窗选结束时还可以单击[排序…]按钮，进行钻孔顺序的设置，如图 5-89 所示。

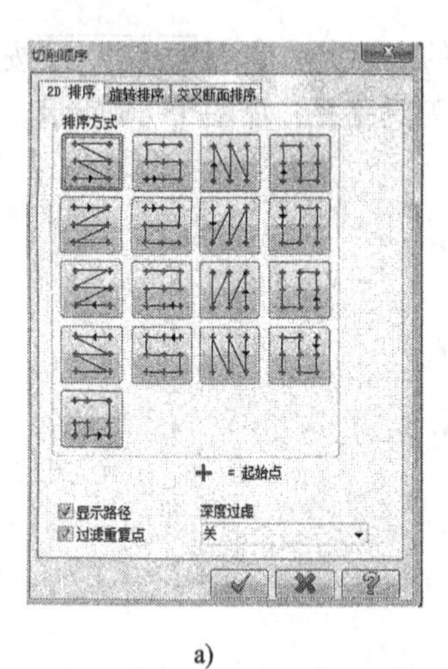

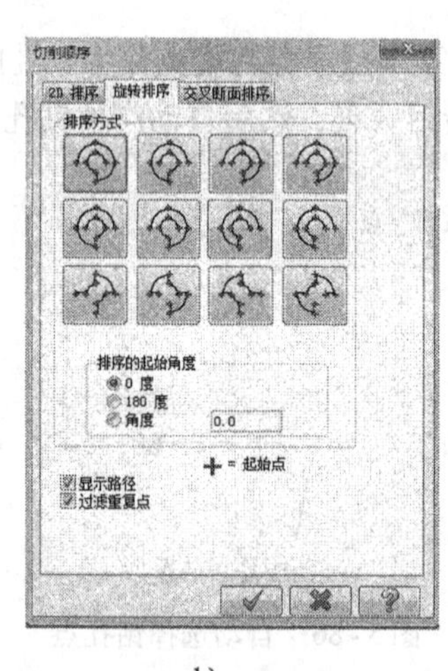

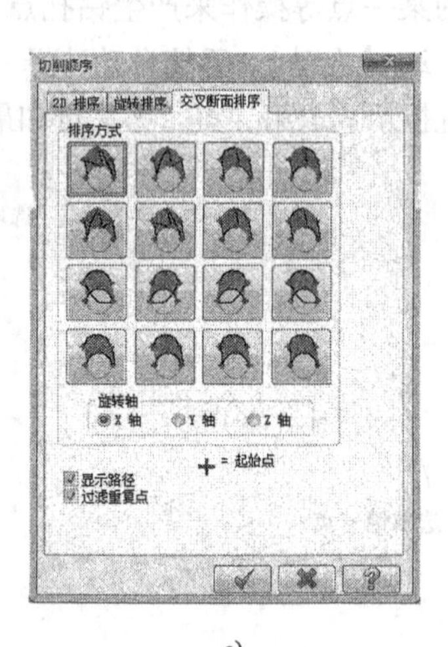

a)　　b)　　c)

图 5-89　钻孔排序

a）2D 排序　b）旋转排序　c）交叉断面排序

（3）钻孔方式　在【2D 刀具路径 - 钻孔】对话框中单击【切削参数】选项，可进行钻孔方式的设置，如图 5-90 所示。Mastercam X5 软件提供了 20 种钻孔循环方式，包括 7 种标准循环方式和 13 种自定义循环方式，如图 5-91 所示。这里仅介绍 8 种标准钻孔循环方式。

1）【标准钻孔】（Drill/Counter bore）。一般用于钻削或镗削孔深 H 小于 3 倍钻头直径 D（即 $H<3D$）的孔，可设置孔底暂停，对应的 NC 指令为 G81/G82。

2）【深孔啄钻】（Peck Drill）。常用于钻削孔深 H 大于 3 倍钻头直径 D（即 $H>3D$）的深孔。钻削时刀具会间断性地提刀至安全高度，以排除切屑。它常用于切屑难以排除的场合，对应的 NC 指令为 G83。选择该种方式钻孔时，用户可以在【Peck】栏输入每次的啄孔深度，如图 5-92 所示。

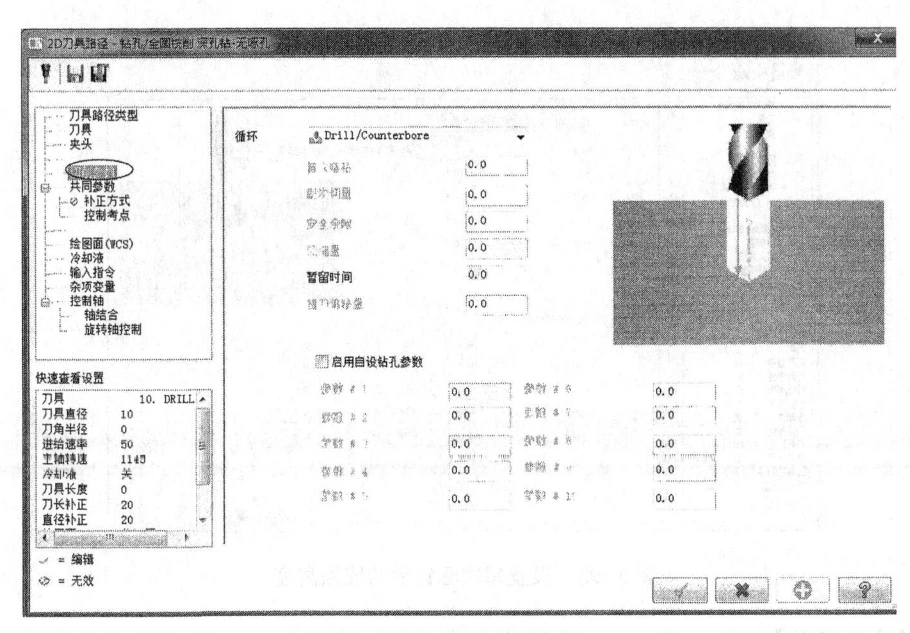

图5-90　钻孔的【切削参数】选项页

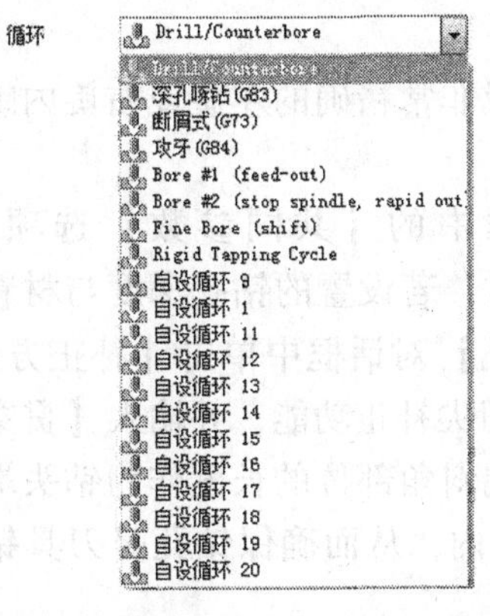

图5-91　钻孔循环方式的选择

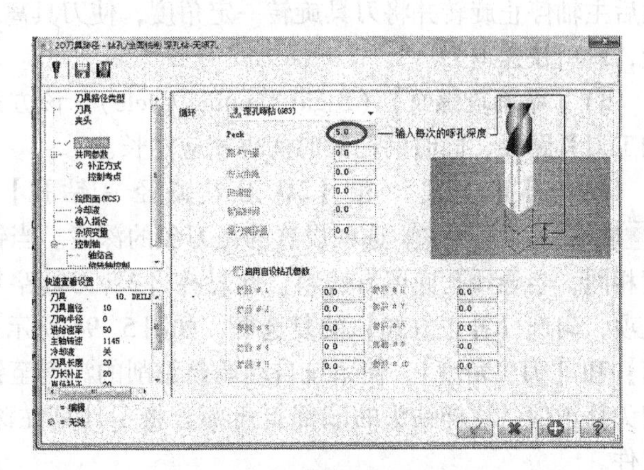

图5-92　设置每次啄孔深度

3）【断屑式】（Chip Break）。一般用于钻削孔深 H 大于3倍钻头直径 D（即 $H>3D$）的深孔。它也会间断性地提刀，但和【深孔啄钻】不同之处是，钻头不需要退回到安全高度或参考高度，只需提刀缩回少量高度，以打断切屑。该方式可节省时间，但排屑能力不及【深孔啄钻】方式，其对应的NC指令为G73。采用该方式进行钻孔时，用户可以在【Peck】栏输入每次啄孔后的回缩高度，如图5-93所示。

4）【攻牙】（Tap）。用于攻右旋或左旋的内螺纹孔，对应的NC指令为G84。

5）【镗孔#1】（Bore #1）。采用该方式镗孔时，系统以设置的进给速度进刀和退刀，加工一个平滑表面的直孔，对应的NC指令为G85/G89。

6）【镗孔#2】（Bore #2）。采用该方式镗孔时，系统以设置的进给速度进刀，至孔底主轴停止，刀具快速退回，对应的NC指令为G86。其中，主轴停止是为了防止刀具划伤孔壁。

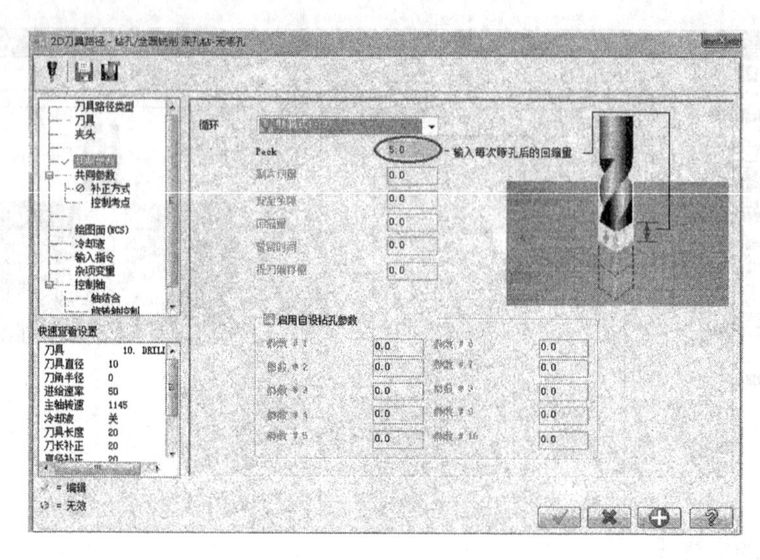

图 5-93 设置每次啄钻后的回缩高度

7)【高级镗孔】(Fine Bore)。采用该方式镗孔，系统以设置的进给速度进刀到孔底，然后主轴停止旋转并将刀具旋转一定角度，使刀具离开孔壁，避免在快速退刀时刀具划伤孔壁，然后快速退刀。

8)【精确攻螺纹】(Rigid Tapping Cycle)。该方式能生成非常精确的左旋或右旋内螺纹加工刀具路径，同时消耗的时间也相应加长。

(4) 补正方式　在【2D 刀具路径 - 钻孔】对话框中的【共同参数】选项中，[深度... 0.0] 选项设置的是刀尖的深度。当钻通孔时，若设置的钻孔深度与材料厚度相同，会导致孔底留有残料。此时在【2D 刀具路径 - 钻孔】对话框中单击【补正方式】选项，勾选【补正方式】的复选框，如图 5-94 所示，激活刀尖补正功能，并输入【贯穿距离】和【刀尖角度】，使系统自动调整钻削的深度至钻头前端斜角部位的长度作为钻头端的刀尖补正值，这样钻头的端部斜角部分将不计算在深度尺寸内，从而确保钻孔时刀具钻穿工件。

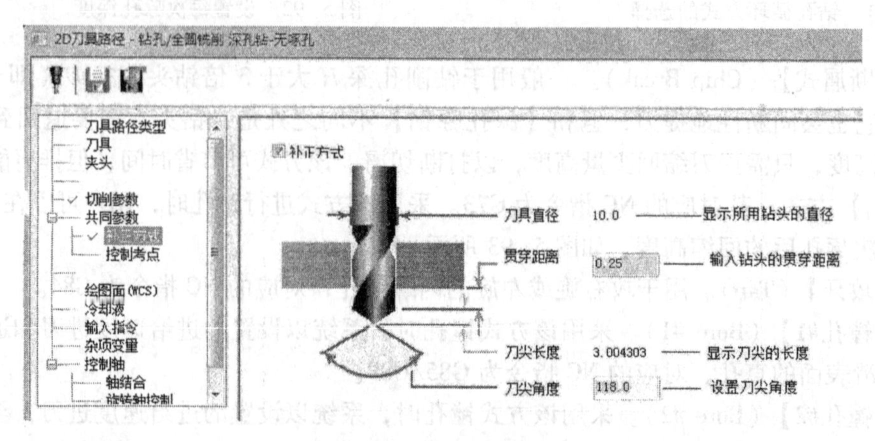

图 5-94 钻头的补正方式

任务实施

1. 绘制图形

根据图5-62所示的零件尺寸，绘制如图5-95所示的图形。

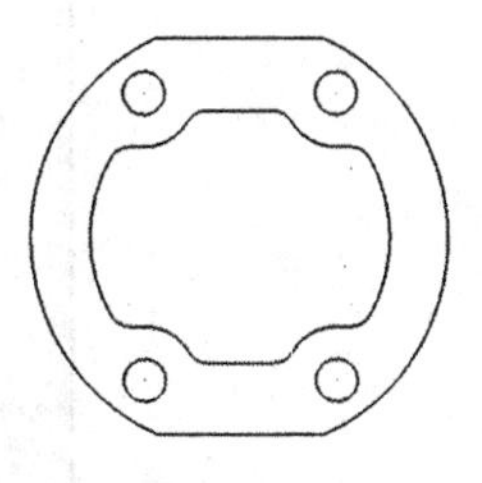

图5-95　绘制任务2图形

2. 平面铣削和外形的轮廓铣削

可参照任务1进行。

3. 挖槽加工

（1）选择机床类型和铣削类型　单击菜单栏中的【机床类型】→【铣床】→【1 C:\... MILL3 - AXIS VMC MM. MMD - 5】，选择加工机床类型，如图5-96所示。然后再选择菜单栏中的【刀具路径】→【标准挖槽】命令，或单击工具栏中的按钮，选择铣削类型。

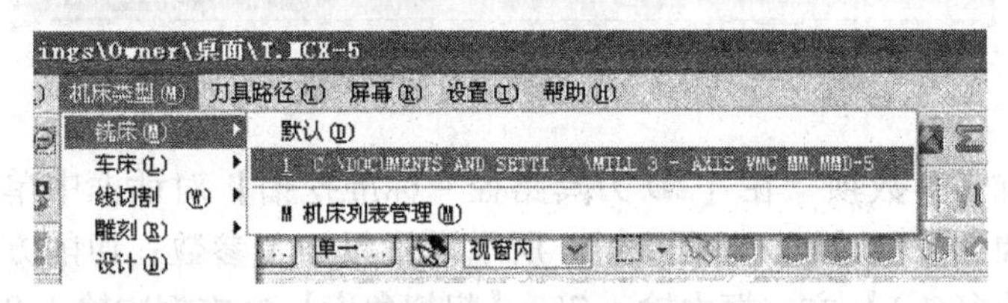

图5-96　选择机床

（2）输入新NC文件的名称　在弹出【输入新NC名称】对话框中输入新NC文件的名称：“标准挖槽1”，并单击按钮确定。

（3）选择加工轮廓　在系统弹出的【串连选项】对话框中，选择【2D】，单击按钮，然后在绘图区需要铣削的图形线框，如图5-97，单击按钮确定。

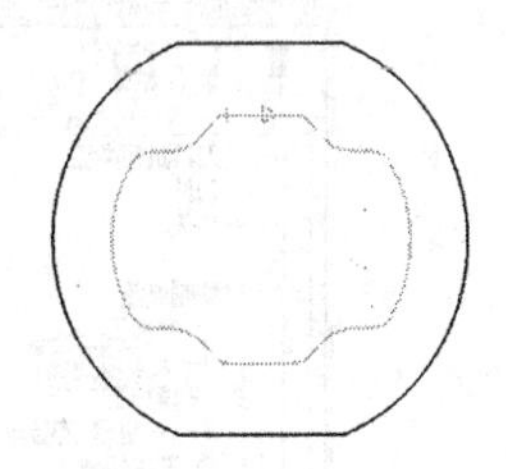

图5-97　选择加工轮廓

（4）选择刀具路径类型　在系统弹出的【2D刀具路径-标准挖槽】对话框中，选择【刀具路径类型】选项，然后再选择【标准挖槽】选项。

（5）选择刀具和设置刀具加工参数　在【2D刀具路径-标准挖槽】对话框中选择【刀具】选项。

1）选择刀具。从刀具库中，选择219号直径为$\phi10$的平底刀，单击按钮结束刀具选择。

2）设置刀具加工参数。参照图5-98所示设置刀具加工参数：刀具号码为3，刀长补正为3，刀径补正为3，进给速率为200，主轴转速为1000，下刀速率为80，并选择【快速提刀】。

（6）设置挖槽的切削参数　在【2D刀具路径-标准挖槽】对话框中选择【切削参数】选项，参照图5-64所示设置切削参数：加工方向选择【顺铣】，挖槽类型选择【标准】，壁边预留量为0，底面预留量为0。

（7）设置挖槽的高度参数　在【2D刀具路径-标准挖槽】对话框中选择【共同参数】选项，设置高度参数：参考高度为50，选择【增量坐标】方式；进给下刀位置为10，选择【增量坐标】方式；工件表面为0，选择【绝对坐标】方式；深度为-10，选择【绝对坐标】方式。

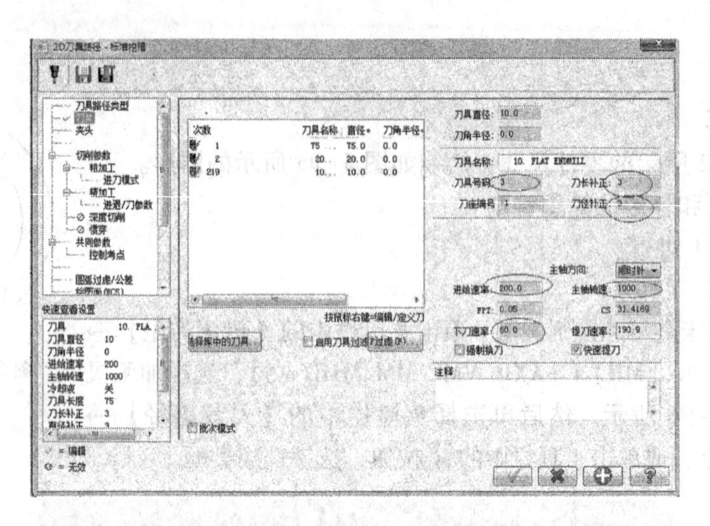

图 5-98　设置刀具加工参数

（8）设置粗加工参数项　在【2D 刀具路径 - 标准挖槽】对话框中单击【粗加工】选项，并勾选【粗加工】复选框，按图 5-72 所示设置粗加工参数：切削方式选择【双向】，在【切削间距（直径%）】文本框中输入 75，【粗切角度】文本框中输入 0。

（9）设置粗加工下刀方式　在【2D 刀具路径 - 标准挖槽】对话框中，单击【粗加工】下的【进刀模式】选项，选择【螺旋形】下刀方式，相关参数设置如图 5-99 所示。

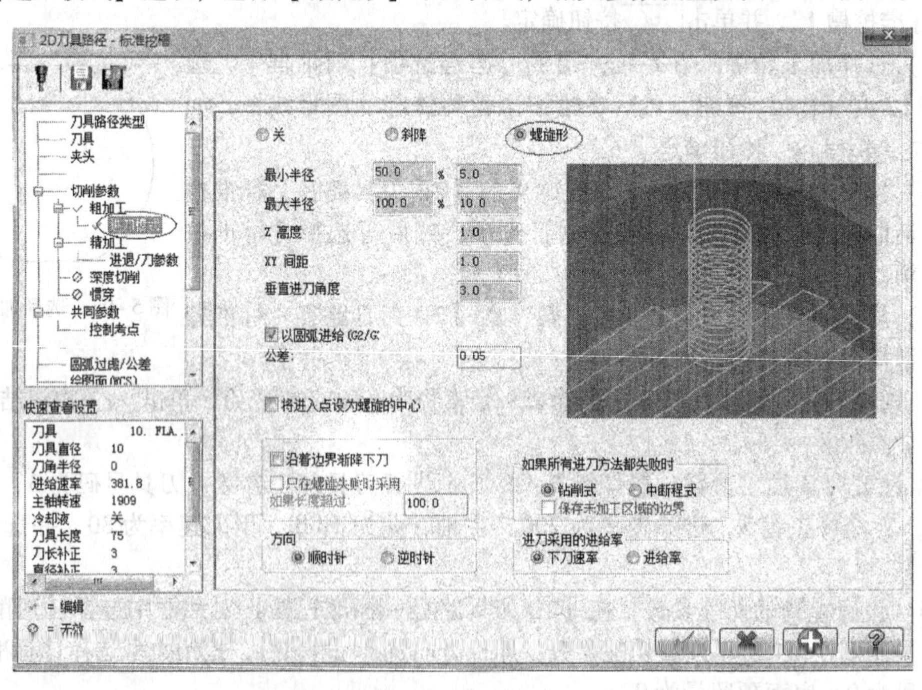

图 5-99　设置粗加工下刀方式

（10）设置挖槽的深度分层参数　单击【2D 刀具路径 - 标准挖槽】对话框中的【深度切削】选项，按图 5-100 所示设置深度参数。

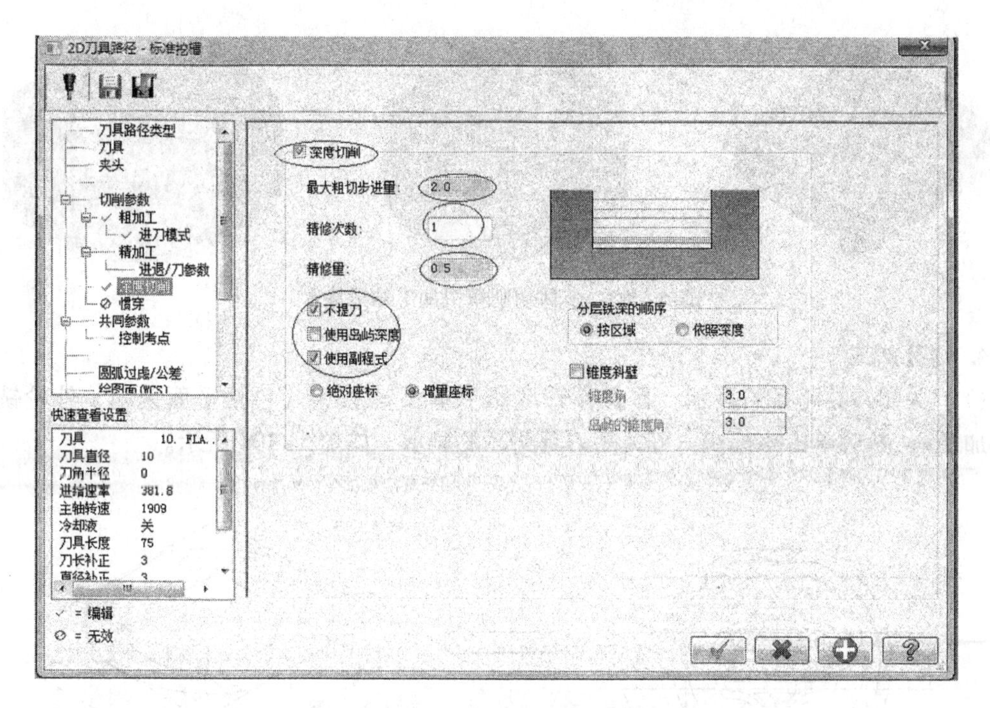

图 5 - 100　设置深度分层参数

（11）设置精加工参数　在【2D 刀具路径 – 标准挖槽】对话框中单击【精加工】选项，参照图 5 - 101 所示设置精加工参数。勾选【精加工】复选框，精加工切削间距为“1”；勾选【不提刀】复选框；在“覆盖进给率”中，勾选【进给率】复选框，输入“150”，勾选【主轴转速】复选框，输入“1400”。单击 按钮，系统生成标准挖槽刀具路径，如图 5 - 102所示。

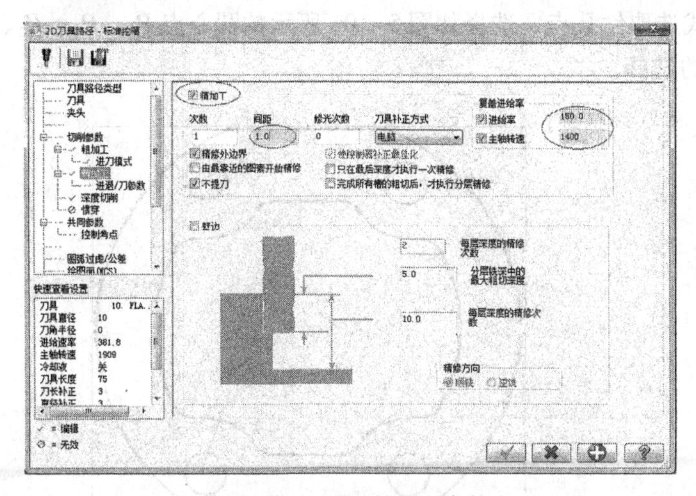

图 5 - 101　设置精加工参数

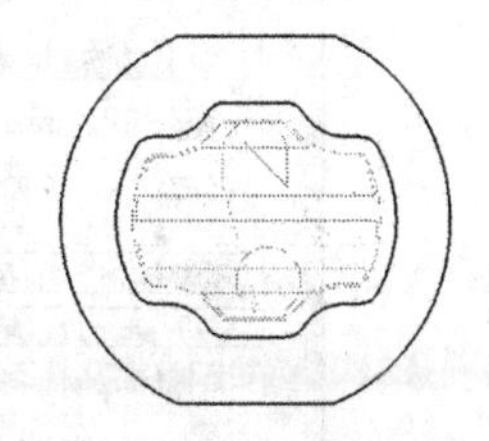

图 5 - 102　挖槽刀具路径

（12）模拟加工　在操作管理器中单击 按钮（包括平面铣削、外轮铣削、挖槽加工），然后单击 按钮和 按钮，实体切削模拟加工结果如图 5 - 103 所示。

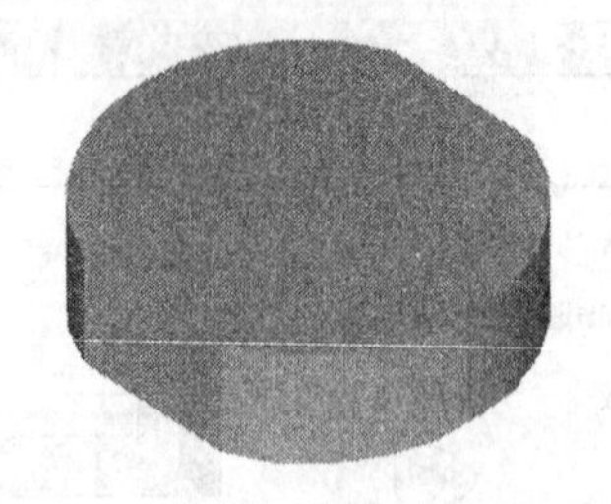
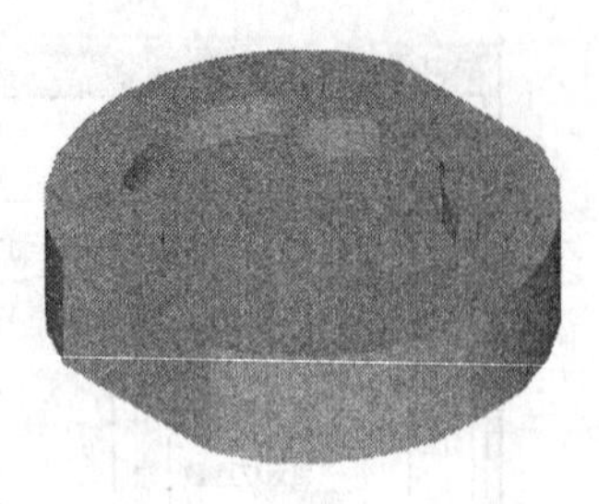

图 5 - 103　实体切削模拟加工结果显示

4. 钻孔加工

（1）关闭刀具路径的显示　在操作管理器中单击按钮（包括平面铣削、外轮铣削、挖槽加工），然后单击按钮，可关闭刀具路径的显示，如图 5 - 104 所示。

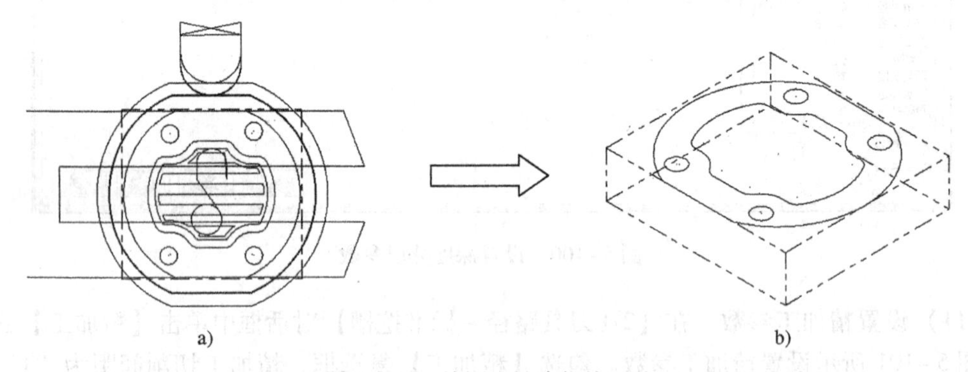

图 5 - 104　关闭刀具路径的显示

（2）启动钻孔命令　选择菜单栏中的【刀具路径】→【钻孔】命令，或单击工具栏中的按钮，系统弹出【选取钻孔的点】对话框，如图 5 - 105 所示。

（3）选择钻孔点　以手动方式选取钻孔点，选择如图 5 - 106 所示的圆心点 P_1、P_2、P_3、P_4，单击按钮，完成钻孔点的选择。

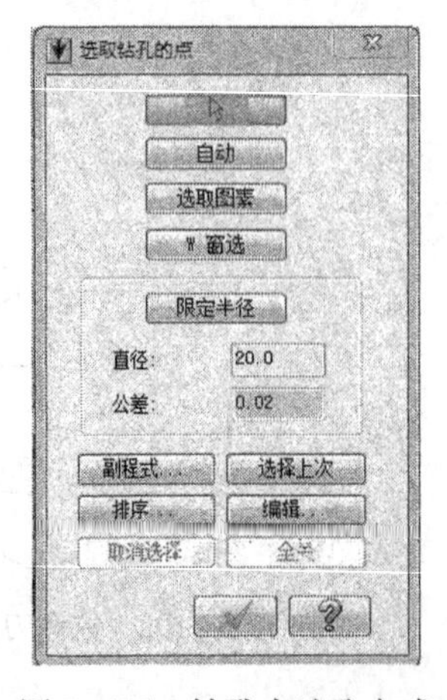

图 5 - 105　钻孔点选取方式

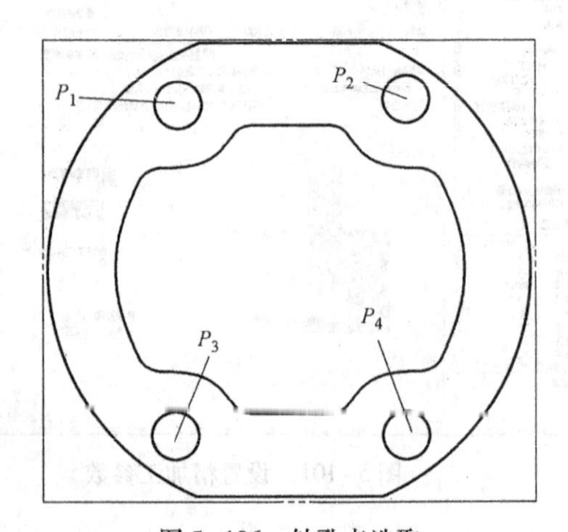

图 5 - 106　钻孔点选取

（4）选择刀具路径类型　系统弹出如图 5 - 107 所示的【2D 刀具路径 - 钻孔】对话框

中，选择【刀具路径类型】选项，然后再选择【钻孔】选项。

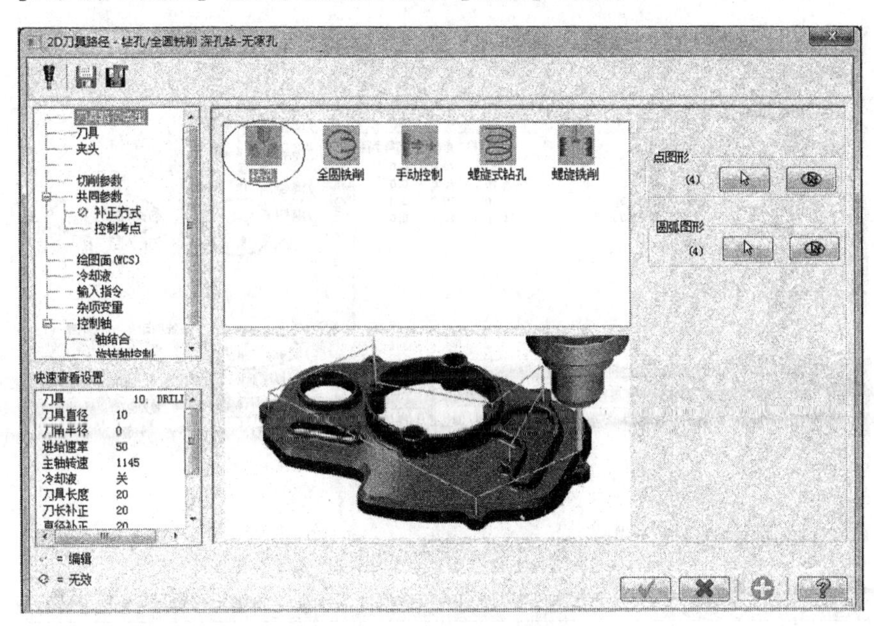

图 5 - 107　刀具路径选择

（5）选择刀具和设置刀具加工参数　在【2D 刀具路径 - 钻孔】对话框中选择【刀具】选项。

1）选择刀具。如图 5 - 108 所示，在刀具栏空白处单击鼠标右键，在弹出的快捷菜单中单击按钮 M 刀具管理(M)... (MILL_MM)，在刀具库列表中选择 130 号直径为 $\phi12$ 的钻头，单击【加入】按钮，单击按钮结束刀具选择。

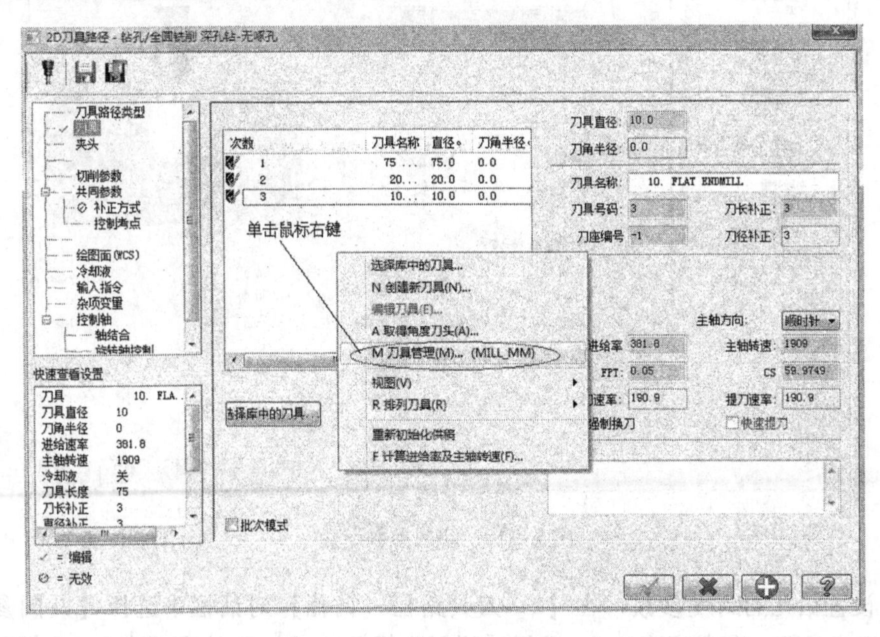

图 5 - 108　从刀具库中选取刀具

2）设置刀具加工参数。参照图 5-109 所示设置刀具加工参数。

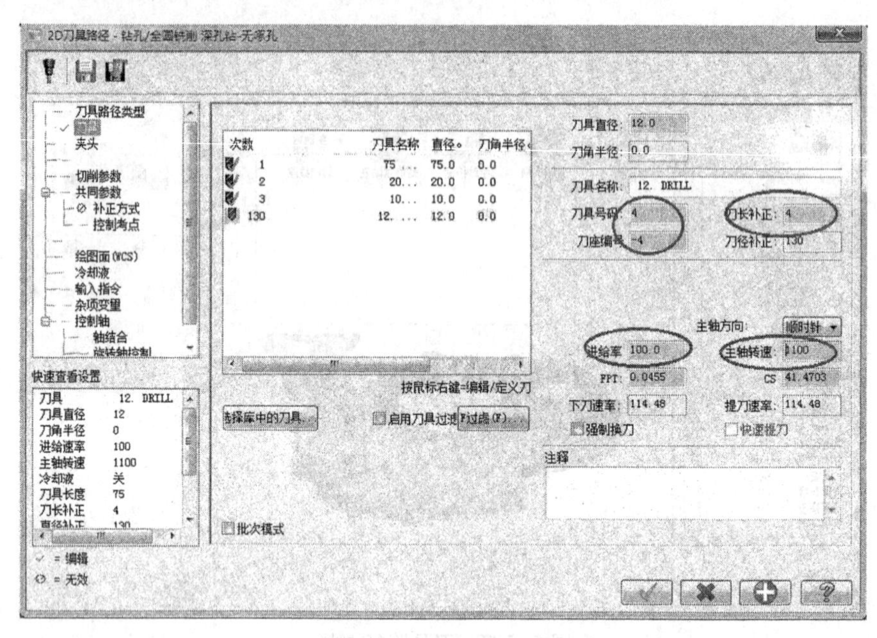

图 5-109　设置刀具加工参数

（6）设置钻孔的切削参数　在【2D 刀具路径－钻孔】对话框中，单击【切削参数】选项，选择【标准钻孔】（Drill/Counterbore），暂停时间输入 2，如图 5-110 所示。

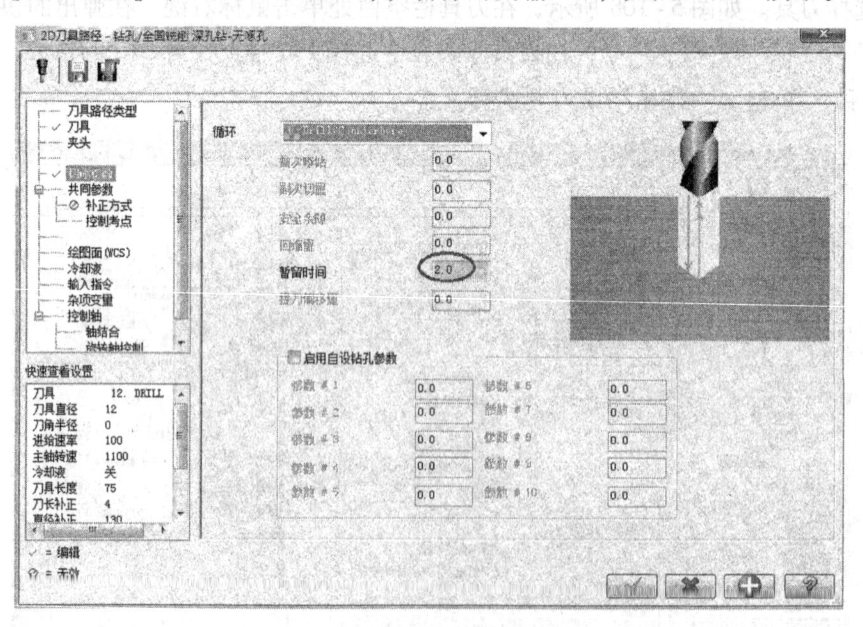

图 5-110　切削参数设置

（7）设置钻孔的高度参数　在【2D 刀具路径－钻孔】对话框中选择【共同参数】选项，设置高度参数：参考高度为 5，选择【增量坐标】方式；工件表面为 0，选择【绝对坐标】方式；深度为 -30，选择【绝对坐标】方式。

（8）设置刀尖补偿　在【2D 刀具路径 - 钻孔】对话框中，单击【补正方式】选项，勾选【补正方式】复选框，设置贯穿距离为 2，如图 5-111 所示。单击 按钮，系统生成的刀具路径如图 5-112 所示。

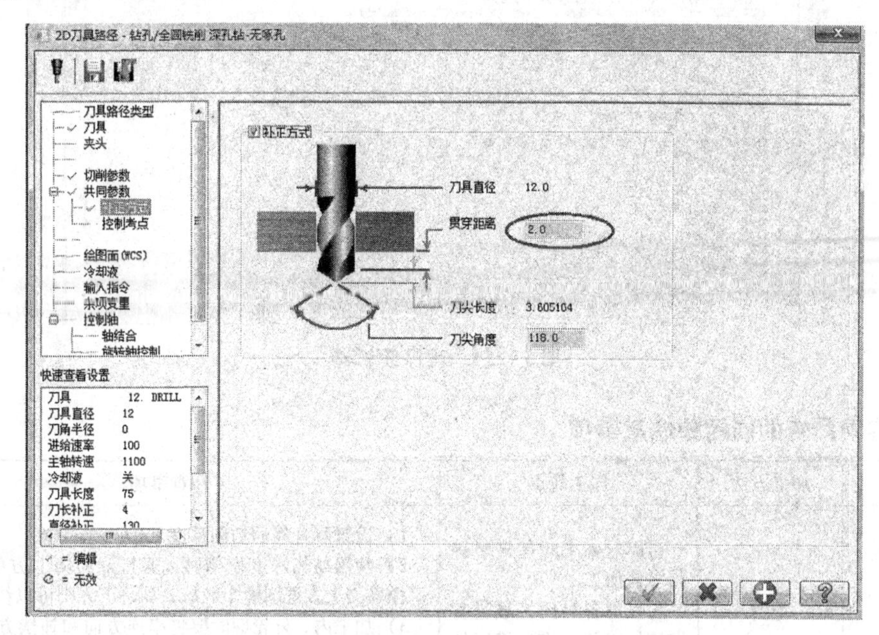

图 5-111　补正方式设置

（9）模拟加工　在操作管理器中单击 按钮，然后单击 按钮和 按钮，实体切削模拟加工结果如图 5-113 所示。

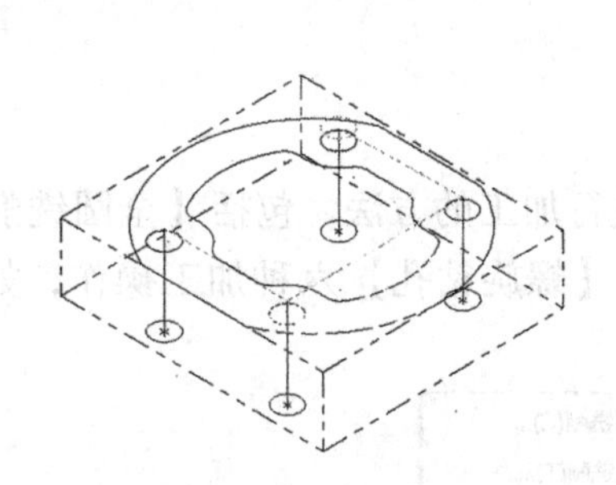

图 5-112　钻孔刀具路径显示

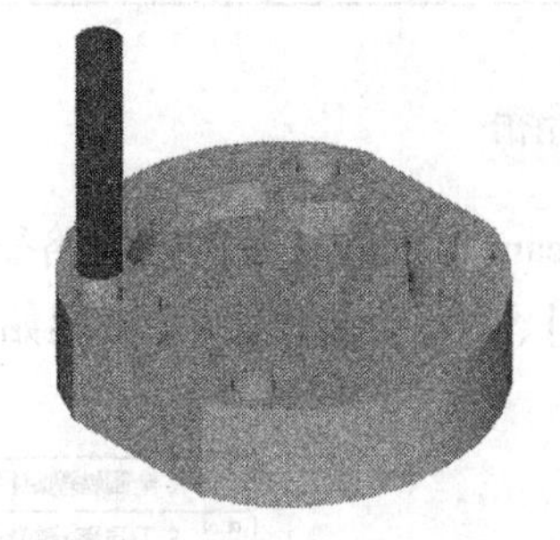

图 5-113　实体切削模拟加工结果

5. 生成 NC 程序

在模拟加工完毕后，如没发现任何问题，便可单击加工操作管理器中的【后处理已选择的操作】G1 按钮，系统弹出【后处理程式】对话框，单击 按钮，弹出【另存为】对话框，设置好保存路径和文件类型，单击 按钮，弹出程序编辑器，如图 5-114所示。

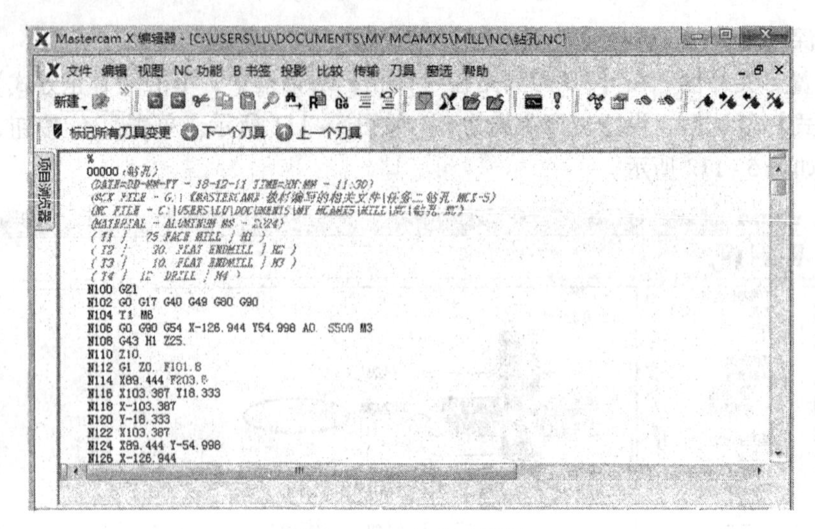

图 5 - 114　程序编辑器

容易产生的问题和注意事项

类型	加工方法	加工特点	注意事项
二维铣削	挖槽	可以对某个封闭区域进行平面加工 可以对各封闭区域进行挖槽加工并允许挖槽区域存在岛屿	1）设置好合理的切削深度 2）使用岛屿深度挖槽时，要打开岛屿上方的预留量，这样岛屿上方铣削整个区域，岛屿下方则可以绕开岛屿 3）加工内、外轮廓时要将串连方向和补偿方向结合起来考虑 4）要设置进/退刀量
	钻孔	可以利用循环指令进行孔的加工	根据孔的深度与钻头直径选择合理的钻削方式

扩展知识

Mastercam 提供的【全圆铣削路径】是针对圆或弧进行加工的方法，包括【全圆铣削】、【螺旋铣削】、【自动钻孔】、【钻起始孔】、【铣键槽】、【螺旋钻孔】六种加工操作，如图 5 - 115所示。

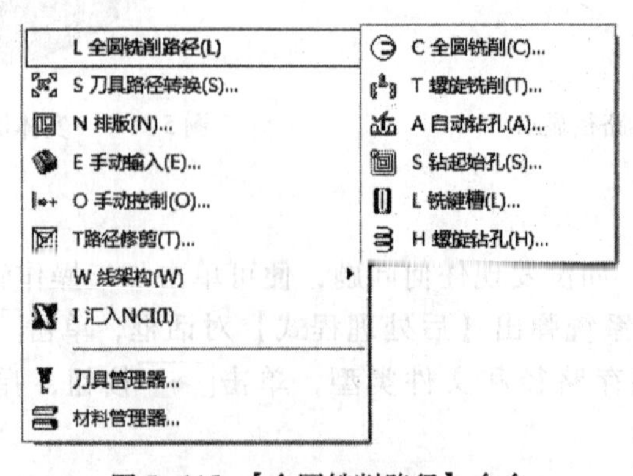

图 5 - 115　【全圆铣削路径】命令

1. 全圆铣削

【全圆铣削】的刀具路径是从圆心移动到轮廓，然后绕圆轮廓移动形成的，如图5-116所示，一般多用于扩孔。

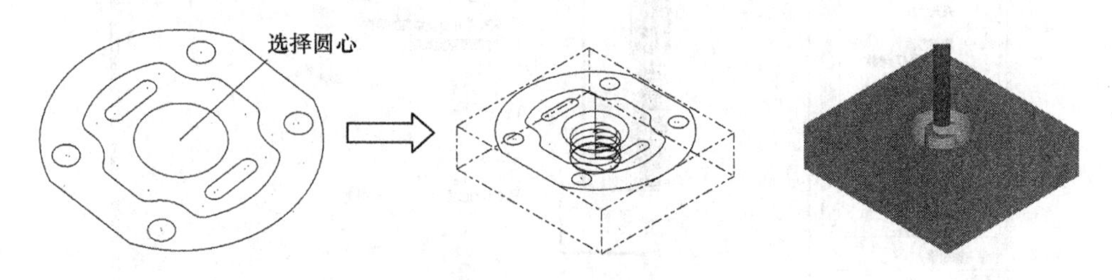

图5-116　全圆铣削

2. 螺旋铣削

【螺旋铣削】能生成外螺纹或内螺纹的铣削刀具路径，因此主要是针对零件上的内螺纹或外螺纹所使用的命令。在铣削外螺纹时，应首先生成一个圆柱体，此圆柱体的直径为螺纹的大径；在铣削内螺纹时，则要首先生成一个基础孔，此孔的直径等于螺纹的小径。

为了保证螺纹的质量和精度，铣削时需要注意刀具的切入和切出方式，一般采用螺旋进刀的方式切入工件，在退刀时刀具也是以螺旋方式退出工件，这样可以保证刀具切入和切出时的平稳性。

以铣削M48螺纹为例说明螺纹铣削的参数，公称直径为ϕ48，小径为ϕ44.752。

1）设置螺纹铣削的【刀具参数】。在进行螺纹铣削时，不能使用常规的铣削刀具，必须使用螺纹铣削类型的刀具——螺纹铣刀，其参数如图5-117所示。由于普通三角形螺纹的牙型角为60°，因此螺纹铣刀的锥度角应设置为30。

2）设置螺纹铣削的专用铣削参数。包括如图5-118所示的【切削参数】和如图5-119所示的【共同参数】。

M48外螺纹铣削效果如图5-120所示。

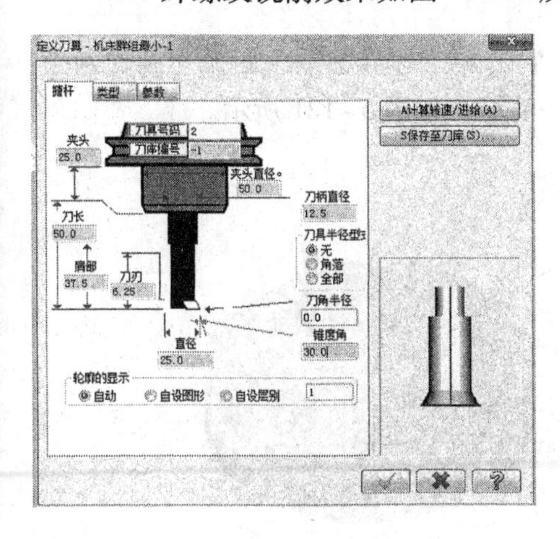

图5-117　螺纹铣刀参数的设置

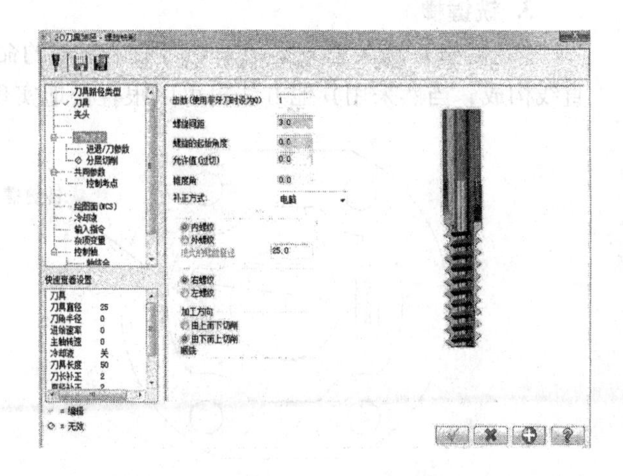

图5-118　螺旋铣削【切削参数】设置

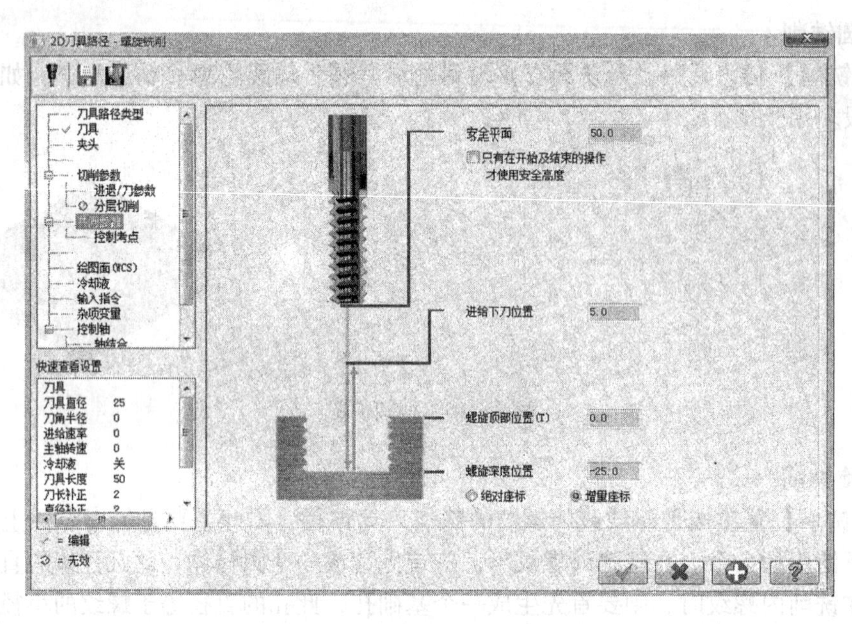

图 5-119　螺旋铣削【共同参数】设置

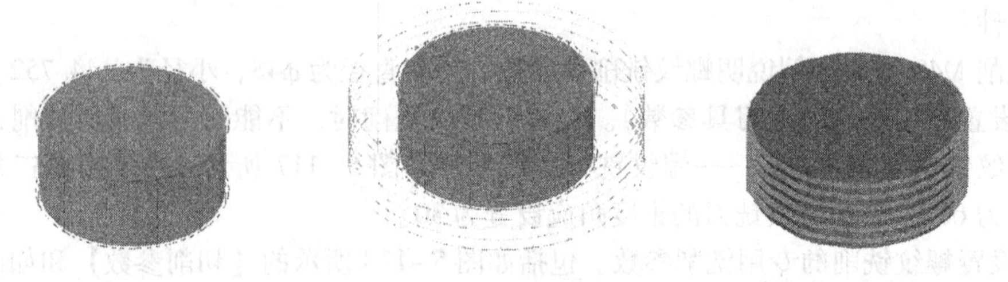

图 5-120　外螺纹铣削

3. 铣键槽

【铣键槽】顾名思义是用来专门加工键槽的命令，它的加工边界必须由圆弧连接的两条直线构成，当然采用其他方法也可以很轻松地实现这一功能，如图 5-121 所示。

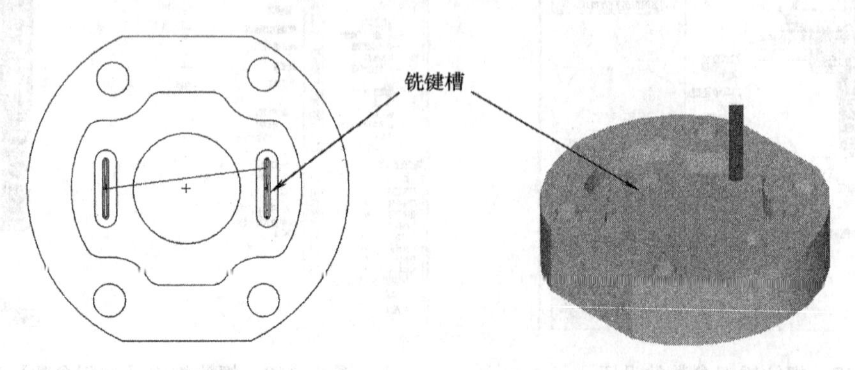

图 5-121　铣键槽

任务拓展

练习：完成如图 5-122 所示零件的挖槽铣削加工。

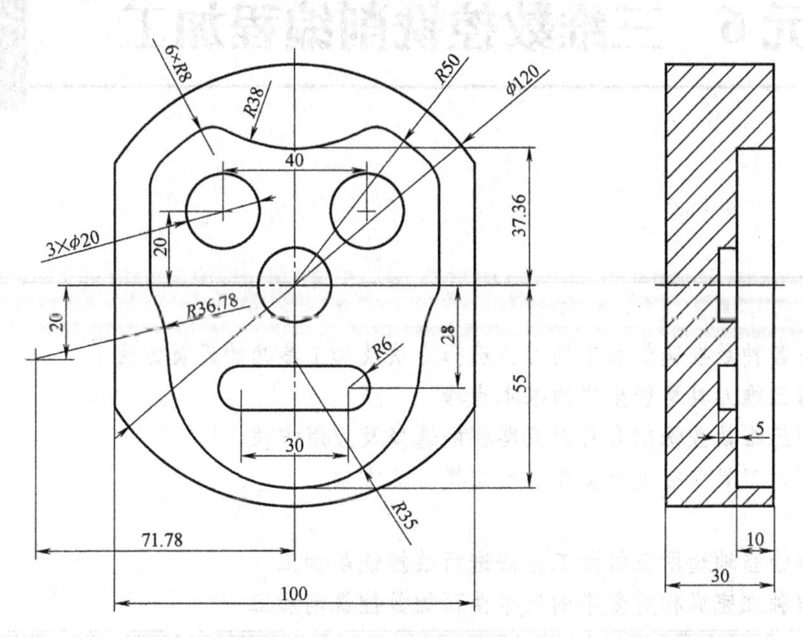

图 5-122　练习图

单元 6　三维数控铣削编程加工

6

知识目标：

1. 学习各种数控铣削加工的刀具选择方法及加工参数的设置方法
2. 掌握三维刀具路径生成的基本步骤
3. 掌握三维数控铣削各种刀具路径的选择及应用方法
4. 掌握对刀具路径进行编辑及动态模拟的方法

技能目标：

1. 能够恰当地选用三维加工方法进行数控铣削加工
2. 能够独立完成相对复杂的三维曲面的数控铣削加工

任务 1　曲面挖槽与等高外形加工

任务描述

图 6-1 所示为烟灰缸的曲面造型图。图形相关参数如下：图形下底面尺寸为 100×100，倒圆半径为 *R*20，高度为 30，拔模角度为 8°；中间凹槽的顶端厚度为 10，槽深为 20，拔模角度也为 8°，四个小凹槽均为 *R*8 的半圆；各倒圆半径为 *R*2，角落斜接。已知毛坯尺寸为 110×110×30，试完成该造型的数控铣削加工。

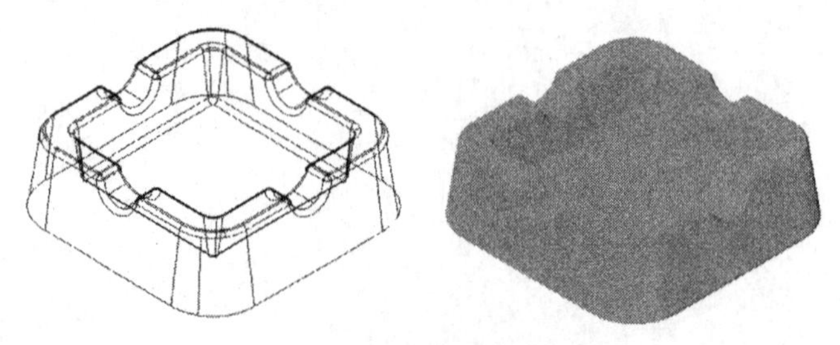

图 6-1　烟灰缸的曲面造型图

任务目标

1. 掌握曲面挖槽的数控铣削加工方法。
2. 掌握等高外形的数控铣削加工方法。

3. 熟悉数控铣削常用刀具的类别。

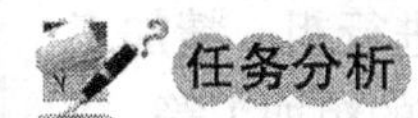

任务分析

根据烟灰缸实体造型的特点，选用默认的铣床类型，主要加工工艺为：

1. 采用 $\phi10$ 的圆鼻刀进行曲面挖槽的粗加工。
2. 采用 $\phi8$ 的球刀进行曲面等高外形的精加工。

相关知识

1. 曲面的加工方法

Mastercam 为用户提供了丰富的曲面铣削加工命令，分为曲面粗加工命令和曲面精加工命令，这些曲面加工命令位于铣削模块的 刀具路径(T) 级联菜单中，如图 6-2、图 6-3 所示。

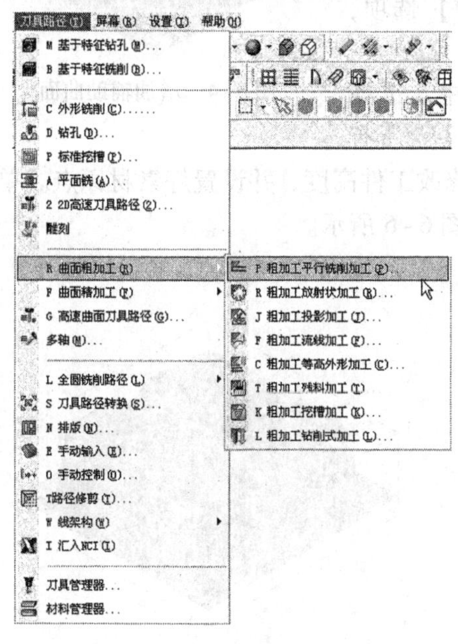

图 6-2　曲面粗加工命令

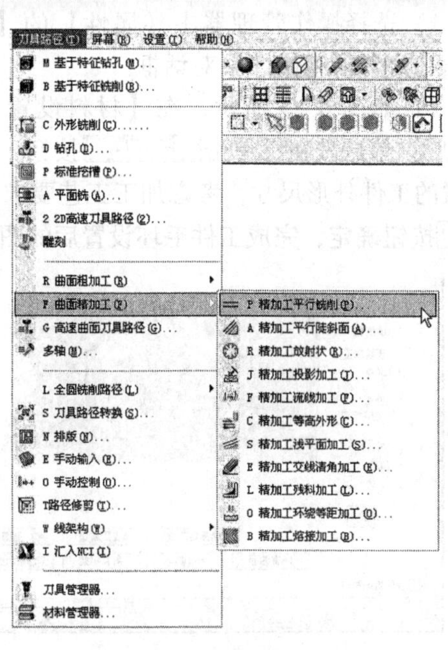

图 6-3　曲面精加工命令

2. 挖槽加工

主要应用于凹槽式曲面的粗加工，其刀具路径在同一高度内完成一层切削后再进行下一个高度的加工，遇到曲面或实体时将绕过，可以将限制边界范围内的所有废料以挖槽方式铣削掉。曲面挖槽铣削加工在数控加工中应用十分广泛，大约 80% 以上粗加工都是应用挖槽加工完成的。

3. 等高外形加工

以 *XY* 平面为主切削面，紧挨着曲面边界生成加工刀具路径，逐渐降层进行加工，适用于大部分直壁或斜度不大的侧壁且加工余量较少的坯料加工。这种刀路由于类似于地图中的等高线而得名，有粗加工和精加工之分。

4. 刀具选择

数控铣削加工中，常用刀具主要为平底刀、圆鼻刀和球刀。平底刀的有效切削面积大，无过渡圆角，主要用于对平面的加工；圆鼻刀有半径不等的过渡圆角，用于对比较平坦的大型自由曲面的零件进行粗加工，或对底部为平面但在转角处有过渡圆角的零部件进行粗、精加工；球刀用于对复杂自由曲面进行粗、精加工，如小型模具的粗加工，大、小型面的粗加工等。

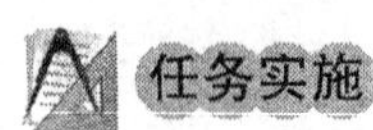

任务实施

1. 零件造型

利用前面所学的知识自行绘制烟灰缸的曲面造型图。

2. 加工准备

（1）增加辅助曲面　在烟灰缸的下底面绘制一个 110 × 110 的正方形，并生成直纹曲面，如图 6-4 所示。

图 6-4　增加辅助曲面

（2）设置毛坯

1）选择操作管理器中【属性】的【材料设置】选项，弹出【机器群组属性】对话框。

2）如图 6-5 所示，在【材料设置】选项卡中，选择【矩形】单选按钮；单击 所有图素 按钮，系统给出包含所有图素的工件外形尺寸，考虑加工工艺要求，可适当修改工件高度，并设置好素材原点。单击 按钮确定，完成工件毛坯设置后的图形效果如图 6-6 所示。

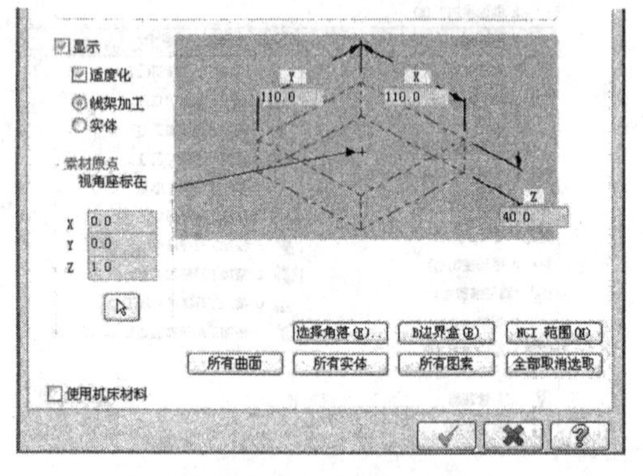

图 6-5　工件材料设置

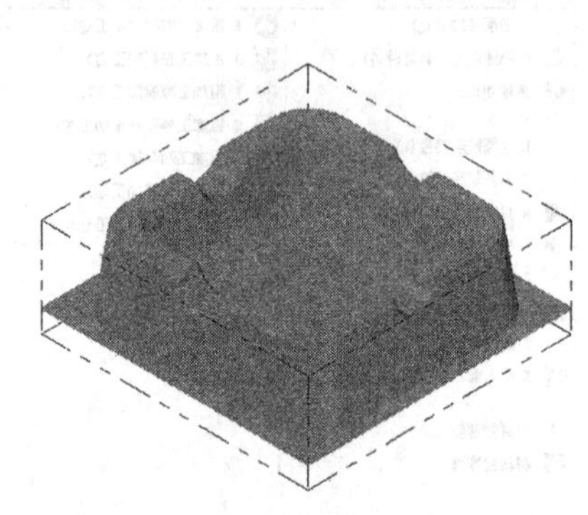

图 6-6　毛坯设置完成后的效果

3. 数控加工

（1）曲面挖槽粗加工

1）在菜单栏中选择【刀具路径】→【曲面粗加工】→【粗加工挖槽加工】命令。

2）系统弹出【输入新 NC 名称】对话框，输入名称【烟灰缸】，然后单击 按钮确定。

3）系统提示“选择加工曲面”，用鼠标框选所有的曲面，按 <Enter> 键确定。

4）系统弹出【刀具路径的曲面选取】对话框，单击【边界范围】选项组中 按钮，以串连方式选择如图 6-7 所示

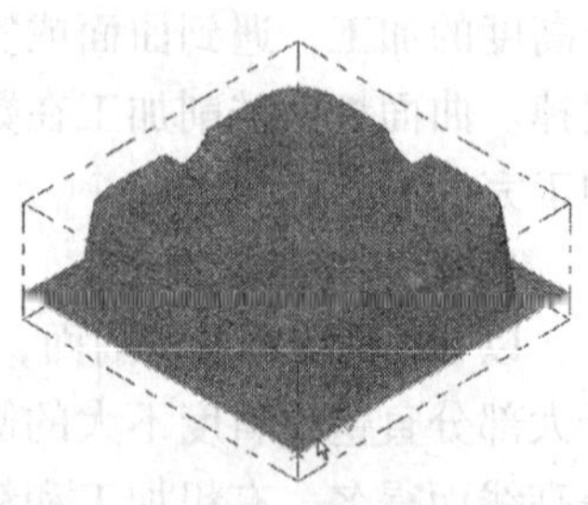

图 6-7　串连选择曲面边界线

的曲面边界线，按 < Enter > 键确定。

5）在【刀具路径的曲面选取】对话框中单击按钮确定。

6）系统弹出【曲面粗加工挖槽】对话框。在【刀具路径参数】选项卡中单击 选择库中的刀具... 按钮，出现【选择刀具】对话框，单击按钮，打开【选择刀库:】对话框，选取“Steel－MM. TOOLS－5”刀具文件，如图6-8所示，然后单击按钮确定。

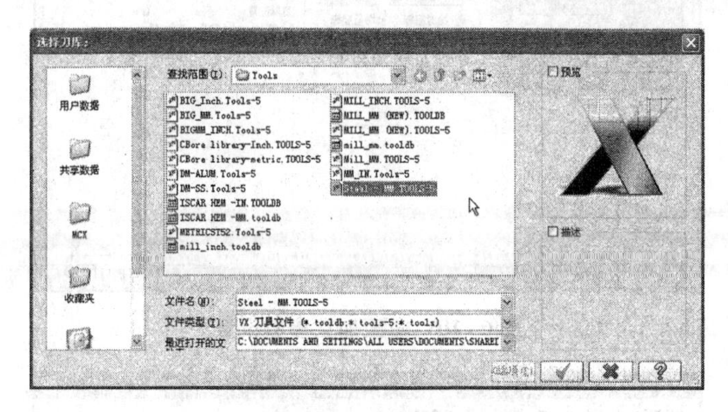

图6-8　选择刀库

7）系统将弹出【选择刀具】对话框，从当前刀库中选取 $\phi 10$ 的圆鼻刀，单击按钮确定。

8）在【刀具路径参数】选项卡中按图6-9所示设置刀具路径参数。

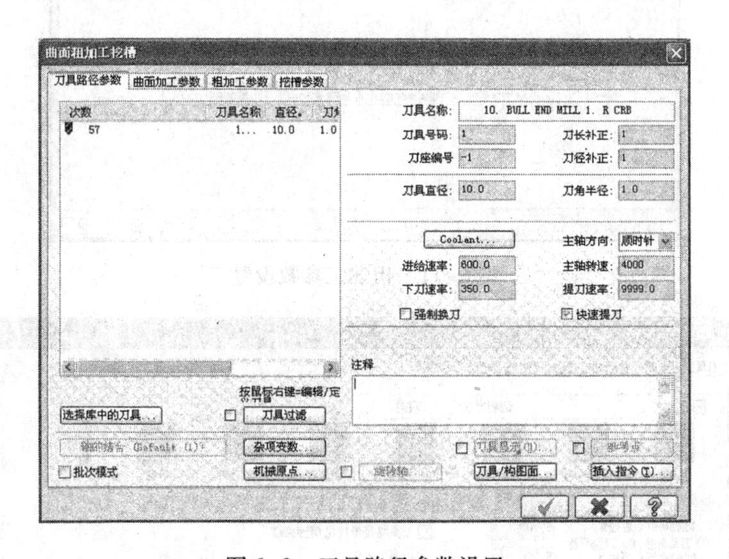

图6-9　刀具路径参数设置

9）切换至【曲面加工参数】选项卡，按图6-10所示设置曲面加工参数。

10）切换至【粗加工参数】选项卡，按图6-11所示设置粗加工参数。

11）切换至【挖槽参数】选项卡，按图6-12所示设置相应参数。

12）在【曲面粗加工挖槽】对话框中单击按钮，完成曲面挖槽粗加工刀具路径的创建，如图6-13所示。

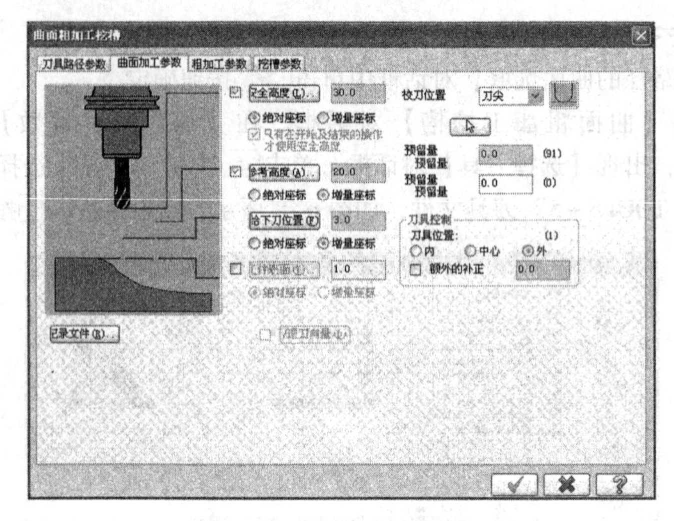

图 6-10　曲面加工参数设置

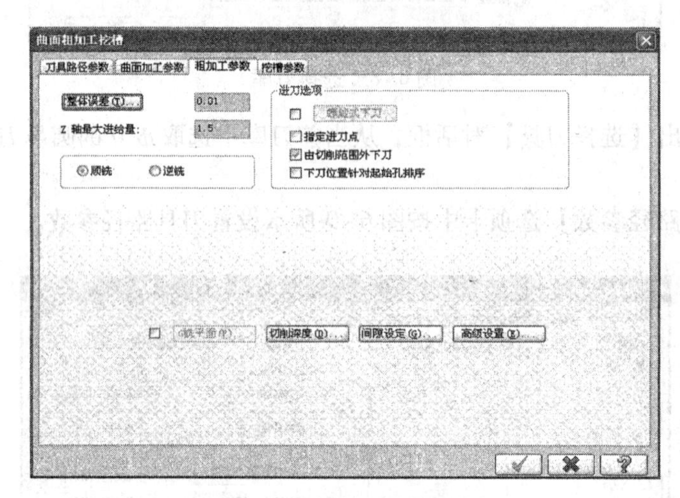

图 6-11　粗加工参数设置

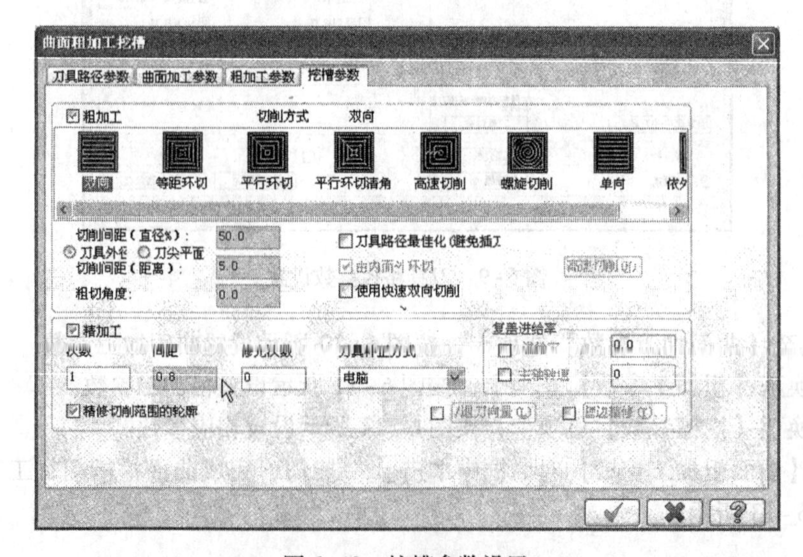

图 6-12　挖槽参数设置

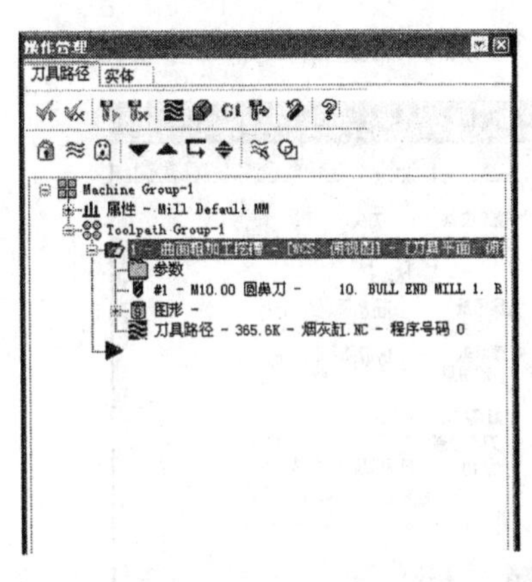

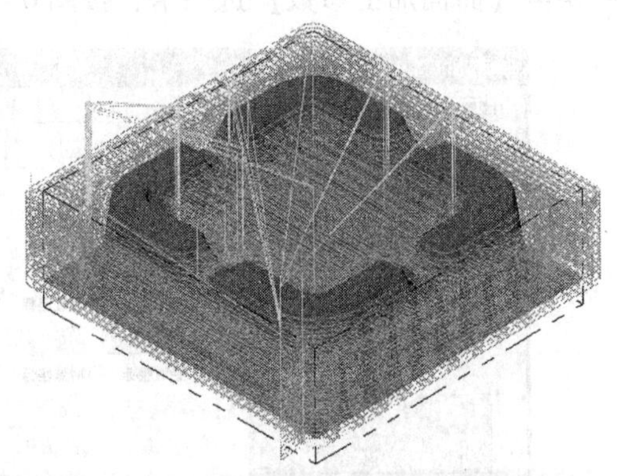

图6-13 曲面挖槽粗加工刀具路径

13）在操作管理器的工具栏中单击按钮，弹出【验证】对话框，设置好相应选项，单击按钮，进行实体加工模拟验证，结果如图6-14所示。

14）单击按钮，结束加工模拟操作。

（2）曲面等高外形精加工

1）在菜单栏中选择【刀具路径】→【曲面精加工】→【精加工等高外形】命令。

图6-14 实体加工模拟验证结果

2）系统提示“选择加工曲面”，用鼠标框选所有的曲面，按<Enter>键确定。

3）系统弹出【刀具路径的曲面选取】对话框，直接单击按钮确定。

4）系统弹出【曲面精加工等高外形】对话框。在【刀具路径参数】选项卡中单击选择库中的刀具...按钮，出现【选择刀具】对话框，从刀具库中选择$\phi8$的球刀，确定后并设置好如图6-15所示的参数。

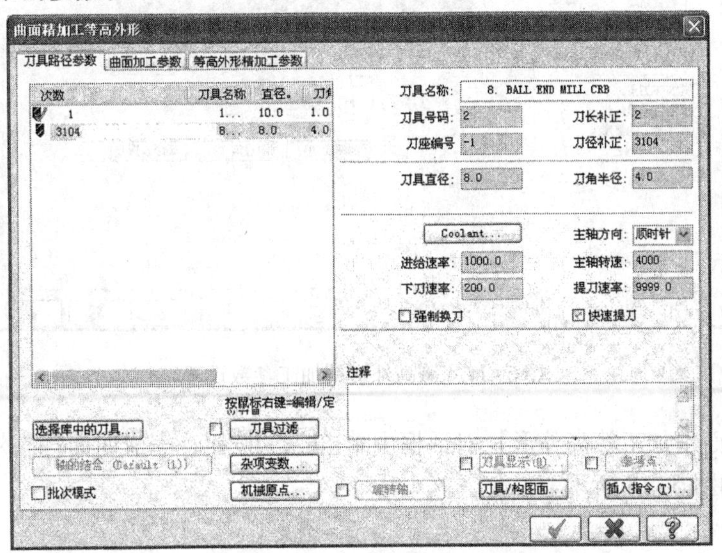

图6-15 刀具路径参数设置

5）切换至【曲面加工参数】选项卡，按图 6 - 16 所示设置曲面加工参数。

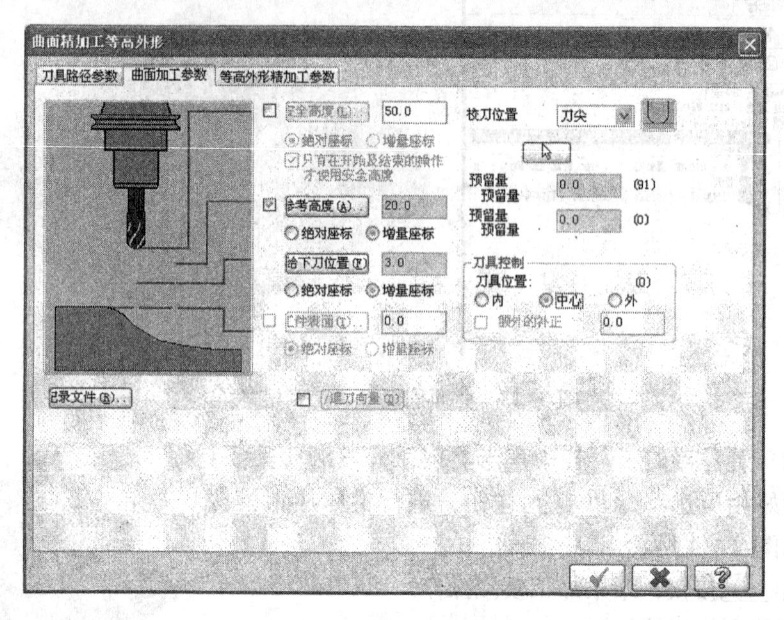

图 6 - 16　曲面加工参数设置

6）切换至【等高外形精加工参数】选项卡，按图 6 - 17 所示设置相关参数。

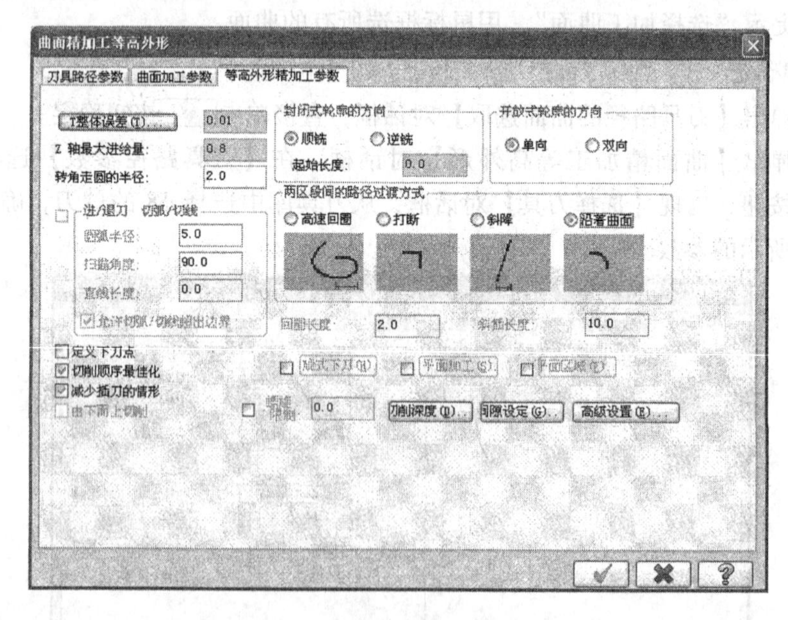

图 6 - 17　等高外形精加工参数设置

7）在【曲面精加工等高外形】对话框中单击 ✓ 按钮，完成曲面等高外形精加工刀具路径的创建，如图 6 - 18 所示。

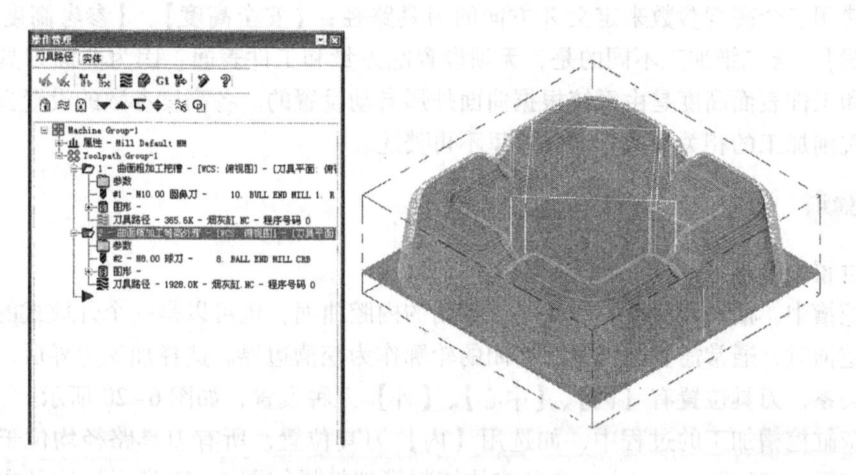

图6-18　曲面等高外形精加工刀具路径

8）在操作管理器的工具栏中单击按钮，选择所有的刀具路径，再单击按钮，在弹出【验证】的对话框中设置好相应选项，单击按钮，进行实体加工模拟验证，结果如图6-19所示。

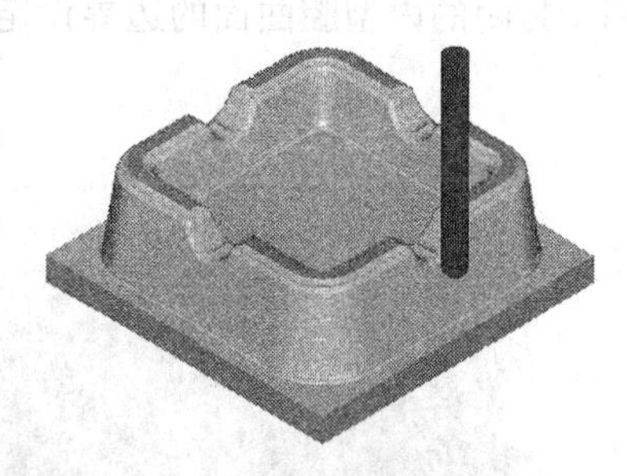

图6-19　实体加工模拟验证结果

容易产生的问题和注意事项

曲面加工共同参数设置时要注意的问题

Mastercam软件的三维曲面加工共同参数除了刀具路径参数外，还包括曲面加工参数、粗加工参数和挖槽参数，如图6-20所示。

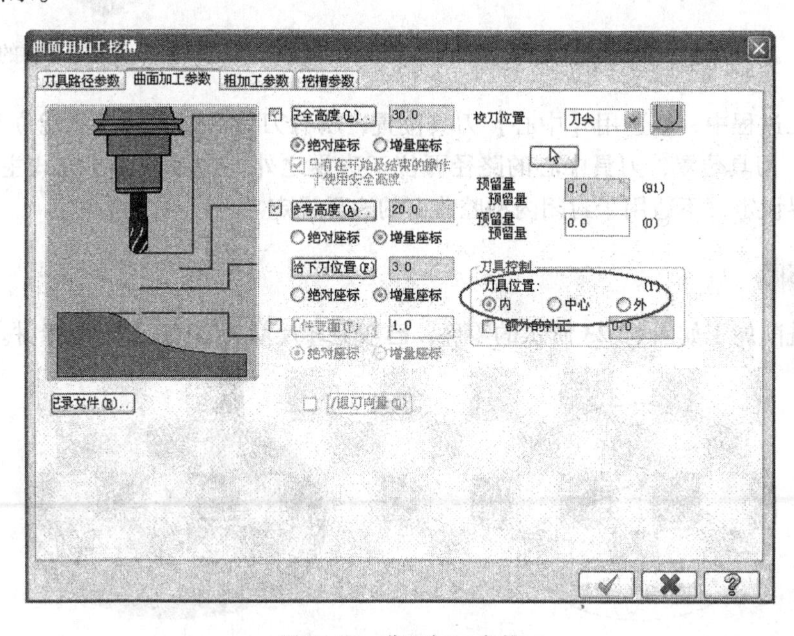

图6-20　曲面加工参数

系统使用三个高度参数来定义 Z 方向的刀具路径：【安全高度】、【参考高度】和【进给下刀位置】。与二维加工不同的是，无须设置吃刀量和工件表面，因为曲面刀具路径的最后吃刀量和工件表面高度是由系统根据曲面外形自动设置的。各高度参数的设置方法与单元五中外形铣削加工的相关参数相同，这里不再赘述。

刀具位置的选择

曲面挖槽中，槽的形状既可以是一个封闭的内腔曲面，也可以是一个开放式的外轮廓曲面。曲面挖槽时，通常需要选择某个封闭的轮廓作为挖槽边界。选择加工边界后，根据刀具与边界的关系，刀具位置有【内】、【中心】、【外】三种设置，如图 6-20 所示。

在烟灰缸挖槽加工的过程中，如选用【内】刀具位置，所有刀具路径均位于设定的边界内部，如图 6-21 所示，与之对应的实体切削模拟效果如图 6-22 所示。这种方式主要适用于封闭的内型腔曲面的边界设定，不适用于开放轮廓的边界设定。

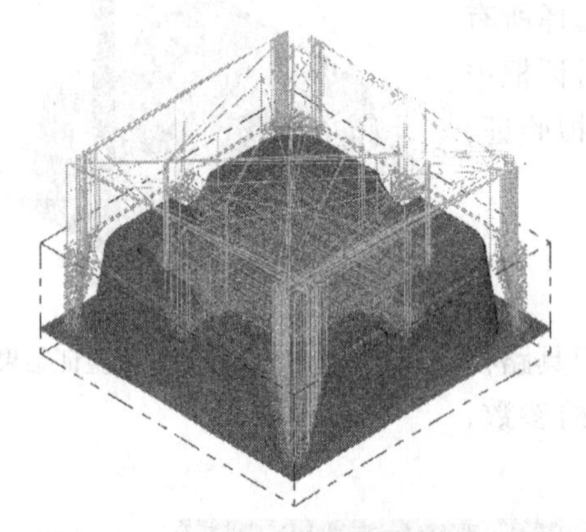

图 6-21　刀具位置在边界内的加工路径

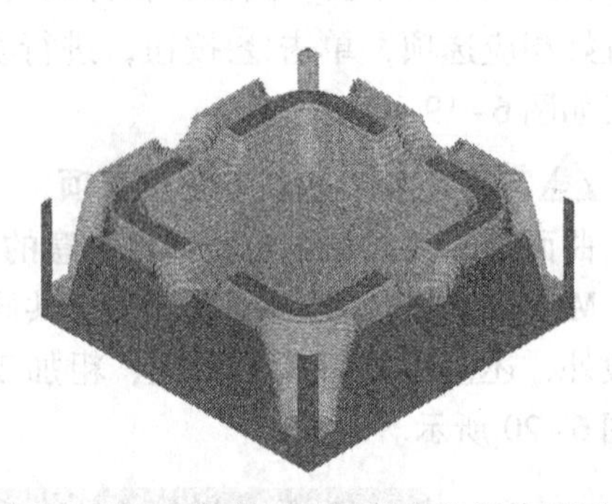

图 6-22　刀具位置在边界内的实体验证

挖槽加工过程中，如选用【中心】刀具位置，所有刀具的路径最大只能位于边界之上；如选用【外】刀具位置，刀具中心的路径可位于边界之外，这两种加工方式主要适用于开放轮廓的边界设定，不适用于封闭内型腔曲面的边界设定。

练习：铣削加工如图 6-23 所示的零件，已知毛坯尺寸为 $\phi100 \times 25$ 的棒材。

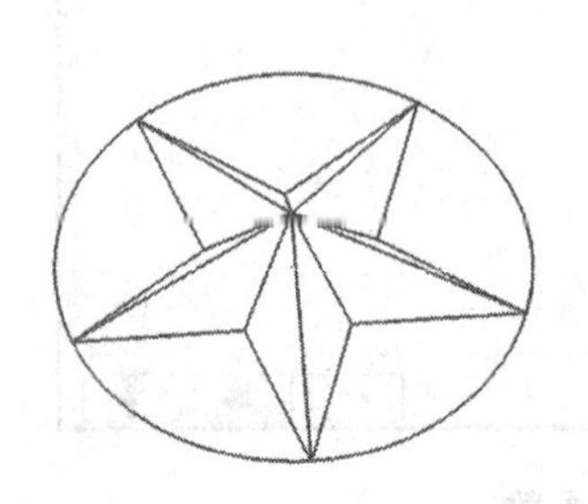

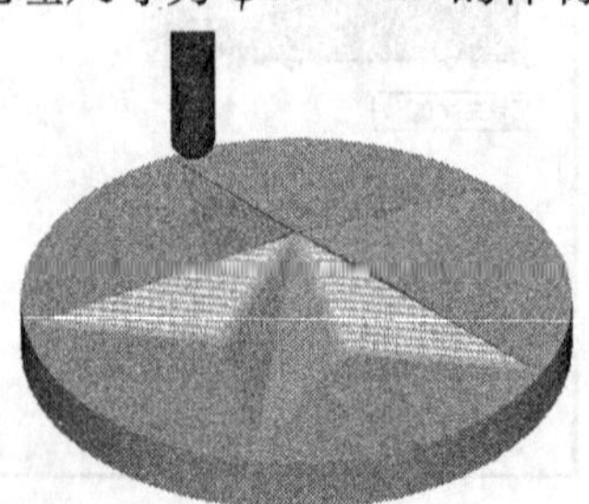

图 6-23　练习图

加工思路：

1）完成五角星曲面造型。

2）进行材料设置，加工原点为五角星的最高点，加工深度设为-25。

3）利用 $\phi12$ 的圆鼻刀进行曲面挖槽粗加工。

4）利用 $\phi8$ 的球刀进行曲面等高外形精加工。

任务2 平行铣削与浅平面加工

任务描述

图6-24所示为某手机的零件图，图6-25所示为该零件的曲面造型图，已知毛坯尺寸为110×50×20，试完成该造型的数控铣削加工。

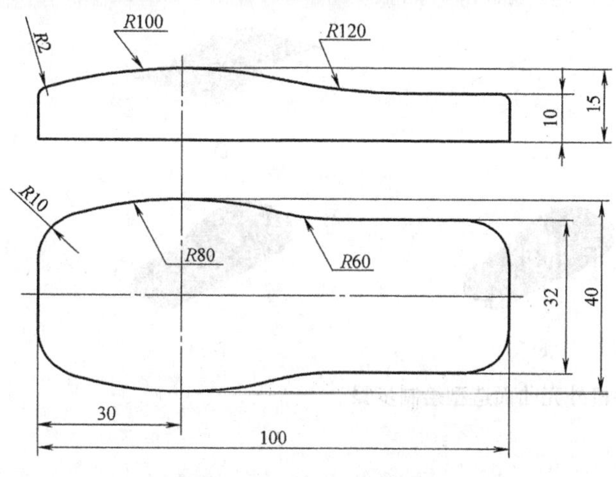

图6-24 手机的零件图

图6-25 手机的曲面造型图

任务目标

1. 掌握平行铣削的数控铣削加工方法。
2. 掌握浅平面的数控铣削加工方法。
3. 掌握铣削加工参数的设置技巧。

任务分析

根据手机外壳曲面造型的特点，选用默认的铣床类型，主要加工工艺为：

1. 采用 $\phi20$ 的平底刀进行二维外形铣削。
2. 采用 $\phi12$ 的圆鼻刀进行曲面平行铣削粗加工。
3. 采用 $\phi8$ 的球刀进行曲面浅平面精加工。

相关知识

1. 平行铣削加工

平行铣削加工是指刀具沿着特定的方向产生一系列平行的刀具路径，是一个简单、有效和常用的粗加工方法，适用于陡斜面或圆弧过渡面的加工，通常用于加工单一的凸体或凹体。根据加工要求的不同，平行铣削加工有粗加工和精加工之分。

2. 浅平面加工

浅平面加工为曲面精加工方法，主要用于清除粗加工残留下来的材料。选用浅平面加工方式，系统会自动筛选出那些比较浅的平面、平坦的曲面、浅坑等部位，并产生刀路。在大多数的精加工中，对于平坦部分，通常需要在后续工序中使用浅平面精加工来保证其加工质量。

1. 零件造型

利用前面所学的知识自行绘制手机外壳曲面造型图，主要步骤如图 6 - 26 所示。

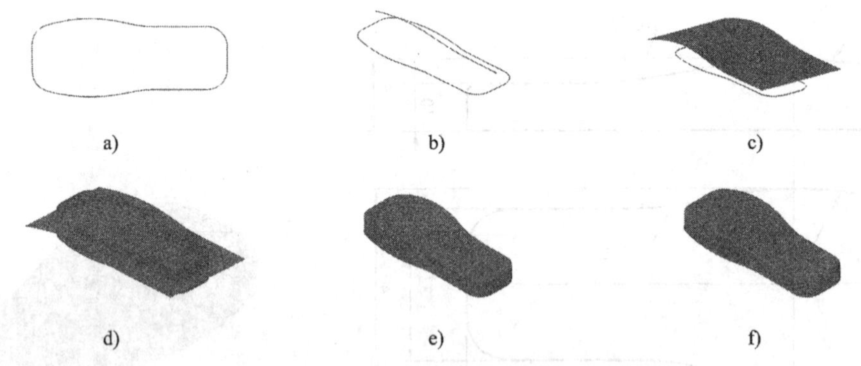

图 6 - 26　手机外壳曲面造型绘制步骤

2. 加工准备

（1）增加辅助曲面　在图形的下底面绘制一个 110 × 50 矩形，并生成直纹曲面，如图6 - 27所示。

图 6 - 27　增加辅助曲面

（2）设置毛坯

1）选择操作管理器中【属性】的【材料设置】选项，弹出【机器群组属性】对话框。

2）如图 6 - 28 所示，在【材料设置】选项卡中，选择【矩形】单选按钮；单击按钮，系统给出包含所有图素的工件外形尺寸，考虑加工工艺要求，可适当修改工件高度，并设置好素材原点。单击按钮确定，完成工件毛坯设置后的效果如图 6 - 29 所示。

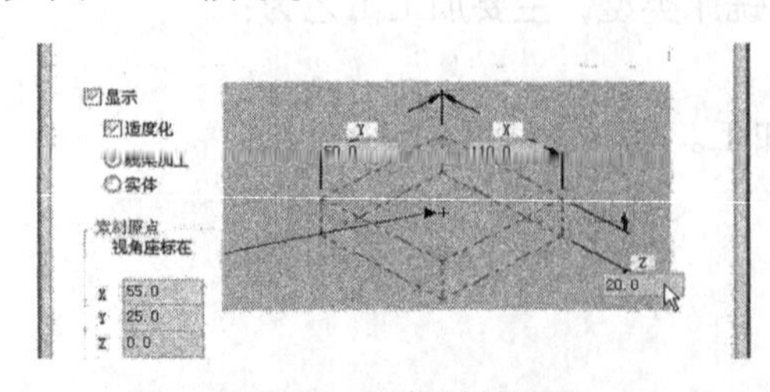

图 6 - 28　工件材料设置

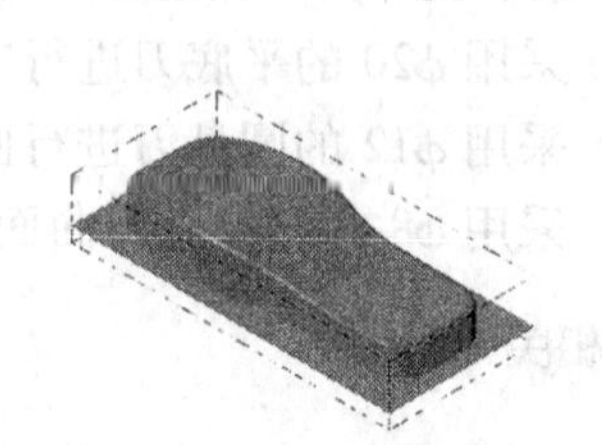

图 6 - 29　毛坯设置后的效果

3. 数控加工

（1）二维外形铣削加工

1）在图形最高点所在平面绘制外形轮廓，如图6-30所示。

2）在菜单栏中选择【刀具路径】→【外形铣削】命令。

3）系统弹出【输入新NC名称】对话框，输入名称“手机外壳”，然后单击按钮确定。

4）系统弹出【串连选项】对话框，单击按钮，用鼠标串连选择外形轮廓，如图6-31所示，然后单击按钮确定。

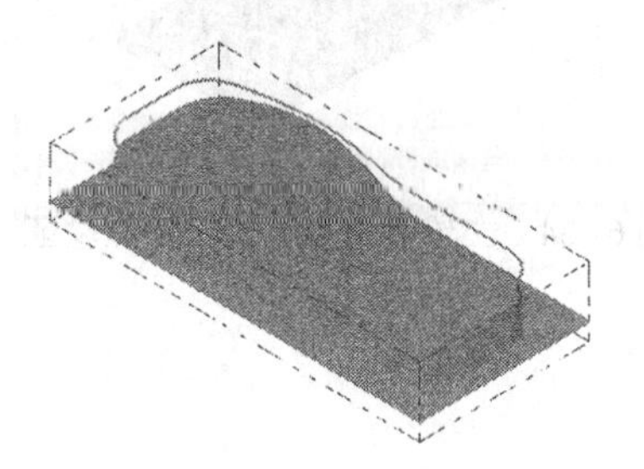

图6-30　外形轮廓绘制

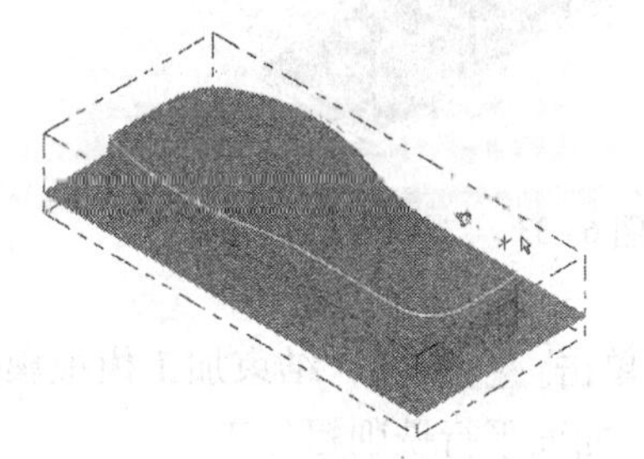

图6-31　外形轮廓选择

5）系统弹出【2D刀具路径－等高外形】对话框。在该对话框左边参数栏中选择【刀具】选项，单击选择库中的刀具...按钮，从出现的【选择刀具】对话框中双击选取$\phi 20$的四刃平底刀，并按图6-32所示设置参数。

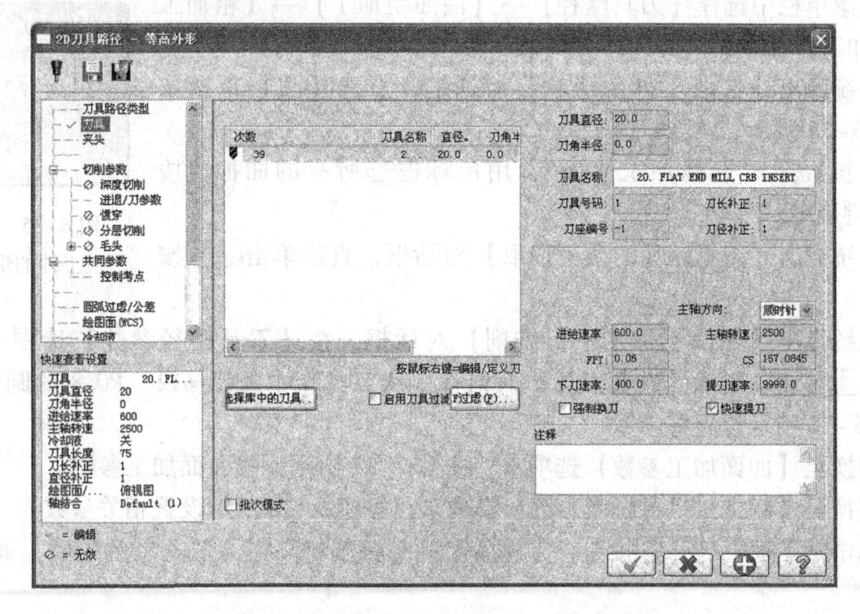

图6-32　【2D刀具路径－等高外形】对话框

6）相继对左边参数栏中各选项的参数进行设置，具体为：【切削参数】中的补正方向为【右补偿】；【深度切削】中的最大粗切步进量为8，精修次数为1，精修量为0.5，勾选

【不提刀】;【分层切削】中的粗加工次数为 2，间距为 15，精加工次数为 1，间距为 0.5，勾选【不提刀】;【共同参数】中的深度值设为 -15。

7）单击对话框下方的按钮，生成的二维刀具路径如图 6-33 所示。

8）在操作管理器的工具栏中单击按钮，弹出【验证】对话框，单击按钮，进行实体加工模拟验证，结果如图 6-34 所示。

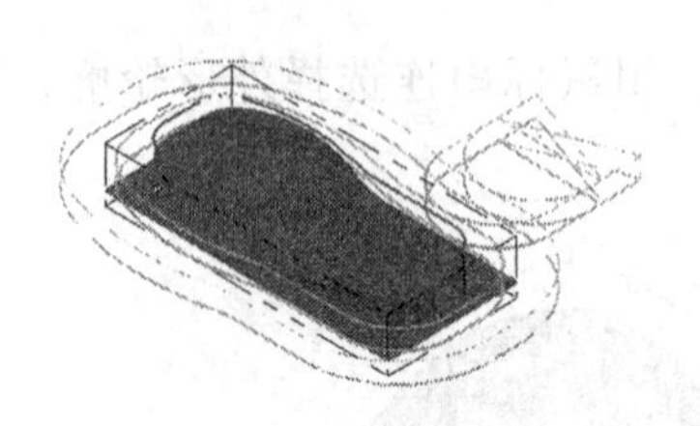

图 6-33　二维铣削刀具路径

图 6-34　二维外形铣削加工模拟验证

9）单击按钮，结束加工模拟操作。

（2）曲面平行铣削粗加工

1）单击操作管理器中的按钮，隐藏外形铣削刀具路径。

教你一招

按键盘组合键 <Alt + T>，可以对被选择的刀具路径进行快速隐藏和关闭。

2）在菜单栏中选择【刀具路径】→【曲面粗加工】→【粗加工平行铣削加工】命令。

3）系统弹出【选取工件的形状】对话框，点选【凸】单选按钮，如图 6-35 所示。

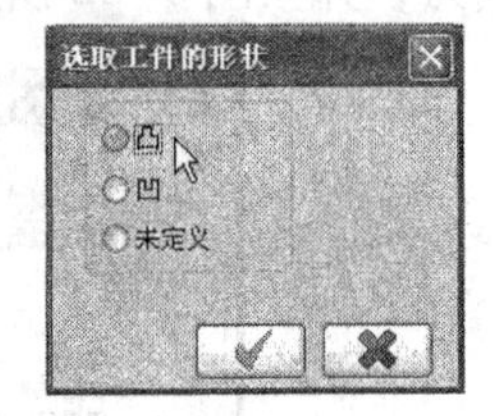

图 6-35　选取工件的形状

4）系统提示“选择加工曲面”，用鼠标框选所有的曲面，按 <Enter> 键确定。

5）系统弹出【刀具路径的曲面选取】对话框，直接单击按钮确定。

6）系统弹出【曲面粗加工平行铣削】对话框。在【刀具路径参数】选项卡中单击 选择库中的刀具... 按钮，出现【选择刀具】对话框，从刀具库中选择 $\phi12$　$R0.8$ 的圆鼻刀，确定后按图 6-36 所示设置好参数。

7）切换至【曲面加工参数】选项卡，按图 6-37 所示设置曲面加工参数。

8）切换至【粗加工平行铣削参数】选项卡，按图 6-38 所示设置相关参数。

9）单击对话框中的按钮，完成曲面平行铣削粗加工刀具路径的创建，如图 6-39 所示。

（3）曲面的浅平面精加工

1）单击操作管理器中的按钮，隐藏平行铣削粗加工刀具路径。

2）在菜单栏中选择【刀具路径】→【曲面精加工】→【精加工浅平面加工】命令。

3）系统提示“选择加工曲面”，用鼠标框选所有的曲面，按 <Enter> 键确定。

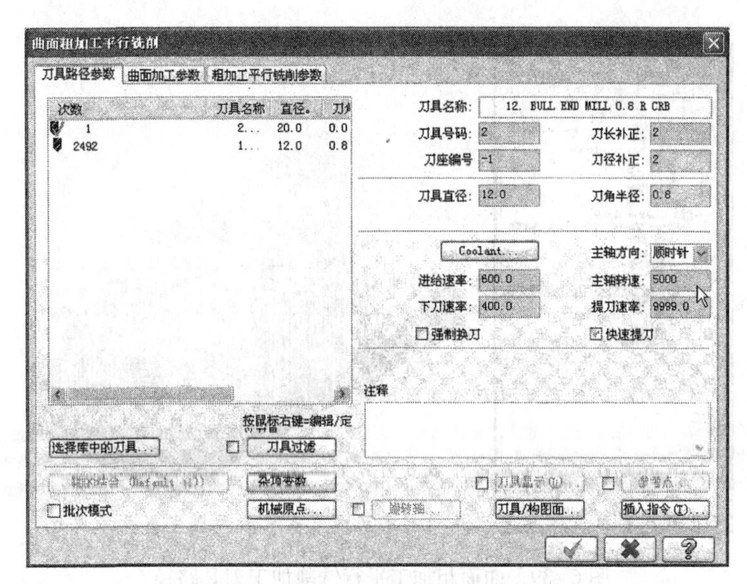

图 6-36　刀具路径参数设置

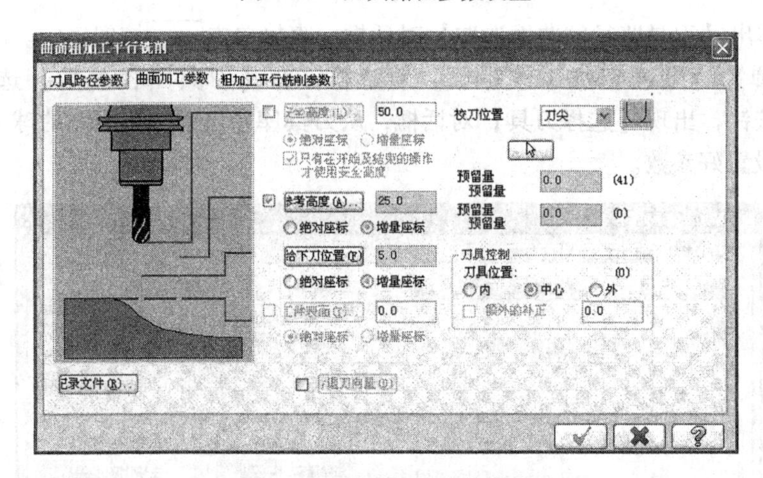

图 6-37　曲面加工参数设置

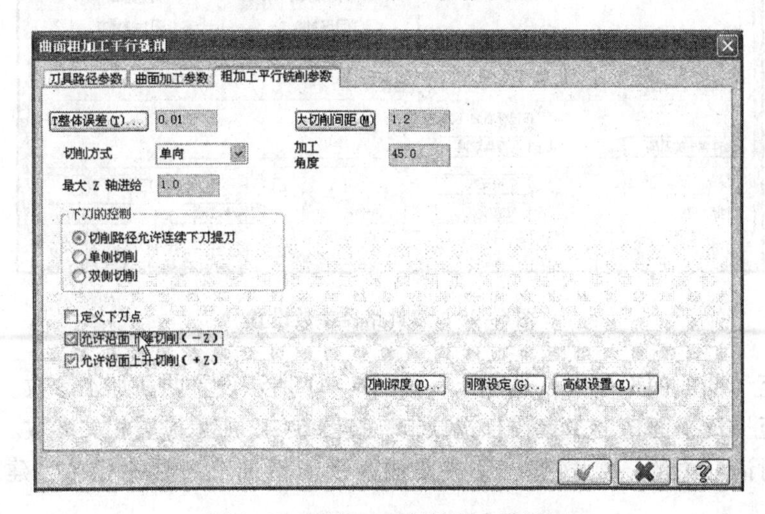

图 6-38　粗加工平行铣削参数设置

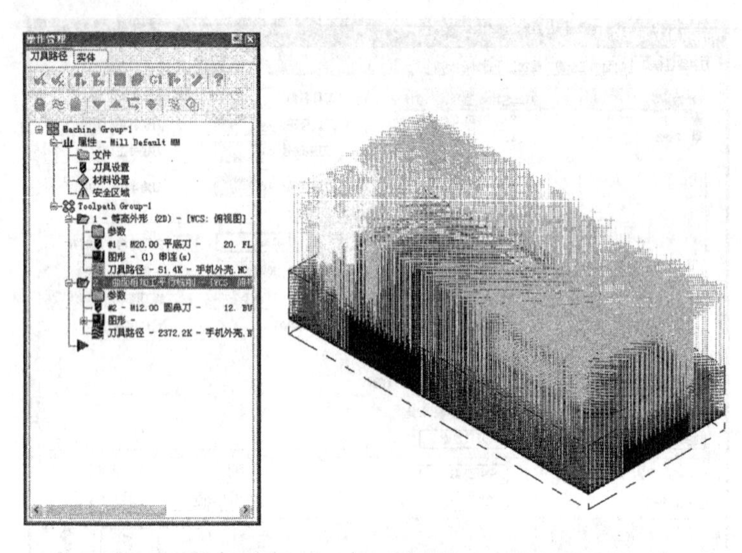

图 6-39　曲面粗加工平行铣削加工刀具路径

4）系统弹出【刀具路径的曲面选取】对话框，直接单击 ✔ 按钮确定。

5）系统弹出【曲面精加工浅平面】对话框。在【刀具路径参数】选项卡中单击 选择库中的刀具... 按钮，出现【选择刀具】对话框，从刀具库中选择 $\phi 8$　$R4$ 的球刀，确定后按图 6-40 所示设置好参数。

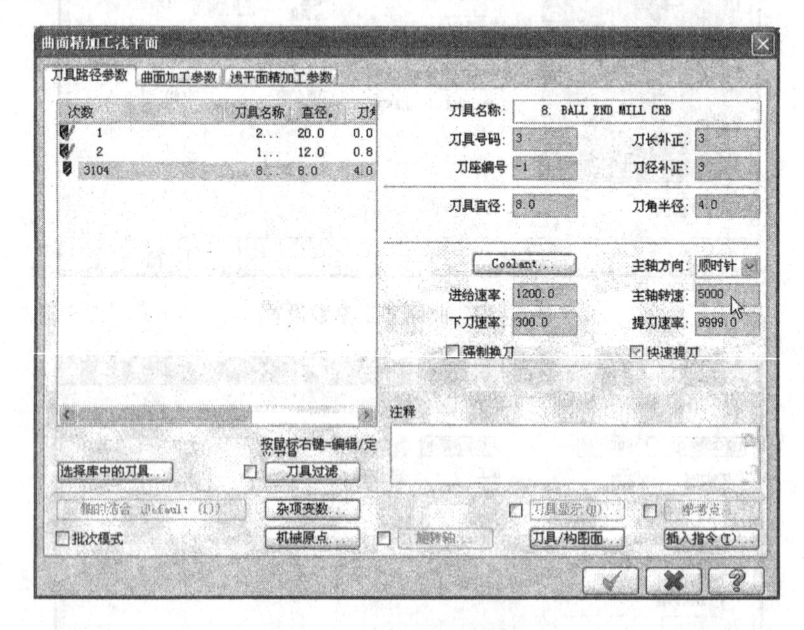

图 6-40　刀具路径参数设置

6）切换至【曲面加工参数】选项卡，按图 6-41 所示设置曲面加工参数。

7）切换至【浅平面精加工参数】选项卡，按图 6-42 所示设置相关参数。

8）单击对话框中的 ✔ 按钮，完成曲面浅平面精加工刀具路径的创建，如图 6-43 所示。

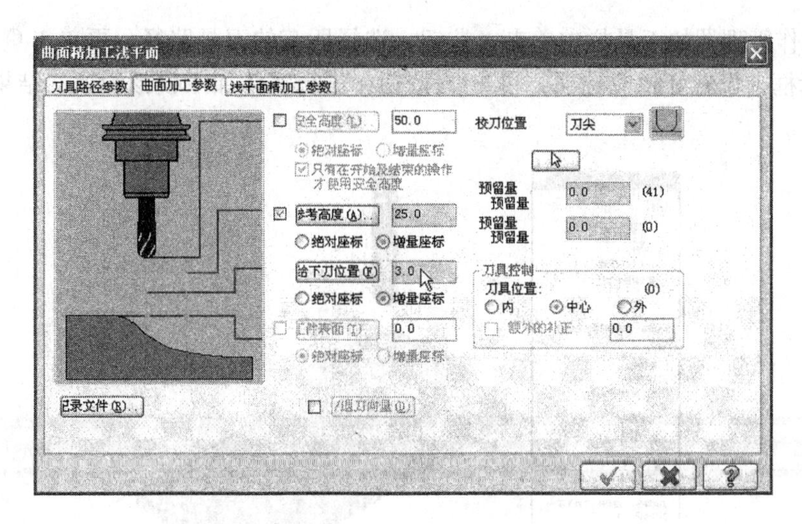

图 6-41　曲面加工参数设置

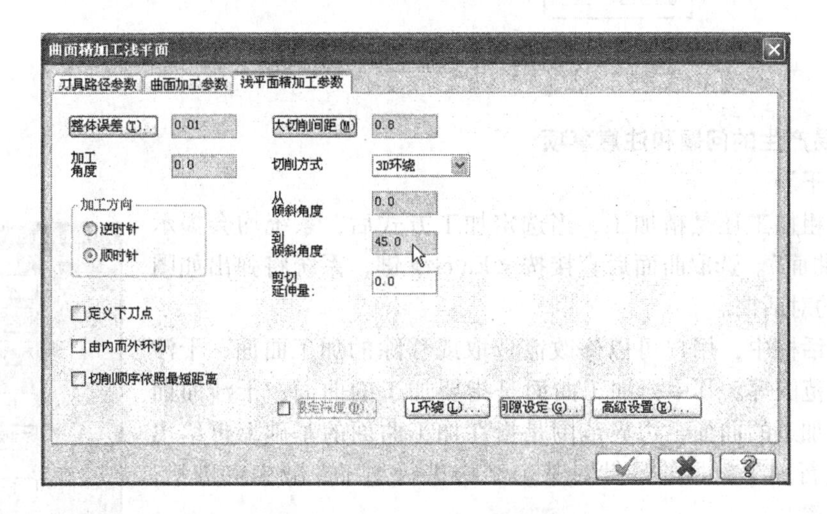

图 6-42　浅平面精加工参数设置

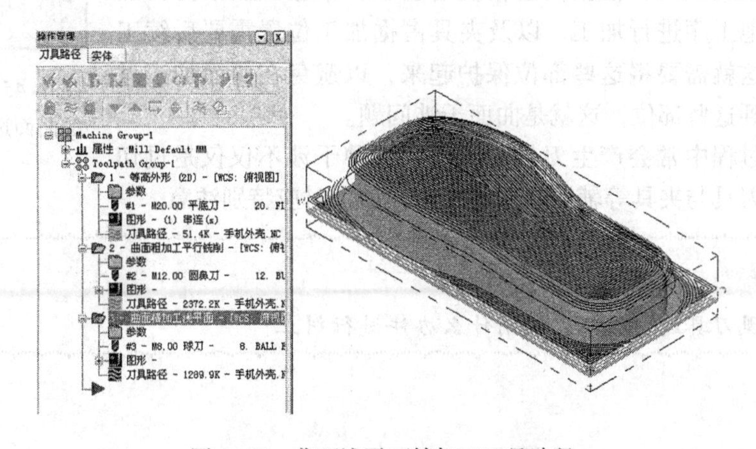

图 6-43　曲面浅平面精加工刀具路径

9）在操作管理器的工具栏中单击按钮，选择所有的刀具路径，再单击按钮，弹出【验证】对话框，设置好相应选项，单击按钮，进行实体加工模拟验证，结果如图 6-44 所示。

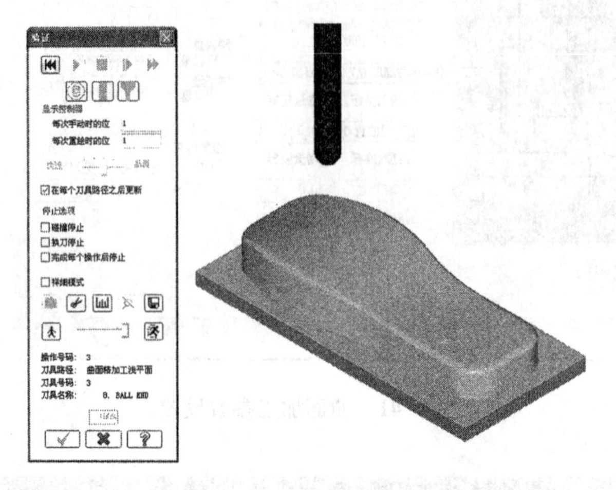

图 6-44 实体加工模拟验证结果

容易产生的问题和注意事项

曲面的干涉

不论是粗加工还是精加工，当选定加工方式后，系统均会提示“选取加工曲面”。选取曲面后直接按 <Enter> 键，系统将弹出如图 6-45 所示的对话框。

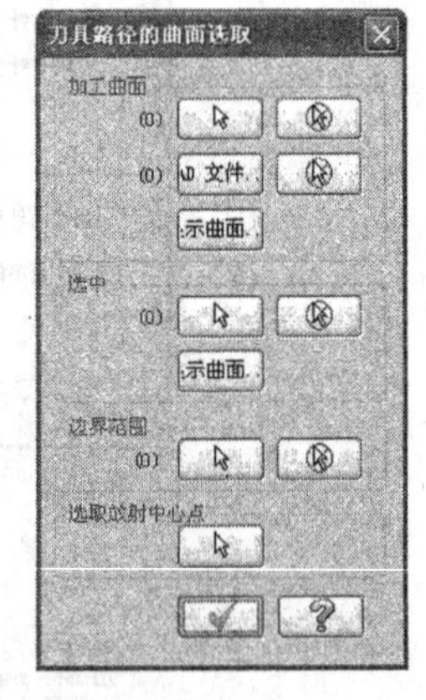

图 6-45 【刀具路径的曲面选取】对话框

在此对话框中，用户可以修改需选取或移除的加工曲面、干涉曲面及边界范围等。其中，加工曲面是指要加工的曲面，干涉曲面是指不需要加工的曲面，边界范围是指在加工曲面的基础上再给出某个区域进行加工，目的是针对某个结构进行加工，减少空进给，提高加工效率。

在实际曲面加工时，根据模型精度的要求，某些部位不需要加工，或等待其他工序进行加工，以及夹具占据加工位置需要后续工序补充加工，这就需要将这些部位保护起来，以避免在曲面加工过程中刀具切削到这些部位，这就是曲面干涉问题。

平行铣削过程中常会产生刀具的干涉，这种干涉不仅仅是过切的干涉，还有刀具与夹具等辅助装置的干涉，加工时应特别注意。

想一想

一旦发现刀具过切现象，该用什么办法进行纠正？

扩展知识

平行铣削加工参数的设置技巧

如图6-46所示，在进行平行铣削加工参数设置时，有一定技巧，说明如下：

(1)【加工角度】 用于设置刀具路径与X轴的夹角（逆时针为正）。在实际加工过程中，通常选用与X轴有一定夹角的刀具路径。

(2)【最大切削间距】 主要是指同一层相邻两条刀具路径之间的最大距离，距离越大，则产生的粗加工行数就越少，加工表面越粗糙；反之，距离越小，则加工的行数就越多，加工表面越光滑，但所需加工时间越长。粗加工时，最大切削间距值通常设置为刀具直径的50%~70%；精加工时，一般取刀具直径的10%较为合适。

(3)【切削方式】 包括【单向】切削（Zig）和【双向】切削（ZigZag）两种方式。【单向】切削，加工时刀具仅沿一个方向进给，完成一行后，需要抬刀返回到起始点再进行下一行的加工。【单向】切削可以保证相邻刀具路径均为顺铣或逆铣，从而获得良好的加工质量；【双向】切削，刀具在完成一行切削后随即转向下一行进行切削，相邻两行刀路是连续的，为一系列交错的顺铣与逆铣。【双向】切削加工效率高，但精度不高，适合粗加工。

(4)【最大Z轴进给】 设置Z轴方向上的最大进给量，即最大吃刀量。该值设置越大，则粗加工层数越少，效率越高，但表面越粗糙，对刀具刚性要求越高；该值设置越小，则粗加工层数越多，加工表面越光滑。加工过程中，最大Z轴进给量一般设置为0.5~3。

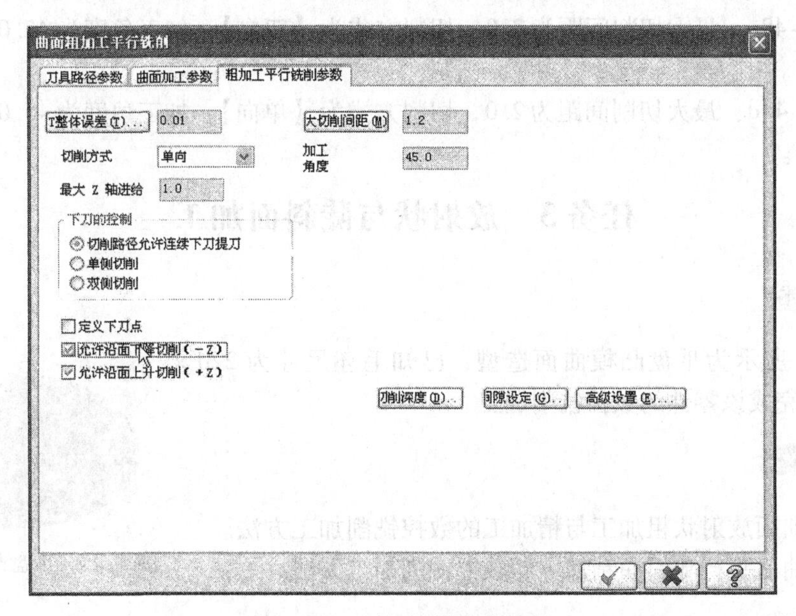

图6-46　平行铣削参数设置

任务拓展

练习：试设置不同的加工参数对如图6-47所示曲面进行铣削，并对比加工效果。

加工思路：对曲面进行平行铣削粗加工，采用$\phi10$　$R1$的圆鼻刀加工，设置不同参数所得到的加工效果如图6-48所示。

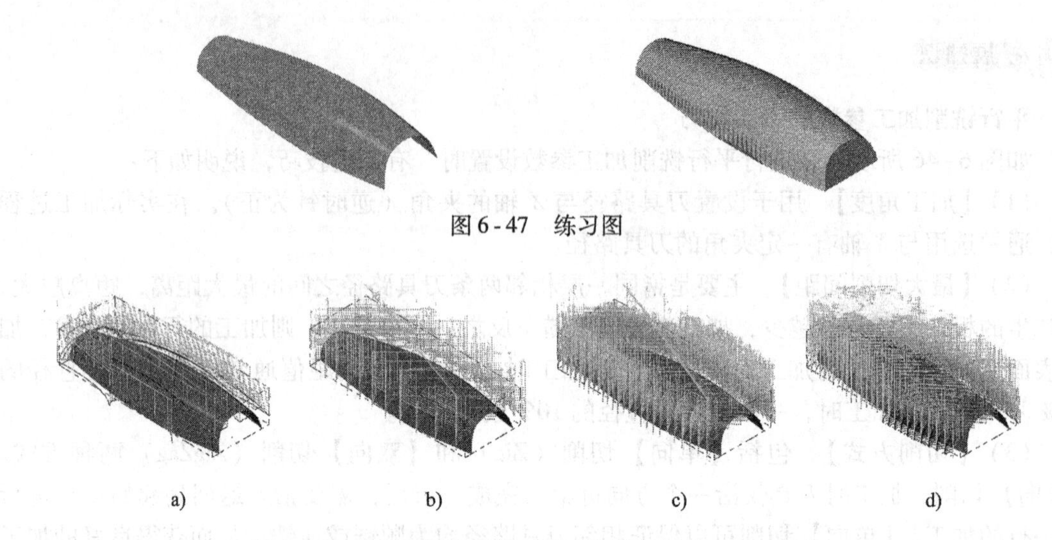

图 6-47　练习图

a)　　b)　　c)　　d)

图 6-48　设置不同参数得到的平行铣削粗加工刀具轨迹

1）图 6-48a：最大切削间距为 5.0，切削方式为【双向】，加工角度为 0.0，最大 Z 轴进给量为 1.0。

2）图 6-48b：最大切削间距为 5.0，切削方式为【双向】，加工角度为 45.0，最大 Z 轴进给量为 1.0。

3）图 6-48c：最大切削间距为 2.0，切削方式为【双向】，加工角度为 45.0，最大 Z 轴进给量为 0.5。

4）图 6-48d：最大切削间距为 2.0，切削方式为【单向】，加工角度为 45.0，最大 Z 轴进给量为 0.5。

任务 3　放射状与陡斜面加工

任务描述

图 6-49 所示为爪盘凸模曲面造型，已知毛坯尺寸为 220 × 220 ×50，试完成该零件的数控铣削加工。

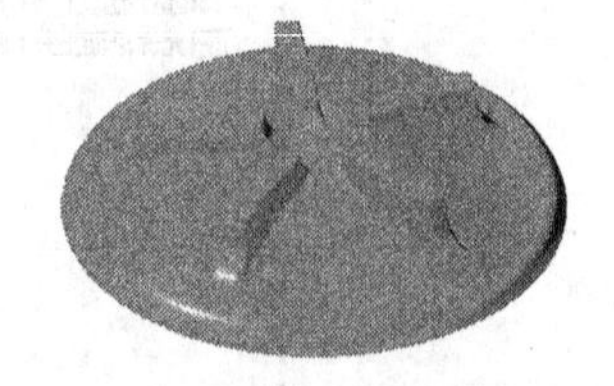

图 6-49　爪盘凸模曲面造型

任务目标

1. 掌握曲面放射状粗加工与精加工的数控铣削加工方法。
2. 掌握曲面平行陡斜面精加工的数控铣削加工方法。

任务分析

根据爪盘凸模曲面造型的特点，选用默认的铣床类型，主要加工工艺为：

1. 采用 $\phi20$ 的圆鼻刀进行曲面放射状粗加工，预留量为 0.5。
2. 采用 $\phi8$ 的球刀进行曲面放射状精加工。
3. 采用 $\phi3$ 的平铣刀对曲面 0°和 90°平行陡斜面精加工。

相关知识

1. 放射状加工

又称为镭射加工，是以指定的一点作为放射中心，呈放射状分层铣削来加工工件，适用于圆形边界或对称模具结构的加工。放射状加工有粗加工与精加工，两种加工形式。放射状加工由于是刀路径向型加工，重叠刀路多，提刀次数多，刀路计算时间长，粗加工效率不高。

2. 陡斜面加工

陡斜面加工为精加工形式，主要用于清除曲面斜坡上残留的材料。陡斜面由斜坡角度决定，陡斜面与水平方向的夹角通常大于45°。在对一些曲面精加工后，在近于垂直的陡斜面（包括垂直面）处刀具路径会过疏，残余材料过多，利用陡斜面加工命令对这些部位进行精加工，可以保证表面精度的加工要求。此功能属于精加工后的补充加工，配合其他功能使用，可达到很好的加工效果。陡斜面加工多选用直径较小的球形铣刀。

> **教你一招**
>
> 当选用陡斜面加工命令时，系统将在众多的曲面中自动筛选出符合斜角范围的部位，并生成精加工刀路。

任务实施

1. 零件造型

图形主要尺寸设计为：图形下底面为半径 $R100$ 的圆，弧面高为35，整体高度为40。

> **想一想**
>
> 利用下面的线框如何绘制出凸模曲面造型图？
>
> 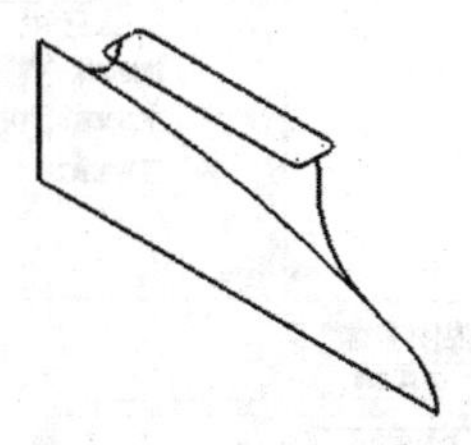

2. 加工准备

（1）增加辅助曲面　在烟灰缸的下底面绘制一个 220×220 的正方形，并生成直纹曲面，如图6-50所示。

图6-50　增加辅助曲面

（2）设置毛坯

1）选择操作管理器中【属性】的【材料设置】选项，弹出【机器群组属性】对话框。

2）如图6-51所示，在【材料设置】选项卡中，选择【矩形】单选按钮；单击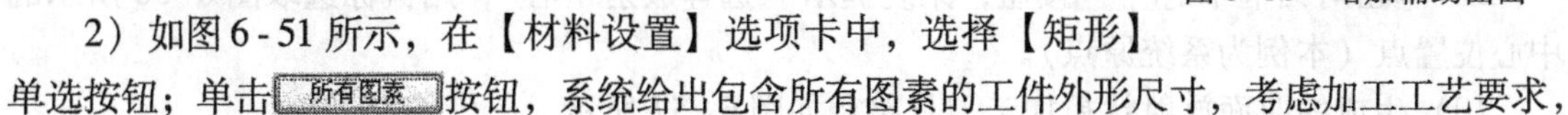所有图素按钮，系统给出包含所有图素的工件外形尺寸，考虑加工工艺要求，

可适当修改工件高度，并设置好素材原点。单击按钮确定，完成工件毛坯设置后的效果如图 6-52 所示。

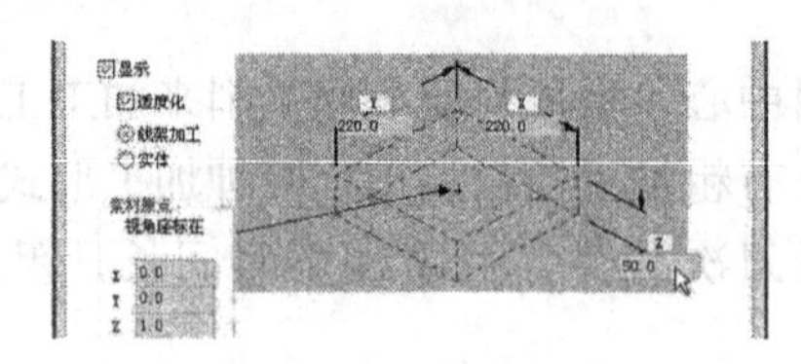

图 6-51　工件材料设置

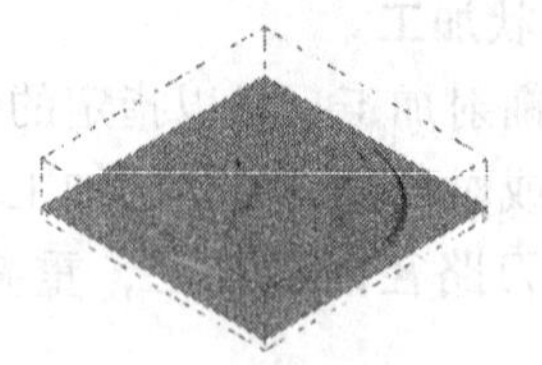

图 6-52　毛坯设置效果

3. 数控加工

(1) 曲面放射状粗加工

1) 在菜单栏中选择【刀具路径】→【曲面粗加工】→【粗加工放射状加工】命令。

2) 系统弹出【选取工件的形状】对话框，点选【凸】单选按钮。

3) 单击按钮确定，系统弹出【输入新 NC 名称】对话框，输入名称“爪盘凸模”。

4) 单击按钮确定，系统提示“选择加工曲面”，用鼠标框选所有的曲面，按 <Enter> 键确定。

5) 系统弹出【刀具路径的曲面选取】对话框，直接单击按钮确定。

6) 系统弹出【曲面粗加工放射状】对话框。在【刀具路径参数】选项卡中单击选择库中的刀具...按钮，出现【选择刀具】对话框，从刀具库中选择 $\phi20$　$R4$ 的圆鼻刀，确定后按图 6-53 所示设置好参数。

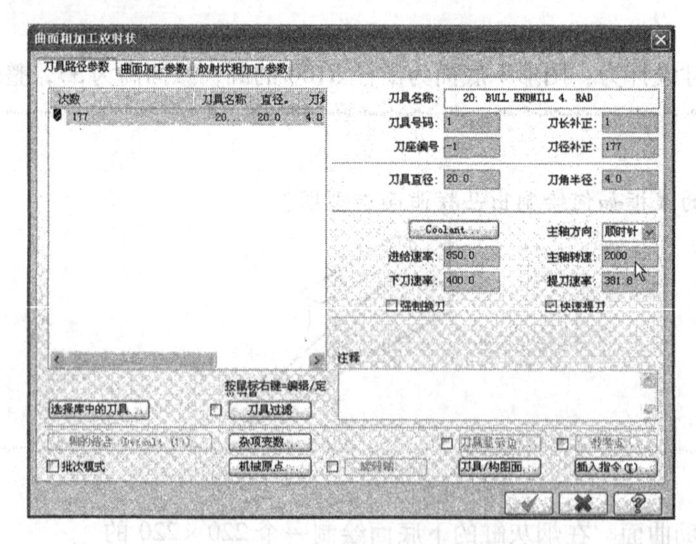

图 6-53　刀具路径参数设置

7) 切换至【曲面加工参数】选项卡，按图 6-54 所示设置曲面加工参数。

8) 切换至【放射状粗加工参数】选项卡，按图 6-55 所示设置相关参数。

9) 单击对话框中的按钮，系统提示“选择放射中心”，用鼠标选取图 6-56 所示的中心位置点（本例为系统原点）。

10) 生成的曲面放射状粗加工刀具路径如图 6-57 所示。

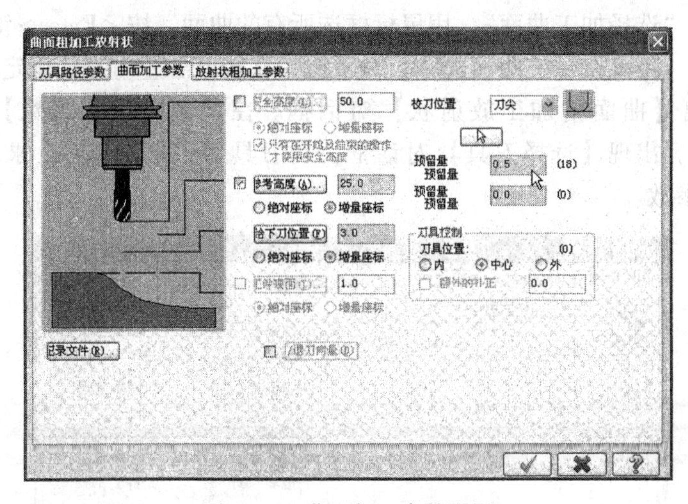

图6-54　曲面加工参数设置

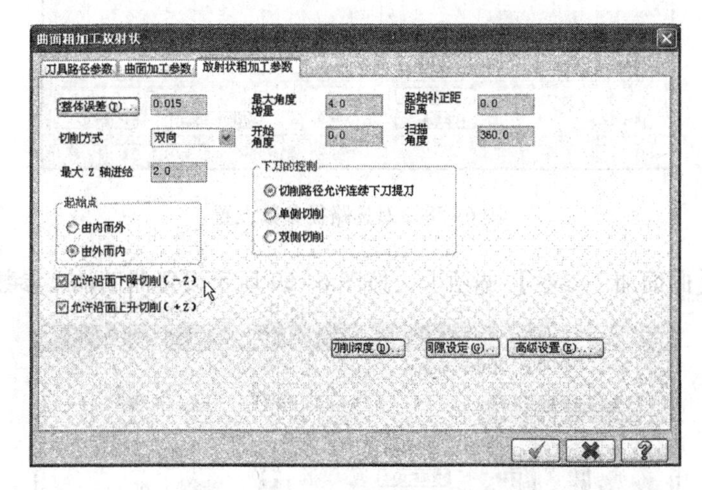

图6-55　放射状粗加工参数设置

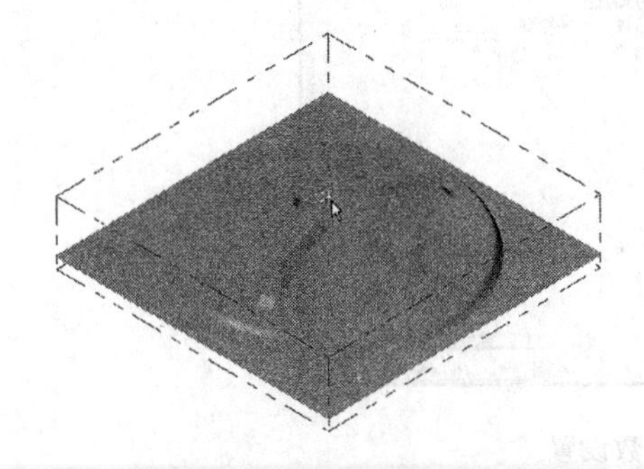

图6-56　选择放射中心

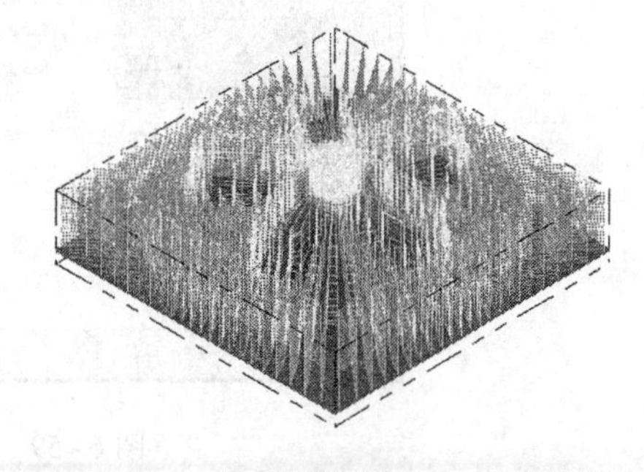

图6-57　曲面放射状粗加工刀具路径

(2) 曲面放射状精加工

1) 单击操作管理器中的≋按钮，隐藏曲面放射状粗加工刀具路径。

2) 在菜单栏中选择【刀具路径】→【曲面精加工】→【精加工放射状】命令。

3）系统提示“选择加工曲面”，用鼠标框选所有的曲面，按 <Enter> 键确定。

4）系统弹出【刀具路径的曲面选取】对话框，直接单击 ✓ 按钮确定。

5）系统弹出【曲面精加工放射状】对话框。在【刀具路径参数】选项卡中单击 选择库中的刀具... 按钮，出现【选择刀具】对话框，从刀具库中选择 $\phi 8$ 的球刀，确定后按图 6-58所示设置好参数。

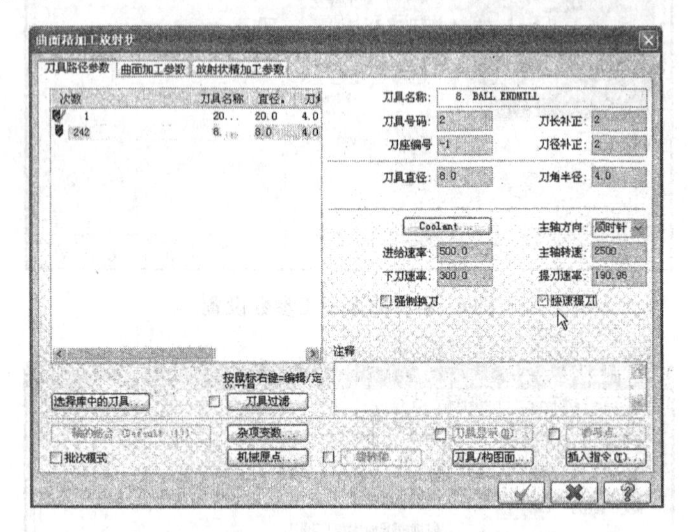

图 6-58　刀具路径参数设置

6）切换至【曲面加工参数】选项卡，按图 6-59 所示设置曲面加工参数。

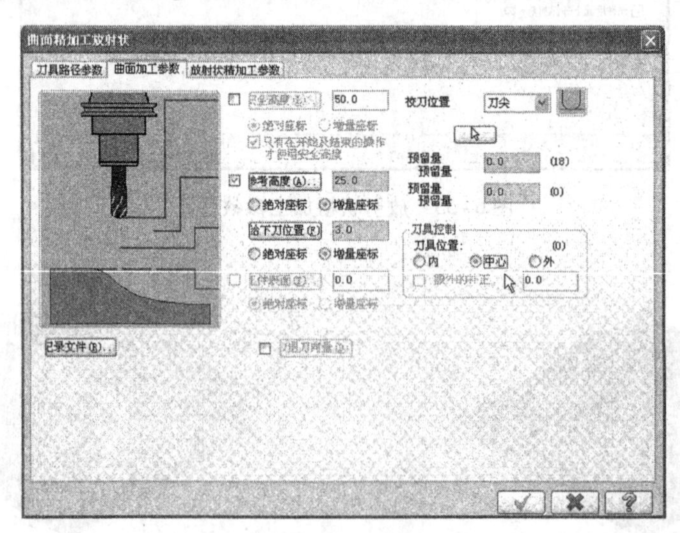

图 6-59　曲面加工参数设置

7）切换至【放射状精加工参数】选项卡，按图 6-60 所示设置相关参数。

8）单击对话框中的 ✓ 按钮，系统提示“选择放射中心”，用鼠标选取图 6-56 所示的中心位置点（本例为系统原点）。

9）生成的曲面放射状精加工刀具路径如图 6-61 所示。

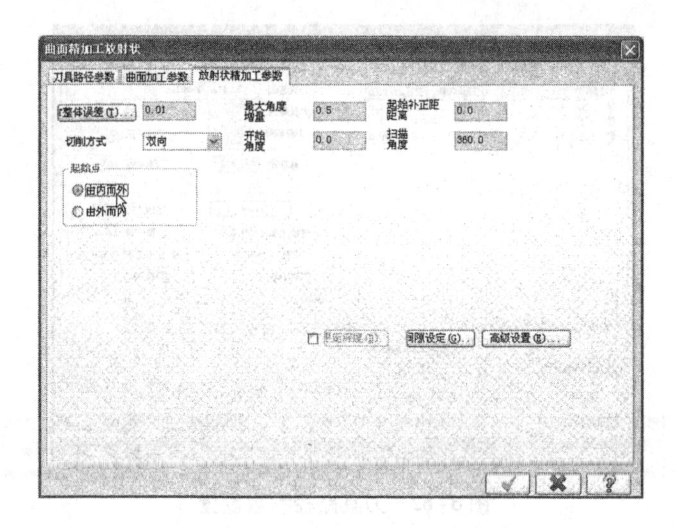

图6-60　放射状精加工参数设置

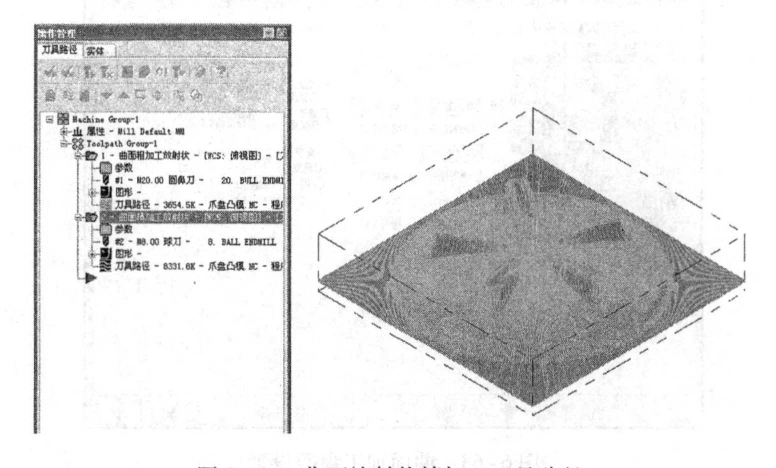

图6-61　曲面放射状精加工刀具路径

（3）曲面平行陡斜面精加工

1）单击操作管理器中的≋按钮，隐藏曲面放射状精加工刀具路径。

2）在菜单栏中选择【刀具路径】→【曲面精加工】→【精加工平行陡斜面】命令。

3）系统提示“选择加工曲面”，用鼠标框选所有的曲面，按<Enter>键确定。

4）系统弹出【刀具路径的曲面选取】对话框，直接单击✓按钮确定。

5）系统弹出【曲面精加工平行式陡斜面】对话框。在【刀具路径参数】选项卡中单击选择库中的刀具...按钮，出现【选择刀具】对话框，从刀具库中选择$\phi 3$的平铣刀，确定后按图6-62所示设置好参数。

6）切换至【曲面加工参数】选项卡，按图6-63所示设置曲面加工参数。

7）切换至【陡斜面精加工参数】选项卡，按图6-64所示设置相关参数。注意加工角度为0。

8）单击对话框中的✓按钮，所创建的陡斜面精加工刀具路径如图6-65所示。

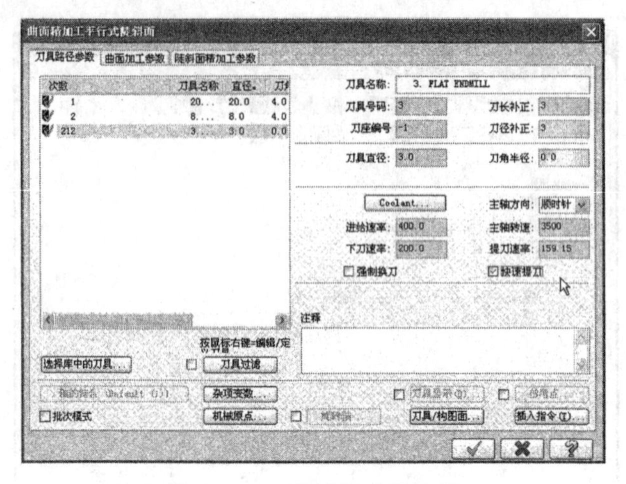

图 6 - 62　刀具路径参数设置

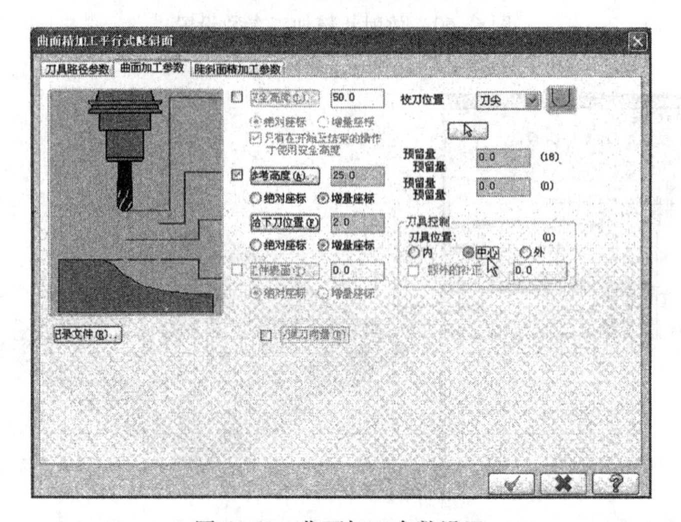

图 6 - 63　曲面加工参数设置

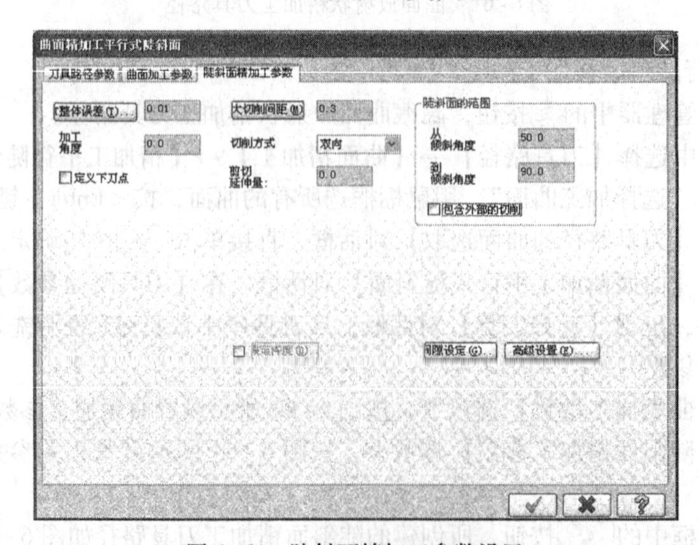

图 6 - 64　陡斜面精加工参数设置

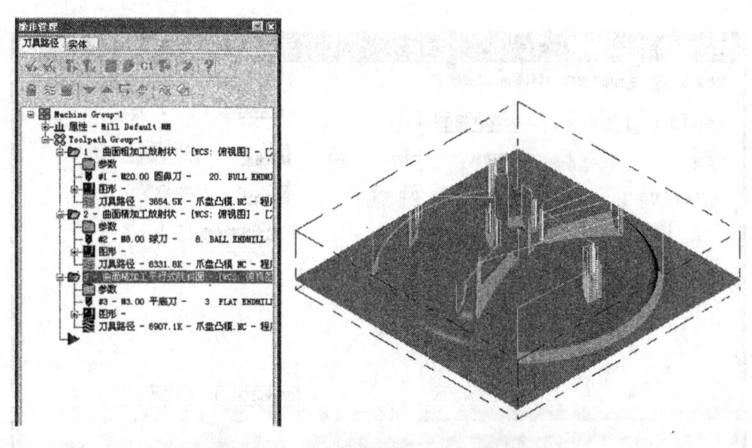

图6-65　陡斜面精加工刀具路径

9）单击操作管理器中的按钮，隐藏曲面平行陡斜面精加工刀具路径。

10）在菜单栏中选择【刀具路径】→【曲面精加工】→【精加工平行陡斜面】命令。

11）系统提示“选择加工曲面”，用鼠标框选所有的曲面，按 <Enter> 键确定。

12）系统弹出【刀具路径的曲面选取】对话框，直接单击按钮确定。

13）系统弹出【曲面精加工平行式陡斜面】对话框。在【刀具路径参数】选项卡中选取已有的 $\phi3$ 平铣刀，按图6-66所示设置好参数。

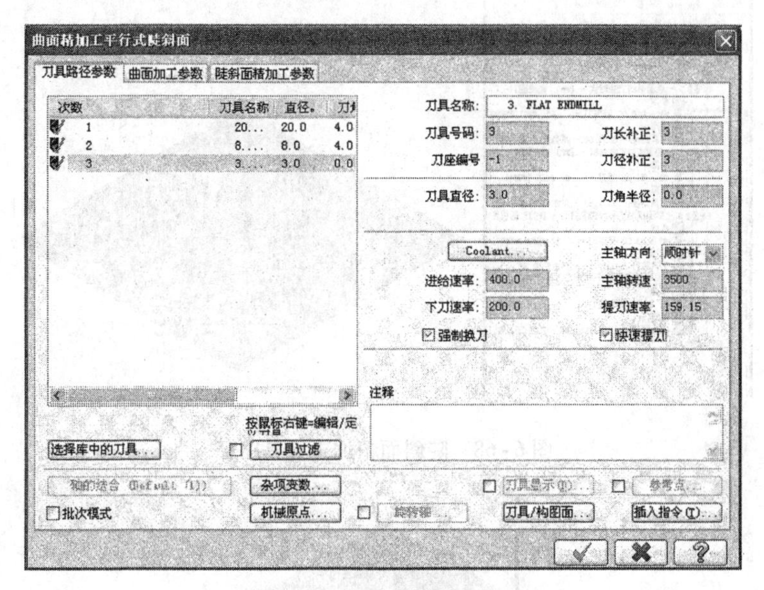

图6-66　刀具路径参数设置

14）切换至【陡斜面精加工参数】选项卡，按图6-67所示设置相关参数。注意加工角度为90。

15）单击对话框中的按钮，所创建的陡斜面精加工刀具路径如图6-68所示。

16）在操作管理器的工具栏中单击按钮，选择所有的刀具路径，再单击按钮，弹出【验证】对话框，设置好相应选项，单击按钮，进行实体加工模拟验证，结果如图6-69所示。

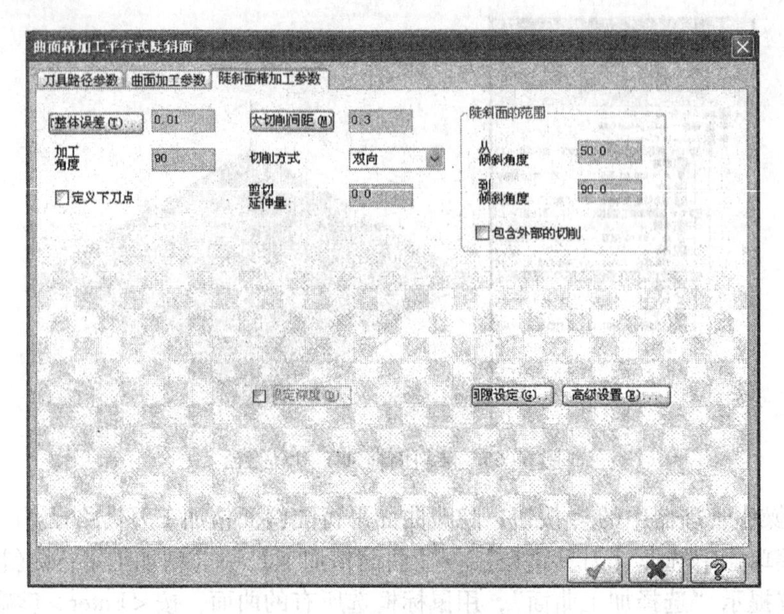

图 6-67 陡斜面精加工参数设置

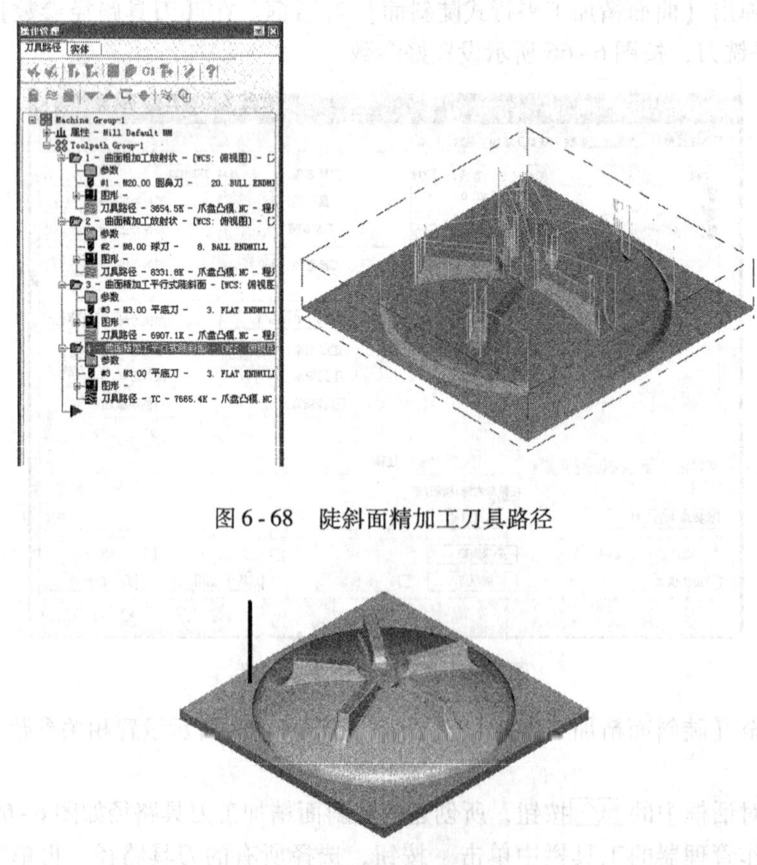

图 6-68 陡斜面精加工刀具路径

图 6-69 刀具路径加工模拟验证

⚠容易产生的问题和注意事项

放射状粗加工参数说明

如图6-70所示，【放射状粗加工参数】选项卡中，需重点说明的选项如下：

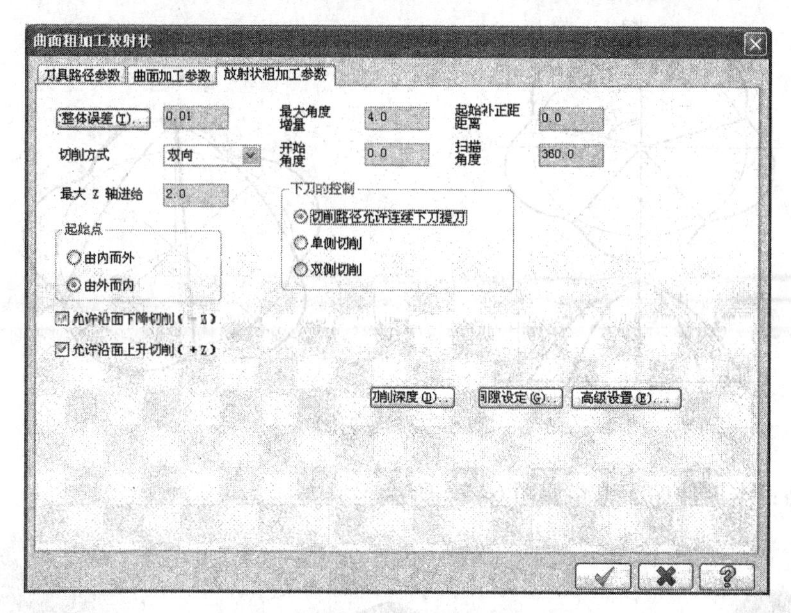

图6-70　【放射状粗加工参数】选项卡

(1)【最大角度增量】　用于输入放射状切削加工两相邻刀具路径的增量角度，从而控制加工路径的密度，角度增量越小，其加工出来的工件越光滑。

(2)【开始角度】　用于设置放射状加工时刀具路径的起始角度。

(3)【扫描角度】　用于设置放射状加工时刀具路径的扫描角度，即刀具路径的覆盖范围。

(4)【起始补正距距离】　用于设置刀具路径起点到中心点的距离。由于中心部分的刀具路径集中，为了防止中心部分刀痕过密，可以设置合适的起始补正距离。较小的补正距离可获得精度较高的铣削效果，但需要花费大量的时间。如果设置的补正距离较大，虽然加工速度快，但加工质量却不高，而且有可能导致某些部位无法进行加工。

以上各个选项的关系可以参见图6-71。

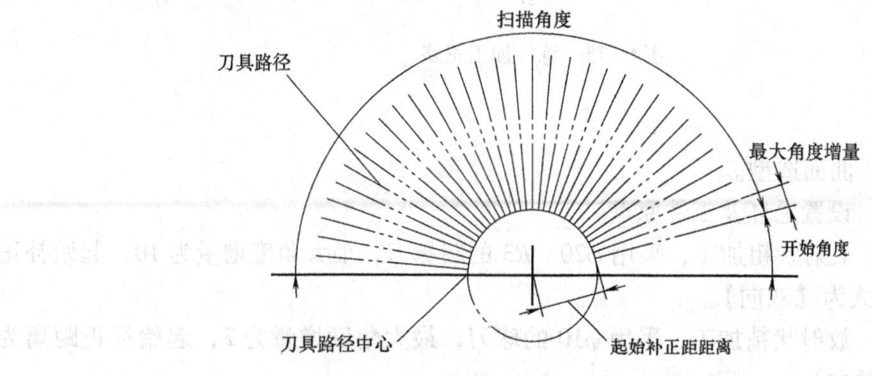

图6-71　放射状粗加工参数选项间的关系

任务拓展

练习：试完成如图 6-72 所示零件的数控铣削加工。

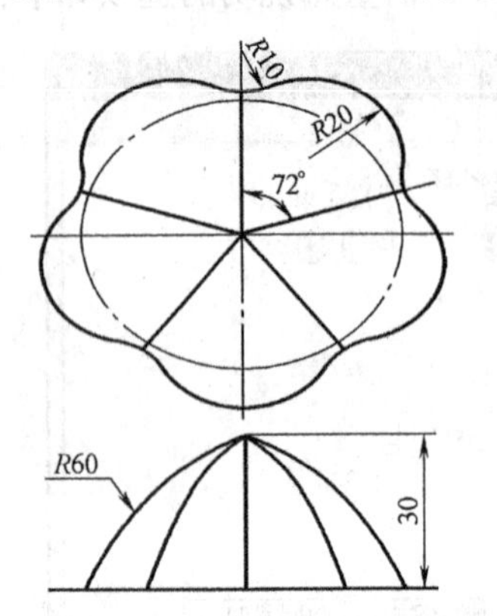

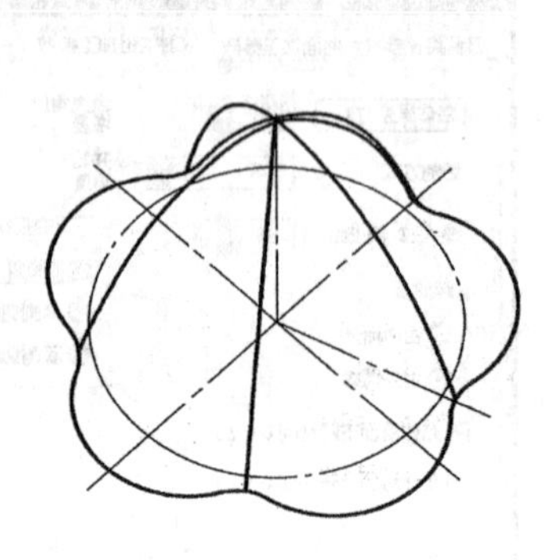

图 6-72 练习图

加工思路：本工件加工思路如图 6-73 所示。

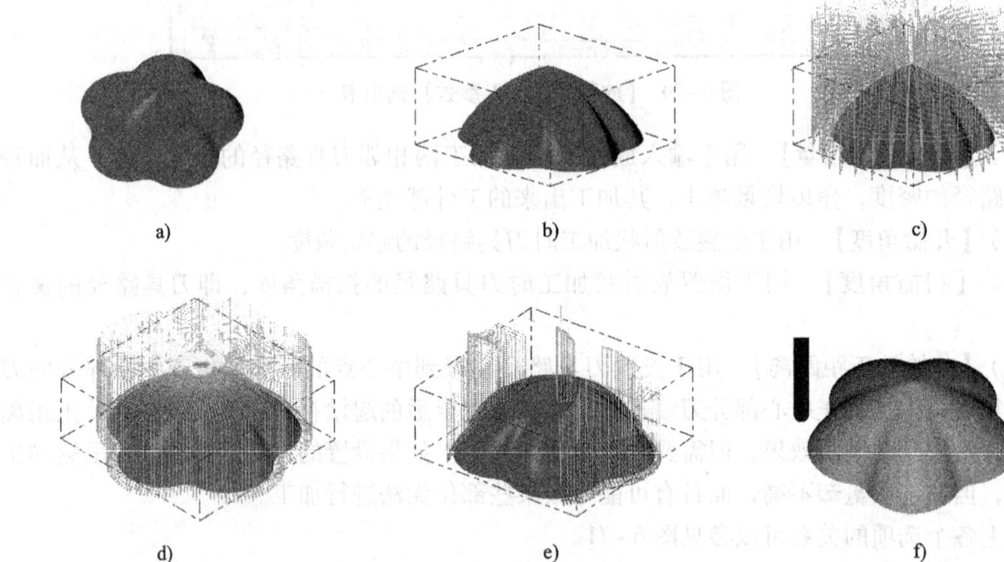

图 6-73 练习加工思路

具体说明如下：

1）图 6-73a：曲面造型。

2）图 6-73b：设置毛坯及工件原点。

3）图 6-73c：放射状粗加工，采用 $\phi20$ $R3$ 的圆鼻刀，最大角度增量为 10，起始补正距离为 1，切削方式为【双向】。

4）图 6-73d：放射状精加工，采用 $\phi10$ 的球刀，最大角度增量为 2，起始补正距离为 5，切削方式为【单向】。

5）图6-73e：陡斜面精加工，采用$\phi6$的球刀，最大切削间距为1.2，切削方式为【单向】，切削范围为50~90。

6）图6-73f：实体加工模拟。

教你一招

当进行实体验证发生过切现象时，可采取两种方法进行修正：一种是增加干涉面检查，另一种是改小加工所用刀具的直径。

任务4　曲面流线与投影加工

任务描述

图6-74所示为带奥运五环图案的零件图，已知毛坯尺寸为100×50×30，试完成该造型的数控铣削加工。最终完成加工经实体验证后的模拟效果如图6-75所示。

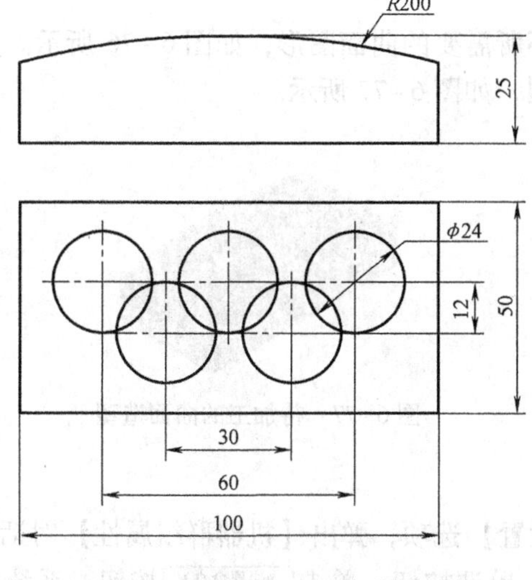

图6-74　带奥运五环图案的零件图

图6-75　加工完成的效果图

任务目标

1. 掌握曲面流线的数控铣削加工方法。
2. 掌握曲面投影的数控铣削加工方法。

任务分析

根据曲面造型的图形特点，选用默认的铣床类型。主要加工工艺为：

1. 采用$\phi20$的圆鼻刀进行曲面流线粗加工。
2. 采用$\phi10$的圆鼻刀进行曲面流线精加工。
3. 采用$\phi3$的球刀进行曲面投影精加工。

1. 曲面流线加工

曲面流线加工是沿着曲面流线方向（即构成曲面的横向或纵向网格方向）生成加工刀具路径的切削方法。由于曲面流线加工能够精确控制残脊高度，构建平滑、精密曲面的刀具路径，故可以得到精确光滑的加工曲面。根据加工要求的不同，曲面流线加工有粗加工与精加工两种加工形式。

2. 曲面投影加工

曲面投影加工是将已有的刀具路径或几何图形图素（线条或点）投射到被选择的曲面上而生成刀具路径，常用于产品的装饰加工，如刻模加工。要形成投影加工的刀具路径需要有两个要素：一是要形成投影曲线或投影刀具轮廓；二是要存在投影曲面。根据加工要求的不同，曲面投影加工有粗加工与精加工两种加工形式。

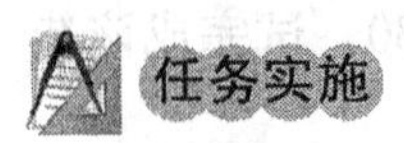

1. 零件造型

利用前面所学的知识自行绘制加工奥运五环所需要的曲面图形，如图 6-76 所示。关闭线框图层，绘图工作区只显示待加工的曲面造型，如图 6-77 所示。

图 6-76　需要加工的曲面造型

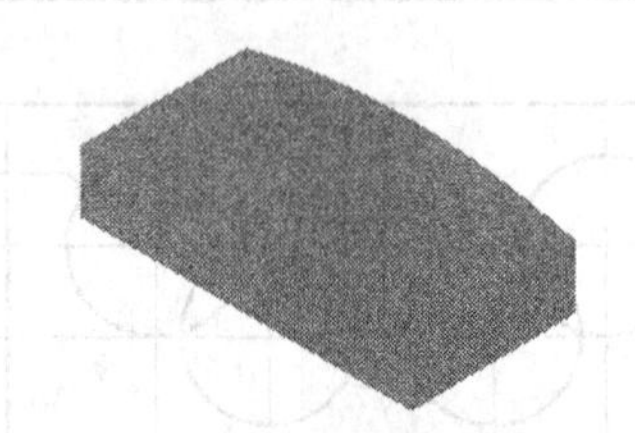

图 6-77　待加工的曲面造型

2. 加工准备

1）选择操作管理器中【属性】的【材料设置】选项，弹出【机器群组属性】对话框。

2）在【材料设置】选项卡中选择【矩形】单选按钮；单击 B边界盒(B) 按钮，系统弹出【边界盒选项】对话框，直接单击 ✓ 按钮确定，考虑加工工艺要求，适当修改工件高度，并设置好素材原点，如图 6-78 所示。单击 ✓ 按钮确定，完成工件毛坯设置后的效果如图 6-79 所示。

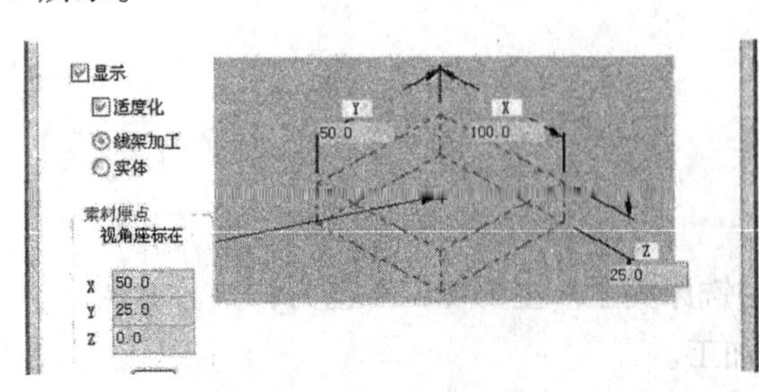

图 6-78　工件材料设置

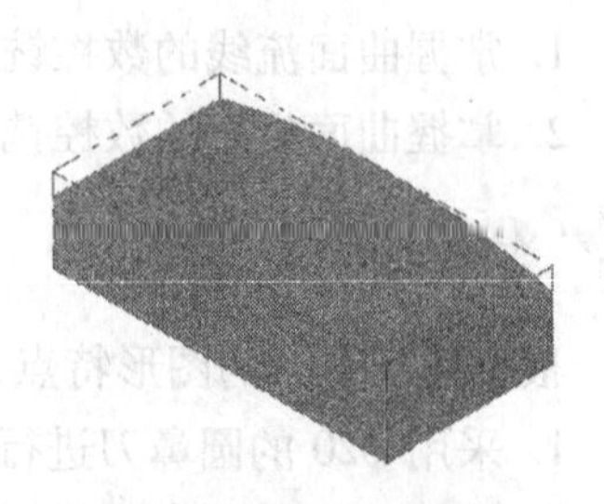

图 6-79　毛坯设置效果图

3. 数控加工

（1）曲面流线粗加工

1）在菜单栏中选择【刀具路径】→【曲面粗加工】→【粗加工流线加工】命令。

2）系统弹出【选取工件的形状】对话框，单击【凸】单选按钮。

3）单击✔按钮确定，系统弹出【输入新NC名称】对话框，输入名称“奥运五环”。

4）单击✔按钮确定，系统提示“选择加工曲面”，用鼠标框选完整曲面，按 <Enter> 键确定。

5）系统弹出【刀具路径的曲面选取】对话框，直接单击✔按钮确定。

6）系统弹出【曲面粗加工流线】对话框。在【刀具路径参数】选项卡中单击【选择库中的刀具...】按钮，出现【选择刀具】对话框，从刀具库中选择 $\phi 20$ $R4$ 的圆鼻刀，确定后按图6-80所示设置好参数。

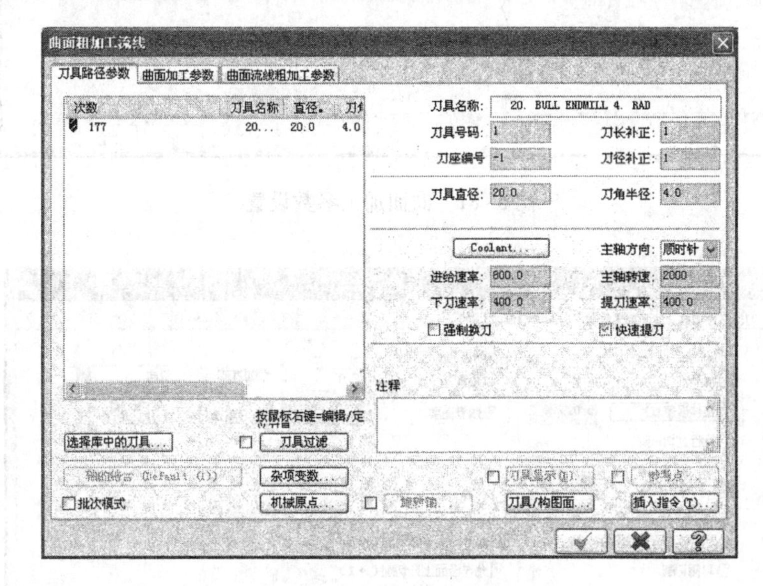

图6-80 刀具路径参数设置

7）在【曲面粗加工流线】对话框中单击【曲面加工参数】选项卡，设置预留量为0.5，如图6-81所示。

8）切换至【曲面流线粗加工参数】选项卡，按图6-82所示设置相关参数。

9）单击【曲面粗加工流线】对话框中的✔按钮，系统弹出【曲面流线设置】对话框。在该对话框中直接单击✔按钮，完成曲面流线粗加工刀具路径的创建，如图6-83所示。

（2）曲面流线精加工

1）单击操作管理器中的≋按钮，隐藏曲面流线粗加工刀具路径。

2）在菜单栏中选择【刀具路径】→【曲面精加工】→【精加工流线加工】命令。

3）系统提示“选择加工曲面”，用鼠标框选全部曲面，按 <Enter> 键确定。

4）系统弹出【刀具路径的曲面选取】对话框，直接单击✔按钮确定。

5）系统弹出【曲面精加工流线】对话框。在【刀具路径参数】选项卡中单击

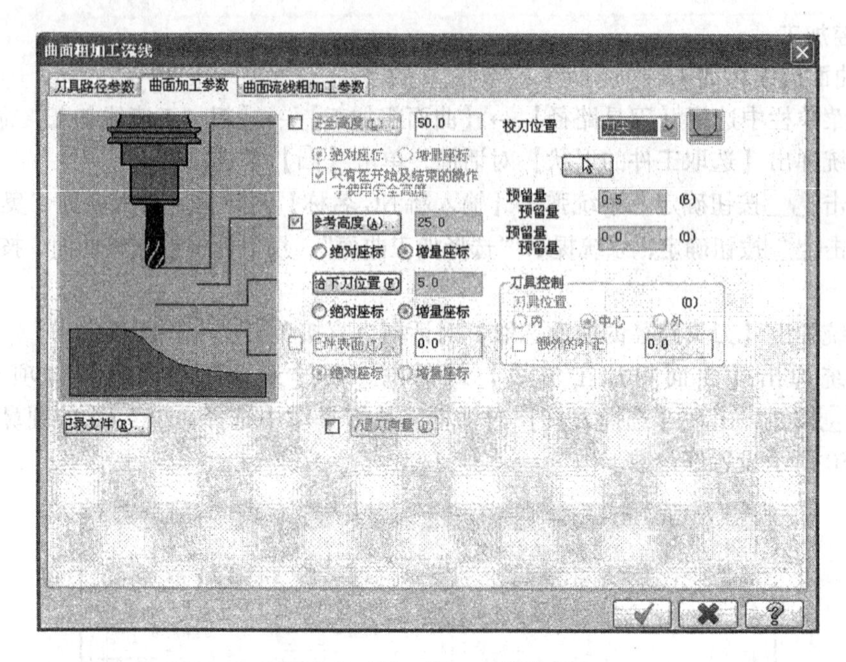

图 6-81　曲面加工参数设置

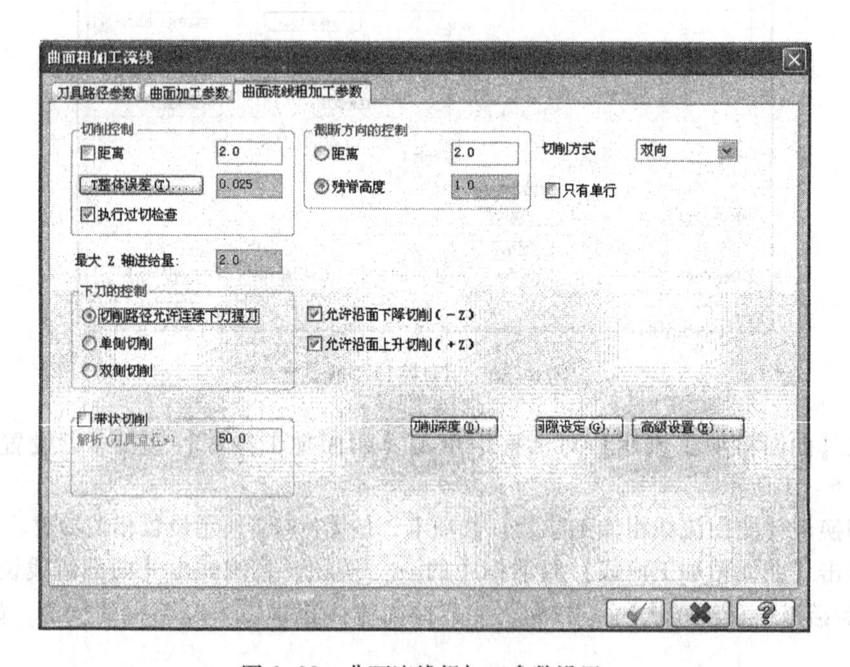

图 6-82　曲面流线粗加工参数设置

选择库中的刀具...按钮，弹出【选择刀具】对话框，从刀具库中选择 $\phi10$　$R2$ 的圆鼻刀，确定后按图 6-84 所示设置好参数。

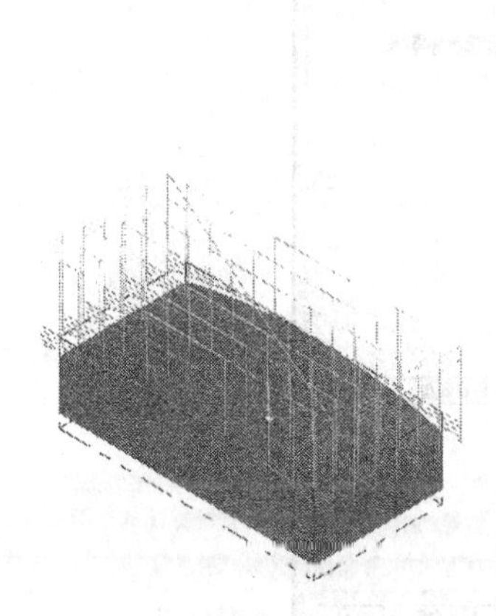

图6-83　曲面流线粗加工刀具路径

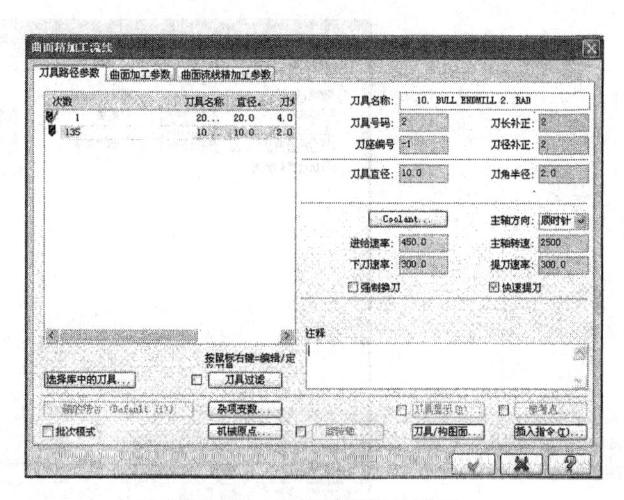

图6-84　刀具路径参数设置

6）切换至【曲面加工参数】选项卡，按图6-85所示设置曲面加工参数。

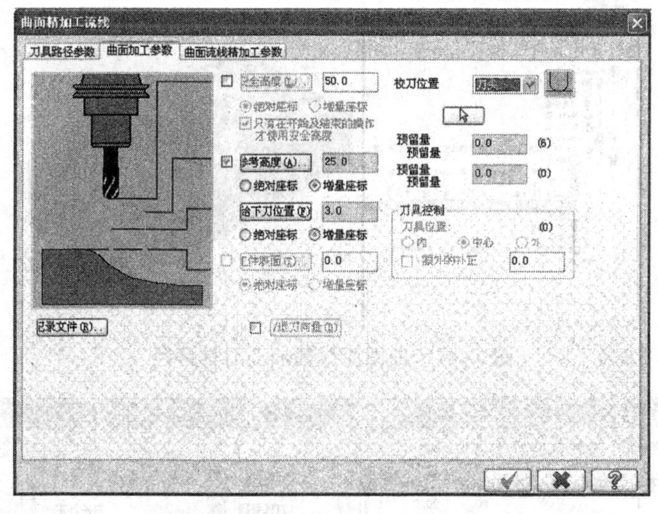

图6-85　曲面加工参数设置

7）切换至【曲面流线精加工参数】选项卡，按图6-86所示设置相关参数。

8）单击对话框中的按钮，完成曲面流线精加工刀具路径的创建，如图6-87所示。

（3）曲面投影精加工

1）单击操作管理器中的按钮，隐藏曲面流线精加工刀具路径。

2）在菜单栏中选择【刀具路径】→【曲面精加工】→【精加工投影加工】命令。

3）系统提示“选择加工曲面”，用鼠标框选完整曲面，按<Enter>键确定。

4）系统弹出【刀具路径的曲面选取】对话框，直接单击按钮确定。

5）系统弹出【曲面精加工投影】对话框。在【刀具路径参数】选项卡中单击选择库中的刀具...按钮，弹出【选择刀具】对话框，从该对话框的刀具库中选择$\phi 3$　$R1.5$的球刀，确定后按图6-88所示设置参数。

6）切换至【曲面加工参数】选项卡，按图6-89所示设置曲面加工参数。

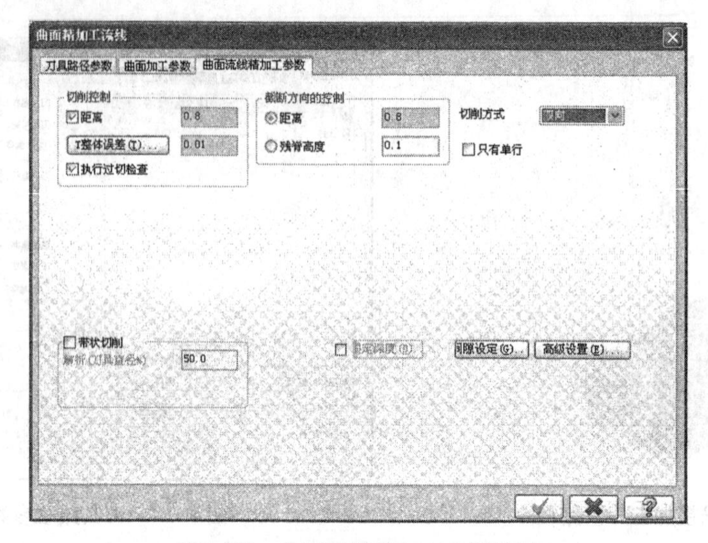

图 6-86　曲面流线精加工参数设置

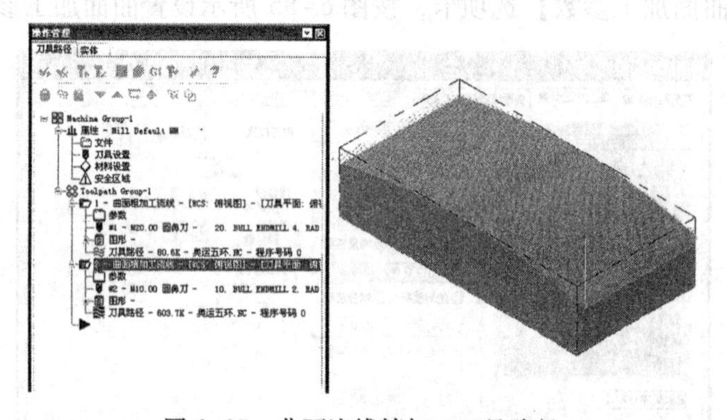

图 6-87　曲面流线精加工刀具路径

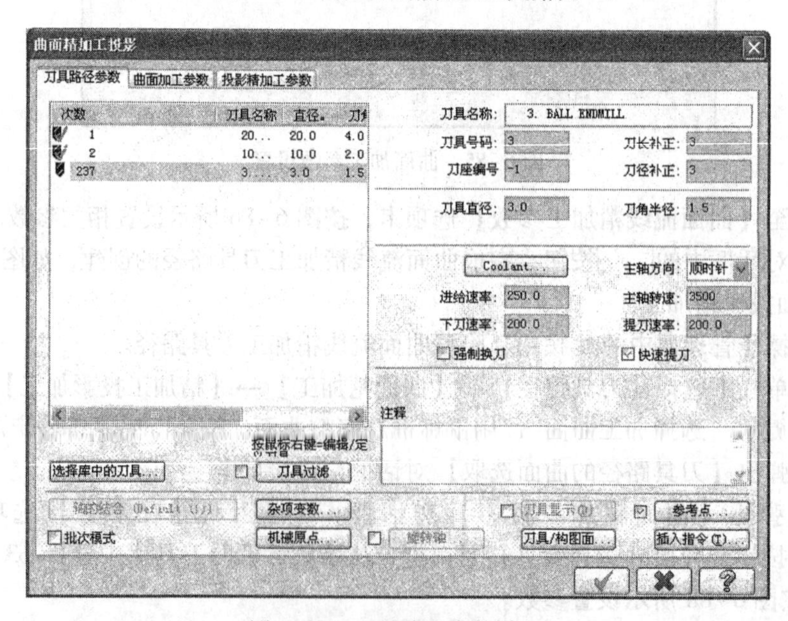

图 6-88　刀具路径参数设置

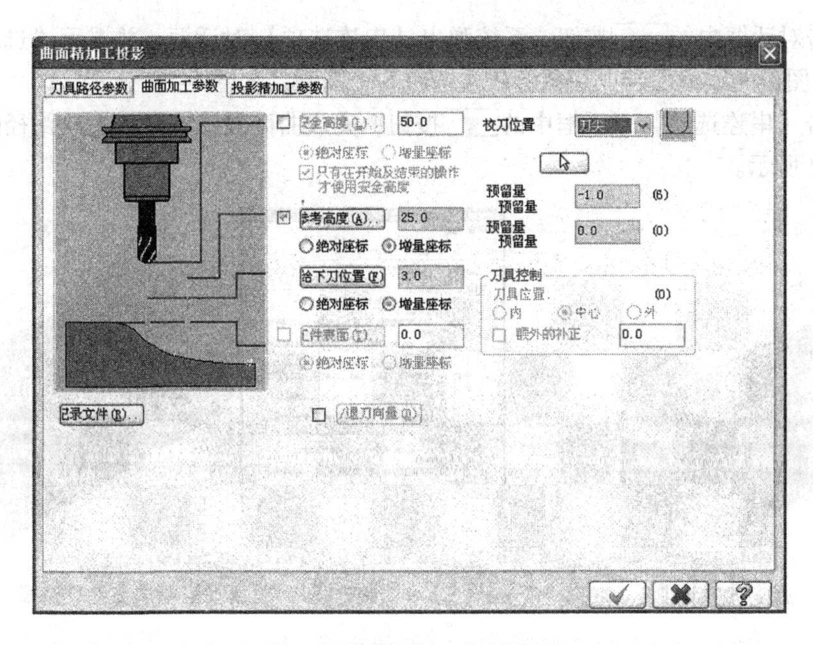

图6-89 曲面加工参数设置

师傅说现场

曲面投影加工的深度由【预留量】的值（负值）来控制。当选用球刀时，其最大深度不能大于刀具半径值。

7）切换至【投影精加工参数】选项卡，选中【曲线】单选按钮，如图6-90所示。

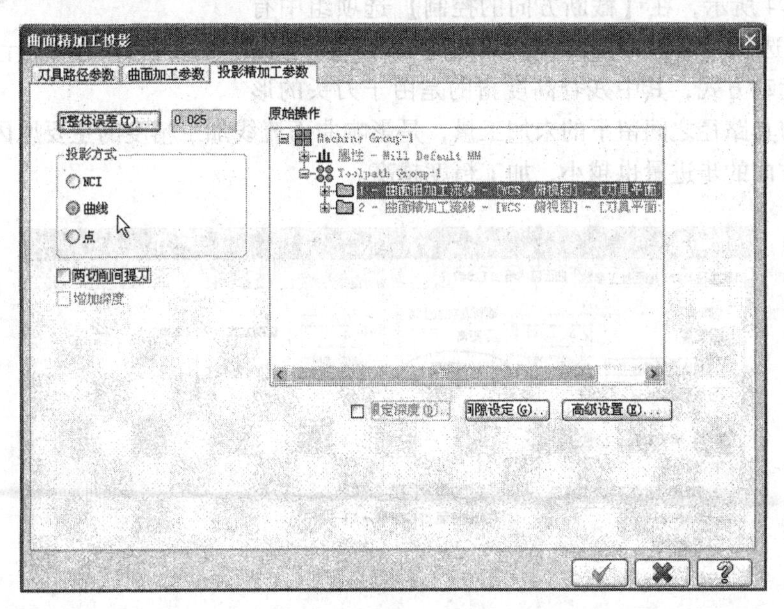

图6-90 投影精加工参数设置

8）单击对话框中的 ✓ 按钮，系统弹出【串连选项】对话框，并提示“选取曲线去投影1”，打开图形的线框图层，用鼠标依次选取5个圆圈，如图6-91所示。

9）单击【串连选项】对话框中的 ✓ 按钮，完成曲面投影精加工刀具路径的创建，结果如图6-92所示。

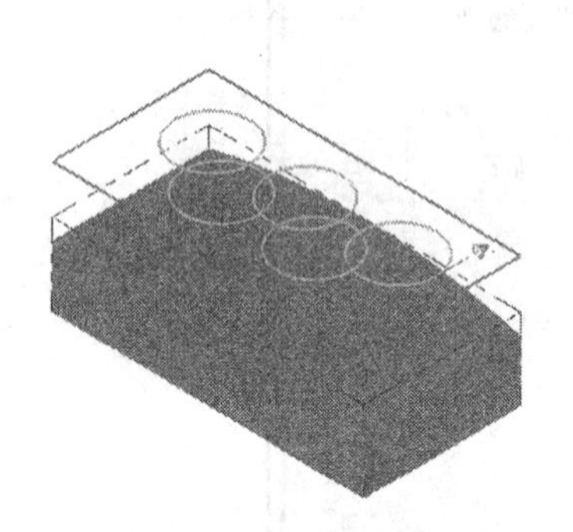

图6-91　投影曲线选取

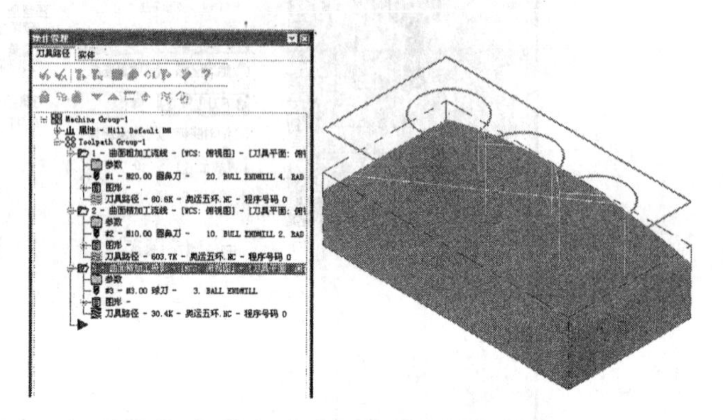

图6-92　曲面投影精加工刀具路径

10）在操作管理器的工具栏中单击 按钮，选择所有的刀具路径，再单击 按钮，弹出【验证】对话框，在该对话框中设置好相应的选项，单击 按钮，进行实体加工模拟验证，结果如图6-93所示。

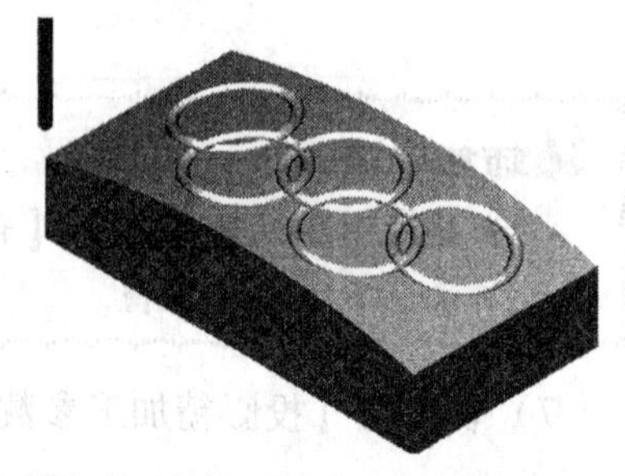

图6-93　实体加工模拟验证

⚠容易产生的问题和注意事项

曲面流线加工中残脊高度的设置

如图6-94所示，在【截断方向的控制】选项组中有【残脊高度】选项。截断方向的控制是指刀具在垂直于流线方向上的运动方式，其中残脊高度指的是由于刀头的形状而在两行刀具路径之间留下的未加工量，是影响曲面流线加工精度的主要原因。残脊高度越小，截断方向的步进量也越小，加工精度越高。

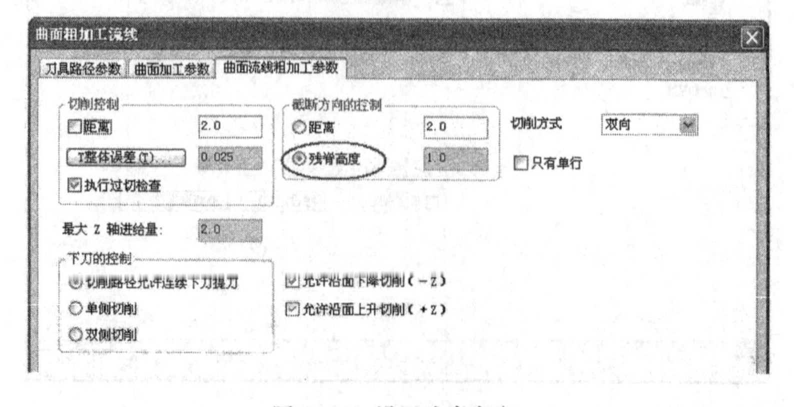

图6-94　设置残脊高度

图6-95为残脊高度示意图。当曲面的曲率半径较大且没有尖锐的形状，或加工精度要求不高时，可使用固定距离来设定进给量；当曲率半径较小且有尖锐形状，或加工精度要求较高时，应采用残脊高度的方式来设定进给量。

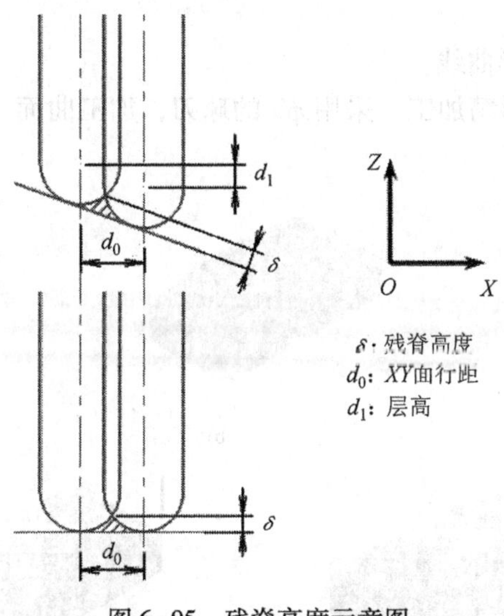

图6-95　残脊高度示意图

扩展知识

当曲面较陡时，采用曲面流线精加工获得的加工质量明显要好于一般的平行铣削精加工，其原因在于：平行铣削精加工的行进给量是指刀具路径在XY面内的间距，而在曲面流线精加工中，行进给量是指定义刀具路径的相邻两条曲面流线的间距，从而能精确控制残脊高度，获得较高的加工精度。

任务拓展

练习：试完成如图6-96所示零件的数控铣削加工。已知毛坯尺寸为200×100×50。

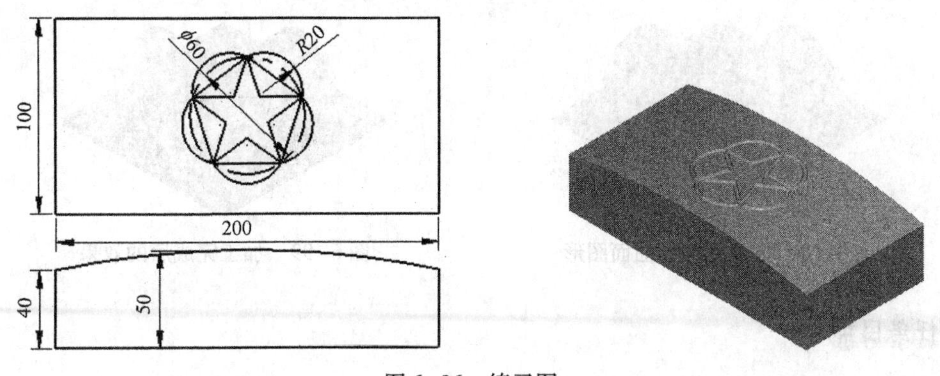

图6-96　练习图

加工思路：本工件加工思路如图6-97所示，具体说明如下：

1）图6-97a：实体造型。

2）图 6-97b：曲面流线粗加工，采用 $\phi20$ $R4$ 的圆鼻刀，切削方式为【双向】，残脊高度为 1.0。

3）图 6-97c：曲面流线精加工，采用 $\phi10$ 的球刀，切削方式为【单向】，残脊高度为 0.1。

4）图 6-97d：绘制投影曲线。

5）图 6-97e：曲面投影精加工，采用 $\phi3$ 的球刀，加工曲面【预留量】为 -1.5，并进行实体验证。

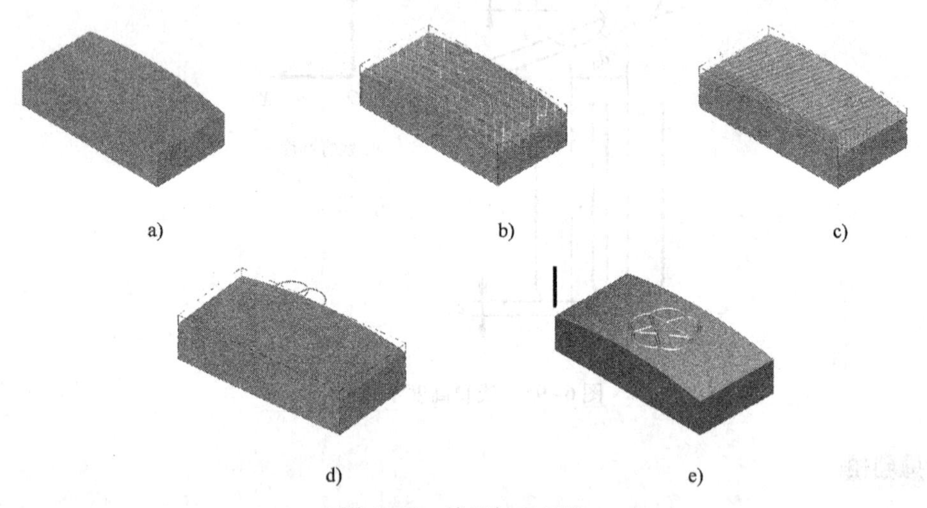

图 6-97 练习加工思路

任务 5 环绕等距与交线清角加工

任务描述

图 6-98 所示为十字管曲面造型，已知毛坯尺寸为 100×100×25，试完成该造型的数控铣削加工。最终经实体验证后的模拟效果如图 6-99 所示。

图 6-98 需要加工的曲面图形

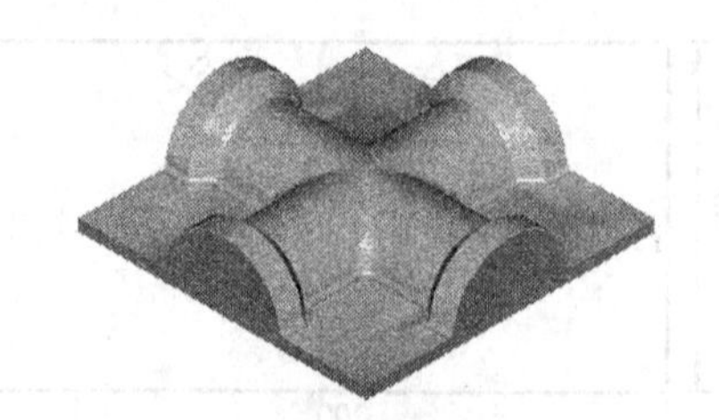

图 6-99 加工完成后的效果

任务目标

1. 掌握曲面环绕等距精加工的数控铣削加工方法。
2. 掌握曲面交线清角精加工的数控铣削加工方法。

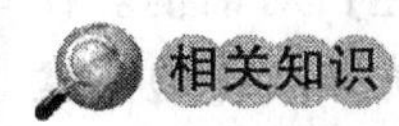

根据曲面造型的特点，选用默认的铣床类型，主要加工工艺为：

1. 采用 $\phi12$ 的圆鼻刀进行曲面挖槽粗加工。
2. 采用 $\phi6$ 的球刀进行曲面环绕等距精加工。
3. 采用 $\phi3$ 的球刀进行曲面交线清角精加工。

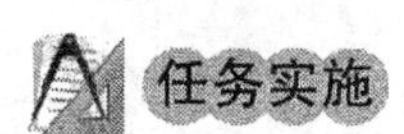

1. 环绕等距加工

环绕等距加工为精加工形式，按照加工曲面的轮廓形状生成等距离环绕工件曲面的刀具路径，并采用最小的退刀量。环绕等距加工在加工多个曲面零件时保持比较固定的残余高度，所产生的刀具路径在平缓的曲面上及陡峭的曲面上的刀间距相对比较均匀，适用于对曲面的斜度变化比较多的零件进行精加工和半精加工。该加工方式按最小距离顺序加工，常作为一种路径优化的手段，主要目标是减小刀具的抬刀距离。

2. 交线清角加工

交线清角加工为精加工形式，主要用于清除曲面交角部分的残留材料，并在交线处生成一致的曲面半径，相当于在曲面间增加了一个倒圆。此功能属于精加工后的补充加工，配合其他功能使用，可达到较好的加工效果。

任务实施

1. 零件造型

利用前面所学的知识自行绘制十字管曲面造型图，主要步骤如图 6-100 所示。

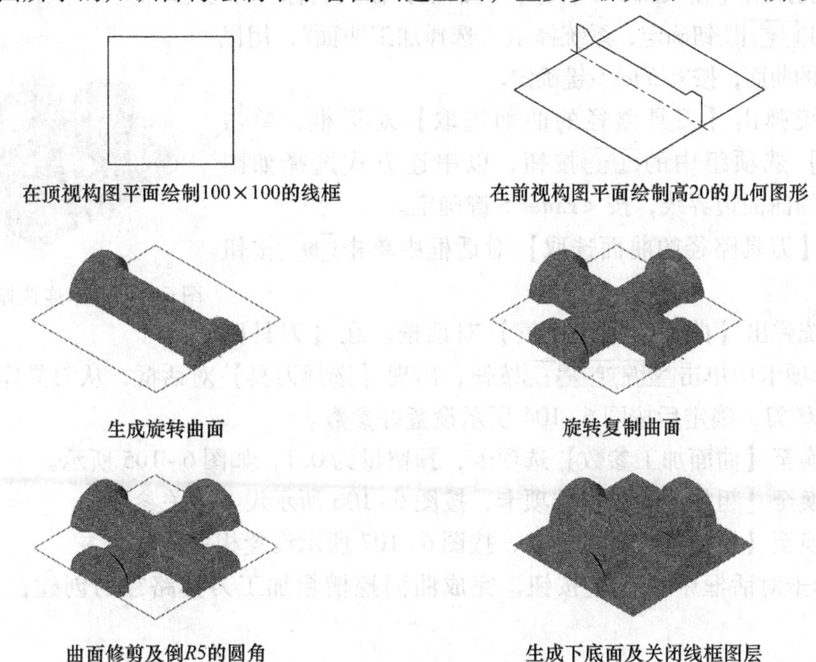

在顶视构图平面绘制100×100的线框
在前视构图平面绘制高20的几何图形
生成旋转曲面
旋转复制曲面
曲面修剪及倒R5的圆角
生成下底面及关闭线框图层

图 6-100　曲面造型绘制的主要步骤

提醒你一句

注意：设置好相应图层及其图层属性，养成良好的绘图习惯，对后续工作有事半功倍的效果。

2. 加工准备

选择操作管理器中【属性】的【材料设置】选项，弹出【机器群组属性】对话框。在【材料设置】选项卡中，选择【矩形】单选按钮；单击[B边界盒(B)]按钮，系统弹出【边界盒选项】对话框，直接单击[✓]按钮确定，考虑到加工工艺要求，可适当修改工件高度，并设置好素材原点，如图 6-101 所示。单击[✓]按钮确定，完成工件毛坯设置后的效果如图 6-102所示。

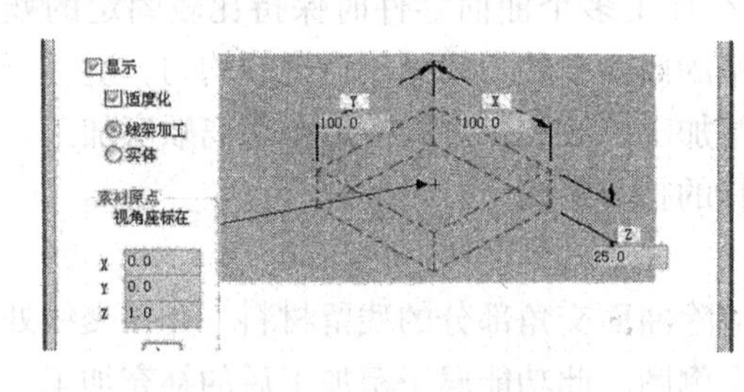

图 6-101　工件材料设置

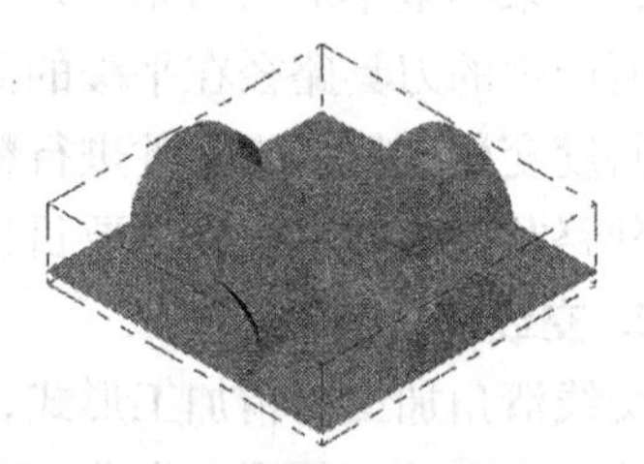

图 6-102　毛坯设置效果

3. 数控加工

（1）曲面挖槽粗加工

1）在菜单栏中选择【刀具路径】→【曲面粗加工】→【粗加工挖槽加工】命令。

2）系统弹出【输入新 NC 名称】对话框，输入名称“十字管”。

3）单击[✓]按钮确定，系统提示“选择加工曲面”，用鼠标框选所有的曲面，按 <Enter> 键确定。

4）系统弹出【刀具路径的曲面选取】对话框，单击【边界范围】选项组中的[↖]按钮，以串连方式选择如图 6-103所示的曲面边界线，按 <Enter> 键确定。

5）在【刀具路径的曲面选取】对话框中单击[✓]按钮确定。

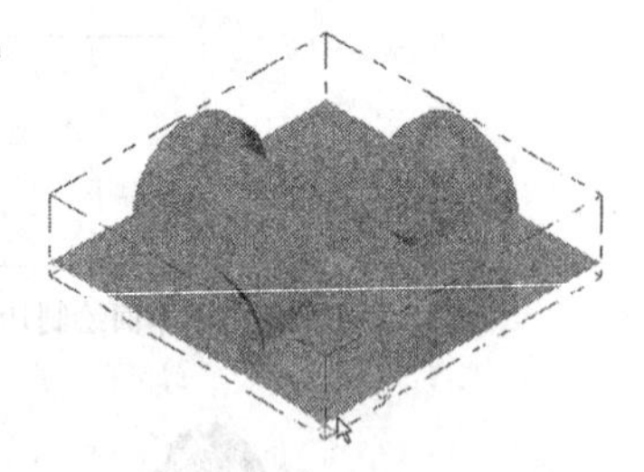

图 6-103　串连选择曲面边界线

6）系统弹出【曲面粗加工挖槽】对话框。在【刀具路径参数】选项卡中单击[选择库中的刀具...]按钮，出现【选择刀具】对话框，从刀具库中选择 $\phi 12$ $R24$ 的圆鼻刀，确定后按图 6-104 所示设置好参数。

7）切换至【曲面加工参数】选项卡，预留量为 0.1，如图 6-105 所示。

8）切换至【粗加工参数】选项卡，按图 6-106 所示设置相关参数。

9）切换至【挖槽参数】选项卡，按图 6-107 所示设置相关参数。

10）单击对话框中的[✓]按钮，完成曲面挖槽粗加工刀具路径的创建，如图 6-108 所示。

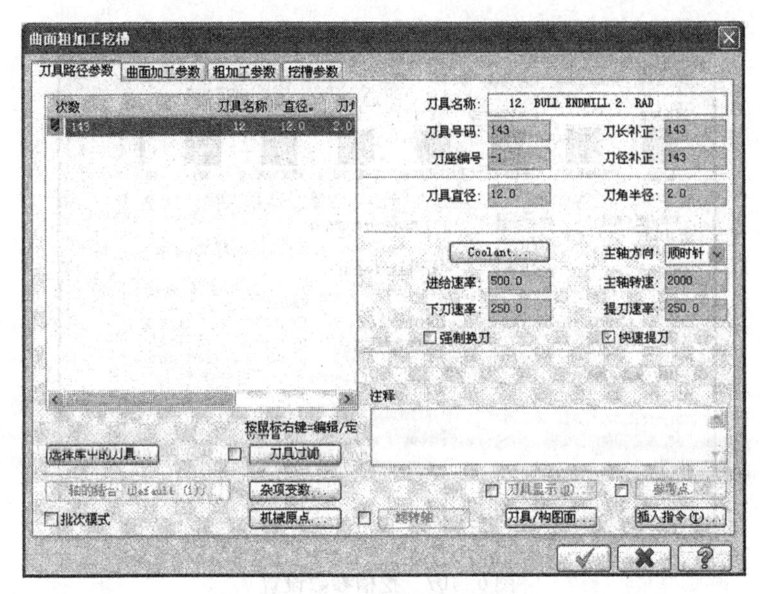

图 6-104　刀具路径参数设置

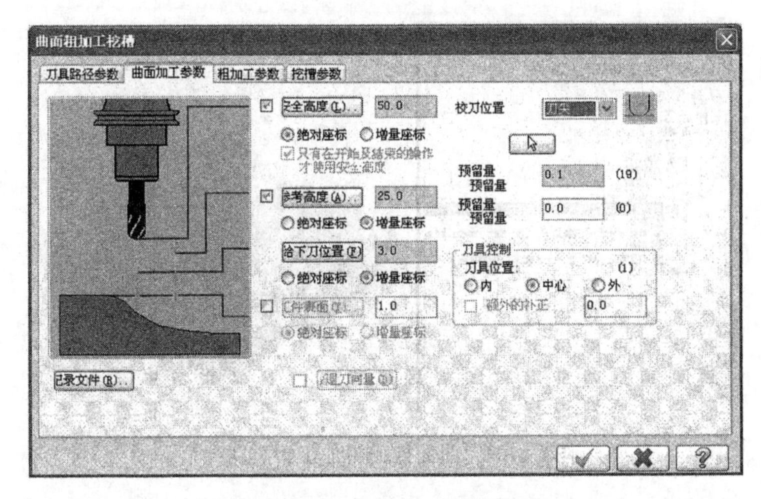

图 6-105　曲面加工参数设置

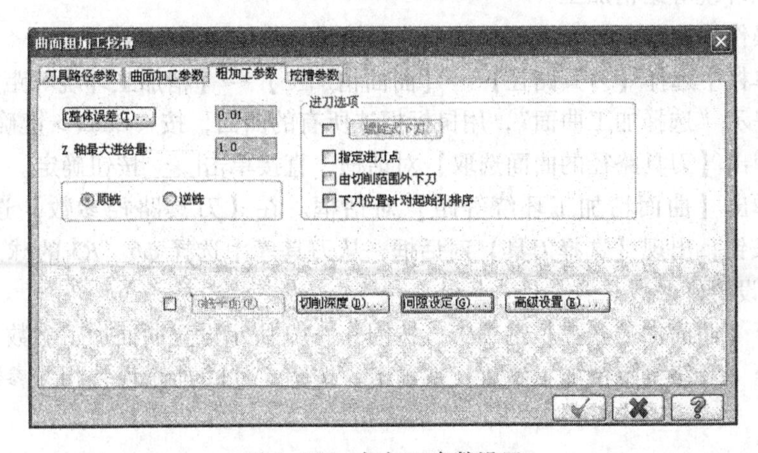

图 6-106　粗加工参数设置

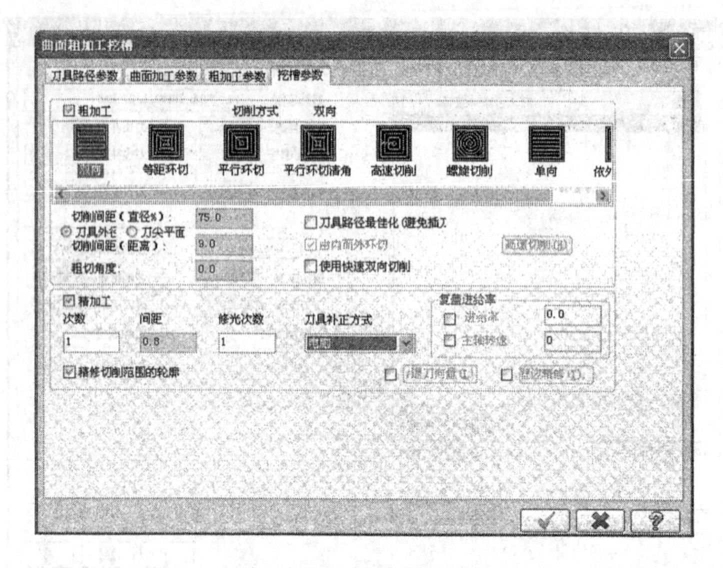

图 6-107 挖槽参数设置

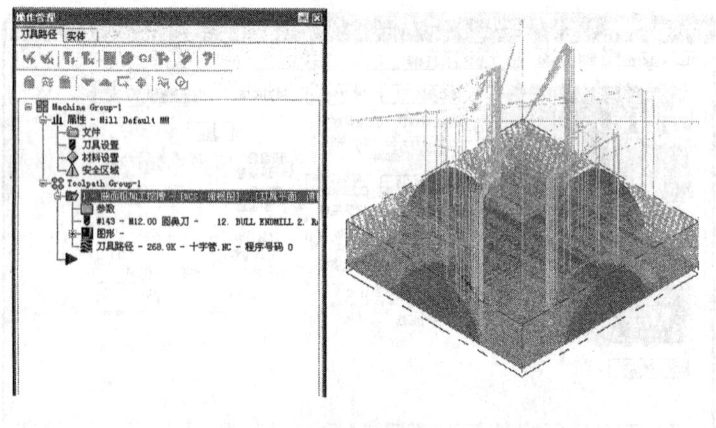

图 6-108 曲面挖槽粗加工刀具路径

（2）曲面环绕等距精加工

1）单击操作管理器中的≋按钮，隐藏曲面挖槽粗加工刀具路径。

2）在菜单栏中选择【刀具路径】→【曲面精加工】→【精加工环绕等距加工】命令。

3）系统提示“选择加工曲面”，用鼠标框选所有的曲面，按 <Enter> 键确定。

4）系统弹出【刀具路径的曲面选取】对话框，直接单击✔按钮确定。

5）系统弹出【曲面精加工环绕等距】对话框。在【刀具路径参数】选项卡中单击 选择库中的刀具... 按钮，出现【选择刀具】对话框，从刀具库中选择 $\phi6$ $R3$ 的球刀，确定后按图 6-109 所示设置好参数。

6）切换至【曲面加工参数】选项卡，按图 6-110 所示设置曲面加工参数。

7）切换至【环绕等距精加工参数】选项卡，按图 6-111 所示设置相关参数。

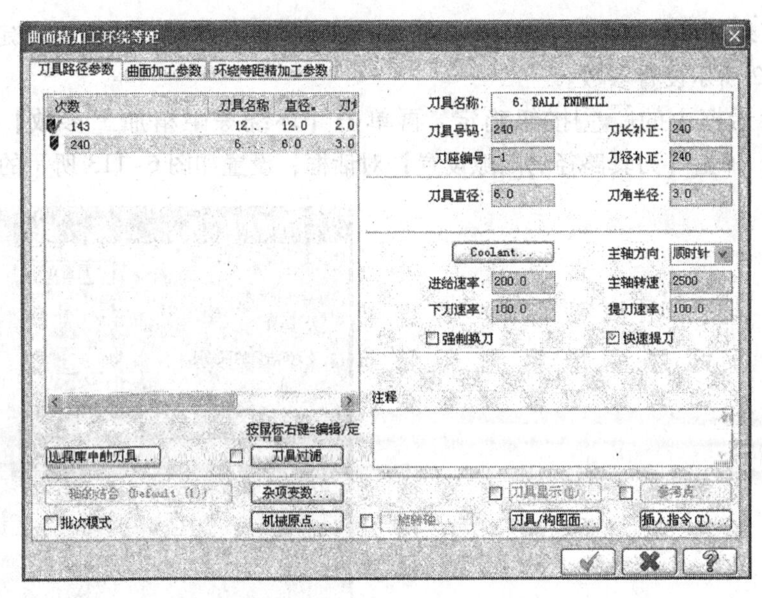

图6-109　刀具路径参数设置

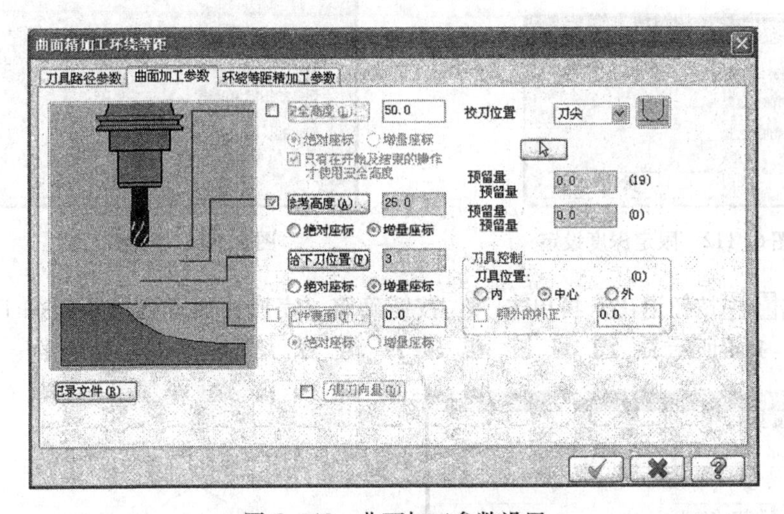

图6-110　曲面加工参数设置

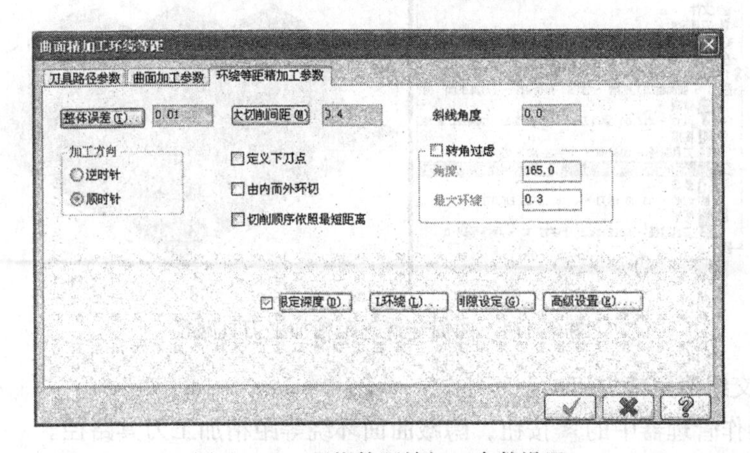

图6-111　环绕等距精加工参数设置

8）单击【环绕等距精加工参数】选项卡中的[限定深度(D)]按钮，弹出【限定深度】对话框，按图 6-112 所示设置参数。

9）单击对话框中的[✔]按钮确定，再单击【环绕等距精加工参数】选项卡中的[间隙设定(G)]按钮，弹出【刀具路径的间隙设置】对话框，设置如图 6-113 所示的参数。

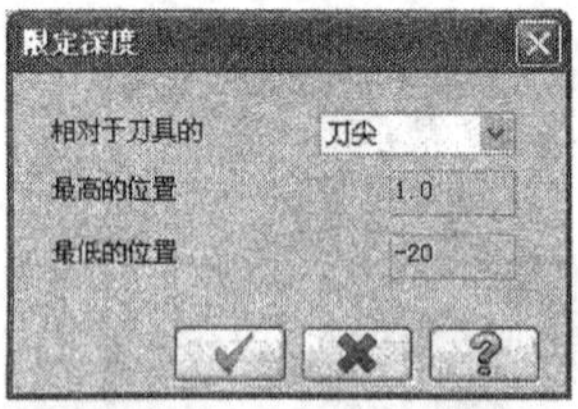

限定深度
相对于刀具的　刀尖
最高的位置　1.0
最低的位置　-20

图 6-112　限定深度设定

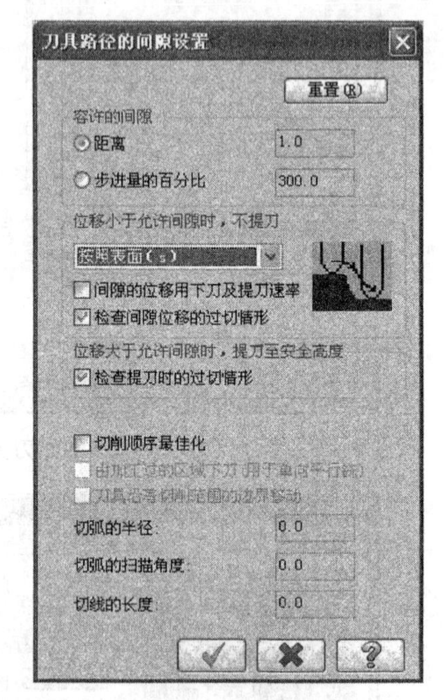

图 6-113　间隙设置

10）单击[✔]按钮退出，再单击[✔]按钮确定，完成曲面环绕等距精加工刀具路径的创建，如图 6-114 所示。

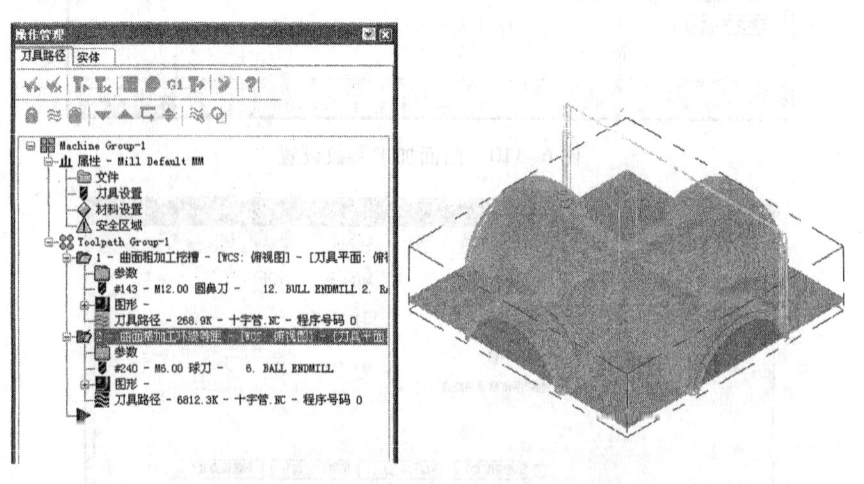

图 6-114　曲面环绕等距精加工刀具路径

（3）曲面交线清角精加工

1）单击操作管理器中的[≋]按钮，隐藏曲面环绕等距精加工刀具路径。

2）在菜单栏中选择【刀具路径】→【曲面精加工】→【精加工交线清角加工】命令。

3）系统提示“选择加工曲面”，用鼠标框选所有的曲面，按 <Enter> 键确定。

4）系统弹出【刀具路径的曲面选取】对话框，直接单击按钮确定。

5）系统弹出【曲面精加工交线清角】对话框。在【刀具路径参数】选项卡中单击选择库中的刀具...按钮，出现【选择刀具】对话框，从刀具库中选择 $\phi 3$　$R1.5$ 的球刀，确定后按图 6-115 所示设置好参数。

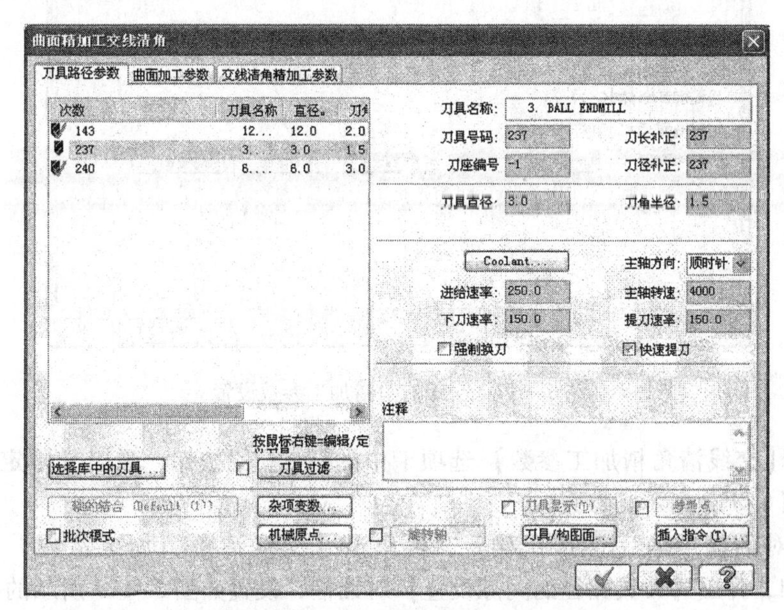

图 6-115　刀具路径参数设置

6）切换至【曲面加工参数】选项卡，按图 6-116 所示设置曲面加工参数。

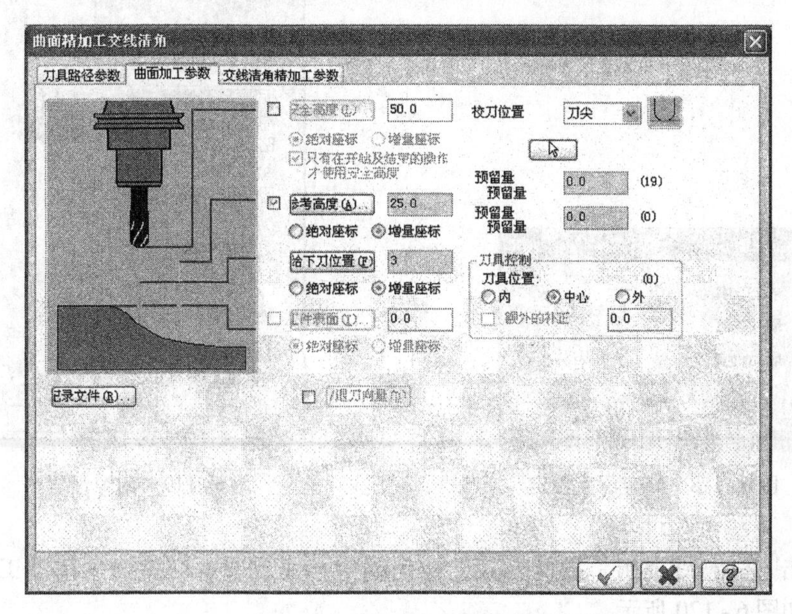

图 6-116　曲面加工参数设置

7）切换至【交线清角精加工参数】选项卡，按图 6-117 所示设置相关参数。

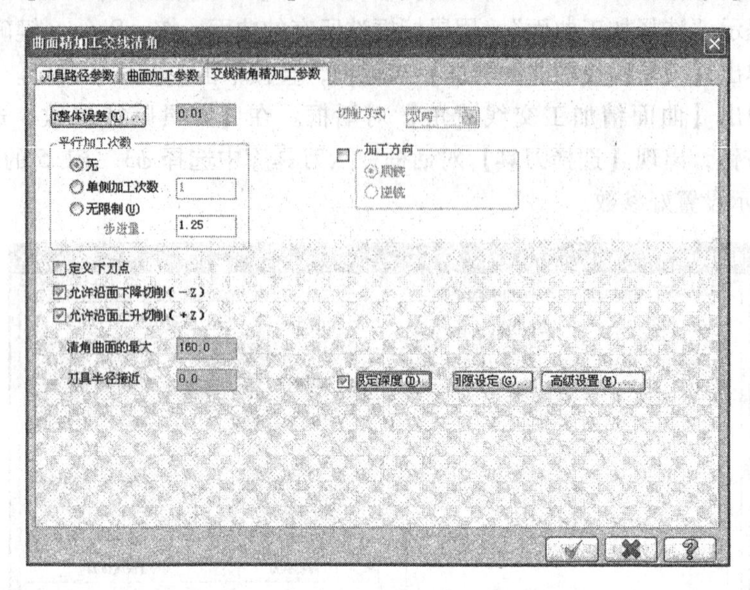

图 6-117　交线清角精加工参数设置

8）单击【交线清角精加工参数】选项卡中的限定深度(D)...按钮，弹出【限定深度】对话框，设置如图 6-118 所示的参数。

9）单击对话框中的✔按钮确定，再单击【交线清角精加工参数】选项卡中的间隙设定(G)...按钮，弹出【刀具路径的间隙设置】对话框，设置如图 6-119 所示的参数。

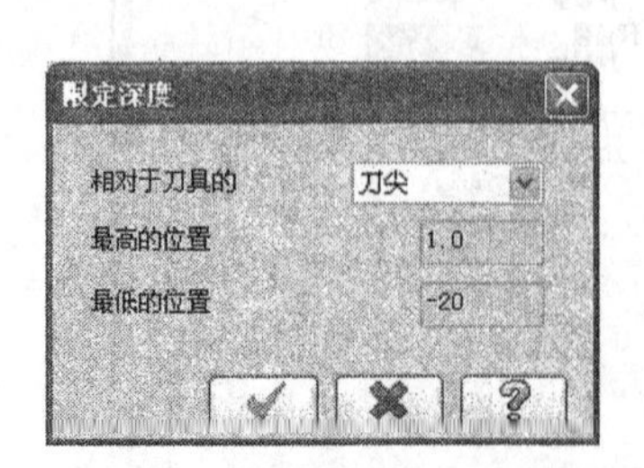

图 6-118　限定深度设定

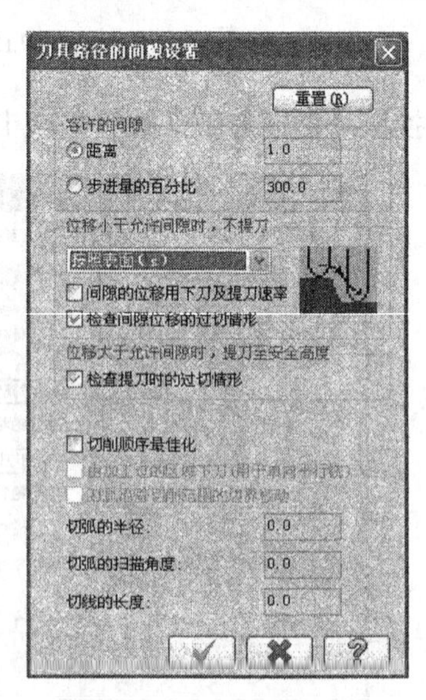

图 6-119　间隙设置

10）单击✔按钮退出，再单击✔按钮确定，完成曲面交线清角精加工刀具路径的创建，结果如图 6-120 所示。

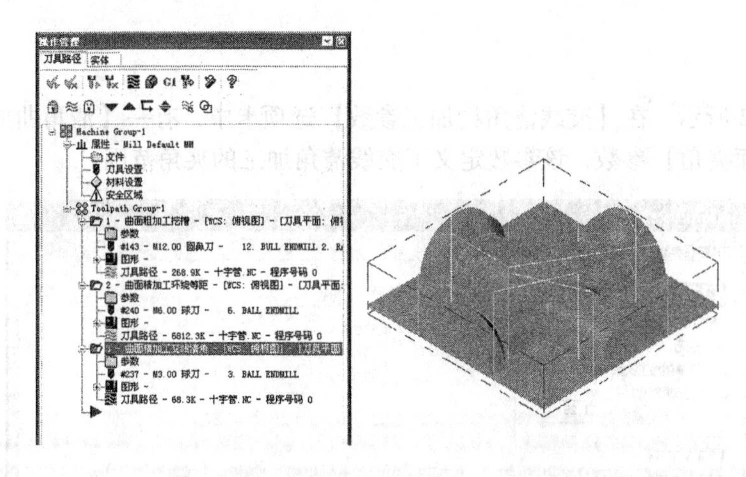

图 6-120　曲面交线清角精加工刀具路径

师傅说现场

交线清角刀路主要发生在那些非圆滑过渡的曲面交接边线部位，对经过倒圆或熔接处理的曲面相交处，通常都不产生交线清角刀路。

想一想

对于从事数控加工设计与操作的技术人员而言，加工经验是极其重要的。试分析总结在何种情况下使用残料清角精加工，何种情况下使用交线清角精加工？

11）在操作管理器的工具栏中单击按钮，选择所有的刀具路径，再单击按钮，弹出【验证】对话框，设置好相应选项，单击按钮，进行实体加工模拟验证，结果如图 6-121 所示。

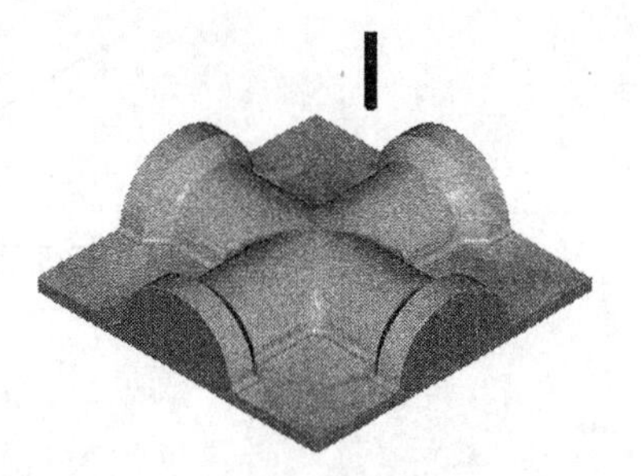

图 6-121　实体加工模拟验证

容易产生的问题和注意事项

交线清角与残料清角加工方式的比较

曲面精加工中，清角加工方式主要有两种，即交线清角加工和残料清角加工。从某些方面上来看，两种清角加工方式有相似之处。

交线清角加工用于清除曲面交角处的残余材料，相当于在曲面间增加了一个倒圆操作，其刀具路径通常生成于那些非圆滑过渡的曲面交线部分，而通常不产生于经过倒圆或熔接处理的曲面相交部位。选用该清角加工方式时，系统会自动地在众多曲面中筛选出需要精加工的转角部位。

残料清角加工用于清除先前加工由于刀具直径过大而遗留下来的切削材料，通常应用于一些曲面交接处，包括非圆滑过渡的曲面交接处以及曲面倒圆部位。

扩展知识

如图 6-122 所示，在【交线清角精加工参数】选项卡中，有一【清角曲面的最大夹角】参数项，即【面夹角】参数，该参数定义了交线清角加工的夹角范围。

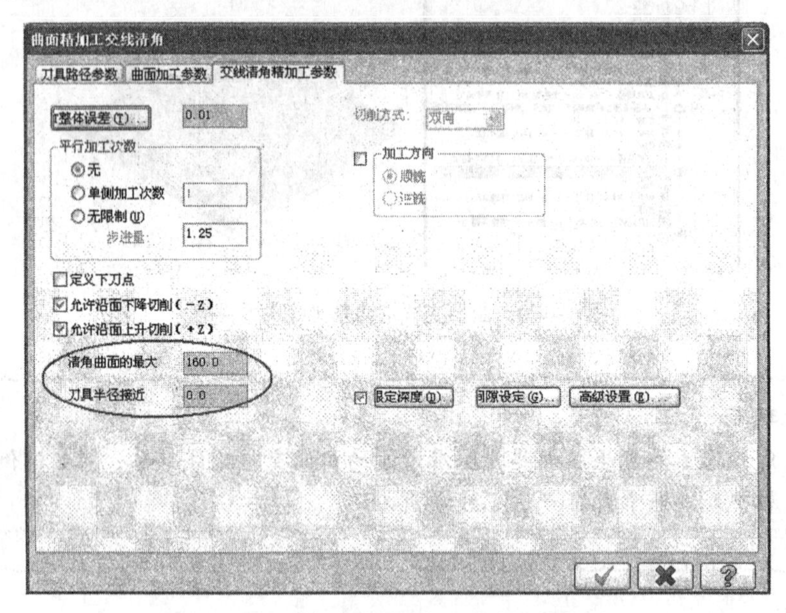

图 6-122 【交线清角精加工参数】选项卡

一般情况下，【面夹角】参数值设置为 165°可以获得最好的加工结果，其含义如图 6-123所示。

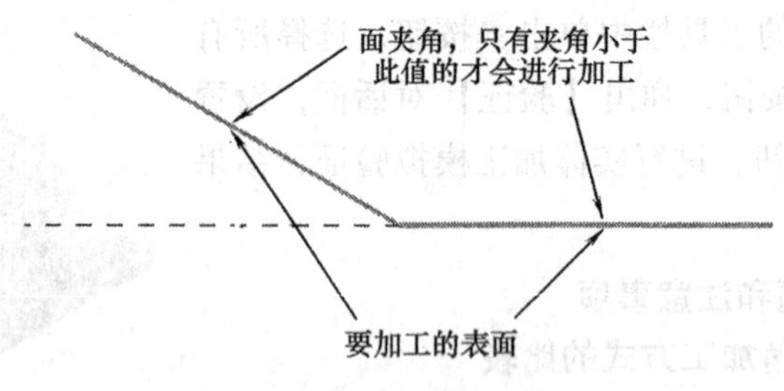

图 6-123 面夹角参数含义

在图 6-122 所示的选项卡中，【刀具半径接近】参数用于设置厚度值。在某些特殊情况下，刀具直径可能无法完全满足加工的要求，这时可以在原有路径的基础上添加一定的厚度，以保证加工过程中不会发生过切现象。

任务拓展

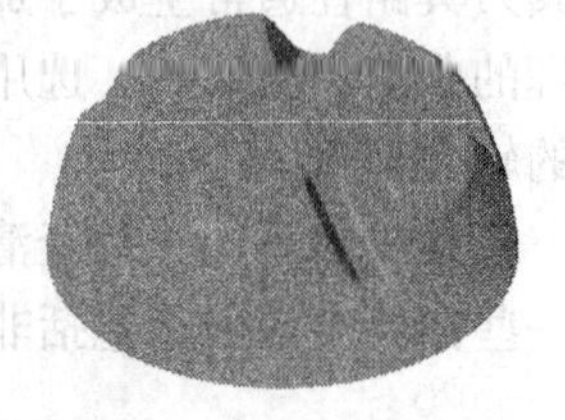

练习：试完成如图 6-124 所示零件的数控铣削加工。已知毛坯尺寸为 80×80×40。

图 6-124 练习图

加工思路：本工件加工思路具体说明如下：

(1) 曲面造型 如图 6-125 所示，先绘制三维线框；再生成旋转曲面；接着生成扫描曲面；然后进行曲面修剪。

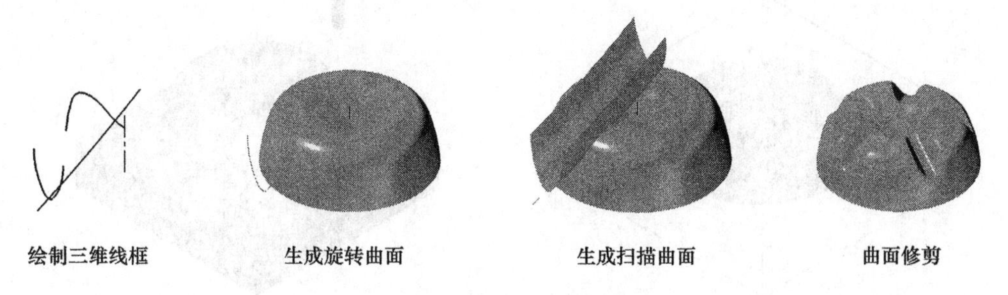

图 6-125　实体造型

（2）曲面挖槽粗加工　如图 6-126 所示，先进行毛坯设定，在曲面造型上面添加 80 × 80 的辅助线框，作为挖槽加工的边界范围；然后进行挖槽加工实体验证，可采用 $\phi12$　*R*3 的圆鼻刀进行加工。

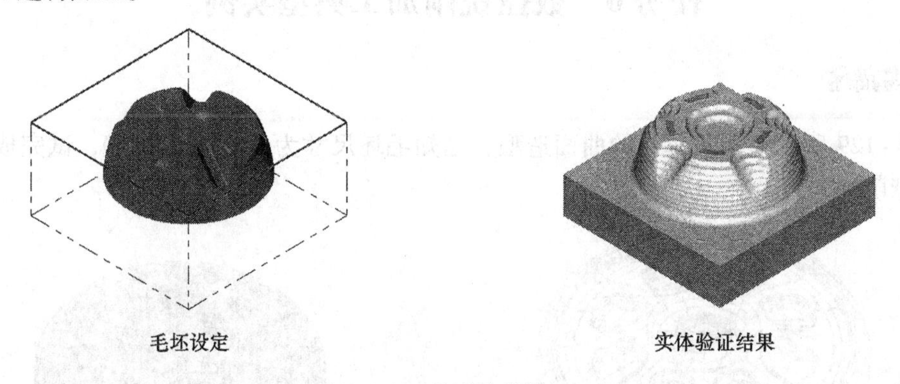

图 6-126　曲面挖槽粗加工

（3）环绕等距精加工　采用 $\phi6$ 的球刀进行加工，图 6-127a 所示为刀具路径，图 6-127b所示为实体验证结果。

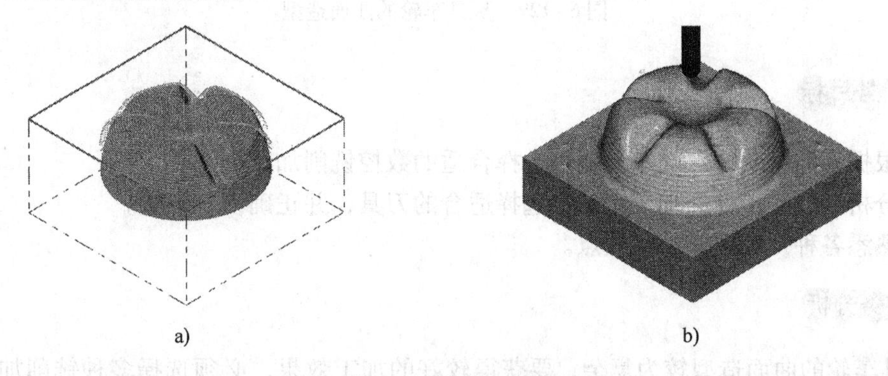

图 6-127　环绕等距精加工

（4）残料清角加工　采用 $\phi4$ 的球刀进行加工，图 6-128a 所示为刀具路径，图 6-128b 所示为实体验证结果。

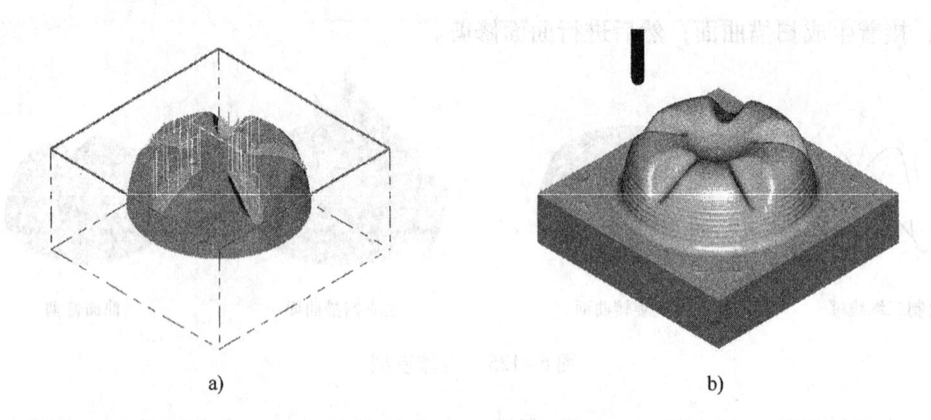

图 6-128　残料清角加工

任务6　数控铣削加工典型实例

任务描述

图 6-129 所示为玩具车轮的曲面造型，已知毛坯尺寸为 300×300×40，试完成该造型的数控铣削加工。

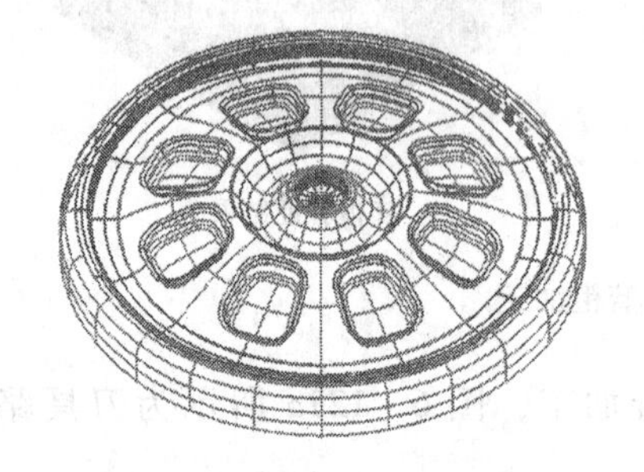

图 6-129　玩具车轮的曲面造型

任务目标

1. 根据不同形状特点的工件合理选择合适的数控铣削加工方法。
2. 分析和安排工件的加工工艺，选择适合的刀具，并正确设置参数。
3. 熟悉各种铣削方式的优缺点。

任务分析

玩具车轮的曲面造型较为复杂，要获得较好的加工效果，必须选择多种铣削加工方法，粗加工、半精加工、精加工要相互结合，其主要加工工艺为：

1. 采用 $\phi16$ 的圆鼻刀进行曲面挖槽粗加工，以除去大量的余量，预留量为 0.5。

2. 采用 $\phi10$ 的圆鼻刀进行曲面放射状粗加工，以起到半精加工的初步效果，预留量为 0.1。

3. 采用 $\phi6$ 的球刀进行曲面放射状精加工。

4. 采用 $\phi3$ 的球刀进行0°方向平行式陡斜面精加工。

5. 采用 $\phi3$ 的球刀进行90°方向平行式陡斜面精加工。

6. 采用 $\phi3$ 的球刀进行浅平面精加工。

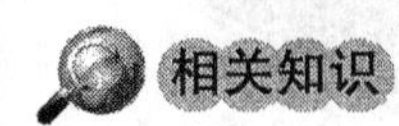

相关知识

浅平面加工

浅平面加工属于精加工。浅平面加工与陡平面加工正好相反，可以对坡度小的曲面产生精加工刀具路径。在许多精加工场合下，对较为平坦的部分往往加工得不充分，这便需要在后续的精加工中采用浅平面精加工有针对性地处理这些加工尚不充分的部分，从而保证整个零件的加工质量。

浅平面精加工时，系统会从选定的加工曲面中自动筛选出那些符合给定条件的浅平面（包含接近于浅平面的浅坑）来产生相应的刀具路径。确定浅平面加工范围时，系统默认的坡度参数为0°~10°，用户可以根据实际情况将该加工范围扩大到更陡一点的斜坡上。

任务实施

1. 零件造型

根据如图6-130所示的主要线框，自行绘制玩具车轮的曲面造型图。

2. 加工准备

（1）增加辅助曲面　在玩具车轮的下底面绘制300×300的正方形，并生成直纹曲面，如图6-131所示。

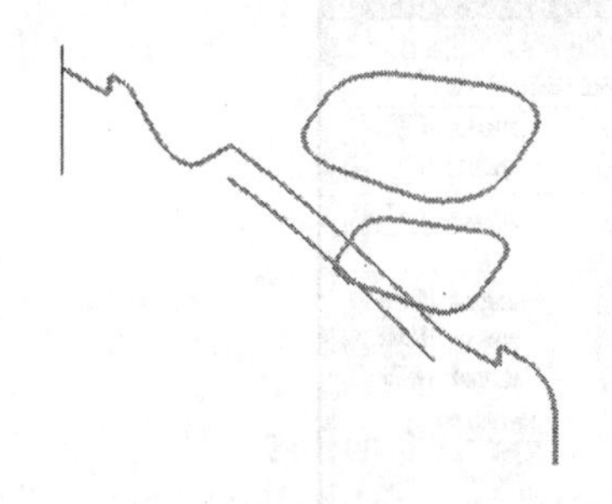

图6-130　玩具车轮造型线框图

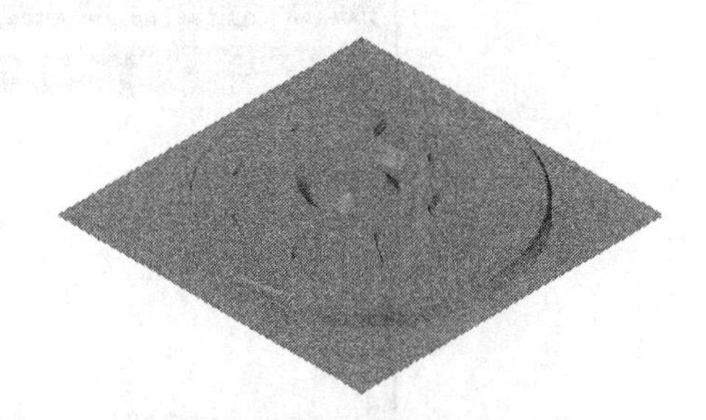

图6-131　增加辅助曲面

（2）设置毛坯　选择操作管理器中【属性】的【材料设置】选项，弹出【机器群组属性】对话框。在【材料设置】选项卡中，选择【矩形】单选按钮；单击 B边界盒(B) 按钮，系统弹出【边界盒选项】对话框，直接单击按钮确定，考虑到加工工艺要求，可适当修改工件高度，并设置好素材原点，如图6-132所示。单击按钮确定，完成工件毛坯设置后的效果如图6-133所示。

3. 数控加工

（1）曲面挖槽粗加工

1）在菜单栏中选择【刀具路径】→【曲面粗加工】→【粗加工挖槽加工】命令。

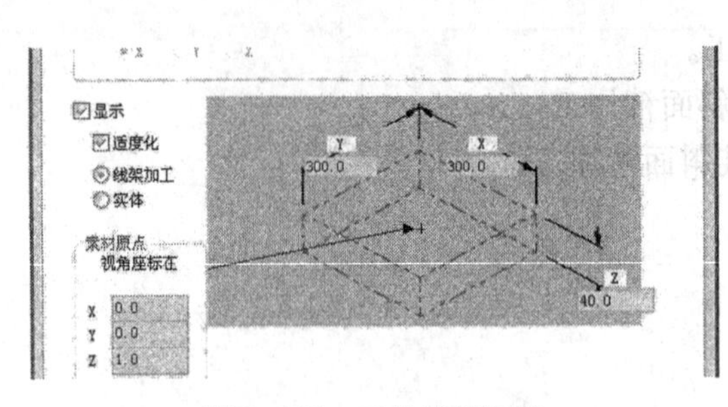

图 6-132　工件材料设置

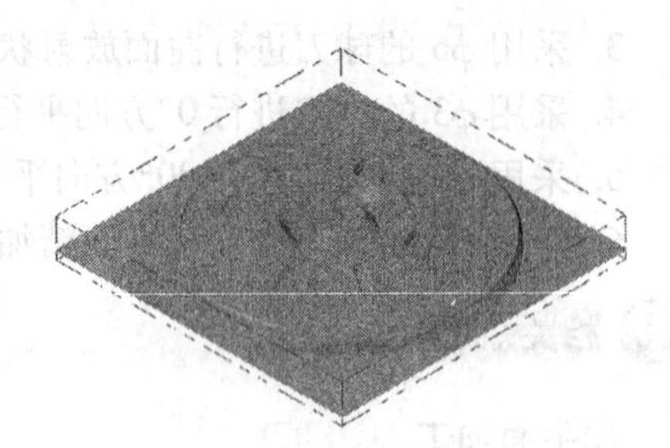

图 6-133　毛坯设置效果

2）系统弹出【输入新 NC 名称】对话框，输入名称“玩具车轮”。

3）单击按钮确定，系统提示“选择加工曲面”，用鼠标框选所有的曲面，按 <Enter> 键确定。

4）系统弹出【刀具路径的曲面选取】对话框，单击【边界范围】选项组中的按钮，以串连方式选择如图 6-134 所示的曲面边界线，按 <Enter> 键确定。

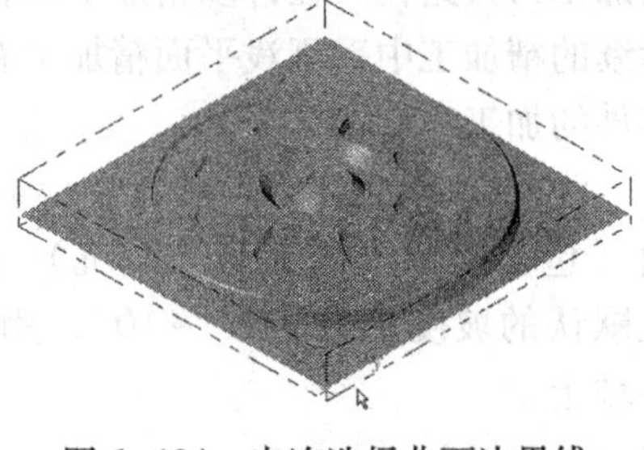

图 6-134　串连选择曲面边界线

5）在【刀具路径的曲面选取】对话框中单击按钮确定。

6）系统弹出【曲面粗加工挖槽】对话框，在【刀具路径参数】选项卡中单击选择库中的刀具...按钮，出现【选择刀具】对话框，从刀具库中选择 $\phi16$　$R1$ 的圆鼻刀，确定后按图 6-135 所示设置好参数。

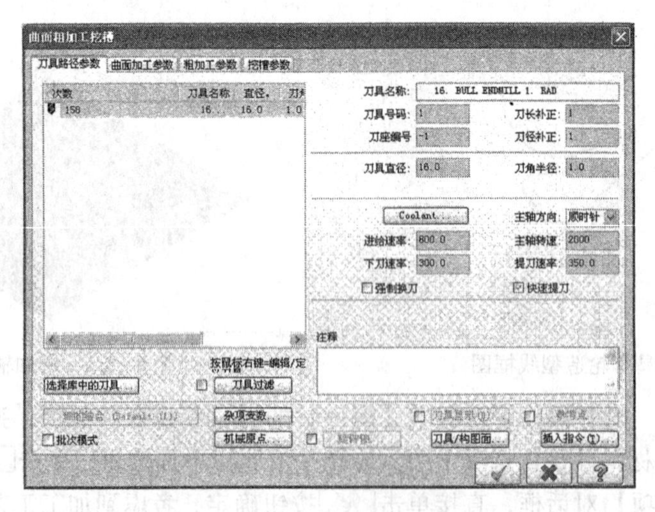

图 6-135　刀具路径参数设置

7）切换至【曲面加工参数】选项卡，预留量为 0.5，具体参数如图 6-136 所示。

8）切换至【粗加工参数】选项卡，按图 6-137 所示设置相关参数。

9）切换至【挖槽参数】选项卡，按图 6-138 所示设置相关参数。

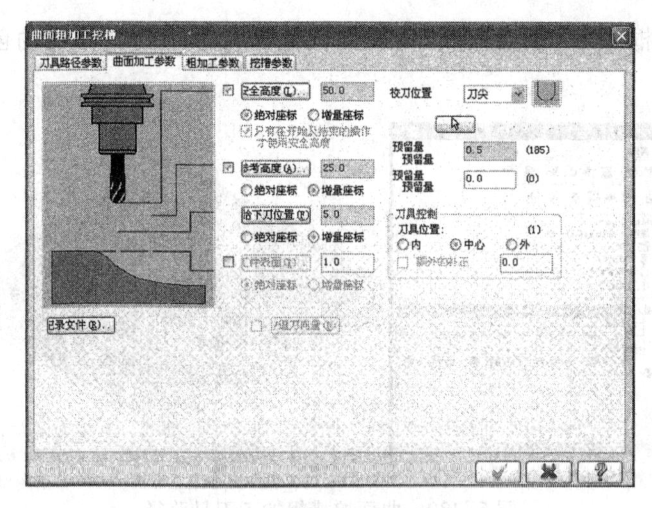

图 6 - 136　曲面加工参数设置

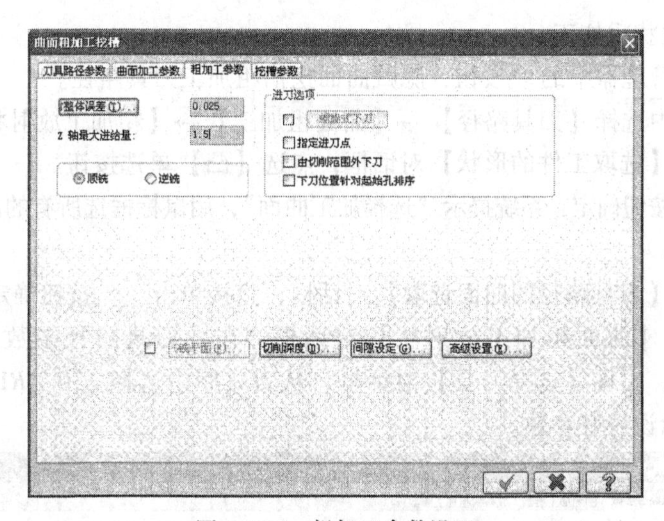

图 6 - 137　粗加工参数设置

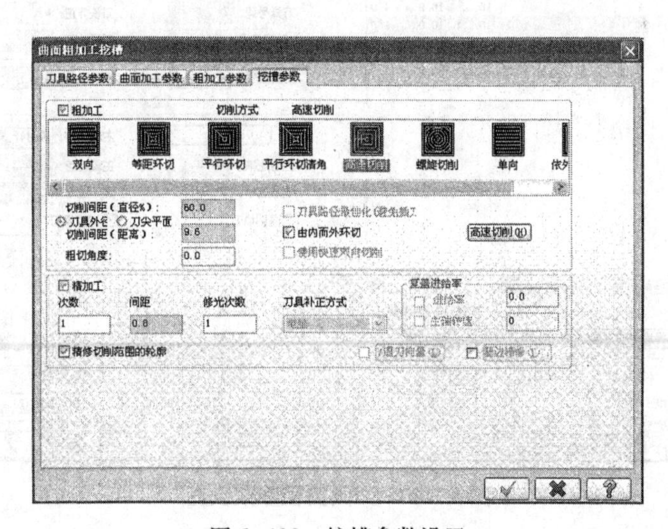

图 6 - 138　挖槽参数设置

10）单击对话框中的![]按钮，完成曲面挖槽粗加工刀具路径的创建，如图 6 - 139 所示。

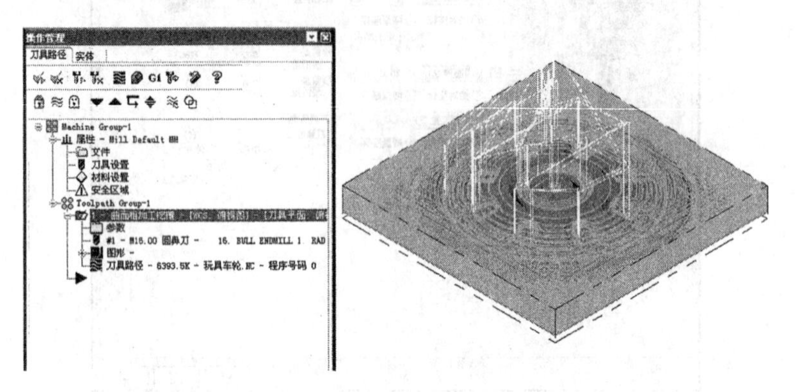

图 6 - 139　曲面挖槽粗加工刀具路径

（2）曲面放射状粗加工

1）单击操作管理器中的![]按钮，隐藏曲面挖槽粗加工刀具路径。

2）在菜单栏中选择【刀具路径】→【曲面粗加工】→【粗加工放射状加工】命令。

3）系统弹出【选取工件的形状】对话框，点选【凸】单选按钮。

4）单击![]按钮确定，系统提示“选择加工曲面”，用鼠标框选所有的曲面，按 <Enter> 键确定。

5）系统弹出【刀具路径的曲面选取】对话框，直接单击![]按钮确定。

6）系统弹出【曲面粗加工放射状】对话框。在【刀具路径参数】选项卡中单击 选择库中的刀具... 按钮，出现【选择刀具】对话框，从刀具库中选择 $\phi10$　$R1$ 的圆鼻刀，确定后按图 6 - 140 所示设置好参数。

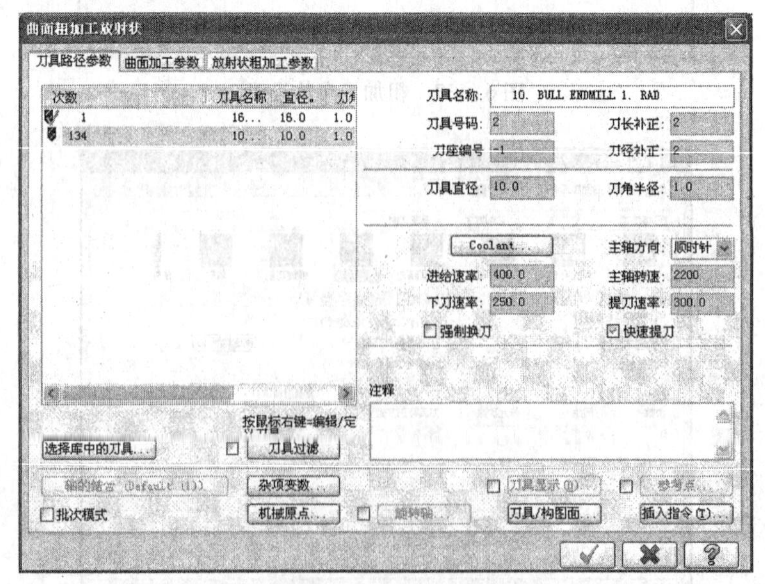

图 6 - 140　刀具路径参数设置

7）切换至【曲面加工参数】选项卡，预留量为0.1，具体参数如图6-141所示。

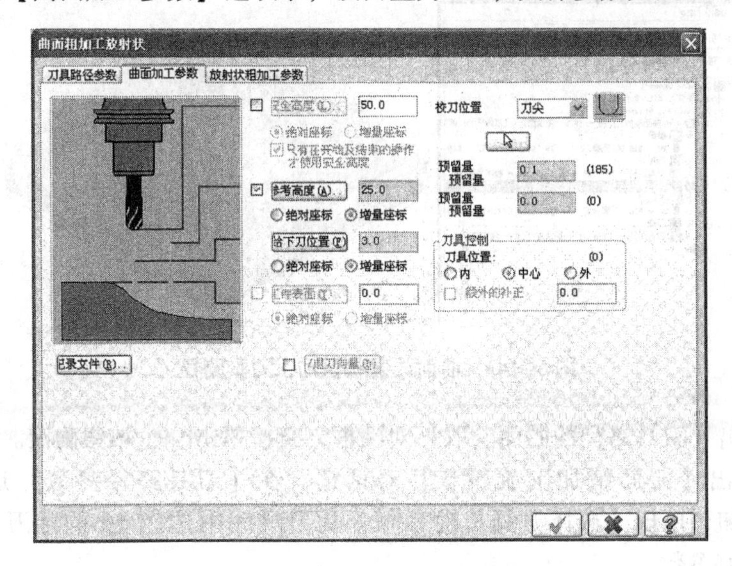

图6-141　曲面加工参数设置

8）切换至【放射状粗加工参数】选项卡，按图6-142所示设置相关参数。

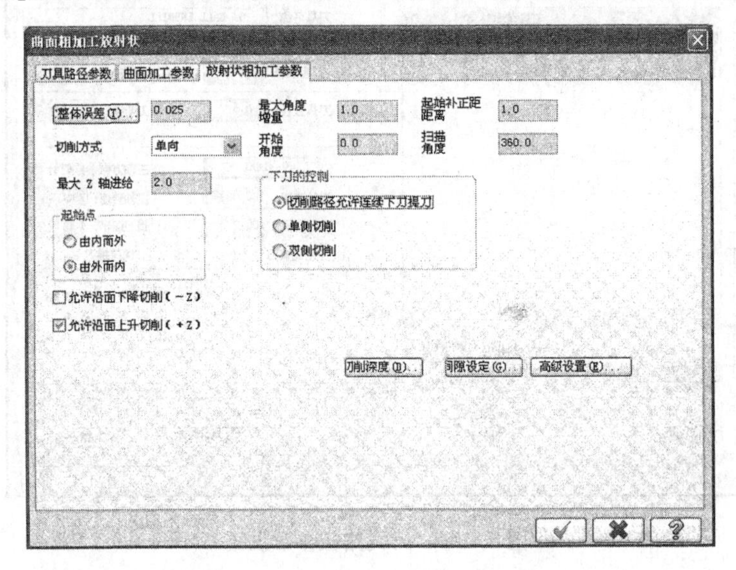

图6-142　放射状粗加工参数设置

9）单击对话框中的✔按钮，完成曲面放射状粗加工刀具路径的创建，如图6-143所示。

（3）曲面放射状精加工

1）单击操作管理器中的≋按钮，隐藏曲面放射状粗加工刀具路径。

2）在菜单栏中选择【刀具路径】→【曲面精加工】→【精加工放射状】命令。

3）系统提示“选择加工曲面”，用鼠标框选所有的曲面，按<Enter>键确定。

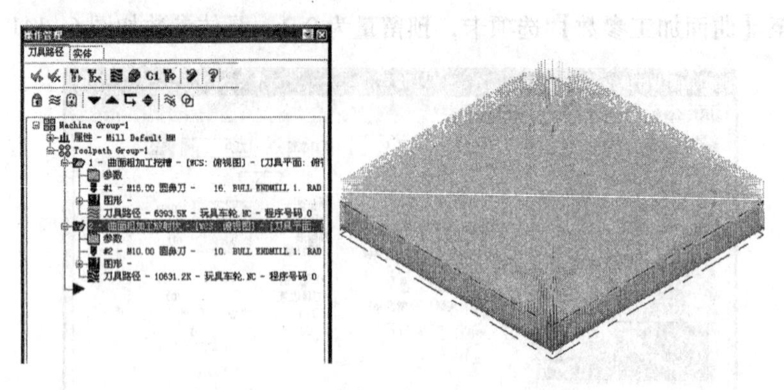

图 6-143　曲面放射状粗加工刀具路径

4）系统弹出【刀具路径的曲面选取】对话框，直接单击 ✓ 按钮确定。

5）系统弹出【曲面精加工放射状】对话框。在【刀具路径参数】选项卡中单击 选择库中的刀具... 按钮，出现【选择刀具】对话框，从刀具库中选择 $\phi6$ 的球刀，确定后按图 6-144所示设置好参数。

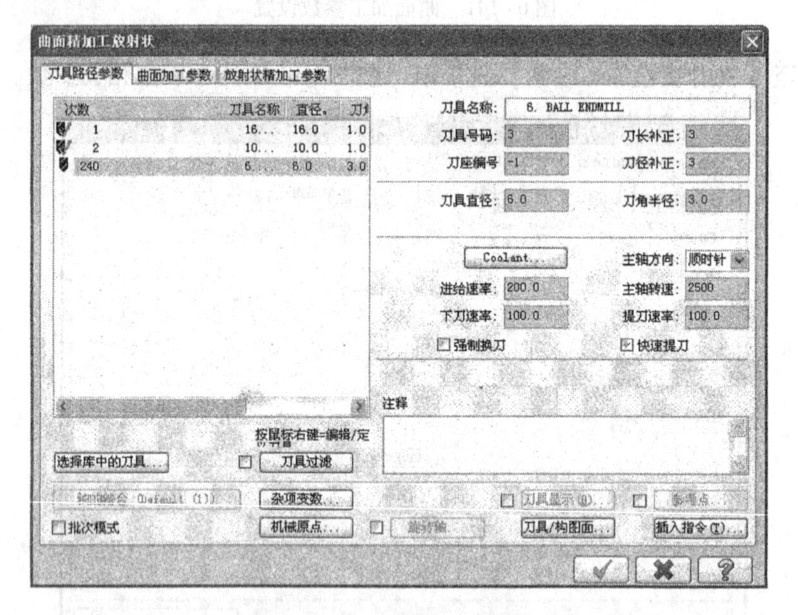

图 6-144　刀具路径参数设置

6）切换至【曲面加工参数】选项卡，按图 6-145 所示设置曲面加工参数。

7）切换至【放射状精加工参数】选项卡，按图 6-146 所示设置相关参数。

8）单击对话框中的 ✓ 按钮，系统提示“选择放射中心”，用鼠标选取图 6-147 所示的中心位置点（本例为系统原点）。

9）生成的曲面放射状精加工刀具路径如图 6-148 所示。

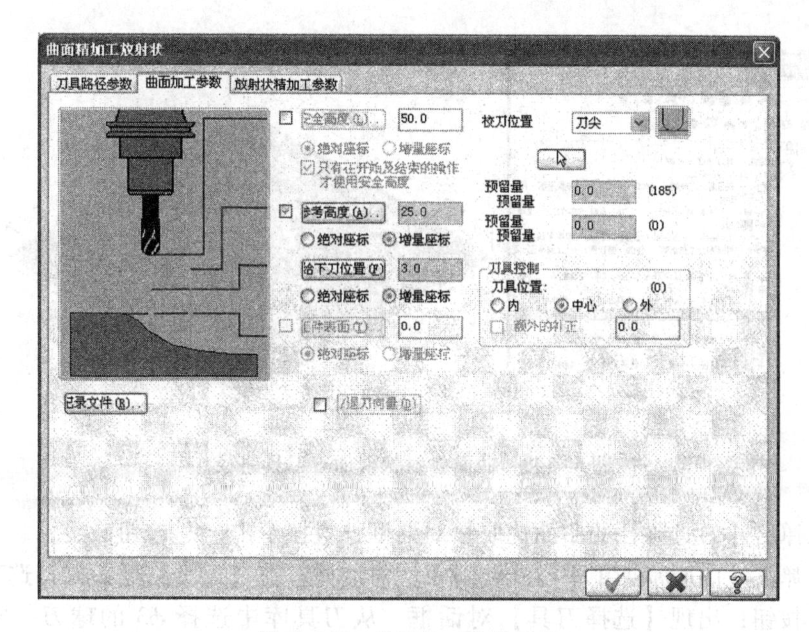

图6-145　曲面加工参数设置

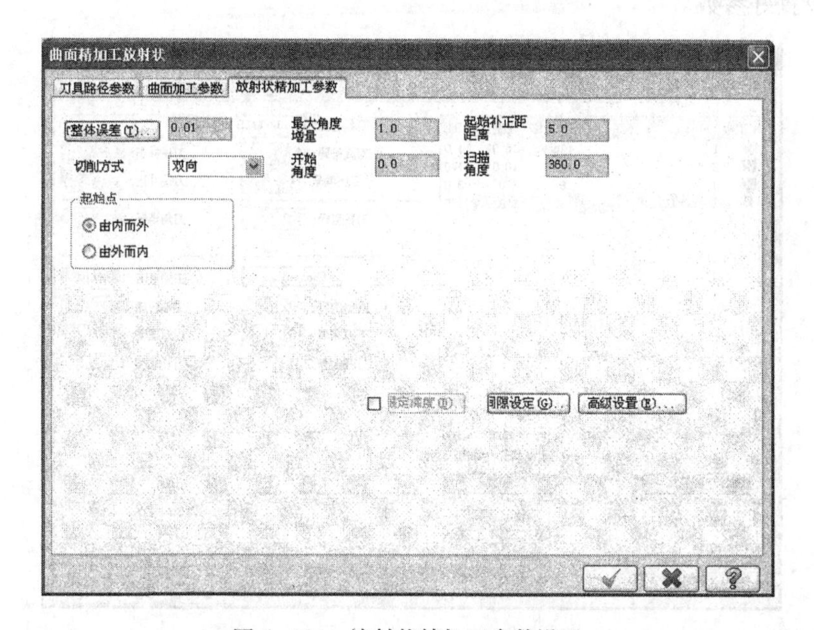

图6-146　放射状精加工参数设置

（4）曲面0°方向平行式陡斜面精加工

1）单击操作管理器中的≋按钮，隐藏曲面放射状精加工刀具路径。

2）在菜单栏中选择【刀具路径】→【曲面精加工】→【精加工平行陡斜面】命令。

3）系统提示“选择加工曲面”，用鼠标框选所有的曲面，按<Enter>键确定。

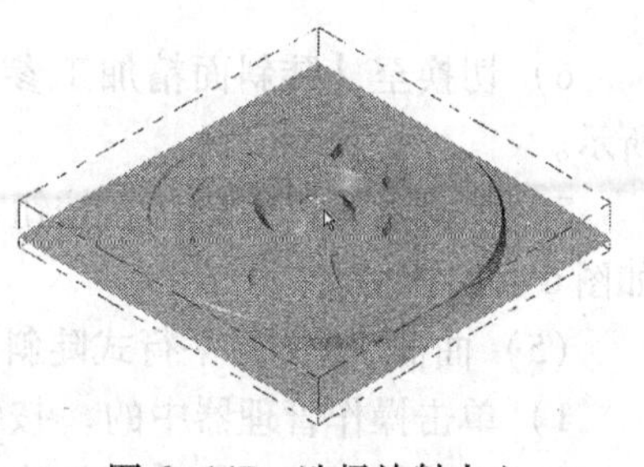

图6-147　选择放射中心

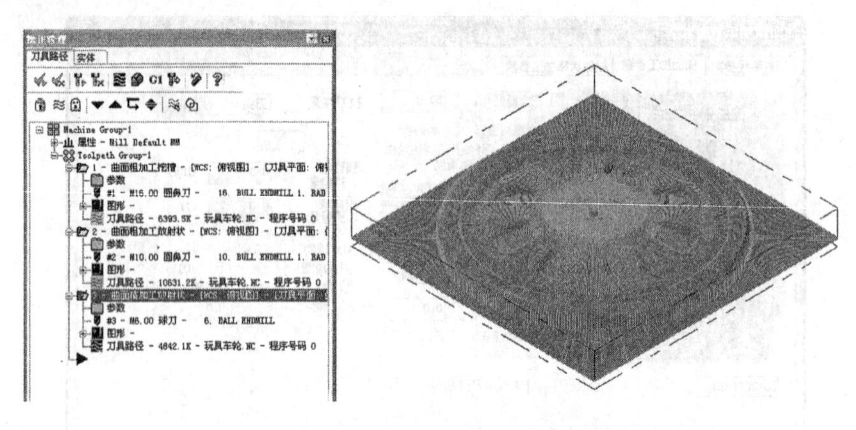

图 6-148 曲面放射状精加工刀具路径

4）系统弹出【刀具路径的曲面选取】对话框，直接单击 按钮确定。

5）系统弹出【曲面精加工平行式陡斜面】对话框。在【刀具路径参数】选项卡中单击 选择库中的刀具... 按钮，出现【选择刀具】对话框，从刀具库中选择 $\phi3$ 的球刀，确定后按图 6-149所示设置好参数。

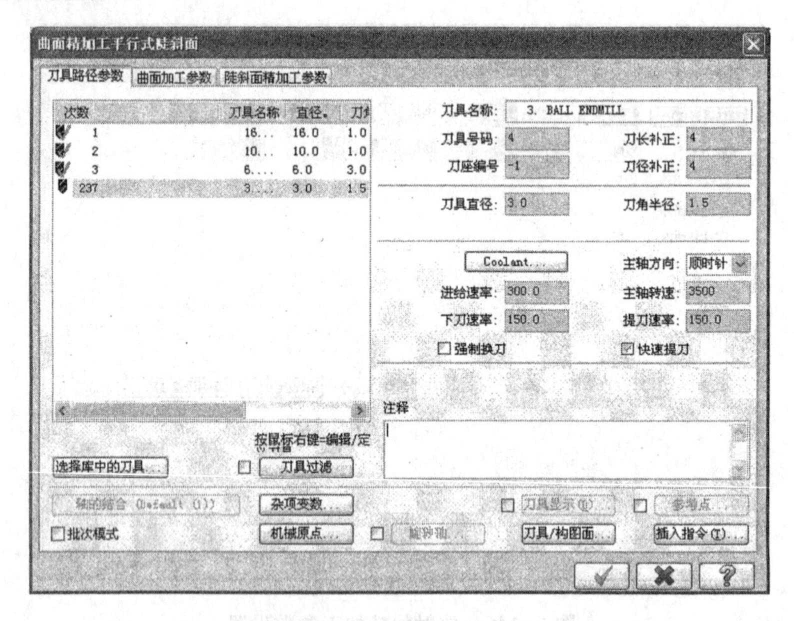

图 6-149 刀具路径参数设置

6）切换至【陡斜面精加工参数】选项卡，加工角度为 0，具体参数设置如图 6-150 所示。

7）单击对话框中的 按钮，完成曲面 0°方向平行式陡斜面精加工刀具路径的创建，如图 6-151 所示。

（5）曲面 90°方向平行式陡斜面精加工

1）单击操作管理器中的 按钮，隐藏曲面 0°方向平行式陡斜面精加工刀具路径。

2）在菜单栏中选择【刀具路径】→【曲面精加工】→【精加工平行陡斜面】命令。

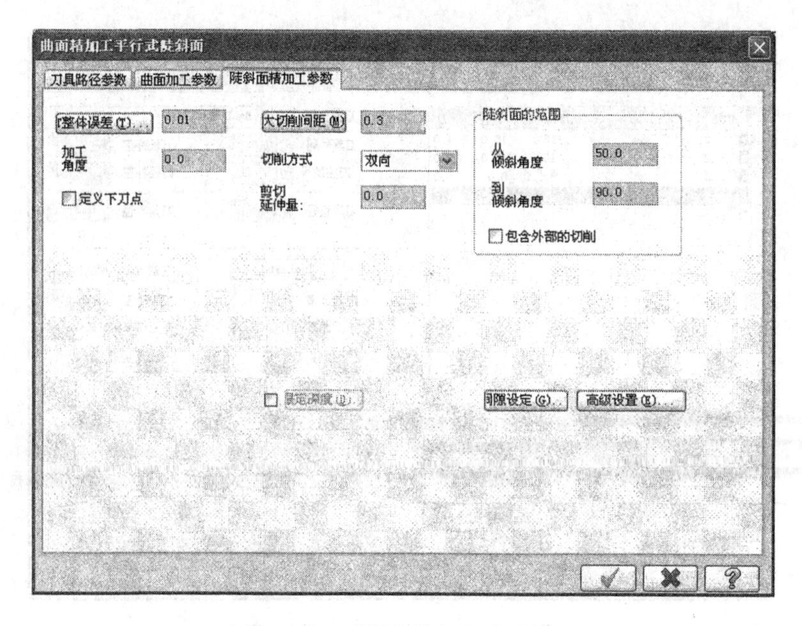

图6-150　陡斜面精加工参数设置

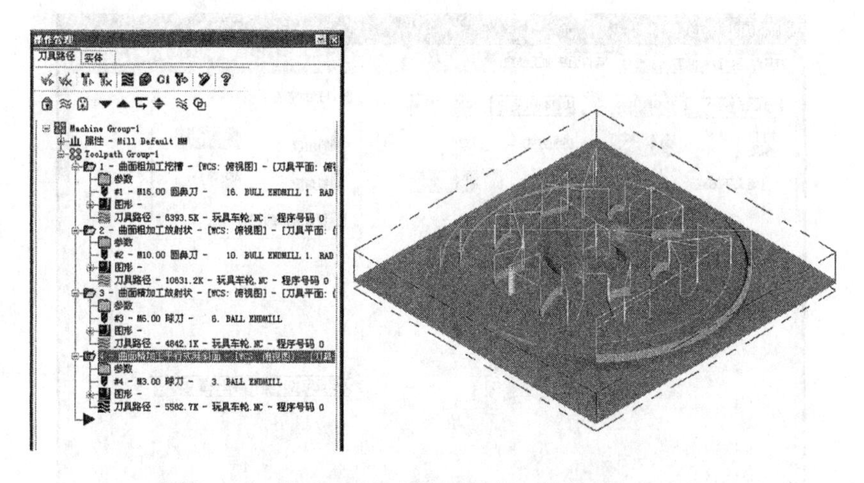

图6-151　曲面0°方向平行式陡斜面精加工刀具路径

3）系统提示“选择加工曲面”，用鼠标框选所有的曲面，按 < Enter > 键确定。

4）系统弹出【刀具路径的曲面选取】对话框，直接单击✔按钮确定。

5）系统弹出【曲面精加工平行式陡斜面】对话框。在【刀具路径参数】选项卡中选中已有的4号 $\phi3$ 球刀，并按图6-152所示设置好参数。

6）切换至【陡斜面精加工参数】选项卡，加工角度为90，具体参数设置如图6-153所示。

7）单击对话框中的✔按钮，完成曲面90°方向平行式陡斜面精加工刀具路径的创建，如图6-154所示。

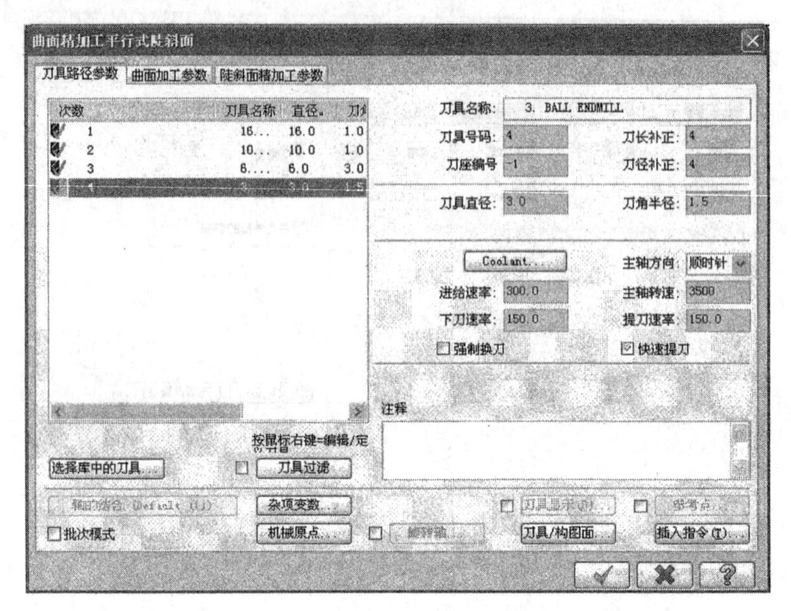

图 6 - 152　刀具路径参数设置

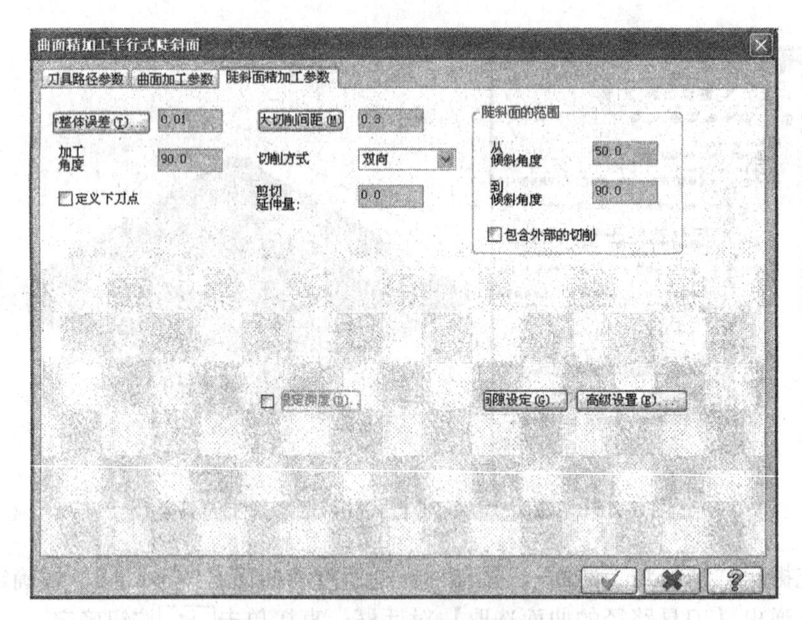

图 6 - 153　陡斜面精加工参数设置

（6）曲面浅平面精加工

1）单击操作管理器中的≋按钮，隐藏曲面 90°方向平行式陡斜面精加工刀具路径。

2）在菜单栏中选择【刀具路径】→【曲面精加工】→【精加工浅平面】命令。

3）系统提示“选择加工曲面”，用鼠标框选所有的曲面，按 <Enter> 键确定。

4）系统弹出【刀具路径的曲面选取】对话框，直接单击 ✔ 按钮确定。

5）系统弹出【曲面精加工浅平面】对话框。在【刀具路径参数】选项卡中选中已有的 4 号 $\phi3$ 球刀，并按图 6 - 155 所示设置好参数。

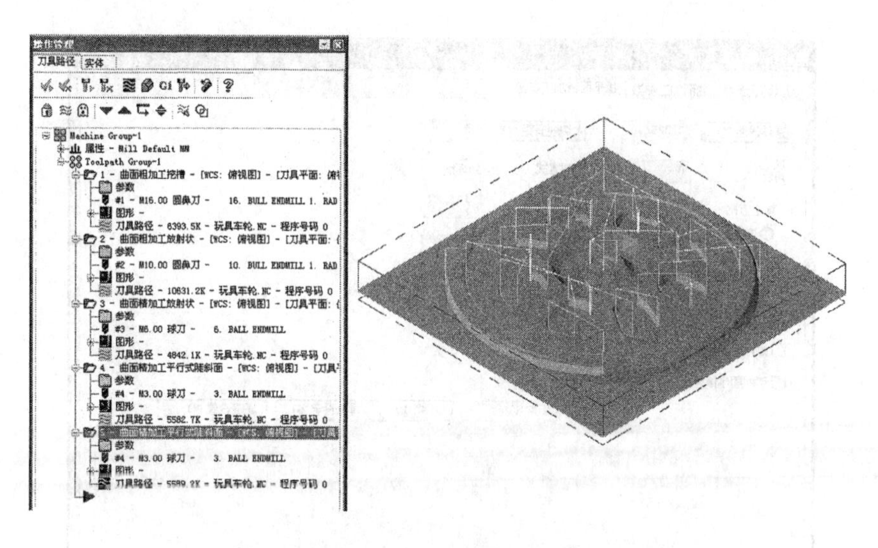

图 6-154　曲面 90°方向平行式陡斜面精加工刀具路径

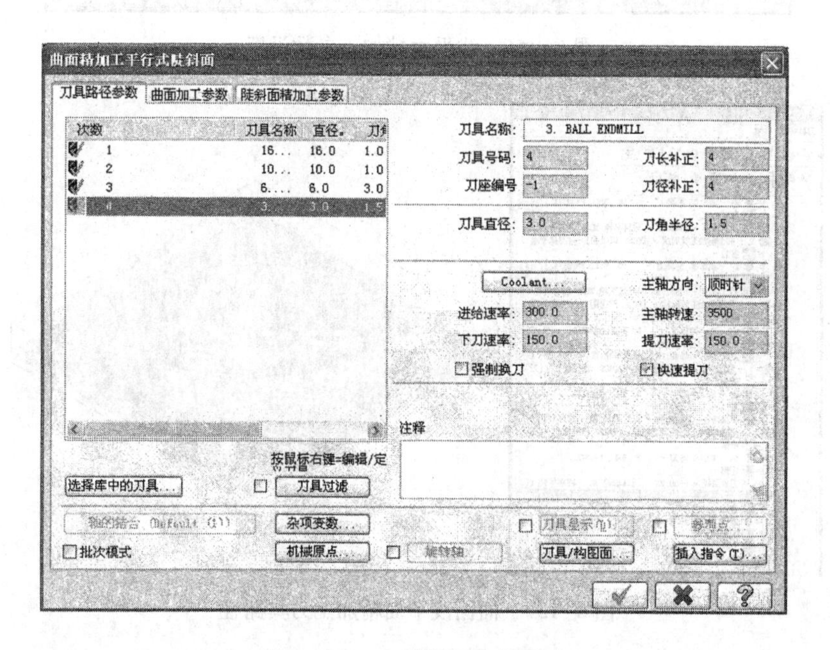

图 6-155　刀具路径参数设置

6）切换至【浅平面精加工参数】选项卡，按图 6-156 所示设置好相关参数。

7）单击对话框中的 ✔ 按钮，完成曲面浅平面精加工刀具路径的创建，如图 6-157 所示。

8）在操作管理器的工具栏中单击 按钮，选择所有的刀具路径，再单击 按钮，弹出【验证】对话框，设置好相应选项后单击 ▶ 按钮，进行实体加工模拟验证，结果如图6-158 所示。

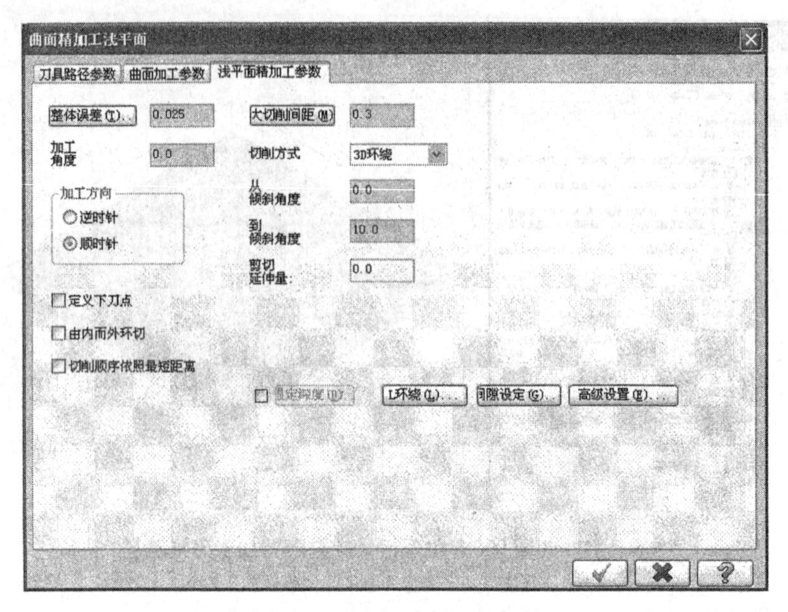

图 6-156　浅平面精加工参数设置

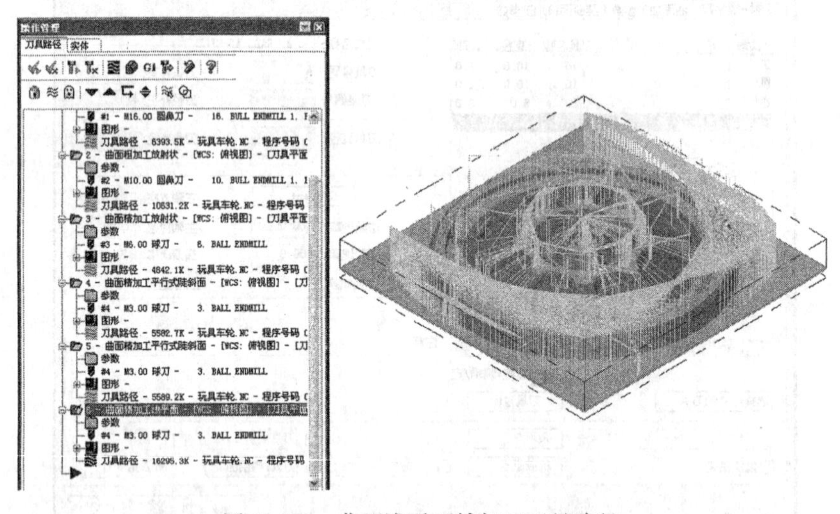

图 6-157　曲面浅平面精加工刀具路径

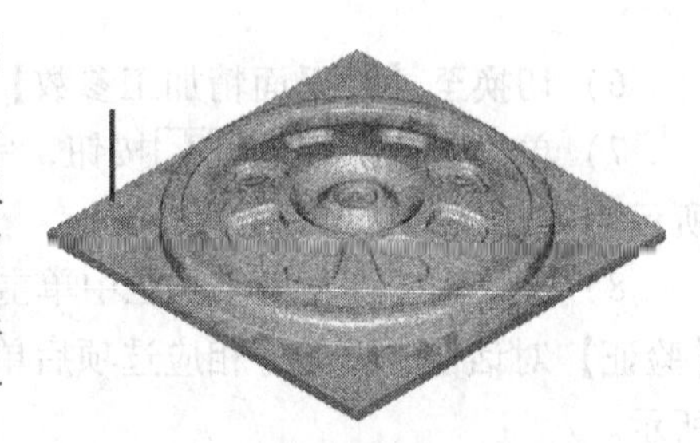

图 6-158　实体加工模拟验证

⚠容易产生的问题和注意事项

大多数复杂零件、模具的最终成形都需要经过曲面粗加工和曲面精加工两大环节，在实际加工规划时，如何根据模型特点来制定最经济、加工效果最佳的粗加工和精加工工艺是极其重要的。本任务既可以采用以上加工方法，也可以采用其他方法加工。因此，根据零件的结构特点合理有效地选择加工方法是本任务的目的，也是数控加工技术人员必须掌握的技能。

在自动编程中，对不同的特征区域应采用不同的加工方法，切不可简单地采用一种方法直接实现所有不同曲面的精加工，否则往往达不到预期的加工效果。

一般来说，加工倾斜角度较大的曲面时，采用等高方式切削，以设定吃刀量的方式来控制加工质量。倾斜角度较小的曲面，以各种曲面精加工方式进行，以设定行间距的方式来控制加工质量。对平面，以浅平面加工或挖槽加工方式进行，采用浅平面加工时，以倾斜角度来控制加工范围；采用挖槽加工时，以吃刀量来设定切削范围。

曲面类零件典型的加工路线为：挖槽加工——等高外形半精加工——浅平面半精加工——环绕等距精加工——残料精加工。在不能确定零件加工顺序时，不妨采用这种方法试一下加工效果。

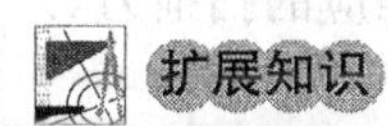

线架构加工

线架构加工是指利用产生曲面的线架构来定义刀具路径，相当于略去曲面生成的过程，因而线架构加工省时，程序相对简单一些。【线架构】命令主要包括【直纹加工】、【旋转加工】、【2D 扫描加工】、【3D 扫描加工】、【混式加工】和【举升加工】5 个命令，如图 6-159所示。需要注意的是，线架构加工只能生成相对单一的曲面刀具路径。

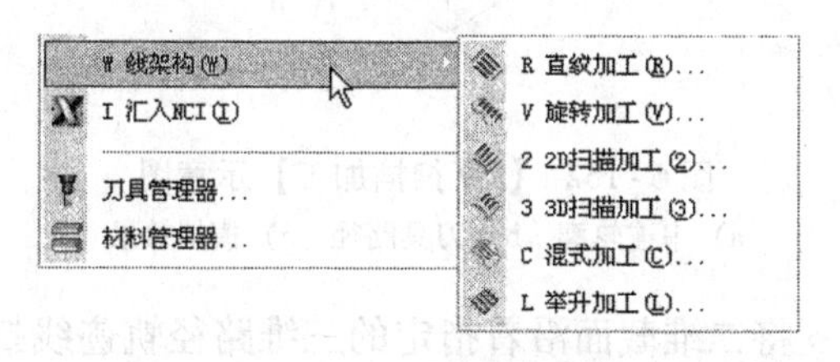

图 6-159　【线架构】级联菜单

（1）【直纹加工】　根据两个或两个以上有效二维截面来生成直纹曲面加工刀具路径。在铣床默认状态下，进行直纹加工的操作相对比较简单，其主要加工过程如图 6-160 所示。

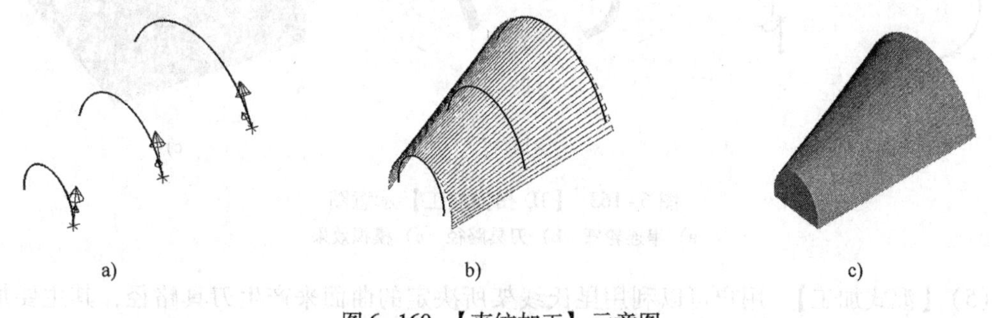

图 6-160　【直纹加工】示意图

a）串连轮廓　b）刀具路径　c）模拟效果

（2）【旋转加工】　将在顶视构图平面内绘制的二维截面绕着指定的旋转轴产生旋转刀具路径，其主要加工过程如图 6-161 所示。

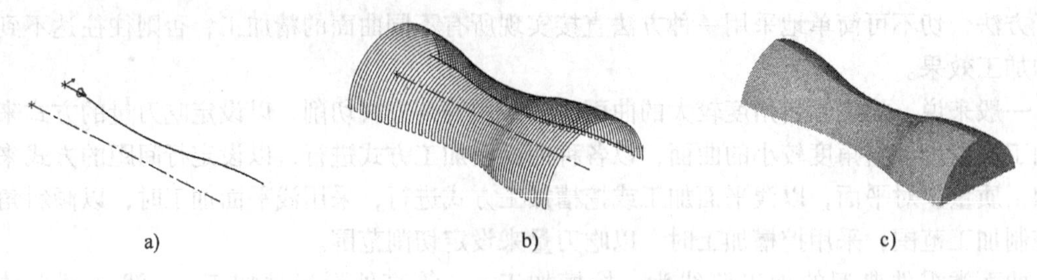

图 6-161 【旋转加工】示意图
a）串连轮廓 b）刀具路径 c）模拟效果

（3）【2D 扫描加工】 将二维截面沿着指定的二维路径扫描，从而产生相应的扫描刀具路径，其主要加工过程如图 6-162 所示。

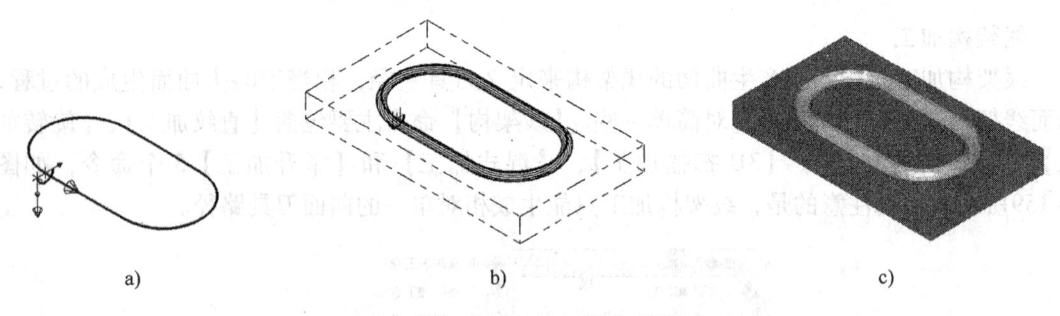

图 6-162 【2D 扫描加工】示意图
a）串连轮廓 b）刀具路径 c）模拟效果

（4）【3D 扫描加工】 将二维截面沿着指定的三维路径轨迹线扫描来产生相应的扫描刀具路径，其主要加工过程如图 6-163 所示。

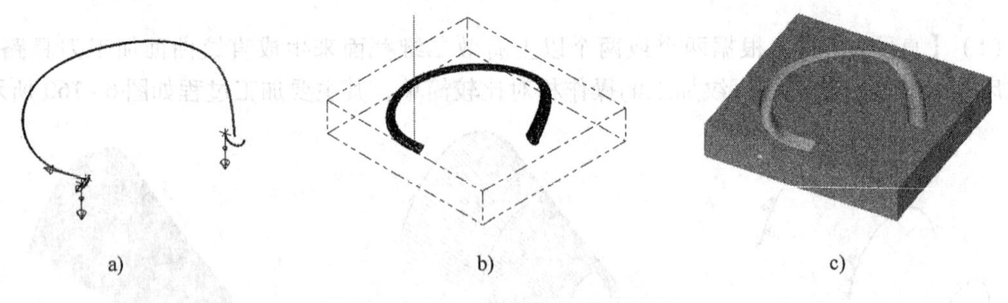

图 6-163 【3D 扫描加工】示意图
a）串连轮廓 b）刀具路径 c）模拟效果

（5）【混式加工】 用户可以利用昆氏线架所决定的曲面来产生刀具路径，其主要加工过程如图 6-164 所示。

（6）【举升加工】 与举升曲面的绘制方法类似，可以由多个举升截面产生加工刀具路径，其主要加工过程如图 6-165 所示。

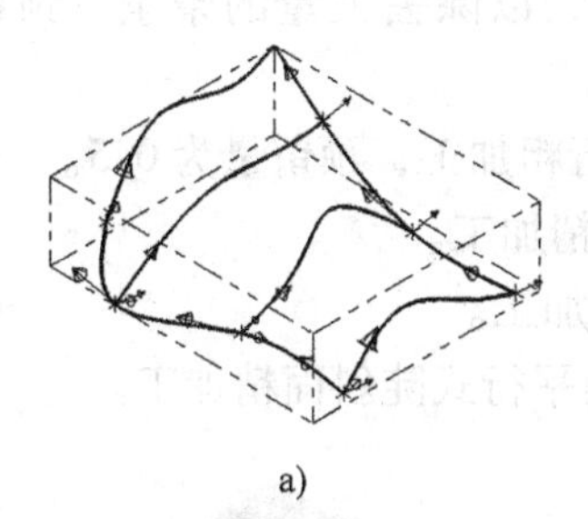
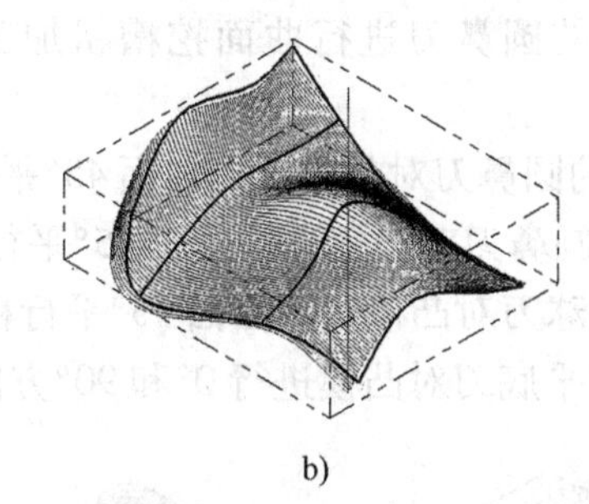
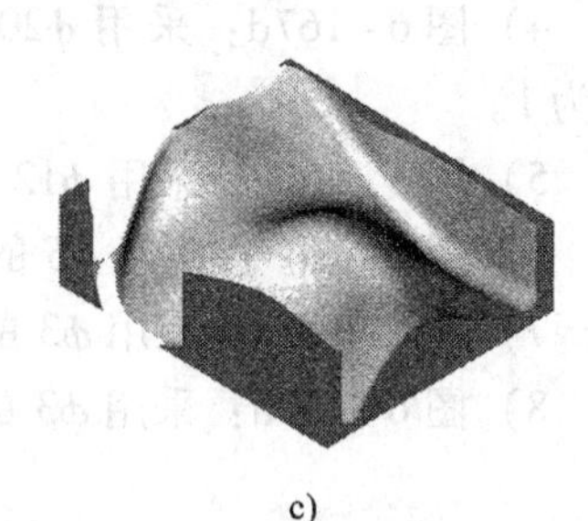

a) b) c)

图6-164 【混式加工】示意图

a）串连轮廓 b）刀具路径 c）模拟效果

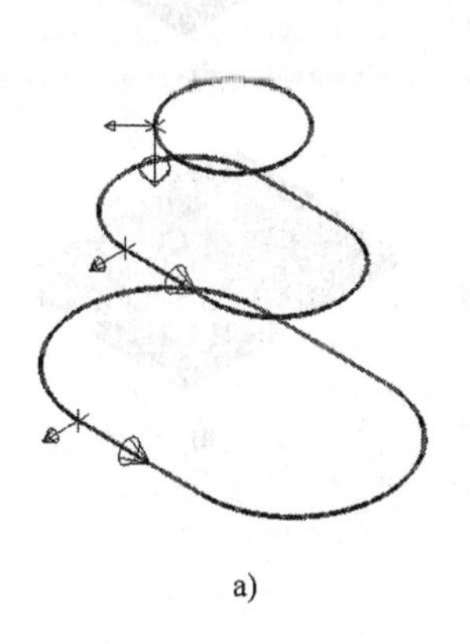
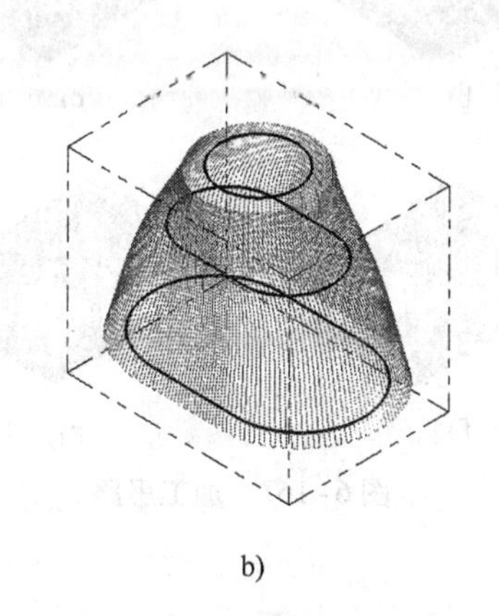
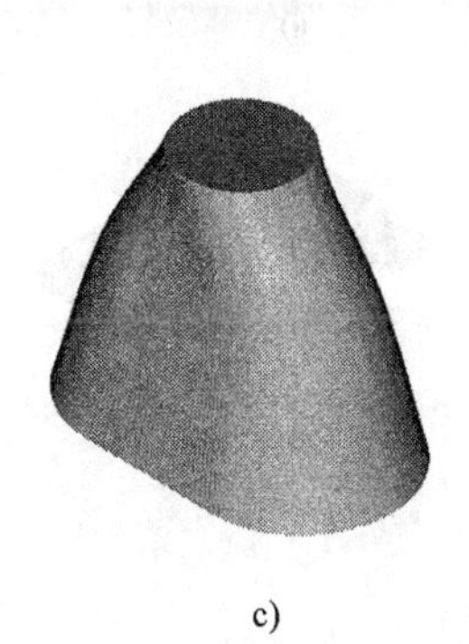

a) b) c)

图6-165 【举升加工】示意图

a）串连轮廓 b）刀具路径 c）模拟效果

任务拓展

练习：如图6-166所示为电话机上面板设计模型，试完成其凸模的数控铣削加工。已知毛坯尺寸为280×220×60。

图6-166 练习图

加工思路：本工件加工思路如图6-167所示，具体说明如下：

1）图6-167a：模型设计主要线框。

2）图6-167b：曲面造型。

3）图6-167c：靠破孔填充，生成凸模。

4）图 6-167d：采用 $\phi20$ 的圆鼻刀进行曲面挖槽粗加工，以除去大量的余量，预留量为 1。

5）图 6-167e：采用 $\phi12$ 的圆鼻刀对凸模进行曲面 45°平行粗加工，预留量为 0.5。

6）图 6-167f：采用 $\phi6$ 的圆鼻刀对凸模进行曲面 45°平行精加工。

7）图 6-167g：采用 $\phi3$ 的球刀对凸模进行曲面 45°平行精加工。

8）图 6-167h：采用 $\phi3$ 的平底刀对凸模进行 0°和 90°方向平行式陡斜面精加工。

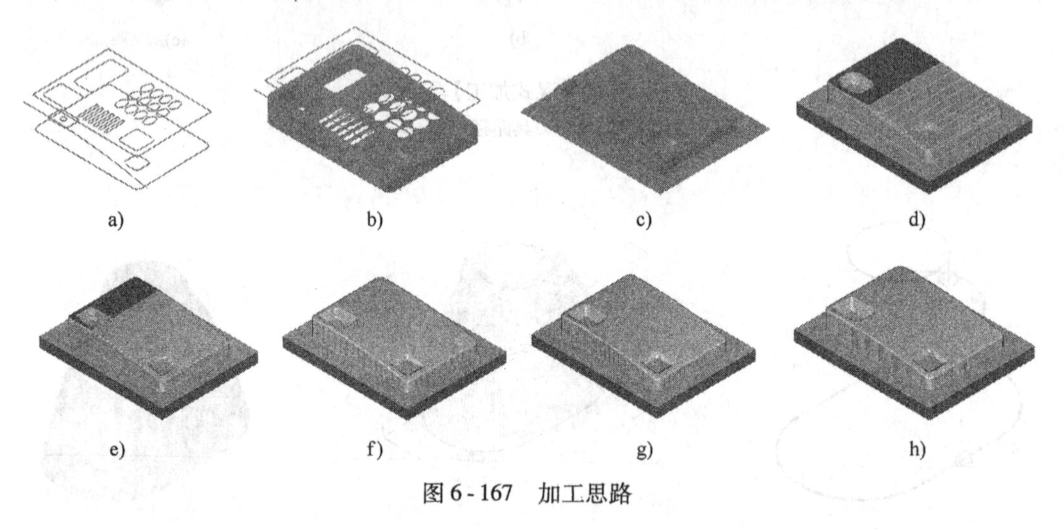

图 6-167　加工思路

单元7　数控车削编程加工

7

知识目标：

1. 熟悉车削刀具和工件设置方法
2. 掌握车端面、粗车、精车、切槽加工、车螺纹和钻孔加工的命令的使用及参数设置方法

技能目标：

1. 会进行各种车削刀具的设置、工件的设置和加工参数的设置
2. 能运用车削方法对工件进行车削加工和生成数控加工程序

任务1　粗车、精车及车端面

任务描述

利用车端面、粗车和精车的车削方法，完成如图7-1所示零件的数控车削编程加工。

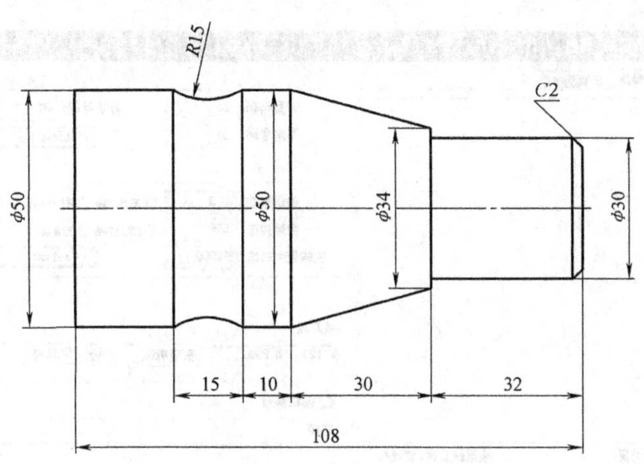

图7-1　车端面、粗车和精车的加工实例

任务目标

1. 会合理设置刀具、工件毛坯和加工参数。
2. 能运用车端面、粗车和精车的车削方法对零件进行数控编程加工。

任务分析

图 7-1 所示零件为轴类零件，可由端面车削、外圆粗车和外圆精车等工序完成。该零件没有退刀槽和螺纹，因此加工这类轴一般有两种加工方案可供选择。

方案一：先粗、精车外圆，然后再粗、精车端面。这种加工方案适合加工对端面精度要求不高的工件。

方案二：先粗、精车端面，然后再粗、精车外圆。这种加工方案适合加工对端面精度要求较高的工件。一般加工首选此方案。

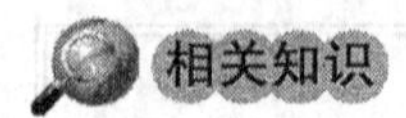

相关知识

1. 车削刀具的管理

在确定了机床类型和加工方式后，首先要选择加工所需的刀具，并设置刀具的切削用量参数。

（1）车削刀具的选用　用户可以直接从 Mastercam X5 软件的刀具库所提供的常用刀具中选取加工所需的刀具，也可以对刀具库中的刀具进行修改以生成新的刀具，还可以创建新刀具并保存到刀具库中。当绘制完 CAD 图形后，就可以创建车削刀具路径了。在选择了机床类型（车床）、加工类型和图形后，系统会自动弹出相应加工类型的对话框，如图 7-2 所示为【车床 - 车端面　属性】对话框。

1）从刀具库选择刀具。在【车床 - 车端面　属性】对话框中，单击【刀具路径参数】选项卡。在该选项卡中，单击【选择库中的刀具】按钮，系统弹出【选择刀具】对话框，如图 7-3 所示。该对话框列出了适合当前加工类型的所有刀具，用户可以根据需要选用。

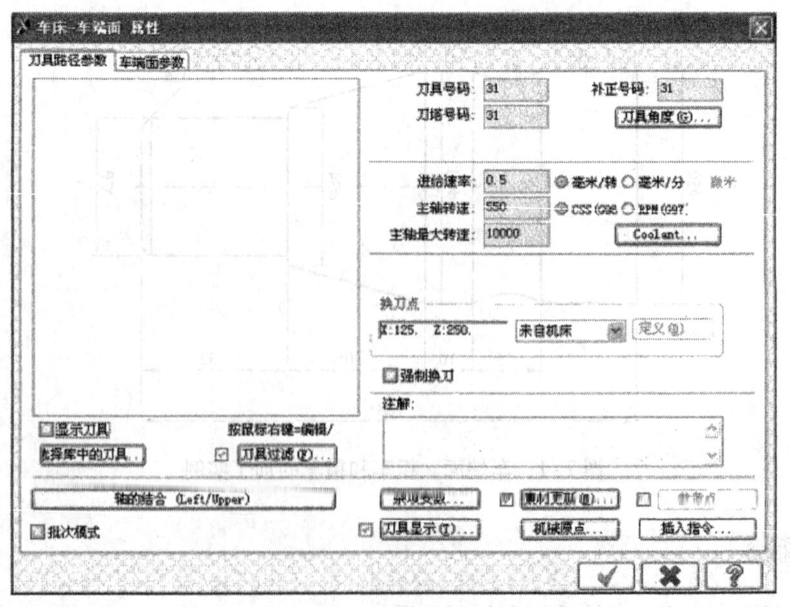

图 7-2 【车床 - 车端面　属性】对话框

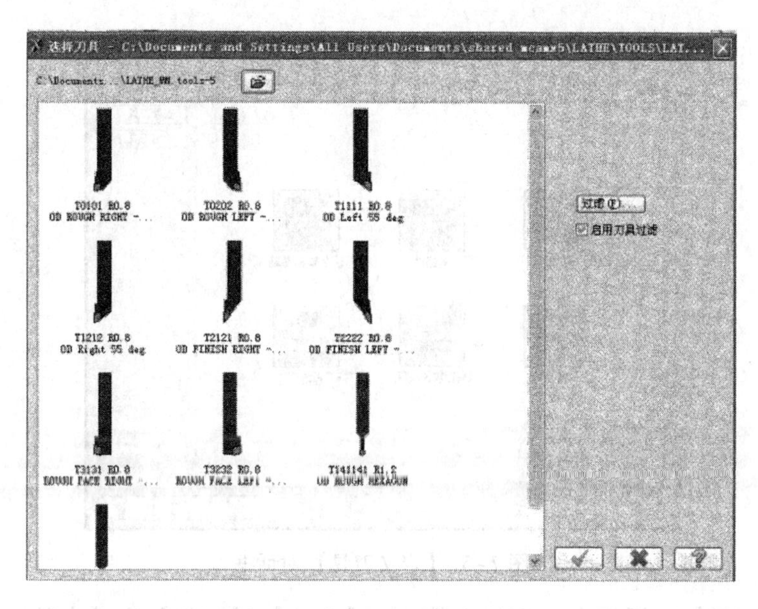

图 7-3　【选择刀具】对话框

教你一招

在选择刀具时，也可以在【刀具路径参数】选项卡中直接勾选【显示刀具】复选框，可以显示刀具库中所有刀具，供用户快速选择。

2）修改刀具库中的刀具。从刀具库中选取的刀具，其刀具参数是系统给定的，并不能满足所有加工的需要。用户可以修改刀具库中已有刀具的参数，以得到所需的刀具。修改刀具库中刀具的方法是：在已选取刀具的图标上单击鼠标右键，系统弹出的快捷菜单如图 7-4 所示；在弹出的快捷菜单中选择【编辑刀具】命令，系统弹出【定义刀具】对话框，如图 7-5 所示；修改该对话框中的有关参数，可以获得所需的刀具参数。

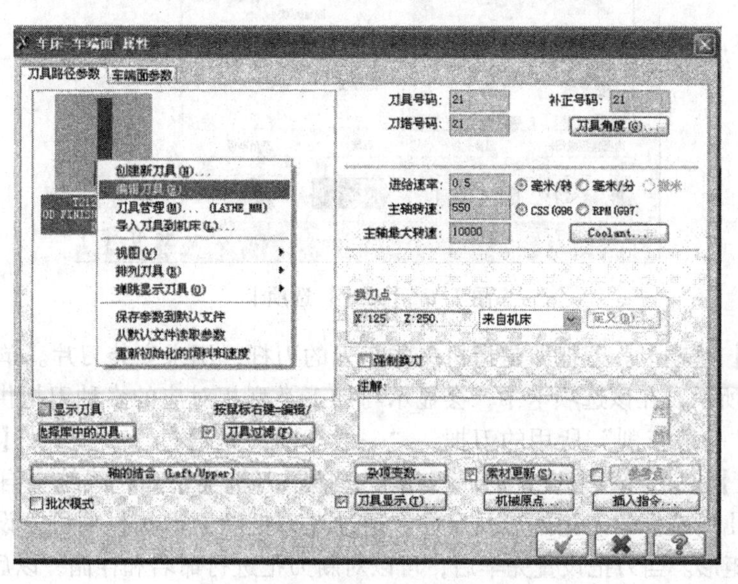

图 7-4　修改刀具库的刀具

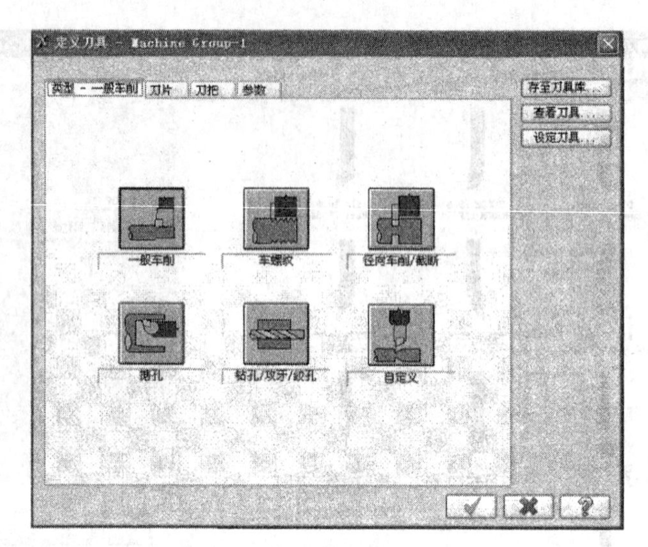

图7-5 【定义刀具】对话框

在【定义刀具】对话框中，共有【类型】、【刀片】、【刀把】和【参数】四个选项卡。

①【类型】选项卡。在【定义刀具】对话框中，单击【类型】选项卡，用户可以根据不同的加工类型来选择合适的刀具类型。通常选择【一般车削】，如图7-5所示。

②【刀片】选项卡。选择了刀具类型后，系统会自动切换至【刀片】选项卡，如图7-6所示。在该选项卡中，系统提供了与加工类型相对应的多种刀片供用户选择。

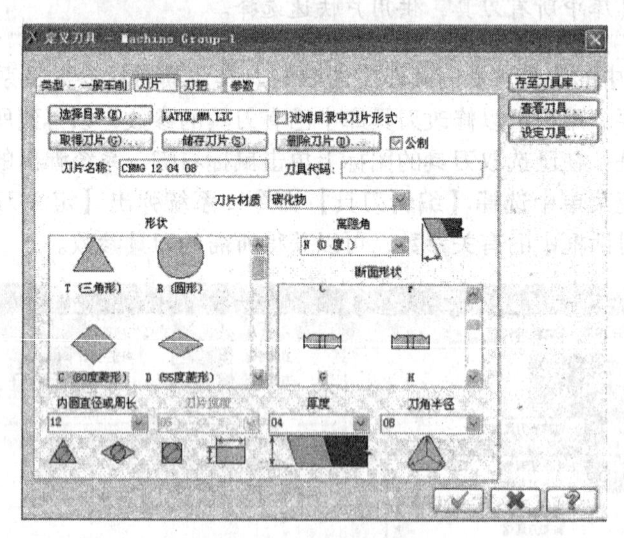

图7-6 【刀片】选项卡

③【刀把】选项卡。刀把即是指机夹式车刀的刀杆，用来安装刀片。单击【刀把】选项卡如图7-7所示，在该选项卡中，会显示与加工类型相对应的多种刀把供用户选用。图7-7所示的是“一般车削”所用的刀把。“一般车削”是通过【类型】、【刀把图形】和【刀把断面形状】三个参数来设置的。当用户选择了刀把类型后，系统会自动在【刀把图形】项中显示出所选择的刀把外形及尺寸。通过【刀把断面形状】项可以设置刀把断面形状是圆形还是矩形。当刀把设置完毕后，可以对新刀把进行命名和存储，以后用时可通过单

击【取得刀把】按钮来使用。

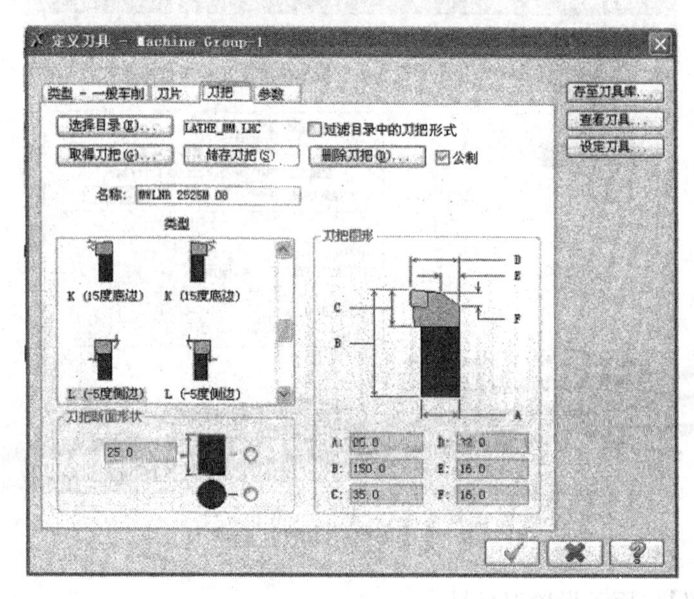

图 7-7　【刀把】选项卡

④【参数】选项卡。【参数】选项卡如图 7-8 所示，可以根据加工精度、表面粗糙度和工件材料，进行刀具进给率、刀具材料和冷却方式等参数的设置。

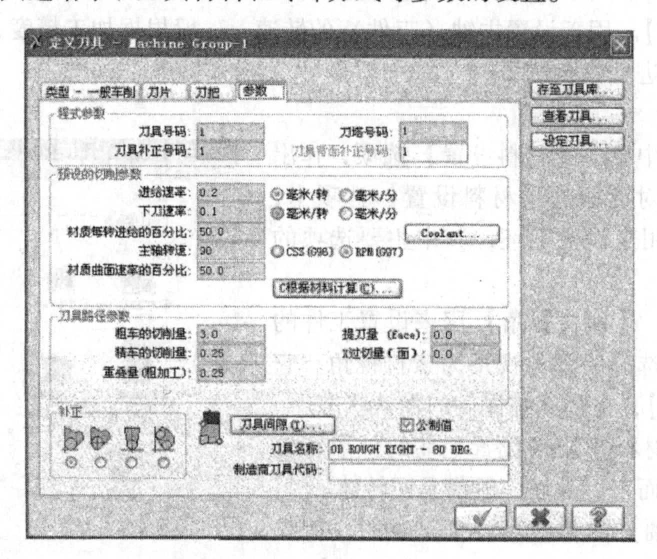

图 7-8　【参数】选项卡

(2) 刀具加工参数的设置　在【车床 - 车端面　属性】对话框的【刀具路径参数】选项卡如图 7-9 所示。刀具路径参数是所有车削加工路径的公共参数，无论选择什么车削方式，只要确定了加工内容，都应该设置刀具的加工参数。这些参数将在执行后处理后所生成的 NC 程序中体现出来。下面对主要参数的含义说明如下：

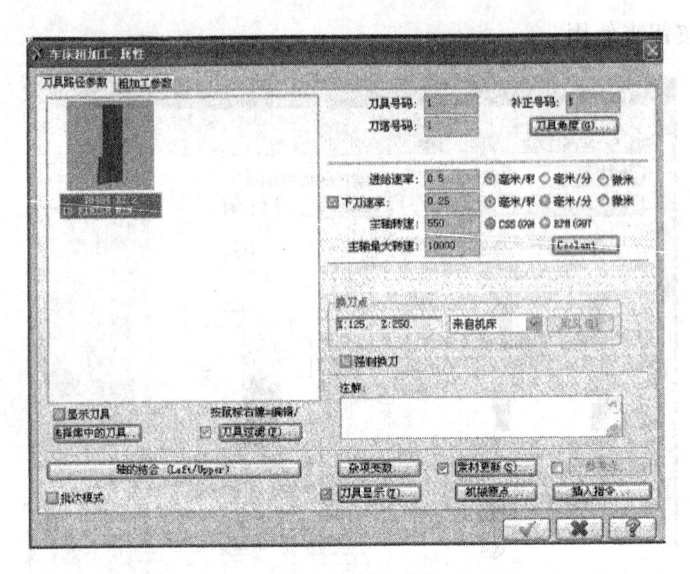

图 7-9 【刀具路径参数】选项卡

1）【刀具号码】。用于设置刀具号。

2）【补正号码】。用于设置刀具补偿号。

3）【进给速率】。用于设置刀具切削进给速度，可根据加工精度和表面质量来确定。

4）【下刀速率】。用于设置刀具接近工件（切入工件）时的进给速度。

5）【主轴转速】。用于设置主轴（工件）的转速，一般根据加工精度、生产效率、刀具材料和工件材料来进行综合选择。

2. 毛坯的设置

在操作管理器中单击【材料设置】选项，弹出【机器群组属性】对话框的【材料设置】选项卡，如图 7-10 所示，用来设置毛坯，其中主要选项的含义说明如下：

（1）素材视角　【素材视角】用来设置工件的视图方向，用户可选择绘图的视角为素材视角。它通常选择【俯视图】，也是系统提供的默认状态。

（2）材料　【材料】用来设置毛坯的外形和位置。对于车削加工而言，毛坯一般都是回转体。

1）毛坯（主轴）的位置。设置工件时，首先要选择工件（主轴）的位置，有【左侧主轴】和【右侧主轴】两种形式，通常选择【左侧主轴】。

2）毛坯的形状。单击【材料】选项区中的【信息内容】按钮，弹出【机床组件－材料】对话框，如图 7-11 所示，可定义毛坯的形状。其中主要选项的含义说明如下：

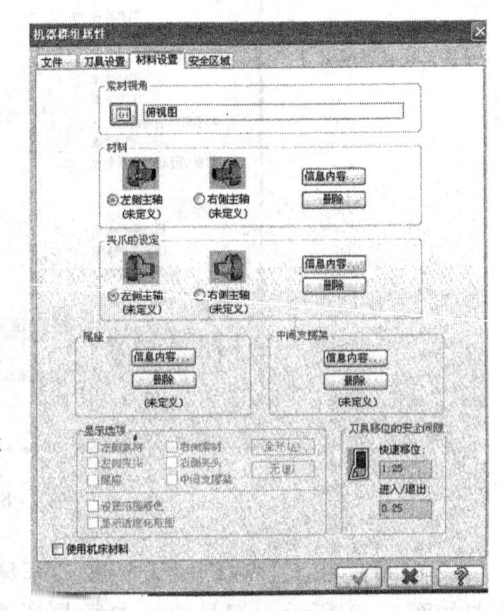

图 7-10 【机器群组属性】对话框的【材料设置】选项卡

①【图形】。该项用于设置材料的形状，有 6 种选项，如图 7-12 所示。在数控车削加

工中，一般设置为【圆柱体】。

②【外径】。该项用于设置圆柱体（毛坯）的直径。

③【长度】。该项用于设置圆柱体（毛坯）的长度。

④【轴向位置】。该项用于设置圆柱体（毛坯）的右端在工件坐标系中的位置。

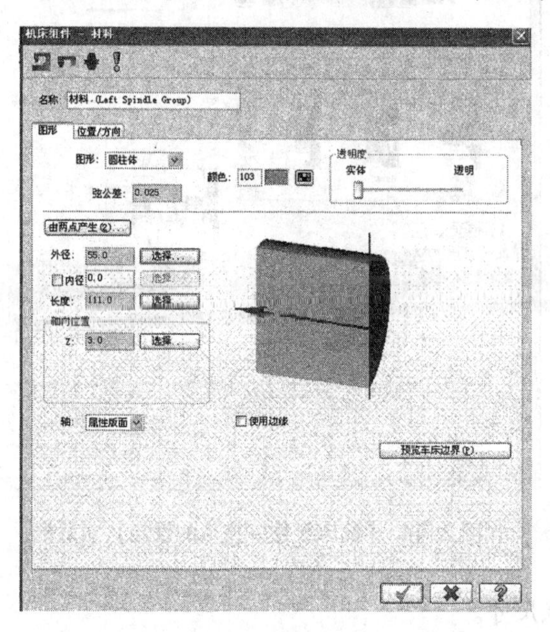

图 7 - 11　【机床组件 - 材料】对话框

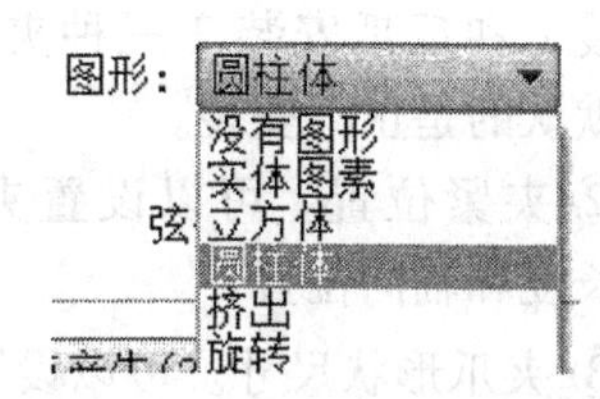

图 7 - 12　【图形】选项

教你一招

可以根据所绘图形，通过鼠标来确定素材：在图 7 - 11 所示的【机床组件 - 材料】对话框中，单击【由两点产生】按钮，系统会退出该对话框回到绘图工作区，这时先单击工件左端中心，再单击工件右上角（使工件有足够的外圆和端面余量处），如图7 - 13所示，按 <Enter> 键即可结束选择。

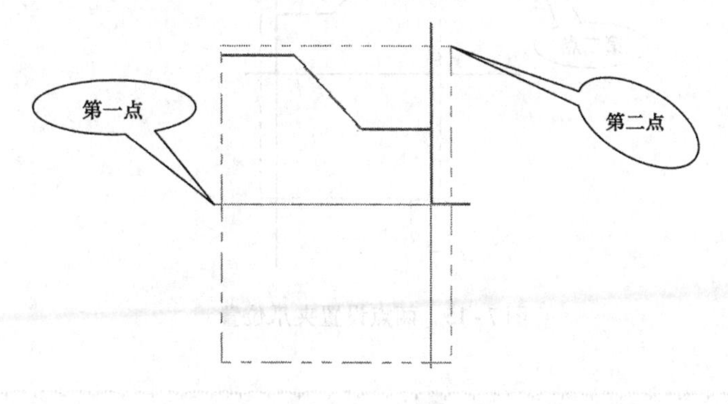

图 7 - 13　两点设置毛坯

（3）夹爪的设定　【夹爪的设定】用来设置卡盘的位置、夹爪的形状和尺寸以及夹紧方法。

1）卡盘的位置。有两种选择：一是【左侧主轴】，用于设置卡盘在机床左端；二是【右侧主轴】，用于设置卡盘在机床右端。

2）信息内容。单击【夹爪的设定】选项区中的【信息内容】按钮，弹出【机床组件－夹爪的设定】对话框，如图 7-14 所示，可以设置夹爪的形状尺寸、夹紧方法和夹紧位置。其中主要选项的含义如下：

① 夹紧方法。主要有正爪安装、反爪安装 1 和反爪安装 2 三种夹紧方法。系统默认的是正爪安装。

② 夹紧位置。可以设置夹紧的直径、长度和轴向位置。

③ 夹爪形状尺寸。可以设置夹爪形状尺寸。

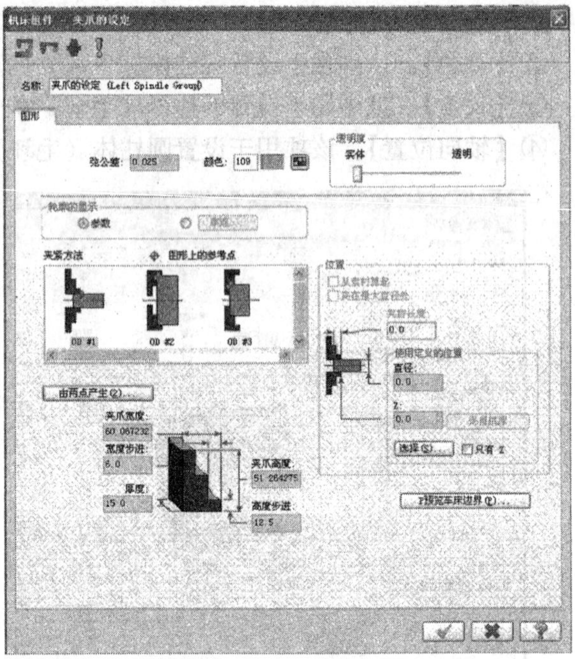

图 7-14　【机床组件－夹爪的设定】对话框

教你一招

在图 7-14 所示的【机床组件－夹爪的设定】对话框中，单击【由两点产生】按钮，系统会退出该对话框回到绘图区，这时可通过鼠标方便地设定夹爪的位置和尺寸。先单击一点确定夹持工件的基准位置，再单击一点确定夹爪的大小尺寸，如图 7-15 所示。

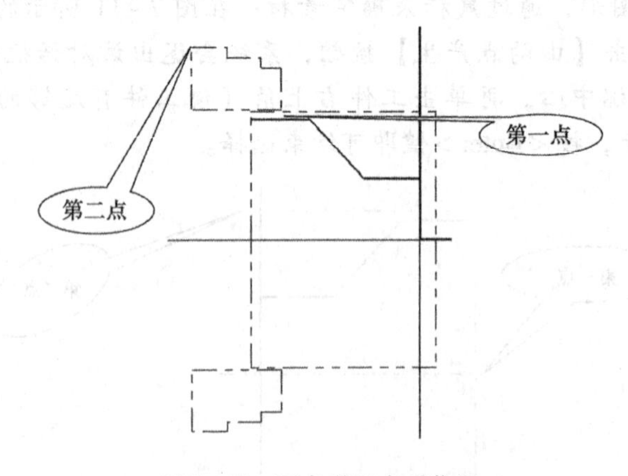

图 7-15　两点设置夹爪位置

（4）尾座的设定　【尾座】是用来设置尾座尺寸和夹紧位置。在图 7-10 所示的【机器群组属性－材料设置】对话框中，单击【尾座】选项区中的【信息内容】按钮，系统自动弹出如图7-16所示的【机床组件－中心】对话框，可设置尾座尺寸和夹紧位置。

（5）中间支撑架的设定　在数控车削加工中，中间支撑架的作用是提高材料的支撑刚度。在图7-10所示的【材料设置】选项卡中，单击【中间支撑架】选项区中的【信息内容】按钮，系统自动弹出如图7-17所示的【机床组件－中间支撑架】对话框，可设置中间支撑架的位置。

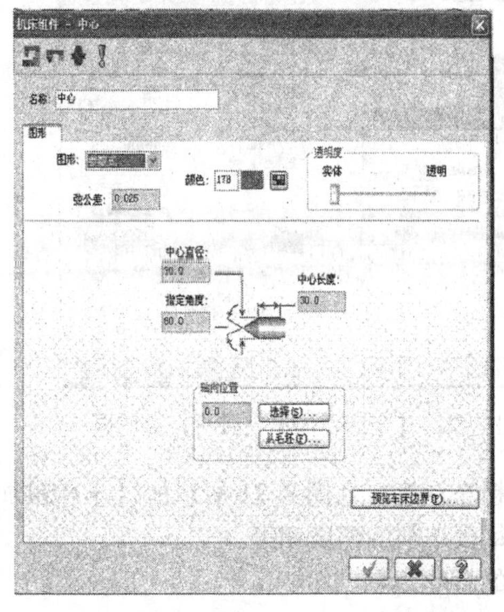

图7-16　【机床组件－中心】对话框

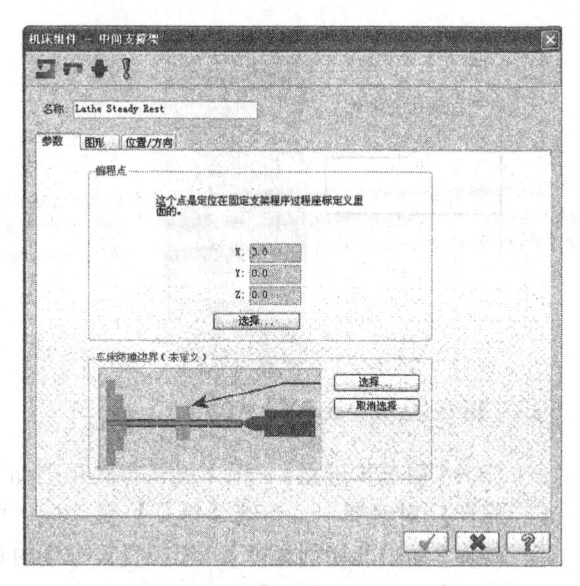

图7-17　【机床组件－中间支撑架】对话框

> 注意：由于卡盘夹爪、尾座和中间支撑架的设置不影响后处理的NC程序，所以在没有特殊要求的情况下，一般可以不作设置。

3. 粗车

Mastercam X5系统提供的粗车功能主要用于加工零件的外圆、内圆和阶台端面，并可预留一定的精加工余量，为精加工打下基础。该功能的进给路线与Z轴平行，一层一层地车削。图7-18所示为采用粗车命令粗加工锥堵的进给路线图。

选择菜单栏中的【刀具路径】→【粗车】命令，系统弹出【输入新NC名称】对话框，如图7-19所示。在该对话框中输入新的NC名称，单击☑按钮，系统弹出【串连选项】对话框，如图7-20所示。用鼠标选择开始加工的线段和最后加工的线段（注意箭头方向要一致），单击☑按钮，系统自动弹出【车床粗加工　属性】对话框，如图7-21所示。在该对话框中，选择所需刀具，设置共同参数和专用的粗车参数。该对话框的主要选项的含义说明如下：

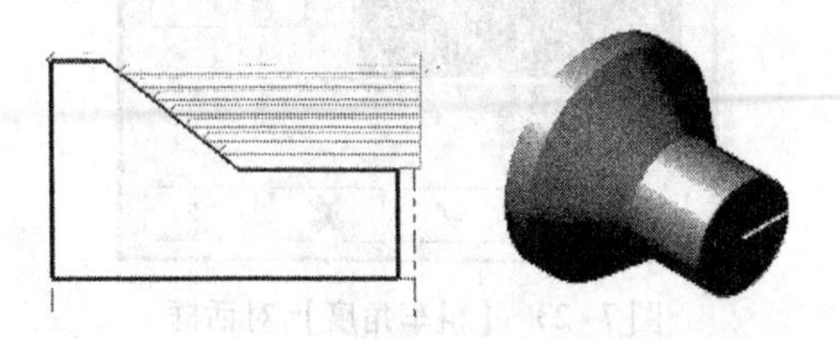

图7-18　粗车的进给路线

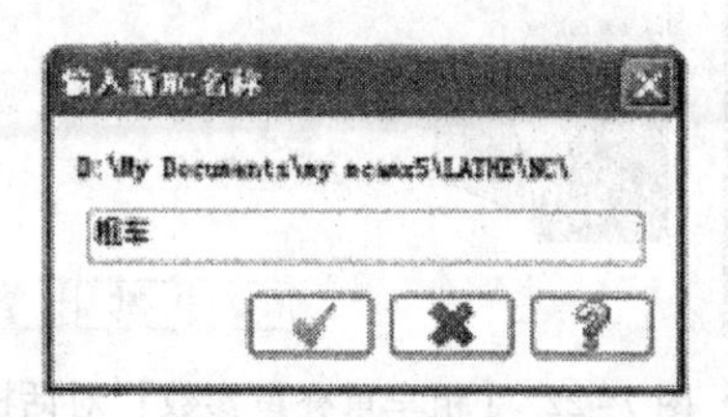

图7-19　【输入新NC名称】对话框

（1）【重叠量】 在图 7-21 所示的【车床粗加工　属性】对话框中，勾选【重叠量】复选框，并单击【重叠量】按钮，系统弹出【粗车重叠量参数】对话框，如图 7-22 所示。它用于设置两相邻车削路线间的重叠量，可以保证粗加工面的平整，以减少精加工时的振动，从而提高精加工的表面质量。

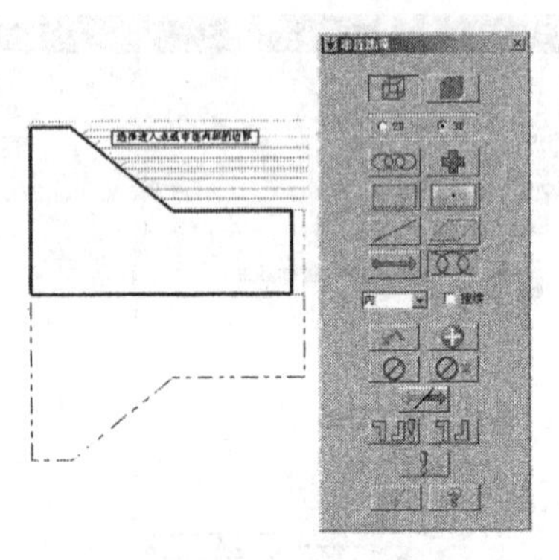

图 7-20 【串连选项】对话框

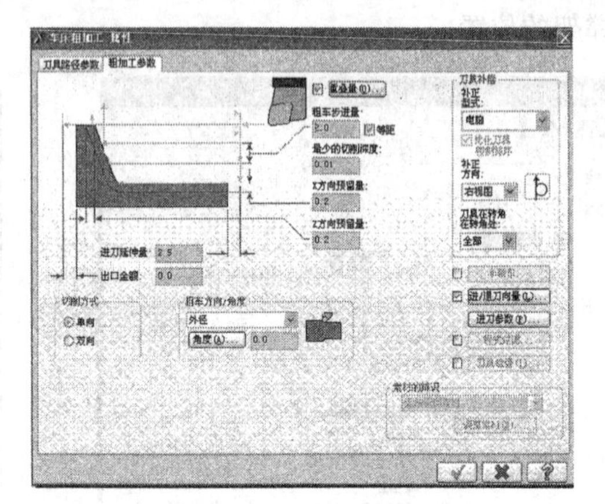

图 7-21 【车床粗加工　属性】对话框

（2）【粗车步进量】 用于设置每次车削加工的粗车深度。在图 7-21 所示的【车床粗加工　属性】对话框中，勾选【等距】复选框，可使每次车削的深度相等。

（3）【最少的切削深度】 用于设置车削时最小的背吃刀量。

（4）【X 方向预留量】 用于设置粗加工后在 X 方向给精加工留的余量。

（5）【Z 方向预留量】 用于设置粗加工后在 Z 方向给精加工留的余量。

（6）【进刀延伸量】 用于设置在进刀时，刀具相对工件端面的距离。一般设为 2～5。

（7）【切削方式】 有【单向】切削和【双向】切削两种方式。

（8）【粗车方向/角度】

1）粗车方向。单击 粗车方向/角度 外径 下拉按钮，可打开粗车方向的选项，有【外径】、【内径】、【面铣】（即在前端面车削）和【后退】（即在后端面车削）四种加工方向可供选择。

2）切削角度。单击 角度(A)... 按钮，系统弹出【粗车角度】对话框，如图 7-23 所示，可设置粗车时的切削角度。一般车外圆时可设置为 0°。

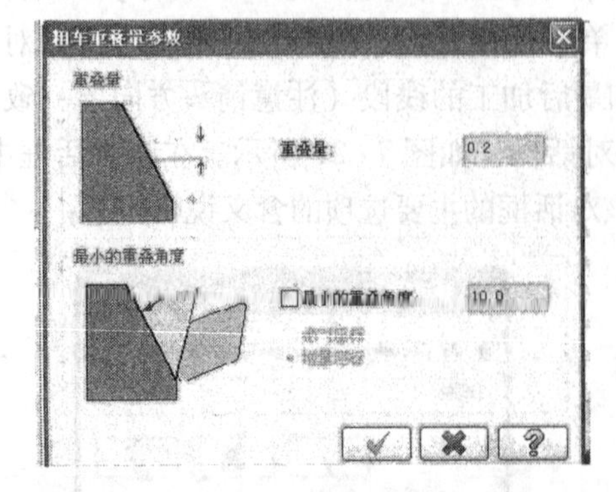

图 7-22 【粗车重叠量参数】对话框

图 7-23 【粗车角度】对话框

(9)【刀具补偿】

1)【补正形式】。与铣削加工一样，车床系统的刀具补偿也有【电脑】、【控制器】、【磨损】、【反向磨损】和【无】共五种方式。

2)【补正方向】。有【左补偿】和【右补偿】两种。车外圆时多选择【右补偿】；车内圆时多选择【左补偿】。

(10)【半精车】 为保证加工精度，常常在粗车后进行一次半精加工，以减少工件的误差，为精加工打下良好的基础。勾选【车床粗加工 属性】对话框中的【半精车】复选框，单击【半精车】按钮，系统弹出【半精车参数】对话框，如图7-24所示。

(11)【进/退刀向量】 勾选【车床粗加工 属性】对话框中的【进/退刀向量】复选框，单击【进/退刀向量】按钮，系统弹出【进/退刀参数】对话框，如图7-25所示。【进刀】选项卡用于设置进刀路径，【引出】选项卡用于设置退刀路径。【进刀】与【引出】两选项卡中的参数含义基本一致。

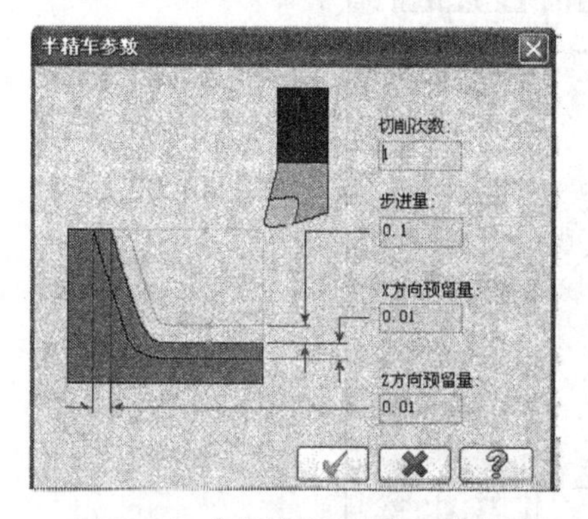

图7-24 【半精车参数】对话框

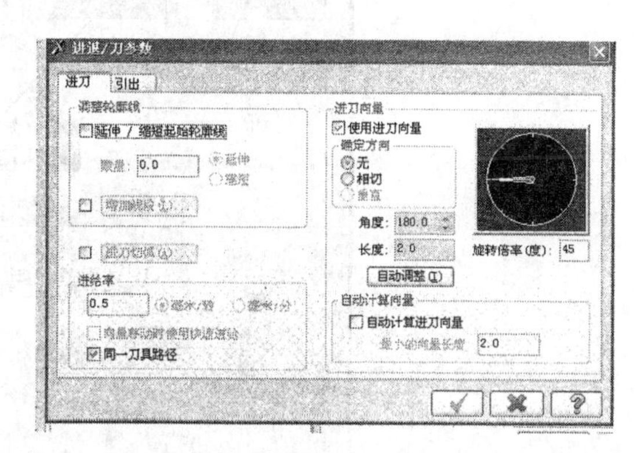

图7-25 【进/退刀参数】对话框

1)【调整轮廓线】。用于调整工件外形，设置进刀位置。

①【延伸/缩短起始轮廓线】。勾选该复选框，可以设置刀具路径串连的起点是【延伸】还是【缩短】。在【数量】文本框中可以输入延伸量或缩短量。一般粗加工选择【延伸】。

②【增加线段】。可以在刀具路径的起点处增加一条引入线段，以确保刀具快速定位时不和工件相撞。勾选该复选框，单击【增加线段】按钮，系统自动弹出【新轮廓线】对话框，如图7-26所示。

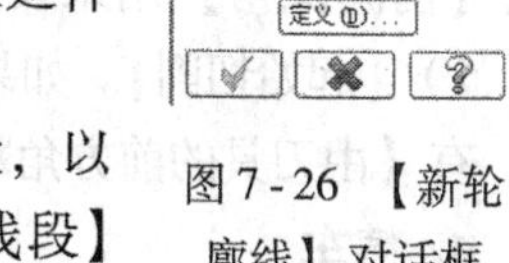

图7-26 【新轮廓线】对话框

2)【进刀切弧】。可以在工件外形的起点处添加一段和起点处工件外形相切的圆弧路径，以保证加工时刀具切向切入工件，如图7-27所示。勾选该复选框，单击【进刀切弧】按钮，系统自动弹出【进/退刀切弧】对话框，如图7-28所示。

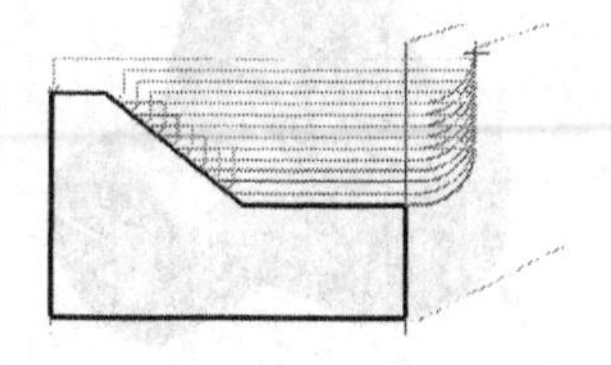

图7-27 【进刀切弧】的路径

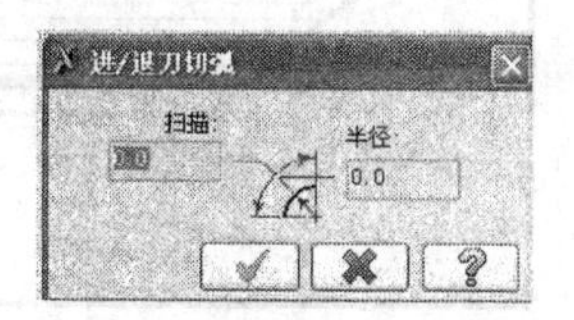

图7-28 【进/退刀切弧】对话框

3）【进刀向量】。控制刀具切削工件时接近工件的方法，它有三种选项：

①【无】。该选项通过在文本框在输入一定的角度和长度，来定义进刀刀具路径。

②【相切】。可以添加有一定长度、与原刀具路径相切的刀具路径。

③【垂直】。可以添加有一定长度、与原刀具路径垂直的刀具路径。

（12）【进刀参数】 单击【车床粗加工 属性】对话框中的【进刀参数】按钮，系统弹出【进刀的切削参数】对话框，如图 7-29 所示。该对话框用于设置粗车时是否允许“底切”，即是否允许在切削时改变刀具路径的单调性。若允许“底切”，则需要设置“底切”参数。其主要参数的含义如下：

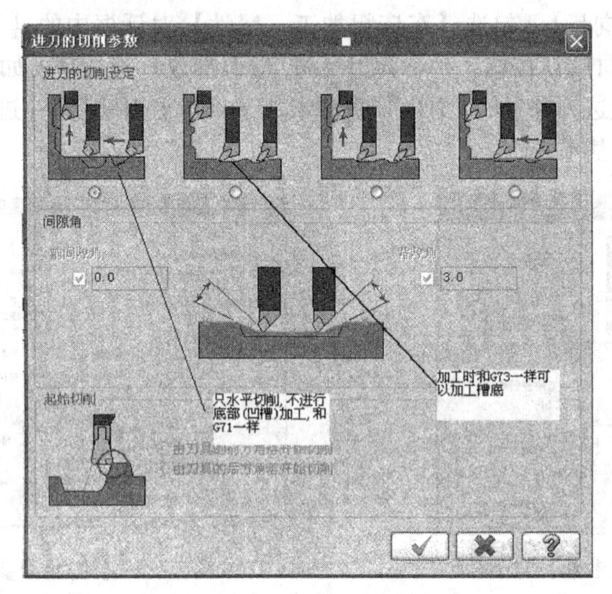

图 7-29 【进刀的切削参数】对话框

1）【间隙角】。其中，【背隙角】用来设置刀具的副切削刃与刀具路径的夹角，即切入角；【前间隙角】用来设置刀具的主切削刃与刀具路径的夹角，即切出角。

2）【起始切削】。如果设置允许“底切”的外形是外圆底切，还应设置相应的起始切削方式：有【由刀具的前方角落开始切削】和【由刀具的后方角落开始切削】两种方式供用户选择。

4. 精车

Mastercam X5 软件提供的精车功能主要用于精加工零件的外圆、内圆和阶台端面。图 7-30所示为采用精车命令精加工锥堵的进给路线图，其车削路径与 Z 轴平行。

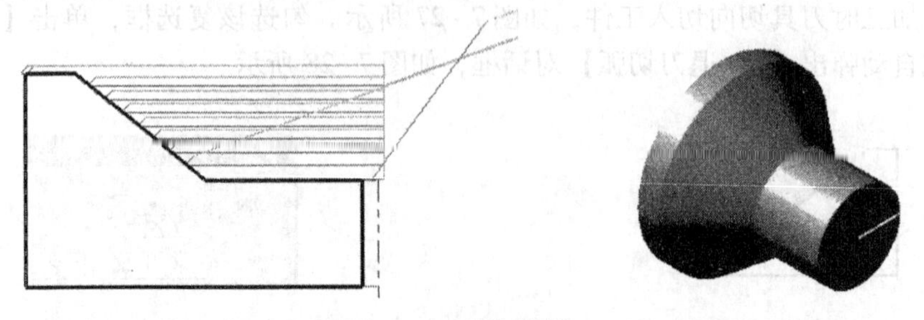

图 7-30 精车锥堵

精车的操作步骤与粗车的操作步骤基本相同：选择菜单栏中的【刀具路径】→【精车】命令，选择加工区域后，单击【串连选项】对话框中的☑按钮，系统自动弹出【车床－精车　属性】对话框，如图7-31所示。在该对话框中选择所需刀具，设置共同参数和专用的精车参数。

精车参数与粗车参数的设置方法基本相同。其中，【精修次数】为精车次数；*X*、*Z*方向预留量是为超精车留的加工余量，如果工件的最终工序是精车，则设置为0。

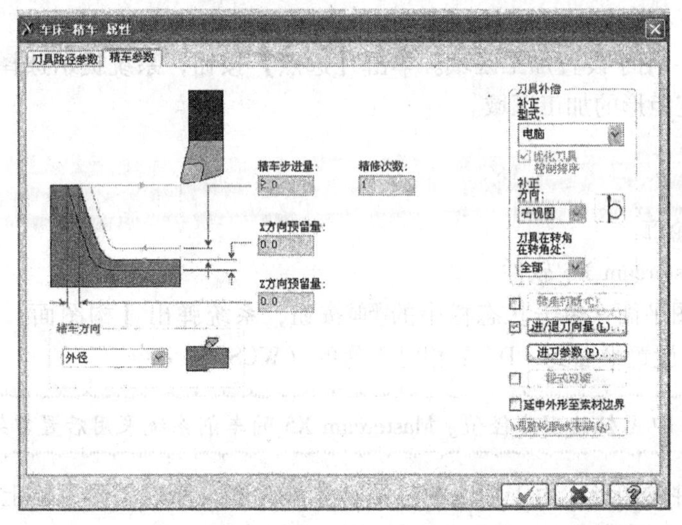

图7-31　【车床－精　属性】对话框

5. 端面车削

Mastercam X5软件提供的端面车削功能主要用于车削轴类工件的端面。

端面车削的操作步骤与粗车的操作步骤基本相同：选择菜单栏中的【刀具路径】→【车端面】命令，选择加工区域后，单击【串连选项】对话框中的☑按钮，系统自动弹出【车床－车端面　属性】对话框，如图7-32所示。在该对话框中选择所需刀具，设置共同参数和专用的车端面参数。【车端面参数】选项卡中特有的参数项的含义说明如下：

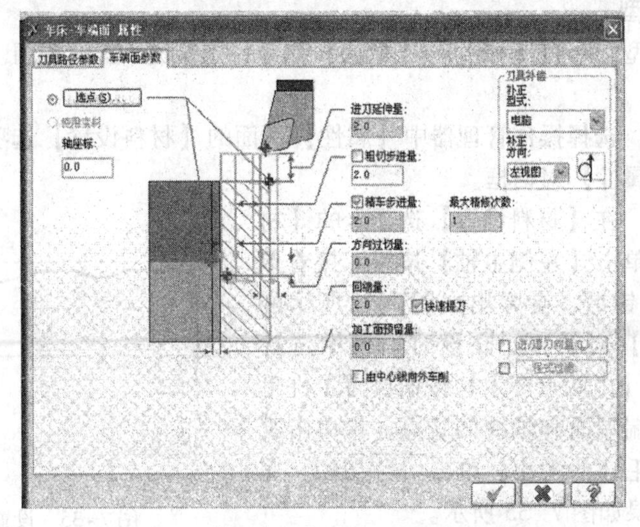

图7-32　【车床－车端面　属性】对话框

（1）【X 方向过切量】 用于设置在实际加工中，车削区域超出由矩形所定义区域的距离。该项主要用于解决由于刀尖圆弧的影响而使工件的端面不能清根的问题。

（2）【回缩量】 用于设置切削一刀后的退刀量。

（3）【加工面预留量】 用于设置切削端面后，为下一道工序所留的余量。一般可以设置为 0。

（4）【由中心线向外车削】 勾选【由中心线向外车削】复选框，可以选择车削时从回转中心向外车削，否则是由外向中心线车削。

（5）【选点】 用于设置加工区域。单击【选点】按钮，系统提示选择两点，分别用鼠标点选两点来确定矩形的加工区域。

任务实施

1. 绘制工件轮廓

（1）启动 Mastercam X5 软件

（2）设置构图平面　单击状态栏中的平面按钮，系统弹出【构图面】快捷菜单。选择【车床直径】→【设置平面到 + D + Z 相对于您的（WCS）】命令。

> 注意：+D 即 *X* 轴使用直径值。Mastercam X5 的车削系统采用后置刀架的坐标系统。

（3）绘制工件的图形　由于加工的是回转体外轮廓，所以图形只绘上半部的外形图即可，结果如图 7-33 所示。

（4）编辑工件的图形　编辑工件图形，结果如图 7-34 所示。

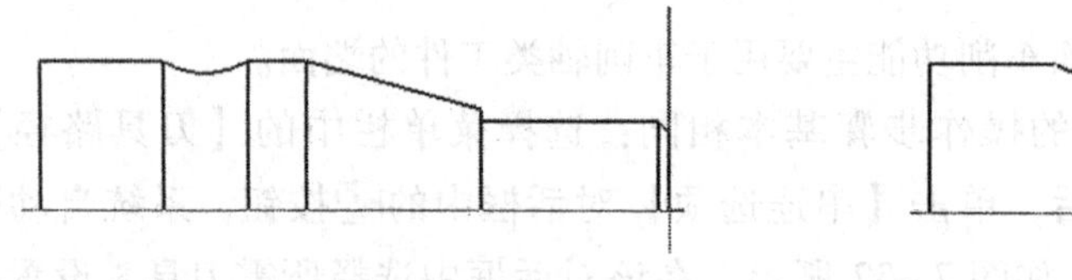

图 7-33　绘制工件的图形　　　图 7-34　编辑工件的图形

2. 选择机床类型

选择【机床类型】→【车床】→【默认】命令，系统进入车床模组。

3. 设置毛坯

（1）设置材料　选择操作管理器中【属性】下面的【材料设置】选项，弹出如图 7-10 所示的【机器群组属性】对话框。

（2）设置毛坯　在【材料设置】选项卡的【材料】选项区中，先单击【左侧主轴】按钮。接着单击【信息内容】按钮后，会弹出如图7-11所示的【机床组件 - 材料】对话框。在该对话框中选择【圆柱体】，并单击【由两点产生】按钮设置工件毛坯：先单击工件左端端面和轴线的交点，再单击工件右端，即可确定毛坯的大小。单击按钮，完成毛坯的设置，结果如图 7-35 所示。

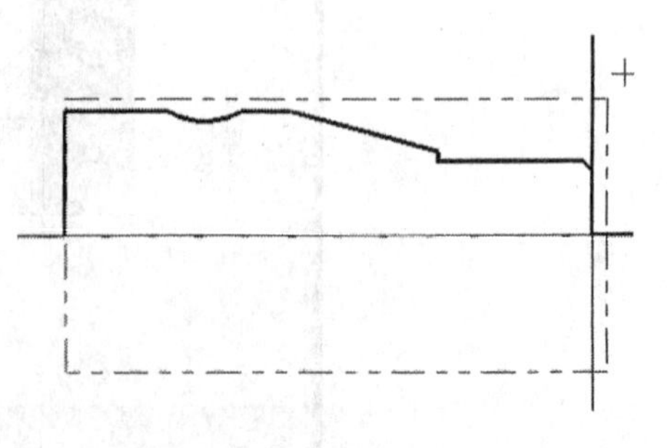

图 7-35　设置工件毛坯

教你一招

在图7-11所示的【机床组件-材料】对话框中，在【外径】文本框中输入“53”、【长度】文本框中输入“111”、【Z】中输入“3”，可精确设置毛坯的大小。

4. 车端面

（1）启动【车端面】命令　选择【刀具路径】→【车端面】命令，在系统弹出的【输入新NC名称】对话框中输入新的NC名称“螺纹轴”，单击✔按钮，系统弹出【车床-车端面　属性】对话框，如图7-36所示。

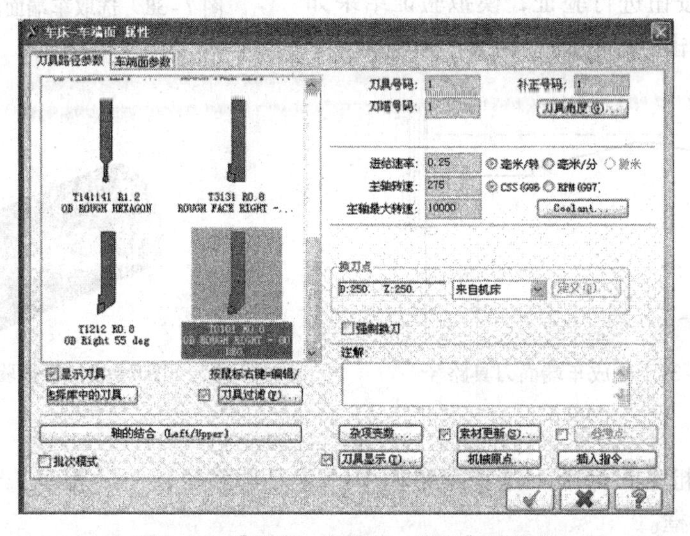

图7-36　【车床-车端面　属性】对话框

（2）选择端面车削刀具和设置刀具参数　在【刀具路径参数】选项卡中，选择“T0101”刀具，其加工参数按图7-36所示进行设置。

（3）设置车端面的加工参数　单击【车端面参数】选项卡，设置车端面的相关参数如图7-37所示。

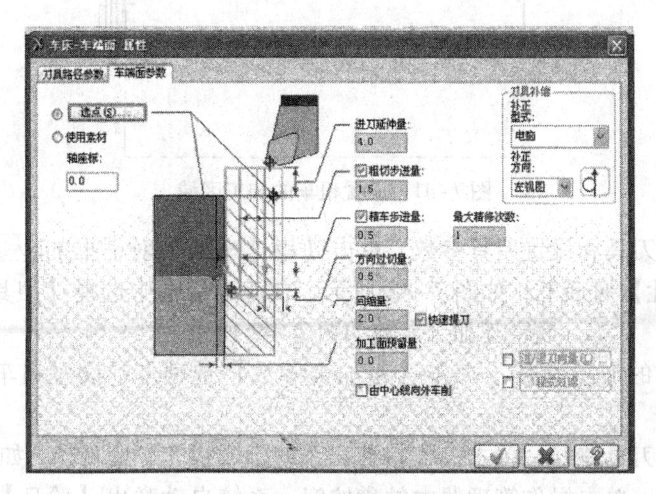

图7-37　【车端面参数】选项卡

（4）选取加工区域　在【车端面参数】选项卡中单击【选点】按钮，分别点选工件右端中心的 P_1 点和素材右上角略大于素材的 P_2 点来确定加工区域，如图 7-38 所示。

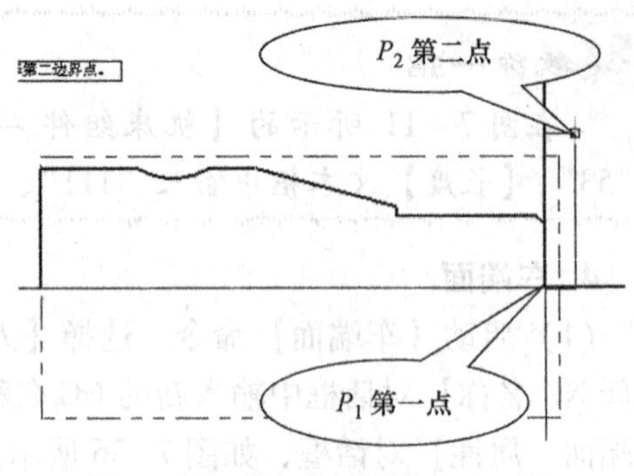

图 7-38　选取车端面的加工区域

（5）生成车端面刀具路径　单击 按钮，生成车端面刀具路径，如图 7-39 所示。

（6）模拟验证　单击操作管理器中的【验证已选择的操作】 按钮，系统自动弹出【验证】对话框。单击 按钮进行验证，模拟验证结果如图 7-40 所示。单击 按钮，结束模拟验证。

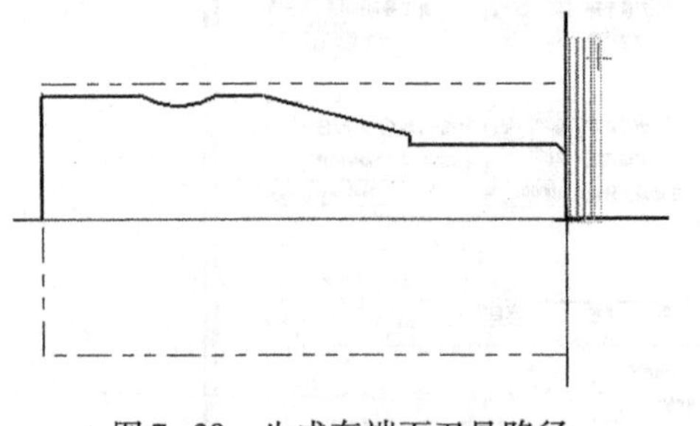
图 7-39　生成车端面刀具路径

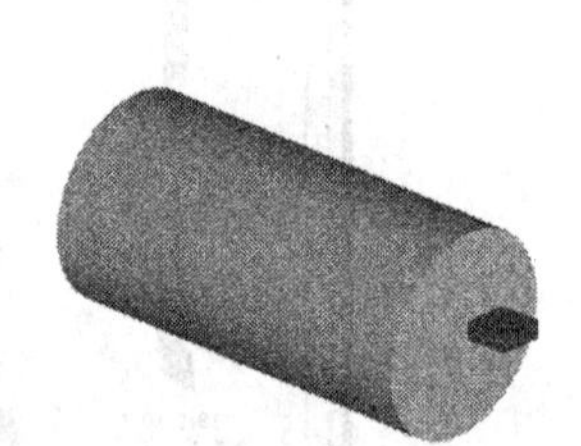
图 7-40　模拟验证结果

5. 粗车

（1）启动【粗车】命令　选择菜单栏中的【刀具路径】→【粗车】命令，系统弹出【串连选项】对话框。

（2）设置加工区域　用鼠标选择工件倒角和最终加工线段，注意箭头方向要一致，如图 7-41 所示。

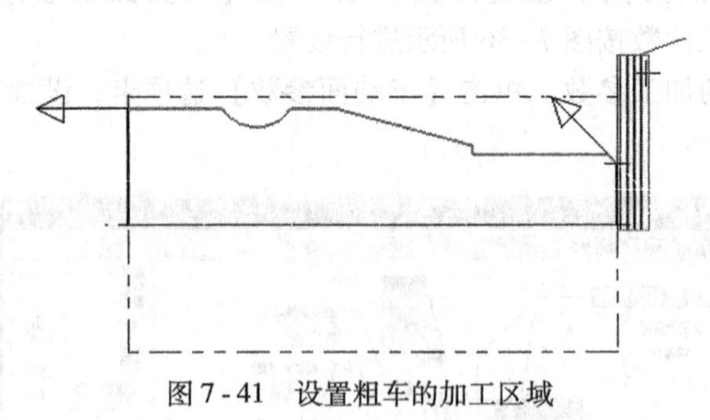
图 7-41　设置粗车的加工区域

（3）选择粗车刀具和设置刀具参数　单击【串连选项】对话框的 按钮，系统弹出【车床粗加工 属性】对话框，如图 7-42 所示。在该对话框中选择【刀具路径参数】选项卡，选择“T2121”刀具，设置其加工参数如图 7-42 所示。

（4）设置粗车的加工参数　单击【粗加工参数】选项卡，设置粗车的相关参数如图 7-43所示。

（5）生成粗车刀具路径　单击 按钮，系统生成粗车刀具路径，如图 7-44 所示。

（6）模拟验证　单击操作管理器中的 按钮，系统自动弹出【验证】对话框。单击

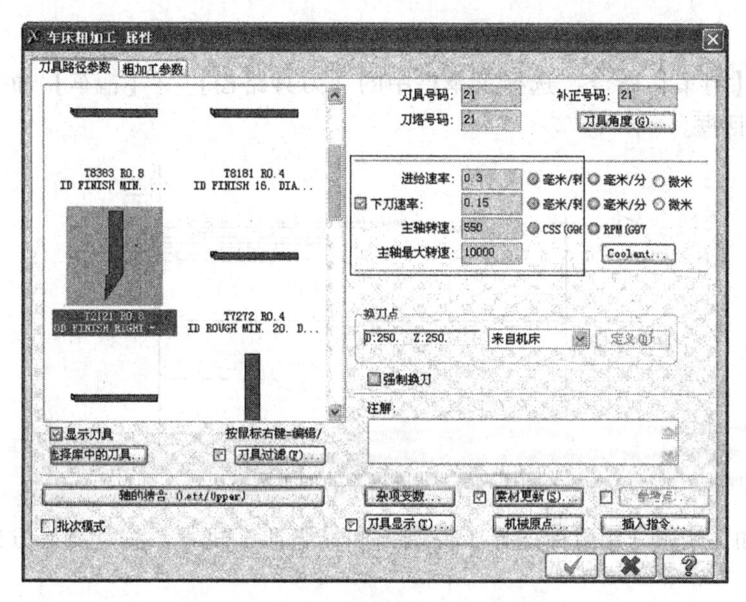

图 7 - 42 【车床粗加工 属性】对话框

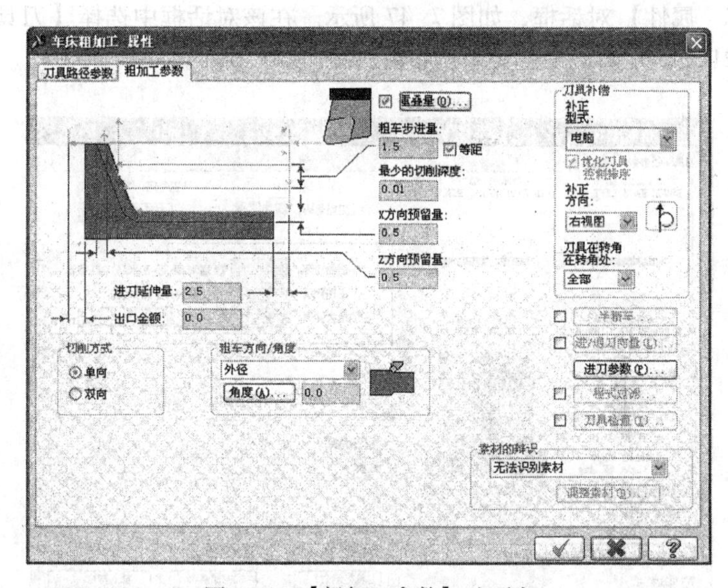

图 7 - 43 【粗加工参数】选项卡

按钮进行验证，模拟验证结果如图 7 - 45 所示。单击 ✓ 按钮，结束模拟验证。

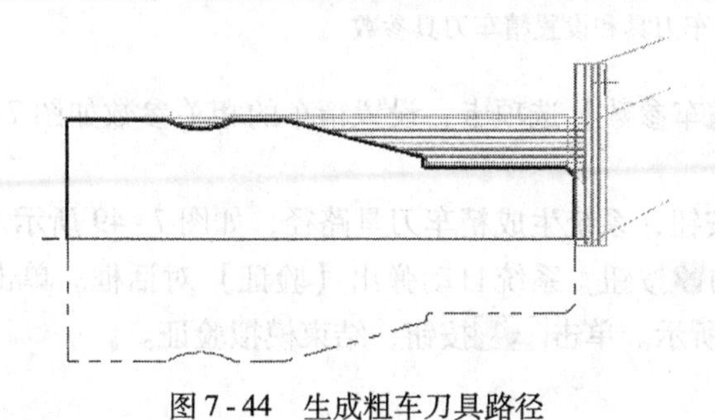

图 7 - 44　生成粗车刀具路径

图 7 - 45　模拟验证结果

6. 精车

(1) 启动【精车】命令　选择菜单栏中的【刀具路径】→【精车】命令，系统弹出【串连选项】对话框。

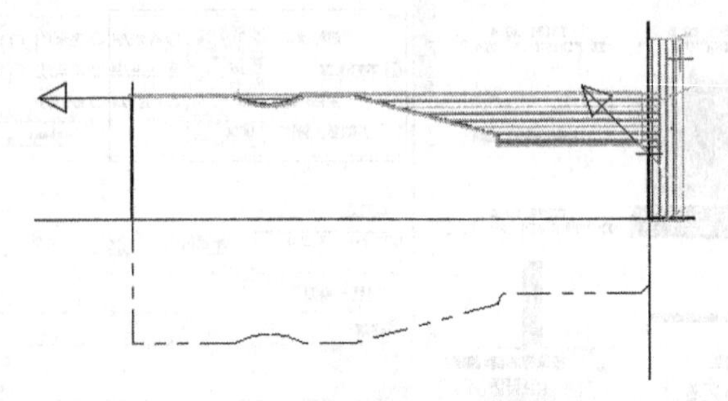

图 7 - 46　设置精车的加工区域

(2) 设置加工区域　用鼠标选择工件倒角和最终加工线段，注意箭头方向要一致，如图7 - 46所示。

(3) 选择精车刀具和设置刀具参数　单击【串连选项】对话框中的 按钮，系统弹出【车床 - 精车　属性】对话框，如图 7 - 47 所示。在该对话框中选择【刀具路径参数】选项卡，选择“T2121”刀具，设置其加工参数如图 7 - 47 所示。

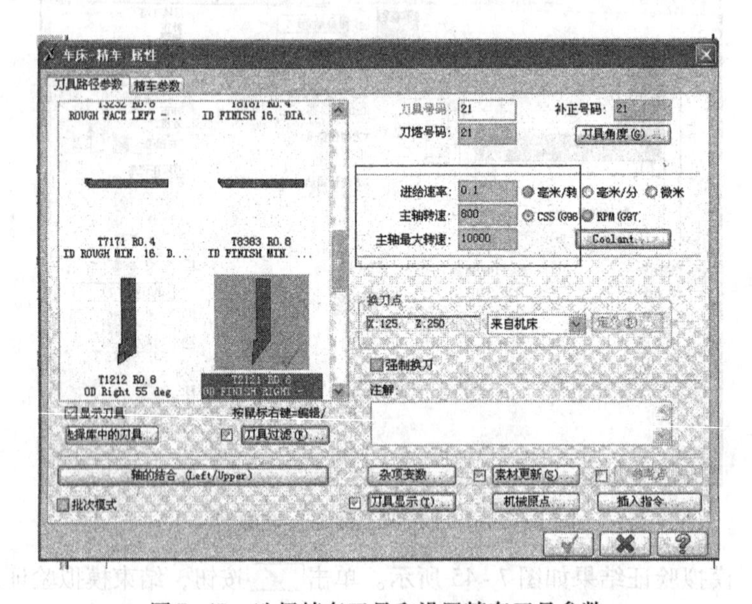

图 7 - 47　选择精车刀具和设置精车刀具参数

(4) 设置精车的加工参数　单击【精车参数】选项卡，设置精车的相关参数如图 7 - 48 所示。

(5) 生成精车刀具路径　单击 按钮，系统生成精车刀具路径，如图 7 - 49 所示。

(6) 模拟验证　单击操作管理器中的 按钮，系统自动弹出【验证】对话框。单击 按钮进行验证，模拟验证结果如图 7 - 50 所示。单击 按钮，结束模拟验证。

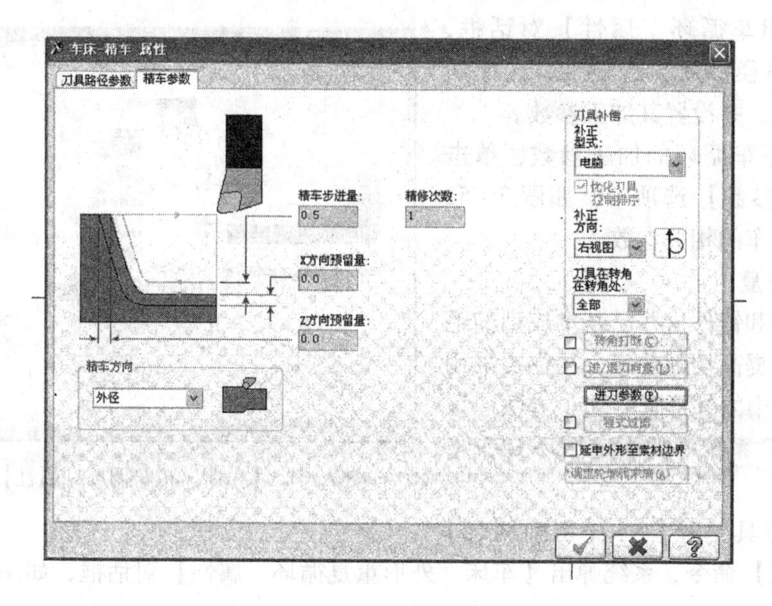

图7-48　【精车参数】选项卡

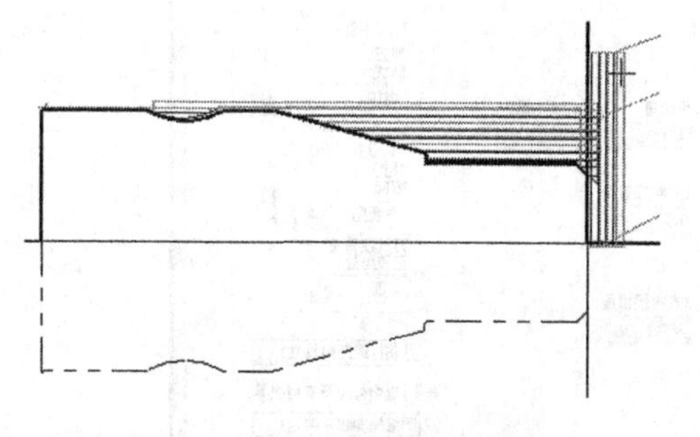

图7-49　生成精车刀具路径

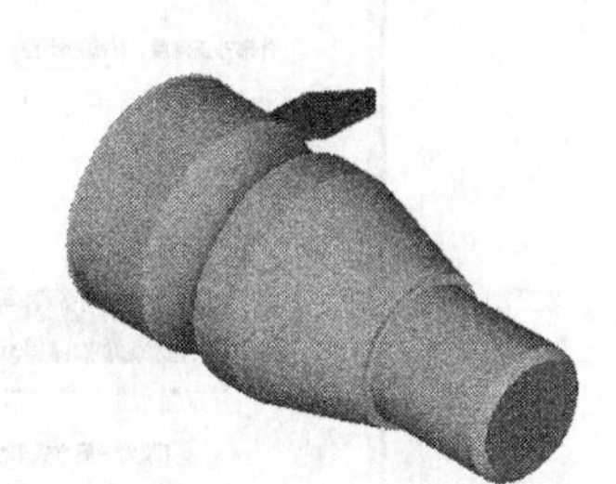

图7-50　模拟验证

扩展知识

在数控车床上粗、精车外圆和内圆以及车阶台和端面，可以利用Mastercam X5的粗车和精车命令来完成，但对FANUC、SIEMENS等具有固定循环功能指令的系统来说，选择固定循环指令来编程，程序更简洁，效率更高。下面就车削循环中的粗车循环、精车循环和外形重复作以下补充说明。

1. 粗车循环

粗车循环主要用于加工零件的外圆、内圆和阶台端面，并预留一定的精加工余量。它与粗车命令的区别是生成的加工指令为循环指令，如FANUC系统为G71指令。

粗车循环的操作步骤和粗车的操作步骤基本相同：

① 启动粗车循环命令。选择【刀具路径】→【切削循环】→【粗车】命令，系统弹出【串连选项】对话框。

② 设置加工区域。用鼠标选择开始加工的线段和最终加工的线段（注意箭头方向要一致）。

③ 选择加工所需刀具并设置刀具参数。单击【串连选项】对话框的✓按钮，系统弹

出【车床　粗车循环　属性】对话框，选择【刀具路径参数】选项卡，选择加工所需的刀具，并设置其加工参数。

④ 设置粗车循环的加工参数，单击【循环粗车的参数】选项卡，如图 7-51 所示，设置粗车的相关参数。

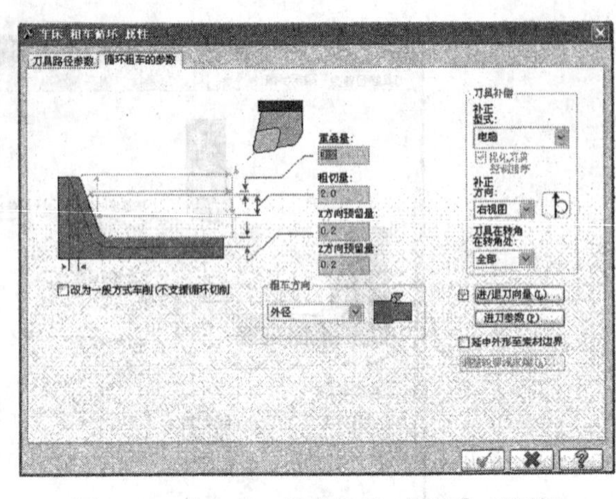

图 7-51 【车床　粗车循环　属性】对话框

2. 外形重复

对于锻件和铸件这些已基本成型的毛坯来说，为了提高切削效率，往往要采用 Mastercam X5 中的外形重复加工方法。该方法与 FANUC 系统中的固定循环 G73 指令相对应。

选择【刀具路径】→【切削循环】→【外形重复】命令，系统弹出【车床　外形重复循环　属性】对话框，如图 7-52 所示。

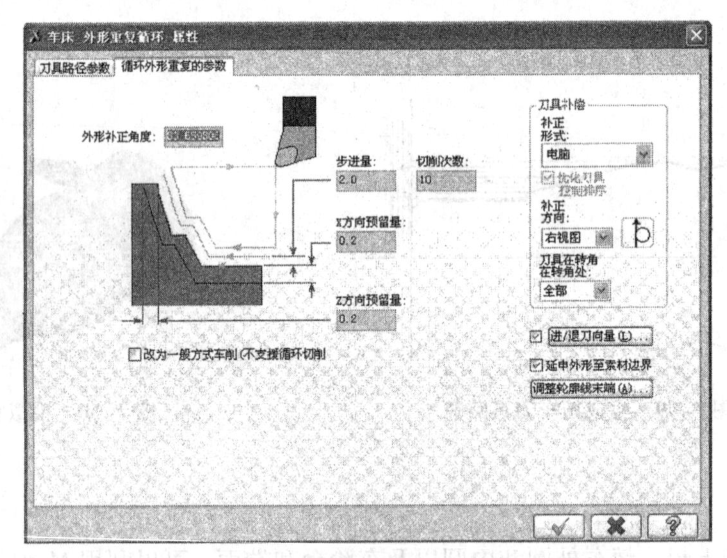

图 7-52 【车床　外形重复循环　属性】对话框

单击【循环外形重复的参数】选项卡，其主要参数说明如下：

1）【步进量】。用于设置每次车削加工的粗车背吃刀量。

2）【切削次数】。用于设置车削的次数。车削的次数 = 切削余量 ÷ 背吃刀量。

图 7-1 所示的零件，若采用 Mastercam X5 的【外形重复】命令来加工，生成的刀具路径如图 7-53 所示。

3. 精车循环

对于已采用了 Mastercam X5 的粗车循环和外形重复命令进行过粗加工的工件，可以采用精车循环进行精加工。它与 FANUC 系统中的 G70 指令相对应。

选择【刀具路径】→【切削循环】→【精车】命令，系统弹出【车床　精车循环　属性】对话框，如图 7-54 所示。

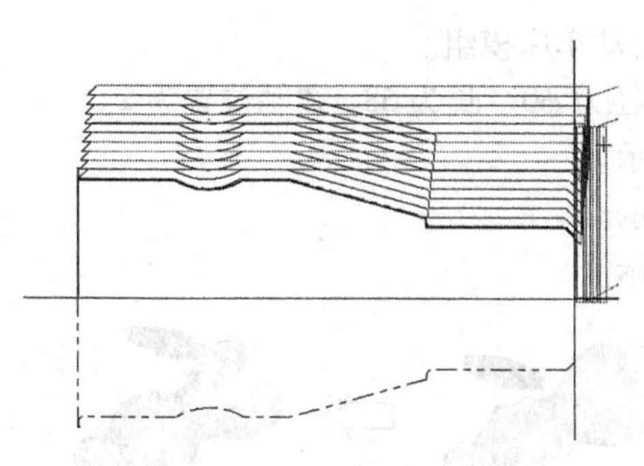

图 7-53　外形重复刀具路径

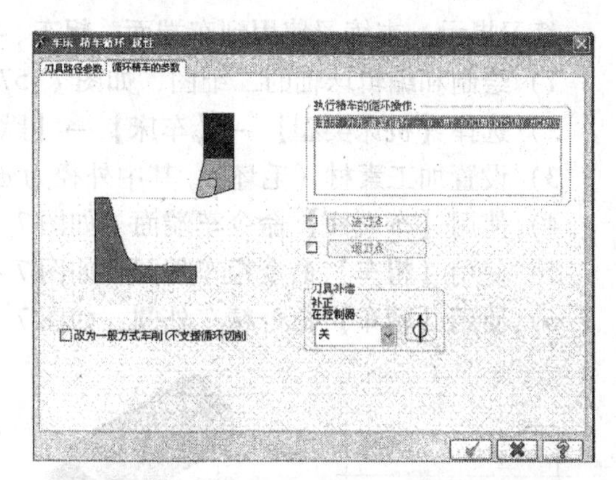

图 7-54　【车床　精车循环　属性】对话框

任务拓展

练习1：绘制如图7-55所示的异形轴图形，并创建端面、粗车和精车的刀具路径。已知棒料直径 $\phi50$，长85。

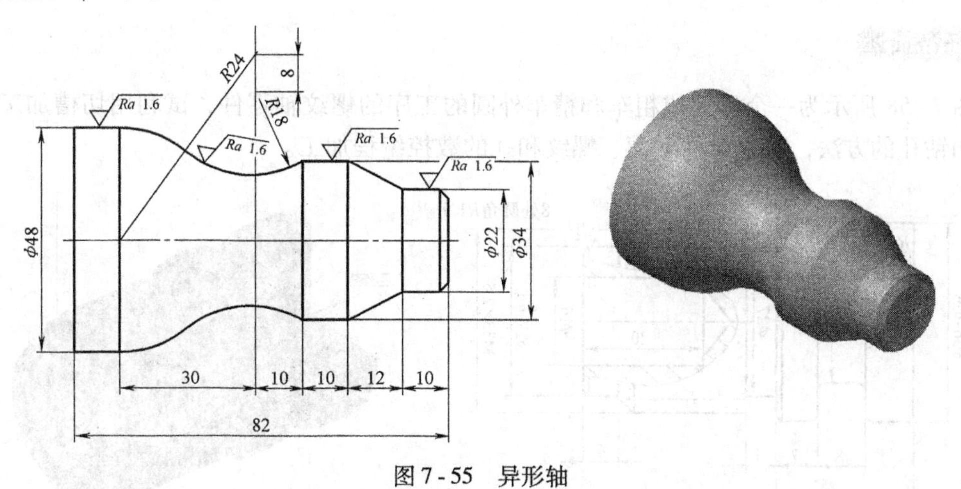

图 7-55　异形轴

练习2：绘制如图7-56所示的球轴图形，并创建端面、粗车和精车的刀具路径。已知棒料直径 $\phi32$，长68。

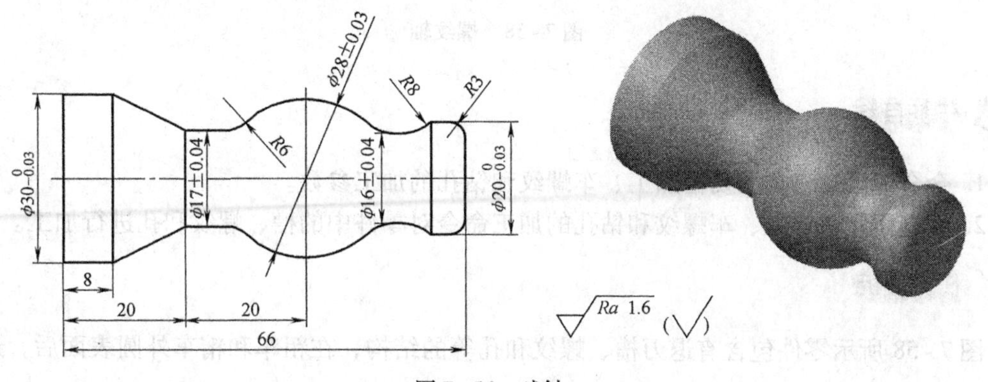

图 7-56　球轴

练习提示：本练习使用到车端面、粗车、精车等加工命令，其加工步骤如下：

1）绘制和编辑球轴的二维图，如图 7-57a 所示。

2）选择【机床类型】→【车床】→【默认】，启动车床模组。

3）设置加工素材（毛坯），其中外径为 ϕ32、内径为 ϕ0、长为 68、Z 轴位置为 2。

4）使用【车端面】命令车端面，如图 7-57b 所示。

5）使用【粗车】命令粗车外圆，如图 7-57c 所示。

6）使用【精车】命令精车外圆，如图 7-57d 所示。

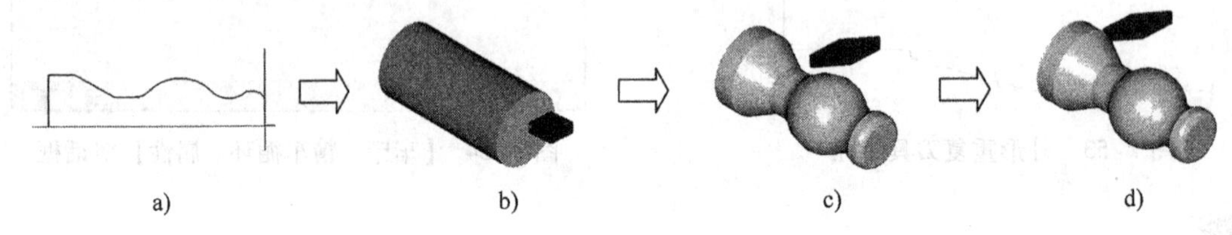

图 7-57　球轴的加工过程

任务 2　切槽加工、车螺纹和钻孔加工

任务描述

图 7-58 所示为一个已完成粗车和精车外圆的工序的螺纹轴零件，试利用切槽加工、车螺纹和钻孔的方法，完成零件上槽、螺纹和孔的数控编程加工。

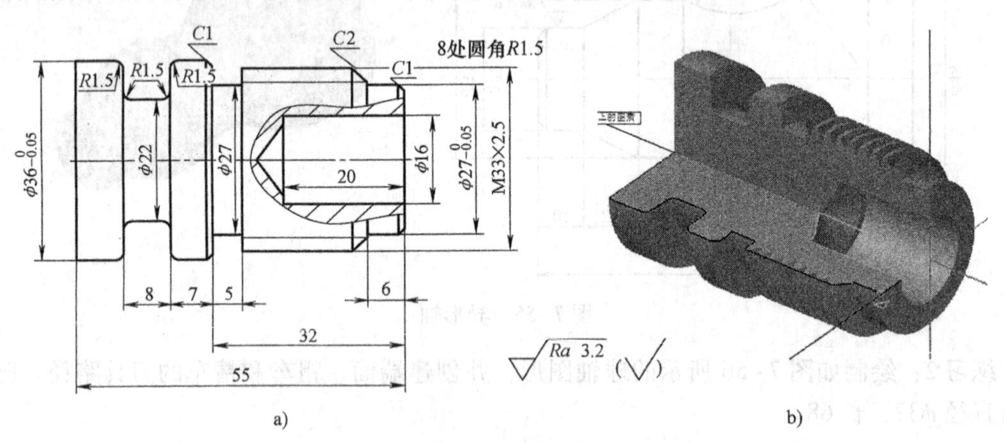

图 7-58　螺纹轴

任务目标

1. 会合理设置刀具、切槽加工、车螺纹和钻孔的加工参数。
2. 能运用切槽加工、车螺纹和钻孔的加工命令对零件中的槽、螺纹和孔进行加工。

任务分析

图 7-58 所示零件包含有退刀槽、螺纹和孔等的结构，在粗车和精车外圆表面后，进行

车退刀槽、车螺纹和钻孔工序，常用的加工方案有以下几种：

方案1：先粗、精车退刀槽，再车螺纹，最后进行钻孔和车孔加工。此方案效率较高，但精度低些，适合单件生产。

方案2：先粗、精车退刀槽，再进行钻孔和车孔加工，最后车螺纹。此方案效率较高，精度比方案一略高，适合单件生产。

方案3：先粗、精车退刀槽，再进行钻孔加工，然后车螺纹，最后才车孔。此方案精度高，主要适合加工大批量、精度高的工件。

鉴于螺纹轴的加工精度不高，故此任务可采用方案一来实施编程加工。

相关知识

1. 切槽加工（径向切削）

系统提供的切槽模组，主要用于切槽加工。它既可以切削径向的槽，又可以切削轴向的槽。切槽所使用的切槽刀两侧都有切削刃。在切径向的槽时，刀具在垂直于轴线的方向进刀，当切削到槽底时将沿轴线方向进行切削修光，最后沿垂直于轴线的方向退刀。

对如图7-59所示零件中的退刀槽进行切槽加工，其切槽参数设置如下：

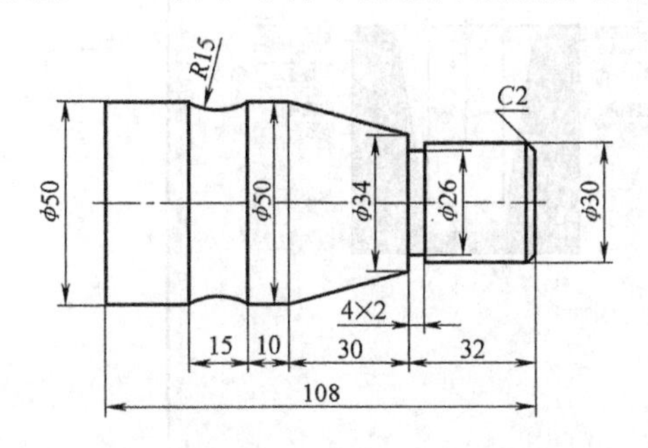

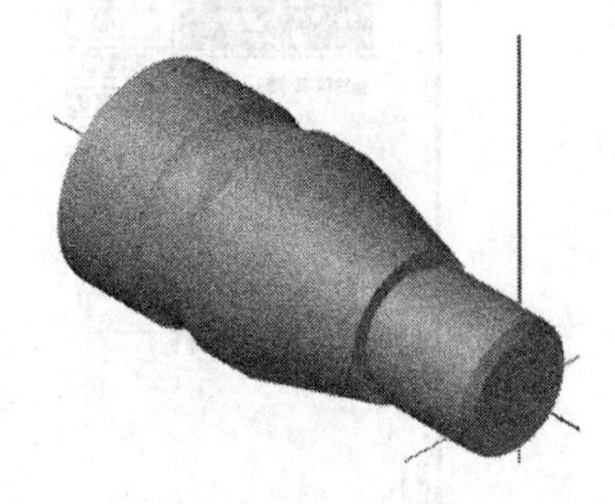

图7-59　切槽

（1）启动切槽加工命令　选择菜单栏中的【刀具路径】→【车床径向车削刀具路径】命令，系统弹出【径向车削的切槽选项】对话框，如图7-60所示。

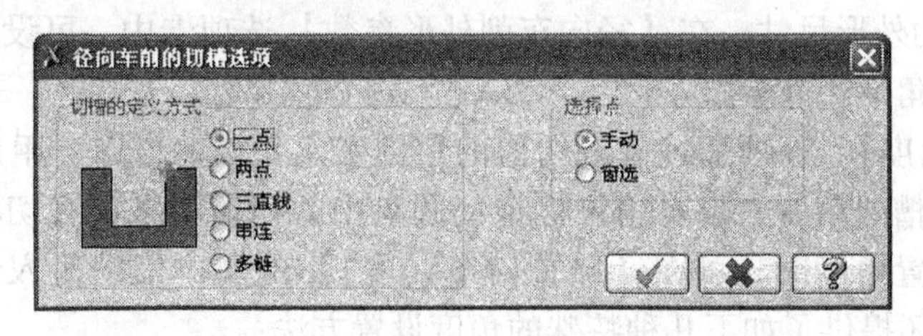

图7-60　【径向车削的切槽选项】对话框

（2）设置切槽的加工区域　在【径向车削的切槽选项】对话框中有四个选项，供用户设置切槽的加工区域。各选项的含义说明如下：

1）【一点】。选择该单选按钮，用户可采用【手动】或【窗选】方式选择点。当采用【手动】方式选取点时，用户可在绘图区选取一点，选取的点为槽右上角的点。而加工区域的大小要通过设置槽的外形来定义。

2）【两点】。是指用户可通过选择槽的两个对角点来定义槽的宽和高。槽的形状还要通过设置槽的外形来定义。

3）【三直线】。是指用户可在绘图区选择 3 条直线来确定切槽区域的尺寸。选取的三直线必须是矩形的三条边才能定义槽的宽度和高度，而实际槽的形状仍需通过设置槽的外形来定义。

4）【串连】。是指由用户在绘图区选择两个外形串连作为切槽加工区域，适用于切非矩形的槽。

（3）径向车削外形参数的设置　设置了切槽的加工区域后，系统弹出【车床 - 径向粗车　属性】对话框。其中，【径向车削外形参数】选项卡用于设置槽的开口方向和槽的外形尺寸，如图 7 - 61 所示。

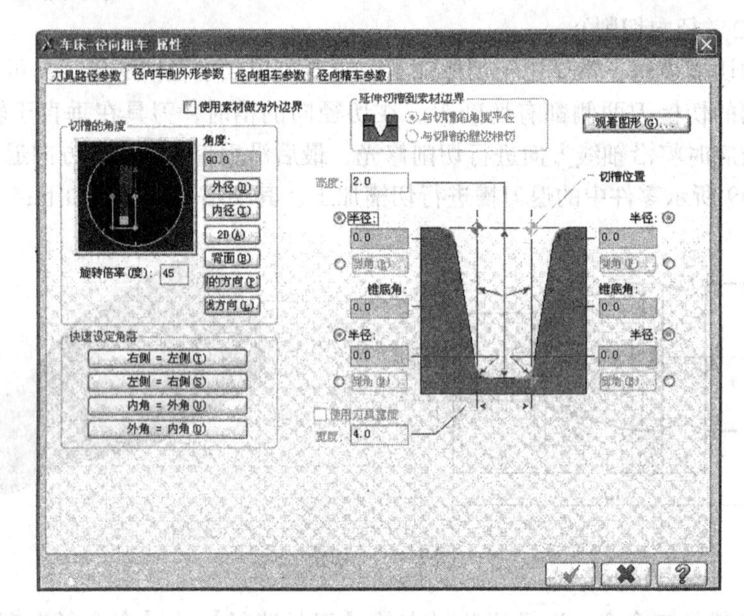

图 7 - 61　【车床 - 径向粗车　属性】对话框的【径向车削外形参数】选项卡

1）设置切槽的外形尺寸。在【径向车削外形参数】选项卡中，可设置槽的高度、底部宽度、锥底角、圆角半径等参数。

2）【切槽的角度】。该项通过设置切槽的角度来定义槽的方向。用户可以直接在【角度】文本框中输入槽的角度，也可用鼠标拖动圆盘中的切槽刀来设置切槽的角度。当用鼠标拖动切槽刀来设置角度时，可在【旋转倍率（度）】的文本框中输入最小角度增量。此外，Mastercam X5 还提供了如下几种特殊的角度设置方法：

①【外径】。在工件外表面切凹槽，系统自动设置【角度】为 90°。

②【内径】。在工件内表面切凹槽，系统自动设置【角度】为 -90°。

③【2D】。在工件端面切凹槽，系统自动设置【角度】为 0°。

④【背面】。在工件背面（从左向右切的端面）切凹槽，系统自动设置【角度】为 180 °。

⑤【进刀的方向】。单击该按钮，选择一条直线作为切槽的进刀方向。

⑥【底线方向】。单击该按钮，选择一条直线作为端面位置方向。

3)【快速设定角落】。该项用于快速设置切槽的形状，包含如下四种选项：

①【右侧 = 左侧】。系统会把切槽右侧的参数设置为左侧的参数。

②【左侧 = 右侧】。系统会把切槽左侧的参数设置为右侧的参数。

③【内角 = 外角】。系统会把切槽内角的参数设置为外角的参数。

④【外角 = 内角】。系统会把切槽外角的参数设置为内角的参数。

(4) 径向粗车参数的设置　在【车床 - 径向粗车　属性】对话框中，单击【径向粗车参数】选项卡，使用时必须勾选【粗车切槽】复选框，如图 7 - 62 所示。

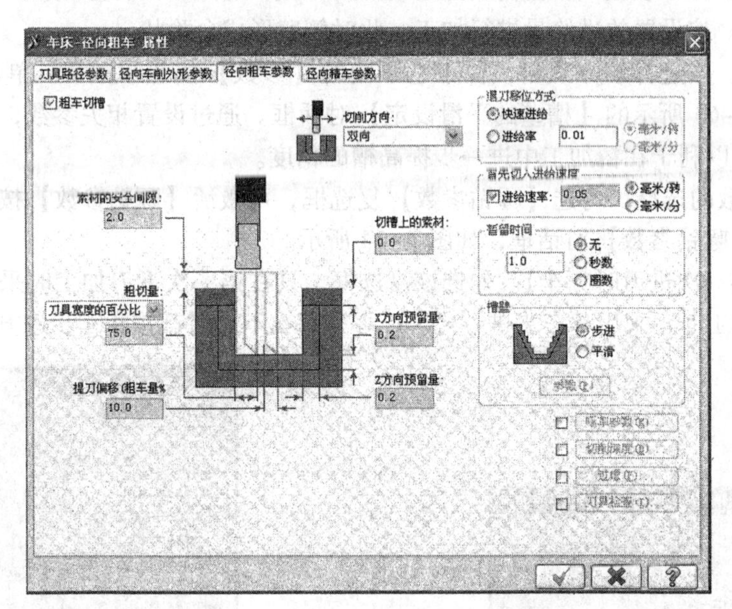

图 7 - 62 【径向粗车参数】选项卡

1)【切削方向】。用于设置粗加工时的进刀方向，有如下三种进刀方向：

①【正的】。是指刀具从槽的左侧开始切削，切到槽底后退刀，然后沿着 $+Z$ 方向移动再切削下一刀。

②【负的】。是指刀具从槽的右侧开始切削，切到槽底后退刀，然后沿着 $-Z$ 方向移动再切削下一刀。

③【双向】。是指刀具从槽的中间开始切削，并双向移动进行分刀切削。

2)【粗切量】。用于设置粗加工切槽时的轴向进给量（步进量），包含有三种方式，单击其下拉按钮可进行选择。

①【切削次数】。是指通过设置进刀次数来确定每次进给量。

②【步进量】。可直接设置每次加工的进给量。

③【刀具宽度的百分比】。指将每次进给量设置为刀具宽度的百分比。

3)【提刀偏移（粗车量%）】。是指每次切到槽底时，提刀前偏离加工面的距离。

4)【退刀移位方式】。用于设置加工过程中退刀的形式，有如下两种形式：

①【快速进给】。指采用快速退刀的方式，切槽加工大多采用此方式。

②【进给率】。可在其文本框中直接输入退刀的进给速率，主要用于刀宽等于槽宽的

场合。

5)【暂留时间】。用于设置每次粗加工至槽底时刀具在槽底的停留时间，有如下三种选择方式：

①【无】。刀具在槽底不停留，用于加工精度不高的槽。

②【秒数】。用于设置刀具在槽底停留的时间，用于加工精度较高的槽。

③【圈数】。用于设置刀具在槽底停留的转数。

6)【槽壁】。用于设置当槽壁为斜壁时的加工方式，有如下两种方式：

①【步进】。按设置的进给量进行加工，此时侧壁形成台阶状。

②【平滑】。当选择该方式时，位于它下面的【参数】按钮被激活。单击【参数】按钮，弹出如图 7-63 所示的【槽壁的平滑设定】对话框。通过设置相关参数，可使切槽的内壁将更加平滑，以利于在精加工中进一步提高槽的精度。

7) 啄钻参数的选择。勾选【啄钻参数】复选框，可激活【啄钻参数】按钮。单击该按钮，系统弹出【啄钻参数】对话框，如图 7-64 所示。

①【只在第一次进刀时啄车】。勾选该复选框，只在第一次下刀加工时采用啄车步进方式，其他下刀加工时不采用啄车步进方式。反之则每次下刀时都按啄车步进方式切削。

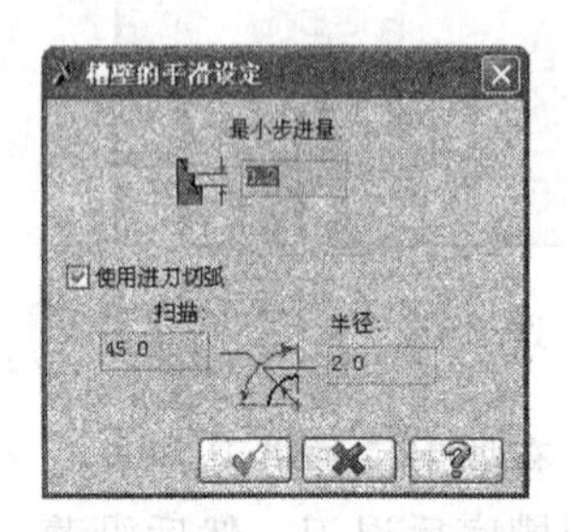

图 7-63 【槽壁的平滑设定】对话框

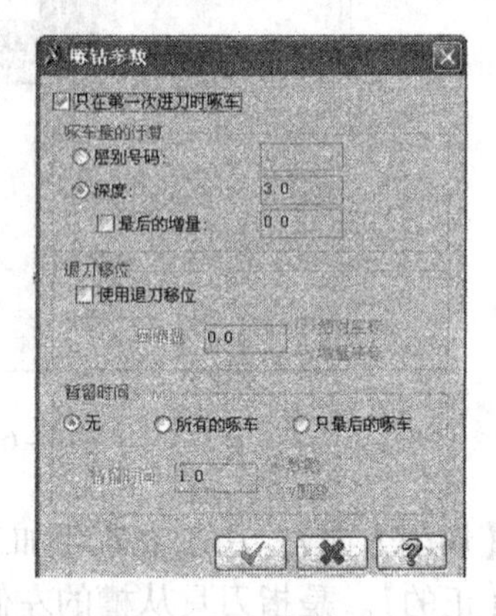

图 7-64 【啄钻参数】对话框

②【啄车量的计算】。用于设置啄车深度，有两种设置方法：

a.【层别号码】。当选择【层别号码】选项时，由系统根据凹槽深度自动计算出每次的加工深度。

b.【深度】。当选择【深度】选项时，可在右边的文本框内直接输入每次的加工深度。如果同时还勾选了【最后增量】复选框，则可设置啄车最后一刀的加工深度。

③【退刀移位】。用于设置切槽加工刀具每次啄车后的退刀量，在切削脆性材料时有利于排屑。

④【暂留时间】。用于设置步进运动时刀具在切槽底部的停留时间和方式。

8) 切削深度的选择。勾选【切削深度】复选框，可激活【切削深度】按钮。单击该按钮，系统弹出【切槽的分层切深设定】对话框，如图 7-65 所示。

①【每次的切削深度】。用于设置切槽加工时每层的深度。

②【切削次数】。用于设置切槽加工时的分层数。

③【深度间的移动方式】。用于设定在每个切槽加工层之间切槽刀具的运动方式，包括【双向】和【同向】两种方式。

④【退刀至素材的安全间隙】。用于设置切槽刀具每层切削后的退刀方式，包括【绝对坐标】和【增量坐标】两种方式。

9)【过滤】。勾选【过滤】复选框，可激活【过滤】按钮。单击该按钮，系统弹出【程式过滤设置】对话框，可设置切槽的公差和在槽底两端产生的圆角半径，如图 7-66 所示。

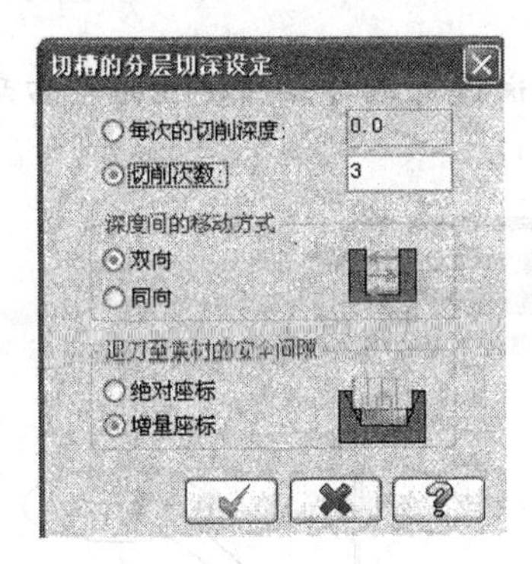

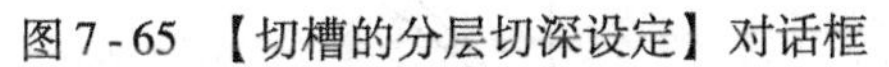
图 7-65　【切槽的分层切深设定】对话框

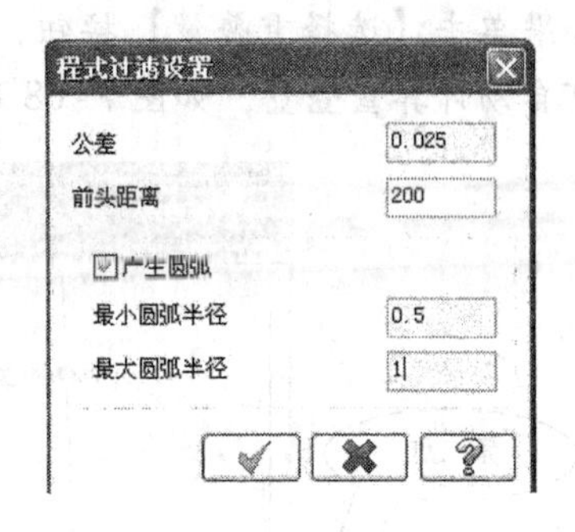

图 7-66　【程式过滤设置】对话框

(5) 径向精车参数的设置　在【车床 - 径向粗车　属性】对话框中，单击【径向精车参数】选项卡，如图 7-67 所示，各项说明如下：

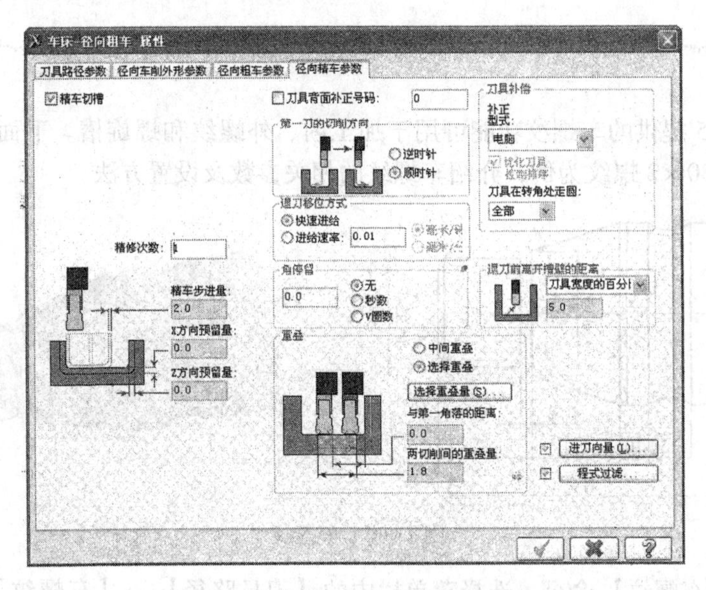

图 7-67　【径向精车参数】选项卡

1)【第一刀的切削方向】。用于设置切槽加工第一次的进给方向，包括【逆时针】和【顺时针】两种方式。

2)【退刀位移方式】。用于设置切槽加工的退刀位移方式，有【快速进给】(G00) 和【进给速率】两种方式。

3)【精车用量】。用于设置精加工槽时的【精车步进量】、【X 方向的预留量】和【Y

方向的预留量】等参数。

4）【重叠】。用于设置精加工槽时，两次进给间的重叠量。【中间重叠】是指重叠量是刀具宽度的1/2，【选择重叠】可通过在文本框中输入数值来设置重叠量。

5）【进刀向量】。用户可以在每次精加工刀具路径前添加一段进刀的刀具路径。该对话框相关参数与粗车加工中进/退刀刀具路径设置的含义相同，可参照学习。

教你一招

如果单击【选择重叠量】按钮，还可以在绘图区通过用鼠标点选槽底的左右两端，系统可自动计算重叠量，如图 7 - 68 所示。

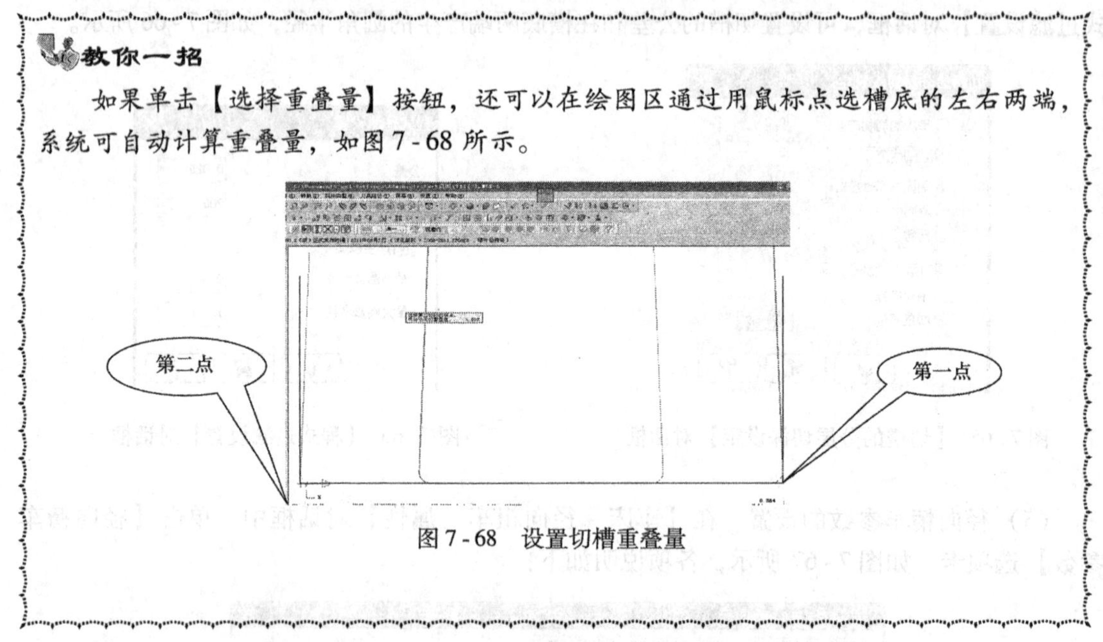

图 7 - 68 设置切槽重叠量

2. 车螺纹

Mastercam X5 提供的车螺纹功能可用于加工内、外螺纹和螺旋槽。下面以车削图 7 - 69 所示零件中的 M30 ×2 螺纹为例，介绍车螺纹的相关参数及设置方法。

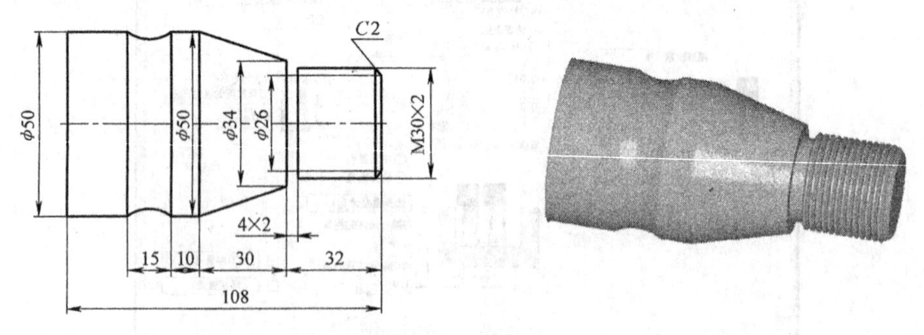

图 7 - 69 车螺纹

（1）启动【车螺纹】命令 选择菜单栏中的【刀具路径】→【车螺纹】命令，系统弹出【车床 - 车螺纹 属性】对话框，如图 7 - 70 所示。创建螺纹刀具路径，除了要在【刀具路径参数】选项卡中设置刀具的共同参数外，还需在【螺纹形式的参数】和【车螺纹参数】选项卡中设置专用参数。这里仅介绍螺纹车削专用参数的设置方法。

（2）螺纹形式参数的设置 【螺纹形式的参数】选项卡用于设置螺纹的几何外形和尺寸大小。

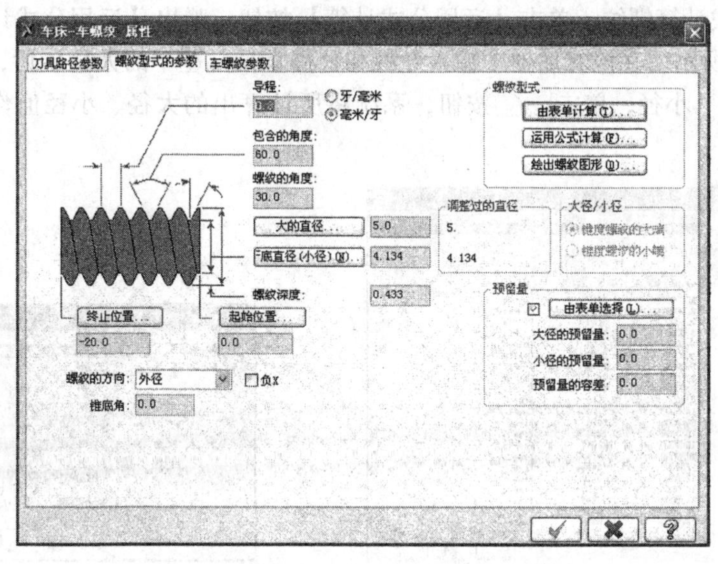

图 7-70　【车床-车螺纹　属性】对话框

1）螺纹参数：

①【导程】。在其文本框中可输入导程值，导程有两种输入方法：当选择【牙/毫米】为单位时，文本框中输入的是每毫米距离上的螺纹个数；当选择【毫米/牙】为单位时，表示每扣螺纹的长度。

②【包含的角度】。用于设置螺纹的牙型角。通常米制螺纹的牙型角为 60°，寸制螺纹的牙型角为 55°。

③【螺纹的角度】。用于设置螺纹的牙型角半角，即螺纹的一条边与螺纹轴的垂线的夹角。

④【大的直径】。用于设置螺纹大径。

⑤【牙底直径（小径）】。用于设置螺纹小径。

⑥【螺纹深度】。用于设置螺纹的牙型高。

⑦【起始位置】。用于设置螺纹起点的 Z 方向的位置，一般距离工件右端面为 2 ~ 5mm 即可。

⑧【终止位置】。用于设置螺纹终点的 Z 方向的位置。对于有退刀槽的工件，终止位置可设置在槽的中间。

⑨【螺纹的方向】。用于设置螺纹的类型，有：【外径】、【内径】、【端面/背面】三个选项。

⑩【负 X】。在 $-X$ 方向加工的螺纹。

⑪【锥底角】。用于设置圆锥螺纹的角度。当输入值大于 0 时，圆锥螺纹的大端在螺纹的左端。

2）螺纹形式：

① 由表单计算螺纹。单击【由表单计算】按钮，弹出【螺纹的表单】对话框，如图 7-71所示。用户可以在该对话框中选择所需的螺纹形式，单击[✓]按钮，即可将其参数设置为当前加工的螺纹参数。

② 运用公式计算螺纹。单击【运用公式计算】按钮，弹出【运用公式计算螺纹】对话框，如图 7-72 所示。在该对话框中输入导程和公称直径（基本的大径）后，系统会自动计算出的螺纹大径、小径，单击 ✓ 按钮，系统将所计算出的大径、小径值作为当前加工的螺纹参数。

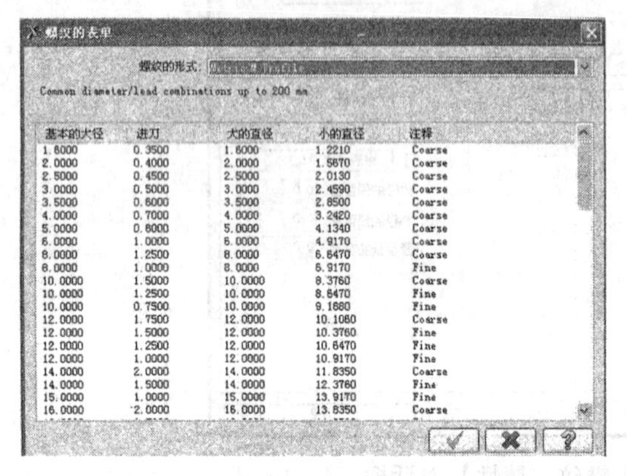

基本的大径	进刀	大的直径	小的直径	注释
1.6000	0.3500	1.6000	1.2210	Coarse
2.0000	0.4000	2.0000	1.5670	Coarse
2.5000	0.4500	2.5000	2.0130	Coarse
3.0000	0.5000	3.0000	2.4590	Coarse
3.5000	0.6000	3.5000	2.8500	Coarse
4.0000	0.7000	4.0000	3.2420	Coarse
5.0000	0.8000	5.0000	4.1340	Coarse
6.0000	1.0000	6.0000	4.9170	Coarse
8.0000	1.2500	8.0000	6.6470	Coarse
8.0000	1.0000	8.0000	6.9170	Fine
10.0000	1.5000	10.0000	8.3760	Coarse
10.0000	1.2500	10.0000	8.6470	Fine
10.0000	0.7500	10.0000	9.1680	Fine
12.0000	1.7500	12.0000	10.1060	Coarse
12.0000	1.5000	12.0000	10.3760	Fine
12.0000	1.2500	12.0000	10.6470	Fine
12.0000	1.0000	12.0000	10.9170	Fine
14.0000	2.0000	14.0000	11.8350	Coarse
14.0000	1.5000	14.0000	12.3760	Fine
15.0000	1.0000	15.0000	13.9170	Fine
16.0000	2.0000	16.0000	13.8350	Coarse

图 7-71 【螺纹的表单】对话框

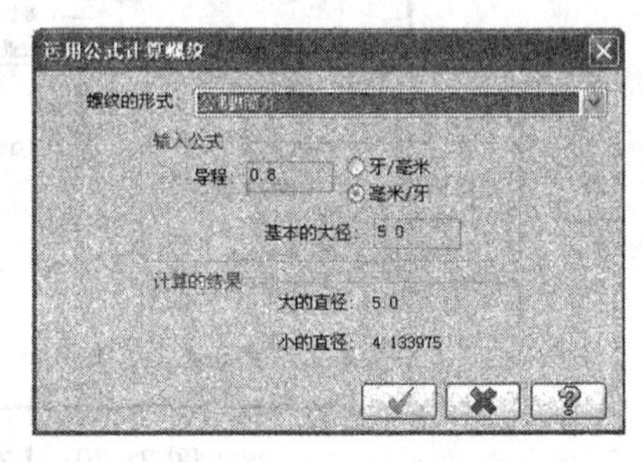

图 7-72 【运用公式计算螺纹】对话框

③ 绘出螺纹图形。单击【绘出螺纹图形】按钮，系统在绘图区按已设置的螺纹参数绘制出螺纹的形状。

(3) 车螺纹参数的设置　在【车螺纹参数】选项卡中可设置 NC 代码的格式、车削深度和车削次数等参数，如图 7-73 所示。

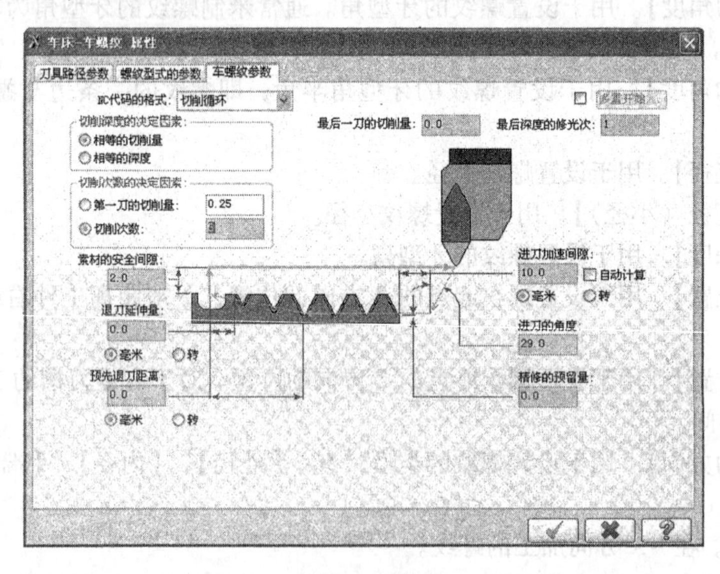

图 7-73 【车螺纹参数】选项卡

1)【NC 代码的格式】。用于设置车螺纹时所使用的指令形式，有如下四种形式：

①【一般切削】。生成 NC 代码为 G32。

②【切削循环】。生成 NC 代码为 G76。

③【立方体】。生成 NC 代码为 G92。

④【交替切削】。生成NC代码为G32，但其进刀方式为左右进刀。

2）【切削深度的决定因素】。用于设置车螺纹时每次车削的背吃刀量的确定方式。

①【相等的切削量】。系统根据第一刀切削量、最后一刀切削量和螺纹深度来计算设置每次车削的背吃刀量。

②【相等的深度】。按照相等的深度来决定每次车削的背吃刀量。

3）【切削次数的决定因素】

①【第一刀的切削量】。系统根据第一刀的切削量、最后一刀的切削量和螺纹深度来计算车削的次数。

②【切削次数】。系统根据切削次数、最后一刀的切削量和螺纹深度来计算车削的次数。

3. 钻孔

Mastercam X5提供的钻孔功能用于在实体材料上钻孔。下面以加工如图7-74所示零件中的孔为例，介绍钻孔参数的设置方法。

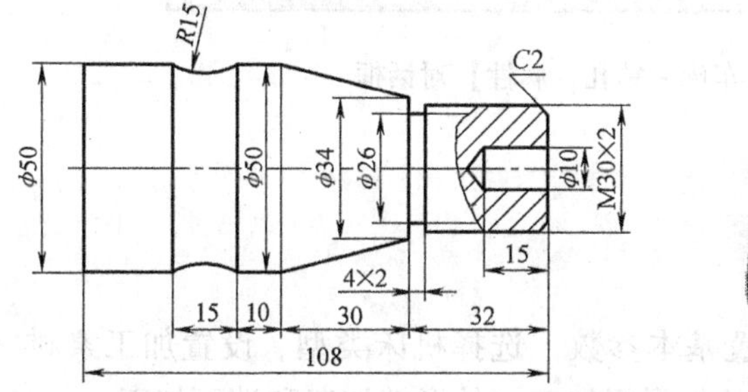

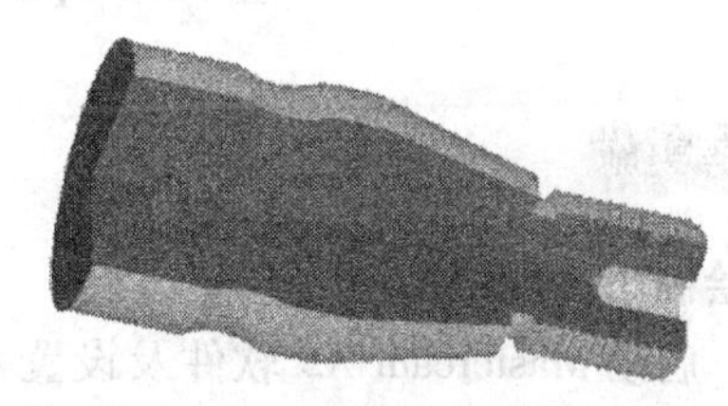

图7-74　钻孔加工

（1）启动【钻孔】命令　选择菜单栏中的【刀具路径】→【钻孔】命令，系统弹出【车床-钻孔　属性】对话框，如图7-75所示。创建钻孔刀具路径，除了要在【刀具路径参数】选项卡中设置共同参数外，还需在【深孔钻-无啄钻】选项卡中设置专用参数。这里仅介绍钻孔的专用参数。

（2）深孔钻-无啄钻

1）【深度】。指钻孔深度。

2）【钻孔位置】。一般为材料端面，即是钻头开始钻削工件的位置。

3）【安全高度】。是钻头开始进行钻孔时的起始点，也是钻孔完毕后退刀后的停止位置。一般设置在离开材料端面10mm左右的地方。

4）【参考高度】。一般设置在距离材料端面2～5mm的位置，是钻头从快速进给转变为工作进给的位置。

5）【钻头尖部补偿】。对于通孔，为保证钻通工件，可以设置钻尖超出工件的距离。

教你一招

1）为保证钻通工件，也可通过单击【深度】文本框右边的计算器按钮自动计算实际需要的钻孔深度。

2）钻孔时只需绘出孔的深度，不必绘出孔的形状。

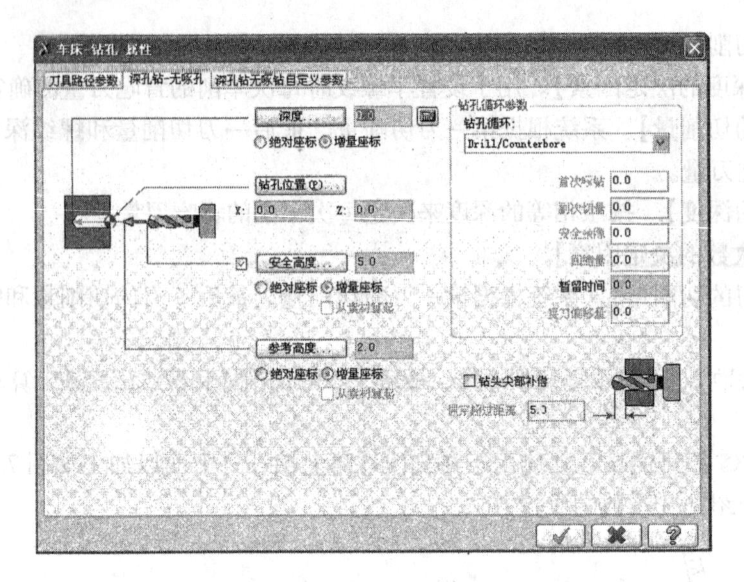

图 7-75 【车床-钻孔 属性】对话框

任务实施

1. 绘制工件图形

（1）启动 Mastercam X5 软件及设置基本参数　选择机床类型、设置加工素材（毛坯）文件以设置；完成如图 7-58 所示零件的外形粗加工、外形精加工和端面加工。

（2）绘制工件图形　绘制两点确定槽的位置和尺寸，绘制出孔的底部位置，如图 7-76 所示。

2. 加工 5×ϕ27 槽

（1）启动【车床径向切削刀具路径】命令　选择菜单栏中的【刀具路径】→【车床径向切削刀具路径】命令，系统弹出【径向车削的切槽选项】对话框，如图 7-77 所示。

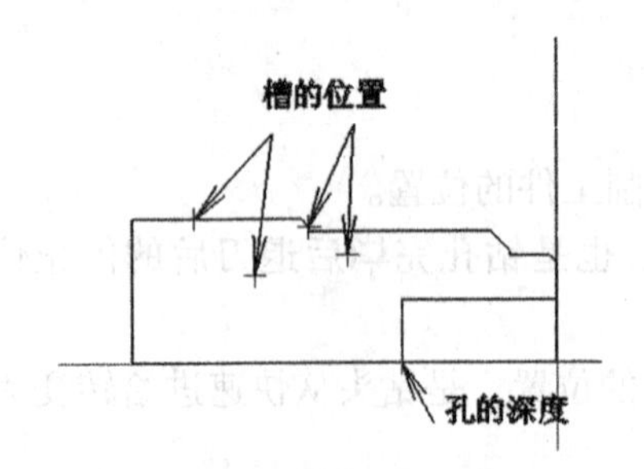

图 7-76　绘制槽和孔底部位置

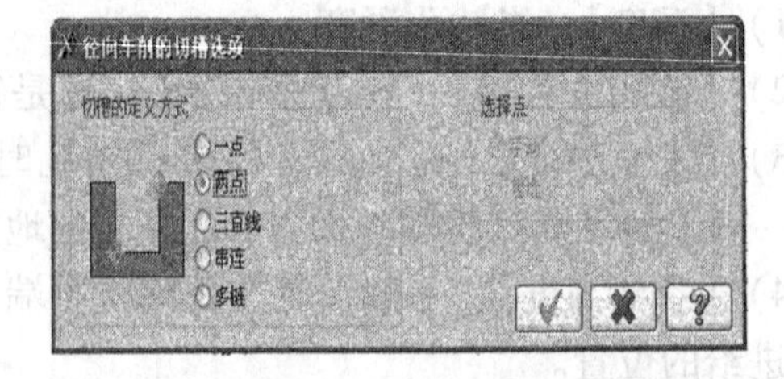

图 7-77 【径向车削的切槽选项】对话框

（2）设置切槽的加工区域　在【径向车削的切槽选项】对话框中选择【两点】，单击 ✓ 按钮，进入绘图区选择两点（5×ϕ27 的槽），按<Enter>键结束选择，结果如图 7-78 所示。

（3）选择刀具和设置刀具参数　在系统弹出的【车床-径向粗车 属性】对话框中单击【刀具路径参数】选项卡，选择“T4848”刀具；参照图 7-79 所示设置刀具路径的加工参数。

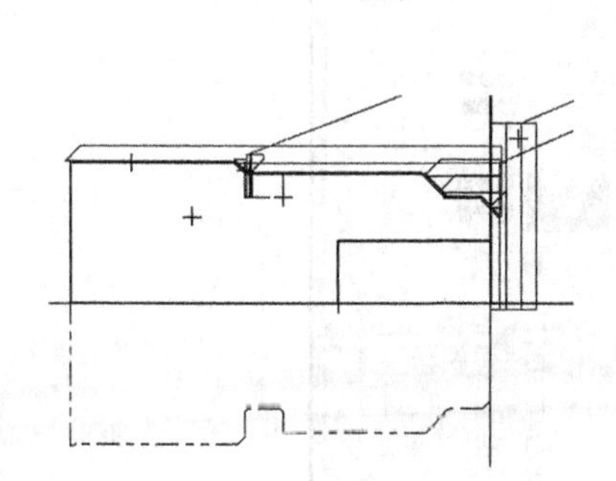

图 7-78　设置切槽的加工区域

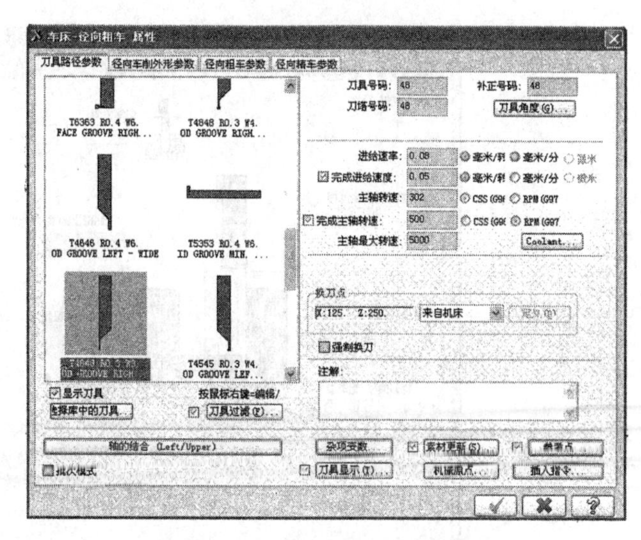

图 7-79　设置粗车的刀具参数

（4）设置径向车削外形参数　参照图 7-80 所示设置【径向车削外形参数】选项卡中的参数。

（5）径向粗车参数的设置　参照图 7-81 所示设置【径向粗车参数】选项卡中的参数。

（6）径向精车参数的设置　参照图 7-82 所示设置【径向精车参数】选项卡中的参数，并单击【进刀向量】按钮，系统弹出【进刀】对话框，如图 7-83 所示，在【第一个路径引入】和【第二个路径引入】选项卡中，均勾选【使用进刀向量】复选框，在【角度】文本框中输入“ -90”，在【长度】输入栏中输入“2”。

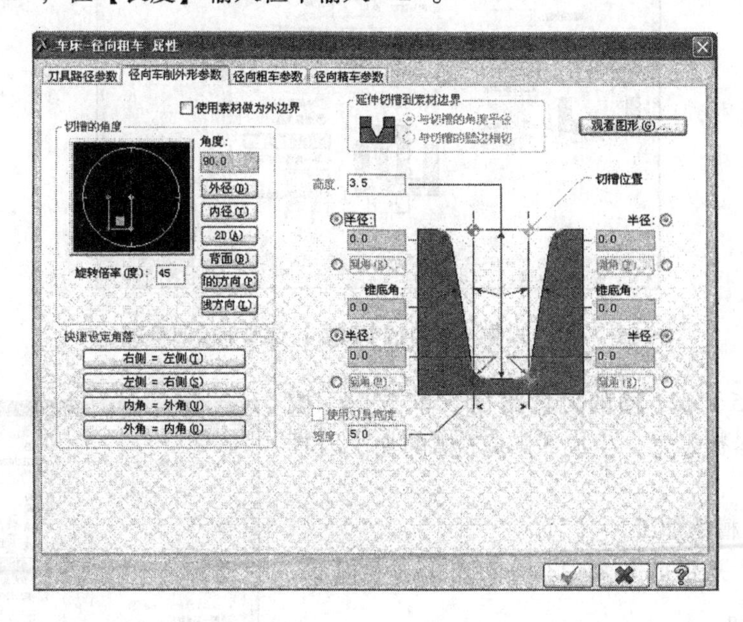

图 7-80　设置【径向车削外形参数】选项卡中的参数

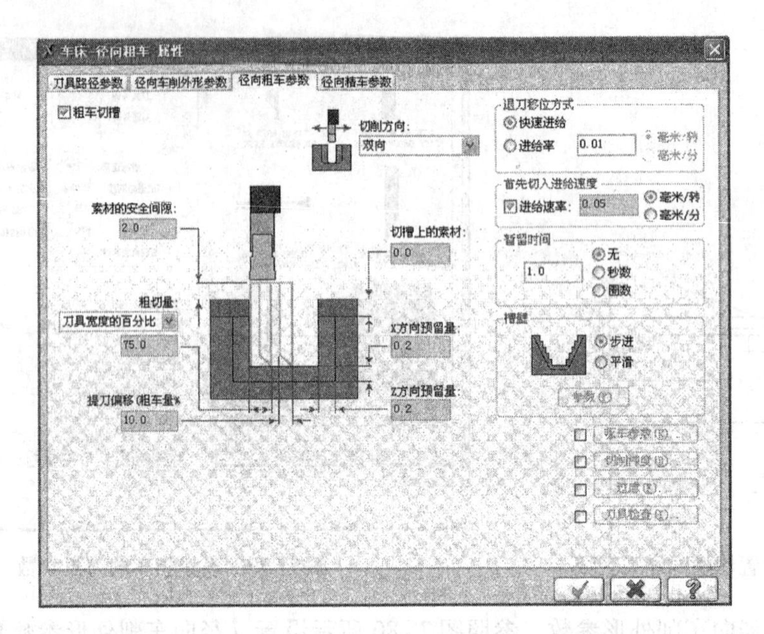

图 7-81　设置【径向粗车参数】选项卡中的参数

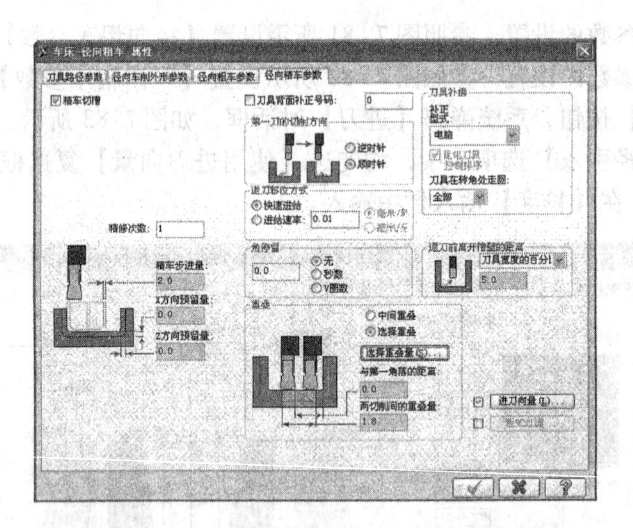

图 7-82　设置【径向精车参数】选项卡中的参数

(7) 生成 5 × ϕ27 槽的刀具路径　单击 按钮，完成加工参数设置，生成 5 × ϕ27 槽的加工刀具路径。

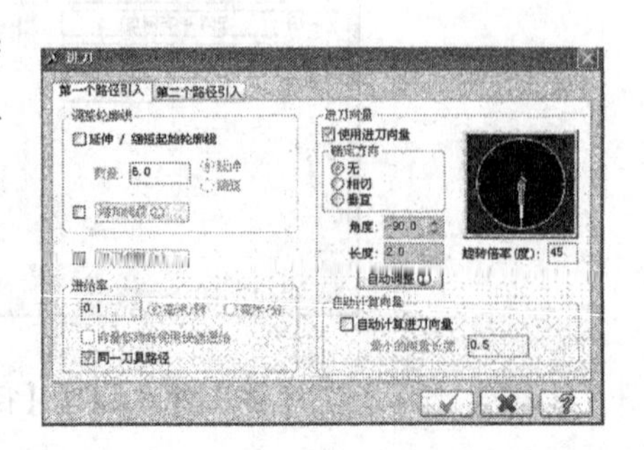

图 7-83　【进刀】对话框

3. 8 × ϕ22 槽的加工

同理设置，并生成 8 × ϕ22 槽的加工刀具路径，如图 7-84 所示。

4. 模拟验证

单击操作管理器中的 按钮，系统自动弹出【验证】对话框，单击▶按钮，模拟验证结果如图7-85所示。

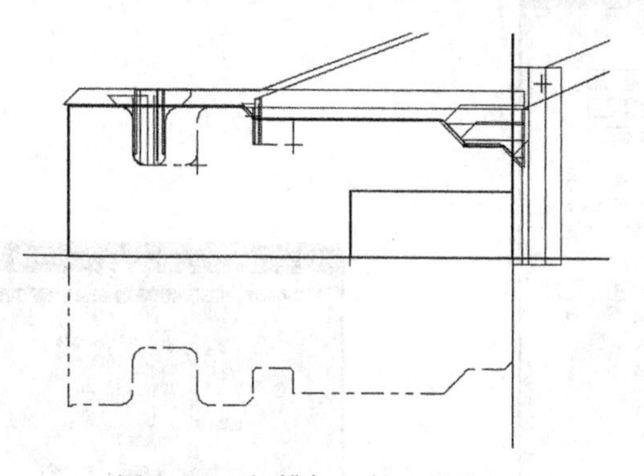

图7-84　切槽加工的刀具路径

图7-85　模拟验证结果

5. 车螺纹

（1）启动【车螺纹】命令　选择菜单栏中的【刀具路径】→【车螺纹】命令，系统弹出【车床-车螺纹　属性】对话框，如图7-86所示。

（2）选择刀具和设置刀具参数　在【车床-车螺纹　属性】对话框中单击【刀具路径参数】选项卡，选择“T9494”刀具；参照图7-86所示设置刀具路径的加工参数。

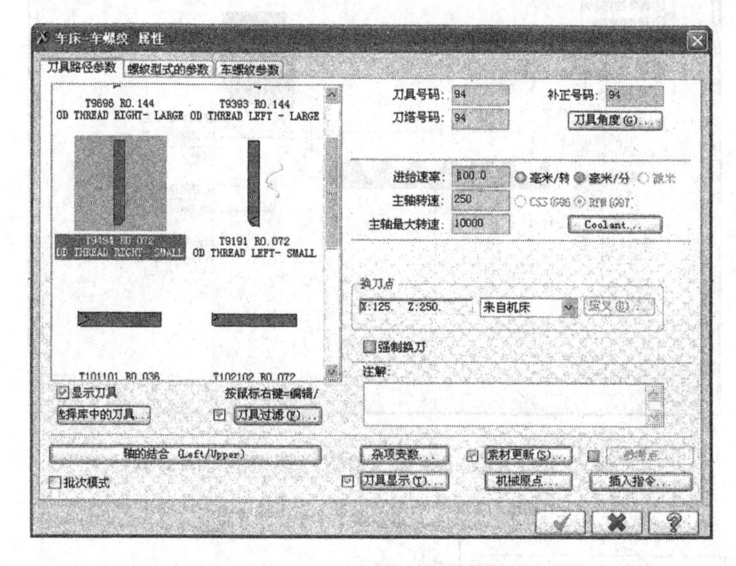

图7-86　设置车螺纹的刀具参数

（3）设置螺纹的形式参数　参照图7-87所示设置【螺纹形式的参数】选项卡中的参数。其中螺纹小径是通过【运用公式计算】按钮来计算的，如图7-88所示。

（4）设置车螺纹的参数　参照图7-89所示设置【车螺纹参数】选项卡中的参数。

（5）生成车螺纹的刀具路径　单击✓按钮，完成加工参数设置，生成螺纹的加工路径如图7-90所示。

（6）模拟验证　单击【操作管理器】中的按钮，系统自动弹出【验证】对话框，单击▶按钮，模拟验证结果如图7-91所示。

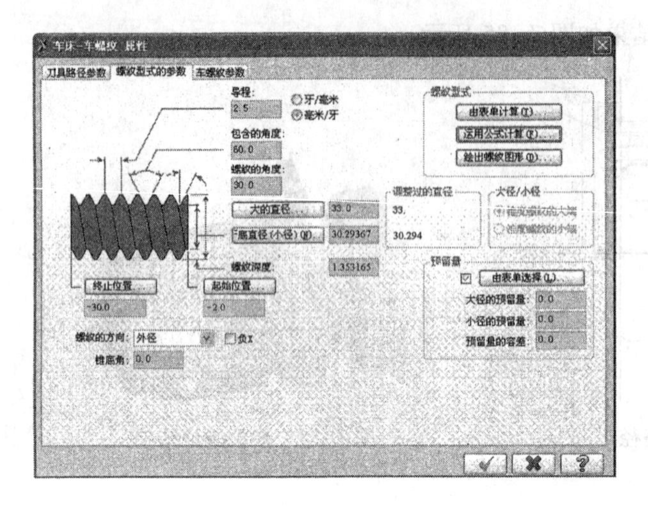

图 7-87　设置【螺纹形式的参数】选项卡中的参数

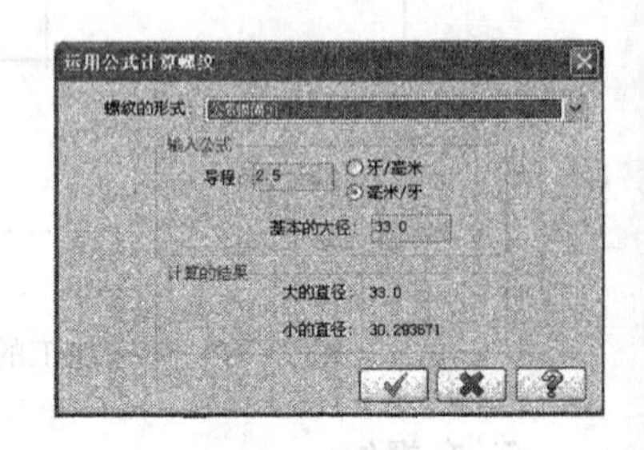

图 7-88　螺纹小径的计算

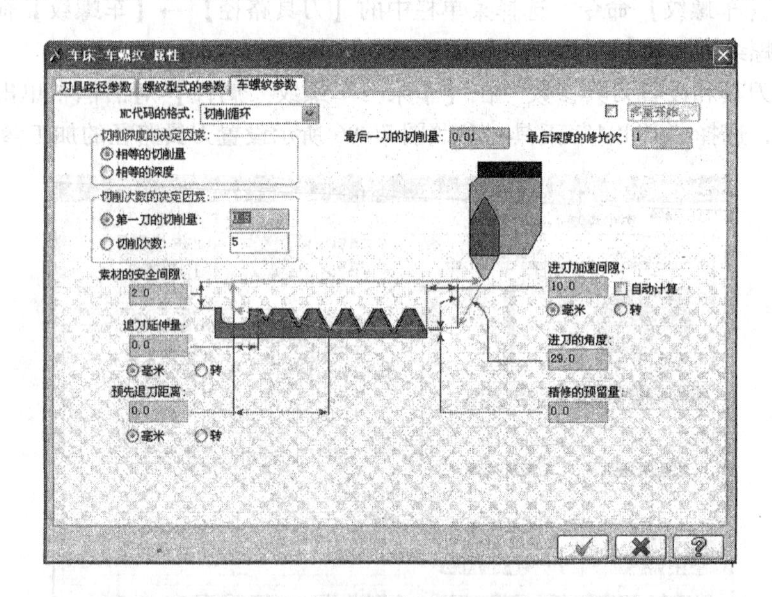

图 7-89　设置【车螺纹参数】选项卡中的参数

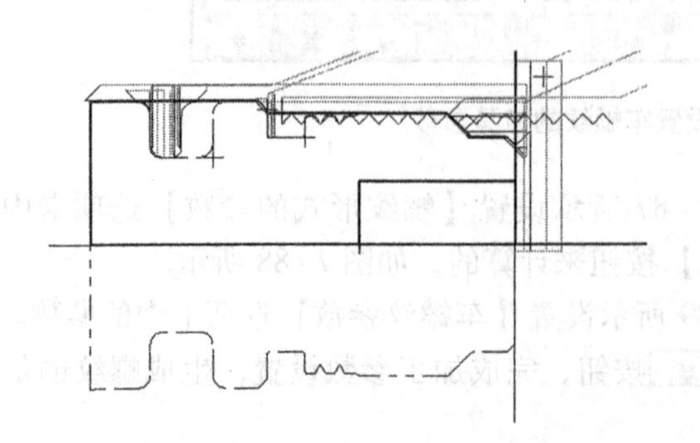

图 7-90　车螺纹加工路径

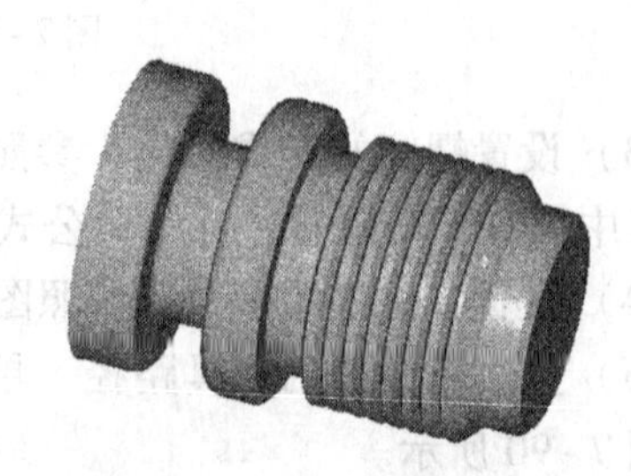

图 7-91　车螺纹模拟验证

6. 钻孔

（1）启动【钻孔】命令　选择菜单栏中的【刀具路径】→【钻孔】命令，系统弹出【车床－钻孔　属性】对话框，如图7-92所示。

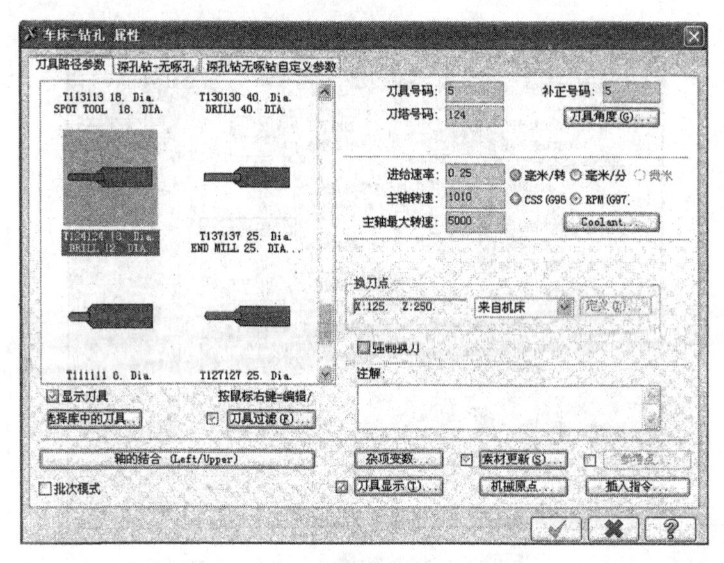

图7-92　设置钻孔的刀具参数

（2）选择刀具和设置刀具参数　在【车床－钻孔　属性】对话框中，单击【刀具路径参数】选项卡，选择“T124124”钻头。由于加工所需的钻头直径为$\phi13$，而该钻头直径是$\phi12$，因此需修改该钻头参数。修改的步骤是：①双击该刀具，系统自动弹出【定义刀具】对话框；②在该对话框中单击【刀具】选项卡，将钻头直径改为$\phi13$，如图7-93所示；③在该对话框中单击【参数】选项卡，将【刀具号码】和【刀具补正号码】均设为“5”，即T0505，如图7-94所示；④单击 ✔ 按钮，完成刀具的定义。

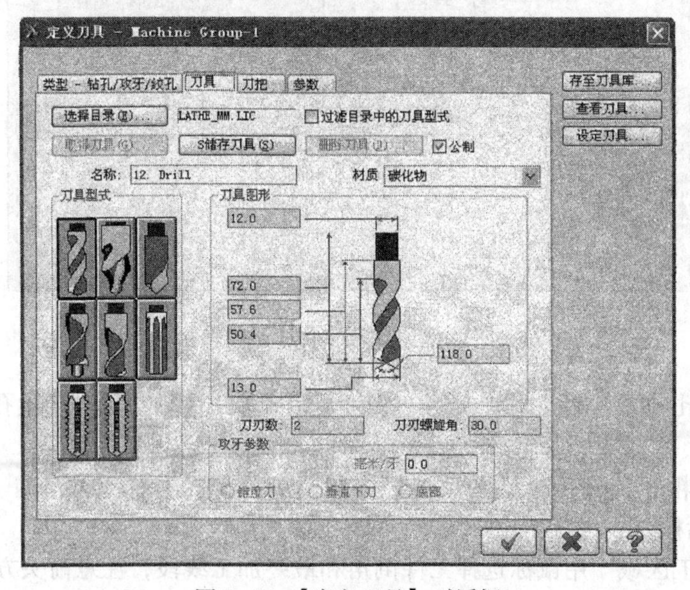

图7-93　【定义刀具】对话框

(3) 设置钻孔参数　在【车床-钻孔　属性】对话框中，单击【深孔钻-无啄钻】选项卡，设置钻孔加工参数。其中在【深度】文本框中输入钻孔深度“-20”，并使用深孔计算器计算，修正后为“-23.90559”，如图7-95所示。

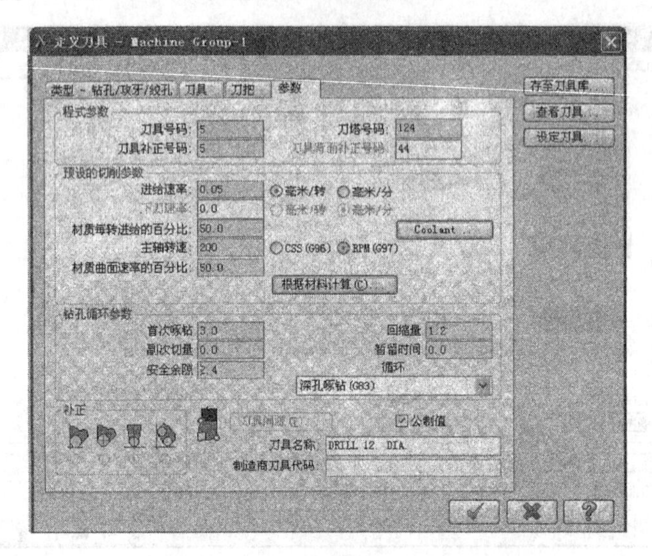

图7-94　修改刀具参数

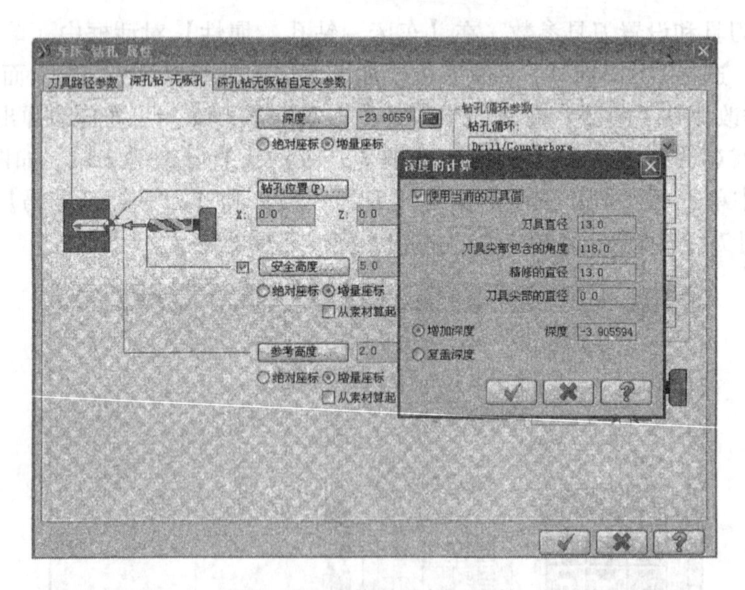

图7-95　设置钻孔加工参数

(4) 生成钻孔的刀具路径　单击[✓]按钮，完成加工参数设置，产生孔的加工路径。

7. 粗车孔

(1) 启动【粗车】命令　选择菜单栏中的【刀具路径】→【粗车】命令，系统弹出【串连选项】对话框。

(2) 设置加工区域　用鼠标选择工件倒角和最终加工线段，注意箭头方向要一致。

(3) 选择粗车刀具和设置刀具参数　单击【串连选项】对话框中的[✓]按钮，系统弹出【车床粗加工　属性】对话框。在该对话框中选择【刀具路径参数】选项卡，选择T8181的内孔车刀，并修改刀杆和刀片参数，如图7-96所示。

（4）设置粗车的加工参数　单击【粗加工参数】选项卡，设置粗车的相关参数，如图7-97所示。

（5）生成车孔的刀具路径　单击✓按钮，完成加工参数设置，生成车孔的加工路径。

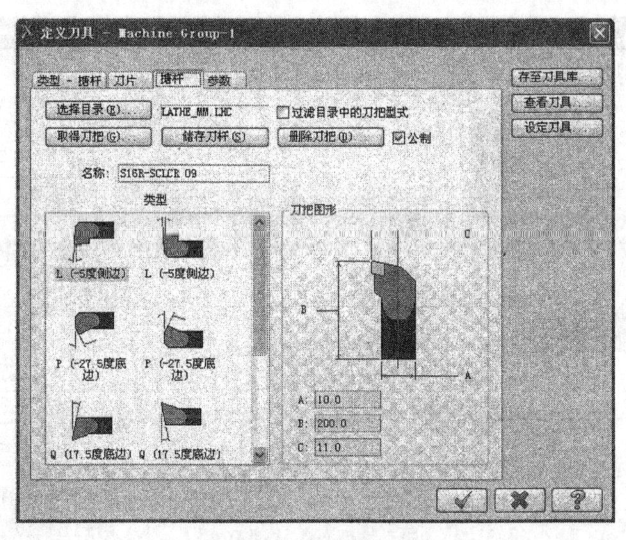

图7-96　修改刀杆参数

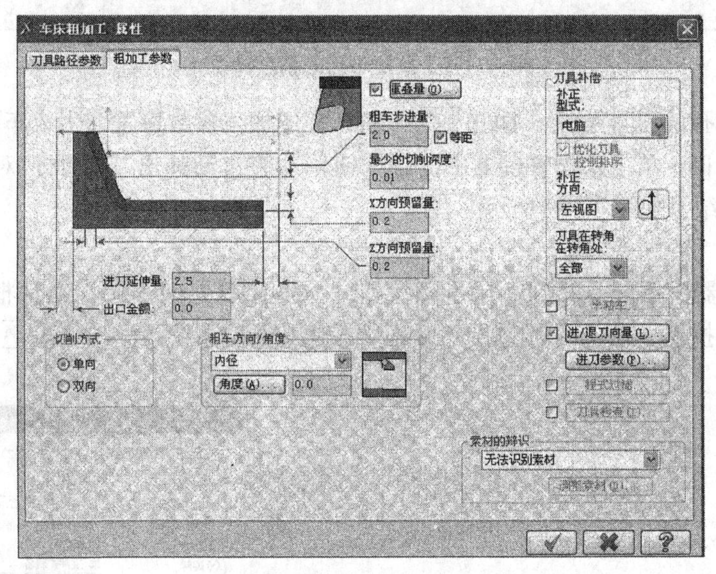

图7-97　设置粗车参数

8. 精车孔

（1）启动【精车】命令　选择菜单栏中的【刀具路径】→【精车】命令，系统弹出【串连选项】对话框。

（2）设置加工区域　用鼠标选择工件倒角和最终加工线段，注意箭头方向要一致。

（3）选择精车刀具和设置刀具参数　单击【串连选项】对话框中的![确定]按钮，系统弹出【车床精加工　属性】对话框。在该对话框中选择【刀具路径参数】选项卡，选择T8181 的内孔车刀。

（4）设置精车的加工参数　单击【精车参数】选项卡，设置精车的相关参数如图 7-98 所示。

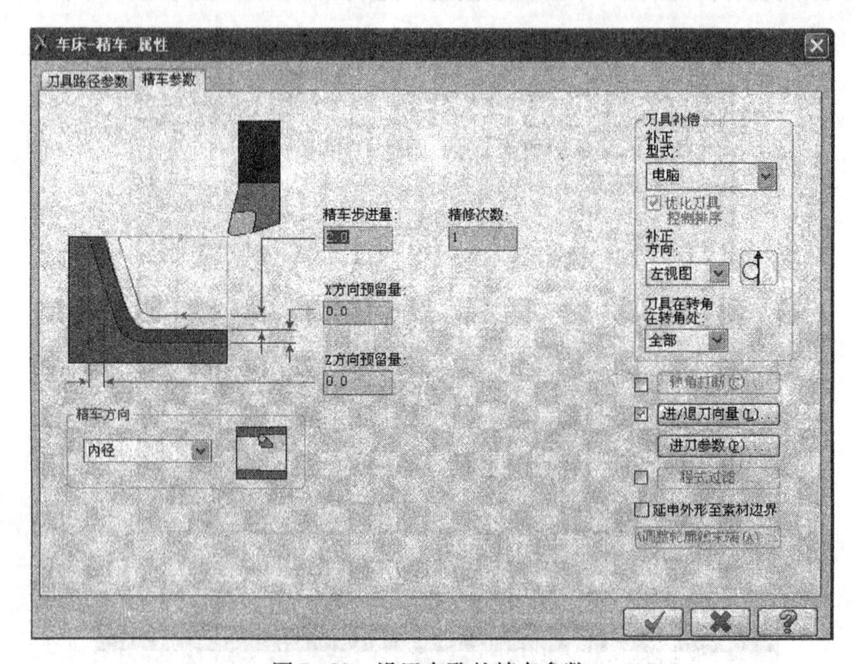

图 7-98　设置车孔的精车参数

（5）生成车孔的刀具路径　单击![确定]按钮，完成加工参数设置，生成车孔的加工路径。

（6）模拟验证　单击操作管理器中的![验证]按钮，系统自动弹出【验证】对话框，单击![播放]按钮，模拟验证结果如图 7-99 所示。

9. 后处理

在操作管理器中单击![全选]按钮，单击![G1]按钮，弹出【后处理程式】对话框，如图 7-100 所示。单击![确定]按钮，在【另存为】对话框中设置好保存路径后，单击![确定]按钮，即可生成 NC 程序。

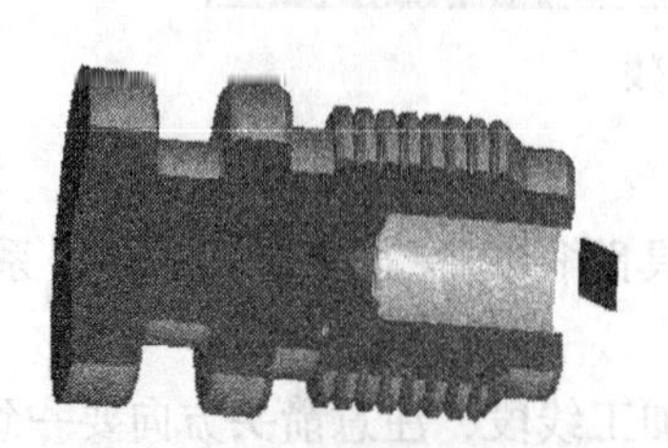

图 7-99　螺纹轴模拟验证结果

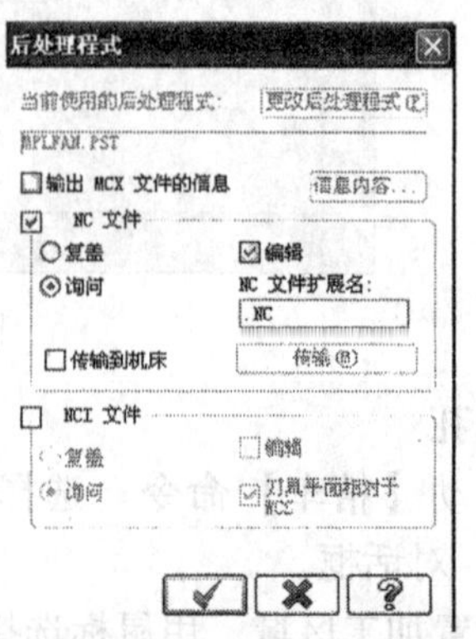

图 7-100　【后处理程式】对话框

扩展知识

素材翻转

在车削加工中，经常会遇到一些工件需经两次安装才能完成加工，此时就需用到【素材翻反转】命令，使工件调头（素材翻转）。

选择菜单栏中的【刀具路径】→【其他操作】→【素材翻转】命令，系统弹出【车削素材翻转　属性】对话框，如图 7-101 所示。其中的主要参数含义说明如下：

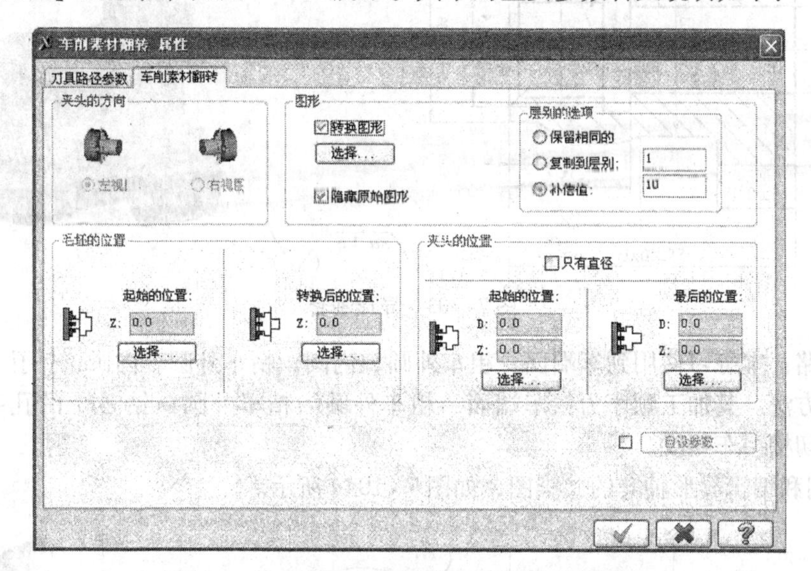

图 7-101　【车削素材翻转　属性】对话框

（1）【图形】　勾选【转换图形】复选框，即可以设置图形翻转。单击【选择】按钮，在绘图区选择要翻转的图形。

（2）【毛坯的位置】

1）【起始的位置】。用来设置毛坯中某一点（一般是工件右端面中心）翻转前的位置，如图 7-102a 中的 *a* 点。

2）【转换后的位置】。用来设置毛坯中某一点翻转后的位置，如图 7-102b 中的 *b* 点。

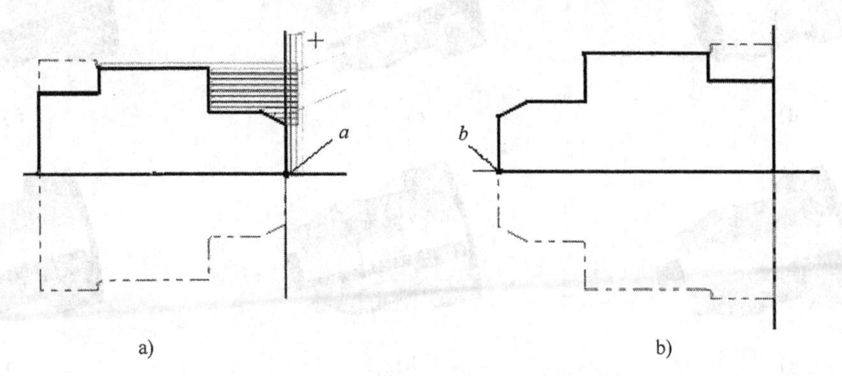

图 7-102　素材翻转
a）翻转前　b）翻转后

练习：试利用端面以及粗车和精车、切槽和车螺纹等功能，完成如图 7 - 103 所示的异形轴套的数控编程加工。已知棒料直径 $\phi50$，长 57。

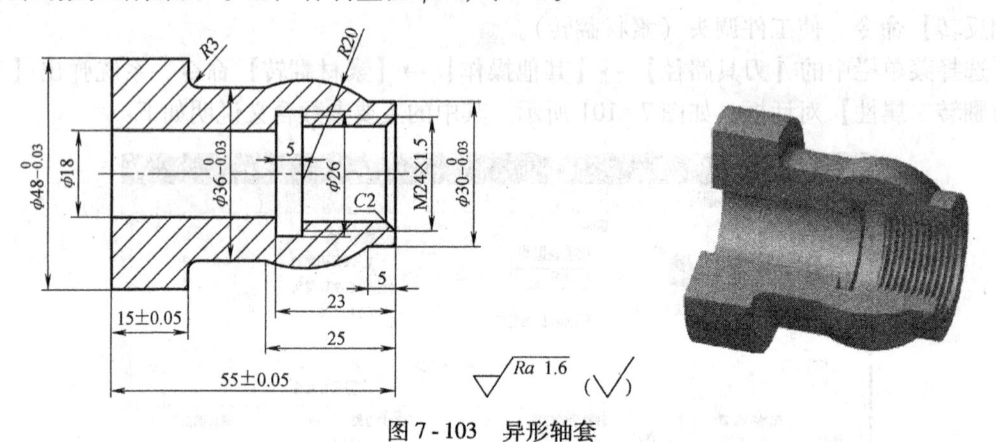

图 7 - 103　异形轴套

解题思路：本练习使用到车端面，粗车外圆、内圆，精车外圆、内圆，钻孔，切槽和车螺纹等加工方法。其加工顺序为：车端面→粗车外圆→精车外圆→钻 $\phi17$ 的孔→粗车内圆→车内圆→切槽→车螺纹。

1）绘制和编辑异形轴套的二维图，如图 7 - 104a 所示。

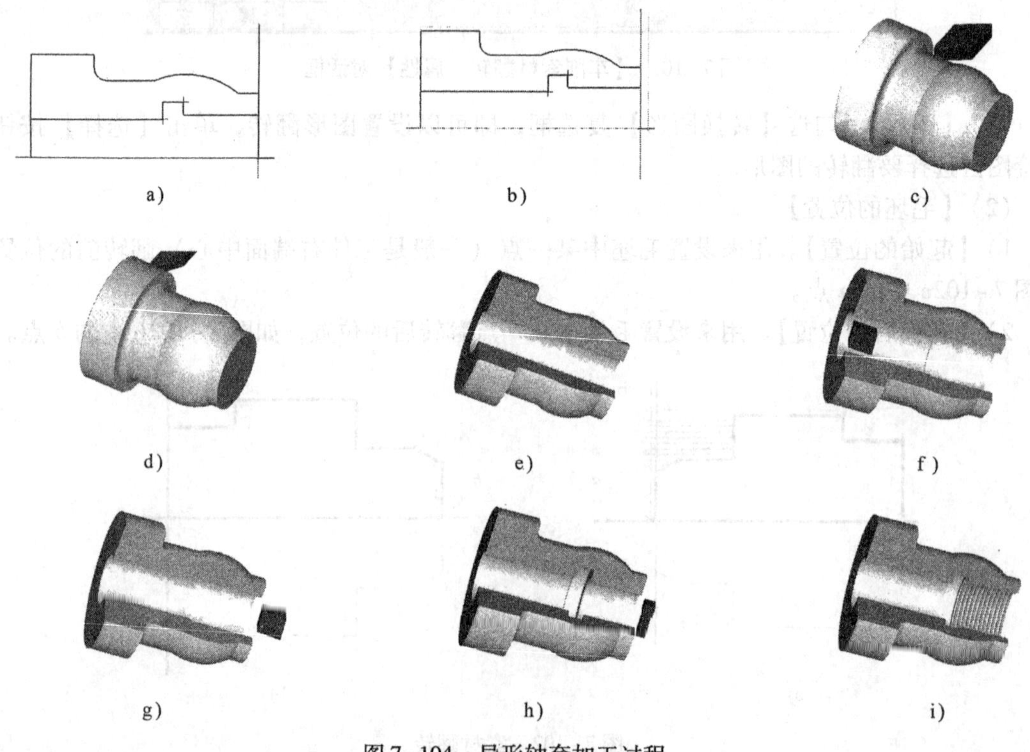

图 7 - 104　异形轴套加工过程

2）选择【机床类型】→【车床】，启动车床模组 。

3）设置加工素材（毛坯），其中外径为 ϕ50，内径为0，长57，Z 轴位置为2。

4）使用【车端面】命令车端面，如图7-104b 所示。

5）使用【粗车】命令粗车外圆，如图7-104c 所示。

6）使用【精车】命令精车外圆，如图7-104d 所示。

7）使用【钻孔】命令钻 ϕ17 的通孔，如图7-104e 所示。

8）使用【粗车】命令粗车内孔，如图7-104f 所示。

9）使用【精车】命令精车内孔，如图7-104g 所示。

10）使用【车床径向　车削刀具路径】命令切内槽，如图7-104h 所示。

11）使用【车螺纹】命令车内螺纹，如图7-104i 所示。

任务3　车削加工典型实例

任务描述

综合运用粗车、精车、切槽和车螺纹命令，完成如图7-105 所示的球头轴的加工。

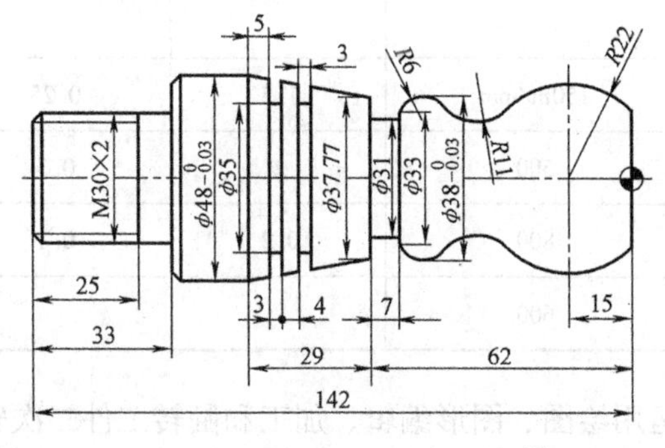

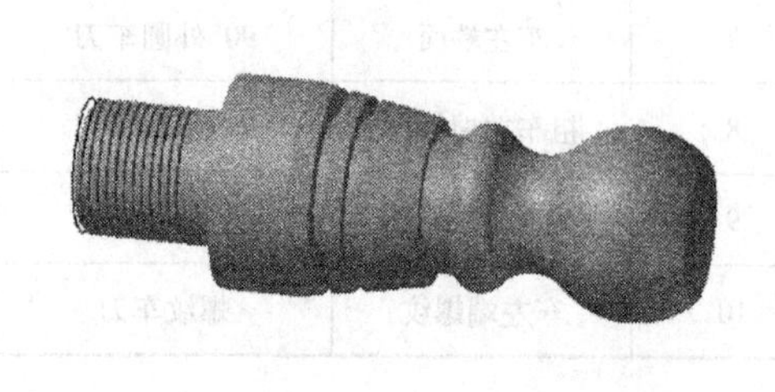

图7-105　球头轴

任务目标

1. 会制定复杂轴类零件的加工工艺。
2. 会设置刀具、工件毛坯和合理的加工参数。
3. 能综合运用各种车削的加工命令，完成复杂轴类零件的加工。

任务分析

该零件由圆柱、圆锥、圆弧、槽和螺纹等要素组成，具体有：三段相切的圆弧面、一个宽7的槽、两个宽3的槽以及圆锥面、ϕ48 的圆柱面、ϕ31 的圆柱面、M30×2 的螺纹，结构比较复杂。该零件不能一次装夹完成加工，需调头进行二次装夹。因此该零件的加工方案有两个：

方案1：先加工左端，再加工右端。即车左端面→粗车左端外圆→精粗车左端外圆→车左端螺纹；调头，车右端面→粗车右端外圆→精车右端外圆→切宽7的槽→切宽3的槽。

方案2：先加工右端，再加工左端。

采用方案 1 加工左端后，调头加工要用到左端已加工的螺纹做定位夹紧部位，常常会将螺纹夹变形。解决的方法是必须使用软爪夹紧，但对夹紧力的大小要求较高，实际生产较少使用的；采用方案 2 加工，可避免工件调头后用螺纹做定位夹紧，在生产中使用的较广泛。因此该零件的加工采用方案 2 来进行。

通过对零件的组成要素进行分析，确定球头轴的加工工艺，见表 7-1。

表 7-1　球头轴的加工工艺

工步号	工步内容	使用刀具	主轴转速/(r/min)	背吃刀量/mm	进给量/(mm/r)
1	车右端面	90°外圆车刀	150m/min	1.5	0.25
2	粗车右端外圆	90°外圆车刀	500	2	0.3
3	精车右端外圆	90°外圆车刀	800	0.2	0.1
4	切宽 7 的槽	宽 4 的切槽刀	300		0.1
5	切宽 3 的槽	宽 2.5 的切槽刀	300		0.1
6	调头				
7	车左端面	90°外圆车刀	150m/min	1.5	0.25
8	粗车左端外圆	90°外圆车刀	500	2	0.3
9	精车左端外圆	90°外圆车刀	800	0.2	0.1
10	车左端螺纹	螺纹车刀	600		

要完成该任务的数控编程加工，需综合运用绘图、图形编辑、加工和翻转工件二次安装等命令，是一项综合性很强的任务。

任务实施

1. 绘制工件图形

绘制工件的图形，只需绘上半部的外形图即可，如图 7-106 所示。

2. 选择机床类型

选择【机床类型】→【车床】→【默认】命令，系统进入车床模组。

3. 设置加工素材（毛坯）

(1) 设置材料　选择操作管理器中【属性】下面的【材料设置】选项，弹出【机器群组属性】的对话框。

(2) 设置毛坯

1) 选择主轴位置。在【机器群组属性】对话框中选择【材料设置】选项卡，在【材料】选项区选择【左侧主轴】单选项。

2) 设置毛坯的参数。单击【材料】选项区中的【信息内容】按钮，系统弹出【机床组件-材料】对话框。在该对话框中，单击【图形】右侧的下拉按钮，选择【圆柱体】，在

【外径】文本框中输入“50”；在【长度】文本框中输入“146”；在轴向位置【Z】文本框中输入“2”。单击按钮，完成毛坯的设置，结果如图7-107所示。

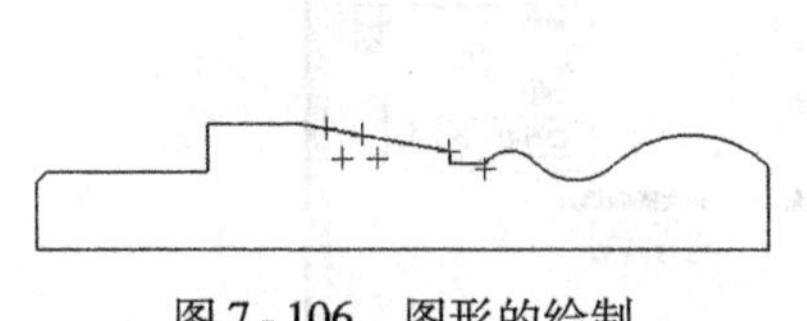

图7-106　图形的绘制

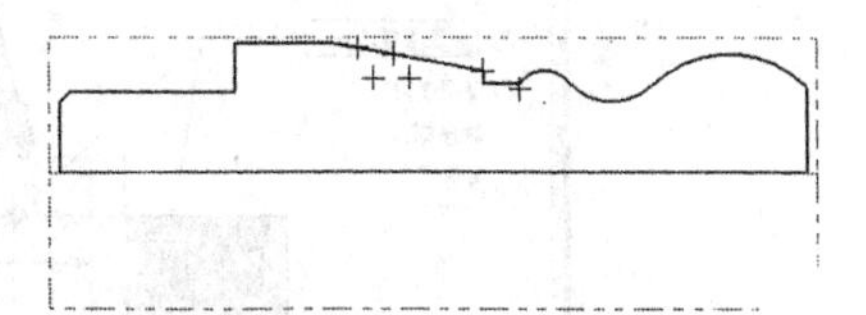

图7-107　设置毛坯

4. 车右端面

（1）启动【车端面】命令　选择【刀具路径】→【车端面】命令，在系统弹出的【输入新NC名称】对话框中输入新的NC名称“球头轴”，单击按钮，系统弹出【车床-车端面　属性】对话框，如图7-108所示。

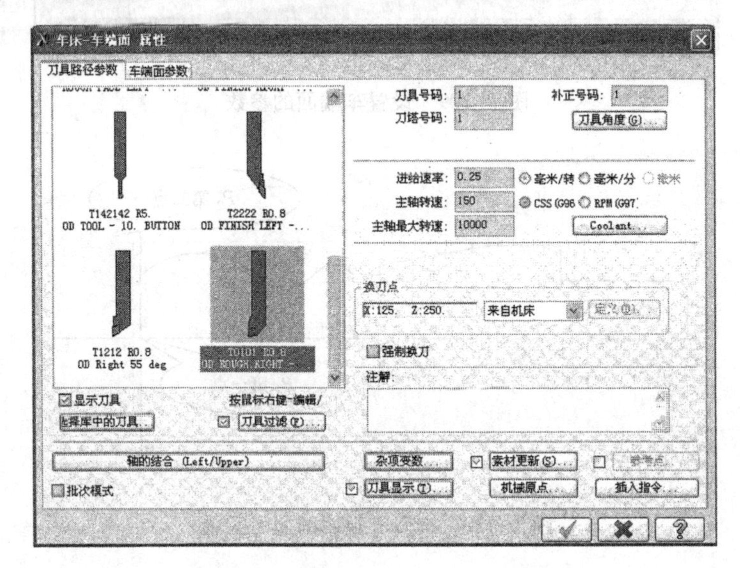

图7-108　选择刀具和设置加工参数

（2）选择刀具和设置加工参数　在【刀具路径参数】选项卡中，选择“T0101”刀具，其加工参数的设置参照图7-108所示。

（3）设置车端面的参数　单击【车端面参数】选项卡，设置车端面的相关参数如图7-109所示。

（4）选取加工区域　【车端面参数】选项卡中，单击【选点】按钮，分别点选工件右端中心P_1点和素材右上角略大于素材的P_2点来确定加工区域，如图7-110所示。

（5）生成车端面的刀具路径　单击按钮，完成加工参数设置，生成车端面的刀具路径，如图7-111所示。

（6）模拟验证　单击操作管理器中的按钮，系统自动弹出【验证】对话框，单击按钮，模拟验证结果如图7-112所示。

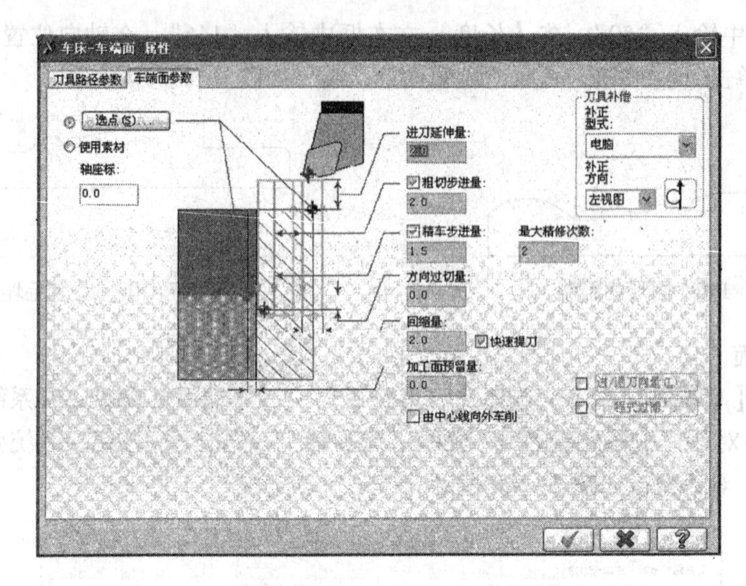

图 7-109 设置车端面的参数

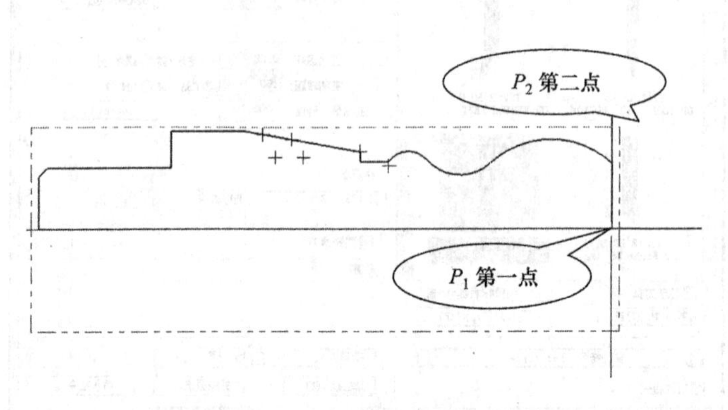

图 7-110 选取车端面的加工区域

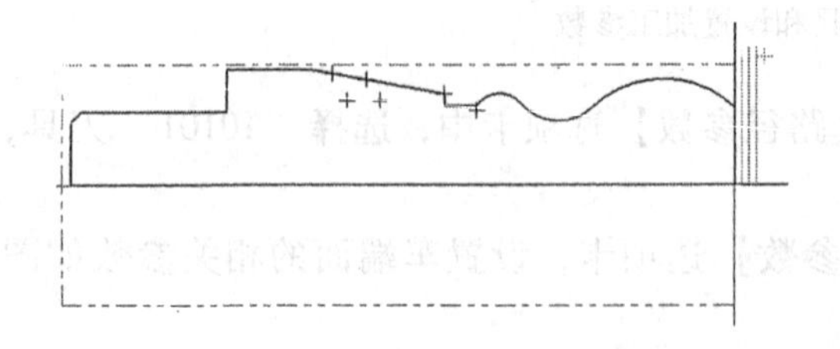

图 7-111 车端面的刀具路径

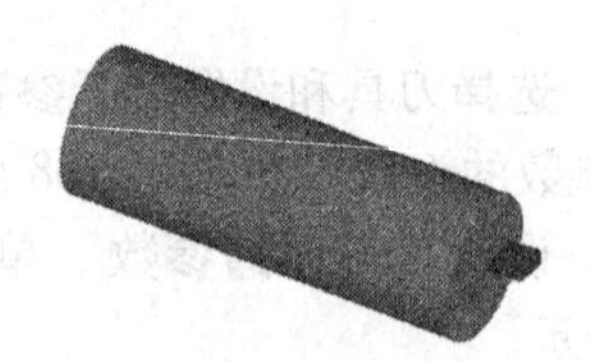

图 7-112 车端面的模拟验证结果

5. 粗车零件的右端

（1）启动【粗车】命令 选择菜单栏中的【刀具路径】→【粗车】命令，系统弹出【串连选项】对话框。

（2）设置加工区域 用鼠标选择开始加工段和最终加工线段，注意箭头方向要一致，如图 7-113 所示。

（3）选择粗车刀具和设置刀具参数 单击【串连选项】对话框中的按钮，系统弹

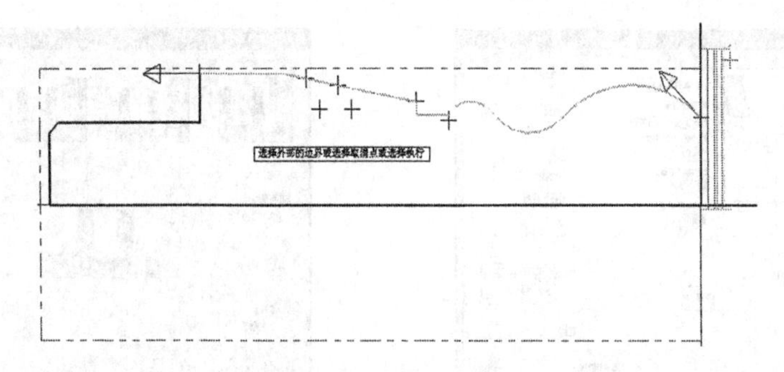

图7-113　设置粗车零件右端的加工区域

出【车床粗加工　属性】对话框，如图7-114所示。在该对话框中选择【刀具路径参数】选项卡，选择“T2121”刀具，设置其加工参数如图7-114所示。

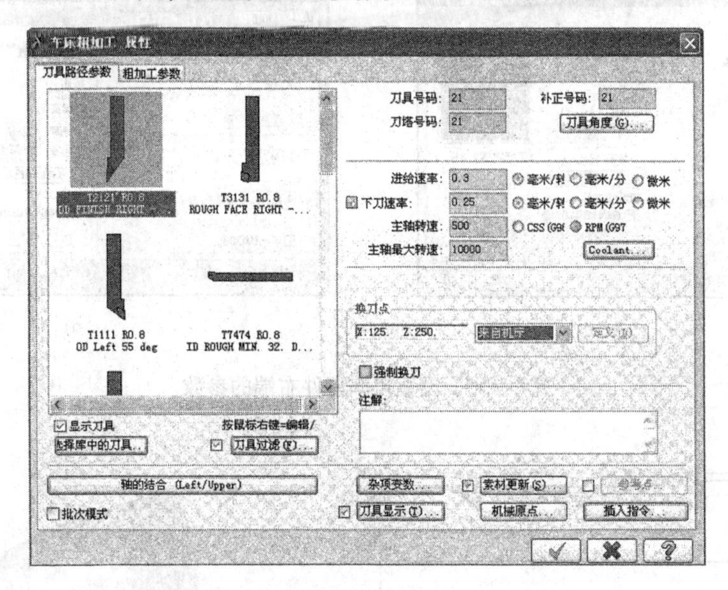

图7-114　选择刀具和设置刀具加工参数

（4）设置粗车零件右端的参数　在【车床粗加工　属性】对话框中，单击【粗加工参数】选项卡，设置相关粗车参数如图7-115所示。

（5）生成粗车零件右端的刀具路径　单击 ✔ 按钮，完成加工参数设置，生成粗车零件右端的刀具路径，如图7-116所示。

（6）模拟验证　单击操作管理器中的按钮，系统自动弹出【验证】对话框，单击▶按钮，模拟验证结果如图7-117所示。

6. 精车零件的右端

（1）启动【精车】命令　选择菜单栏中的【刀具路径】→【精车】命令，系统弹出【串连选项】对话框。

（2）设置加工区域　用鼠标选择开始加工段和最终加工线段，注意箭头方向要一致，如图7-118所示。

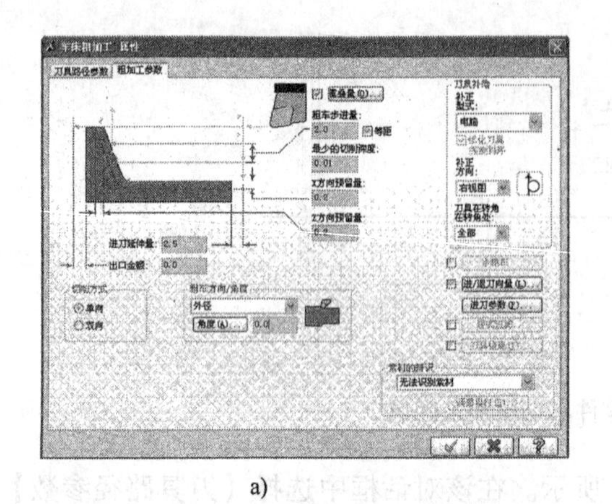

a)

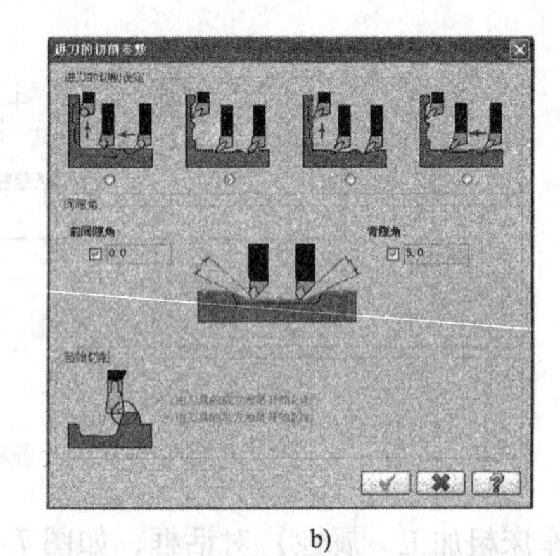

b)

c)

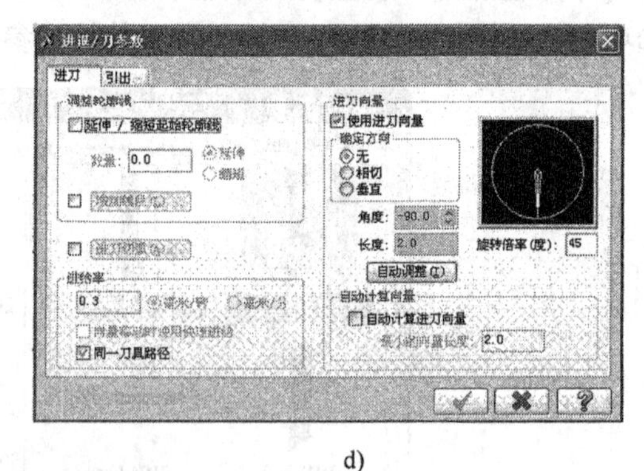

d)

图 7-115　设置粗车零件右端的参数

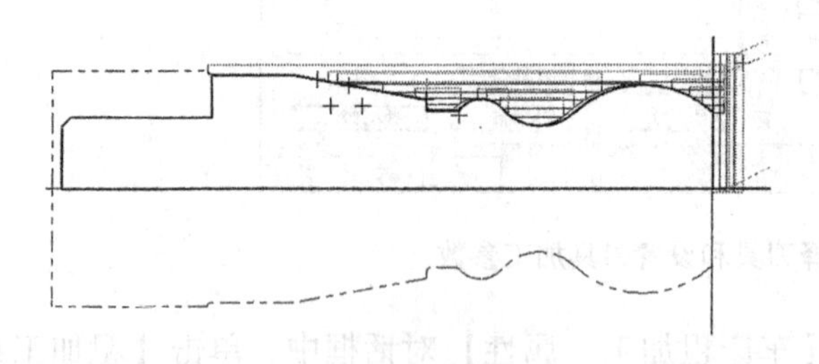

图 7-116　生成粗车刀具路径

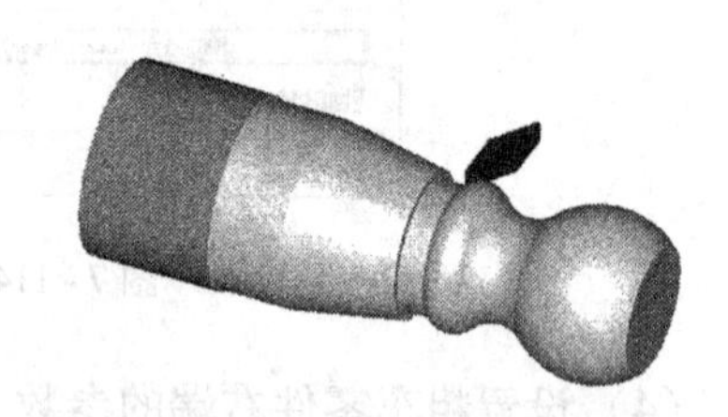

图 7-117　模拟验证结果

（3）选择精车刀具和设置加工参数　单击【串连选项】对话框中的按钮，系统弹出【车床-精加工　属性】对话框。在该对话框中选择【刀具路径参数】选项卡，选择“T2121”刀具，设置其加工参数如图 7-119 所示。

（4）设置精车的加工参数　单击【精车参数】选项卡，设置精车的相关参数如图 7-120所示。

（5）生成精车零件右端的刀具路径　单击按钮，系统生成精车刀具路径，如图 7-121所示。

（6）模拟验证　单击操作管理器中的按钮，系统自动弹出【验证】对话框。单击按钮进行验证，模拟验证结果如图 7-122 所示。

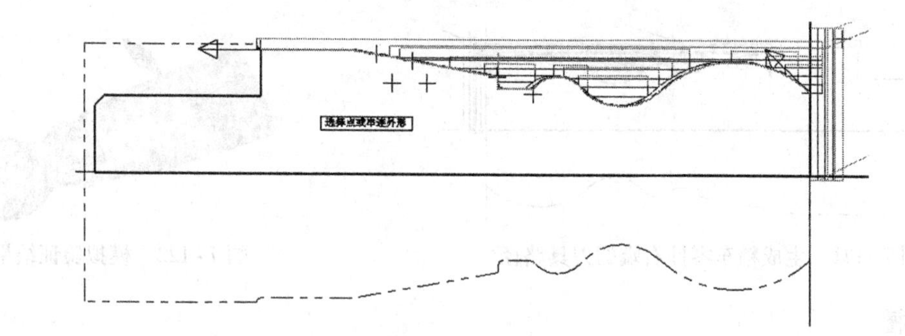

图 7-118　设置精车零件右端的加工区域

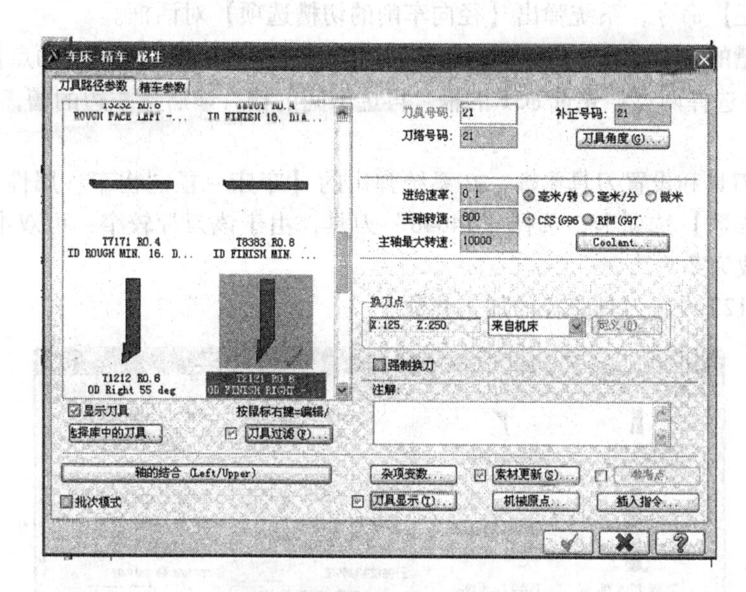

图 7-119　选择精车刀具和设置加工参数

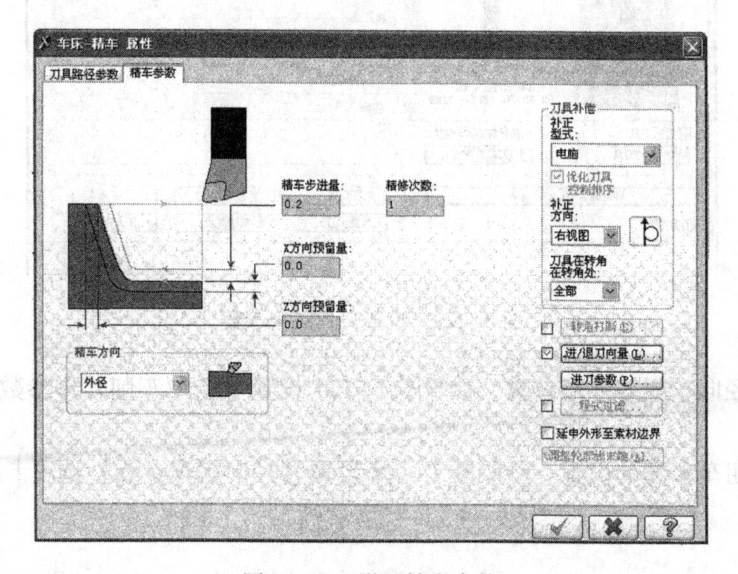

图 7-120　设置精车参数

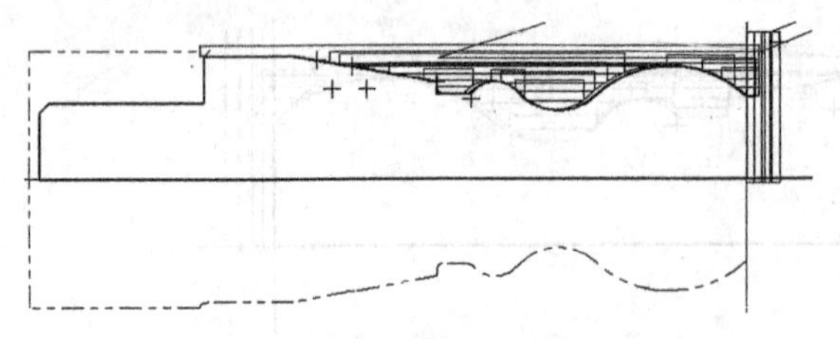

图 7 - 121　生成精车零件右端的刀具路径

图 7 - 122　模拟验证结果

7. 车槽

（1）启动【车床径向切削刀具路径】命令　选择菜单栏中的【刀具路径】→【车床径向切削刀具路径】命令，系统弹出【径向车削的切槽选项】对话框。

（2）设置槽的加工区域　在【径向车削的切槽选项】对话框中选择【两点】，单击 ✔ 按钮，在绘图区中选择两点：先选 $\phi31$ 的槽，再选中间的槽，最后选左边的槽，按 <Enter> 键结束选择。

（3）选择刀具和设置刀具参数　在系统弹出的【车床 - 径向粗车　属性】对话框中单击【刀具路径参数】选项卡，选择“T4848”刀具，由于该刀片较窄，可双击该刀具图标，将刀片宽度修改为 2.5。

参照图 7 - 123 设置刀具路径的加工参数。

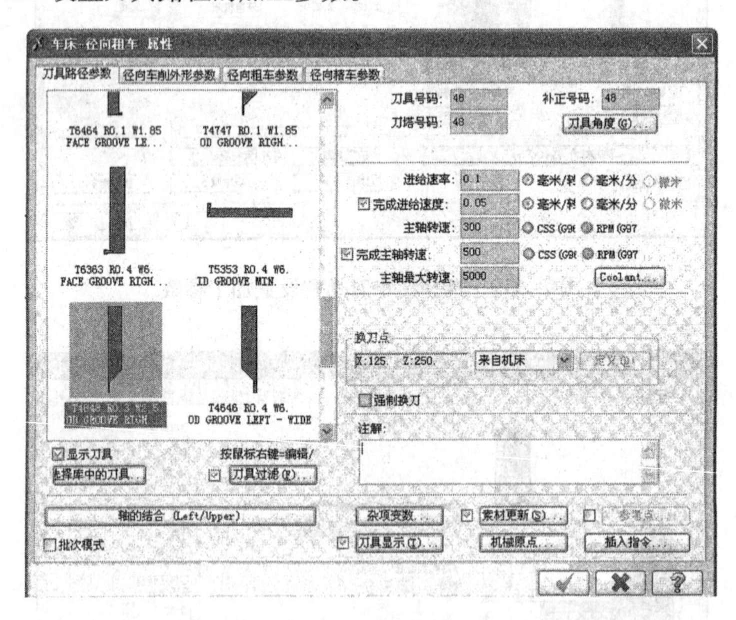

图 7 - 123　设置刀具路径参数

（4）设置径向车削的外形参数　参照图 7 - 124 设置【径向车削外形参数】选项卡中的参数。

（5）径向粗车参数的设置　参照图 7 - 125 设置【径向粗车参数】选项卡中的参数。

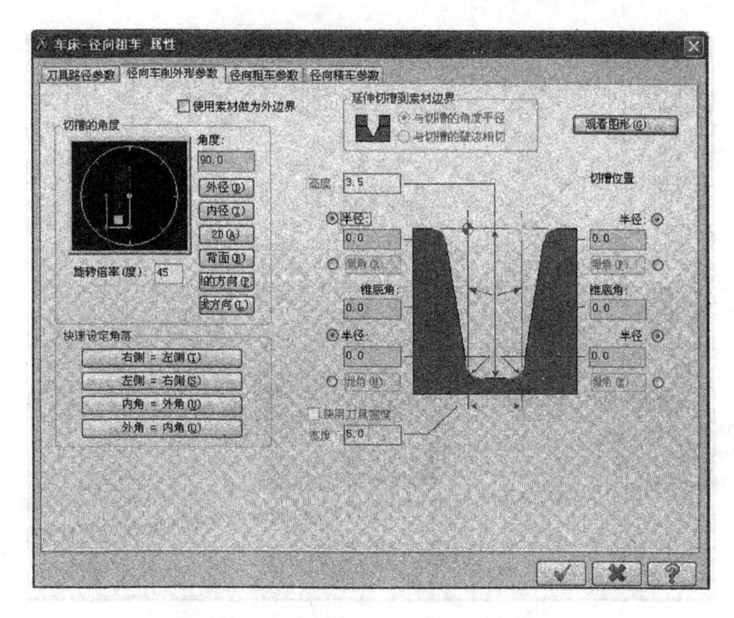

图 7 - 124　设置径向车削的外形参数

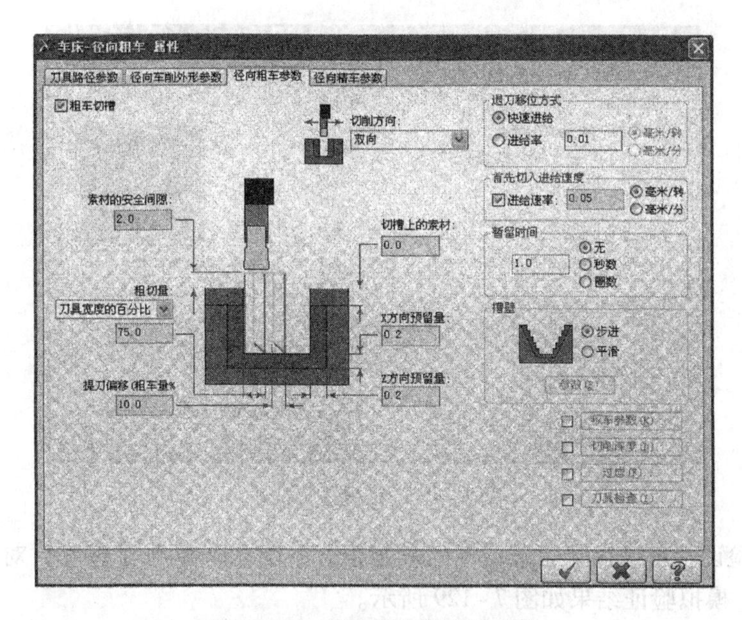

图 7 - 125　设置径向粗车的参数

（6）径向精车参数的设置　参照图 7 - 126 设置【径向精车参数】选项卡中的参数，并单击【进刀向量】按钮，系统弹出【进刀】对话框，如图 7 - 127 所示，在【第一个路径引入】和【第二个路径引入】选项卡中，均勾选【使用进刀向量】复选框，在【角度】文本框中输入“ -90”，在【长度】文本框中输入“2”。

（7）生成车槽的刀具路径　单击［✓］按钮，系统生成车槽的刀具路径，如图 7 - 128 所示。

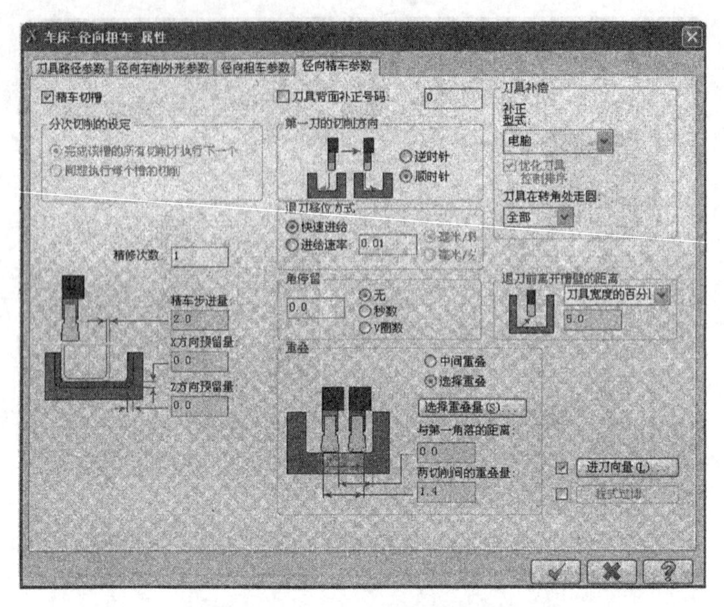

图 7 - 126　设置径向精车参数

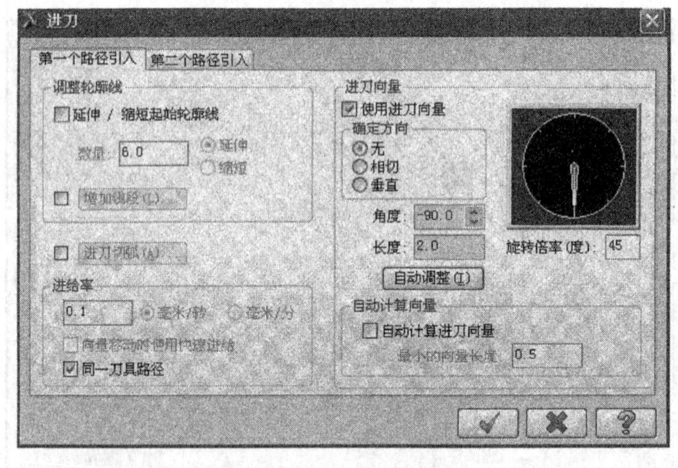

图 7 - 127　设置进刀向量

（8）模拟验证　单击操作管理器中的按钮，系统自动弹出【验证】对话框。单击按钮进行验证，模拟验证结果如图 7 - 129 所示。

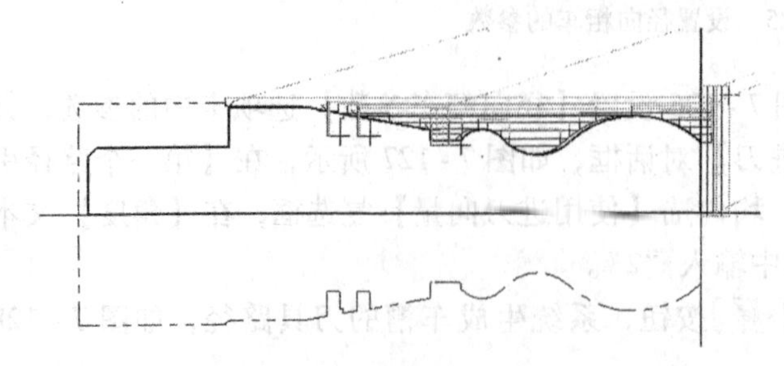

图 7 - 128　车槽的刀具路径

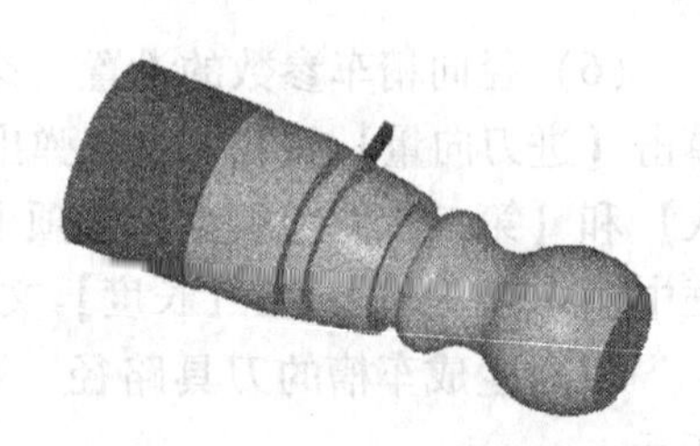

图 7 - 129　模拟验证结果

8. 素材翻转（调头）

（1）启动【素材翻转】命令　选择菜单栏中的【刀具路径】→【其他操作】→【素材翻转】命令，系统弹出【车削素材翻转　属性】对话框，如图 7 - 130 所示。

（2）选择要翻转的图形　勾选【转换图形】复选框，单击【选择】按钮，在绘图区中选择要翻转的图形。选择完毕后按 <Enter> 键确认，返回【车削素材翻转　属性】对话框。

（3）设置毛坯位置　在【起始的位置】下的【Z】文本框中输入“ - 144”，在【转换后的位置】下的【Z】文本框中输入“2”。单击 ✓ 按钮，素材翻转后如图 7 - 131 所示。

9. 车零件的左端面以及粗车和精车零件的左端

这些项的操作方式、参数选择和设置刀具，与粗精车右端相同，这里不再赘述。其生成的刀具路径如图 7 - 132 所示，模拟验证结果如图 7 - 133 所示。

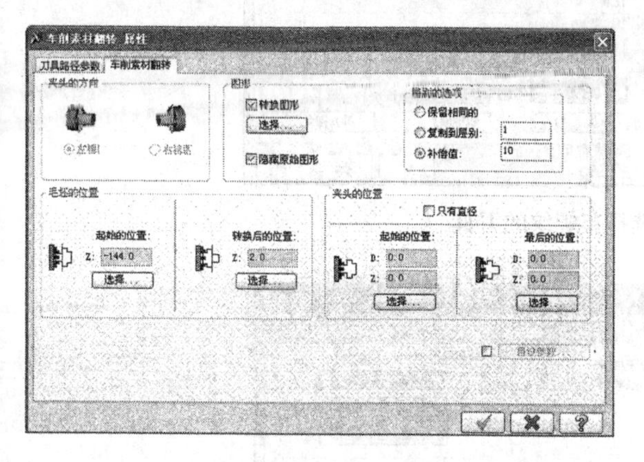

图 7 - 130 【车削素材翻转　属性】对话框

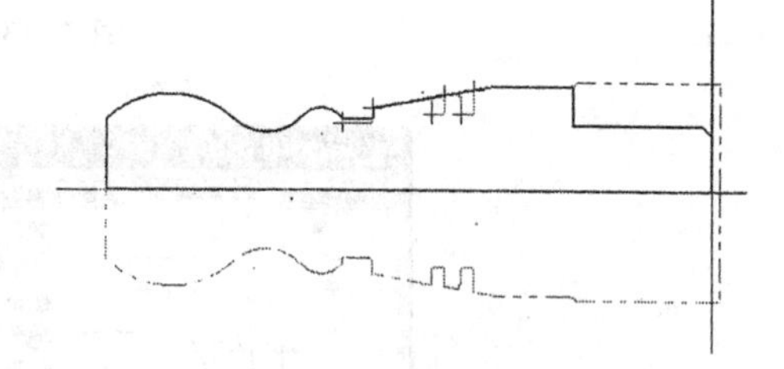

图 7 - 131　素材翻转

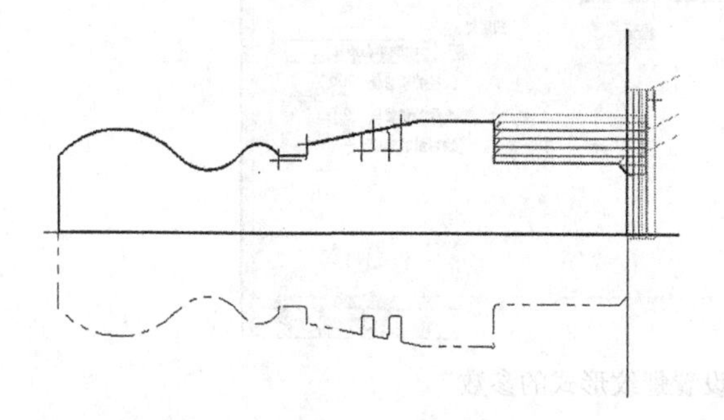

图 7 - 132　零件左端的刀具路径

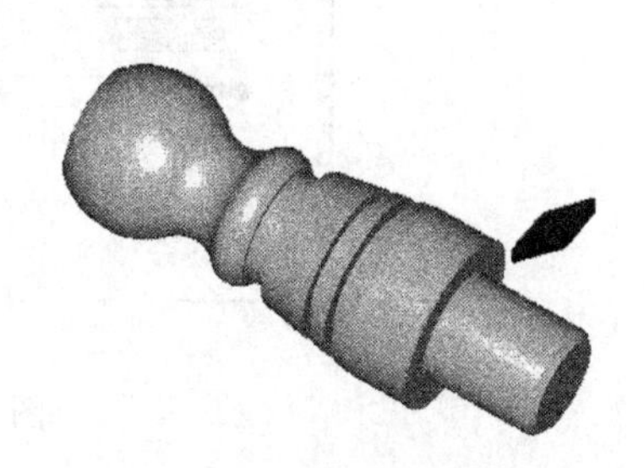

图 7 - 133　模拟验证结果

10. 车左端螺纹

（1）启动【车螺纹】命令　选择菜单栏中的【刀具路径】→【车螺纹】命令，系统弹出【车床 - 车螺纹　属性】对话框，如图 7 - 134 所示。

（2）选择刀具和设置刀具参数　在【车床 - 车螺纹　属性】对话框中单击【刀具路径参数】选项卡，选择“T9494”刀具；参照图 7 - 134 设置【刀具路径参数】选项卡中的参数。

（3）设置螺纹的形式参数　在【车床 - 车螺纹　属性】对话框中，单击【螺纹形式的参数】选项卡，参照图 7 - 135 设置螺纹的形式参数。其中螺纹小径是通过【运用公式计算】

按钮来计算的，如图 7 - 136 所示。

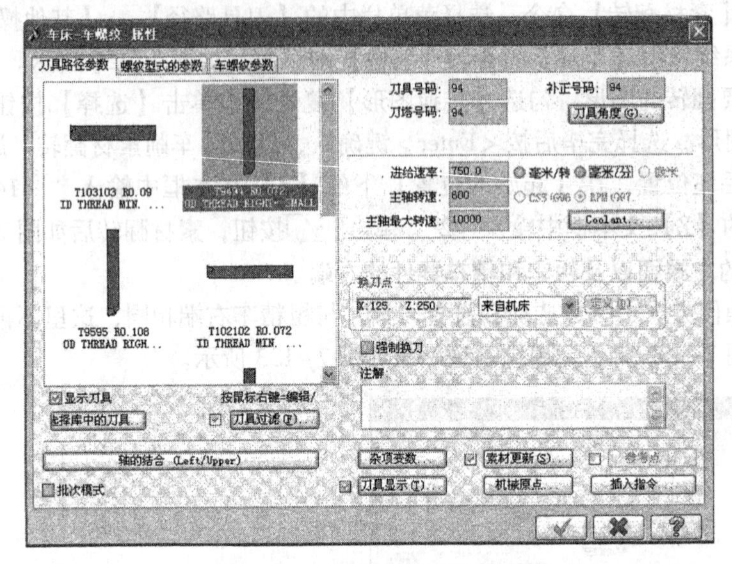

图 7 - 134　选择车螺纹的刀具

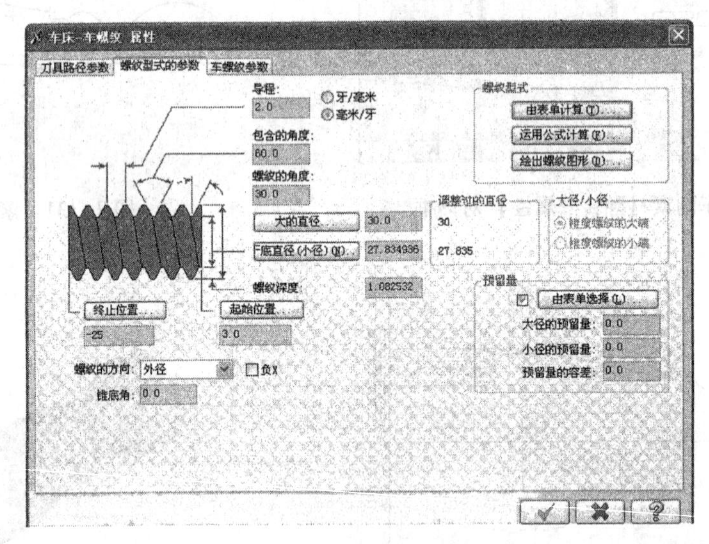

图 7 - 135　设置螺纹形式的参数

(4) 设置车螺纹的参数　参照图 7 - 137 设置【车螺纹参数】选项卡中的参数。

(5) 生成车螺纹的刀具路径　单击 按钮，完成加工参数设置，生成车螺纹的刀具路径如图 7 - 138 所示。

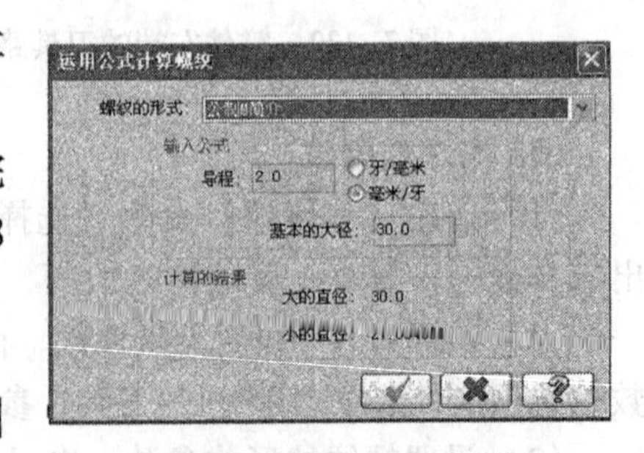

图 7 - 136　螺纹小径的计算

11. 模拟验证

单击操作管理器中的 按钮，系统自动弹出【验证】对话框，单击 按钮，模拟验证结果如图 7 - 139 所示。

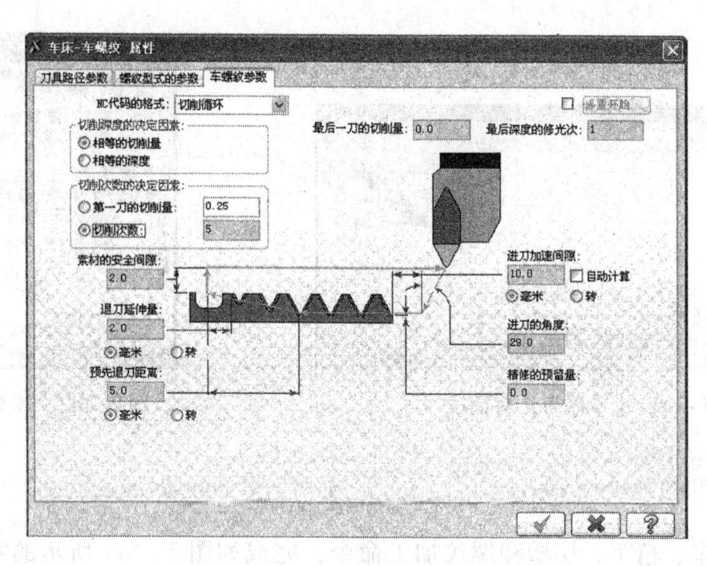

图7-137 设置车螺纹参数

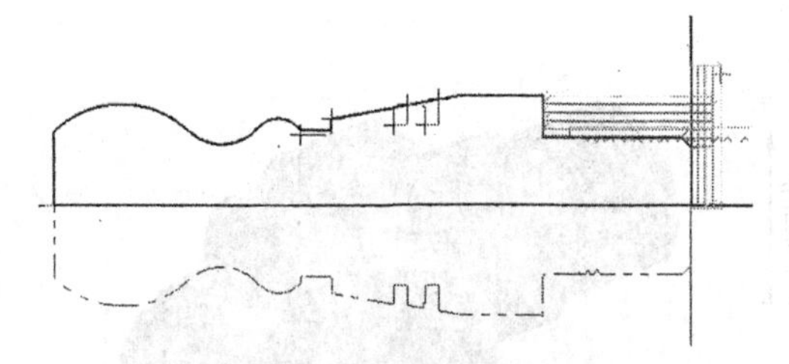

图7-138 车螺纹的刀具路径

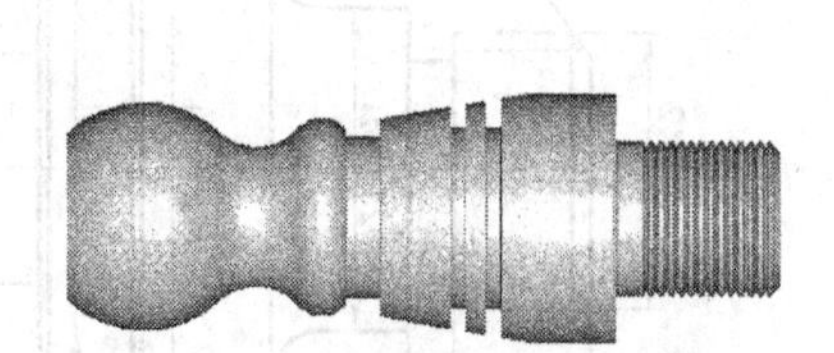

图7-139 球头轴的模拟验证结果

12. 后处理

在【操作管理器】中单击按钮，再单击G1按钮，系统弹出【后处理程式】对话框，如图7-140所示。单击按钮，弹出【另存为】对话框，如图7-141所示。在该对话框中设置好保存路径，单击按钮，即可生成NC程序，如图7-142所示。

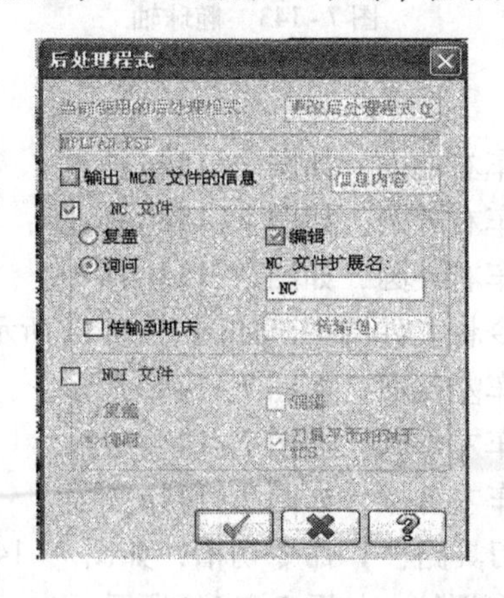

图7-140 【后处理程式】对话框

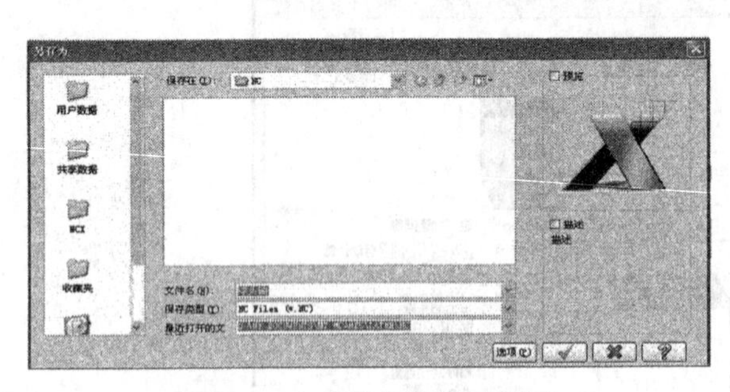

图 7-141 【另存为】对话框

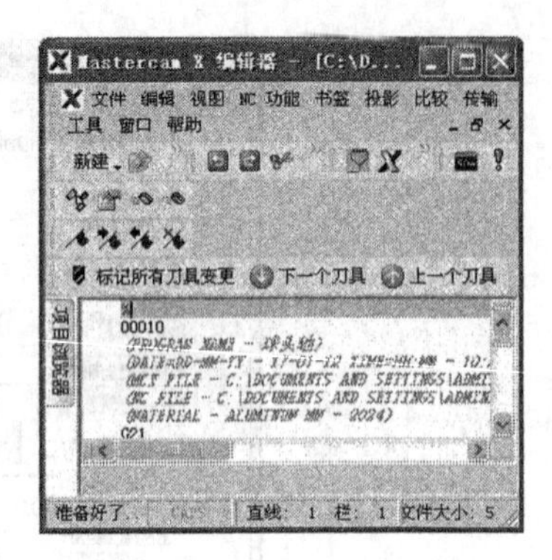

图 7-142 球头轴 NC 程序

任务拓展

综合运用粗车、精车、切槽和螺纹加工命令，完成如图 7-143 所示的零件加工。毛坯尺寸为 $\phi46\times86$。

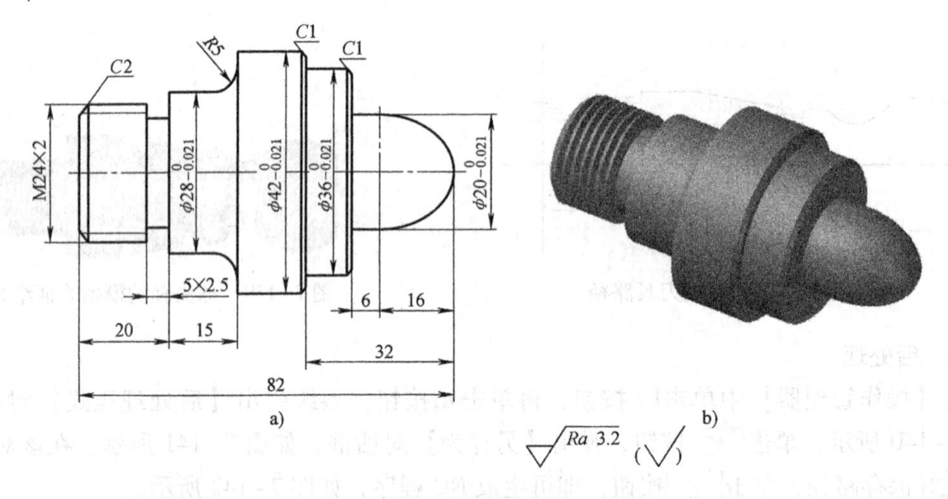

图 7-143 椭球轴

加工步骤提示：

1）使用【车端面】命令车右端面，如图 7-144a 所示。

2）使用【粗车】命令粗车右外圆，如图 7-144b 所示。

3）使用【精车】命令精车右外圆，如图 7-144c 所示。

4）使用【素材翻转】命令将工件调头，如图 7-144d 所示。

5）使用【车端面】命令车左端面，如图 7-144e 所示。

6）使用【粗车】命令粗车左外圆，如图 7-144f 所示。

7）使用【精车】命令精车左外圆，如图 7-144g 所示。

8）使用【车床径向车削刀具路径】命令切槽，如图 7-144h 所示。

9）使用【车螺纹】命令车螺纹，如图 7-144i 所示。

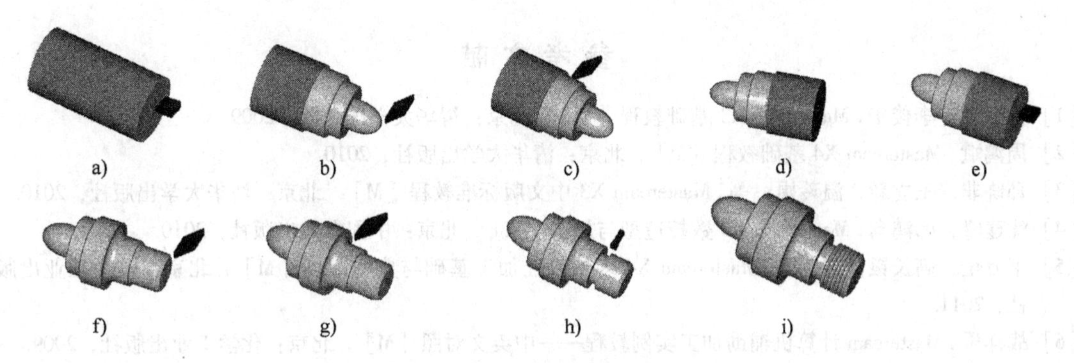

图 7-144　椭球轴加工步骤

参考文献

[1] 钟日铭，李俊华 . Mastercam X3 基础教程［M］. 北京：清华大学出版社，2009.

[2] 周鸿斌 . Mastercam X4 基础教程［M］. 北京：清华大学出版社，2010.

[3] 孙晓非，王立新，温玲娟，等 . Mastercam X3 中文版标准教程［M］. 北京：清华大学出版社，2010.

[4] 沈建峰，韩鸿鸾 . Mastercam X3 数控造型与加工［M］. 北京：中国电力出版社，2010.

[5] 李万全，高长银，刘红霞 . Mastercam X4 多轴数控加工基础与典型范例［M］. 北京：电子工业出版社，2011.

[6] 战祥乐 . Mastercam 计算机辅助加工实例教程——中英文对照［M］. 北京：化学工业出版社，2009.

[7] 蔡冬根 . Mastercam X2 应用与实例教程［M］. 北京：人民邮电出版社，2009.

[8] 何满才 . Mastercam X 数控车加工实例精讲［M］. 北京：人民邮电出版社，2007.

[9] 何满才 . Mastercam X 习题精解［M］. 北京：人民邮电出版社，2007.

机械工业出版社

教师服务信息表

尊敬的老师：

您好！感谢您多年来对机械工业出版社的支持与厚爱！为了进一步提高我社教材的出版质量，更好地为职业教育的发展服务，欢迎您对我社的教材多提宝贵意见和建议。另外，如果您在教学中选用了《CAD/CAM 技术——Mastercam 应用实训》（王小玲　潘有崇主编）一书，我们将为您免费提供与本书配套的电子课件。

一、基本信息

姓名：________　性别：________　职称：________　职务：________

学校：______________________________　系部：________

地址：______________________________　邮编：________

任教课程：____________　电话：____________（O）　手机：________

电子邮件：____________　qq：____________　msn：________

二、您对本书的意见及建议

（欢迎您指出本书的疏误之处）

三、您近期的著书计划

请与我们联系：

100037　机械工业出版社·技能教育分社　王晓洁　王华庆　收

Tel：010－88379078/88379743

Fax：010－68329397

E-mail：wxj 66@126. com　yuxunyueye@163. com